THE STATISTICS & CALCULUS WITH PYTHON WORKSHOP

파이썬과 함께하는

통계와 미적분 워크숍

Peter Farrell · Alvaro Fuentes · Ajinkya Sudhir Kolhe · Quan Nguyen
Alexander Joseph Sarver · Marios Tsatsos 지음

강태원 옮김

KM 경문사

<packt>

The Statistics and Calculus with Python Workshop
by Peter Farrell, Alvaro Fuentes, Ajinkya Sudhir Kolhe, Quan Nguyen, Alexander Joseph Sarver, Marios Tsatsos

First published in the English language under the title 'The Statistics and Calculus with Python Workshop – 9781800209763'

옮긴이 머리말

전자계산기를 사용해서 복잡한 수치 계산을 할 수 있다. 그러려면 계산기 사용법을 배워야 한다. 파이썬을 사용해서 복잡한 수치 계산을 할 수 있다. 그러려면 파이썬 및 다양한 라이브러리 사용법을 배워야 한다. 이를 가르치는 책은 많다.

계산기를 능숙하게 사용할 수 있게 되었고, 그것을 활용해서 통계와 미적분의 문제를 수월하게 풀 수 있게 되었다고 하자. 그렇다고 통계와 미적분을 더 잘 이해하게 된 것일까? 아마 아닐 것이다. 계산기를 능숙하게 다루어 더 효과적으로 계산을 할 수 있다는 게 수학 개념을 더 잘 이해하게 되고 새로운 풀이 방법을 배우거나 생각해낼 수 있는 건 아니다.

파이썬과 다양한 라이브러리를 능숙하게 사용할 수 있게 되었고, 그것을 활용해서 통계와 미적분의 문제를 척척 풀 수 있게 되었다고 하자. 이제는 통계와 미적분을 더 잘 이해하게 된 것일까? 이 책 《**파이썬과 함께하는 통계와 미적분 워크숍**》으로 배우면 그렇다고 할 수 있다. 파이썬과 라이브러리를 능숙하게 다루어 기초수학, 선형대수, 확률과 통계 그리고 미분방정식을 포함한 미적분의 문제를 더 효율적이며 효과적으로 계산을 해낼 수 있을 뿐 아니라 그러한 수학적 개념을 더 잘 이해하고, 나아가 새로운 풀이 방법을 배우고 생각해낼 수 있다.

수학과 컴퓨터학을 전공하면 수치해석학을 배우게 된다. 수치해석은 대수적으로 풀 수 없거나, 풀 수 있더라도 지나치게 복잡하거나 번거로운 문제를 컴퓨터로 풀어내는 분야다. 이 책은 **수치해석의 방법으로 통계와 미적분을 다룬다**.

인공지능은 수학으로 추상화한 사람의 지능을 프로그램으로 구현해서 만드는데, 인공지능의 많은 문제가 대수적으로 풀리지 않는다. 《**파이썬과 함께하는 통계와 미적분 워크숍**》은 **인공지능 응용 프로그램 개발에 필요한 수학을 파이썬으로 배우고, 동시에 파이썬으로 풀 수 있게 한다**.

옮긴이의 원고는 편집의 옷을 입고서야 독자에게 전달할 수 있는 형태를 갖추게 되었다. 효과적인 내용 전달과 읽는 이의 편의를 위해 수많은 시간 애써준 경문사 편집팀에 고개 숙여 감사한다.

2024년 1월

강 태 원

머리말

PREFACE

책 소개

인공지능 응용 프로그램 개발을 막 시작했는가? 핵심적인 수학 개념을 다시 배울 필요성을 느끼고 있는가? 매력적인 실습으로 가득한 이 책 《**파이썬과 함께하는 통계와 미적분 워크숍**》은 당신이 필요로 하는 고급 수학을, 파이썬을 이용해서 이곳저곳에 응용하는 방법을 알려준다.

이 책은 파이썬 통계처리 라이브러리를 개략적으로 — 그러나 높은 수준으로 — 살펴보는 것으로 시작해서, 파이썬 언어를 사용하여 기본 함수와 여러 가지 대수 함수를 풀고 변환을 수행하는 등 다양한 수학적 작업을 차례로 수행한다. 이어서 통계 및 미적분의 주요 개념과 그것으로 문제를 해결하고 유용한 통찰을 얻는 방법을 다룬다. 마지막으로, 수치해석에 중점을 두고 미분방정식 풀이를 다루면서, 원하는 함숫값을 직접 계산하는 알고리즘을 만드는 방법을 소개한다.

이 책을 다 읽고 나면, 통계 및 미적분의 핵심 개념을 이용해서 비즈니스 문제를 해결하는 강력한 파이썬 애플리케이션을 개발하는 방법을 알게 된다.

독자

이 책은 도전적인 비즈니스 문제를 해결하는 지능형 솔루션을 개발하려는 파이썬 프로그래머에게 적합하다. 마르코프 체인, 오일러 공식 및 룽게-쿠타(Runge-Kutta) 방법 같은 고급 수학적 개념에 대해 잘 알면 이 책에서 설명하는 개념을 더 잘 이해할 수 있다. 이 책은 이러한 기법과 개념을 파이썬으로 구현하는 방법만 다룬다.

각 장의 소개

1부 파이썬

1장 파이썬 기초 파이썬 언어를 소개한다. 파이썬의 **데이터 구조** 및 흐름 제어 방법과 **디버깅, 테스팅** 및 **버전 제어**와 같은 프로그래밍 관련 작업을 연습한다.

2장 파이썬과 기본 통계 툴 파이썬의 과학 계산과 시각화 도구들의 생태계를 소개한다. 수치 계산과 시각화 작업을 쉽게 하는 **NumPy, pandas** 및 **Matplotlib** 같은 특정 파이썬 라이브러리를 중심으로 설명하는데, 가벼운 실습으로 사용법을 손쉽게 익힐 수 있다.

3장 파이썬과 통계 툴박스 통계 분석의 이론적 기초를 설명한다. 다양한 유형의 통계 및 통계 변수 같은 **통계 분야의 기본 구성요소를** 배운다. 이 장은 SymPy, PyMC3 및 Bokeh 같은, 특수한 통계처리 작업을 하는 데 도움이 되는 다양한 파이썬 라이브러리 및 도구에 대한 개요도 포함한다.

2부 선형대수

4장 파이썬과 함수 및 방정식 함수와 대수적 방정식의 이론적 기초를 설명한다. 대화형 실습으로, **함수 그래프** 그리기, **방정식** 및 **연립방정식** 풀기 같은 절차를 간소화 및/또는 자동화할 수 있는 파이썬 도구 사용 방법을 익힌다.

5장 파이썬과 기초수학 **수열, 급수, 삼각법, 복소수**의 기초를 다룬다. 이런 주제는 다소 어려운 이론을 포함하지만, 재무 분석과 401(K) 미연방 퇴직 연금 계산 같은 문제를 통해서 **실용적인 관점**으로 다룬다.

6장 파이썬과 행렬 및 마르코프 체인 **행렬** 및 **마르코프 체인**의 개념을 소개한다. 이 두 가지는 인공지능과 머신러닝같이 가장 널리 사용되는 수학 응용에서 공통으로 사용되는 수학이다. 이 장은 챗GPT 같은 **문장 생성기를 개발**하는 실습 활동을 포함한다.

3부 확률통계

7장 파이썬과 기초 통계 통계와 통계 분석을 본격적으로 시작한다. **기술통계**와 **탐색적 데이터 분석**의 절차, 그리고 단순한 통계 기법을 사용해서 주어진 데이터 세트를 해석하는 절차를 소개한다.

8장 파이썬과 확률의 기초 및 응용 **무작위성**, **확률변수**, **시뮬레이션**을 통해서 무작위성을 분석하는 기법 같은 복잡한 통계적 개념에 대해 자세히 알아본다. 이 장을 통해서 임의성과 관련된 통계 문제를 더 쉽게 다룰 수 있게 된다.

9장 파이썬과 고급 통계 **신뢰구간**, **가설검증**, **선형회귀** 등 흔히 사용되는 기법뿐 아니라 **큰 수의 법칙**, **중심극한정리** 등 통계 분야의 가장 중요한 이론을 반복하면서 통계에 대한 주제를 마무리한다. 이 장에서 얻은 지식과 함께 비로소 파이썬을 사용하여 많은 실생활 통계 문제를 해결할 준비가 끝난다.

4부 미적분

10장 파이썬과 기초 미적분 함수의 **기울기, 미분계수, 곡선의 아래 면적, 함수 최적화, 회전체의 체적** 같은 미분적분학 관련 주제를 다루기 시작한다. 보통 복잡한 수학 문제로 생각하는 이러한 개념을, 파이썬을 사용해서 실습 위주의 **직관적**인 방식으로 설명한다.

11장 파이썬과 고급 미적분 **호의 길이, 표면적, 편 도함수, 급수의 전개** 같은 미적분학의 더 복잡한 주제를 다룬다. 일반적으로 많은 학생에게 상당히 어려울 수 있는 더 난이도 높은 주제를 다루면서 **다시 한번 파이썬이 얼마나 도움이 되는지** 알 수 있다.

12장 파이썬과 미분방정식 **미분방정식, 오일러 방법, 룽게-쿠타 방법**과 같은 미적분학에서 가장 흥미로운 주제를 다루면서 책을 마무리한다. 이러한 기법은 **수치해석**으로, 즉 반복적이며 절차적으로 미분방정식을 푸는 기술로, 특히 파이썬이 강력한 계산 도구임을 잘 보여준다.

▶ 표기 용법

본문에 나오는 코드 단어, 데이터베이스 테이블 이름, 폴더 이름, 파일 이름, 파일 확장자, 경로, 더미 URL, 사용자 입력, 트위터 핸들은 다음처럼 **굵게** 나타낸다:

"텍스트 파일에서 값을 가져올 때는 키워드 **with**와 함수 **open()**을 사용한다."

코드 블록은 다음처럼 나타낸다:

```
if x % 6 == 0:
print('x is divisible by 6')
```

가끔 다음처럼 코드의 실행 결과를 바로 나타내기도 한다:

```
>>> find_sum([1, 2, 3])
6
```

이 예에서 >>>으로 시작하는 게 실행 코드이고 결과는 다음 줄의 **6**이다.
다른 경우는 읽기 좋게 코드와 출력을 분리해서 나타낸다.

예를 들어 메뉴나 대화 상자의 단어처럼 화면에 나오는 글자 역시 굵게 나타낸다: "**Fetch Images** 버튼을 클릭하면 사용자 이름과 이미지가 출력된다."

처음 나오는 용어나 중요한 단어는 이렇게 나타낸다: "출력 리스트는 같은 입력 파일의 새 줄에 **쉼표로 구분하는 값(CSV)** 형식으로 저장하라."

번역자의 주석은 다음과 같이 나타낸다.
(!이렇게 느낌표로 시작하는 괄호 안에 본문과 다른 글씨체로 나타낸다.)

▶ 코드 표기

여러 줄인 코드 부분은 역슬래시(\)로 분리한다. 파이썬은 코드를 실행할 때 역슬래시를 무시하고 다음 줄을 연속한 줄로 취급한다.

예를 들어:

```
history = model.fit(X, y, epochs=100, batch_size=5, verbose=1, \
                    validation_split=0.2, shuffle=False)
```

특별한 제어 논리에는 이해를 돕는 주석을 추가한다. 한 줄짜리 주석은 다음처럼 #기호로 시작한다:

```
# Print the sizes of the dataset
print("Number of Examples in the Dataset = ", X.shape[0])
print("Number of Features for each example = ", X.shape[1])
```

주석이 여러 줄이면 다음처럼 삼중 따옴표로 감싼다:

```
"""
Define a seed for the random number generator to ensure the
result will be reproducible
"""
seed = 1
np.random.seed(seed)
random.set_seed(seed)
```

▶ 개발환경

본격적으로 내용을 시작하기 전에 필요한 소프트웨어와 도구를 갖추어야 한다. 다음절에서 어떻게 하는지 알아보자.

▶ 사용하는 소프트웨어

다음과 같은 소프트웨어를 사용한다:

- 운영체제: Windows 7 이상, macOS, 또는 리눅스
- 브라우저: 구글 크롬, 파이어폭스, 또는 마이크로소프트 엣지 최신버전
- 파이썬 3.7
- 주피터 노트북

▶ 설치 및 구성

먼저 이 책 전체에서 사용하게 될 파이썬(3.7 이상)과 주피터 노트북을 설치해야 한다.

▶ 파이썬 설치

아나콘다 배포판을 사용해서 파이썬을 설치하는 게 가장 좋다. 아나콘다는 이곳(https://

docs.anaconda.com/anaconda/install/)에서 내려받는다. 아나콘다를 성공적으로 설치하면 이곳(https://docs.conda.io/projects/conda/en/latest/user-guide/tasks/manage-environments.html)의 안내에 따라 파이썬 프로젝트를 실행할 가상환경을 생성한다.

다른 파이썬 설치 방법과 달리 아나콘다는 파이썬과 라이브러리를 설치할 때 아주 낮은 수준의 절차를 손쉽게 처리할 수 있게 안내하는 인터페이스를 제공한다.

예를 들어 **conda create -n workshop python=3.7** 명령으로 **workshop**이라는 이름의 새로운 프로젝트 환경을 생성하고 **conda activate workshop** 명령으로 새 프로젝트를 활성화한다. 그리고 언제든 코드를 실행하고 싶을 때 이 프로젝트 환경을 활성화하면 된다.

언제든 아직 설치하지 않은 새 라이브러리가 필요한 경우 **pip install [library_name]** 또는 **conda install [library_name]** 명령으로 라이브러리를 설치하면 그만이다.

▶ 주피터 프로젝트

주피터는 파이썬(및 일부 다른 언어)으로 노트북에 작성한 코드를 브라우저 인터페이스와 유사하게 대화형으로 실행할 수 있는 오픈소스 소프트웨어다. (!웹 기반 통합 개발 환경이라는 뜻) 2014년 **IPython** 프로젝트로 출발한 주피터는 전체 데이터사이언스 진영의 기본 개발 환경이 되었다.

명령어 **conda install -c conda-forge notebook**을 실행하면 앞의 **workshop** 프로젝트 환경에 주피터 노트북이 설치된다. 주피터 설치에 대한 더 많은 정보는 이곳(https://jupyter.org/install)에 있다:

주피터 노트북 서버에 대해 알고 싶은 모든 건 이곳(https://jupyterlab.readthedocs.io/en/stable/getting_started/starting.html)에서 찾을 수 있다. 이 책에서는 전형적인 노트북 인터페이스를 사용한다.

보통 아나콘다 프롬프트에서 **jupyter notebook** 명령을 실행해서 노트북을 시작한다.

다음에 소개할 〈코드 번들 설치〉 절에서 사용자 코드를 내려 받기로 지정한 디렉터리에서 노트북을 시작한다.

예를 들어, 만일 맥OS 디렉터리 **/Users/YourUserName/Documents/ The-Statistics-and-Calculus-with-Python-Workshop**에 내려받은 파일을 설치했다면, 프롬프트에 **cd/Users/**

YourUserName/Documents/The-Statistics-and-Calculus-with-Python-Workshop을 입력한 다음 **jupyter notebook** 명령을 실행한다. 주피터 서버가 실행되고 다음과 같이 주피터 브라우저 콘솔이 나타난다:

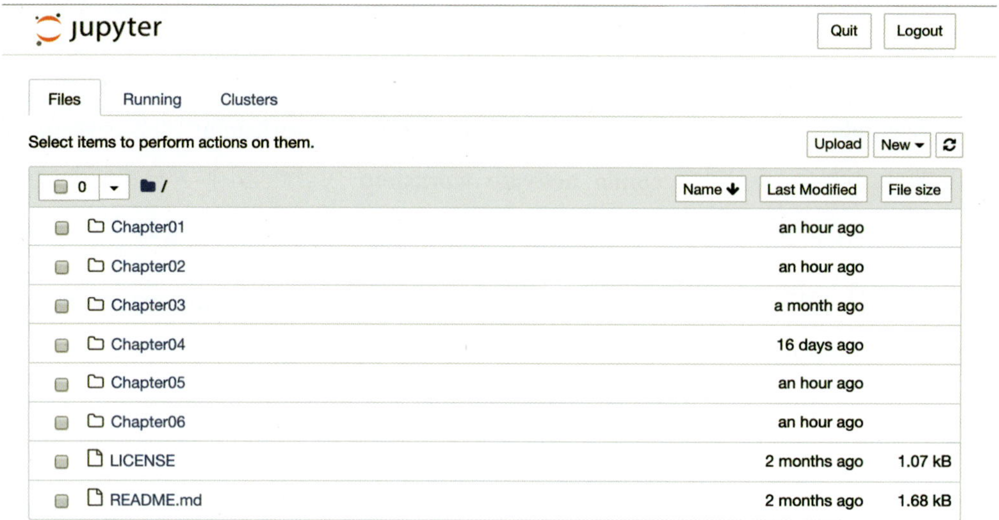

그림 0.1 주피터 브라우저 콘솔

주피터 서버가 실행되면 먼저 **new**를 클릭한 후 **Python 3**을 선택한다. 새 브라우저 탭이 열리면서 빈 노트북이 나타난다. 이제 주피터 파일의 이름을 새로 지정할 수 있다:

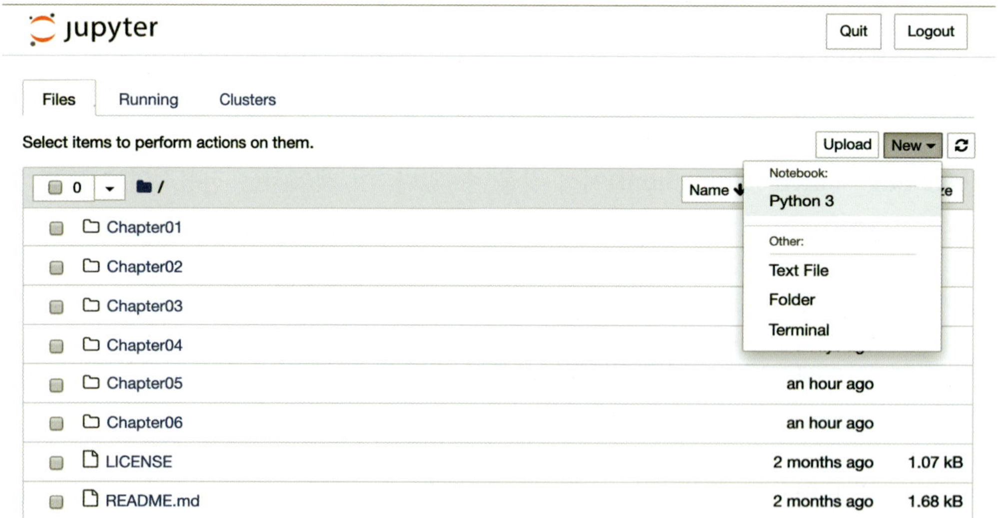

그림 0.2 주피터 서버 인터페이스

주피터 노트북의 기본 구성 요소는 셀이라는 블록이다. 셀에는 2가지 종류가 있다: **In**(input의 줄임)과 **Out**(output의 줄임). **In** 셀에 코드, 텍스트, 마크다운을 작성한 후, Shift + Enter (또는 Shift + Return)을 누르면 해당 셀의 내용이 실행된다. 실행 결과는 **Out** 셀에 나타나고 이어서 다음 코드 블록을 위한 새로운 **In** 셀이 준비된다. 이러한 인터페이스에 익숙해지면 이것의 힘과 유연성을 서서히 알게 된다.

기본적으로 셀은 코드를 입력하는 곳이다. 만일 셀에 텍스트를 입력하려면 셀 유형을 바꿔야 한다. 이 일은 단축키로 쉽게 할 수 있다: Esc(명령어), M(마크다운), Enter(코드)

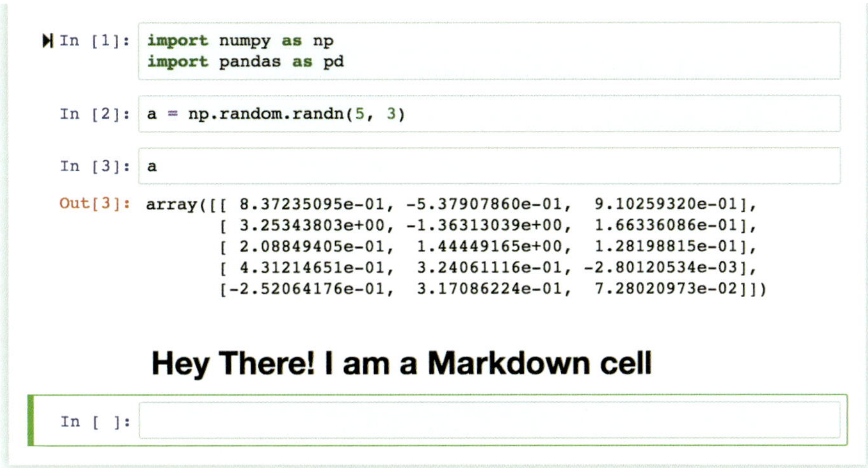

그림 0.3 주피터 노트북

문장을 입력한 후, Shift + Enter 를 사용해 셀을 실행한다. 코드 셀과 다르게 **In** 셀 자리에 컴파일된 마크다운이 나타난다.

주피터의 모든 편리한 단축키는 여기(https://packt.live/33sJuB6)에 있다. 이 정도 소개로 흥미롭고 즐거운 여정을 시작해보자.

▶ 라이브러리 설치

아나콘다에는 **pip**가 설치되어 있다. 이것으로 예를 들어, **pip install numpy**처럼 이 책에서 사용할 모든 라이브러리를 추가할 수 있다. 다른 방법으로 **pip install -r requirements.txt**처럼 한꺼번에 설치할 수도 있다. **requirements.txt**는 여기(https://packt.live/3gv0zhb)에 있다.

이 책의 여러 가지 연습과 활동은 모두 주피터 노트북으로 실행한다. 주피터 역시 필요한 경우 다른 라이브러리처럼 **pip install jupyter** 명령으로 설치할 수 있지만, 아나콘다에는 이것이 이미 설치되어 있다. 주피터 노트북은 터미널 혹은 명령어 프롬프트에서 **jupyter notebook**으로 쉽게 열 수 있다.

▶ 이 책의 코드

이 책의 전체 코드는 여기(https://packt.live/3kcWZe6)에 있다. 동시에 이곳(https://packt.live/2PpqDOX)에 들어가면 사용자 웹 브라우저에서 대화식으로 많은 연습문제와 활동 예제를 직접 실행할 수 있다.

모든 활동과 연습에 대한 대화식 버전을 지원하려 노력하겠지만 만일의 경우를 위해 사용자 실행 환경 구축을 추천한다.

설치에 대한 문제나 의문 사항이 있으면 여기(**workshops@packt.com**)로 메일 보내주기를 바란다.

차례 CONTENTS

이 책은 목차를 통해 개념이나 용어의 위치를 찾을 수 있다. 먼저 목차를 살펴보고 관련 용어가 없으면 찾아보기를 참고하자.

1부 파이썬

1장 파이썬 기초

2장 파이썬과 기본 통계 툴

3장 파이썬과 통계 툴박스

2부 선형대수

4장 파이썬과 함수 및 방정식

5장 파이썬과 기초수학

6장 파이썬과 행렬 및 마르코프 체인

3부 확률통계

7장 파이썬과 기초 통계

8장 파이썬과 확률의 기초 및 응용

9장 파이썬과 고급 통계

4부 미적분

10장 파이썬과 기초 미적분

11장 파이썬과 고급 미적분

12장 파이썬과 미분방정식

부록

프로젝트 해답

1부

파이썬

1장

파이썬 기초

요약

앞으로 사용할 파이썬의 **기본 자료 구조**와 **라이브러리**를 살펴본다. 여기서 다루는 개념을 통해 파이썬의 가장 기본적이고 중요한 특징을 파악하고, 또한 뒤에서 다룰 고급 주제에 대비한다.

이 장을 마치면, 자신이 설계하는 파이썬 프로그램의 **흐름을 제어**할 수 있고, 자주 사용하는 파이썬 데이터 구조를 초기화하고 그 내용을 조작할 수 있다. 파이썬 알고리즘 설계 시 **함수 및 재귀**의 사용에 대해 더 확실하게 이해할 수 있으며, 또한 파이썬 프로그램의 **디버깅**, **테스팅** 및 **버전** 제어를 쉽게 할 수 있게 된다.

이 장의 끝에서 **스도쿠 풀이**를 만드는 프로젝트를 수행한다.

개요

파이썬은 최근 몇 년 동안, 특히 이 장의 주요 주제인 수학에서 전례 없는 인기를 누리며 사용되고 있다. 그러나 수학의 고급 주제로 뛰어들기 전에 파이썬 언어의 기초에 대해 확실하게 이해하고 가자.

이 장에서는 파이썬의 일반적인 개념에 대해 가볍게 살펴본다; 여기서 다루는 주제는 이 책의 뒤에서 배울 내용을 이해하는 데 크게 도움이 된다. 특히 조건문과 반복문 같은 프로그래밍의 기본 개념과 리스트 및 딕셔너리 같은 파이썬 고유의 데이터 구조를 살펴본다. 또한 수학 관련 프로그램을 포함한 중대형 파이썬 프로젝트를 수행하는 데 중요한 요소인 함수 및 알고리즘 설계 프로세스에 대해서도 논의한다. 이 모든 것은 쉬운 예제와 실습 활동을 통해서 이루어진다.

이 장을 마치면 이 책의 뒷부분에서 다룰 더 복잡하고 흥미로운 문제를 해결할 수 있는 위치에 있게 될 것이다.

흐름 제어

흐름 제어는 프로그램 내 명령어의 실행 순서를 지정하는 프로그래밍 구문을 나타내는 용어다. 흐름 제어로 프로그램의 실행 및 계산이 동적으로 수행된다: 프로그램의 현재 상태 또는 특정 입력에 따라 해당 프로그램의 실행 및 출력이 그 시점에 동적으로 결정된다.

▶ IF 문

대부분의 프로그래밍 언어가 제공하는 가장 일반적인 형태의 흐름 제어는 **if** 문이다. **if** 문은 프로그램의 현재 상태에서 특정한 조건이 만족하는지 아닌지를 검사한 후, 결과(의 참, 거짓 여부)에 따라 다른 명령어 집합을 실행한다.

파이썬 **if** 문의 구문은 다음과 같다:

```
if [검사할 조건]:
[조건이 참일 때 실행할 명령어들]
```

파이썬 구문의 가독성이 좋아서 조건문이 어떻게 작동하는지 이미 알아챘을 것이다: 프로그램이 명령어를 차례로 실행해서 조건문에 도달하면 **if** 문의 조건을 검사한 후, 조건이 참이면 들여쓰기로 구분된 **if** 문 내부 명령어들을 차례로 실행하고; 거짓이면 프로그램은 그 명령어들을 건너뛰어 다음으로 넘어간다.

if 문 내부에서 여러 개의 조건을 결합해서 검사하는 합성 조건문을 사용할 수 있다. 예를 들어, **and** 키워드를 사용한 다음 if 블록은 조건 2개를 모두 만족할 때 실행된다:

```
if [조건 1] and [조건 2]:
[명령어들]
```

조건의 합성에 **or** 키워드를 사용할 수도 있다. 이 경우 2개 중 하나라도 참이면 조건은 참이다. 또한 하나 이상의 **and/or** 키워드를 중첩해서 사용하는 확장된 합성 조건문을 구현할 수 있다.

조건을 만족하지 않으면, 프로그램이 일련의 다른 명령을 수행한다. 이런 논리 구조는 **if** 문 뒤에 **elif** 문과 **else** 문을 사용해서 구현한다. **if** 조건을 만족하지 않으면 프로그램은 바로 뒤 **elif** 문의 조건을 검사한다; 조건을 만족하는 게 하나도 없으면 **else** 블록을 실행한다. 파이썬의 **if…elif…else** 구문은 다음과 같다:

```
if [조건 1]:
   [명령어들 1]
elif [조건 2]:
   [명령어들 2]
...
elif [조건 n]:
   [명령어들 n]
else:
   [명령어들 n + 1]
```

검사할 조건이 많은 프로그램을 작성하는 경우 이 흐름 제어 구문은 아주 쓸모가 많다. 주어진 시점에 어떤 조건이 참이냐에 따라 프로그램은 적절한 명령을 수행할 것이다.

실습 1.01 ✦ 조건문과 배수 판정

수학에서는 변수를 다루는 경우가 아주 흔하고, 정수가 어떤 수의 배수인지를 판정할 일이 아주 많다. 이 예제에서 **if** 문을 사용하여 주어진 수가 5, 6, 7로 나누어떨어지는지를 판정해본다.

다음을 차례로 수행해보자:

1. 주피터 노트북을 새로 만든 후, 다음처럼 이름이 **x**인 변수를 선언하고 임의의 정숫값을 넣는다:

```
x = 130
```

2. **x**가 5로 나누어떨어지는지를 검사하는 **if** 문을 작성한다. 대응하는 코드 블록에서 조건이 만족했는지를 나타내는 문장을 출력한다:

```
if x % 5 == 0:
print('x is divisible by 5')
```

   여기서 **%**는 파이썬의 나머지 연산자이다; 수식 **var % n**은 변수 **var**을 값 **n**으로 나눈 나머지를 반환한다.

3. 같은 코드 셀에 **x**가 6, 7로 나누어떨어지는지를 검사하는 **elif** 문을 각각 작성한다. 각각의 조건에 대응하는 절절한 print 문을 작성한다:

```
elif x % 6 == 0:
print('x is divisible by 6')
elif x % 7 == 0:
print('x is divisible by 7')
```

4. 마지막으로 같은 코드 셀에 **x**가 5, 6, 7 어떤 것으로도 나누어떨어지지 않음을 출력하는 **else** 문을 작성한다:

```
else:
print('x is not divisible by 5, 6, or 7')
```

5. **x**값을 달리해 가면서 프로그램을 여러 차례 실행하여 조건문 논리를 점검해보자. 다음은 **x**가 **104832**일 때의 출력이다:

```
x is divisible by 6
```

6. 변수 **x**에 대한 배수 판정 결과를 화면에 출력하는 대신 텍스트 파일에 저장해보자. 앞에서 출력한 메시지를 저장할 파일을 **output.txt**라는 이름으로 생성한다.

   입력과 출력을 위한 텍스트 파일은 **with** 키워드와 **open()** 함수를 사용해서 생성한다. **open()** 함수는 인수가 2개다: 하나는 출력 함수 이름 **output.txt**이고 다른 하나는 해당 파일이, 읽기용이 아니라, 출력용임을 지정하는 **w**이다:

```
if x % 5 == 0:
    with open('output.txt', 'w') as f:
        f.write('x is divisible by 5')
elif x % 6 == 0:
    with open('output.txt', 'w') as f:
        f.write('x is divisible by 6')
elif x % 7 == 0:
    with open('output.txt', 'w') as f:
        f.write('x is divisible by 7')
else:
    with open('output.txt', 'w') as f:
        f.write('x is not divisible by 5, 6, or 7')
```

7. 이렇게 수정한 후 출력 텍스트 파일에 저장된 메시지를 확인해보자. **x**가 여전히 **104832**이라면 텍스트 파일에 다음이 들어있다:

```
x is divisible by 6
```

이 예제에서, **%** 연산자를 사용해서, 주어진 정수가 5, 6, 7로 나누어떨어지는지(!각각의 배수인지) 아닌지 판정하는 조건문 사용 사례를 다루었다. 동시에 파이썬에서 텍스트 파일에 결과를 출력하는 방법도 알아보았다. 다음절에서, 파이썬의 반복문에 대해 다룬다.

> **노트**
>
> 조건이 만족되면 해당 **elif** 블록의 명령어들을 차례로 실행한 후 반복문을 벗어난다. 만일 **x**가 30이면 조건 **x % 5 == 0**이 만족되어 해당 블록이 실행되며, 조건 **x % 6 == 0**은 검사하지 않는다는 뜻이다.

이 절의 소스 코드는 다음에 있다.

https://packt.live/3dNflxO.

또한, 다음에서 이 예제를 온라인으로 실행할 수 있다.

https://packt.live/2AsqO8w.

▶ 반복문

자주 사용하는 흐름 제어의 또 다른 형태로 반복이 있다(!실제로 프로그래밍 언어에서 순차, 분기, 반복이라는 세 가지 흐름 제어만 제공하면 컴퓨터로 풀 수 있는 모든 문제를 코딩할 수 있다는 게 증명되었다). 이 구문은 조건을 만족하는 동안 또는 지정된 범위의 명령어 묶음을 반복해서 실행할 때 사용한다. 파이썬에는 2가지 형태의 반복문 **while** 반복과 **for** 반복이 있다. 각각을 자세하게 알아보자.

WHILE 반복문

if 문과 마찬가지로 **while** 문 역시 주어진 프로그램을 반복할지 아닐지를 정하기 위해 지정된 검사를 한다. 예를 들어, 다음 코드와 같다:

```
>>> x = 0
>>> while x < 3:
... print(x)
... x += 1
0
1
2
```

앞 코드는, **x**를 **0**으로 초기화한 후, 변수의 값을 출력하고, 그 변수의 값을 **1**만큼 크게 하는 일을 매 반복 차례로 수행한다. 프로그램이 **0, 1, 2**를 출력한 후 **x**가 **3**에 도달하면 **while** 문에 지정한 조건을 더는 만족하지 않으므로 반복이 종료된다는 걸 쉽게 예상할 수 있다.

명령 **x += 1**은 **x = x + 1**을 나타내는데, 매 반복에 **x**의 값을 **1**만큼 증가시킨다. 만일 이 문장을 제거하면 **0**을 반복 출력하는 무한 반복에 빠진다.

FOR 반복문

반면에 **for** 문은 보통 정해진 순서를 따르는 값에 따라 반복하는 데 사용한다. 파이썬 **range()** 함수를 사용하는 다음 코드는 이전 코드와 완전히 같은 값을 출력한다:

```
>>> for x in range(3):
... print(x)
0
1
2
```

파이썬 **for** 문에서 키워드 **in**이 아주 중요하다: **in**이 나타나면, 그 앞의 변수에 반복하고 싶은 반복자 내부의 값이 차례로 할당된다. 앞 코드의 경우 **for** 문이 실행될 때, 변수 **x**에 반복자 **range(3)**의 내부 값 — 차례로 **0, 1, 2** — 이 할당된다.

for 문에 **range()** 대신 다른 유형의 반복자를 사용할 수도 있다. 다음 표는 **for** 문에 흔히 사용하는 반복자를 요약한 것이다. 표에 나오는 데이터 구조가 낯설다고 걱정할 필요는 없다; 이 장의 후반에서 모두 설명한다:

반복자	반복할 때 반환하는 값	예
range(a, b, [, step])	a(포함)부터 b(제외)사이 수를 step(기본값 1) 간격으로	range(1, 6, 2) -> 1, 3, 5
리스트	리스트의 원소를 차례로	[1, 3, 2, 4] -> 1, 3, 2, 4
튜플	튜플의 원소를 차례로	(1, 3, 2) -> 1, 3, 2
딕셔너리	딕셔너리의 key를 차례로	{'a': 1, 'b': 2, 'c': 3} -> 'a', 'b', 'c'
스트링	스트링의 글자를 차례로	"Hello, world!" -> 'H', 'e', 'l', …, 'd', '!'
집합	집합의 원소	{1, 3, 2, 4} ->1, 3, 2, 4
enumerate(iterator)	iterator 매개변수의 원소와 인덱스	enumerate(['a', 'b', 'c']) -> (0, 'a'), (1, 'b'), (2, 'c')
zip(a, b, …)	a, b의 대응 원소의 튜플을 차례로	zip([1, 3, 2], ('a', 'b', 'c')) -> (1, 'a'), (3, 'b'), (2, 'c')

그림 1.1 데이터 집합과 사례

반복문 안에 반복문이 나오는 **다중 중첩**이 가능하다. 반복문 안에서 프로그램 실행 도중 **break** 문으로 반복을 종료하고 다른 실행 위치로 이동할 수 있다.

실습 1.02 ✦ 숫자 추측 게임

반복문에 대한 우리 지식을 활용해보기 위해 다음 실습에서 간단한 숫자 추측 게임 프로그램을 작성해보자. 목표값은 0에서 100 사이의 정수로 실행 시점에 무작위로 선택한다. 그런 후 프로그램은 사용자가 추측한 입력을 받는다. 만일 추측한 값이 실제 목표값보다 크면 메시지 **Lower**를 출력하고 반대의 경우 **Higher**를 출력한다. 사용자 추측이 맞는다면 프로그램을 종료한다.

다음 단계에 따라 실습해보자:

1. 새 주피터 노트북 첫 번째 셀에 파이썬 **random** 모듈을 임포트한 후 **randint()** 함수를 사용해서 무작위 정수를 생성한다:

```
import random
true_value = random.randint(0, 100)
```

randint() 함수를 호출하면 넘겨받은 두 숫자 사이의 정수를 반환한다; 이 경우 0에서 100 사이의 정수가 생성된다.

이 실습에서는 더 필요하지 않지만, **random** 모듈에 포함된 다른 함수에 관심이 있으면 다음 공식 문서를 살펴보자. https://docs.python.org/3/library/random.html

> **노트**
>
> 이어지는 코드는 모두 현재 셀에 작성한다.

2. 파이썬 **input()** 함수를 사용해서 사용자 입력을 반환받아 변수(다음 코드의 **guess**)에 저장한다. 이 값을 사용자가 추측한 목표값으로 간주한다:

```
guess = input('Enter your guess: ')
```

3. **int()** 함수를 사용해서 사용자 입력을 정수로 변환한 후 목표값과 일치하는지 확인한다. 가능한 모든 경우의 비교 결과에 따라 적절한 메시지를 출력한다:

```
guess = int(guess)

if guess == true_value:
    print('Congratulations! You guessed correctly.')
elif guess > true_value:
    print('Lower.') # 사용자 추측이 더 큰 경우
else:
    print('Higher.') # 사용자 추측이 더 작은 경우
```

노트

코드에 포함된 기호 #은 주석을 나타낸다. 주석은 코드의 논리를 설명하기 위해 추가한다.

4. 위 코드에서 (예를 들어 문자열을 입력하는 경우처럼) 사용자 입력을 정수로 변환할 수 없는 경우 **int()** 함수가 오류를 던져서 프로그램 실행이 비정상적으로 종료될 수 있다. 이렇게 사용자가 숫자가 아닌 값을 입력하는 경우에 대처하기 위해 **try…except** 블록을 사용해서 코드를 구현할 필요가 있다:

```
try:
    if guess == true_value:
        print('Congratulations! You guessed correctly.')
    elif guess > true_value:
        print('Lower.') # 사용자 추측이 더 큰 경우
    else:
        print('Higher.') # 사용자 추측이 더 작은 경우

# when the input is invalid
except ValueError:
    print('Please enter a valid number.')
```

5. 지금까지 구현한 내용대로라면 사용자는 단 한 번만 추측할 수 있고 프로그램은 그대로 종료된다. 사용자가 정답을 맞힐 때까지 반복해서 추측할 수 있게 구현하려면, 앞에서 구현한 논리를 **while** 문으로 감싼 후 사용자가 정답을 제시하였으면 반복에서 빠져나오도록 해야 한다(적절한 위치에 **break** 키워드를 쓴 **while True** 반복문 사용).

전체 프로그램은 다음 코드와 같다:

```
import random

true_value = random.randint(0, 100)

while True:
    guess = input('Enter your guess: ')

    try:
        guess = int(guess)

    if guess == true_value:
        print('Congratulations! You guessed correctly.')
        break
    elif guess > true_value:
        print('Lower.') # user guessed too high
    else:
        print('Higher.') # user guessed too low

# when the input is invalid
except ValueError:
    print('Please enter a valid number.')
```

6. 코드 셀을 실행해서 프로그램을 다시 실행하고 입력 즉 추측값을 달리해가면서 프로그램이 명령을 잘 실행하는지, 부당한 입력에 잘 대응하는지 확인해보자. 예를 들어, 임의로 생성한 목표값이 13인 경우 프로그램의 출력이 다음과 같을 수 있다:

```
Enter your guess: 50
Lower.
Enter your guess: 25
Lower.
Enter your guess: 13
Congratulations! You guessed correctly.
```

이 예제에서, 프로그래밍에서 반복문을 사용하는 방법을 구체적으로 이해하려고 숫자 추측 게임에 **while** 반복을 사용하는 경우를 연습해보았다. 더불어, 사용자 입력을 받아오는 방법과 파이썬 **random** 모듈에 대해서도 알게 되었다.

> **노트**
>
> 이 절의 소스 코드는 다음에 있다.
>
> https://packt.live/2BYK6CR.
>
> 또한, 다음에서 이 예제를 온라인으로 실행할 수 있다.
>
> https://packt.live/2CVFbTu.

이제 파이썬의 기본 데이터 구조를 다루어보자.

데이터 구조

데이터 구조는 다양한 형태의 정보를 나타내는 변수의 유형으로, 사용자는 프로그램에서 이런 것들을 생성, 저장, 조작하게 된다. 제어 구조와 함께, 데이터 구조는 모든 프로그래밍 언어의 기본 빌딩 블록이다. 이 절에서, 스트링부터 리스트, 튜플, 집합, 딕셔너리까지 파이썬의 가장 기본적인 데이터 구조를 살펴본다.

▶ 스트링

스트링은 전형적으로 문자 정보(예를 들어, 메시지)를 나타내는 데 사용하는 일련의 문자열이다. 파이썬 스트링은 문자 데이터를 작은따옴표 또는 큰따옴표로 묶어서 나타낸다. 예를 들어 다음 코드의 변수 **a**와 **b**는 같은 정보를 담고 있다:

```
a = 'Hello, world!'
b = "Hello, world!"
```

파이썬에서 스트링은 일종의 순서열이므로, 이 데이터 구조는 순서와 관련된 연산을 대개 다 적용할 수 있다. 특히, 둘 이상의 스트링을 하나로 묶어서 긴 스트링으로 만들 수 있고, **for** 반복으로 스트링의 글자를 차례로 처리할 수 있으며, 인덱싱과 슬라이싱을 사용해서 개별 문자와 부분 문자열에 접근할 수 있다. 다음 코드는 이러한 연산의 적용 사례를 나타낸다:

```
>>> a = 'Hello,'
>>> b = 'world!'

>>> print(a + b)
Hello, world!

>>> for char in a:
... print(char)
H
e
l
l
o
,

# a blank character printed here, the last character in string a

>>> print(a[2])
l

>>> print(a[1: 4])
ell
```

파이썬 3.6에 추가된 가장 중요한 특징은 스트링에 형식을 지정할 수 있는 **f-스트링**이다. 우리는 파이썬 3.7을 사용하므로 이것을 사용할 수 있다. 스트링 형식 지정은 미리 정의된 스트링에 포함된 변수에 값을 지정하는 경우 사용한다. f-스트링 이전에는 다른 2가지 형식 지정 옵션 %-형식과 **str.format()**이 있었다. 더는 자세하게 다루지 않겠지만 이들은 몇 가지 바람직하지 않은 특성이 있는 방법이므로 그 문제에 대응해서 f-스트링이 만들어졌다.

f-스트링 구문은 중괄호 { 와 }로 정의한다. 예를 들어, 다음처럼 f-스트링을 사용해서 변수의 값을 출력할 수 있다:

```
>>> a = 42
>>> print(f'The value of a is {a}.')
The value of a is 42.
```

f-스트링 내부에 중괄호로 묶은 변수가 있을 때, 출력 시 그 자리에 **__str__()**이 사용된다. 즉, 파이썬 객체를 다룰 때, 던더 메서드, **__str__()**, 대신 f-스트링을 활용해서 더 유연하게 구현할 수 있다. (!언더 바 두 개(__)로 감싼 함수를, 더블 언더라인을 줄여서 던더 메서드라고 부른다.)

다음처럼, 콜론을 사용해서 실수의 자릿수 또는 날짜·시간 지정과 같은, 스트링에 대한 일반적인 숫자 형식 지정 옵션을 수행할 수 있다:

```
>>> from math import pi
>>> print(f'Pi, rounded to three decimal places, is  pi: {3f}.')
Pi, rounded to three decimal places, is 3.142.

>>> from datetime import datetime
>>> print(f'Current time is {datetime.now():%H:%M}.')
Current time is 21:39.
```

다른 2가지 스트링 형식 지정 방법보다 처리가 빠르다는 것도 f-스트링의 또 다른 매력이다. 다음으로 파이썬 리스트를 살펴보자.

▶ 리스트

리스트는 파이썬을 대표하는 데이터 구조로 가장 많이 사용된다. 이것은 Java 또는 C/C++ 배열에 대응하는 파이썬 고유 버전이다. 리스트는 차례대로 접근 또는 반복할 수 있는 원소들의 순서 열이다. 그러나 이를테면 Java의 배열과 다르게 파이썬 리스트의 원소는 다음과 같이 데이터 구조가 같지 않아도 된다:

```
>>> a = [1, 'a', (2, 3)] # a list containing a number, a string, and a tuple
```

> **노트**
>
> 다음 절에서 튜플에 대해 자세하게 다룬다.

앞에서 언급했듯이, 스트링의 문자와 같은 방법으로 **for** 문을 사용해서 리스트 원소를 반복 처리할 수 있다. 또한, **인덱싱**과 **슬라이싱**도 할 수 있다:

```
>>> a = [1, 'a', (2, 3), 2]
>>> a[2]
(2, 3)
>>> a[1: 3]
['a', (2, 3)]
```

2가지 방법으로 파이썬 리스트에 원소를 새로 추가할 수 있다: **append()** 함수는 리스트의 끝에 원소를 추가하고, 리스트 접합은 다음처럼 2개 이상의 리스트를 하나로 묶는다:

```
>>> a = [1, 'a', (2, 3)]
>>> a.append(3)
>>> a
[1, 'a', (2, 3), 3]

>>> b = [2, 5, 'b']
>>> a + b
[1, 'a', (2, 3), 3, 2, 5, 'b']
```

리스트에서 원소를 제거할 때는, **pop()** 메서드에 제거하려는 원소의 인덱스를 넘겨준다. 파이썬 리스트에 대한 독특한 연산으로 **리스트 구성**이 있다: 각 괄호 내부에 **for** 문을 사용해서 리스트를 효율적으로 초기화하는 파이썬스러운 구문인 리스트 구성은 기존 리스트에 연산을 적용해서 새 리스트를 만들 때 사용한다. 예를 들어, 일련의 정수 리스트 변수 **a**가 있을 때 다음처럼 입력한다.

```
>>> a = [1, 4, 2, 9, 10, 3]
```

이제, 리스트 **a** 원소의 2배인 원소로 구성된 새 리스트 **b**를 생성한다고 하자. 보통은 빈 리스트 **b**를 만든 후, 리스트 **a**에 반복문을 적용해서 값을 계산하여 리스트 **b**에 추가할 것이다. 하지만 리스트 구성을 사용해서 더 깔끔한 구문으로 같은 리스트를 얻을 수 있다:

```
>>> b = [2 * element for element in a]
>>> b
[2, 8, 4, 18, 20, 6]
```

더 나아가서, 리스트 구성 내부에 조건문을 결합해서 더 복잡한 논리를 구현하여 새 리스트를 생성할 수 있다: 예를 들어, **a**의 원소 중 홀수에 2를 곱한 원소만 포함하는 리스트를 다음처럼 만들 수 있다:

```
>>> c = [2 * element for element in a if element % 2 == 1]
>>> c
[2, 18, 6]
```

리스트와 자주 대조되는 파이썬 데이터 구조가 다음 절에서 다룰 튜플이다. 그렇지만 더 나가기 전에 새로운 개념 다차원 리스트/배열을 연습하고 가자.

테이블 혹은 행렬(혹은 텐서)로도 부르는 **다차원 배열**은 수학과 머신러닝 분야 모두에서 중요한 개념이다. 어떤 파이썬 객체도 파이썬 리스트의 원소가 될 수 있으므로, 리스트 원소로 리스트를 사용한다면, 리스트를 확장해서 2차원 이상의 배열을 모델링할 수 있다. 예를 들어, 3개의 원소를 갖는 부분 리스트 3개로 구성된 리스트가 있다고 가정해보자. 이 객체는 2차원, 즉 3×3 테이블로 생각할 수 있다. 일반적으로 내부에 리스트를 n개 포함하는 중첩 리스트를 사용해서 n차원 배열을 모델링할 수 있다.

실습 1.03 ✦ 다차원 리스트

다차원 리스트와 그것을 반복해서 처리하는 예제를 통해서 그 개념과 친숙해지도록 해보자. 2차원 리스트의 항목을 동적으로 출력하는 논리의 코드를 작성하는 게 목표다.

다음 단계에 따라 실습해보자:

1. 새 주피터 노트북을 만들어 코드 셀에 다음과 같은 변수 **a**를 선언한다:

```
a = [[1, 2, 3], [4, 5, 6], [7, 8, 9]]
```

이 변수는 크기가 3×3인 2차원 테이블을 나타내는데, 리스트의 각 원소 즉, 각 부분 리스트가 행을 나타낸다.

2. 새 코드 셀에서 리스트 **a**의 원소를 반복하여 행 단위로 처리한다(아직 셀을 실행하는 건 아니다):

```
for row in a:
```

3. **for** 문을 반복할 때마다, **a**의 부분 리스트가 변수 **row**에 할당된다. 그러면 각 행에 대한 인덱싱을 통해서 2차원 테이블의 각 셀에 액세스할 수 있다. 다음 **for** 문은 각 부분 리스트의 첫 번째 원소 즉, 테이블을 구성하는 각 행의 첫 번째 셀의 숫자(**1**, **4** 그리고 **7**)을 출력한다:

```
for row in a:
    print(row[0])
```

4. 새 코드 셀에서, 내부에서 리스트 **a**의 부분 리스트를 반복 처리하는 중첩 **for** 문을 사용하여 테이블 **a**의 모든 셀 값을 출력해보자:

```
for row in a:
    for element in row:
        print(element)
```

   이 코드는 각 행에 1부터 9의 숫자를 출력한다.

5. 마지막으로, 새 셀에서, 깔끔한 형식의 메시지와 함께 테이블의 대각 원소를 출력해보자. 이 경우 **0**부터 **2**까지 반복하는, 인덱싱 변수 **i**를 사용해서 테이블의 대각 원소에 액세스할 수 있다:

```
for i in range(3):
    print(a[i][i])
```

   각 행에 1, 5 그리고 9가 출력되어야 한다.

> **노트**
>
> 테이블/행렬의 대각 원소는 행과 열에 대한 인덱스가 같다.

6. 새 셀에, 앞의 **print** 문을 f-스트링으로 형식을 지정하도록 수정해서 출력해보자:

```
for i in range(3):
    print(f'The {i + 1}-th diagonal element is: {a[i][i]}')
```

   출력은 다음과 같다:

```
The 1-th diagonal element is: 1
The 2-th diagonal element is: 5
The 3-th diagonal element is: 9
```

이 실습에서, 앞에서 배운 반복, 인덱싱, **f-스트링** 형식지정을 결합하여 2차원 리스트를 동적으로 반복처리하는 프로그램을 만들었다.

> **노트**
>
> 이 절의 소스 코드는 다음에 있다.
>
> https://packt.live/3dRP8OA.
>
> 또한, 다음에서 이 예제를 온라인으로 실행할 수 있다.
>
> https://packt.live/3gpg4al.

다음으로, 파이썬의 다른 데이터 구조를 다뤄본다.

▶ 튜플

대괄호가 아닌 보통의 괄호로 선언하는, 파이썬 튜플 역시 리스트처럼 상이한 원소들의 나열이다(치환문에서 괄호를 생략할 수 있다). 튜플이 리스트와 다른 점은 값을 변경할 수 없는 불변객체라는 점이다. 즉, 다음처럼 초기화한 후에는 어떤 방법으로도 값을 변경할 수 없다:

```
>>> a = (1, 2)
>>> a[0] = 3 # trying to change the first element
Traceback (most recent call last):
   File "<stdin>", line 1, in <module>
TypeError: 'tuple' object does not support item assignment
>>> a.append(2) # trying to add another element
Traceback (most recent call last):
   File "<stdin>", line 1, in <module>
AttributeError: 'tuple' object has no attribute 'append'
```

튜플과 리스트의 이런 차이로 인해 이 데이터 구조를 상황에 알맞게 사용할 수 있다: 어떤 이유로(예를 들어, 논리적 무결성 보장) 원소 열이 불변이어야 하는 경우는 튜플; 초기화 후 값이 바뀔 수 있는 순서 열은 리스트로 선언한다.

다음은 수학적 컴퓨팅에서 흔히 사용하는 데이터 구조인 집합을 살펴본다:

▶ 집합

파이썬 데이터 구조로써 집합의 정의 역시, 잘 알고 있는 집합에 대한 수학적 개념과 근본적으로 같다: 파이썬 집합은 순서가 없는 원소의 모임이다. 집합은 중괄호로 초기화할 수 있고, 새 원소는 다음처럼 **add()** 메서드로 집합에 추가할 수 있다:

```
>>> a = {1, 2, 3}
>>> a.add(4)
>>> a
{1, 2, 3, 4}
```

집합은 파이썬 원소의 모임이므로 집합의 원소는 **for** 반복문으로 처리할 수 있다. 그러나, 집합이 정의되었을 때, 그것이 초기화되거나 원소가 추가된 순서로 반복처리된다고 보장할 수 없다.

게다가, 이미 존재하는 원소를 추가하는 경우 그 명령은 무시되어 아무 일도 일어나지 않는다:

```
>>> a
{1, 2, 3, 4}
>>> a.add(3)
>>> a
{1, 2, 3, 4}
```

주어진 두 집합의 합집합 또는 교집합 연산은 가장 일반적인 집합 연산으로 파이썬의 **union()**과 **intersection()** 메서드로 각각 수행할 수 있다:

```
>>> a = {1, 2, 3, 4}
>>> b = {2, 5, 6}
>>> a.union(b)
{1, 2, 3, 4, 5, 6}
>>> a.intersection(b)
{2}
```

마지막으로, 집합에서 특정 원소를 제거하려면, **discard()** 메서드 혹은 **remove()** 메서드를 사용한다. 두 메서드 모두 전달받은 원소를 집합에서 찾아 제거한다. 만일 해당 원소가 없으면 discard는 아무 일도 하지 않지만, remove는 오류를 던진다. 튜플과 리스트와 마찬가지로 목적에 맞게, 둘 중 하나를 선택해서 특정한 프로그램 논리를 구현할 수 있다.

화제를 돌려, 이 절에서 마지막으로 살펴볼 파이썬 데이터 구조는 딕셔너리다.

▶ 딕셔너리

파이썬 딕셔너리 데이터 구조는 자바의 해시 맵과 같다. 딕셔너리로 키-값 관계를 지정한 후 키를 사용해서 대응하는 값을 찾는 룩업을 수행할 수 있다. 딕셔너리는 다음처럼 **key: value**의 형태로 키-값 쌍을 콤마로 구분하고 중괄호로 나열하여 선언한다.

예를 들어, 한 클래스에 속한 학생 이름과 성적을 매핑하는 딕셔너리는 다음과 같다:

```
>>> score_dict = {'Alice': 90, 'Bob': 85, 'Carol': 86}
>>> score_dict
{'Alice': 90, 'Bob': 85, 'Carol': 86}
```

여기서, 학생 이름(**'Alice'**, **'Bob'**, **'Carol'**)이 키이고, 각각의 점수가 키에 대응하는 값이다. 하나의 키는 서로 다른 다수의 값에 대응할 수 없다. 주어진 키에 대한 값은 딕셔너리에 각 괄호를 사용해서 키를 전달하여 액세스할 수 있다:

```
>>> score_dict['Alice']
90
>>> score_dict['Carol']
86
>>> score_dict['Chris']
Traceback (most recent call last):
  File "<stdin>", line 1, in <module>
KeyError: 'Chris'
```

위 코드의 마지막 문장에서 **'Chris'**는 딕셔너리의 키가 아니므로, 그 값에 액세스하는 경우 파이썬 인터프리터가 **KeyError**를 반환한다.

키에 대응하는 값을 바꾸거나 딕셔너리에 새로운 키-값 쌍을 추가하는 것도 같은 구문으로 처리한다:

```
>>> score_dict['Alice'] = 89
>>> score_dict
{'Alice': 89, 'Bob': 85, 'Carol': 86}
>>> score_dict['Chris'] = 85
>>> score_dict
{'Alice': 89, 'Bob': 85, 'Carol': 86, 'Chris': 85}
```

리스트 구성과 마찬가지로, 딕셔너리 구성으로 딕셔너리를 선언할 수 있다. 예를 들어, 다음 문장은 −**1**에서 **1**까지(−1, 1포함) 정수를 키, 그 제곱을 값으로 대응하는 딕셔너리를 생성한다:

```
>>> square_dict = {i: i ** 2 for i in range(-1, 2)}
>>> square_dict
{-1: 1, 0: 0, 1: 1}
```

코드에서 알 수 있듯이, 이 딕셔너리는 **-1**에서 **1**까지 정수에 대해 키-값 **x-x ** 2** 쌍을 포함하는데, 딕셔너리를 초기화할 때 **for** 문을 사용해서 구현한다:

딕셔너리에서 키-값 쌍을 삭제할 땐, **del** 키워드를 사용한다. 예를 들어 키 **'Alice'**와 그 값을 삭제하려 하는 경우, 다음을 실행한다:

```
>>> del score_dict['Alice']
```

삭제한 키에 액세스하면 파이썬 인터프리터가 오류를 일으킨다:

```
>>> score_dict['Alice']
KeyError: 'Alice'
```

파이썬 딕셔너리에 대해 기억할 가장 중요한 특성이 있다. 딕셔너리의 키는 반드시 수정 불가능한 상수 객체이어야 한다는 점이다. 지금까지 예를 보면, 스트링과 숫자가 키로 사용되었음을 알 수 있다. 초기화 후 값이 바뀔 수 있는 리스트는 딕셔너리의 키를 사용할 수 없다; 반면에 튜플은 가능하다.

실습 1.04 ✦ 쇼핑 카트 계산

이 실습에서, 쇼핑 앱의 기본 버전을 딕셔너리 데이터 구조로 만들어본다. 이것으로 딕셔너리 데이터 구조와 그것에 적용할 수 있는 연산을 살펴보고 더 잘 이해할 수 있다.

다음 단계에 따라 실습해보자:

1. 새 주피터 노트북을 생성한 후 첫 번째 코드 셀 내부에, 주어진 구매 가능한 항목과 그 가격을 나타내는 딕셔너리를 선언한다. 여기서는 세 가지 서로 다른 노트북과, 그 가격을 달러로 추가한다:

```
prices = {'MacBook 13': 1300, 'MacBook 15': 2100, \
          'ASUS ROG': 1600}
```

노트

위 코드에 사용한 역슬래시(\)는 한 명령을 여러 라인에 나타낼 때 사용한다. 코드가 실행되면, 파이썬은 역슬래시를 무시하고 다음 줄을 현재의 줄과 이어진 것으로 간주한다.

2. 다음 셀에, 쇼핑 카트를 나타내는 딕셔너리를 초기화한다. 이 딕셔너리는 빈 상태로 시작하여, 물건을 구매할 때 항목과 구매 개수에 대응하도록 구성된다:

```
cart = {}
```

3. 새 셀에, **while True** 반복문을 넣어 쇼핑의 단계마다 사용자에게 쇼핑을 계속할 것인지를 묻는다. 입력값에 따라 조건을 처리한다(쇼핑을 계속하기를 원하는 경우는, 비워두고 다음 단계에서 코드를 작성한다):

```
while True:
    _continue = input('Would you like to continue ' \
                      'shopping? [y/n]: ')

if _continue == 'y':
    ...
elif _continue == 'n':
    break
else:
    print('Please only enter "y" or "n".')
```

4. 조건을 만족하는 첫 번째 경우, 어떤 항목을 카트에 추가할 것인지를 묻는 사용자 입력을 받는다. 조건문으로 **cart** 딕셔너리의 항목 개수를 증가시키거나, 아니면 불가능한 구매를 처리한다:

```
if _continue == 'y':
    print(f'Available products and prices: {prices}')
    new_item = input('Which product would you like to ' \
                     'add to your cart? ')
```

```
if new_item in prices:
    if new_item in cart:
        cart[new_item] += 1
    else:
        cart[new_item] = 1
else:
    print('Please only choose from the available products.')
```

5. 다음 셀에, **cart** 딕셔너리를 반복처리해서 사용자가 지급해야 할 총액을 (카트에 있는 각 항목의 가격과 수량을 조사해서) 계산한다:

```
# Calculation of total bill.
running_sum = 0
for item in cart:
    running_sum += cart[item] * prices[item] # quantity times price
```

6. 마지막으로 새 셀에, **for** 반복으로 카트의 각 항목과 수량을 줄 단위로 출력한 후, 마지막으로 총액을 출력한다. 이때 f-스트링으로 형식을 지정해서 출력한다:

```
print(f'Your final cart is:')
for item in cart:
    print(f'-  cart[item] {item}(s)')
print(f'Your final bill is: {running_sum}')
```

7. 프로그램을 실행해서 여러 경우의 카트를 구성해가면서 올바르게 동작하는지 실험한다. 예를 들어, MacBoo 13 2개와 ASUS ROG 하나를 쇼핑 카트에 추가한 후, 쇼핑을 끝내면 다음처럼 출력된다:

```
In [5]: print(f'Your final cart is:')
        for item in cart:
            print(f'- {cart[item]} {item}(s)')
        print(f'Your final bill is: {running_sum}')

        Your final cart is:
        - 2 MacBook 13(s)
        - 1 ASUS ROG(s)
        Your final bill is: 4200
```

그림 1.2 쇼핑 카트 앱의 출력

이것으로 딕셔너리를 사용해서 정보를 찾아 처리하는 방법과 친숙해질 수 있는 쇼핑 카트 연습을 마친다. 물론 이 연습으로 파이썬 프로그램에서 조전문과 반복문으로 흐름 제어를 구현하는 방법도 다시 알게 되었다.

> **노트**
>
> 이 절의 소스 코드는 다음에 있다.
>
> https://packt.live/2C1Ra1C.
>
> 또한, 다음에서 이 예제를 온라인으로 실행할 수 있다.
>
> https://packt.live/31F7QXg.

다음 절에서, 복잡한 프로그램의 필수 구성 요소 두 가지 함수와 알고리즘을 살펴본다.

함수와 알고리즘

함수는 파이썬 프로그래밍에서 프로그램의 실행 순서와 구조를 조직할 수 있게 하는 특정 객체를 나타내고, 반면에 '**알고리즘**'이란 용어는 주어진 입력을 처리하는 논리 흐름의 일반적인 구조를 나타낸다. 데이터 과학과 과학적 계산 분야에, 보통 데이터를 처리하고 잠재적으로 예측을 수행하는 데 사용하는 머신러닝 모델의 형태로, 알고리즘이 널려있다.

이 절에서, 파이썬 함수의 개념과 구문을 살펴본 다음 약간의 알고리즘-설계 예제에 도전해본다.

▶ 함수

최대한 추상적으로 정의하자면, 함수는 일련의 값을 입력받아 주어진 일련의 명령에 따라 출력을 생성하는 객체다. 파이썬 함수의 형태는 다음과 같다:

```
def func_name(param1, param2, ...):
    [...]
  return [...]
```

키워드 **def**는 여기부터 함수가 시작된다는 걸 나타낸다. 함수 이름은 아무거나 사용해도 되지만, 이름 첫 글자로 특수문자를 사용할 수 없고, 소문자와 언더 바 기호를 혼용하는 스네이크 케이스가 기본 규약이다. 함수에 전달하는 매개변수는 콤마로 구분하여 괄호 안에 나타내며 이것들은 들여 쓴 함수 몸체에서 사용할 수 있다.

예를 들어, 다음은 (아직 특정되지는 않았으나) 하나의 문자열을 취해서 인사말을 출력하는 함수이다:

```
>>> def greet(name):
...     print(f'Hello, {name}!')
```

이제, 임의의 문자열과 함께 이 함수를 호출해서 함수 내부의 명령어를 수행함으로써 의도한 결과를 얻을 수 있다. 만일 (아래 코드의 마지막 문장처럼) 함수가 취하는 매개변수를 바르게 지정하지 않으면 인터프리터가 오류를 반환한다:

```
>>> greet('Quan')
Hello, Quan!
>>> greet('Alice')
Hello, Alice!
>>> greet()
Traceback (most recent call last):
  File "<stdin>", line 1, in <module>
TypeError: greet() missing 1 required positional argument: 'name'
```

중요한 사실 하나, 함수 내부에 선언한 지역 변수는 함수 범위 밖에서는 사용할 수 없다. 즉, 일단 함수가 실행을 종료하면 코드의 다른 부분에서 함수 내부의 변수에 접근할 수 없다.

대부분은, 함수의 실행 종료 시점에, **return** 키워드를 사용해서, 어떤 값을 반환하게 된다. **return** 문장 실행 후 즉시, 프로그램은 해당 함수의 실행을 마쳤으므로 그 함수를 호출한 상위 영역으로 돌아온다. 이러한 개념으로 다양한 동적 논리 흐름을 구현할 수 있다.

예를 들어, 파이썬 정수 리스트를 입력받아 2로 나누어떨어지는 첫 번째 원소를 출력하는 (리스트에 짝수가 없으면 **False**를 반환하는) 함수에 대해 생각해보자:

```
def get_first_even(my_list):
    [...]
    return # should be the first even element
```

그렇다면, 우선 반복문으로 리스트의 각 원소가 **2**로 나누어떨어지는지 확인하는 게 이 함수를 구현하는 자연스러운 방법이다:

```
def get_first_even(my_list):
    for item in my_list:
        if item % 2 == 0:
            [...]
    return # should be the first even element
```

이때, 조건을 만족하면(즉, 현재 반복 처리하는 그 원소가 **2**로 나누어지면) 그것이 리스트에서 **2**로 나누어지는 첫 번째 원소이므로, 바로 그 값을 함수의 실행 결과로 반환해야 한다. 즉, **if** 블록 내부에서 그 값을 반환해야 한다(그리고 함수의 끝에서 **False**를 반환한다):

```
def get_first_even(my_list):
    for item in my_list:
        if item % 2 == 0:
            return item
    return False
```

이렇게 하는 방법이, 마지막까지 반복을 수행해서, 입력 리스트의 모든 원소가 2로 나누어지는지 확인함으로써 불필요하게 시간을 소비하는 방법과 대조적이다. 다음 연습에서 이 논리의 변형을 깊이 다뤄보자.

실습 1.05 ✦ 최댓값 찾기

배열이나 리스트에서 최댓값/최솟값 찾기는 대부분의 프로그래밍 기초 과정에서 빠지지 않는 연습문제다. 이 연습에서, 리스트의 최대 원소(크기가 같은 경우 마지막 최대 원소)와 그 원소의 인덱스를 반환하는 함수 작성을 통해서 한 단계 높은 수준의 문제를 다뤄본다.

다음 단계에 따라 실습해보자:

1. 새 주피터 노트북을 생성한 후 코드 셀에 함수의 일반적인 구조를 선언한다:

```
def get_max(my_list):
    ...
    return ...
```

2. 현재 최댓값을 나타내는 인덱스 변수 **running_max_index**를 **0**으로 초기화한다:

```
def get_max(my_list):
    running_max_index = 0

    ...

    return ...
```

3. **for** 반복과 **enumerate** 연산을 사용해서, 매개변수로 전달받은 리스트의 값과 대응하는 인덱스를 반복 처리한다:

```
def get_max(my_list):
    running_max_index = 0

    # Iterate over index-value pairs.
    for index, item in enumerate(my_list):
        [...]

    return ...
```

4. 반복할 때마다, 현재 원소가 최댓값을 나타내는 인덱스 변수의 원소보다 크거나 같은지를 비교한다. 만일 그렇다면 현재 원소의 인덱스를, 최댓값을 나타내는 인덱스에 할당한다:

```
def get_max(my_list):
    running_max_index = 0

    # Iterate over index-value pairs.
    for index, item in enumerate(my_list):
        if item >= my_list[running_max_index]:
            running_max_index = index

    return [...]
```

5. 마지막으로, 최댓값을 나타내는 인덱스와 그 원소를 튜플로 반환한다:

```
def get_max(my_list):
    running_max_index = 0

    # Iterate over index-value pairs.
    for index, item in enumerate(my_list):
        if item >= my_list[running_max_index]:
            running_max_index = index
    return running_max_index, my_list[running_max_index]
```

6. 새 셀에 다양한 리스트를 넘겨가며 함수를 호출해서 여러 경우를 평가해본다. 다음은 한 사례를 나타낸다:

```
>>> get_max([1, 3, 2])
(1, 3)
>>> get_max([1, 3, 56, 29, 100, 99, 3, 100, 10, 23])
(7, 100)
```

이 실습은 파이썬 함수의 일반적인 구문을 살펴보는 데 도움이 되고, 반복문을 다시 상기할 기회를 제공한다. 또한, 여기서 다루어본 논리 흐름은 과학 계산 작업에서 흔히 사용된다(예를 들어, 반복 처리로 최솟값이나 주어진 조건을 만족하는 원소를 찾기).

> **노트**
>
> 이 절의 소스 코드는 다음에 있다.
> https://packt.live/2Zu6KuH.
>
> 또한, 다음에서 이 예제를 온라인으로 실행할 수 있다.
> https://packt.live/2BUNjDk.

다음으로, '순환'이라는 매우 특별한 형식의 함수에 대해 살펴보자.

▶ 순환

프로그래밍에서 **순환**은 자기 자신을 되풀이해서 호출할 수 있는 함수를 사용해서 문제를 해결하는 방식을 나타낸다. 기본적인 아이디어는, 함수가 호출될 때마다 문제의 답에 조금 더 다가가는 논리로, 이러한 일을 여러 번 수행해서, 결국 원래의 문제를 해결한다는 생각이다. 즉, 만일 주어진 문제를 같은 방식으로 풀 수 있는 작은 단위로 어떻게든 변환할 수 있다면, 그 문제를 (답을 정할 수 있는) 기저 상태까지 반복해서 쪼개어 큰 문제를 해결할 수 있다는 아이디어다.

n개 정수의 합을 계산하는 문제가 있다고 하자. 만일 어떻게든 앞선 $n-1$개 정수의 합을 안다면, 그 합에 마지막 정수를 더해서 간단하게 n개 정수의 합을 계산할 수 있다. 그렇다면 $n-1$개 정수의 합은 어떻게 계산할 수 있을까? 순환으로, 다시 한번 앞선 $n-2$개 정수의 합을 안다고 가정하면, 그 합에 다음 정수를 더하면 된다. 리스트의 첫 번째 원소에 도달할 때까지 이 절차를 반복하면 전체 처리가 끝난다.

다음 예를 통해서 이 함수에 대해 알아보자:

```
>>> def find_sum(my_list):
...     if len(my_list) == 1:
...         return my_list[0]
... return find_sum(my_list[: -1]) + my_list[-1]
```

기본적으로, 이 함수가 입력 리스트의 마지막 원소 **my_list[−1]**를, 이 원소를 제외한 나머지 부분 리스트 **my_list[: −1]**의 합에 더한 후 반환한다는 걸 알 수 있다. 물론 부분 리스트의 합 역시 **find_sum()** 함수 자신이 다음 차례에 계산한다. **find_sum()** 함수가 어떻게든 부분 리스트의 합을 계산할 수 있다면, 어떤 (비어있지 않은) 리스트의 합도 계산할 수 있다고 일반화할 수 있다.

따라서 **기저 상태**를 처리하는 일이 순환 알고리즘에서 가장 중요한 부분이다. 합 계산 문제에서의 기저 상태는 입력 리스트가 하나의 값을 갖는 경우로(**if** 문으로 확인할 수 있다), 이 경우 그냥 그 원소를 반환하면 된다.

다음처럼, 이 함수가 하나 이상의 원소를 갖는 리스트의 원소의 합을 바르게 계산할 수 있다는 걸 알 수 있다:

```
>>> find_sum([1, 2, 3])
6
>>> find_sum([1])
1
```

이 문제는 다소 기초적인 것으로, 리스트 원소의 합은 **for** 반복으로 입력 리스트의 모든 원소를 반복 처리해서 쉽게 계산할 수 있다. 사실, 프로그램이 함수를 반복해서 호출하는 일은 오버헤드가 크기 때문에, 순환은 반복보다 비효율적이다.

그러나, 다음 연습에서 알 수 있듯이, 문제를 순환 알고리즘으로 추상화하는 접근 방식으로 문제 풀이를 아주 단순화할 수 있는 상황이 종종 있다.

실습 1.06 하노이 타워

하노이 타워라는 유명한 수학 문제는 순환에 관한 고전적인 문제다. 이 문제는 다음과 같다.

크기가 모두 다른 n개의 원반을 포개놓은 3개의 더미가 있다. 모든 원반이 (가장 큰 원반이 바닥에 있는) 오름차순으로 정렬된 한 더미로 시작한다. 매 단계, 한 더미의 가장 위에 있는 원반을 다른 더미(원반이 하나도 없는 빈 더미일 수 있고 3개까지 가능)의 꼭대기로 옮길 수 있는데 다만, 어떤 원반도 자신보다 작은 원반 위에 포갤 수는 없다는 조건이 붙는다.

정렬된 n개의 원반 더미를 (조건을 준수하며) 다른 위치의 더미로 옮기는 데 필요한 최소의 이동 횟수를 계산하는 게 문제다. 이 문제를 절차적인 방식으로 생각하면 매우 복잡할 수 있지만, 순환 알고리즘을 사용하면 더 쉬워진다.

구체적으로, (!첫 번째 더미에 있는) n개의 원반을 옮기는 일은, 위에 있는 $n-1$개의 원반을 다른 (!가운데 빈) 더미로 옮기고(!어떻게 옮기는지 생각하지 말 것), 바닥에 있는 가장 큰 원반을 다른 (!세 번째) 더미로 옮긴 후, 마지막으로 $n-1$개의 원반을 가장 큰 원반 위로 옮기면 된다. 즉, $n-1$개의 원반을 다른 쪽으로 옮기는 최소 이동 횟수를 계산할 수 있고, 그것을 $S(n-1)$로 놓으면, n개의 원반을 옮기는 최소 이동 횟수는 $2S(n-1)+1$이다.

이게 이 문제에 대한 순환 분석적 해답이다. 이제, 주어진 n에 대한 최소 이동 횟수를 계산하는 함수를 실제로 작성해보자.

다음 단계에 따라 연습해보자:

1. 새 주피터 노트북에, 정수 **n**을 입력받아 앞에서 설명한 값을 반환하는 함수를 정의한다:

```
def solve(n):
    return 2 * solve(n - 1) + 1
```

2. 함수 내부에 **n == 1**인 기저 상태(한 번의 이동으로 원반을 이동)를 처리하는 조건문을 작성한다:

```
def solve(n):
    if n == 1:
        return 1

    return 2 * solve(n - 1) + 1
```

3. 다른 셀에, 몇 가지 입력과 함께 함수를 호출해서 분석적으로 알아낸 해답인 $2^n - 1$을 바르게 계산하는지 검증해본다:

```
>>> print(solve(3) == 2 ** 3 - 1)
True
>>> print(solve(6) == 2 ** 6 - 1)
True
```

여기서, 두 값을 비교하는 == 연산자를 사용했다: **solve()** 함수의 반환값과 분석적 해답 수식의 비교. 만일 두 값이 같으면 부울 값 **True**를 출력하는데, 이 경우 모두 일치한다.

비록 예제 코드는 짧지만, 순환이 많은 문제를 우아하게 해결해준다는 것을 잘 보여주고, 순환 알고리즘 처리(의 일반적인 과정과 기저 상태)를 더 잘 이해하는 데 도움이 되기를 기대한다.

> **노트**
>
> 이 절의 소스 코드는 다음에 있다.
>
> https://packt.live/2NMrGrk.
>
> 또한, 다음에서 이 예제를 온라인으로 실행할 수 있다.
>
> https://packt.live/2AnAP6R.

이를 통해 다음 절에서 알고리즘 설계의 일반적인 프로세스에 대한 논의를 시작한다.

▶ 알고리즘 설계

사실 지금까지 우리가 해온 일이 모두 알고리즘 설계다. 특히 이 절은 전부 함수와 알고리즘에 대한 것으로, 함수라는 객체의 입력이 무엇이며, 그것을 어떻게 처리해야 하는지, 그리고 실행을 종료할 때 무엇을 반환해야 하는지를 다루었다. 이 절에서, 일반적인 알고리즘 설계 절차를 간략하게 살펴보고, 다소 복잡한 **N-Queens** 문제를 대상으로 알고리즘 설계를 연습해본다.

파이썬 함수를 작성할 때, 부함수(함수 내부에서 정의하여 사용하는 다른 함수)를 구현할 수도 있다. 소프트웨어 개발의 캡슐화 개념에 따르면, 다른 함수의 내부에서 명시적으로 호출하여 사용할 필요가 있을 때 부함수를 구현해서 사용한다. 그 경우 첫 번째 함수는 두 번째 함수의 헬퍼 함수로 간주하며, 따라서 반드시 두 번째 함수 **내부에** 위치해야 한다. 이러한 형식의 캡슐화로 프로그램을 더 구조화할 수 있고, 주어진 함수 내부에서 논리적으로 사용할 필요가 없는 코드 부분에는 접근할 수 없게 보장할 수 있다.

다음 연습에서 살펴볼 주제는 **순환 탐색** 알고리즘이다. 구체적으로, 알고리즘이 주어진 문제의 정답을 반복적인 시도를 통해 찾으려 할 때, 정답이 없는 상태에 도달할 수도 있다(예를 들어, 홀수만 들어있는 리스트에서 짝수를 찾으려 시도할 때). 이런 경우 부당한 상태에 도달했음을 지시할 방법이 필요하다.

앞에서 다룬 짝수 찾기 예제에서, 입력 리스트가 홀수로만 구성된 상태를 **False** 반환으로 나타냈다. **False**나 **0** 같은 플래그를 사용하는 게 일반적인 방식이고 이 장의 뒤에 나올 예제에서도 이들을 사용한다.

이걸 마음에 새기고, 이제 이 절의 실습문제를 시작하자.

실습 1.07 ✦ N-QUEENS 문제

수학과 컴퓨터 과학 분야의 또 다른 고전적 알고리즘 설계 문제인 N-Queens 문제는 $n \times n$ 체스보드에 어떤 여왕도 다른 여왕을 공격하지 않는 상태로 n개의 여왕을 배치하는 체스 게임이다. 상대를 공격한다는 건 같은 행, 열, 또는 대각선 방향에 위치하는 것으로, 결국 어떤 두 여왕이든 다른 행, 열, 또는 대각선에 위치하도록 여왕을 배치하는 조합을 찾는 문제이다.

이 문제에 대해, 임의의 양의 정수 n에 대한 해답을 찾는 백트래킹 알고리즘을 구현해 보자. 알고리즘은 다음과 같다:

1. 주어진 문제에 대해, n개의 여왕을 배치할 때 체스보드의 한 행에는 오직 한 개의 여왕을 배치하도록 제한한다.
2. 각 행에 대해, 그 행의 모든 셀을 대상으로 그 자리에 여왕을 놓을 수 있는지 확인한다:

a. 만일 그런 셀이 있으면, 그 자리에 말을 놓고 다음 행으로 이동.

b. 현재 행의 어느 셀에도 조건에 맞게 여왕을 놓을 수 없으면, 실패 상태에 도달했으므로 **FALSE**를 반환한다.

3. 해답을 찾을 때까지 이 과정을 되풀이한다.

다음은 $n = 4$일 때 이 알고리즘이 어떻게 돌아가는지 나타내는 그림이다:

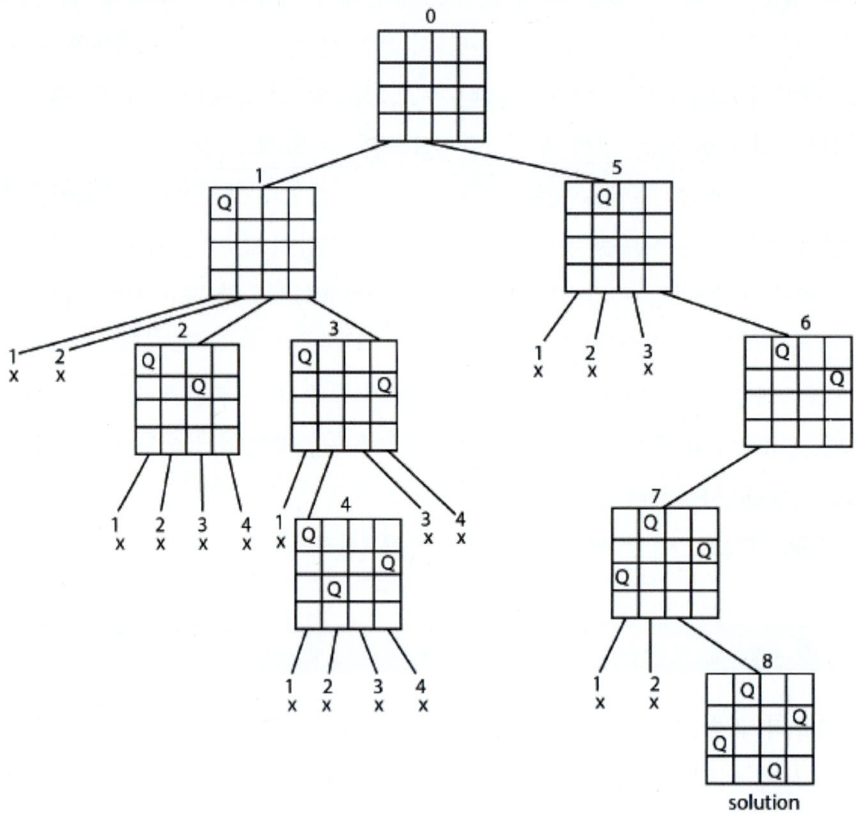

그림 1.3 N-Queens 문제의 순환

이제, 실제로 알고리즘을 구현해보자:

1. 새 노트북을 만든다. 첫 번째 셀에, 체스보드의 크기를 나타내는 변수 **N**을 선언한다. 이 크기는 보드 위에 배치할 여왕의 개수를 나타내기도 한다:

```
N = 8
```

2. 체스보드는 크기 $n \times n$인 2차원 리스트로, 0은 빈 셀을 1은 여왕이 자리를 차지한 셀을 나타낸다. 이제, 노트북의 새 코드 셀에 이러한 형태의 리스트를 입력으로 받아 체스보드를 멋있게 출력하는 함수를 구현한다:

```
# Print out the board in a nice format.
def display_solution(board):
    for i in range(N):
        for j in range(N):
            print(board[i][j], end=' ')
    print()
```

print 문의 실매개변수 **end = ' '**는 출력을 마친 후, 줄 바꾸기를 실행하는 대신 그냥 공백 문자를 출력하도록 지시한다. 이렇게 해서 다음 **print** 문장이 같은 행에 셀들을 출력하게 할 수 있다.

3. 다음 셀에, 보드, 행 번호 그리고 열 번호를 입력으로 받는 함수를 작성한다. 이 함수는 입력으로 받은 보드의 주어진 행과 열에 새 여왕을 놓을 수 있는지 없는지를 확인한다.
   여왕을 행 단위로 반복해서 배치해야 하므로, 주어진 위치에 새로운 말을 놓을 수 있는지 없는지를 확인할 때마다, 그냥 바로 위의 행에 대해서만 검사하면 된다는 점에 주목하라:

```
# Check if a queen can be placed in the position.
def check_next(board, row, col):
    # Check the current column.
    for i in range(row):
        if board[i][col] == 1:
            return False

    # Check the upper-left diagonal.
    for i, j in zip(range(row, -1, -1), \
                    range(col, -1, -1)):
        if board[i][j] == 1:
            return False
    # Check the upper-right diagonal.
    for i, j in zip(range(row, -1, -1), \
                    range(col, N)):
        if board[i][j] == 1:
            return False

    return True
```

4. 같은 코드 셀에 보드와 행 번호를 입력으로 받는 함수를 구현한다. 이 함수는 해당 행의 모든 셀에 대해 그 자리에 새 여왕을 놓을 수 있는지 없는지를 검사한다(이때 앞에서 작성한 **check_next()** 함수를 사용한다).

   여왕을 놓을 수 있는 셀을 찾으면, 그 셀에 (셀 값을 **1**로 설정해서) 여왕을 배치하고 다음 행 번호를 먹여 순환적으로 함수를 다시 호출한다. 만일 마지막 해답에 도달하면 **True**를 반환하고; 아니면 (셀 값을 **0**으로 다시 되돌려) 그 셀에서 여왕을 제거한다.

   만일, 해당 행의 모든 셀을 검사한 후, 여왕을 배치할 열을 찾지 못하면, 해답이 없는 상태를 나타내도록 **False**를 반환한다. 이 함수의 시작 부분에는 행 번호가 체스보드 크기 **N**을 초과하는지를 검사하는 조건문이 있어야 한다. 만일 그런 경우라면 해답에 도달했음을 나타내는 **True**를 그냥 반환한다:

```
def recur_generate_solution(board, row_id):
    # Return if we have reached the last row.
    if row_id >= N:
        return True

    # Iteratively try out cells in the current row.
    for i in range(N):
        if check_next(board, row_id, i):
            board[row_id][i] = 1

            # Return if a valid solution is found.
            final_board = recur_generate_solution(\
                            board, row_id + 1)

            if final_board:
                return True

            board[row_id][i] = 0

    # When the current board has no valid solutions.
    return False
```

5. 계속해서 같은 코드 셀에, 두 함수 **check_next()**와 **recur_generate_solution()**을 묶는 최종 풀이 함수를 작성한다(즉, 두 함수는 지금 작성하는 함수의 부 함수로 만든다). 이 함수는 (체스보드를 나타내는) 빈 2차원 $n \times n$ 리스트로 초기화한 다음, 행 번호 0과 함께 **recur_gen-**

erate_solution()을 호출한다.

마지막으로 해답을 출력한다:

```
# Generate a valid solution.
def generate_solution():
    # Check if a queen can be placed in the position.
    def check_next(board, row, col):
        [...]

# Recursively generate a solution.
    def recur_generate_solution(board, row_id):
        [...]

# Start out with en empty board.
my_board = [[0 for _ in range(N)] for __ in range(N)]
final_solution = recur_generate_solution(my_board, 0)

# Display the final solution.
if final_solution is False:
    print('A solution cannot be found.')
else:
    print('A solution was found.')
    display_solution(my_board)
```

6. 다른 코드 셀에, 앞에서 작성한 해답을 생성하고 출력하는 바로 그 중요한 함수를 실행한다:

```
>>> generate_solution()
A solution was found.
1 0 0 0 0 0 0 0
0 0 0 0 1 0 0 0
0 0 0 0 0 0 0 1
0 0 0 0 0 1 0 0
0 0 1 0 0 0 0 0
0 0 0 0 0 0 1 0
0 1 0 0 0 0 0 0
0 0 0 1 0 0 0 0
```

이 연습을 통해서, 반복적으로 가능한 답의 타당성을 검사하는 방식으로 탐색을 수행하는 백트래킹 알고리즘을 구현해보았다. 즉, 여왕을 빈자리에 놓은 후, 조건을 위배하면 이전 움직임을 취소(이 경우 말을 그 자리에서 제거)하는 방식으로 백트랙한 후 새로운 위치를 찾는다. 결국 백트래킹이 순환과 아주 밀접하다고 말할 수 있고, 그것이 여기서 이 알고리즘을 순환 함수로 구현한 이유이면서, 이를 통해서 순환 알고리즘의 일반적인 개념을 확실하게 이해할 수 있게 되었다.

> **노트**
>
> 이 절의 소스 코드는 다음에 있다.
>
> https://packt.live/2Bn7nyt.
>
> 또한, 다음에서 이 예제를 온라인으로 실행할 수 있다.
>
> https://packt.live/2ZrKRMQ.

이 장의 마지막인 다음 절에서, 흔히 간과하기 쉬운 파이썬 프로그래밍 관리 작업인 디버깅, 평가, 그리고 버전 제어를 살펴본다.

평가, 디버깅 그리고 버전 제어

프로그래밍에서 코드 작성이 실제로 해야 할 작업의 전부가 아니라는 것을 아는 게 중요하다. 프로그래밍이라는 작업 흐름에 중요한 역할을 하는 다른 관리 절차들이 있다는 걸 간과하기 쉽다. 이 절에서, 평가부터 시작하여 각 작업에 대해 하나씩 설명하고 파이썬에서 이를 구현하는 과정을 알아본다.

▶ 평가

우리가 작성한 소프트웨어가 의도한 대로 작동하고 올바른 결과를 생성하는지 확인하기 위해서는 특정한 평가를 거쳐야 한다. 소프트웨어 개발 분야에는 프로그램에 적용할 수 있는 다양한 유형의 평가 방법이 있다: 통합 테스트, 회귀 테스트, 시스템 테스트 등. 이 절에서는 가장 흔히 사용하는 단위 테스트를 살펴본다.

단위 테스트는 전체 프로그램이 아닌 소프트웨어의 작은 개별 단위에 초점을 맞춘다. 단위 테스트는 일반적으로 평가 과정의 첫 번째 단계에 해당한다. 개별 프로그램 구성 요소가 올바르게 작동한다고 충분히 확신할 때, 이러한 구성 요소가 어떻게 함께 작동하여 우리가 원하는 결과를 생성하는지를 평가하기 위해 통합 테스트 또는 시스템 테스트를 진행할 수 있다.

파이썬에서는 **unittest** 모듈을 사용하여 단위 테스트를 쉽게 구현할 수 있다. 객체 지향적 접근 방식을 취하는 **unittest**는 사용자 프로그램의 평가 행위 자체를 파이썬 클래스로 설계할 수 있도록 해주어 평가 절차를 더 모듈화할 수 있다. 이 클래스는 **unittest**의 **TestCase** 클래스를 상속받고, 개별 테스트는 다음과 같이 별도의 함수로 구현해야 한다:

```
import unittest

class SampleTest(unittest.TestCase):
    def test_equal(self):
        self.assertEqual(2 ** 3 - 1, 7)
        self.assertEqual('Hello, world!', 'Hello, ' + 'world!')

    def test_true(self):
        self.assertTrue(2 ** 3 < 3 ** 2)
        for x in range(10):
            self.assertTrue(- x ** 2 <= 0)
```

SampleTest 클래스는 **test_equal()** 함수 내부에서 **assertEqual()** 메서드를 사용하여 두 개의 주어진 값이 같은지 여부를 확인하는 두 개의 평가 사례를 구현했다. 여기서는 23−1이 실제로 7과 같은지, 그리고 파이썬에서 문자열 접합이 올바른지를 평가한다.

마찬가지로, **test_true()** 함수 내부에서 사용된 **assertTrue()** 메서드는 주어진 매개변수가 **True**로 계산되는지를 평가한다. 여기서는 23이 32보다 작은지, 그리고 0과 10 사이 정수의 제곱에 음수를 취한 값이 0보다 작은 값인지를 테스트한다.

구현한 평가 작업은 다음 명령으로 실행한다:

```
>>> unittest.main()
test_equal (__main__.SampleTest) ... ok
test_true (__main__.SampleTest) ... ok

----------------------------------------------------------------------
Run 2 tests in 0.001s

OK
```

두 평가 모두 성공임을 나타낸다. 기억해야 할 중요한 부가적인 사항은, Jupyter 노트북에서 단위 테스트를 실행하는 경우, 마지막 문장은 다음과 같아야 한다는 점이다:

```
unittest.main(argv=[''], verbosity=2, exit=False)
```

단위 테스트를 파이썬 클래스의 함수로 구현해야 한다는 사실의 결과로, **unittest** 모듈은 평가 전에 자동으로 실행되는 **setUp()** 메서드와 평가 후에 자동으로 실행되는 **tearDown()** 메서드라는 두 가지 편리한 메서드를 제공한다. 다음 예제에서 이에 대한 사례를 살펴보겠다. 지금은 우선 디버깅에 대해 알아보자.

▶ 디버깅

디버깅은 컴퓨터 프로그램의 버그를 제거하여 프로그램이 바르게 작동하도록 하는 것이다. 대부분은, 평가에 실패해서 프로그램에 버그가 있는 것으로 파악되면 프로그램 디버깅 절차를 수행하는 데, 버그를 없애기 위해 평가 실패의 원인이 된 오류의 출처를 찾아내서 해당 오류와 관련된 코드를 수정한다.

다양한 형태의 디버깅 방법이 존재하는데, 다음과 같은 것들이 있다:

- **프린트 디버깅**: 가장 일반적이고 기본적인 디버깅 방법의 하나로, 버그의 원인이 될 수 있는 변수를 식별하고, 프로그램의 여러 위치에 **print** 문을 추가해서 해당 변수값의 변화를 추적하는 방식이다. 변수값이 이상하게 변하며 원하지 않는 결과를 초래한다고 판단되면, 해당 **print** 문이 위치한 특정 부분을 살펴봄으로써 (대략) 버그의 위치를 확인할 수 있다.
- **로깅**: 변수의 값을 모니터 같은 표준 출력장치에 출력하지 않고 로그 파일에 기록하는 것을 로깅이라고 한다. 로깅은 디버깅 또는 단순하게 감시 중인 프로그램의 실행 중에 발생하는 특정 이벤트를 추적하는 데 자주 사용한다.
- **추적**: 이 경우는 프로그램을 디버깅하기 위해 실행 중인 프로그램의 낮은 수준의 함수 호출과 실행 스택을 추적하는 것이다. 낮은 수준에서 변수와 함수가 사용되는 순서를 살펴봄으로써 오류의 출처를 잘 식별할 수 있다. 파이썬에서 추적은 **sys** 모듈의 **sys.settrace()** 메서드를 사용하여 구현할 수 있다.

파이썬에서는 **print** 문을 사용하여 프린트 디버깅을 아주 간단하게 사용할 수 있다. 더 복잡한 기능을 위해서는 디버깅을 위해 특별히 설계된 모듈/라이브러리인 디버거를 사용할 수 있다. 파이썬의 가장 주요한 디버거는 내장된 **pdb** 모듈로 **pdb.set_trace()** 메서드를 통해 실행할 수 있다.

파이썬 3.7부터, 내장된 **breakpoint()** 함수를 호출하여 더 간단한 구문을 사용할 수 있다. **breakpoint()** 함수가 호출된 각 위치에서 프로그램의 실행을 일시 중단시켜, 프로그램의 동작 및 현재 특성, 변수의 값 등을 검사할 수 있다.

구체적으로, 프로그램의 실행이 **breakpoint()** 함수에 도달하면 입력 프롬프트가 표시되고, 사용자가 **pdb** 명령을 입력할 수 있다. 이 모듈의 설명서에 포함된 여러 명령 옵션을 활용할 수 있다. 일부 주요 명령은 다음과 같다:

- **h**: help로, 사용할 수 있는 명령어의 전체 목록을 출력한다.
- **u/d**: up과 down으로, 각각 현재 실행 프레임 카운트를 한 단계 이동한다.
- **s**: step으로, 프로그램이 현재 위치한 명령을 실행하고 실행 중 가능한 첫 번째 위치(!호출되는 함수 또는 현재 함수의 다음 줄)에서 일시 중단한다. 이 명령은 코드 한 줄이 프로그램 상태에 미치는 즉각적인 영향을 관찰하는 데 매우 유용하다.
- **n**: next로, 프로그램이 현재 위치한 명령을 실행하고 현재 함수의 다음 명령 또는 실행이 반환될 때 일시 중단한다. 이 명령은 **s**와 비슷하게 작동하지만(!step은 호출된 함수 안에서 멈추고, next는 호출된 함수를 실행하고 현재 함수의 바로 다음 줄에서 멈춘다), 명령을 더 빠른 속도로 건너뛴다.
- **r**: return으로, 현재 함수가 반환될 때까지 실행한다.
- **c**: continue로, 다음 **breakpoint()** 문에 도달할 때까지 실행한다.
- **ll**: longlist로, 현재 명령에 대한 소스 코드를 출력한다.
- **p [표현식]**: print로, 주어진 표현식의 값을 계산하여 출력한다.

종합적으로, **breakpoint()** 문에 의해 프로그램의 실행이 일시 중단되면, 앞서 언급한 다양한 명령어의 조합을 사용하여 프로그램의 상태를 검사하고 잠재적인 버그를 식별할 수 있다. 다음 실습에서 이에 대한 예제를 살펴보자.

실습 1.08 ✦ 동시성 평가

이 실습에서는 **동시성** 또는 **병렬성**을 포함하는 프로그램에서 발생하는 잘 알려진 버그인 **경쟁 조건**(race condition)을 다루어본다. 평가 및 디버깅 도구를 사용해볼 수 있는 좋은 사용 사례라 할 수 있다. 주피터 노트북에서 **pdb**와 기타 디버깅 도구의 통합이 완료되지 않은 상태이므로, 이 실습은 **.py** 스크립트로 작업한다.

다음 단계에 따라 실습해보자:

1. 프로그램의 전체 구조(아래에서 차례로 구현함)는 다음과 같다. 여러 스레드가 병렬로 조작할 수 있는 카운터 객체를 구현하는 클래스가 있다. 이 카운터 객체의 인스턴스의 값(**value** 속성에 저장, 0으로 초기화)은 **update()** 메서드가 호출될 때마다 증가한다. 카운터는 또한 도달해야 할 목표치를 가지고 있다. **run()** 메서드가 호출되면 여러 스레드가 생성되고, 각 스레드는 **update()** 메서드를 호출하여 정해진 목표치와 같은 횟수로 **value** 속성을 증가시킨다. 이론적으로는 카운터의 최종값은 목표치와 같아야 하지만, 경쟁 조건으로 인해 그렇지 않은 경우가 발생하는 걸 볼 수 있다. 우리의 목표는 **pdb**를 이용해서 이 프로그램 내부의 변수 변화를 추적하여 이 경쟁 조건을 분석하는 것이다.

2. 새 **.py** 스크립트를 만들어서, 다음 코드를 입력한다:

```
import threading
import sys; sys.setswitchinterval(10 ** -10)

class Counter:
   def __init__(self, target):
      self.value = 0
      self.target = target

   def update(self):
      current_value = self.value
      # breakpoint()
      self.value = current_value + 1

   def run(self):
      threads = [threading.Thread(target=self.update)    \
               for _ in range(self.target)]
      for t in threads:
         t.start()
      for t in threads:
         t.join()
```

   이 코드는 앞에서 설명한 **Counter** 클래스를 구현하는데, 시스템의 스위치 간격을 설정하는 코드 줄이 있다는 데 주목하라. 이것은 다음에 알아본다.

3. **counter** 객체의 value 값이 실제 목표치에 도달하기를 바라며, 세 가지 다른 목표치를 설정해서

성능을 평가한다. 같은 **.py** 스크립트에 다음 코드를 입력하여 단위 테스트 코드를 구현한다:

```
import unittest

class TestCounter(unittest.TestCase):
   def setUp(self):
      self.small_params = 5
      self.med_params = 5000
      self.large_params = 10000

   def test_small(self):
      small_counter = Counter(self.small_params)
      small_counter.run()
      self.assertEqual(small_counter.value, \
                       self.small_params)

   def test_med(self):
      med_counter = Counter(self.med_params)
      med_counter.run()
      self.assertEqual(med_counter.value, \
                       self.med_params)

   def test_large(self):
      large_counter = Counter(self.large_params)
      large_counter.run()
      self.assertEqual(large_counter.value, \
                       self.large_params)

   if __name__ == '__main__':
      unittest.main()
```

각 테스트 함수에 **counter** 객체를 초기화하고 실행한 다음, 그 값과 실제 목표치를 비교한다. 이 평가 사례의 목표치는 앞에서 언급한 대로 **setUp()** 메서드에서 선언한다. 이 메서드는 단위 테스트가 수행되기 직전에 가장 먼저 실행된다:

```
Run this Python script:test_large (__main__.TestCounter) ... FAIL
test_med (__main__.TestCounter) ... FAIL
test_small (__main__.TestCounter) ... ok
```

```
======================================================================
FAIL: test_large (__main__.TestCounter)
----------------------------------------------------------------------
Traceback (most recent call last):
  File "<ipython-input-57-4ed47b9310ba>", line 22, in test_large
  self.assertEqual(large_counter.value, self.large_params)
AssertionError: 9996 != 10000

======================================================================
FAIL: test_med (__main__.TestCounter)
----------------------------------------------------------------------
Traceback (most recent call last):
  File "<ipython-input-57-4ed47b9310ba>", line 17, in test_med
  self.assertEqual(med_counter.value, self.med_params)
AssertionError: 4999 != 5000

----------------------------------------------------------------------
Ran 3 tests in 0.890s

FAILED (failures=2)
```

보다시피, 프로그램은 두 개의 테스트에서 실패했다: **test_med**(카운터의 최종값이 5,000 대신 4,999인 경우)와 **test_large**(값이 10,000 대신 9,996인 경우). 물론 실행할 때마다 다른 결과가 출력될 수 있다.

4. 코드 셀을 여러 번 실행해서 결과가 다를 수 있다는 걸 확인해보라:
5. 이제 프로그램에 버그가 있다는 것을 알았으니, 디버깅을 시도해보자. 다음 코드처럼 **update()** 메서드의 두 명령문 사이에 **breakpoint()** 문을 추가하여 **Counter** 클래스를 다시 구현한 후, 코드 셀을 다시 실행한다:

```
class Counter:
    ...

    def update(self):
        current_value = self.value
        breakpoint()
        self.value = current_value + 1

    ...
```

6. 파이썬 스크립트 __main__ 영역의 단위 테스트 호출 부분을 주석 처리하고, 새로운 **counter** 객체를 선언한 후, 터미널에서 스크립트를 실행한다:

```
sample_counter = Counter(10)
sample_counter.run()
```

터미널에 **pdb** 프롬프트가 나타날 것이다(디버거를 실행하려면 먼저 Enter 키를 눌러야 할 수도 있다):

```
-> self.value = current_value + 1(Pdb)
> /Users/quannguyen/PycharmProjects/PythonMath-Packt/Chapter01/Exercise1.8/counter.py(14
)update()
-> self.value = current_value + 1
> /Users/quannguyen/PycharmProjects/PythonMath-Packt/Chapter01/Exercise1.8/counter.py(14
)update()
-> self.value = current_value + 1


> /Users/quannguyen/PycharmProjects/PythonMath-Packt/Chapter01/Exercise1.8/counter.py(14
)update()
-> self.value = current_value + 1> /Users/quannguyen/PycharmProjects/PythonMath-Packt/Ch
apter01/Exercise1.8/counter.py(14)update()
-> self.value = current_value + 1


(Pdb) █
```

그림 1.4 pdb 인터페이스

7. **ll**을 입력하고 Enter 키를 눌러 현재 프로그램이 일시 중지되는 위치를 확인한다:

```
(Pdb) ll
9           def update(self):
10              current_value = self.value
11              breakpoint()
12 ->           self.value = current_value + 1
```

출력 결과를 통해 **update()** 메서드 내에서 카운터값을 증가시키는 두 개의 명령문 사이에서 일시 중지하고 있다는 것을 알 수 있다.

8. 다시 Enter 키를 눌러 **pdb** 프롬프트로 돌아가서 **p self.value** 명령문을 입력한다:

```
(Pdb) p self.value
0
```

현재 카운터값이 **0**이라는 걸 확인할 수 있다.

9. 프롬프트로 돌아가서 **n** 명령문을 입력한 후, 다시 **p self.value** 명령문을 사용하여 카운터값을 확인한다:

```
(Pdb) n
--Return--
> <ipython-input-61-066f5069e308>(12)update()->None
-> self.value = current_value + 1
(Pdb) p self.value
1
```

10. 값이 1만큼 증가한 것을 알 수 있다. **n**과 **p self.value**를 번갈아가며 반복하여 프로그램을 실행하는 동안 **self.value**에 저장된 값이 업데이트되지 않는 걸 관찰할 수 있다. 다시 말해, 값이 그대로 유지된다. 단위 테스트에서 본 것처럼 이런 방식으로 카운터값이 클 때 버그가 나타난다.

11. Ctrl + C로 디버거를 종료한다.

> **노트**
>
> 이 절의 소스 코드는 다음에 있다.
>
> https://packt.live/2YPCZFJ.
>
> 이 절은 현재 온라인으로 실행할 수 없고 로컬 환경에서 실행해야 한다.

관심 있는 사람을 위해 설명하자면, 이 프로그램의 버그는 여러 스레드가 거의 동시에 카운터값을 증가시킬 수 있어 서로의 변경 사항을 덮어쓰게 될 때 일어난다. (이 경우 5,000 또는 10,000과 같이) 스레드 수가 많을수록 이런 일이 발생할 확률이 더 높아진다. 이 현상이 앞에서 언급한 경쟁 상태라 부르는 것이며, 동시성 및 병렬성을 포함하는 프로그램의 가장 일반적인 버그 중 하나다.

이 연습은 몇 가지 **pdb** 명령어를 보여주는 것 외에도 다양한 오류 상황을 다루기 위해 평가 행위를 설계하는 것이 필요하다는 사실을 보여준다. 프로그램은 5 같은 작은 목표치일 때 평가를 통과하지만, 목표치가 큰 경우에는 실패할 수 있다. 실제로, 프로그램이 의도한 대로 동작하는지, 심지어 예외적인 경우에도 제대로 동작하는지 보장하기 위해 다양한 가능성을 열어두고 프로그램을 시뮬레이션하는 평가를 거쳐야 한다.

이제 이번 장의 마지막 주제인 버전 관리로 넘어가도록 하자.

▶ 버전 관리

이 절에서, 버전 관리의 일반적인 이론을 간략히 소개한 다음, 실무에서 가장 인기 있는 버전 관리 시스템인 Git과 GitHub을 사용해서 구현하는 과정에 대해 논의한다. 프로그래밍 프로젝트에서 버전 관리는 일반 파일에 대한 데이터 백업의 관계와 유사하다. 본질적으로, 버전 관리 시스템을 사용하면 해당 프로젝트의 진행 상황을 로컬 파일과 별도로 분리하여 저장해서 로컬 파일이 손실되거나 손상되더라도 나중에 복구할 수 있다.

Git과 GitHub과 같은 버전 관리 시스템이 제공하는 기능을 사용해서 더 많은 관리 작업을 수행할 수도 있다. 이러한 시스템이 제공하는 브랜치와 병합 기능을 통해 사용자들은 공통 프로젝트의 여러 버전을 만들어가면서 다양한 개발 방향을 탐색할 수 있다; 가장 선호되는 결과물을 구현한 브랜치는 최종적으로 메인 브랜치와 병합된다. 또한 Git 및 GitHub을 사용하면 플랫폼상에서 사용자 간의 원활한 작업이 가능하며 이는 팀 프로젝트에서 매우 유용하다.

다음 실습을 통해서 Git과 GitHub으로 활용할 수 있는 기능을 이해해보자.

실습 1.09 ✦ GIT과 GITHUB로 버전 관리

이 실습을 통해 Git과 GitHub을 시작하는 데 필요한 모든 절차를 소개하려 한다. 아직 버전 관리에 대한 경험이 없는 경우에 이 실습이 큰 도움이 된다.

다음 단계에 따라 연습해보자:

1. 먼저, 아직 GitHub 계정이 없다면 https://www.github.com/에서 가입하자. 가입하면 버전 관리를 하려는 파일을 클라우드 저장소에 호스팅할 수 있다.
2. https://git-scm.com/downloads에 접속하여 자신의 시스템에 맞는 Git 클라이언트 소프트웨어를 내려받아 설치한다. 이 Git 클라이언트는 GitHub 서버와의 통신을 담당한다. 터미널에서 **git** 명령어가 실행되면 Git 클라이언트가 성공적으로 설치된 것이다:

```
$ git
usage: git [--version] [--help] [-C <path>] [-c <name>=<value>]
           [--exec-path[=<path>]] [--html-path] [--man-path] [--info-path]
           [-p | --paginate | -P | --no-pager] [--no-replace-objects]
[--bare]
           [--git-dir=<path>] [--work-tree=<path>]
[--namespace=<name>]
           <command> [<args>]
```

그렇지 않은 경우, 시스템을 다시 부팅해서 설치 결과가 완전히 시스템에 반영되게 해야 할 수도 있다.

3. 이제 샘플 프로젝트에 버전 관리를 적용하는 과정을 시작해보자. 먼저 더미 폴더를 생성하고, 주피터 노트북과, 다음과 같은 내용의 **input.txt**라는 텍스트 파일을 만든다:

```
1,1,1
1,1,1
```

4. 주피터 노트북의 첫 번째 셀에, **add_elements()**라는 함수를 작성한다. 이 함수는 두 개의 숫자 리스트를 입력으로 받아서 각 원소를 더한 후 결과 리스트를 반환한다; 두 매개변수 리스트의 길이가 같다고 가정한다:

```
def add_elements(a, b):
    result = []
    for item_a, item_b in zip(a, b):
        result.append(item_a + item_b)

    return result
```

5. 다음 코드 셀에서, **with** 문을 사용하여 **input.txt** 파일을 읽고, **readlines()** 함수와 리스트 인덱싱을 사용하여 파일의 마지막 두 줄을 추출한다:

```
with open('input.txt', 'r') as f:
    lines = f.readlines()

last_line1, last_line2 = lines[-2], lines[-1]
```

open() 함수에서 두 번째 인자인 **'r'**은 파일을, 쓰기가 아니라, 읽기라는 것을 지정한다.

6. 새로운 코드 셀에서, **str.split()** 함수와 **','** 인자를 사용하여 각 줄에서 개별 숫자를 분리한 후, **map()** 함수와 **int()** 함수를 사용하여 원소별로 정수로 변환한다. 이렇게 하면 텍스트 입력의 두 문자열을 숫자 리스트로 변환할 수 있다:

```
list1 = list(map(int, last_line1[: -1].split(',')))
list2 = list(map(int, last_line2[: -1].split(',')))
```

7. 새로운 코드 셀에서, **list1**과 **list2**에 대해 **add_elements()** 함수를 호출한다. 결과로 반환된 리스트를 같은 입력 파일의 새로운 줄에 쉼표로 구분된 값(**comma-separated values CSV** 형식)으로 기록한다:

```
new_list = add_elements(list1, list2)

with open('input.txt', 'a') as f:
    for i, item in enumerate(new_list):
        f.write(str(item))

        if i < len(new_list) - 1:
            f.write(',')
        else:
            f.write('\n')
```

여기에서 **'a'** 인자는 파일의 새로운 줄에 추가하여 쓴다는 것을 지정한다. 즉, 파일을 완전히 덮어쓰는 것이 아니라 새로운 줄을 추가하는 것을 나타낸다.

8. 코드 셀을 실행하고 텍스트 파일이 다음과 같이 업데이트되었는지 확인하자:

```
1,1,1
1,1,1
2,2,2
```

9. 샘플 프로젝트의 현재까지 설정은 다음과 같다: 폴더 내에 텍스트 파일과 파이썬 스크립트가 있다; 스크립트는 실행될 때 텍스트 파일의 내용을 변경할 수 있다. 이러한 설정은 현실적인 상황에서 상당히 흔하다: 데이터 파일에는 지속해서 관리하려는 어떤 정보가 포함되어 있고, 파이썬 프로그램은 해당 데이터를 읽어들여 어떤 방법(미리 지정된 계산 또는 외부에서 수집한 새로운 데이터 추가 등)으로 업데이트한다.

이제 이 샘플 프로젝트에 버전 관리를 구현해보자.

10. 온라인 GitHub 계정으로 이동하여, 창 오른쪽 위에 있는 플러스 기호 **(+)**를 클릭하고, 다음처럼 **New repository** 옵션을 선택한다:

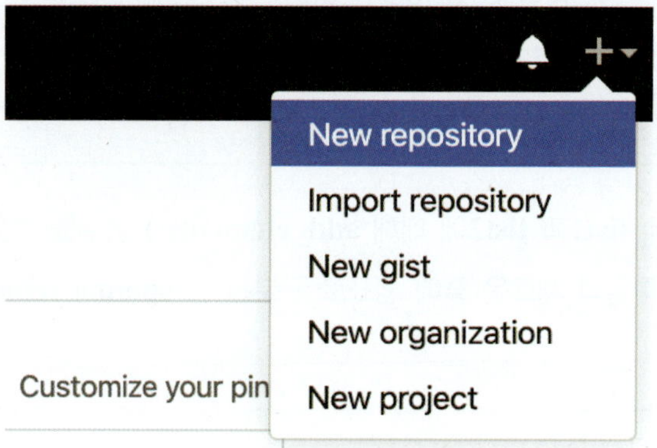

그림 1.5 새 저장소 생성

새 저장소의 이름을 양식에 입력하고 버전 관리 생성 프로세스를 완료한다. 다음에 필요하므로 이 새로운 저장소의 URL을 클립보드에 복사한다.

이렇게 하면, 이름 그대로, 우리가 버전 관리하려는 코드를 호스팅할 새로운 온라인 저장소가 생성된다.

11. 로컬 컴퓨터에서, 터미널을 열고 해당 폴더로 이동한다. 다음 명령을 실행하여 해당 폴더와 연결된 로컬 Git 저장소를 초기화한다:

```
$ git init
```

12. 터미널에서, 다음 명령을 실행하여 프로젝트의 모든 내용을 Git에 추가하고 커밋한다:

```
git add .
git commit -m [any message with double quotes]
```

git add . 대신에, **.** 자리에 Git에 등록하려는 파일 이름을 지정할 수 있다. 이 옵션은 모든 파일이 아닌 특정 파일 한두 개만 등록하려는 경우에 유용하다.

13. 이제 로컬 저장소와 지금 생성한 온라인 저장소를 연결해야 한다. 이를 위해 다음 명령을 실행한다:

```
git remote add origin [URL to GitHub repository]
```

origin은 URL에 대한 관례적인 별칭이다.

14. 마지막으로, 다음 명령을 실행하여 로컬에 등록된 파일을 온라인 저장소에 업로드한다:

```
git push origin master
```

15. 로컬 파일이 실제로 GitHub에 업로드되었는지 확인하기 위해 온라인 저장소의 웹사이트로 이동한다.
16. 로컬 컴퓨터에서 Jupyter 노트북에 포함된 스크립트를 실행하고 텍스트 파일을 변경한다.
17. 이제, 이 변경 사항을 GitHub 저장소에 커밋해보자. 터미널에서 다음 명령을 다시 실행한다:

```
git add .
git commit
git push origin master
```

18. GitHub 웹사이트로 이동하거나 새로 고침으로 두 번째 변경 사항이 GitHub에도 적용되었는지 확인한다.

이 실습을 통해 샘플 버전 관리 절차를 따라가면서, Git과 GitHub이 이러한 측면에서 어떻게 사용되는지에 대한 몇 가지 사례를 살펴보았다. 또한 **with** 문을 사용하여 파이썬에서 파일을 읽고 쓰는 과정을 다시 한번 되돌아보았다.

> **노트**
>
> 이 절의 소스 코드는 다음에 있다.
>
> https://packt.live/2VDS0IS.
>
> 또한, 다음에서 이 예제를 온라인으로 실행할 수 있다.
>
> https://packt.live/3ijJ1pM.

이로써 이 책의 첫 번째 장의 마지막 주제를 마친다. 다음 절에서는 이 장에서 다룬 중요한 주제와 토론을 포괄하는 실습 프로젝트를 제공한다.

프로젝트 1.01 ✦ 스도쿠 프로그램

지금까지 배운 내용을 좀 더 복잡한 문제로 확인해보자: 스도쿠 퍼즐을 해결할 수 있는 프로그램 작성. 이 프로그램은 초기 퍼즐이 포함된 CSV 형식의 텍스트 파일을 입력으로 받아 해당 퍼즐의 완전한 해결책을 출력해야 한다.

이 프로젝트는 외부 파일에서 데이터를 읽고 알고리즘을 통해 정보를 조작하는 것과 같이, 과학 계산 및 데이터 과학 프로젝트에서 흔히 사용되는 여러 절차를 연습하는 것으로서의 몸풀기 역할을 한다.

1. 이 장의 GitHub 저장소에, 다음 단계에서 생성할 Jupyter 노트북의 위치도 동일, 우리 프로그램의 입력 파일로 사용할 **sudoku_input_2.txt** 파일을 복사한다(또는 비어있는 셀은 0으로 채워진 동일한 형식의 입력 파일을 GitHub 저장소에 직접 생성한다).
2. 새로운 주피터 노트북의 첫 번째 코드 셀에, **Solver** 클래스를 생성한다. 이 클래스는 입력 파일의 경로를 인자로 받아 9×9 크기의 2차원 리스트에 입력 파일에서 읽은 정보를 저장해야 한다(9개의 부분 리스트로 구성된 리스트로, 각각은 퍼즐의 각 행에 해당하는 9개의 값으로 구성된다).
3. 다음과 같이 깔끔하게 출력하는 헬퍼 메서드를 추가한다:

```
-----------------------
0 0 3 | 0 2 0 | 6 0 0 |
9 0 0 | 3 0 5 | 0 0 1 |
0 0 1 | 8 0 6 | 4 0 0 |
-----------------------
0 0 8 | 1 0 2 | 9 0 0 |
7 0 0 | 0 0 0 | 0 0 8 |
0 0 6 | 7 0 8 | 2 0 0 |
-----------------------
0 0 2 | 6 0 9 | 5 0 0 |
8 0 0 | 2 0 3 | 0 0 9 |
0 0 5 | 0 1 0 | 3 0 0 |
-----------------------
```

4. 클래스에 **get_presence(cells)** 메서드를 생성한다. 이 메서드는 (미해결/부분적으로 해결된 퍼즐인) 9×9 크기의 2차원 리스트를 입력으로 받고, 1부터 9 사이의 주어진 숫자가 주어진 행,

열 또는 사분면에 존재하는지를 나타내는 표시를 반환해야 한다. 예를 들어, 앞의 퍼즐에서, 이 메서드의 반환값은 첫 번째 행에 2, 3, 6이 존재하고 두 번째 열에는 어떤 숫자도 없다는 걸 알려주어야 한다.

5. 클래스에 **get_possible_values(cells)** 메서드를 생성한다. 이 메서드는 미해결된 솔루션을 나타내는 2차원 리스트를 입력으로 받고, 빈 셀의 위치를 키로, 해당 셀이 취할 수 있는 가능한 값의 리스트/집합을 값으로 갖는 딕셔너리를 반환해야 한다.
   이 가능한 값의 리스트는 주어진 빈 셀과 같은 행, 열 또는 사분면에 숫자가 존재하는지를 따져서 생성해야 한다.
6. 클래스에 **simple_update(cells)** 메서드를 생성한다. 이 메서드는 미해결된 솔루션을 나타내는 2차원 리스트를 입력으로 받고, 해당 리스트에 대해 **get_possible_values()** 메서드를 호출한다. 반환된 값에 대해 하나의 가능한 솔루션만 존재하는 빈 셀이라면 그 값으로 빈 셀을 업데이트한다.
   이런 업데이트가 발생하면 메서드는 자신을 다시 호출하여 셀을 계속해서 업데이트해야 한다. 이는 업데이트 후 남은 빈 셀의 가능한 값 목록이 변경될 수 있기 때문이다. 메서드는 최종적으로 업데이트된 2차원 리스트를 반환한다.
7. 클래스에 **recur_solve(cells)** 메서드를 생성한다. 이 메서드는 미완성된 솔루션을 나타내는 2차원 리스트를 입력으로 받고, 백트래킹을 수행한다. 먼저, 이 메서드는 **simple_update()**를 호출하고 퍼즐이 완전히 해결되었는지(즉, 빈 셀이 있는지 아닌지)를 반환해야 한다.
   다음으로, 남은 빈 셀의 가능한 값들을 검사한다. 만일 남은 빈 셀이 있는데 가능한 값이 없는 경우, 풀이에 실패했음을 나타내는 부정 판정을 반환한다.
   한편, 모든 셀이 최소 두 개 이상의 가능한 값이 있는 경우, 가능한 값의 개수가 가장 적은 셀을 찾는다. 가능한 값들을 순차적으로 빈 셀에 채우고 업데이트된 셀에 대해 **recur_solve()**를 내부에서 호출하여 재귀 알고리즘을 구현한다. 각 반복에서 최종 솔루션이 유효한지 아닌지를 반환한다. 모든 가능한 값에 대해 유효한 최종 솔루션이 발견되지 않는 경우 부정 판정을 반환한다.
8. 앞의 메서드들을 **solve()** 메서드로 묶는다. 이 메서드는 초기 퍼즐을 출력하고, **recur_solve()** 메서드에 전달한 후, 해당 메서드에서 반환된 솔루션을 출력해야 한다.
   예를 들어, 앞의 초기 퍼즐에 대한 **Solver** 인스턴스의 **solve()**를 호출하면 다음과 같은 출력이 나올 것이다.
   초기 퍼즐:

```
-----------------------
0 0 3 ¦ 0 2 0 ¦ 6 0 0 ¦
9 0 0 ¦ 3 0 5 ¦ 0 0 1 ¦
0 0 1 ¦ 8 0 6 ¦ 4 0 0 ¦
-----------------------
0 0 8 ¦ 1 0 2 ¦ 9 0 0 ¦
7 0 0 ¦ 0 0 0 ¦ 0 0 8 ¦
0 0 6 ¦ 7 0 8 ¦ 2 0 0 ¦
-----------------------
0 0 2 ¦ 6 0 9 ¦ 5 0 0 ¦
8 0 0 ¦ 2 0 3 ¦ 0 0 9 ¦
0 0 5 ¦ 0 1 0 ¦ 3 0 0 ¦
-----------------------
```

최종 퍼즐:

```
-----------------------
4 8 3 ¦ 9 2 1 ¦ 6 5 7 ¦
9 6 7 ¦ 3 4 5 ¦ 8 2 1 ¦
2 5 1 ¦ 8 7 6 ¦ 4 9 3 ¦
-----------------------
5 4 8 ¦ 1 3 2 ¦ 9 7 6 ¦
7 2 9 ¦ 5 6 4 ¦ 1 3 8 ¦
1 3 6 ¦ 7 9 8 ¦ 2 4 5 ¦
-----------------------
3 7 2 ¦ 6 8 9 ¦ 5 1 4 ¦
8 1 4 ¦ 2 5 3 ¦ 7 6 9 ¦
6 9 5 ¦ 4 1 7 ¦ 3 8 2 ¦
-----------------------
```

☑ 확장

1. 오일러 프로젝트 웹사이트(https://projecteuler.net/problem=96)에 들어가서, 제시된 퍼즐에 대해 자신의 알고리즘을 평가해보라.
2. 스도쿠 퍼즐을 생성하고 solver가 생성한 솔루션이 올바른지 확인하는 단위 테스트를 포함하는 프로그램을 작성해보라.

☑ 노트

이 프로젝트의 구현 코드는 부록에 있다.

요약

이 장에서, 파이썬 프로그래밍의 가장 기본적인 구성요소를 소개했다: 제어 흐름, 데이터 구조, 알고리즘 설계, 그리고 디버깅, 테스트, 버전 관리와 같은 다양한 일상적인 작업. 이 장에서 습득한 지식은 이어질 장에서 다룰 다른 복잡하고 전문적인 도구의 논의를 위한 준비과정이다. 특히 다음 장에서는 통계, 과학적 계산, 데이터 과학 분야에서 파이썬이 제공하는 주요 도구와 라이브러리에 대해 알아본다.

2장

파이썬과 기본 통계 툴

요약

대부분의 통계 실무자가 사용하는 파이썬의 주요 라이브러리 사용법을 배운다. 가장 자주 사용하는 핵심 라이브러리에 대해, 가장 중요하고 유용한 개념, 함수 및 **API(Application Programming Interfaces)**를 쉬운 예제와 함께 살펴본다. 이 장에서 소개하는 거의 모든 계산 도구가 **이 책의 나머지 부분에서 사용**된다.

이 장을 마치면, NumPy 라이브러리의 **배열 벡터화**라는 개념을 이해하고 그것의 샘플링 기능을 사용할 수 있게 된다. **pandas 데이터프레임**을 초기화해서, 테이블 형식의 데이터를 파이썬으로 처리할 수 있는 형태로 나타낸 후, 그 내용을 조작할 수 있게 되며, 또한 데이터 분석에서 **데이터 시각화**의 중요성을 이해하고 파이썬의 가장 인기 있는 2가지 시각화 라이브러리를 활용할 수 있다: Matplotlib와 Seaborn.

개요

앞 장에서 파이썬 언어를 살펴봄으로써 이 책의 주요 주제인 수학과 통계를 다루기 위한 준비가 되었다.

계산 수학과 통계 분야는 일반적으로 세 가지 주요 도구-중심 구성요소로 나눌 수 있다: 데이터의 표현 및 가공, 분석 및 계산, 마지막으로 시각화: 파이썬 프로그래밍 언어 생태계에는, 각각의 구성요소에 대한 대표적 라이브러리(pandas, NumPy, Matplotlib 및 Seaborn)가 있으며, 이를 통해 프로세스를 모듈화할 수 있다.

비슷한 다른 패키지나 도구가 있을 수 있지만, 우리가 다룰 라이브러리는 계산, 데이터 처리 및 시각화에 대한 포괄적인 기능을 제공하고 강력한 옵션을 지원하는 것으로 입증되어왔기 때문에 지난 수년 동안 파이썬 프로그래머들이 선호하는 도구로 자리를 잡았다.

이 장에서는 각 라이브러리를 소개하고 각각의 주요 API에 대해 배운다. 단계별 실습으로 이러한 도구를 사용해서 데이터 생성, 조작, 분석 및 시각화를 얼마나 자유롭고 유연하게 할 수 있는지 알게 된다. 이러한 도구를 사용하는 방법을 알게 됨으로써 이 책의 다른 장에서 더 복잡한 주제를 잘 다룰 수 있다.

과학 계산과 NUMPY 기초

지금까지 **과학적 컴퓨팅**이라는 용어를 여러 번 사용했다; 넓은 의미에서 이 용어는 컴퓨터 프로그램(또는 컴퓨팅 기능을 갖춘 어떤 것)을 사용하여 수학, 공학 또는 과학의 특정 문제를 모델링하고 해결하는 과정을 나타낸다. 예를 들어 생물 및 사회 데이터에서 패턴과 경향을 찾고 분석하는 수학적 모델링 또는 경제 데이터를 사용하여 미래를 예측하는 기계 학습 모델링 등이 여기에 해당한다. 이미 눈치챘듯이 이 정의는 데이터 과학의 일반적인 분야와 많이 중복되며, 때로는 용어를 바꾸어 사용할 수도 있다.

파이썬에 의한 (전부는 아니더라도) 많은 과학적 컴퓨팅 프로젝트에서 사용하는 주요 작업 도구는 NumPy 라이브러리이다. NumPy는 파이썬과 함께 설치되지 않는 외부 라이브러리이므로 내려받아서 설치해야 한다. 잘 알려진 대로, pip 또는 Anaconda 같은 패키지 관리자를 사용하여 파이썬에서 외부 라이브러리 및 패키지를 쉽게 설치할 수 있다.

터미널에서, 다음을 실행해서 pip 명령으로 사용자 파이썬 환경에 NumPy를 설치한다:

```
$ pip install numpy
```

만일 Anaconda 환경을 사용하는 중이면, 대신 다음 명령을 실행한다:

```
$ conda install numpy
```

이 간단한 명령으로 설치에 필요한 단계가 처리된다.

NumPy의 가장 강력한 기능은 객체의 벡터화된 다차원 배열 표현; 다양한 선형대수 함수 및 변환의 구현; 그리고 무작위 샘플링이다. 이 절에서는 배열의 일반적인 개념부터 시작하여 이러한 모든 주제를 다룬다.

▶ NumPy 배열

앞 장에서, 파이썬 리스트를 설명할 때 이미 배열의 개념을 다루었다. 일반적으로 배열은 개별적으로 액세스하거나 때에 따라 통째로 조작할 수 있는 서로 다른 원소의 열이다. 따라서 NumPy 배열은 파이썬 리스트와 매우 유사하다; 실제로 NumPy 배열을 선언하는 가장 일반적인 방법은, 아래처럼, **numpy.array()** 메서드에 파이썬 리스트를 전달하는 것이다:

```
>>> import numpy as np
>>> a = np.array([1, 2, 3])
>>> a
array([1, 2, 3])
>>> a[1]
2
```

가장 큰 차이점으로 파이썬 리스트와 다르게 NumPy 배열의 원소는 동일한 유형이어야 한다는 점을 명심하자. 예를 들어 아래처럼 두 개의 숫자와 하나의 문자열로 구성된 배열을 만들려고 해도, NumPy가 배열의 모든 원소를 문자열로 강제 변환한다(**<U21** 데이터 유형은 21자 미만의 유니코드 문자열을 나타낸다):

```
>>> b = np.array([1, 2, 'a'])
>>> b
array(['1', '2', 'a'], dtype='<U21')
```

파이썬 다차원 리스트를 생성할 수 있듯이 NumPy 배열도 다차원 옵션을 지원한다:

```
>>> c = np.array([[1, 2, 3], [4, 5, 6], [7, 8, 9]])
>>> c
array([[1, 2, 3],
       [4, 5, 6],
       [7, 8, 9]])
```

> **노트**
>
> NumPy에서는 다차원 배열을 보통 행렬이라고 부른다.

파이썬 리스트로 초기화하는 방법 외에, 지정된 형식으로 NumPy 배열을 만들 수 있다. 특히 **np.zeros()**와 **np.ones()**를 사용해서 지정된 차원 및 데이터 유형의 0 또는 1로 가득 찬 행렬을 초기화할 수 있다. 예를 들면 다음과 같다:

```
>>> zero_array = np.zeros((2, 2)) # 2 by 2 zero matrix
>>> zero_array
array([[0., 0.],
       [0., 0.]])
```

여기서 튜플 **(2, 2)**은 초기화되는 배열(또는 행렬)이 2×2 차원임을 지정한다. 0 뒤에 붙은 점(.)으로 알 수 있듯이 NumPy 배열의 기본 데이터 유형은 float이고, **dtype** 인수를 사용해서 다르게 지정할 수 있다:

```
>>> one_array = np.ones((2, 2, 3), dtype=int) # 3D one integer matrix
>>> one_array
array([[[1, 1, 1],
        [1, 1, 1]],

       [[1, 1, 1],
        [1, 1, 1]]])
```

모든 원소가 0 또는 1인 행렬은 수학 및 통계학에서 자주 쓰이는 객체이므로 이 API 호출은 뒤에서 아주 유용하게 쓰인다. 이제 모든 원소가 임의의 숫자인 행렬 객체를 살펴보자. **np.random.rand()**를 사용해서 0보다 크거나 같고 1보다 작은 실수로 균등하게 샘플링된 원소로 구성된 주어진 크기(!행렬의 **차원**과 유사한 파이썬 용어 **shape**의 우리말 표현인데, 크기로 번역하였다, 앞으로 문맥에 따라 크기 또는 모양 또는 차원으로 표기한다.)의 행렬을 만들 수 있다:

```
>>> rand_array = np.random.rand(2, 3)
>>> rand_array
array([[0.90581261, 0.88732623, 0.291661  ],
       [0.44705149, 0.25966191, 0.73547706]])
```

여기서 원하는 행렬의 크기를 튜플로 전달하지 않고 대신 **np.random.rand()** 함수의 매개변수로 전달했음에 주목하자.

무작위성이나 다양한 분포를 따르는 무작위 샘플링 개념에 익숙하지 않더라도, 이 장의 뒤에서 해당 주제를 다룰 것이니 걱정할 필요는 없다. 지금은 계속해서, 특히 인덱싱과 슬라이싱이라는, NumPy 배열의 중요한 개념에 대해 알아보자.

파이썬 리스트에서 개별 원소에 액세스하려면 리스트 변수 옆의 대괄호 안에 인덱스를 전달해야 한다는 것을 기억할 것이다; 1차원 NumPy 배열도 마찬가지이다:

```
>>> a = np.array([1, 2, 3])
>>> a[0]
1
>>> a[1]
2
```

다차원 배열인 경우, 여러 개의 대괄호를 사용해서 하위 배열에 액세스하는 대신, 간단하게 쉼표로 개별 인덱스를 구분하면 된다. 예를 들어 3×3 행렬의 두 번째 행 두 번째 열의 원소에 액세스하는 방법은 다음과 같다:

```
>>> b = np.array([[1, 2, 3], [4, 5, 6], [7, 8, 9]])
>>> b
array([[1, 2, 3],
       [4, 5, 6],
       [7, 8, 9]])
>>> b[1, 1]
5
```

NumPy 배열의 슬라이싱 역시 같은 방식(쉼표 사용)으로 수행할 수 있다. 이 구문은 행렬에서 여러 차원의 하위 행렬에 액세스할 때 매우 유용하다:

```
>>> a = np.random.rand(2, 3, 4) # random 2-by-3-by-4 matrix
>>> a
array([[[0.54376986, 0.00244875, 0.74179644, 0.14304955],
        [0.77229612, 0.32254451, 0.0778769 , 0.2832851 ],
        [0.26492963, 0.5217093 , 0.68267418, 0.29538502]],
       [[0.94479229, 0.28608588, 0.52837161, 0.18493272],
        [0.08970716, 0.00239815, 0.80097454, 0.74721516],
        [0.70845696, 0.09788526, 0.98864408, 0.82521871]]])
>>> a[1, 0: 2, 1:]
array([[0.28608588, 0.52837161, 0.18493272],
       [0.00239815, 0.80097454, 0.74721516]])
```

위 예에서 **a[1, 0: 2, 1:]**는 행렬 a의 특정 영역 원소에 액세스하는 방법을 나타낸다; 이 경우, 첫 번째 축의 두 번째 원소(인덱스 **1**)에서, 두 번째 축의 처음 두 원소(**0:2**), 세 번째 축의 마지막 세 원소(**1:**)를 나타낸다. 이 옵션은 NumPy 배열이 파이썬 리스트보다 강력하고 유연한 이유를 잘 보여준다. 파이썬 리스트는 다차원 인덱싱 및 슬라이싱을 지원하지 않는다.

마지막으로 NumPy 배열을 조작하는 또 다른 중요한 구문은 **np.reshape()** 함수이다. 이름 그대로, 이 함수는 주어진 NumPy 배열의 크기를 변경한다. 이 기능이 필요한 여러 가지 경우가 있을 수 있다: 예를 들어 가독성을 높이기 위해 배열을 특정 방식으로 표시해야 할 때, 또는 (!딥러닝 모델을 사용하는 경우) 특정 크기의 배열을 입력으로 받는 내장 함수에 배열을 전달해야 할 때 등이다.

다음 코드 조각을 통해서 이 함수의 효과를 잘 관찰할 수 있다:

```
>>> a
array([[[0.54376986, 0.00244875, 0.74179644, 0.14304955],
        [0.77229612, 0.32254451, 0.0778769 , 0.2832851 ],
        [0.26492963, 0.5217093 , 0.68267418, 0.29538502]],

       [[0.94479229, 0.28608588, 0.52837161, 0.18493272],
        [0.08970716, 0.00239815, 0.80097454, 0.74721516],
        [0.70845696, 0.09788526, 0.98864408, 0.82521871]]])
```

```
>>> a.shape
(2, 3, 4)
>>> np.reshape(a, (3, 2, 4))
array([[[0.54376986, 0.00244875, 0.74179644, 0.14304955],
        [0.77229612, 0.32254451, 0.0778769 , 0.2832851 ]],

       [[0.26492963, 0.5217093 , 0.68267418, 0.29538502],
        [0.94479229, 0.28608588, 0.52837161, 0.18493272]],

       [[0.08970716, 0.00239815, 0.80097454, 0.74721516],
        [0.70845696, 0.09788526, 0.98864408, 0.82521871]]])
```

np.reshape() 함수가 전달받은 배열의 내용을 훼손하지 않음에 주의하자; 배열의 원소를 그대로 유지하면서 대신 새 크기의 복사본을 반환한다. 따라서 이 반환된 배열을 어떤 변수에 할당할 수 있다.

또한, 크기가 **(2, 3, 4)**인 원래 배열을 크기 **(3, 2, 4)**로 변경했다는 것에 유의하자. 즉, 이 재구성 함수는 두 배열의 총 원소 개수가 같아야만 수행할 수 있다($2 \times 3 \times 4 = 3 \times 2 \times 4 = 24$). 아래처럼, 새 배열의 크기가 원래 배열의 크기와 이런 방식으로 일치하지 않으면 오류가 발생한다:

```
>>> np.reshape(a, (3, 3, 3))
---------------------------------------------------------------
ValueError                        Traceback (most recent call last)
...
ValueError: cannot reshape array of size 24 into shape (3,3,3)
```

NumPy 배열의 재구성 측면에서, 행렬의 전치는 대각선을 따라 행렬의 원소를 '뒤집는' 특수한 형태의 재구성으로 볼 수 있다. 수학과 기계 학습에서 행렬의 전치를 계산하는 것은 아주 흔한 작업이다. NumPy 배열의 전치는 **[array].T** 구문으로 계산한다. 예를 들어 터미널에서 **a.T**를 실행하면 다음처럼 행렬 **a**의 **전치행렬**을 계산할 수 있다:

```
>>> a.T
array([[[0.54376986, 0.94479229],
        [0.77229612, 0.08970716],
        [0.26492963, 0.70845696]],
```

```
       [[0.00244875, 0.28608588],
        [0.32254451, 0.00239815],
        [0.5217093 , 0.09788526]],

       [[0.74179644, 0.52837161],
        [0.0778769 , 0.80097454],
        [0.68267418, 0.98864408]],

       [[0.14304955, 0.18493272],
        [0.2832851 , 0.74721516],
        [0.29538502, 0.82521871]]])
```

이상으로 NumPy 배열에 대한 소개를 마친다. 다음 절에서는 NumPy 배열만큼 중요한 개념인 벡터화에 대해 배워보자.

▶ 벡터화

넓은 의미에서, 컴퓨터 과학에서의 **벡터화**라는 용어는 (일반적인 의미에서) 배열의 각 원소 단위로 수학적 연산을 적용하는 프로세스를 나타낸다. 예를 들어 배열의 모든 원소에 같은 값을 더하는 연산은 벡터화된 연산이다. 모든 원소에 같은 값을 곱하는 벡터화된 곱셈도 마찬가지이다. 일반적으로 벡터화는 모든 배열 원소에 같은 연산을 적용해서 처리된다.

NumPy 배열(또는 여러 배열)에 허용되는 연산이 수행될 때 벡터화가 자동으로 수행된다. 벡터화 연산은 덧셈, 뺄셈, 곱셈, 나눗셈, 제곱 및 mod와 같은 이진 함수뿐 아니라, 절댓값, 제곱근, 삼각함수, 로그함수 및 지수함수 같은 NumPy의 여러 단항 내장 함수에도 자동으로 적용된다.

NumPy에서 벡터화를 실행해보기 전에, 그 중요성과 역할에 대해 논의할 필요가 있다. 앞에서 언급했듯이 벡터화는 일반적으로 배열의 원소에 공통으로 적용하는 작업이다. 반복처리로 인해 벡터화 연산은 **for** 반복을 사용하는 경우보다 효율적으로 최적화될 수 있다. 그러나 이 기능을 사용하기 위해서는 배열의 원소가 모두 같은 데이터 유형이어야 한다는 것이 제한사항이다 — 이는 NumPy 배열의 요구 사항이기도 하다.

이제 다음 실습으로 넘어가서 실제로 이 효과를 확인해보자.

실습 2.01 NUMPY에서 벡터화 연산의 시간 측정

이 실습에서는 NumPy 배열을 사용하여 덧셈, 곱셈 및 제곱근 계산과 같은 다양한 벡터화된 연산을 수행하고, 벡터화를 사용하지 않고 순수하게 파이썬으로 구현한 경우와 비교하여 속도가 얼마나 향상되는지 계산해본다. 다음 단계에 따라 실습해보자:

1. 새 Jupyter 노트북의 첫 번째 셀에서, NumPy 패키지와 **timeit** 라이브러리의 **Timer** 클래스를 가져온다. **Timer** 클래스는 시간을 측정하는 데 쓰인다:

```
import numpy as np
from timeit import Timer
```

2. 새 셀에서, **range()** 함수를 사용하여 0부터 1,000,000(제외)까지의 숫자를 포함하는 파이썬 리스트와, **np.array()** 함수를 사용해서 그에 대응하는 NumPy 배열을 초기화한다:

```
my_list = list(range(10 ** 6))
my_array = np.array(my_list)
```

3. 이제 이 리스트와 배열에 수학 연산을 적용해 보자. 새 셀에서, (리스트 구성 구문을 사용해서) **my_list**의 모든 원소에 1을 더한 결과를 원소로 하는 새 리스트를 반환하는 **for_add()**라는 이름의 함수를 생성한다. 그리고 그것과 같은 원소로 구성된 NumPy 배열을 반환하는 **vec_add()** 라는 이름의 다른 함수도 작성하는데, 이 함수의 코드는 단순히 **my_array + 1**이다:

```
def for_add():
    return [item + 1 for item in my_list]

def vec_add():
    return my_array + 1
```

4. 다음 코드 셀에서, 두 함수를 각각 매개변수로 하는 **Timer** 객체 두 개를 초기화한다. 이 객체는 함수의 속도를 측정하는 데 사용할 인터페이스를 포함하고 있다.
   각각의 객체에 대해 매개변수를 10, 10으로 하는 **repeat()** 함수를 호출한다 - 시간 측정을 100회 반복. 마지막으로, **repeat()** 함수가 각 함수의 실행 시간을 나타내는 숫자 리스트를 반환하므로, 이 리스트의 최솟값을 출력한다. 즉, 각 함수의 최소 실행 시간을 측정한다:

```
print('For-loop addition:')
print(min(Timer(for_add).repeat(10, 10)))

print('Vectorized addition:')
print(min(Timer(vec_add).repeat(10, 10)))
```

이 코드의 실행 결과는 다음과 같다:

```
For-loop addition:
0.5640330809999909
Vectorized addition:
0.006047582000007878
```

실제 출력되는 시간은 매번 다를 수 있지만, 두 숫자 사이의 관계는 명확하게 구분된다: **for** 반복을 사용하는 덧셈 함수의 속도는 벡터화된 덧셈 함수보다 훨씬 느려야 한다.

5. 다음 코드 셀에서, 숫자 **2**를 곱할 때의 속도 비교를 구현한다. NumPy 배열의 경우, 단순히 **my_array * 2**를 반환한다:

```
def for_mul():
    return [item * 2 for item in my_list]

def vec_mul():
    return my_array * 2

print('For-loop multiplication:')
print(min(Timer(for_mul).repeat(10, 10)))

print('Vectorized multiplication:')
print(min(Timer(vec_mul).repeat(10, 10)))
```

벡터화된 곱셈 함수가 **for** 반복을 사용한 경우보다 빨라야 한다. 이 코드를 실행한 결과는 다음과 같다:

```
For-loop multiplication: 0.5431750800000259
Vectorized multiplication: 0.005795304000002943
```

6. 다음 코드 셀에서, 숫자의 제곱근을 계산할 때의 속도 비교를 구현한다. 파이썬 리스트에 대해서는 **math.sqrt()** 함수를 가져온 후, 리스트 구성으로, 각 원소에 적용한다. NumPy 배열에 대해서는 **np.sqrt(my_array)**을 반환한다:

```
import math

def for_sqrt():
    return [math.sqrt(item) for item in my_list]

def vec_sqrt():
    return np.sqrt(my_array)

print('For-loop square root:')
print(min(Timer(for_sqrt).repeat(10, 10)))

print('Vectorized square root:')
print(min(Timer(vec_sqrt).repeat(10, 10)))
```

마찬가지로 벡터화된 제곱근 함수가 **for** 반복보다 더 빠른지 확인하자:

```
For-loop square root:
1.1018582749999268
Vectorized square root:
0.01677640299999439
```

또한 **np.sqrt()** 함수가 벡터화되어 있어서 전체 배열을 함수에 전달할 수 있었다는 점에 주목하자.

이 연습에서 NumPy 배열에 대한 몇 가지 벡터화된 연산을 소개하고 순수한 파이썬 반복 연산과 비교하여 얼마나 빠른지 확인해보았다.

노트

이 절의 소스 코드는 다음에 있다.

https://packt.live/38l3Nk7.

또한, 다음에서 이 예제를 온라인으로 실행할 수 있다.

https://packt.live/2ZtBSdY.

이로써 NumPy의 벡터화에 대한 주제를 마무리한다. 다음으로 NumPy에 대한 마지막 주제로 이 패키지가 제공하는 또 다른 강력한 기능인 무작위 샘플링을 살펴본다.

▶ 무작위 샘플링

앞 장에서, **random** 라이브러리를 사용하여 파이썬에서 무작위를 구현하는 예제를 살펴보았다. 해당 라이브러리에 구현된 대부분의 메서드는 균등 분포를 따르는 무작위값을 추출한다. 그러나, 과학적 컴퓨팅 및 데이터 과학 프로젝트에서는 종종 균등 분포가 아닌 다른 분포를 따르는 표본을 추출해야 하는 경우가 있다. 여기서 다양한 옵션을 제공하는 NumPy가 다시 위력을 발휘한다.

일반적으로 어떤 확률 분포에 대한 무작위 샘플링은 해당 확률 분포를 따르는 인스턴스를 선택하는 과정으로, 더 높은 확률을 가진 대상이 선택(또는 추출)될 가능성이 그만큼 더 높다. 이 개념은 통계학의 확률 변수 개념과 밀접한 관련이 있다. 확률 변수는 일반적으로 통계 분석에서 알려지지 않은 양을 모델링하는 데 사용되며, 보통 모델링하는 데이터의 유형에 따라 특정한 분포를 따르게 된다. 예를 들어, 인구집단의 나이는 일반적으로 정규(또는 종 모양 또는 가우시안 분포로도 알려진) 분포를 사용하여 모델링하고, 은행에 방문하는 고객의 도착 시각은 흔히 푸아송 분포를 사용하여 모델링한다.

랜덤 변수에 대응하는 어떤 확률 분포를 따르는 무작위 샘플링을 통해서, 해당 변수의 표본값을 구체적으로 얻어내고, 그 값으로 다양한 계산을 수행해서 해당 무작위 변수에 대한 통찰과 추론을 끌어낼 수 있다.

확률 분포의 개념과 사용법은 이 책의 뒷부분에서 다시 다루기로 하고, 지금은 당장 해결할 일에 집중하자: 특정 분포를 따르는 샘플의 추출 방법. 이 작업은 **np.random** 패키지를 사용하여 수행하는 데, 이 패키지에는 다양한 분포를 따르는 샘플을 추출할 수 있는 인터페이스가 포함되어 있다.

예를 들어, 다음 코드는 정규 분포를 따르는 값으로 변수를 초기화한다(무작위성으로 인해 결과는 매번 다를 수 있다):

```
>>> sample = np.random.normal()
>>> sample
-0.43658969989465696
```

일반적으로 정규 분포는 두 가지 통계량으로 구체화한다는 것을 알고 있을 것이다: 평균과 표준 편차. 이 값들은, 다음처럼, **np.random.normal()** 함수의 **loc** (기본값은 **0.0**) 및 **scale** (기본값은 **1.0**) 인수로 지정할 수 있다:

```
>>> sample = np.random.normal(loc=100, scale=10)
>>> sample
80.31187658687652
```

한 번에 하나씩 추출하지 않고, **np.random.normal()** 함수의 **size** 인수에 출력할 배열의 크기를 지정해서, 여러 개의 샘플을 한꺼번에 NumPy 배열로 추출하는 것도 가능하다. 예를 들어, 다음은 정규 분포를 따르는 크기 2×3인 샘플의 행렬을 생성한다:

```
>>> samples = np.random.normal(loc=100, scale=10, size=(2, 3))
>>> samples
array([[ 82.7834678 , 109.16410976, 101.35105681],
       [112.54825751, 107.79073472, 77.70239823]])
```

이 옵션을 사용해서, 배열을 생성한 후 필요에 따라, 예를 들어 벡터화 같은, 다른 NumPy 작업을 수행할 수 있다. 다른 방법으로, 개개의 샘플을 순차적으로 추출하여 리스트에 저장한 후 다시 NumPy 배열로 변환할 수도 있다.

확률 분포는 자신을 규정하는 고유한 통계량을 가지고 있음에 유의하자. 앞서 보았듯이 정규 분포는 평균과 표준 편차로 정의하고, 푸아송 분포는, 구간의 기댓값인, λ(람다) 매개변수로 정의한다. 다음 예와 같다:

```
>>> samples = np.random.poisson(lam=10, size=(2, 2))
>>> samples
array([[11, 10],
       [15, 11]])
```

일반적으로, NumPy에서 어떤 확률 분포를 따르는 샘플을 추출하기 전에, 항상 해당 문서를 참조하여 해당 분포에 사용할 수 있는 인수와 기본값을 확인해야 한다.

확률 분포 외에도 NumPy는 무작위성과 관련한 기능을 제공하는데, 이는 **random** 모듈에 포함되어 있다. 예를 들어, **np.random.randint()** 함수는 주어진 두 숫자 사이의 정수를 무작위로 반환하며; **np.random.choice()** 함수는 주어진 일차원 배열에서 무작위로 샘플을 추출하고; 반면에 **np.random.shuffle()** 함수는 주어진 데이터를 무작위로 섞는다.

다음 코드에서 알 수 있듯이, 이러한 기능들은 일반적으로, 파이썬에서 무작위성을 다룰 때와 특히 과학적 계산을 유연하게 할 수 있게 해준다.

```
>>> np.random.randint(low=0, high=10, size=(2, 5))
array([[6, 4, 1, 3, 6],
       [0, 8, 8, 8, 8]])
>>> np.random.choice([1, 3, 4, -6], size=(2, 2))
array([[1, 1],
       [1, 4]])
>>> a = [1, 2, 3, 4]
>>> for _ in range(3):
...         np.random.shuffle(a)
...         print(a)
[4, 1, 3, 2]
[4, 1, 2, 3]
[1, 2, 4, 3]
```

마지막 주제는, 프로그래밍에 무작위성이 포함되면 언제나 재현성을 고려해야 한다는 사실이다. **재현성**은 무작위성과 관련된 요소를 포함하는 프로그램이 실행 때마다 동일한 결과를 생성해야 한다는 성질을 나타낸다.

프로그램에 오류가 있고 그 오류가 특별한 상황에서만 나타날 때 재현성이 특히 중요하다. 사용자는 프로그램이 실행될 때마다 강제로 동일한 무작위 수를 생성하도록 함으로써, 유닛 테스트를 시행하지 않고, 문제가 발생할 여지를 줄여, 이러한 유형의 오류를 식별할 수 있다(!다른 난수를 사용했기 때문에 실행 결과가 다르게 나왔는지 아니면 코드에 문제가 있는지를 구별할 수 있다는 의미).

데이터 과학과 통계학에서 재현성은 무척 중요하다. 프로그램의 수행 결과를 재현할 수 있지 않으면, 같은 코드와 방법을 사용한 두 연구자가 상반되는 결과를 얻을 수 있다. 이런 이유로 데이터 과학과 머신러닝 분야의 많은 실무자가 재현성을 크게 강조한다.

프로그램의 재현성을 실현하는 가장 일반적인 (동시에 가장 쉬운) 방법은 무작위성을 포함하는 프로그램(특히 해당 라이브러리)의 시드를 고정하는 것이다. 무작위성을 구현하는 라이브러리의 시드를 고정하면 프로그램을 실행할 때마다 동일한 난수가 생성된다. 따라서, 심지어 프로그램을 다른 기계에서 여러 번 실행하더라도 결과는 언제나 같다.

시드 고정은, 해당하는 무작위성 라이브러리 또는 패키지의 시드 함수에 적당한 정수를 전달하면 된다. 예를 들어, 다음처럼, **random** 라이브러리의 시드를 고정할 수 있다:

```
>>> import random
>>> random.seed(0) # can use any other number
```

NumPy의 random 패키지는 다음처럼 설정한다:

```
>>> np.random.seed(0)
```

이렇게 라이브러리 또는 패키지의 시드를 설정하는 것은 그룹 활동이나 오픈소스 프로젝트를 수행할 때 지켜야 할 좋은 태도다; 즉, 팀의 모든 구성원이 동일한 결과를 얻을 수 있도록 보장하여 의사소통의 오류를 방지한다.

이 주제를 끝으로 NumPy 라이브러리에 대한 논의를 마치자. 다음으로, 파이썬으로 구현하는 데이터 과학과 과학적 컴퓨팅 생태계의 또 다른 중요한 요소 **pandas 라이브러리**로 넘어가자.

pandas를 사용한 테이블 데이터 처리

NumPy가 행렬 데이터와 선형대수 연산에 사용되는 것이라면, pandas는 테이블 형태의 데이터를 처리하기 위해 설계되었다. NumPy와 마찬가지로, pandas는 pip 패키지 매니저를 사용해서 사용자의 파이썬 환경에 설치할 수 있다:

```
$ pip install pandas
```

Anaconda를 사용하는 경우, 다음 명령으로 그것을 내려받을 수 있다:

```
$ conda install pandas
```

설치 과정이 완료되면 파이썬 인터프리터를 실행하고 라이브러리를 가져온다:

```
>>> import pandas as pd
```

오류 없이 이 명령이 실행되면 pandas가 성공적으로 설치된 것이다. 이제 논의를 계속 해보자. 먼저, pandas에서 가장 일반적으로 사용되는, 테이블 데이터를 나타내는, 데이터 구조인 **DataFrame**부터 시작한다: 행과 열 레이블을 가진 2차원 데이터. 이는 차원에는 제한이 없지만 동시에 레이블이 없는 NumPy 배열과 대조적인 구조이다.

▶ DataFrame 객체 초기화

DataFrame 객체를 초기화하는 방법은 여러 가지가 있다. 첫 번째, 파이썬 딕셔너리를 전달해서 수동으로 생성할 수 있는데, 여기서 각 키는 열의 이름이어야 하고 해당 키의 값은 해당 열에 있는 데이터로, 리스트나 NumPy 배열 형식이어야 한다.

예를 들어, 다음 코드는 두 개의 행과 세 개의 열로 구성된 테이블을 생성한다. 첫 번째 열에는 차례로 1과 2, 두 번째 열에는 3과 4, 세 번째 열에는 5와 6이 포함된다:

```
>>> import pandas as pd
>>> my_dict = {'col1': [1, 2], 'col2': np.array([3, 4]),'col3': [5, 6]}
>>> df = pd.DataFrame(my_dict)
>>> df
   col1 col2 col3
0   1    3    5
1   2    4    6
```

DataFrame 객체에 대해 먼저, 앞의 코드에서 볼 수 있듯이, 출력될 때 자동으로 pandas의 백엔드에 의해 서식이 지정됨으로써 해당 객체를 나타내는 데이터를 더 가독성 있는 표 형식으로 만든다는 것에 주목하자. 또한, 주피터 노트북에서 **DataFrame** 객체를 출력할 때도, 다음 그림처럼, 가독성을 높이기 위해 유사한 서식이 사용됨을 알 수 있다:

```
In [2]: import pandas as pd

        my_dict = {'col1': [1, 2], 'col2': np.array([3, 4]),
                   'col3': [5, 6]}

        df = pd.DataFrame(my_dict)
        df
```

Out[2]:

	col1	col2	col3
0	1	3	5
1	2	4	6

그림 2.1 주피터 노트북에서 출력한 DataFrame 객체

DataFrame 객체를 초기화하는 다른 일반적인 방법은, 2차원 NumPy 배열로 표현된 데이터가 있을 때, 그 배열을 직접 **DataFrame** 클래스에 전달하는 것이다. 예를 들어, 앞과 동일한 **DataFrame**을 다음처럼 초기화할 수 있다:

```
>>> my_array = np.array([[1, 3, 5], [2, 4, 6]])
>>> alt_df = pd.DataFrame(my_array, columns=['col1', 'col2', 'col3'])
>>> alt_df
   col1 col2 col3
0    1    3    5
1    2    4    6
```

그렇지만, **DataFrame** 객체를 초기화하는 가장 일반적인 방법은 **pd.read_csv()** 함수를 사용하는 것으로, 함수 이름 그대로 CSV 파일(또는 콤마가 아닌 다른 특수 문자로 분리된 같은 형식의 텍스트 파일)을 읽어서 **DataFrame** 객체로 변환한다. 다음 절에서 이 함수가 어떻게 동작하는지 확인하면서 pandas 라이브러리의 다른 많은 기능에 대해 알아보자.

▶ 행과 열에 접근하기

일단 테이블 형태의 데이터를 **DataFrame** 객체로 만들고 나면, 이 테이블의 데이터를 읽고 쓰는 등의 조작을 위해 사용할 수 있는 옵션이 아주 많다. 예를 들어, 가장 관심이 가는 것은 지정한 행과 열에 있는 데이터에 접근하는 것이다. 다행히도 pandas에서는 이 일을 매우 직관적인 구문을 사용해서 할 수 있다.

일련의 행 또는 열에 접근하기 위해 **loc** 메서드를 사용할 수 있는데, 이때 이 메서드에 사용자가 접근하려는 행 또는 열의 레이블을 인수로 전달한다. 구문적으로 (파이썬의 인덱싱 구문을 모방해서) 대괄호를 사용해서 인수를 전달한다. 예를 들어, 앞 절에서 사용한 테이블에서 어떤 행의 이름(예: 0)을 다음처럼 전달할 수 있다:

```
>>> df.loc[0]
col1    1
col2    3
col3    5
Name: 0, dtype: int64
```

출력을 보면 제대로 된 정보(첫 번째 행의 값인 숫자 1, 3, 5)가 포함되어 있지만 일반적으로 사용하는 익숙한 형식이 아니다. 이는 결과가 **Series** 객체로 반환되기 때문이다. **Series** 객체는 1차원 데이터만 포함하는 특수한 형태의 **DataFrame** 객체이다. 따라서 이 객체의 인터페이스 역시 **DataFrame** 객체와 매우 유사하며, 이 데이터 구조에 대해 더 이상 신경 쓸 필요는 없다.

다시 **loc** 메서드로 돌아와서, 여러 개의 행에 접근하기 위해 행 레이블의 리스트를 전달할 수 있다. 다음 코드는 예제 테이블의 행 두 개를 반환한다:

```
>>> df.loc[[0, 1]]
   col1   col2   col3
0  1      3      5
1  2      4      6
```

이번에는 테이블에 열 단위로 접근하려고 한다고 가정해보자. **loc** 메서드는 NumPy 배열에서 사용했던 익숙한 **인덱싱** 구문(행 인덱스와 열 인덱스를 쉼표로 구분)을 통해 이 일을 처리한다. 다음은 첫 번째 행의 두 번째 열과 세 번째 열의 데이터에 접근하는 것을 나타낸다:

```
>>> df.loc[0, ['col2', 'col3']]
col2    3
col3    5
Name: 0, dtype: int64
```

DataFrame 객체의 어떤 열 전체를 반환하려면, 행 인덱스에 특수 문자 콜론, : 을 사용해서, 해당 열의 모든 행을 반환하도록 지정할 수 있다. 예를 들어, **DataFrame** 객체에서 **'col3'** 열에 접근하려는 경우 **df.loc[: , 'col3']**라고 써서 나타낼 수 있다. 그러나 해당 열 전체에 접근하는 특수한 경우에는 간단한 구문을 사용할 수 있다: 다음과 같이 **loc** 메서드를 사용하지 않고 대괄호만 사용하면 된다:

```
>>> df['col3']
0    5
1    6
Name: col3, dtype: int64
```

앞에서 언급했듯이 **DataFrame**의 개별 행 또는 열에 액세스하면 **Series** 객체가 반환된

다. 이러한 객체는 예를 들어 for 반복 구문을 사용해서 반복 처리할 수 있다:

```
>>> for item in df.loc[:, 'col3']:
...     print(item)
5
6
```

DataFrame 객체의 값을 변경할 때도, 앞에서 배운 구문을 사용해서 행과 열에 새 값을 할당할 수 있다:

```
>>> df.loc[0] = [3, 6, 9] # change first row
>>> df
   col1  col2  col3
0  3     6     9
1  2     4     6
>>> df['col2'] = [0, 0] # change second column
>>> df
   col1  col2  col3
0  3     0     9
1  2     0     6
```

또한, 같은 구문을 사용해서 새로운 행과 열을 선언할 수도 있다:

```
>>> df['col4'] = [10, 10]
>>> df.loc[3] = [1, 2, 3, 4]
>>> df
   col1  col2  col3  col4
0  3     0     9     10
1  2     0     6     10
3  1     2     3     4
```

마지막으로, **DataFrame** 객체의 행과 열에 접근할 때 **loc** 메서드에 실제 인덱스를 지정하는 것이 일반적이지만, 반환할 값인지 아닌지를 나타내는 **True**와 **False**의 논리값 배열을 사용해서 동일한 효과를 얻을 수 있다.

예를 들어, 예제 테이블 두 번째 행의 두 번째 및 네 번째 열에 접근하려면 다음과 같이 작성하면 된다:

```
>>> df.loc[[False, True, False], [False, True, False, True]]
     col2   col4
1    0      10
```

여기서 행에 대한 논리값 인덱스 리스트 **[False, True, False]**는 두 번째 성분(즉, 두 번째 행)만 반환해야 함을 나타내고, 열에 대한 논리값 인덱스 리스트도, 마찬가지로, 두 번째와 네 번째 열을 반환하도록 지정되었다.

이러한 방법으로 **DataFrame** 객체의 항목에 접근하는 게 이상해 보일 수도 있지만, 필터링 또는 교체 작업을 하는 경우 아주 유용하다. 특히, 인덱스로 논리값의 리스트를 전달하는 대신 **loc** 메서드 내부에 조건문을 사용하는 경우 더욱 그렇다. 예를 들어, 앞의 테이블에서, 첫 번째 행에서 값이 5보다 큰 열(즉, 세 번째와 네 번째 열)만 포함하여 테이블을 다시 표시하려면, 다음과 같이 작성할 수 있다:

```
>>> df.loc[:, df.loc[0] > 5]
     col3   col4
0    9       10
1    6       10
3    3       4
```

다시 강조하거니와, 이 구문은 **DataFrame** 객체에서 조건을 만족하는 행이나 열을 필터링하거나 해당 성분 값을 새로운 값으로 교체할 때 특히 유용하다. 이 기능의 특수한 경우는 검색 및 치환 작업이다(다음 절에서 다룬다).

▶ DataFrame 조작

이 절에서는 **DataFrame** 객체를 다룰 때 사용하는 여러 메서드와 함수에 대해 알아본다. 물론 여기서 소개하는 것 외에도 사용이 가능한 다른 메서드가 아주 많다(그런 것들은 공식 문서에서 찾아볼 수 있다: https://pandas.pydata.org/pandas-docs/stable/reference/api/pandas.DataFrame.html). 그 가운데 다음 표에 제시된 메서드가 가장 일반적으로 사용되는 것으로, 매우 강력한 기능을 제공하므로 이를 이용해서 아주 탄력적으로 데이터 테이블을 생성, 유지 및 변경할 수 있다:

메서드	기능
rename (self[, axis, ...])	행 또는 열 이름 변경
fillna (self[, method, ...])	지정한 방법으로 빈 셀(NA/NAN 값) 교체
replace(self, to_replace=None, value=None)	to_replace 값을 value 값으로 교체
drop (self[,labels, axis, ...])	지정한 행 또는 열을 테이블에서 삭제
pd.concat (obj, axis=0, join='outer', ...)	지정한 축을 따라 pandas 객체를 접합
sort_values (self, by[, axis, ascending, ...])	지정한 축을 따라 값을 정렬
pd.read_csv ()	CSV 텍스트 파일을 읽어 들여 대응하는 DataFrame 객체를 반환
to_csv ()	DataFrame 객체를 CSV 텍스트 파일로 저장

그림 2.2 Pandas 데이터 조작에 사용되는 메서드

다음 실습으로 앞에서 살펴본 메서드의 기능을 잘 이해할 수 있다.

실습 2.02 ✦ 데이터 테이블 다루기

이 실습에서, 앞 절의 함수와 메서드를 사용해서 데이터 테이블을 다루어본다. 구체적으로, 각 메서드의 기능을 살펴보고, 열 이름 변경, 결측값 채우기, 값 정렬, 데이터 테이블을 파일로 저장하는 등의 일반적인 데이터 조작 기술을 실습해본다.

다음 단계에 따라 실습해보자:

1. 이 책의 GitHub 저장소에서 **Chapter02** 폴더 내에 있는 **Exercise2.02/dataset.csv** 파일을 새 디렉터리로 복사해 가져온다. 파일의 내용은 다음과 같다:

```
id,x,y,z
0,1,1,3
1,1,0,9
2,1,3,
3,2,0,10
4,1,,4
5,2,2,3
```

2. 새 디렉터리 안에 새 주피터 노트북을 생성한다. 새로 만든 노트북과 CSV 파일은 동일한 위치에 있어야 한다.

3. 노트북의 첫 번째 셀에서, pandas와 NumPy를 가져온 후, **pd.read_csv()** 함수를 사용해서 **dataset.csv** 파일을 읽어온다. 이때 이 함수의 인수 **index_col**은 샘플 데이터 세트의 첫 번째 열의 이름인 **'id'**로 지정한다:

```
import pandas as pd
import numpy as np

df = pd.read_csv('dataset.csv', index_col='id')
```

4. 새로 생성된 **DataFrame** 객체를 출력하면, 항목이 원본 입력 파일과 일치한다는 것을 알 수 있다:

```
    x    y    z
id
0   1    1.0  3.0
1   1    0.0  9.0
2   1    3.0  NaN
3   2    0.0  10.0
4   1    NaN  4.0
5   2    2.0  3.0
```

여기서 **NaN(Not a Number)** 값에 주목하자. **NaN**은 **DataFrame** 객체의 빈 셀에 초기화되는 기본값이다. 원본 데이터 세트에 고의로 두 개의 빈 셀을 넣었으며, 이 셀이 **NaN**으로 적절히 채워졌다는 걸 알 수 있다.
또한, **NaN** 값은 파이썬에서 float로 지정되기 때문에, 빈 셀이 있는 두 열의 데이터 유형이 자동으로 float로 변환되었다는 것을 알 수 있다(소수점이 있는 값으로 표시).

5. 다음 셀에서, **rename()** 메서드를 사용하여 현재 열 이름을 **'col_x'**, **'col_y'**, **'col_z'**로 변경한다. 여기서 **columns** 인수는 바꾸기 전 열 이름을 바뀔 이름으로 대치한 파이썬 딕셔너리로 지정해야 한다:

```
df = df.rename(columns= 'x': 'col_x', 'y': 'col_y', \
                        'z': 'col_z' )
```

이 코드 라인을 실행한 후에 **df**를 출력하면 변경된 내용을 확인할 수 있다:

```
     col_x    col_y    col_z
id
0    1        1.0      3.0
1    1        0.0      9.0
2    1        3.0      NaN
3    2        0.0      10.0
4    1        NaN      4.0
5    2        2.0      3.0
```

6. 다음 셀에서, **fillna()** 함수를 사용하여 **NaN** 값을 0으로 대체한다. 그런 다음, **astype(int)**를 사용해서 테이블의 모든 데이터를 정수로 변환한다:

```
df = df.fillna(0)
df = df.astype(int)
```

실행 결과 **DataFrame** 객체는 다음과 같다:

```
     col_x    col_y    col_z
id
0    1        1        3
1    1        0        9
2    1        3        0
3    2        0        10
4    1        0        4
5    2        2        3
```

7. 다음 셀에서, 리스트 **[1, 3, 4]**를 **drop** 메서드에 전달하여 데이터 세트에서 두 번째, 네 번째, 다섯 번째 행을 제거한다:

```
df = df.drop([1, 3, 4], axis=0)
```

여기서 **axis=0** 인수는 메서드에 전달하는 레이블이 데이터 세트의 행이라는 걸 나타낸다. 마찬가지로, 특정 열을 삭제하려면 **axis=1**로 지정하면서 열 레이블의 리스트를 전달한다.
실행 결과로 생성된 테이블은 다음과 같다:

```
      col_x   col_y   col_z
id
0     1       1       3
2     1       3       0
5     2       2       3
```

8. 다음 셀에서, 현재 **df** 변수의 열 이름과 같은 열 이름을 갖는, 크기 2×3인 영행렬 **DataFrame** 객체를 생성한다:

```
zero_df = pd.DataFrame(np.zeros((2, 3)), columns=['col_x', 'col_y', \
                                                   'col_z'])
```

출력은 다음과 같다:

```
     col_x   col_y   col_z
0    0.0     0.0     0.0
1    0.0     0.0     0.0
```

9. 다음 코드 셀에서, **pd.concat()** 함수를 사용하여 두 **DataFrame** 객체를 하나로 묶는다(**axis=0**으로 지정해서 두 테이블을 수직 방향으로 결합한다):

```
df = pd.concat([df, zero_df], axis=0)
```

이제 **df** 변수는 다음과 같이 출력된다(테이블 하단에 새로 결합한 두 행이 있는 것에 주목):

```
     col_x   col_y   col_z
0    1.0     1.0     3.0
2    1.0     3.0     0.0
5    2.0     2.0     3.0
0    0.0     0.0     0.0
1    0.0     0.0     0.0
```

10. 다음 셀에서, **col_x** 열의 데이터를 기준으로 현재 테이블을 오름차순으로 정렬한다:

```
df = df.sort_values('col_x', axis=0)
```

결과는 다음과 같다:

```
     col_x  col_y  col_z
0    0.0    0.0    0.0
1    0.0    0.0    0.0
0    1.0    1.0    3.0
2    1.0    3.0    0.0
5    2.0    2.0    3.0
```

11. 마지막으로, 다른 코드 셀에, 앞에서 배운 방법으로, 테이블을 정수 데이터 유형으로 변환하고, **to_csv()** 메서드를 사용해서 이 테이블을 파일로 저장한다. 출력 파일 이름은 **'output.csv'**로 지정하고, **index=False**로 설정해서 행 이름은 출력하지 않게 한다:

```
df = df.astype(int)
df.to_csv('output.csv', index=False)
```

출력은 다음과 같다:

```
col_x, col_y, col_z
0,0,0
0,0,0
1,1,3
1,3,0
2,2,3
```

이렇게 해서 실습이 끝났다. 이 실습으로 데이터 테이블을 다루는 간단한 작업 과정을 모의로 체험해보았다: 데이터를 읽어 들여 조작한 후 최종적으로 파일로 저장했다.

> **노트**
>
> 이 절의 소스 코드는 다음에 있다.
>
> https://packt.live/38ldQ8O.
>
> 또한, 다음에서 이 예제를 온라인으로 실행할 수 있다.
>
> https://packt.live/3dTzkL6.

마지막인 다음 절에서, pandas 라이브러리가 제공하는 고급 기능을 살펴본다.

▶ Pandas 고급 기능

DataFrame 객체의 행과 열에 접근하고 값을 변경하는 일은 pandas 라이브러리로 테이블 형태의 데이터를 처리하는 가장 기초적인 일 중 하나이다. 이 절에서, **DataFrame** 객체를 다루는, 더 복잡하지만 강력한 기능을 제공하는 세 가지 다른 메서드를 살펴본다. 첫 번째가 **apply()** 메서드이다.

다른 데이터 구조를 통해서 이 메서드의 개념을 이미 알고 있다면, 이 메서드 역시 개념적으로 일치하며, 그것을 **DataFrame** 객체용으로 구현한 것이다. 일반적으로, 이 메서드는 **DataFrame** 객체 내의 모든 원소에 어떤 함수를 적용할 때 사용한다. 앞서 논의한 벡터화 개념과 마찬가지로, **apply()** 메서드 적용 후의 **DataFrame** 객체는 원래 데이터의 각 원소를 함수에 전달해서 얻은 결과를 원소로 갖는다.

예를 들어, 다음과 같은 **DataFrame** 객체가 있다고 하자:

```
>>> df = pd.DataFrame( 'x': [1, 2, -1], 'y': [-3, 6, 5], \
                       'z': [1, 3, 2] )
>>> df
   x   y   z
0  1   -3  1
1  2   6   3
2  -1  5   2
```

이제 **x_squared**라는 이름의 열을 추가한다고 하자. **apply()** 메서드를 다음과 같이 사용할 수 있다:

```
>>> df['x_squared'] = df['x'].apply(lambda x: x ** 2)
>>> df
   x   y   z  x_squared
0  1   -3  1  1
1  2   6   3  4
2  -1  5   2  1
```

여기서 **lambda x: x ** 2**는 빠르게 이름이 없는 함수를 선언한 것이다. 출력 결과에서 **'x_squared'** 열이 바르게 생성되었다는 것을 알 수 있다. 추가로, 제곱 함수처럼 간단한 함수의 경우, 이미 알고 있는 NumPy 배열의 간단한 구문을 활용할 수도 있다. 예를 들어, 다음 코드는 방금 살펴본 코드와 결과가 같다:

```
>>> df['x_squared'] = df['x'] ** 2
```

하지만, 더 복잡하고 쉽게 벡터화하기 어려운 함수의 경우에, 그 함수를 완전하게 작성해서 **apply()** 메서드에 전달하는 것이 좋다. 예를 들어, 같은 행의 **'x'** 열의 원소가 짝수이면 해당 셀에는 **'even'**이라는 문자열, 그렇지 않으면 **'odd'**라는 문자열을 원소값으로 하는 열을 생성하기를 원한다고 하자.

여기서는, 먼저 숫자를 입력받아 해당하는 문자열을 반환하는 **parity_str()**라는 별도의 함수를 생성한다. 그리고 이 함수를 **df['x']**에 **apply()** 메서드를 적용할 때 다음처럼 사용한다:

```
>>> def parity_str(x):
...     if x % 2 == 0:
...        return 'even'

...     return 'odd'

>>> df['x_parity'] = df['x'].apply(parity_str)
>>> df
   x   y   z   x_squared   x_parity
0  1   -3  1   1           odd
1  2   6   3   4           even
2  -1  5   2   1           odd
```

pandas에서 자주 사용하는 것으로 더 고급 기능을 제공하는 함수 중 하나가 **pd.get_dummies()**이다. 이 함수는 데이터 세트의 범주형 속성(또는 열)에 사용되는 **원-핫 인코딩**을 구현한다.

다음 장에서 다른 유형의 데이터와 함께 범주형 속성에 대한 개념을 더 자세하게 다룰 예정이다. 지금은, 일반적인 범주형 데이터가 때때로 통계 및 머신러닝 모델에서 그대로 사용될 수 없다는 점을 기억해두자. 이 경우에는, 데이터의 범주형 특성을 숫자 형태로 변환해서 정보의 손실을 막아야 한다.

원-핫 인코딩이 그러한 방법의 하나이다; 이 방법은 각각의 고유한 특성값에 대해 새로운 속성/열을 생성하고, 원래의 **범주형** 속성의 값에 해당하는 셀을 이진데이터로 채우는 방식이다.

이 방법은 예제를 통해 이해하기 쉬우므로, 앞서 생성한 **'x_parity'** 열을 가지고 생각해보자:

```
>>> df['x_parity']
0     odd
1     even
2     odd
Name: x_parity, dtype: object
```

이 열은 그 값들이 정해진 범주 집합에 속하는 값(이 경우, 범주는 **odd**와 **even**이다)이므로 범주형 속성으로 간주한다. 이제 해당 열에 **pd.get_dummies()**를 호출하면 다음과 같은 **DataFrame** 객체를 얻을 수 있다:

```
>>> pd.get_dummies(df['x_parity'])
   even   odd
0  0      1
1  1      0
2  0      1
```

출력 결과에서 알 수 있듯이, **DataFrame** 객체에는 원래 범주형 데이터인 **'x_parity'** 열의 고유한 값에 해당하는 두 개의 열이 포함되어 있다. 각 행에 대해 원래 데이터의 값에 해당하는 열은 **1**로 설정되고, 다른 열은 **0**으로 설정된다. 예를 들어, 첫 번째 행은 원래 **'x_parity'** 열이 **odd**이므로, 새로운 **odd** 열은 **1**로 설정된다.

원-핫 인코딩을 사용하면 범주형 속성을 새로운 이진 속성의 집합으로 변환하여 통계 및 머신러닝 모델에서 쉽게 다룰 수 있는 숫자 형태의 데이터로 변환할 수 있다. 그러나, 이 방법은 원래 범주형 속성의 고유한 값의 개수만큼의 새로운 열을 생성하기 때문에 데이터의 크기가 많이 커지는 데이터 차원의 증가라는 큰 단점이 있다. 즉, 범주형 데이터가 취할 수 있는 고유한 값이 많다면 새로 생성한 테이블의 크기가 심하게 증가할 수 있다. 컴퓨팅 용량과 자원에 따라 다르지만, 권장하는 고유 범주값 개수의 한계는 50이다.

value_counts() 메서드는 꼭 사용해야 할 pandas의 또 다른 유용한 도구이다. **DataFrame** 객체의 열에서 호출되는 이 메서드는 해당 열의 고유한 값과 그 값을 갖는 데이터의 개수 리스트를 반환한다. 따라서 이 메서드는, 취할 수 있는 가능한 값이 미리 정의된 집합에 속하는 범주형 또는 이산 데이터에만 적용할 수 있다.

예를 들어, 다시 샘플 데이터 세트의 **'x_parity'** 속성에 대해, **value_counts()** 메서드를 적용해서 그 효과를 살펴보자:

```
>>> df['x_parity'].value_counts()
odd      2
even     1
Name: x_parity, dtype: int64
```

'x_parity' 열에, 값이 **odd**인 데이터 항목(또는 행)이 두 개, 값이 **even**인 데이터 항목이 한 개 있다는 것을 알 수 있다. 결국, 이 메서드는 범주형 및 이산 데이터 유형 데이터의 분포를 확인하는 데 매우 유용하다.

마지막으로 알아볼 pandas의 고급 기능은 **groupby** 연산이다. 이 연산은 **DataFrame** 객체를 서브그룹으로 나눠서, 같은 그룹에 속한 행은 범주형 속성의 동일한 값을 공유한다. 이렇게 그룹을 분리해서, 데이터 세트를 더 자세히 탐색하기 위한 기술 통계량(다음 장에서 자세하게 다룰 개념)을 계산할 수 있다.

예제 학생 데이터 세트를 가지고, 다음 실습에서 이 연산을 확인해본다.

실습 2.03 ✦ 학생 데이터 세트

학생 데이터 세트를 탐색하는 과정에서 우리가 논의하고 있는 내용뿐만 아니라 새로운 **groupby** 연산을 포함해서, pandas의 가장 일반적인 함수들을 사용하여 실습을 진행할 것이다.

다음 단계를 따라 실습해보자:

1. 새 주피터 노트북을 만들고, 첫 번째 셀에서, 다음 코드를 실행하여 샘플 데이터 세트를 생성한다:

```
import pandas as pd

student_df = pd.DataFrame( 'name':['Alice', 'Bob', 'Carol', \
                                   'Dan', 'Eli', 'Fran'], \
                          'gender':['female', 'male', \
                                     'female', 'male', \
                                     'male', 'female'], \
                          'class':['FY', 'SO', 'SR', \
                                   'SO',' JR', 'SR'], \
                          'gpa':[90, 93, 97, 89, 95, 92], \
                          'num_classes':[4, 3, 4, 4, 3, 2] )
student_df
```

이 코드의 출력은 다음과 같이, 샘플 데이터 세트를 표 형태로 보여준다:

```
   name    gender   class   gpa   num_classes
0  Alice   female   FY      90    4
1  Bob     male     SO      93    3
2  Carol   female   SR      97    4
3  Dan     male     SO      89    4
4  Eli     male     JR      95    3
5  Fran    female   SR      92    2
```

데이터 세트 속성의 의미는 대부분 명확하다: 각 행(한 학생을 나타냄)에서, **name**에는 학생의 이름이 포함되어 있고, **gender**는 학생이 남성인지 여성인지를 나타내며, **class**는 4가지 고유한 값(학년을 나타내는 **FY**(first-year), **SO**(sophomore), **JR**(junior), **SR**(senior))을 가질 수 있는 범주형 속성이고, **gpa**는 학생의 누적 점수를 나타내며, 마지막으로 **num_classes**는 학생이 현재 몇 개의 수업을 수강 중인지에 대한 정보를 나타낸다.

2. 새 코드 셀에서, **'female_flag'**라는 새로운 속성을 생성하는데, 각 셀은 해당 학생이 여성이면 **True**라는 논리값을, 그렇지 않으면 **False**를 가진다.
   여기서 다음처럼, apply() 메서드에 람다 객체를 전달하는 방식을 사용할 수 있다:

```
student_df['female_flag'] = student_df['gender'] \
                            .apply(lambda x: x == 'female')
```

하지만, 조건문을 순차적으로 평가하는 **student_df['gender'] == 'female'** 표현식을 사용해서 간단하게 새 속성을 선언할 수도 있다:

```
student_df['female_flag'] = student_df['gender'] == 'female'
```

3. 새로 생성한 속성에, 이전 **gender** 열에 포함된 모든 정보가 포함되어 있으므로, **drop()** 메서드를 사용하여 이전 열을 데이터 세트에서 제거한다(열을 제거하기 때문에 **axis=1** 인수를 지정해야 한다):

```
student_df = student_df.drop('gender', axis=1)
```

이제 현재의 **DataFrame** 객체는 다음과 같다:

```
     name    class   gpa   num_classes   female_flag
0    Alice   FY      90    4             True
1    Bob     SO      93    3             False
2    Carol   SR      97    4             True
3    Dan     SO      89    4             False
4    Eli     JR      95    3             False
5    Fran    SR      92    2             True
```

4. 새 코드 셀에서, 범주형 속성인 **class**에 대해 원-핫 인코딩을 적용하는 코드를 작성한다:

```
pd.get_dummies(student_df['class'])
```

5. 같은 코드 셀에서, **pd.concat()** 함수에 이 코드를 잘라내 붙여서, 새로 만든 **DataFrame** 객체를 이전 객체에 붙이면서 동시에 (이 속성에 대한 정보를 대체할 수 있으므로) **class** 열을 제거한다:

```
student_df = pd.concat([student_df.drop('class', axis=1), \
                        pd.get_dummies(student_df['class'])], axis=1)
```

이제 현재의 **DataFrame** 객체는 다음과 같다:

```
     name    gpa   num_classes   female_flag   JR   FY   SO   SR
0    Alice   90    4             True          1    0    0    0
1    Bob     93    3             False         0    0    1    0
2    Carol   97    4             True          0    0    0    1
3    Dan     89    4             False         0    0    1    0
4    Eli     95    3             False         0    1    0    0
5    Fran    92    2             True          0    0    0    1
```

6. 다음 셀에서, **student_df**에 대해 **female_flag** 인수를 전달해서 **groupby()** 메서드를 호출하고, 반환된 값은 **gender_group**이라는 변수에 할당한다:

```
gender_group = student_df.groupby('female_flag')
```

여기서 동일한 성별의 학생들을 그룹으로 묶는 것을 알 수 있다. 따라서 남학생들이 한 그룹으로 묶이고, 여학생들은 남학생과 별도의 그룹으로 묶인다.

한 가지, **gender_group** 변수에 저장된 **GroupBy** 객체를 출력하면, (!테이블 데이터가 아니라) 일반적인 메모리 기반 문자열이 보인다는 중요한 사실에 주목하자:

```
<pandas.core.groupby.generic.DataFrameGroupBy object at 0x11d492550>
```

7. 이제 2개로 묶은 각 그룹의 평균 GPA를 계산하기 원할 때, 다음과 같은 간단한 구문을 사용할 수 있다:

```
gender_group['gpa'].mean()
```

출력은 다음과 같다.

```
female_flag
False      92.333333
True       93.000000
Name: gpa, dtype: float64
```

gender_group 변수에 적용하는 명령은 매우 직관적이다: 특정 속성의 평균을 계산하려고 할 때, 해당 속성에 대해 대괄호를 사용해서 **['gpa']**와 같이 참조해서, **mean()** 메서드를 호출한다.

8. 마찬가지로 다음 코드처럼, 남학생들이 듣는 수업의 합과 여학생들이 듣는 수업의 합을 계산할 수 있다:

```
gender_group['num_classes'].sum()
```

출력은 다음과 같다:

```
female_flag
False      10
True       10
Name: num_classes, dtype: int64
```

이 실습으로서 pandas에서 사용할 수 있는 몇 가지 중요한 메서드를 복습하고, 실제 데이터 세트를 대상으로 **groupby** 연산의 기능을 확인했다. 또한 이로써 파이썬에서 테이블 형태의 데이터를 다루는 최상의 도구인 pandas 라이브러리에 대한 논의를 마무리한다.

> **노트**
>
> 이 절의 소스 코드는 다음에 있다.
>
> https://packt.live/2NOe5jt.
>
> 또한, 다음에서 이 예제를 온라인으로 실행할 수 있다.
>
> https://packt.live/3io2gP2.

이 장의 마지막 절에서는, 전형적인 데이터 과학/과학적 컴퓨팅 절차의 마지막 구성 요소인 **데이터 시각화**에 대해 다룰 것이다.

Matplotlib 및 Seaborn을 사용한 데이터 시각화

데이터 시각화는 의심할 여지 없이 데이터 파이프라인, 즉 데이터를 다루는 작업 모듈의 핵심 요소이다. 과학자들과 연구자들은 잘 구성한 시각화를 통해 데이터에 대해 탁월한 통찰을 얻을 수 있을 뿐만 아니라, 복잡하고 고급스러운 아이디어를 직관적이고 이해하기 쉬운 방식으로 전달할 수 있다. 파이썬에서, 대부분의 데이터 시각화 도구의 백엔드는 Matplotlib 라이브러리와 연결되어 있는데, 앞으로 알게 되겠지만, 이것은 놀라운 다양한 옵션과 기능을 제공한다.

먼저, 사용 환경에 따라 간단하게 다음 중 하나의 명령을 실행해서 Matplotlib을 설치한다:

```
$ pip install matplotlib
$ conda install matplotlib
```

파이썬에서는 관례로 다음과 같이 Matplotlib 라이브러리에서 **pyplot** 패키지를 가져온다.

```
>>> import matplotlib.pyplot as plt
```

이제, **plt**로 별칭을 붙인 이 **pyplot** 패키지는 파이썬에서 시각화 기능을 구현하기 위한 주요 도구로 설정되어 광범위하게 사용될 것이다.

전반적으로 이 절에서, Matplotlib 라이브러리의 이론적 배경을 배우는 대신 더 실전적인 접근 방식을 취해서, 이 라이브러리가 제공하는 다양한 시각화 옵션을 살펴볼 것이다. 그렇게 함으로써 결국, 앞으로 진행할 프로젝트에 유용하게 활용할 실용적인 통찰을 얻을 수 있다.

▶ 산점도

가장 기본적인 시각화 방법의 하나는, 평면상에 (또는 다른 고차원 공간에) 점들을 찍어 그리는 산점도이다. 산점도는 **plt.scatter()** 함수를 사용하여 간단히 그려낼 수 있다. 예를 들어, 다음 두 개의 리스트 각각에 5개의 점에 대한 x 좌표와 y 좌표가 저장되어 있다고 하자:

```
>>> x = [1, 2, 3, 1.5, 2]
>>> y = [-1, 5, 2, 3, 0]
```

이제 **plt.scatter()** 함수를 사용해서 산점도를 그려낼 수 있다:

```
>>> import matplotlib.pyplot as plt
>>> plt.scatter(x, y)
>>> plt.show()
```

앞 코드는 다음과 같이, **plt.scatter()** 함수에 입력한 두 리스트에 있는 데이터와 정확하게 대응하는 그림을 생성한다:

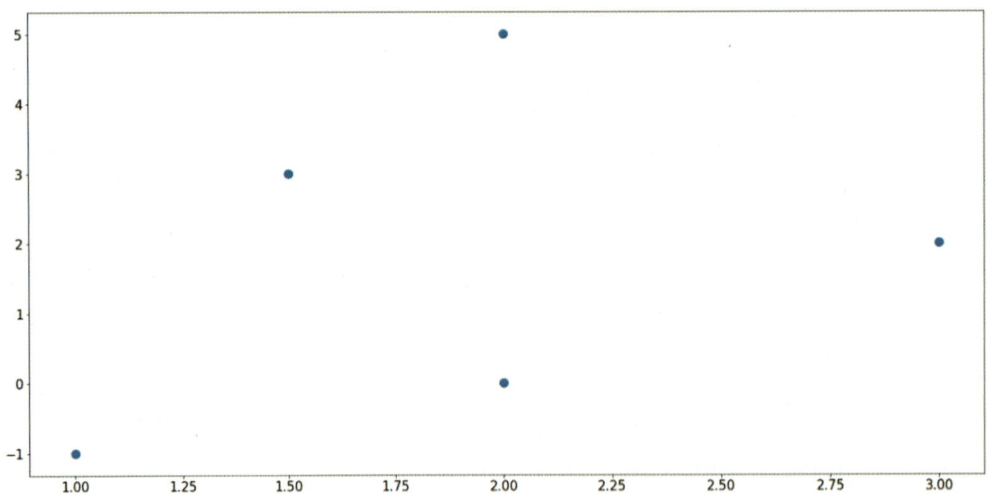

그림 2.3 Matplotlib을 사용한 산점도

코드 마지막 줄의 **plt.show()** 명령에 주목하자. 이 함수는 앞선 코드로 사용자가 정의한 그림을 실제로 화면에 표시하는 역할을 하는 것으로, 시각화와 관련된 코드 블록의 맨 끝에 위치해야 한다.

plt.scatter() 함수에는 필요에 따라 추가로 지정할 수 있는 인수가 있다. 예를 들어, 점 단위로 크기와 색상을 지정할 수 있다:

```
>>> sizes = [10, 40, 60, 80, 100]
>>> colors = ['r', 'b', 'y', 'g', 'k']

>>> plt.scatter(x, y, s=sizes, c=colors)
>>> plt.show()
```

이 코드의 실행 결과는 다음과 같다:

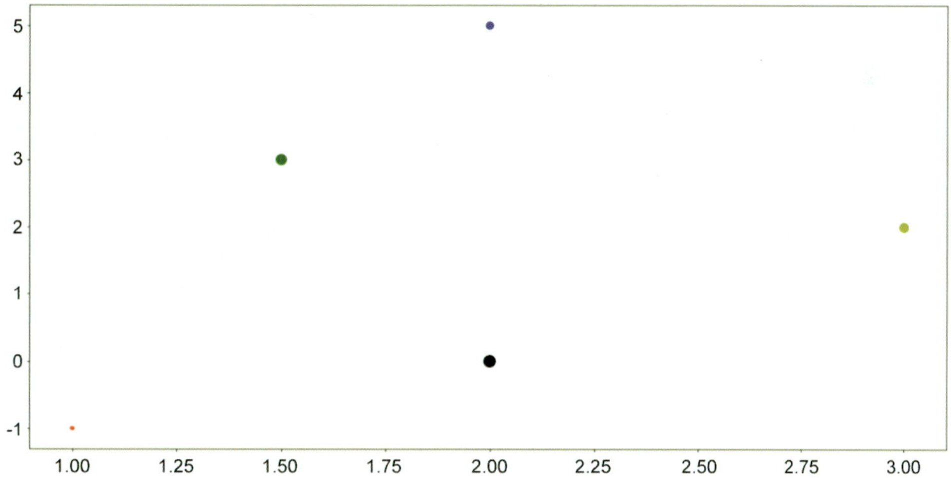

그림 2.4 크기와 색상을 지정한 산점도

이 기능은 산점도로 시각화하려는 점들이 서로 다른 그룹의 데이터일 때 유용하다. 이 경우 그룹별로 색상을 지정할 수 있다. 많은 경우, 이 방법을 사용해서 서로 다른 데이터 그룹에 의해 형성된 클러스터를 찾아낼 수 있다.

> **노트**
>
> Matplotlib 색상 사용법에 대한 완전한 문서는 다음 웹 페이지에서 찾을 수 있다:
>
> https://matplotlib.org/2.0.2/api/colors_api.html.

일반적으로, 산점도는 우리가 관심을 가지는 데이터의 공간적 분포를 시각화하고자 할 때 사용한다. 산점도를 사용해서 얻으려는 잠재적인 목표는, 데이터 내에 존재하는 클러스터를 확인해서, 데이터 세트의 속성 사이의 관계에 대한 새로운 통찰을 얻으려는 것이다.

다음으로, 선 그래프에 대해 살펴보자.

▶ 선 그래프

선 그래프는 또 다른 가장 기본적인 시각화 방법으로, 점들이 개별적으로 흩어져 그려지지 않고, 곡선을 따라 그려진다. 선 그래프 역시 간단하게 **plt.plot()** 함수를 사용해서 그릴 수 있다. 예를 들어, 다음 코드로 사인 파형(0부터 10까지)을 그릴 수 있다:

```
>>> import numpy as np

>>> x = np.linspace(0, 10, 1000)
>>> y = np.sin(x)

>>> plt.plot(x, y)
>>> plt.show()
```

여기서, **np.linspace()** 함수는 두 끝점 사이를 균일한 크기로 나눈 숫자 배열을 반환한다. 이 사례의 경우, 0과 10 사이의 균일한 간격의 숫자 1,000개를 얻는다. 이 숫자들에 대해 사인 함수를 적용해서 그림을 그린다. 점들이 매우 가깝게 위치하기 때문에, 실제로 부드러운 함수가 그려진다.

출력은 다음 그래프와 같다:

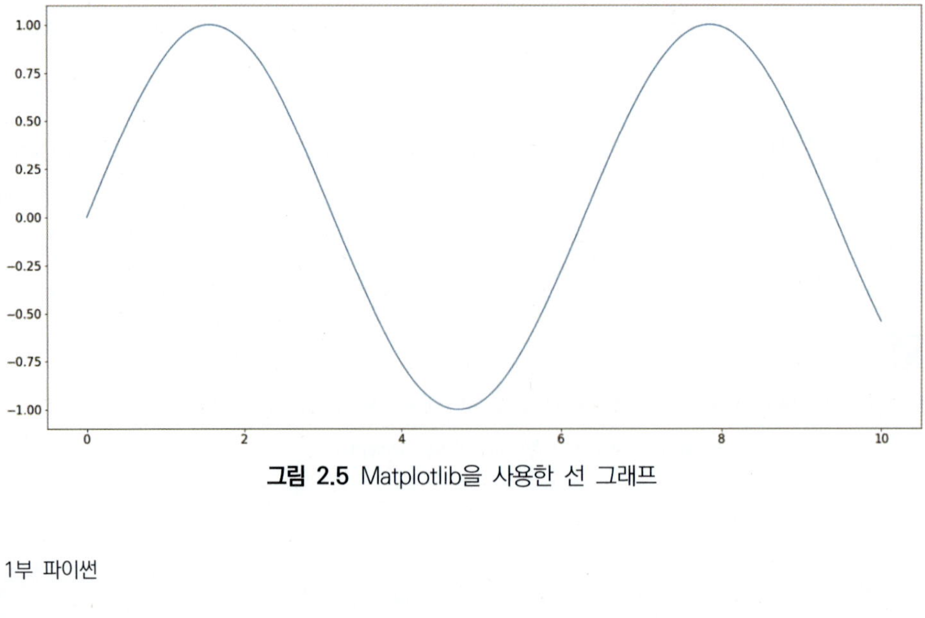

그림 2.5 Matplotlib을 사용한 선 그래프

산점도와 마찬가지로, 여기서도 그래프를 그리는데, 특히 선의 색상과 스타일을 설정하는 등의 다양한 옵션을 지정해서 원하는 형태로 나타낼 수 있다. 다음 코드는 세 개의 곡선(y = x 그래프, 자연 로그함수, 사인 파형)을 그리는 사례를 나타낸다:

```
x = np.linspace(1, 10, 1000)

linear_line = x
log_curve = np.log(x)
sin_wave = np.sin(x)

curves = [linear_line, log_curve, sin_wave]
colors = ['k', 'r', 'b']
styles = ['-', '--', ':']

for curve, color, style in zip(curves, colors, styles):
    plt.plot(x, curve, c=color, linestyle=style)

plt.show()
```

이 코드가 출력하는 그래프는 다음과 같다:

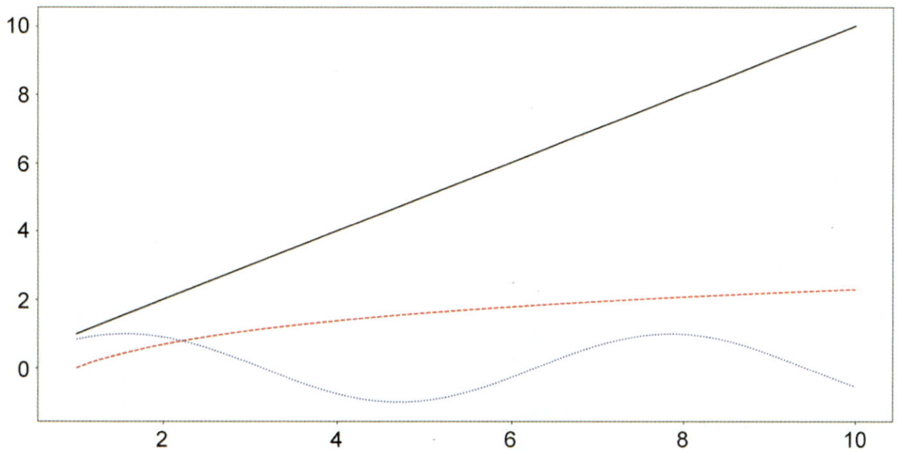

그림 2.6 스타일을 지정한 선 그래프

노트

Matplotlib 공식 문서 특히, 다음 페이지에서 선 스타일의 완전한 목록을 찾을 수 있다:
https://matplotlib.org/3.1.0/gallery/lines_bars_and_markers/linestyles.html.

일반적으로, 선 그래프는 점들을 순서대로 표시해서, 특정 함수의 추세를 시각화할 때 사용한다. 따라서 이 방법은 시계열 데이터 세트와 같이 차례가 있는 데이터에 매우 적합하다.

다음으로, Matplotlib에서 제공하는 막대그래프를 살펴보자.

▶ 막대그래프

일반적으로, 막대그래프는 각 막대의 높이로 데이터 세트 내 고유한 값의 개수를 나타낼 때 사용한다. 다음처럼 Matplotlib의 **plt.bar()** 함수를 사용해서 구현한다:

```
labels = ['Type 1', 'Type 2', 'Type 3']
counts = [2, 3, 5]

plt.bar(labels, counts)
plt.show()
```

plt.bar() 함수의 첫 번째 인자 (이 경우 **labels** 변수)는 개별 막대의 레이블을 지정하고, 두 번째 인자 (이 경우 **counts**)는 막대의 높이를 지정한다. 이 코드로 다음 그래프가 생성된다:

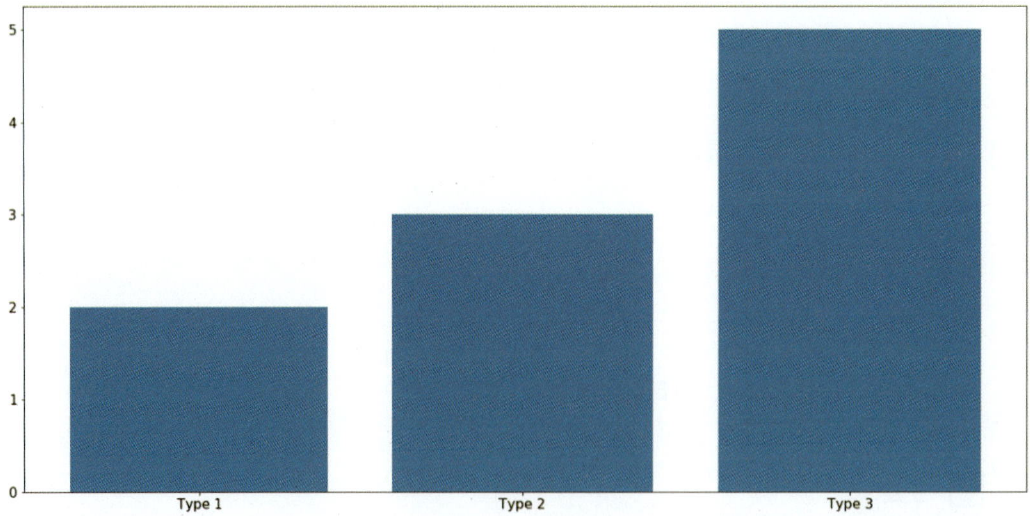

그림 2.7 Matplotlib을 사용한 막대그래프

마찬가지로, **c** 인자를 사용해서 개별 막대의 색상을 지정할 수 있다. 흥미롭게도 스택 혹은 그룹 막대그래프를 사용해서 더 복잡한 형태의 그래프를 생성할 수 있다. 단순히 서로 다른 데이터의 개수를 비교하는 대신, 스택 혹은 그룹 막대그래프는 각 막대를 작은 하위 그룹으로 구성하여 시각화하는 데 사용된다.

예를 들어, 이전 예제처럼 **Type 1**, **Type 2**, **Type 3**이라는 세 개의 그룹이 있고, 각 그룹 내에 다음과 같이 두 개의 하위 그룹 **Type A**와 **Type B**가 있다고 하자:

```
type_1 = [1, 1] # 1 of type A and 1 of type B
type_2 = [1, 2] # 1 of type A and 2 of type B
type_3 = [2, 3] # 2 of type A and 3 of type B

counts = [type_1, type_2, type_3]
```

실제로 **Type 1**, **Type 2**, **Type 3**에 속한 항목의 총개수는 여전히 같지만, 각각을 2D 리스트 **counts**로 표현된 두 개의 하위 그룹으로 다시 나누었다. 일반적으로 무엇이든 이러한 형태일 수 있다; 여기서는 그저 하위 그룹으로 구성된 큰 유형을 스택 혹은 그룹 막대그래프로 시각화할 수 있다는 것을 확인하려 한다.

먼저, 그룹 막대그래프 생성을 목표로 해서; 다음처럼 시각화를 원한다:

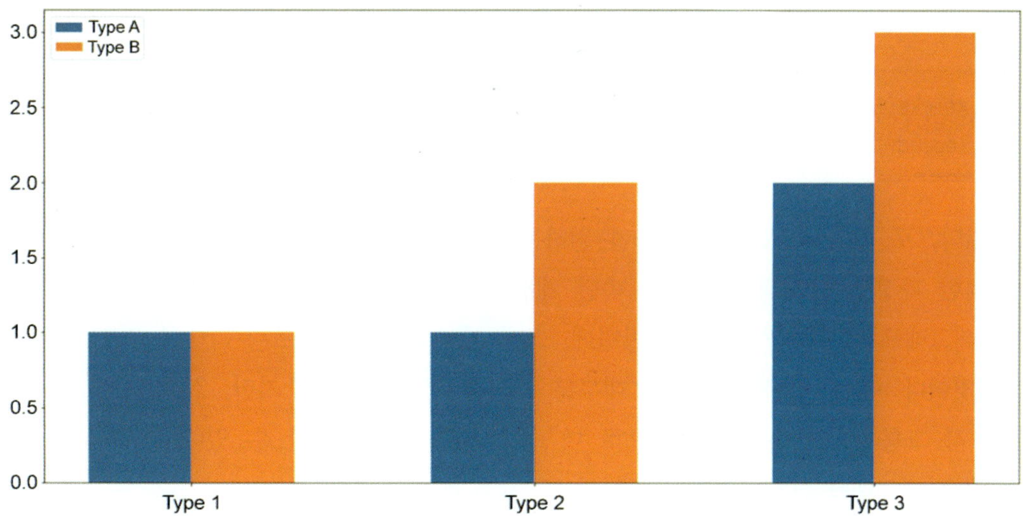

그림 2.8 그룹화된 막대그래프

이는 더 복잡한 시각화이며, 그래서 그래프를 생성하는 과정에 할 일이 더 있다. 먼저, 그룹화된 막대 각각의 위치와 너비를 지정해야 한다:

```
locations = np.array([0, 1, 2])
width = 0.3
```

그런 다음, 적절한 데이터에 대해 **plt.bar()** 함수를 호출한다: **Type A**에 대해 한 번 (**[my_type[0] for my_type in counts]**, 리스트 구성 연산을 사용) 호출하고, **Type B**에 대해 한 번 (**[my_type[1] for my_type in counts]**) 호출한다:

```
bars_a = plt.bar(locations - width / 2,
   [my_type[0] for my_type in counts], width=width)
bars_b = plt.bar(locations + width / 2,
   [my_type[1] for my_type in counts], width=width)
```

locations - width / 2와 **locations + width / 2**는 각각 **Type A** 막대와 **Type B** 막대의 정확한 위치를 지정한다. 각 그룹의 두 막대가 서로 바로 옆에 위치하도록 **plt.bar()** 함수의 **width** 인자를 **width** 변수로 지정하는 것이 중요하다.

다음으로, 각 그룹의 레이블을 사용자가 지정해보자. 더불어, 그래프의 범례로 사용하기 위해, **plt.bar()** 함수의 반환값을 두 변수 **bars_a**와 **bars_b**에 할당한다:

```
plt.xticks(locations, ['Type 1', 'Type 2', 'Type 3'])
plt.legend([bars_a, bars_b], ['Type A', 'Type B'])
```

마지막으로, **plt.show()**를 호출하면 원하는 그래프가 표시된다.

이러한 과정으로, 각각의 그룹에 속한 개별 막대가 서로 옆에 배치되도록 하는 그룹화된 막대그래프를 생성할 수 있다. 반면에, 스택 형식의 막대그래프는 막대를 위로 쌓아 올리는 것이다. 이 두 가지 그래프는 대부분 동일한 정보를 보여주지만, 스택 막대그래프의 경우, 각 그룹의 총개수를 시각적으로 더 쉽게 비교하고 검토할 수 있다.

스택 막대그래프를 생성하기 위해, 두 번째 그룹을 선언할 때 **plt.bar()** 함수의 **bottom** 인자를 사용한다. 구체적으로 다음과 같이 구현한다:

```
bars_a = plt.bar(locations, [my_type[0] for my_type in counts])
bars_b = plt.bar(locations, [my_type[1] for my_type in counts],
                 bottom=[my_type[0] for my_type in counts])

plt.xticks(locations, ['Type 1', 'Type 2', 'Type 3'])
plt.legend([bars_a, bars_b], ['Type A', 'Type B'])

plt.show()
```

이 코드가 출력하는 그래프는 다음과 같다:

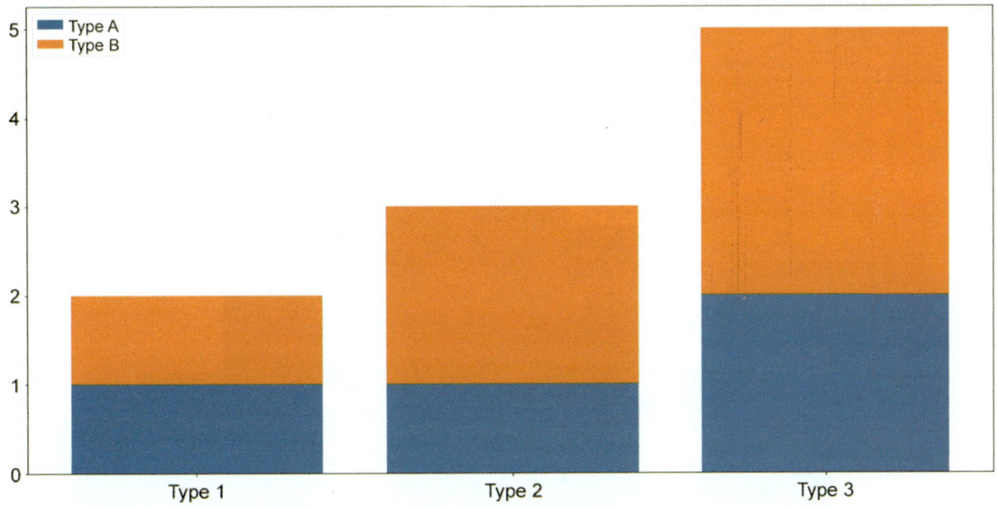

그림 2.9 스택 막대그래프

이로써 Matplotlib의 막대그래프에 대한 소개를 마치자. 일반적으로, 이러한 유형의 그래프는 범주형 속성에서 다른 그룹에 속한 값들의 개수 또는 백분율을 시각화하는 데 사용된다. 지금까지 살펴본 대로 Matplotlib은 이러한 그래프를 유연하게 생성할 수 있도록 많은 확장 가능한 API를 제공한다.

이제 다음 시각화 기법인 **히스토그램**으로 넘어가자.

▶ 히스토그램

히스토그램은 여러 개의 막대를 붙여서 배치하는 시각화이지만 막대그래프와의 관련성은 거기까지다. 일반적으로, 히스토그램은 데이터 세트에 속한 속성(더욱 정확히는 수치형 속성)값의 분포를 나타낼 때 사용한다. 히스토그램은 숫자 배열을 입력으로 받아서, 지정된 범위를 나타내는 여러 막대로, 각 범위에 속한 숫자들의 개수를 나타낸다.

데이터 세트에 변수 **x**로 나타낸 속성이 있다고 하자. **x**에 대해 **plt.hist()**를 호출해서 이 속성값의 분포를 나타낼 수 있다:

```
x = np.random.randn(100)

plt.hist(x)
plt.show()
```

이 코드는 다음과 같은 그래프를 생성한다:

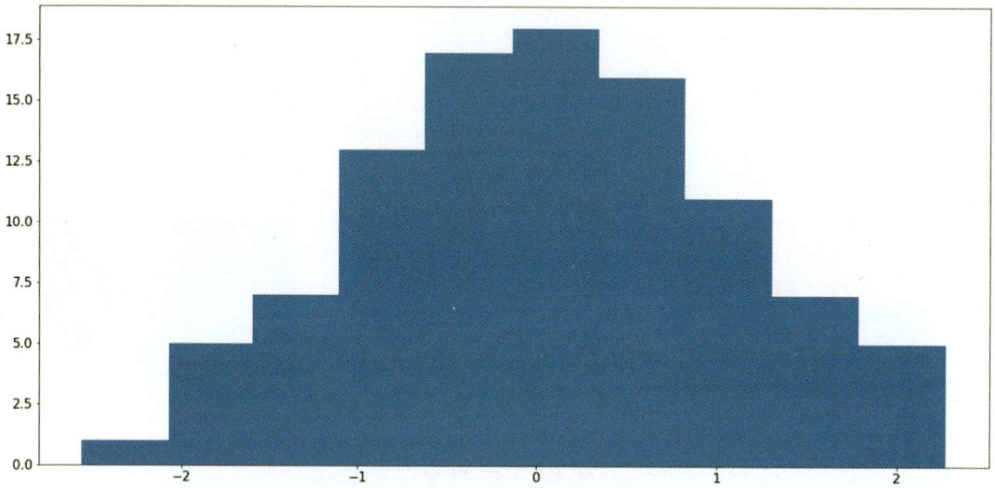

그림 2.10 Matplotlib을 사용한 히스토그램

> **노트**
> (무작위 수를 사용하므로) 실행 결과는 조금 다를 수 있지만, 히스토그램의 기본적인 형태는 같아야 한다 - 종 모양의 곡선.

plt.hist() 함수의 **bins** 인자를 지정하여 생성할 막대의 개수를 사용자가 정의할 수 있다(기본값은 10). 보통, 이 인자를 크게 하면 각 막대에 속하는 범위의 폭이 감소하고 따라서 히스토그램이 더 세밀해진다.

그러나, 히스토그램에서 이 값을 너무 크게 하면 시각화 결과가 좋지 않을 수도 있다. 예를 들어, 동일한 변수 x에 대해 다음처럼 실행해보자:

```
plt.hist(x, bins=100)
plt.show()
```

이 코드는 다음과 같은 그래프를 생성한다:

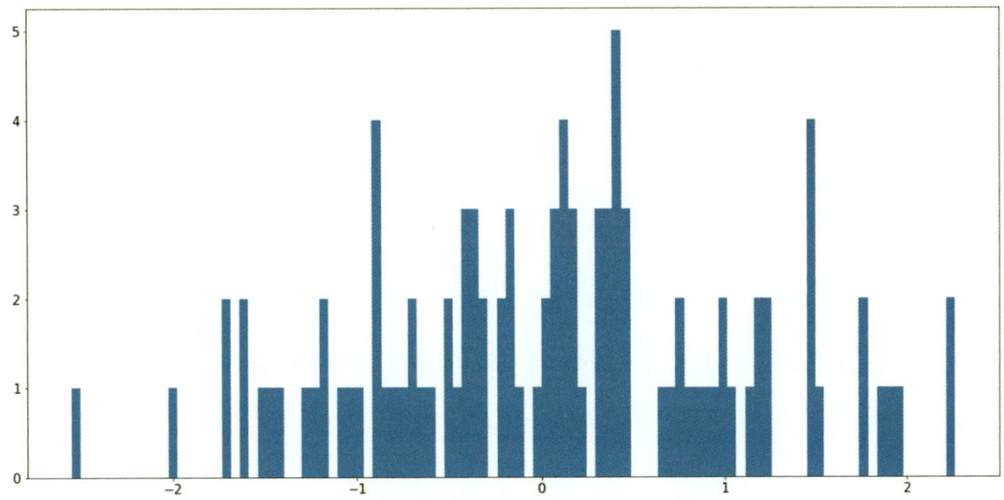

그림 2.11 폭이 너무 좁은 히스토그램

이 시각화는 히스토그램이 조각조각으로 나뉘고 불연속적이라 이전 예제보다 나쁘다고 할 수 있다. 이런 문제를 해결하는 가장 쉬운 방법은, 입력 데이터의 개수를 늘리거나 막대의 개수를 줄이는 방식으로, 입력 데이터의 크기와 막대 개수 사이의 비율을 증가시키는 것이다.

히스토그램은 또한 둘 이상의 속성의 분포를 비교하는 데 아주 유용하다. 예를 들어, (히스토그램의 투명도를 지정하는) **alpha** 인자를 조정해서, 여러 히스토그램을 하나의 그래프에 포개어 놓아 그 차이점을 강조할 수 있다. 다음 코드에 의한 시각화를 통해 이를 확인할 수 있다:

```
y = np.random.randn(100) * 4 + 5

plt.hist(x, color='b', bins=20, alpha=0.2)
plt.hist(y, color='r', bins=20, alpha=0.2)
plt.show()
```

출력은 다음과 같다:

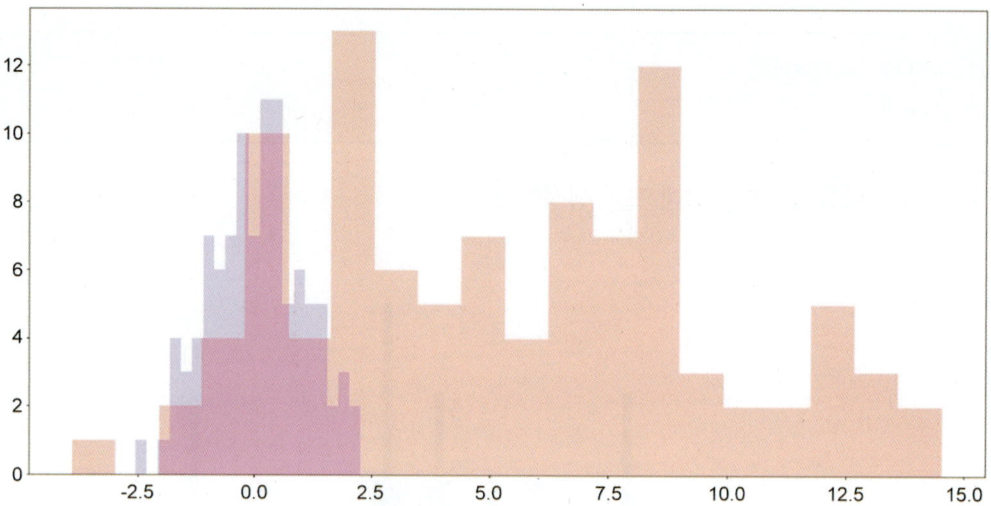

그림 2.12 중첩 히스토그램

여기서 두 분포는 대략 비슷한 형태를 가지고 있지만, 하나가 다른 하나의 오른쪽에 위치하여 그 속성값이 일반적으로 왼쪽 속성의 값보다 큰 것을 나타낸다.

plt.hist() 함수를 호출할 때, 다음과 같이, 해당 히스토그램의 각 막대의 위치와 높이를 나타내는 두 개의 숫자 배열이 튜플로 반환된다는 것을 알아두면 매우 유용하다:

```
>>> plt.hist(x)
(array([ 9., 7., 19., 18., 23., 12., 6., 4., 1., 1.]),
    array([-1.86590701, -1.34312205, -0.82033708, -0.29755212,
            0.22523285, 0.74801781, 1.27080278, 1.79358774,
            2.31637271, 2.83915767, 3.36194264]),
   <a list of 10 Patch objects>)
```

이 두 개의 배열은 Matplotlib이 처리한, 입력 데이터에 관한 히스토그램 관련 모든 정보를 포함한다. 이 데이터는 히스토그램을 그리는 데 사용할 수 있을 뿐 아니라, 때에 따라서 이 배열을 새로운 변수에 저장하고 이러한 통계를 사용해서 데이터에 대한 추가 분석을 수행할 수도 있다.

다음 절에서, 이번 장 마지막 유형인 **히트맵**의 시각화를 다룬다.

▶ 히트맵

히트맵은 2D 숫자 배열로 생성되는데, 큰 값은 진한 색상, 작은 값은 흐린 색상에 대응한다. Matplotlib의 **plt.imshow()** 함수로 히트맵을 생성할 수 있다. 다음과 같은 코드가 있다고 하자:

```
my_map = np.random.randn(10, 10)

plt.imshow(my_map)
plt.colorbar()
plt.show()
```

이 코드는 다음과 같은 그래프를 생성한다:

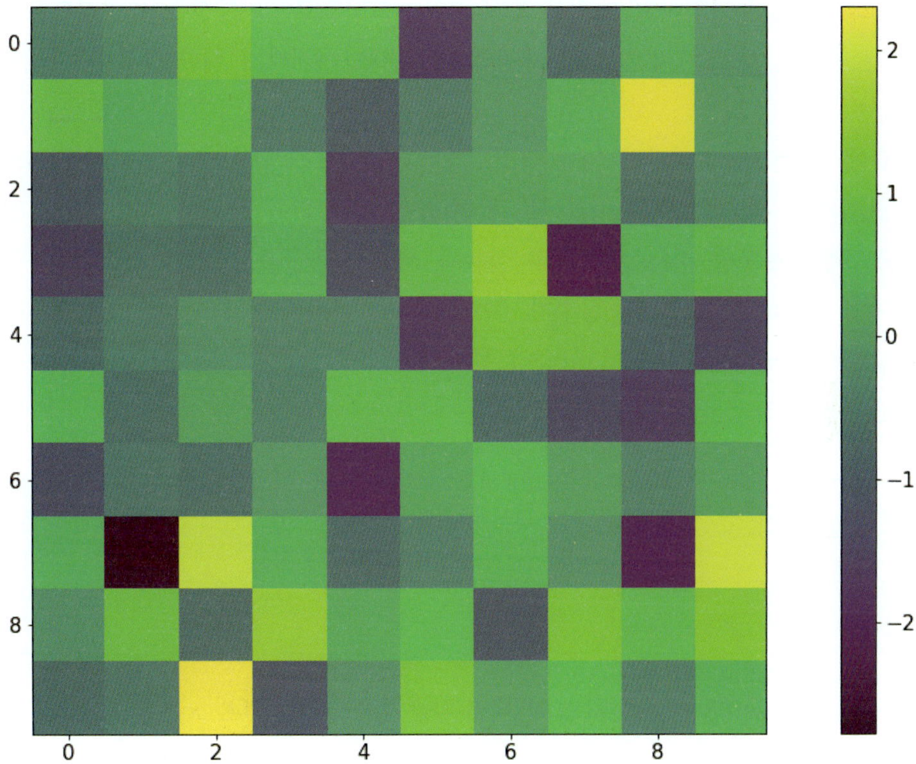

그림 2.13 Matplotlib을 사용한 히트맵

이런 방식으로 데이터를 표현하면, 입력한 2차원 배열의 덩어리 구조(예를 들어, 값이 다른 부분보다 유의미하게 큰 셀 블록)가 효과적으로 시각화된다는 것에 주목하자.

히트맵이 중요하게 사용되는 사례 중 하나는 데이터 세트의 **상관 행렬**(데이터 세트 내의 임의의 두 속성 사이의 상관관계를 포함하는 2차원 배열)을 다루려고 할 때이다. 히트맵을 이용해서 서로 강하게 상관된 속성을 정확하게 식별할 수 있다.

이로써 이 절의 학습 주제인 시각화 라이브러리 Matplotlib에 관한 마지막 내용이 마무리되었다. 다음의 실무적인 실습으로 지금까지 배운 지식을 통합해서 사용해보자.

실습 2.04 ✦ 확률 분포의 시각화

샘플링을 다룰 때 간략하게 언급했던 것처럼, 확률 분포는 통계와 머신러닝 분야에서 실세계 데이터를 모델링할 때 광범위하게 사용하는 수학적 객체이다. 여러 확률 분포가 추상적이고 복잡해서 작업하기 어려울 수 있지만, 그러므로 그 특성을 효과적으로 시각화할 수 있는 능력을 갖추는 게 그러한 개념의 활용법을 이해하기 위한 중요한 시작이라 할 수 있다.

이 실습에서, 몇 가지 시각화 기법(히스토그램과 선 그래프)을 적용해서, NumPy의 샘플링 함수를 실제 확률 분포와 비교해볼 것이다. 주어진 확률 분포에 대해, **확률 밀도 함수(PDF)**는 해당 분포를 따르는 임의의 실수가 취하는 확률을 정의한다. 충분히 큰 표본 크기에 대해, NumPy의 샘플링 함수가 주어진 확률 분포에 대한 실제 PDF에 대응하는 분포 형상인지 확인하는 것이 이 실습의 목표이다.

다음 단계를 따라 실습해보자:

1. (사용 중인 경우) 파이썬 환경의 터미널에서 SciPy 패키지를 설치한다. 항상 그렇듯이, pip를 사용해서 설치한다:

```
$ pip install scipy
```

Anaconda를 사용하여 SciPy를 설치하려면 다음 명령을 사용한다:

```
$ conda install scipy
```

SciPy는 파이썬의 또 다른 인기 있는 통계 계산 도구이다. 이것은 다양한 확률 분포의 PDF를 간단하게 다룰 수 있는 API를 제공한다. 이 라이브러리는 다음 장에서 다시 다루게 된다.

2. 주피터 노트북의 첫 번째 코드 셀에서, 다음처럼 NumPy, SciPy의 **stats** 패키지, 그리고 Matplotlib을 가져온다.

```
import numpy as np
import scipy.stats as stats
import matplotlib.pyplot as plt
```

3. 다음 셀에서, NumPy를 사용하여 평균이 0이고 표준 편차가 1인 정규 분포를 따르는 1,000개의 샘플을 추출한다:

```
samples = np.random.normal(0, 1, size=1000)
```

4. 다음으로, 추출한 샘플 즉, 표본의 최솟값과 최댓값 범위의 **np.linspace** 배열을 생성하고, 이 배열에 대해 실제 PDF를 호출한다. 다음 단계에서 이러한 점들을 그래프로 그려낸다:

```
x = np.linspace(samples.min(), samples.max(), 1000)
y = stats.norm.pdf(x)
```

5. 추출한 표본에 대한 히스토그램과 PDF에서 얻은 점에 대한 선 그래프를 생성한다. **plt.hist()** 함수에서 **density=True** 인수를 지정하여 막대의 높이를 확률값(0과 1 사이의 수)으로 정규화하고, **alpha=0.2** 인수를 사용해서 히스토그램을 더 연하게 만들며, **bins=20** 인수를 사용하여 히스토그램의 조밀도를 크게 설정한다:

```
plt.hist(samples, alpha=0.2, bins=20, density=True)
plt.plot(x, y)
plt.show()
```

이 코드는 대략 다음과 같은 그래프를 생성한다:

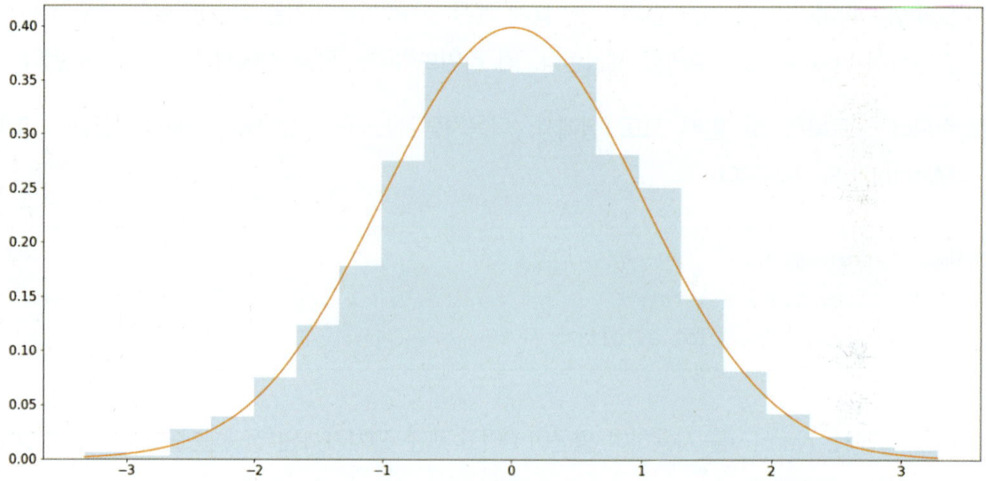

그림 2.14 정규 분포에 대한 히스토그램 vs. PDF

NumPy로 추출한 표본의 히스토그램이 정규 분포의 실제 PDF와 매우 잘 일치한다는 것을 알 수 있다. 이는 NumPy의 샘플링 함수와 SciPy의 PDF 함수가 서로 일관되게 작동한다는 증거이다.

> **노트**
>
> 막대 개수(**bins**)를 늘려서 히스토그램을 더 매끄럽게 그릴 수 있다.

6. 다음으로, 매개변수가 (2, 5)인 베타 분포에 대해 같은 시각화를 생성해보자. 지금은, 확률 분포 자체에 대해 너무 많은 것을 알 필요가 없다; 여기에서도 그냥 NumPy의 샘플링 함수와 SciPy의 해당 PDF를 비교하면 그만이다.
   다음 코드 셀에서, 앞에서 했던 절차에 따라 코드를 구현한다:

```
samples = np.random.beta(2, 5, size=1000)
x = np.linspace(samples.min(), samples.max(), 1000)

y = stats.beta.pdf(x, 2, 5)

plt.hist(samples, alpha=0.2, bins=20, density=True)
plt.plot(x, y)
plt.show()
```

이번에는, 다음 그래프가 생성된다:

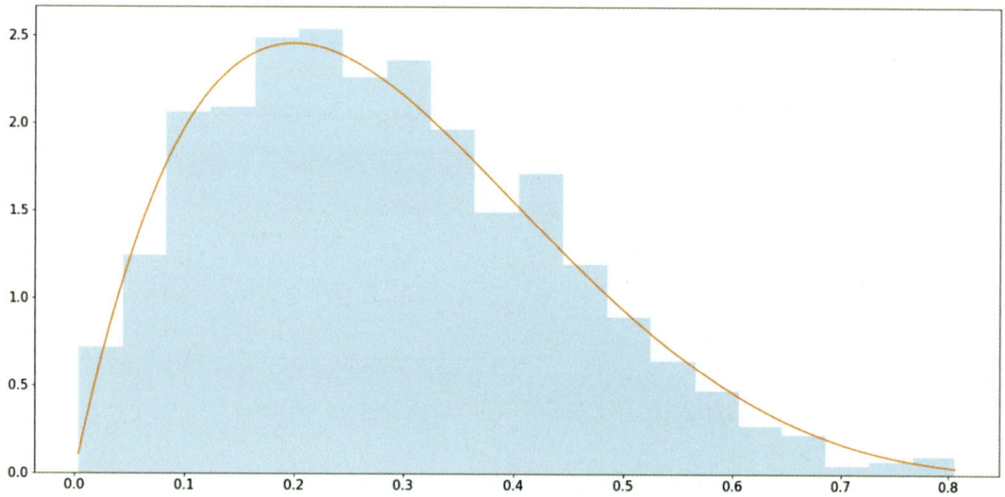

그림 2.15 베타 분포에 대한 히스토그램 vs. PDF

7. 마찬가지로, 매개변수 $\alpha = 1$인 감마 분포에 대해 같은 시각화를 생성해본다:

```
samples = np.random.gamma(1, size=1000)
x = np.linspace(samples.min(), samples.max(), 1000)
y = stats.gamma.pdf(x, 1)

plt.hist(samples, alpha=0.2, bins=20, density=True)
plt.plot(x, y)
plt.show()
```

이 그래프는 다음과 같다:

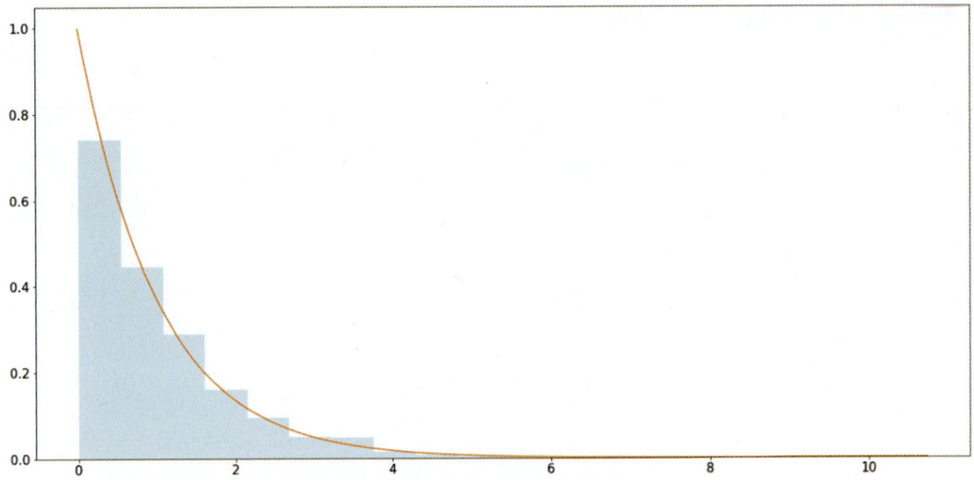

그림 2.16 감마 분포에 대한 히스토그램 vs. PDF

이 실습으로, 히스토그램과 선 그래프를 결합해서 NumPy와 SciPy로 구현한 여러 확률 분포를 검증하는 방법을 배웠다. 또한, 확률 분포와 확률 밀도 함수에 대한 개념을 간단하게 알게 되었다.

> **노트**
>
> 이 절의 소스 코드는 다음에 있다.
>
> https://packt.live/3eZrEbW.
>
> 또한, 다음에서 이 예제를 온라인으로 실행할 수 있다.
>
> https://packt.live/3gmjLx8.

이 실습은 Matplotlib 주제에 대한 마무리이다. 다음 절에서, Seaborn과 pandas가 제공하는 여러 약칭 API를 통해 빠르게 복잡한 시각화를 생성하는 방법을 알아보면서 이 장의 학습을 마친다.

▶ Seaborn과 Pandas에 의한 빠른 시각화

먼저, Matplotlib의 뒤를 잇는 Python의 두 번째 인기 시각화 라이브러리인 Seaborn 라이브러리에 대해 논의해보자. Seaborn 역시 여전히 Matplotlib에 의존하지만, 복잡한 시각화를 용이하게 해주는 간단하면서 표현하기 쉬운 함수들을 제공한다.

pip 또는 Anaconda를 사용해서 Seaborn을 성공적으로 설치한 후, 프로그래머들은 관례로 이 라이브러리를 불러올 때, **sns**라는 별칭을 붙인다. 이제 두 개의 숫자 속성을 가진

테이블 데이터 세트가 있다고 할 때, 각 속성의 분포를 시각화해보자:

```
x = np.random.normal(0, 1, 1000)
y = np.random.normal(5, 2, 1000)

df = pd.DataFrame({'Column 1': x, 'Column 2': y})
df.head()
```

보통, 각 속성에 대해 두 개의 히스토그램을 생성할 것이다. 그러나, 두 속성 사이의 관계를 검토하고 싶을 때가 있을 수 있고, 이때 Seaborn의 **jointplot()** 함수를 활용할 수 있다. 이 일을 실제로 해보자:

```
import seaborn as sns

sns.jointplot(x='Column 1', y='Column 2', data=df)
plt.show()
```

코드에서 알 수 있듯이, Seaborn 함수의 인수로 **DataFrame** 객체 전체를 전달하면서 그림을 그릴 요소를 지정할 수 있다. 이 과정은 Matplotlib을 사용하여 시각화할 때 실제 속성을 전달해야 하는 것에 비해 덜 수고롭다.

이 코드로 다음과 같은 시각화를 생성할 수 있다:

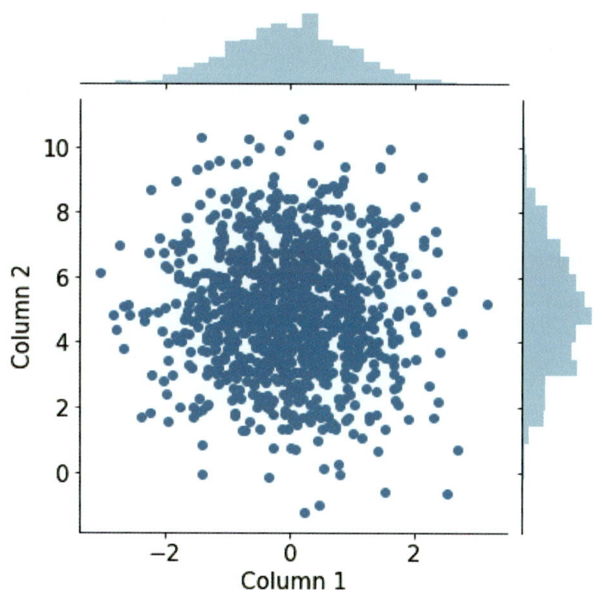

그림 2.17 Seaborn을 사용한 시각화 결합

이 시각화는 두 개의 속성에 대한 산점도와 각각의 축에 히스토그램을 결합한 형태로 구성되어 있다. 따라서, 두 개의 히스토그램으로부터 입력 데이터의 개별 속성의 분포를 관찰할 수 있을 뿐만 아니라, 산점도로부터 결합 분포도 관찰할 수 있다.

다시 생각해보면, 이것은 입력 데이터에 대한 중요한 통찰을 얻을 수 있는 상당히 복잡한 시각화이지만, Matplotlib에서 수동으로 생성하기는 꽤 어려울 수 있다. Seaborn이 성공한 것은 이러한 복잡하지만, 쓸모 있는 시각화 기법을 위한 모듈을 구축하고 간단하게 사용할 수 있는 API를 제공하기 때문이다.

다른 사례를 살펴보자. 〈실습 2.03, 학생 데이터 세트〉에서 사용한 것과 같은 구조의 조금 더 큰, 다음의 학생 데이터 세트가 있다고 하자:

```
student_df = pd.DataFrame({
     'name': ['Alice', 'Bob', 'Carol', 'Dan', 'Eli', 'Fran', \
              'George', 'Howl', 'Ivan', 'Jack', 'Kate'], \

     'gender': ['female', 'male', 'female', 'male', \
                'male', 'female', 'male', 'male', \
                'male', 'male', 'female'], \

     'class': ['JR', 'SO', 'SO', 'SO', 'JR', 'SR', \
               'FY', 'SO', 'SR', 'JR', 'FY'], \

     'gpa': [90, 93, 97, 89, 95, 92, 90, 87, 95, 100, 95], \

     'num_classes': [4, 3, 4, 4, 3, 2, 2, 3, 3, 4, 2]})
```

이제, 데이터 세트에 있는 학생들의 평균 GPA를 클래스별로 알아보자. 더불어, 각 클래스 내에서 여학생과 남학생들 사이의 차이도 살펴보고자 한다. 이것을 나타내려면, 각 클래스가 여학생과 남학생 평균으로 분리된 그룹인 **그룹/스택 막대그래프**를 사용해야 한다.

Seaborn을 사용하면, 한 줄로 이를 수행할 수 있다:

```
sns.catplot(x='class', y='gpa', hue='gender', kind='bar', \
            data=student_df)
plt.show()
```

이 코드는 다음과 같은 그래프를 생성한다(범례가 그래프에 자동으로 추가되는 것에 주목):

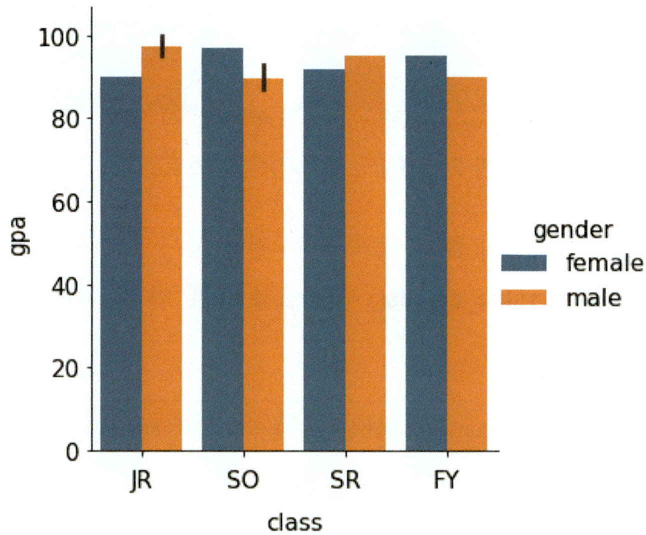

그림 2.18 Seaborn을 사용한 그룹화된 막대그래프

Seaborn 외에, pandas 라이브러리 자체도 Matplotlib과 직접 상호 작용하는 고유한 API를 제공한다. 이러한 상호 작용은 일반적으로 **DataFrame.plot** API를 통해 수행된다. 예를 들어, 앞의 **student_df** 변수에 대해서, **gpa** 속성 데이터에 대한 히스토그램을 다음과 같이 빠르게 생성할 수 있다:

```
student_df['gpa'].plot.hist()
plt.show()
```

다음과 같은 그래프가 생성된다:

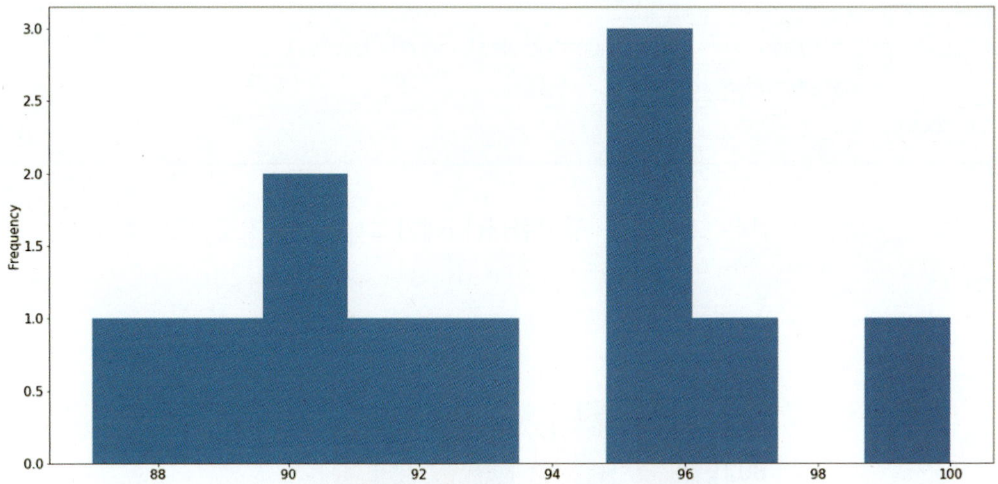

그림 2.19 Pandas를 사용한 히스토그램

클래스의 비율을 나타내는 데(즉, 각 클래스가 전체 학생 중 어느 정도 비율을 차지하는지) 관심이 있다고 하자. (**value_counts()** 메서드를 통해 얻은) 클래스 카운트를 사용해서 파이 차트를 생성할 수 있다:

```
student_df['class'].value_counts().plot.pie()
plt.show()
```

출력은 다음과 같다:

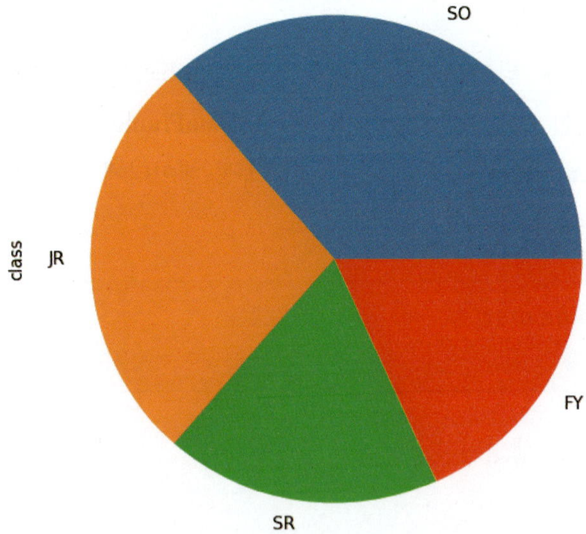

그림 2.20 Pandas를 사용한 파이 차트

이러한 사례를 통해서, Seaborn과 Matplotlib이 특히, **DataFrame** 객체에 대한 복잡한 시각화를 생성하는 과정을, 단순한 함수 호출을 통해 어떻게 간소화하는지를 알게 되었다. 결국, 다양한 통계 및 과학 도구들이 파이썬에 기능적으로 통합되어 있음을 명확하게 알 수 있으며, 이러한 기능적 통합이 파이썬을 가장 인기 있는 현대 과학 계산 언어 중 하나로 만들어주는 역할을 한다.

이것으로 이 책의 두 번째 장에서 다루어야 할 내용을 마무리한다. 이제 실세계 데이터 세트를 사용한 실습 활동을 수행해보자.

프로젝트 2.01 ✦ 도시 범죄 데이터 분석

이 프로젝트에서, 'Communities and Crime'이라는 온라인 데이터 세트를 대상으로 기본적인 데이터 처리 및 분석 기술을 연습해서 그동안 배운 지식과 기술을 통합해보려 한다. 특히, 데이터 세트의 결측값을 처리하고, 속성을 반복 처리하며, 속성값의 분포를 시각화하는 작업을 수행해본다.

먼저, 다음 페이지(https://packt.live/31C5yrZ)의 데이터 세트를 사용자의 로컬 환경에 내려받아야 한다.

내려받았으면, 데이터 세트의 이름이 **CommViolPredUnnormalizedData.txt**인지 확인하자. 이 텍스트 데이터 세트가 위치한 디렉터리에 새 주피터 노트북을 생성한다. 이제 다음 단계를 수행하자:

1. 첫 번째 단계로, 사용할 라이브러리를 가져온다: pandas, NumPy, Matplotlib.
2. pandas를 사용해서 텍스트 파일에서 데이터 세트를 읽고 **DataFrame** 객체의 **head()** 메서드를 호출하여 처음 다섯 행을 출력한다.
3. 데이터 세트의 모든 열을 반복문으로 한 줄씩 출력한다. 반복이 끝날 때, 전체 열의 개수를 출력한다.
4. 데이터 세트의 어떤 셀에서 값이 누락된 경우 **'?'**로 표시되는 것을 알 수 있다. **DataFrame** 객체의 **replace()** 메서드를 호출해서 해당 문자를 **np.nan**으로 대체하여 파이썬의 누락값 표기 형식으로 나타낸다.
5. **df.isnull().sum()**을 사용해서 데이터 세트의 열과 각각의 누락값의 개수를 포함하는 리스트를 출력한다. 여기서 **df**는 **DataFrame** 객체의 변수 이름이다.
6. **df.isnull().sum()[column_name]** 구문(여기서 **column_name**은 관심 있는 열의 이름)을 사용해서 **NumStreet** 및 **PolicPerPop** 열의 누락값의 수를 출력한다.

7. **DataFrame** 객체를 처리해서 **state** 속성이 취하는 값과 해당 값의 개수를 포함하는 리스트를 출력한다. 그런 다음, **DataFrame.plot.bar()** 메서드를 사용해서 그 정보를 막대그래프로 시각화한다.
8. 사전에 정해진 디폴트 스케일로 그래프를 그리면 x축의 레이블이 겹친다. **f, ax = plt.subplots(figsize=(15, 10))** 명령을 사용해서 그래프를 크게 만들어 이 문제를 해결한다. 이 명령은 모든 그래프 명령에서 가장 앞에 나와야 한다.
9. 앞에서 계산한 **DataFrame** 객체의 속성 개수를 사용하여, **DataFrame.plot.pie()** 메서드를 호출해서 그것에 대응하는 파이 차트를 생성한다. 이때, 그래프 레이블이 바르게 표시되도록 그림 크기를 조정한다.
10. 데이터 세트의 (**population** 속성에 포함된) 지역별 인구 크기 분포를 나타내는 히스토그램을 생성한다. 그래프의 레이블이 올바르게 표시되도록 그림 크기를 조정한다.

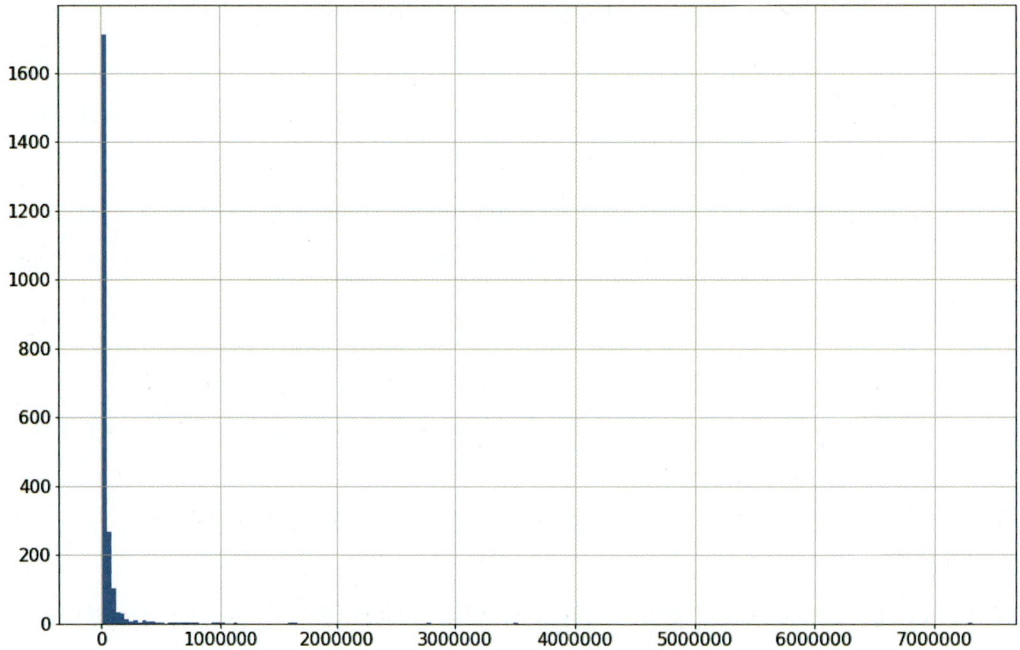

그림 2.21 인구 분포를 나타내는 히스토그램

11. 마찬가지로, 데이터 세트의 (**householdsize** 속성에 포함된) 가구 크기 분포를 시각화하는 히스토그램을 생성한다.

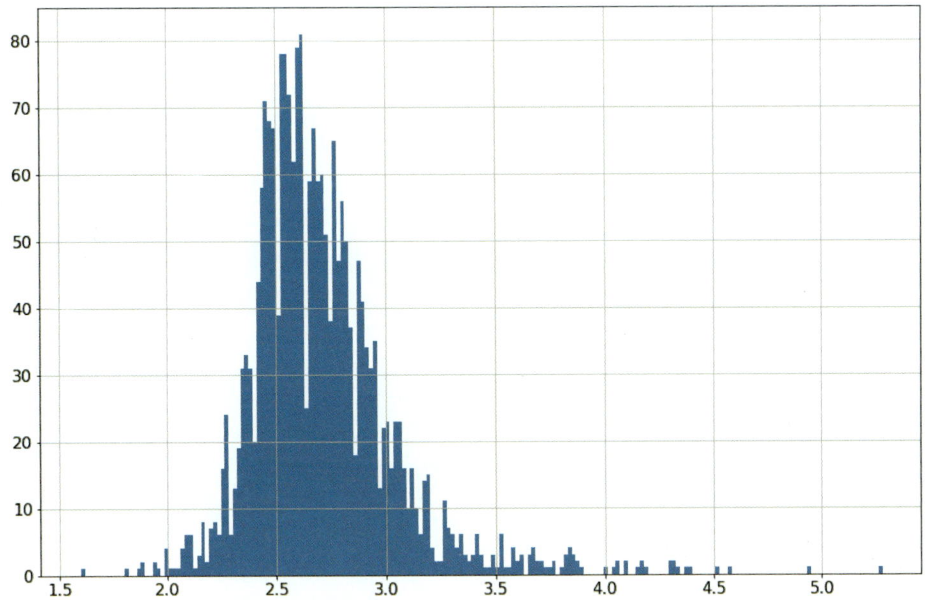

그림 2.22 가구 크기 분포를 나타내는 히스토그램

> **노트**
>
> 이 프로젝트의 구현 코드는 부록에 있다.

요약

이 장에서, 파이썬에서 사용하는 데이터 과학과 통계 컴퓨팅을 위한 핵심 도구인, 선형 대수와 기타 대수계산을 위한 NumPy, 테이블 형식의 데이터 처리를 위한 pandas, 그리고 시각화를 위한 Matplotlib과 Seaborn을 다루었다. 이러한 도구는 이 책의 이어지는 여러 장에서 광범위하게 사용되며, 앞으로 수행할 프로젝트에 유용하게 활용될 것이다. 다음 장에서, 이 책 전반에 걸쳐 사용할 여러 가지 통계 개념을 구체적으로 알아보고, 그 개념을 파이썬으로 구현하는 방법을 배운다.

3장

파이썬과 통계 툴박스

요약

앞 장에서, 통계와 머신러닝 프로젝트에서 수행하는 다양한 작업을 수월하게 해주는 파이썬의 세 가지 주요 라이브러리에 대해 배웠다. 이 장은, 그것에 이어서, 통계 및 그와 관련된 개념을 **형식적으로 다루기 시작**한다. 따라서 이론적인 논의 사항을 포함하고 있지만, **직관적인 예제와 코딩 활동 실습**으로 이해를 도울 것이다. 이 장에서 배우는 내용은 이 책의 6장 이후부터 시작하는 통계와 관련된 장을 배우기 위한 준비과정이다.

이 장을 마치면, 통계와 **통계적 방법론의 기본 개념**을 이해할 수 있다. 파이썬의 여러 도구와 라이브러리를 사용해서 다양한 통계 관련 작업을 수행할 수 있으며, statsmodels와 PyMC3와 같은 고급 통계 라이브러리에 대한 직관을 얻을 수 있다.

개요

지금까지 통계와 데이터 과학을 위해 파이썬 언어를 사용하는 방법, 특히 NumPy, pandas, Matplotlib와 같은 핵심 라이브러리에 대해 배웠다. 그러나, 이러한 도구를 온전히 활용하기 위해서는, 통계 이론에 대한 확실한 이해가 필요하다. 통계적 테스트와 통계적 기법에 깔린 아이디어를 알아야지만 파이썬이 제공하는 도구를 더욱 효과적으로 활용할 수 있다.

통계와 머신러닝에서 파이썬의 라이브러리는 데이터 전처리부터 모델링과 추론을 위한 다양한 옵션을 제공한다. 그러나, 통계에 대한 기본적인 이해가 있어야, 데이터에 따라 어떤 기술을 사용해야 하는지에 대한 초기 결정을 내릴 수 있다.

따라서 이 장에서, 추론, 샘플링, 변수 등과 같은 통계의 핵심 개념을 배우게 된다. 또한, 고급 통계 기법과 여러 가지 요구 사항을 더 쉽게 처리할 수 있도록 파이썬 도구를 광범위하게 살펴본다. 이 모든 내용은 예제와 실습으로 설명한다.

통계의 개요

이 절에서, 통계의 중요한 분야가 갖는 목적에 대해 간략히 논의하고, 몇 가지 기본적인 개념에 대해 알아본다. 이러한 논의의 맥락에서 이 장과 이 책의 후속 주제가 설정된다.

일반적으로 통계는, 데이터를 처리하고 분석하거나 데이터로부터 결론을 도출하는 등, 데이터를 통해 작업하는 것이라고 할 수 있다. 특정 데이터 세트의 관점에서 통계에는 두 가지 주요 목표가 있다: 데이터를 설명하고 그것으로부터 결론을 도출하기. 이러한 목표는 각각 기술 통계와 추론 통계라는 두 가지 주요 통계 범주와 일치한다.

기술 통계는, 데이터 세트의 일반적인 특성에 대해 질문을 던진다: 평균이 얼마일까? 최댓값과 최솟값의 차이는 얼마일까? 가장 빈도가 큰 값은 무엇일까? 등등. 이러한 질문에 대한 답으로부터 해당 데이터 세트가 무엇이며, 무엇에 대한 것인지에 대한 영감을 얻을 수 있다. 앞 장에서 이러한 사례를 간단히 살펴보았다.

추론 통계는, 한 단계 더 나아가려는 목표가 있다: 주어진 데이터 세트로부터 적절한 통찰을 얻은 후에, 그 정보를 사용해서 미지의 데이터에 대해 추론해내려 한다. 관측 데이터로부터 미래를 예측하는 게 한 사례이다. 이 일은 일반적으로 다양한 통계 및 머신러닝 모델을 통해 수행되는데, 보통 각 모델은 특정 유형의 데이터에만 적용할 수 있다. 그러므로 통계에서 사용하는 데이터에는 어떤 유형이 있는지 이해하는 것이 매우 중요하며, 이것을 다음 절에서 설명한다.

결국, 통계는 데이터를 연구하는 분야로 생각할 수 있으며, 그래서 데이터 과학과 머신러닝을 위한 기초가 된다. 통계에 의해서, 종종 제한된 데이터 세트로부터 세상의 상태를 이해할 수 있고, 데이터 기반으로 얻은 지식을 통해 적절하고 실행이 가능한 결정을 내릴 수 있다. 이것이 순수 과학에서 사회 과학까지, 연구에 분석적인 요소가 포함되어 있다면 인문학에서조차, 통계가 다양한 연구 분야에서 보편적으로 사용되는 이유이다.

그렇다면 이제 이 장의 첫 번째 기술적 주제로 넘어가보자: 데이터 유형부터 구분해보자.

통계의 데이터 유형

통계에는, 대표적인 두 가지 데이터 유형으로 **범주형 데이터**와 **수치형 데이터**가 있다. 사용자 데이터 세트의 속성이나 변수가 어느 유형에 속하는지에 따라 데이터 처리, 모델링, 분석 및 시각화 기법이 달라질 수 있다. 이 절에서, 이러한 두 가지 주요 데이터 유형에 대해 세세하게 설명하고, 다음 표처럼 요약할 수 있는, 각각에 관련된 사항을 살펴본다:

특징	범주형 데이터	수치형 데이터
특성	이산	연속
순서	없음	있음
모델링	범주/이산 확률 분포	연속 확률 분포
데이터 처리	원-핫 인코딩	스케일링과 정규화
기술 통계	최빈값	평균과 표준 편차
예측 모델링	분류	회귀
시각화 기술	파이 차트, 막대그래프	히스토그램, 선 그래프, 산점도

그림 3.1 데이터 유형 비교

이 절의 나머지 부분에서, 앞의 표에 나타난 사항을 자세하게 설명하는데, 다음 소절에서 범주형 데이터부터 시작한다.

▶ 범주형 데이터

속성이나 변수가 범주형일 때, 그 속성이나 변수는 미리 정해진 고정된 값 중에서 하나를 취한다. 예를 들어, 날씨 관련 데이터 세트에, 각 날짜에 대한 전반적인 날씨를 나타내는 속성이 있다고 가정해보자. 이 경우, 해당 속성은 "**맑음**", "**바람**", "**흐림**", "**비**" 등과 같은 이산값 중 하나일 수 있다. 이 속성 열에 속한 셀은 이러한 가능한 값 중 하나를 가져야 한다. 예를 들어, 이 열의 한 셀에 숫자나 "**사과**"와 같은 관련 없는 문자열이 포함될 수는 없다. 이런 유형의 데이터를 **명목형** 데이터라고도 한다.

이 유형의 데이터가 지닌 특성 때문에, 대부분은, 범주형 속성의 가능한 값들 사이에 순서 관계가 없다. 예를 들어, 앞서 설명한 날씨 관련 데이터에 적용할 만한 비교 연산이 없다: "**맑음**"은 "**바람**"보다 크거나 작은 것이 아니다. 이는 아직 논의하지는 않았지만, 명확한 순서를 나타내는 수치형 데이터와 대조적이다.

데이터 유형 사이의 차이에 대한 주제로, 이제 범주형 데이터를 처리할 때 마음에 새겨야 할 몇 가지 요점을 살펴보자.

범주형 속성인 미지의 변수를 확률 분포를 사용해서 모델링하는 경우, 범주형 분포가 필요하다. 이러한 분포는 변수가 K개의 미리 정의된 가능한 범주 중 하나일 확률을 나타낸다. 다행스럽게 대부분의 모델링은, 각각의 라이브러리를 호출할 때, 통계 및 머신러닝 모델의 백엔드에서 수행되므로, 모델링 문제에 대해 지금 당장은 걱정할 필요가 없다.

데이터 처리 관점에서, 범주형 속성의 범주값을, 기계가 이해할 수 있는 숫자로 변환하기 위한 인코딩 체계가 일반적으로 사용된다. 범주형 데이터의 경우 매우 일반적인 문자열 속성값은 숫자 데이터만 입력으로 받는 (!신경망 같은) 많은 모델에 사용할 수 없기 때문이다.

예를 들어, 가능한 범주값에 양의 정수를 할당한 후, 각 속성에 대응하는 숫자 값을 대체하는 간단한 인코딩 방식을 사용하는 경우가 많다. 다음과 같은 (변수 이름이 **weather_df**인) 샘플 데이터 세트가 있다고 하자:

```
weather_df
```

이 데이터 세트에는 다음과 같은 내용이 들어있다:

```
    temp    weather
0   55      windy
1   34      cloudy
2   80      sunny
3   75      rain
4   53      sunny
```

이제, 다음과 같이 **weather** 속성에 대해 **map()** 메서드를 호출하면서 딕셔너리 **{'windy': 0, 'cloudy': 1, 'sunny': 2, 'rain': 3}**를 인수로 전달하여 범주형 속성을 인코딩할 수 있다(**map()** 메서드는 단순하게 속성 딕셔너리에 정의된 대로 매핑한다.):

```
weather_df['weather_encoded'] = weather_df['weather'].map( \
                                {'windy': 0, 'cloudy': 1, \
                                'sunny': 2, 'rain': 3})
```

이제 이 **DataFrame** 객체는 변환한 값을 내용으로 한다:

```
weather_df
```

출력은 다음과 같다:

```
    temp    weather    weather_encoded
0   55      windy       0
1   34      cloudy      1
2   80      sunny       2
3   75      rain        3
4   53      sunny       2
```

범주형 열 **weather**가 일대일 대응으로 **weather_encoded**에 숫자 데이터로 변환되었음을 알 수 있다. 그러나, 이 기법은 잠재적으로 위험할 수 있다: 이 새로운 속성은 묵시적으로 데이터에 순서를 부여한다. $0 < 1 < 2 < 3$이므로 원래의 범주형 데이터에 뜻하지 않게 이 같은 순서를 부여하게 된다; 사용자 모델이 이것을 실제 숫자 데이터로 해석할 때 특히 위험할 수 있다.

그래서 범주형 속성을 숫자 형태로 변환할 때 주의해야 한다. 사실, 앞 장에서 이러한 수치적인 관계를 고려하지 않고, 범주형 데이터를 변환하는 어떤 기법에 대해 이미 논의했다: 원-핫 인코딩. 이 기법에서는, 각 범주형 속성의 고유한 값마다 새로운 속성을 생성했다. 그런 다음 데이터 세트의 각 행에 대해, 원래의 범주형 속성값에 대응하는 새로운 속성은 **1**로 설정하고, 나머지 속성은 모두 **0**으로 설정한다.

다음 코드는 pandas를 사용해서 원-핫 인코딩을 어떻게 구현하는지 그리고 현재 날씨 데이터 세트에 어떤 영향을 미치는지를 다시 보여준다:

```
pd.get_dummies(weather_df['weather'])
```

출력은 다음과 같다:

```
   cloudy   rain   sunny   windy
0  0        0      0       1
1  1        0      0       0
2  0        0      1       0
3  0        1      0       0
4  0        0      1       0
```

이 장의 뒤에서 더 자세하게 논의할 다양한 기술 통계량 중에서 ―가장 많이 나타나는― 최빈값은 전형적으로 범주형 데이터에서 사용할 수 있는 유일한 통계량이다. 따라서, 데이터 세트의 범주형 속성에 누락된 값이 있고, 이 값을 중심 경향 통계량으로 채우고자 할 때, 이 장의 뒤에서 정의할 개념인, 최빈값이 유일하게 사용할 수 있는 값이다.

만일 예측을 수행할 때, 범주형 속성이 머신러닝의 목표 변수라면(즉, 범주형 속성을 예측하려는 경우), 분류 모델이 필요하다. 연속적인 수치 데이터에 대한 예측을 수행하는 회귀 모델과 달리 분류 모델은 대상 속성이 취할 수 있는 가능한 값만 예측할 수 있다. 따라서, 범주형 속성을 예측하기 위해, 사용자 데이터 세트를 어떤 머신러닝 모델로 학습할지 결정할 때, 오직 분류기만 사용할 수 있다는 것을 마음에 새기자.

마지막으로, 범주형 데이터와 수치형 데이터 사이의 시각화 기법에도 큰 차이가 있다. 앞 장에서 범주형 데이터에 적용 가능한 여러 시각화 기법을 논의했는데, 그중에서 가장 일반적인 것은 막대그래프(스택 막대그래프와 그룹 막대그래프를 포함)와 파이 차트다.

이런 종류의 시각화는 고유한 속성값이 전체 데이터 세트에서 차지하는 비율에 초점을 맞춘 것이다.

예를 들어, 앞의 날씨 데이터 세트를 사용해서, 다음 코드로 파이 차트를 생성할 수 있다:

```
weather_df['weather'].value_counts().plot.pie(autopct='%1.1f%%')
plt.ylabel('')
plt.show()
```

이 코드는 다음과 같은 시각화를 생성한다:

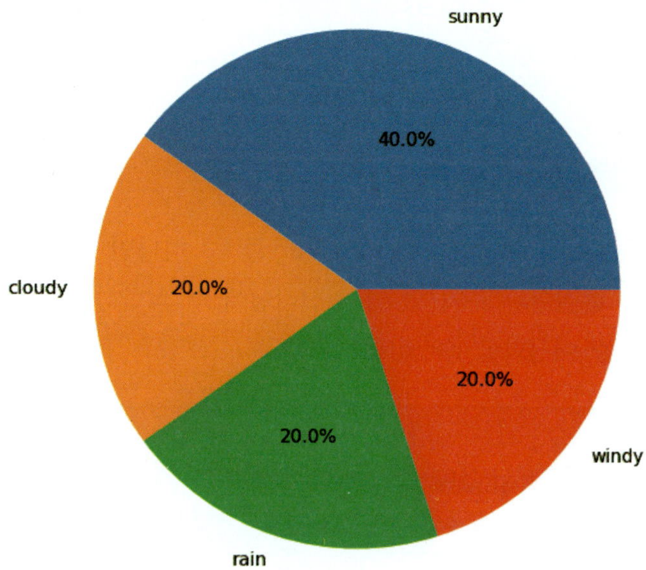

그림 3.2 날씨 데이터의 파이 차트

전체 데이터 세트에서 **'sunny'** 값의 비율이 40%로 가장 높고, 다른 값들은 각각 20%의 비율이라는 것을 알 수 있다.

지금까지 범주형 속성과, 다음 절에서 다룰 수치형 속성 사이의 가장 큰 이론적 차이를 살펴보았다. 그러나 계속하기 전에 범주형 데이터 유형의 또 다른 하위 유형이 있다는 것을 반드시 먼저 언급할 필요가 있다: **이진 데이터**.

True와 **False**만 가능한 값인 이진 속성은 앞에서 언급한 두 가지 논리값만 허용하는 범주형 속성이다. 논리값은 머신러닝과 수학적 모델이 쉽게 다룰 수 있으므로, 이진 속성을 다른 어떤 형식으로 변환할 필요는 거의 없다.

사실, 원래 논리 형식으로 표현하지 않은 이진 속성은 **True**와 **False** 값으로 변환되어야 한다. 앞 장의 학생 데이터 세트에서 사례를 접했었다:

```
student_df
```

출력은 다음과 같다:

```
   name   sex     class  gpa  num_classes
0  Alice  female  FY     90     4
1  Bob    male    SO     93     3
2  Carol  female  SR     97     4
3  Dan    male    SO     89     4
4  Eli    male    JR     95     3
5  Fran   female  SR     92     2
```

여기서 **'sex'** 열은 값이 **'female'** 또는 **'male'** 둘 중 하나인 범주형 속성이다. 따라서 이 데이터를 (정보의 손실이나 추가 없이) 머신러닝에 더 적합하게 만들기 위해, 다음 코드를 사용해서, 속성을 이진화할 수 있다:

```
student_df['female_flag'] = student_df['sex'] == 'female'
student_df = student_df.drop('sex', axis=1)
student_df
```

출력은 다음과 같다:

```
   name   class  gpa  num_classes  female_flag
0  Alice  FY     90   4               True
1  Bob    SO     93   3               False
2  Carol  SR     97   4               True
3  Dan    SO     89   4               False
4  Eli    JR     95   3               False
5  Fran   SR     92   2               True
```

> **노트**
>
> 새로 생성된 **'female_flag'** 열에 **'sex'** 열의 모든 정보가 포함되어 있으므로, 데이터 세트에서 **'sex'** 열을 그냥 제거할 수 있다.

이외에도, 이진 속성은 다른 작업에서 범주형 데이터로 처리될 수 있다(처리, 예측, 시각화).

이제 지금까지 다룬 내용을 다음 실습에서 사용해보자.

실습 3.01 ✦ 날씨 비율 시각화

이 실습에서, 특정 도시의 5일 동안 날씨 정보가 포함된 샘플 데이터 세트를 사용한다. 이 데이터 세트는 https://packt.live/2Ar29RG에서 내려받을 수 있다. 이 데이터 세트에 대해, 지금까지 다룬 범주형 데이터에 대한 시각화 기법을 사용해서 서로 다른 날씨의 비율을 살펴본다:

1. 새 주피터 노트북에서, pandas, Matplotlib, seaborn을 가져오고 pandas를 사용해서 앞에서 언급한 데이터 세트를 읽어온다:

```
import pandas as pd
import matplotlib.pyplot as plt
import seaborn as sns

weather_df = pd.read_csv('weather_data.csv')
weather_df.head()
```

데이터 세트의 처음 다섯 행을 출력하면 다음과 같다:

Out[46]:

	day	city	weather
0	0	St Louis	sunny
1	0	New York	cloudy
2	0	San Francisco	sunny
3	1	New York	rain
4	1	St Louis	cloudy

그림 3.3 날씨 데이터

위 데이터 세트의 각 행은 특정 도시가 특정 날짜에 날씨가 어땠는지를 나타낸다. 예를 들어, **day 0**에 **St Louis**는 맑았고 **New York**은 흐렸다.

2. 노트북의 다음 코드 셀에서, 데이터 세트의 모든 날씨 유형의 빈도(발생 횟수)를 계산하고 **plot.bar()** 메서드를 사용해서 해당 정보를 시각화한다:

```
weather_df['weather'].value_counts().plot.bar()
plt.show()
```

이 코드의 실행 결과는 다음과 같다:

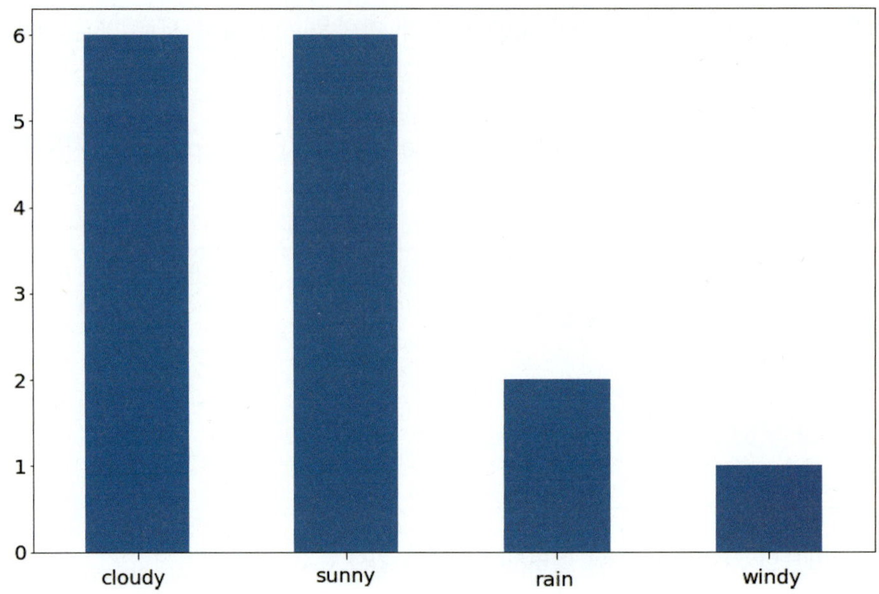

그림 3.4 날씨 유형의 빈도

3. **plot.pie(autopct='%1.1f%%')** 메서드를 사용해서 앞 단계의 정보를 파이 차트로 시각화 한다:

```
weather_df['weather'].value_counts().plot.pie(autopct='%1.1f%%')
plt.ylabel('')
plt.show()
```

이 코드의 실행 결과는 다음과 같다:

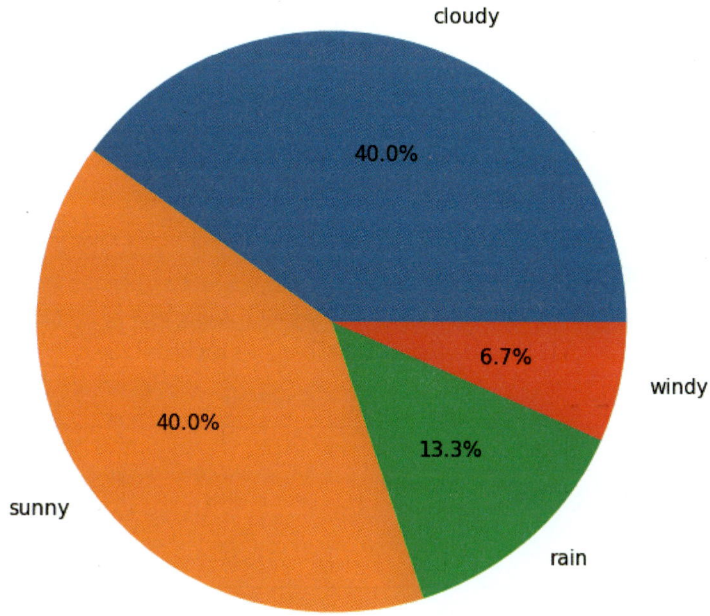

그림 3.5 날씨 유형의 빈도

4. 이제 날씨 유형의 빈도와 각 도시의 해당 날씨 유형이 차지하는 비율에 대한 정보를 함께 시각화해보자. 먼저, **groupby()** 메서드를 사용해서 이 정보를 계산할 수 있다:

```
weather_df.groupby(['weather', 'city'])['weather'].count() \
                                           .unstack('city')
```

출력은 다음과 같다:

```
city        New York    San Francisco    St Louis
weather
cloudy      3.0         NaN              3.0
rain        1.0         NaN              1.0
sunny       1.0         4.0              1.0
windy       NaN         1.0              NaN
```

이 데이터 객체에 우리가 원하는 정보가 포함되어 있다는 걸 알 수 있다. 예를 들어, 표의

cloudy 행을 살펴보면 **cloudy** 날씨 유형이 **New York**에서 3번, **St Louis**에서 3번 발생하는 것을 알 수 있다. **NaN** 값이 여러 곳에 있는데, 이는 그런 날씨가 없었다는 걸 나타낸다.

5. 마지막으로, 앞에서 생성한 표를 스택 막대그래프로 시각화한다:

```
weather_df.groupby(['weather', 'city']) \
                  ['weather'].count().unstack('city') \
                  .fillna(0).plot(kind='bar', stacked=True)
plt.show()
```

다음과 같은 그래프가 생성된다:

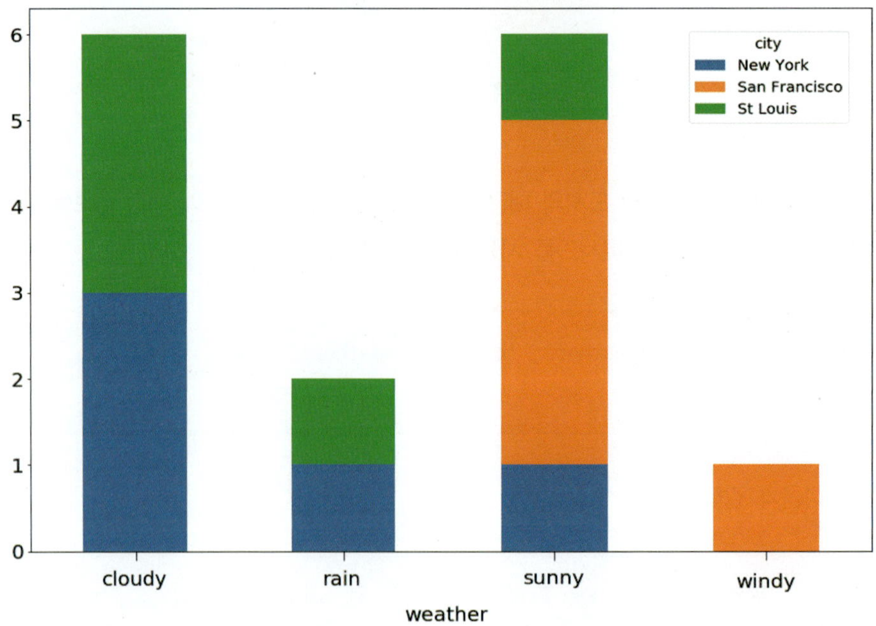

그림 3.6 도시별 날씨 유형의 빈도

이 실습으로, 범주형 데이터에 대한 지식을 실제로 활용해서 주어진 날씨 데이터 세트에서 계산된 다양한 유형의 빈도를 시각화했다.

> **노트**
>
> 이 절의 소스 코드는 다음에 있다.
>
> https://packt.live/2ArQAtw.
>
> 또한, 다음에서 이 예제를 온라인으로 실행할 수 있다.
>
> https://packt.live/3gkIWAw.

이제, 두 번째 주요 데이터 유형인 **수치형 데이터**로 넘어가자.

▶ 수치형 데이터

용어 자체가 직관적으로 이 데이터의 유형을 잘 이해할 수 있게 해준다. 수치형 속성은 숫자와 연속적인 값 또는 실수를 포함한다. 수치형 속성에 속하는 값은 특정 범위를 가질 수 있는데; 예를 들어 양수, 음수 또는 0과 1 사이의 값일 수 있다. 그러나, 속성이 수치형이라는 것은 데이터가 주어진 범위 내에서 어떤 값이든 가질 수 있다는 것을 의미한다. 이 점에서 주어진 이산 집합의 값만 취하는 범주형 속성과 확실하게 다르다.

수치형 데이터의 사례는 아주 많다: 인구집단의 키, 학교 학생들의 체중, 특정 지역 주택의 가격, 육상 선수의 평균 속력 등이다. 실숫값으로 표현할 수 있는 데이터라면, 수치형 데이터일 가능성이 아주 크다.

수치형 데이터는 본질에서 범주형 데이터와 크게 다르다. 다음 단락에서 통계와 머신러닝 관점에서 마음에 새겨야 할 가장 중요한 차이점을 설명한다.

범주형 데이터 모델링에 사용할 수 있는 확률 분포가 거의 없는 것과 달리, 수치형 데이터에는 다양한 확률 분포가 있다. 정규 분포(또는 종 모양 분포), 균등 분포, 지수 분포, t-분포 등 많은 것이 여기에 해당한다. 각각의 확률 분포는 특정 유형의 데이터를 모델링하기 위해 설계되었다. 예를 들어, **정규 분포**는 나이, 키, 학생들의 시험 점수와 같이 선형으로 증가하는 양을 모델링할 때 일반적으로 사용되며, **지수 분포**는 주어진 사건의 발생 시간 간격을 모델링할 때 쓰인다.

따라서, 모델링하려는 수치형 속성에 적합한 특정 확률 분포를 알아내는 것이 중요하다. 적절한 분포는 일관된 분석과 정확한 예측을 가능하게 할 것이며; 그에 반해 부적절한 확률 분포는 비직관적이고 잘못된 결론으로 이어질 수 있다.

또 다른 차이로, 수치형 데이터에는 적용할 수 있는 처리 기법도 많다. 그중에서도 가장 일반적인 것이 스케일링과 정규화이다.

스케일링은 수치형 속성의 모든 값에 대해 정해진 양으로 더하거나 곱하는 등의 연산을 수행해서 원래 데이터의 범위를 다른 범위로 조정하는 것이다. 이 방법은 통계 및 머신러닝 모델이 주어진 범위의 값만 다룰 수 있는 경우에 사용된다(예를 들어, 양수 또는 0과 1 사이의 숫자일 때 더 쉽게 처리하고 분석할 수 있는 경우).

가장 일반적으로 사용되는 스케일링 기법의 하나가 다음 공식과 같은 Min-Max 스케일링 방법이다. 여기서 a와 b는 양수이다:

$$X' = a + (b - a)\frac{X - X_{min}}{X_{max} - X_{min}}$$

그림 3.7 Min-Max 스케일링 공식

X'와 X는 각각 변환 후와 변환 전의 데이터를 나타내며, X_{min}과 X_{max}는 각각 데이터 내의 최솟값과 최댓값이다. X'가 항상 a보다 크고 b보다 작다는 것을 수학적으로 증명할 수 있지만, 여기서 그것을 자세히 다룰 필요는 없다. 다음 실습에서 이러한 스케일링 방법에 대해 다시 살펴본다.

정규화는 종종 스케일링과 같은 의미로 사용되기도 하지만, 특히 확률 분포에 대한 정규화된 형태로 수치형 속성을 스케일링하는 과정을 의미한다. 사용자가 선택한 확률 분포의 형태를 잘 따르도록 데이터 세트를 변환할 목적으로 사용한다.

예를 들어, 수치형 속성 데이터가 평균이 **4**이고 표준 편차가 **10**인 정규 분포를 따른다고 가정해보자. 다음은 그런 모양의 데이터를 합성한 후 시각화하는 코드이다:

```
samples = np.random.normal(4, 10, size=1000)

plt.hist(samples, bins=20)
plt.show()
```

이 코드는 다음과 같은 그래프를 생성한다:

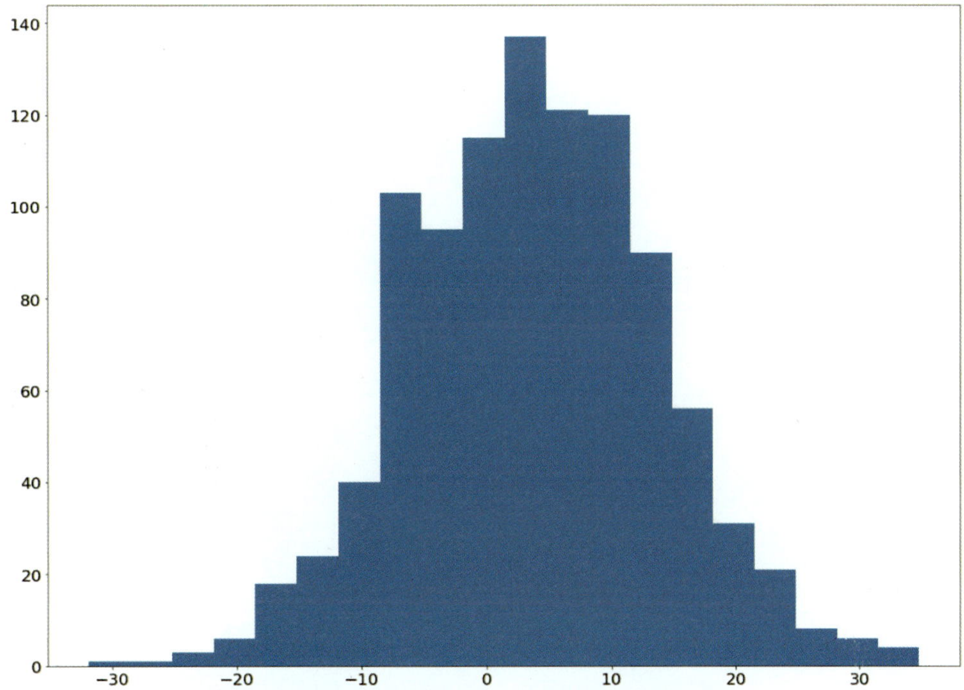

그림 3.8 정규 분포를 따르는 데이터의 히스토그램

이번에는, 평균이 **0**이고 표준 편차가 **1**인 표준 정규 분포를 따르는 입력을 전제로 하는 모델이 있다고 가정하자. 만일 입력 데이터가 이 형태를 따르지 않는다면, 이 모델은 그 데이터를 학습하기 어려울 것이다. 이럴 때, 원래의 데이터를, 이 데이터의 진짜 패턴(특히 일반적인 종 형태)을 훼손하지 않고, 어떻게든 표준 정규 분포 형태로 변환할 필요가 있다.

바로 이때, 데이터값에서 실제 평균을 빼고 그 결과를 실제 표준 편차로 나누는 과정의, 정규화 기법을 적용해서 정규 분포 데이터를 생성할 수 있다. 이러한 스케일링 과정을 일반적으로 표준 스케일링이라고 한다. 사용하는 데이터가 이미 NumPy 배열이므로, 벡터화를 활용해서 다음과 같이 정규화할 수 있다:

```
normalized_samples = (samples - 4) / 10

plt.hist(normalized_samples, bins=20)
plt.show()
```

이 코드는, 다음처럼, 변환된 데이터에 대한 히스토그램을 생성한다:

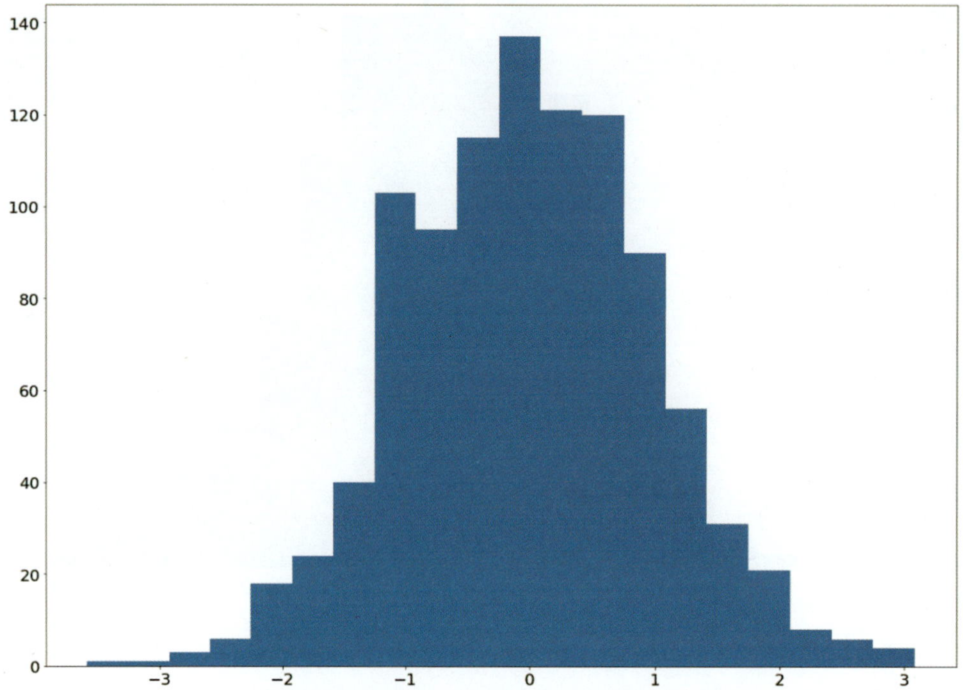

그림 3.9 정규화된 데이터의 히스토그램

변환된 데이터가 원하는 범위로 성공적으로 이동했음을 알 수 있다. 이제, 데이터는 **0**을 중심으로 분포하고, 대부분이 −**3**과 **3** 사이에 있는 표준 정규 분포의 형태를 따르면서, 데이터의 일반적인 모양은 종 형태를 그대로 유지한다. 다시 말해, 데이터값 사이의 상대적인 차이는 달라지지 않았다.

추가로, 실무에서, 실제 평균 또는 실제 표준 편차를 알 수 없는 경우, 다음처럼, 표본 평균과 표본 표준 편차로 이러한 통계치를 근사적으로 계산할 수 있다:

```
sample_mean = np.mean(samples)
sample_sd = np.std(samples)
```

표본이 아주 많은 경우, 이 두 통계치는 이러한 유형의 변환을 더 자주 사용할 수 있게 할 만큼 좋은 근사치를 제공한다. 그러므로 이제, 이렇게 정규화한 데이터를 통계와 머신러닝 모델에 입력하여 원하는 분석작업을 할 수 있다.

일반적으로 수치형 데이터를 다룰 때 사용하는 두 통계치, 평균과 표준 편차에 대해 정리해보자. 수치형 속성에서 **결측값**을 채울 때, 일반적으로 평균과 중앙값과 같은 중심 경향성 척도를 사용한다. 시계열 데이터 세트 같은 특수한 경우, 보간법 같은 보다 복잡한 결측값 보완 기법을 사용할 수도 있는데, 이때는 결측값을 해당 데이터열의 바로 앞과 뒷 값 **사이 어딘가**로 추정한다.

목표 변수가 수치형 속성인 예측 모델을 학습시키려고 할 때는 **회귀 모델**을 사용한다. 취할 수 있는 가능한 범주값에 대한 예측을 수행하는 분류기와 다르게, 회귀 모델은 연속적인 수치 범위에서 (!입력에 대한) 합리적인 예측값을 생성한다. 따라서, 앞에서 분류기에 관해 설명한 것과 대응해서, 회귀 모델은 목표 변수가 수치형 속성인 데이터 세트에만 적용해야 한다는 점에 주의해야 한다.

마지막으로, 시각화에 대해서 살펴보자면, 이미 수치형 데이터를 시각화하는 데 사용할 수 있는 다양한 시각화 기법을 살펴보았다. 바로 직전에, 데이터가 허용범위를 따라 어떻게 분산되어 있는지 보여주는 히스토그램을 통해 수치형 속성의 분포를 나타내 보았다.

또한, 선 그래프와 산점도는 일반적으로 다른 속성과 비교한 해당 속성의 패턴을 시각화하는 데 유용한 도구이다. (예를 들어, 선 그래프로 다양한 확률 분포의 확률 밀도 함수(PDF)를 그림으로 나타냈다.) 마지막으로, 히트맵으로 데이터 세트의 수치형 속성 사이의 상관관계를 2차원 구조로 시각화할 수 있다.

다음 토론 주제로 넘어가기 전에, 스케일링과 정규화에 대해 빠르게 실습해보는 게 좋겠다. 다시 말하지만, 가장 많이 사용하는 스케일링과 정규화 기법의 하나는 Min-Max 스케일링이며, 이것으로 수치형 속성값을 임의의 범위 [a, b] 사이의 값으로 변환할 수 있다. 바로 해보자.

실습 3.02 ✦ Min-Max 스케일링

이 실습에서, 수치형 속성에 Min-Max 스케일링을 쉽게 적용할 수 있게 해주는 함수를 작성한다. 이 함수는 세 개의 매개변수를 입력받는다: **data**, **a**, **b**. 이때 **data**는 NumPy 배열이나 pandas **Series** 객체여야 하고, **a**와 **b**는 **data**가 변환되어야 하는 수치 범위의 양 끝점을 나타내는 실수값이다.

바로 앞 〈수치형 데이터〉 절에서 소개한 공식을 참조하면, Min-Max 스케일링은 다음과 같다:

$$X' = a + (b - a)\frac{X - X_{min}}{X_{max} - X_{min}}$$

그림 3.10 Min-Max 스케일링 공식

다음 단계에 따라 실습해보자:

1. 새 주피터 노트북을 생성하고 첫 번째 코드 셀에서, 다음처럼, 이 실습에서 사용할 라이브러리를 가져온다:

```
import pandas as pd
import numpy as np

import matplotlib.pyplot as plt
```

사용하려는 데이터 세트의 첫 번째 열의 이름은 **'Column 1'**이고, 평균이 40이고 표준 편차가 10인 정규 분포를 따르는 1,000개의 표본 데이터이다. 두 번째 열의 이름은 **'Column 2'**이고, 1부터 2 사이의 균등 분포를 따르는 1,000개의 표본 데이터이다. 세 번째 열의 이름은 **'Column 3'**이고, 매개변수가 2와 5인 베타 분포를 따르는 1,000개의 표본 데이터이다. 다음 코드 셀에서, pandas를 사용해서, 미리 만들어 놓은 (그리고 https://packt.live/2YTrdKt에 있는) **'data.csv'** 파일을 **DataFrame** 객체로 읽어들인 후 첫 다섯 행을 출력하자:

```
df = pd.read_csv('data.csv')
df.head()
```

다음과 같은 숫자가 출력된다:

```
     Column 1     Column 2    Column 3
0    -1.231356    1.305917    0.511994
1    7.874195     1.291636    0.155032
2    13.169984    1.274973    0.183988
3    13.442203    1.549126    0.391825
4    -8.032985    1.895236    0.398122
```

2. 다음 셀에는, 세 개의 매개변수 **data**, **a**, **b**를 받는 **min_max_scale()** 함수를 작성한다. 앞에서 언급했듯이 **data**는 데이터 세트의 속성값 배열이어야 하고, **a**와 **b**는 입력 데이터를 변환할 범위를 지정한다.

3. 묵시적으로, **data**가 (벡터화를 적용할 수 있는) NumPy 배열이나 pandas **Series** 객체인 것으로 전제했으므로, 벡터화 연산을 사용해서 스케일링 함수를 구현한다:

```
def min_max_scale(data, a, b):
    data_max = np.max(data)
    data_min = np.min(data)

    return a + (b - a) * (data - data_min) / (data_max - data_min)
```

4. 먼저 **'Column 1'** 속성의 데이터부터 다뤄보자. 스케일링 함수가 데이터에 미치는 영향을 관찰하기 위해 우선 현재 데이터의 분포를 시각화해보자.

```
plt.hist(df['Column 1'], bins=20)
plt.show()
```

이 코드는 다음과 같은 그래프를 생성한다:

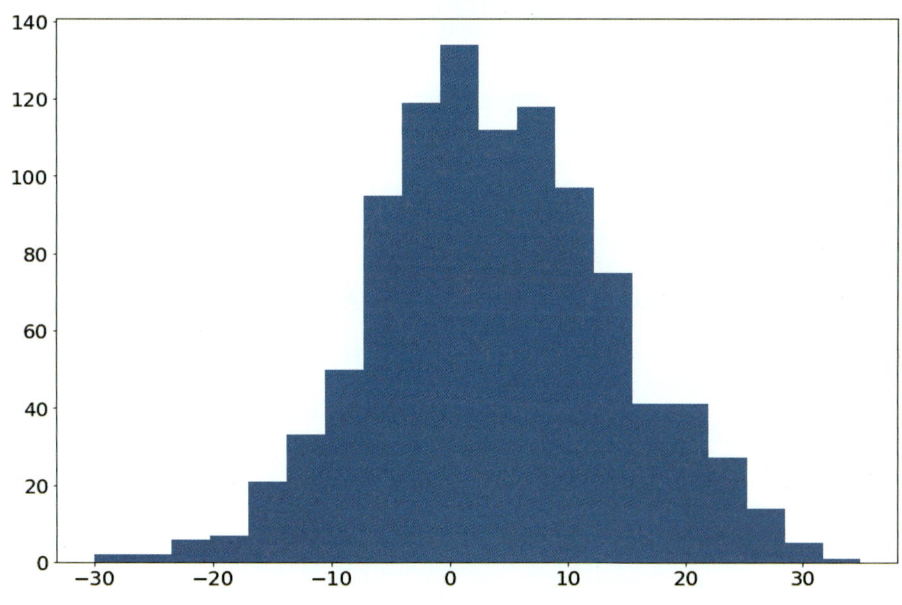

그림 3.11 원본 데이터의 히스토그램

5. 이제, **min_max_scale()** 함수를 **df['Column 1']**에 적용해서 원본 데이터를 범위 **[−3, 3]**으로 스케일링한 결과를 **plt.hist()** 함수를 사용하여 시각화한다.

```
plt.hist(min_max_scale(df['Column 1'], -3, 3), bins=20)
plt.show()
```

출력은 다음 그래프와 같다:

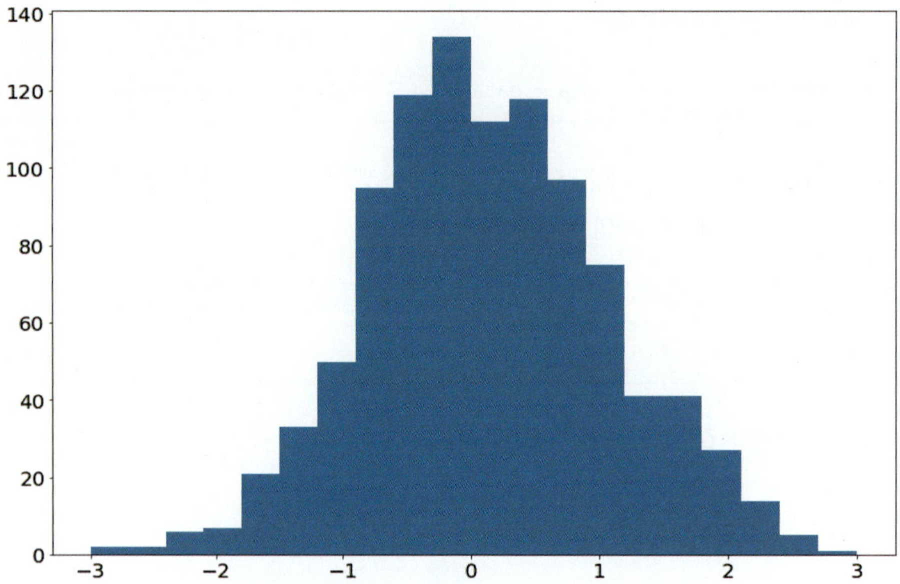

그림 3.12 스케일링한 데이터의 히스토그램

데이터 분포의 일반적인 형태는 그대로 유지되지만, 데이터의 범위가 실제로 −**3**에서 **3**으로 변환된 것을 알 수 있다.

6. **'Column 2'** 속성에 대해서도 같은 과정(히스토그램으로 스케일링 이전과 이후의 데이터 시각화)으로 처리해보자. 먼저 원본 데이터를 시각화한다:

```
plt.hist(df['Column 2'], bins=20)
plt.show()
```

7. 이제 스케일링한 데이터를 시각화한다. 이 데이터는 **[0, 1]** 범위로 변환되어야 한다:

```
plt.hist(min_max_scale(df['Column 2'], 0, 1), bins=20)
plt.show()
```

8. 두 번째 코드는 다음과 유사한 그래프를 생성한다:

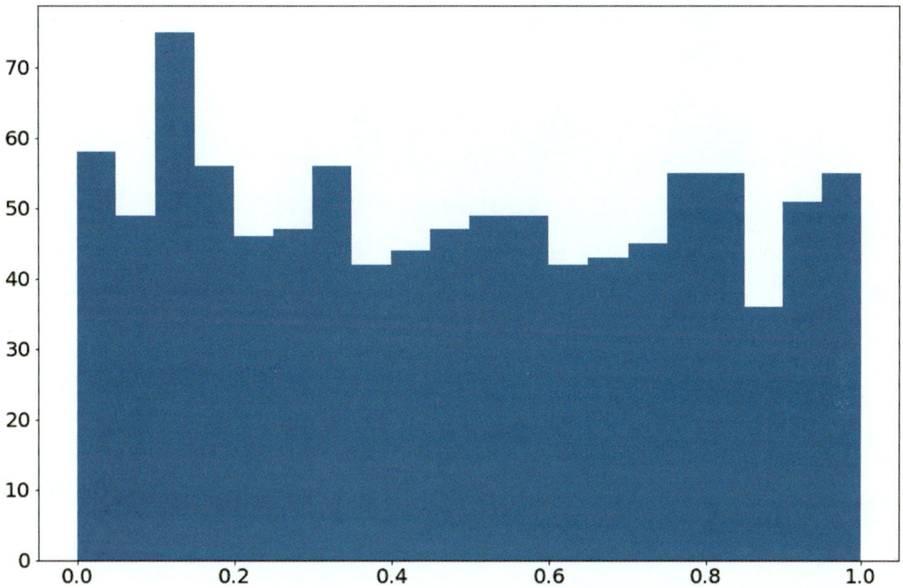

그림 3.13 스케일링한 데이터의 히스토그램

9. **'Column 3'** 속성에 대해서도 같은 과정(히스토그램으로 스케일링 이전과 이후의 데이터 시각화)으로 처리해보자. 먼저 원본 데이터를 시각화한다:

```
plt.hist(df['Column 3'], bins=20)
plt.show()
```

10. 이제 스케일링한 데이터를 시각화한다. 이 데이터는 **[10, 20]** 범위로 변환되어야 한다:

```
plt.hist(min_max_scale(df['Column 3'], 10, 20), bins=20)
plt.show()
```

11. 세 번째 코드는 다음과 같은 그래프를 생성한다:

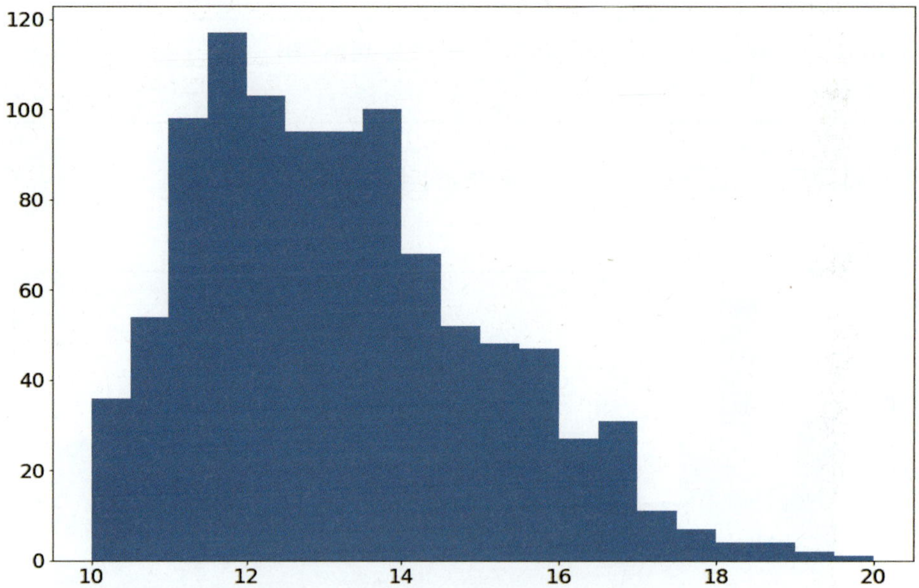

그림 3.14 스케일링한 데이터의 히스토그램

이 실습에서, 숫자 데이터의 스케일링과 정규화의 개념에 대해 자세하게 살펴보았다. 그리고 **plt.hist()** 함수를 사용해서 숫자 데이터의 분포를 시각화하는 방법을 다시 살펴보았다.

> **노트**
>
> 이 절의 소스 코드는 다음에 있다.
>
> https://packt.live/2VDw3JP.
>
> 또한, 다음에서 이 예제를 온라인으로 실행할 수 있다.
>
> https://packt.live/3ggiPdO.

이 실습으로, 3장의 숫자 데이터 관련 주제를 마무리한다. 실세계에서 대부분의 데이터 세트 유형이 범주형 데이터와 지금 살펴본 수치형 데이터이다. 그러나, 이 두 가지 유형 외에도 다소 덜 일반적이지만 중요한 데이터 유형이 하나 더 있다. 다음 절에서 이에 대해 다룬다.

▶ 순서 데이터

순서 데이터는 (순서 속성이 특정한 주어진 집합에 속한다는 점에서) 범주형 데이터와

(값이 숫자인 경우, 그들 사이에 순서가 있다는 점에서) 수치형 데이터의 조합으로 생각할 수 있다. 순서 데이터의 가장 일반적인 예는 학점(**"A"**, **"B"**, **"C"**, **"D"**, **"E"**), 숫자 등급(예를 들어, 1에서 10등) 또는 품질 순위(**"excellent"**, **"okay"**, **"bad"** 등, 여기서 **"excellent"**는 **"okay"**보다 품질 수준이 높으며, **"okay"**는 **"bad"**보다 좋은 것을 의미) 등이다.

순서 속성 항목은 특정한 집합 중 하나의 값만 취할 수 있으므로, 이 유형의 데이터를 모델링할 때는 범주형 확률 분포를 사용해야 한다. 같은 이유로 순서 속성의 누락값은 해당 속성의 최빈값으로 채울 수 있으며, 범주형 데이터의 시각화 기법을 순서 데이터에도 적용할 수 있다.

하지만, 순서 데이터의 경우 범주형 데이터와 다르게 처리해야 하는 때도 있다. 데이터 처리 관점에서 각 순서 값을 숫자 값 또는 범위에 일대일로 대응할 수 있다.

학점을 예로 들자면, **"A"** 학점은 대부분 원점수 범위 **[90, 100]**에 대응하고, 마찬가지로 다른 학점도 각자 대응하는 연속된 범위가 있다. 품질 순위 사례에서, **"excellent"**, **"okay"**, **"bad"**는 각각 예를 들어 **10**, **5**, **0**에 대응할 수 있다; 그러나, 이러한 변환은 값 사이의 질적 차이를 양적으로 측정할 수 없는 경우에는 바람직하지 않은 변환이다.

머신러닝 모델을 데이터에 적합 또는 학습시키고, 미지의 순서 속성값을 예측하기 위해서는 **분류 모델**을 사용해야 한다. 또한, 순서를 정하는 일은 많은 다른 학습 구조로 구성되는 독특한 작업이기 때문에, 순서 데이터를 예측하도록 특별히 설계되고 학습시키는 '머신러닝 순위 모델'의 개발에 상당한 노력을 기울이고 있다.

이와 같은 논의로써 통계 및 머신러닝의 데이터 유형에 관한 주제를 마무리한다. 대부분의 데이터 세트는 범주형과 수치형 데이터로 구성된다. 그리고 데이터가 어느 유형에 속하는지에 따라 데이터 처리, 머신러닝, 그리고 시각화 기법이 달라진다.

다음 절에서, 기술 통계에 대해 알아보고, 파이썬에서 이러한 통계량을 어떻게 계산하는지 살펴본다.

기술 통계

앞서 언급한 바와 같이, 통계의 주요 두 가지 범주는 기술 통계와 추론 통계다. 기술 통계의 목표는 데이터에 대한 중요한 정보를 전달하는 — 다시 말해 데이터를 기술하는 — 특별한 양, 즉 통계량을 계산하는 것이다.

기술 통계는 두 가지 주요 하위 범주로 구분할 수 있다: **중심 경향 통계**와 **분산 통계**. 용어 자체로 의미를 파악할 수 있겠다: **중심 경향 통계**는 주어진 데이터 분포의 중심을 설명하는 역할을 하고, **분산 통계**는 데이터의 중심으로부터 퍼진 정도 또는 퍼진 범위에 대한 정보를 묘사한다.

이것을 구분하는 가장 명확한 예는, 평균과 표준 편차라는 통계량을 포함하는, 모두에게 익숙한 정규 분포에서 찾을 수 있다. 해당 확률 분포를 따르는 모든 값의 평균으로 계산되는, 평균은 분포의 중심을 추정하는 데 적합하다. 잘 알고 있듯이, 평균이 0인 정규 분포의 표준 형태는 데이터가 축상에서 0을 중심으로 대칭이라는 것을 나타낸다.

반면에, 표준 편차는 데이터들이 평균으로부터 떨어져 있는 분포를 나타낸다. 자세한 설명은 접어두고, 정규 분포에서 표준 편차는 분포의 평균으로부터 떨어진 거리의 평균으로 계산된다. 표준 편차가 작으면 개별 데이터가 평균에서 크게 벗어나지 않는다는 것을 나타내고, 표준 편차가 크면 평균으로부터 떨어진 개별 데이터가 많다는 것을 의미한다.

결국, 이러한 통계량의 유형과 특성은 다음 표처럼 요약할 수 있다:

특성	통계량	의미
중심 경향	평균	모든 값의 평균
	중앙값	데이터를 정렬했을 때 가운데 위치한 값
	최빈값	가장 출현 빈도가 큰 값
분산	표준 편차	평균과 떨어진 정도의 평균
	범위	최솟값과 최댓값의 거리
	사분위수	데이터를 정렬했을 때 지정한 영역보다 큰 값
	사분범위	사분위의 25%~75% 사이의 거리

그림 3.15 기술 통계량의 종류

데이터 분포의 비대칭성을 측정하는 **왜도**와 분포의 뾰족한 정도를 측정하는 **첨도** 같은 더 특화된 기술 통계량도 있다. 그러나 이러한 통계량은 앞에서 언급한 통계량만큼 일반적으로 사용되지 않기 때문에, 이번 장에서 다루지 않기로 한다.

다음 절에서, 중심 경향 척도를 시작으로 지금까지 소개한 각각의 통계량에 대해 더 자세하게 논의한다.

▶ 중심 경향

형식적으로, 가장 널리 사용되는 세 가지 중심 경향 통계량은 평균, 중앙값, 그리고 최빈값이다. **중앙값**은 모든 데이터를 축에 따라 정렬했을 때 가장 중앙에 있는 값으로 정의된다. **최빈값**은 앞에서 언급한 대로 가장 많이 나타나는 값이다. 이들 자체의 특성 때문에 평균과 중앙값은 수치형 데이터에만 적용할 수 있고, 반면에 최빈값은 종종 범주형 데이터에도 사용된다.

이 세 가지 통계량은 모두 각각 데이터 세트의 중심을 다른 방식으로 나타내면서 중심 경향의 개념을 잘 잡아낸다. 또한 그런 이유로 이들이 속성의 결측값을 대체할 때 자주 사용된다. 따라서 수치 데이터가 결측되었으면 평균 또는 중앙값으로 대체할 수 있고, 범주 데이터가 결측되었으면 **최빈값**을 사용할 수 있다.

특히, 수치형 속성의 결측값을 주로 평균으로 채우는 건 무작위적인 것이 아니다. 만약 주어진 수치형 속성에 확률 분포를 적합시키면, 그 속성의 평균은 사실상, 진짜 모집단 평균의 추정값인, 표본 평균이다. 여기서 모집단 평균은 해당 모집단 내 미지의 값에 대한 기댓값이다. 다시 말해서, 해당 모집단에서 임의의 값이 어떤 값이 될 것인지 예상한 값이다.

이런 이유로 일부 경우에, 결측값을 채우는 데 평균 또는 해당 분포의 기댓값이 사용된다. 중앙값은 정확히 그런 경우가 아니지만, 결측된 값을 중앙값으로 대체하는 것에 대해 비슷한 주장을 할 수 있다. 반면, 가장 자주 발생하는 최빈값으로 범주형 속성의 결측값을 대체하는 것은 좋은 추정이라 하겠다.

▶ 분산

중심 경향성 통계량과 다르게, 분산 통계량은 데이터 세트 내의 변동성이 얼마인지를 정량화하는 것이 목표다. 흔히 사용하는 분포 통계량에는 표준 편차, 범위(최댓값과 최솟값의 차이), 그리고 사분위수가 있다.

표준 편차는, 앞서 언급한 대로, 수치형 속성의 각 데이터와 평균과의 차이를 계산하여, 제곱한 후 평균을 취하고, 마지막으로 그 결과에 제곱근을 취해서 계산한다. 개별 데이터가 평균에서 멀어질수록 이 값은 커지고, 그 반대면 작아진다. 그러므로 데이터 세트의 분산 정도를 잘 나타내는 좋은 지표다.

범위는 — 최댓값과 최솟값 사이의 거리 또는 0% 사분위와 100% 사분위 사이의 거리 — 데이터 세트가 분산된 정도를 더 단순한 방식으로 설명하는 또 다른 지표다. 그러나, 단순성 때문에, 때때로 이 통계량은 표준 편차나 사분위수만큼 많은 정보를 전달하지 못한다.

사분위수는 주어진 데이터 세트의 특정 부분에 속하는지 정하는 기준값으로 정의된다. 예를 들어, 수치형 데이터 세트의 가운데를 나타내는 중앙값은, 약 절반의 데이터 세트가 이 숫자보다 작으므로, 데이터 세트의 50% 사분위수이다. 마찬가지로 5%, 25%, 75%, 95% 사분위수와 같은 자주 사용하는 사분위수를 계산할 수 있다. 이러한 사분위수는, 데이터의 다양한 분포를 설명할 수 있어서, 데이터 분포의 정량화 측면에서 범위보다 더 많은 정보를 제공한다고 볼 수 있다.

더불어, 자주 사용하는, 사분 범위라는 또 다른 분포 통계량은 데이터 세트의 25%와 75% 사분위수 사이의 차이로 정의된다.

지금까지 중심 경향성 통계량과 분포 통계량의 개념을 논의했다. 빠른 실습을 수행해서 이 중요한 개념에 대한 이해를 강화해보자.

실습 3.03 ✦ 확률 밀도 함수 시각화

〈2장 파이썬과 기본 통계 툴〉의, 〈실습 2.04, 확률 분포의 시각화〉에서, 확률 분포의 이론적인 확률 밀도 함수와 사용자 표본 데이터의 히스토그램을 비교하는 작업을 수행했다. 여기서는 그 프로그램을 확장해서, 그러한 각각의 분포의 여러 기술 통계량을 시각화해본다:

1. 새 주피터 노트북의 첫 셀에서, NumPy와 Matplotlib을 가져온다:

```
import numpy as np
import matplotlib.pyplot as plt
```

2. 새로운 셀에서, **np.random.normal()**을 사용해서 정규 분포를 따르는 1,000개의 샘플을 무작위로 생성한다. 다음처럼 기술 통계량 평균, 중앙값, 25%와 75% 사분위수를 계산한다:

```
samples = np.random.normal(size=1000)
mean = np.mean(samples)
median = np.median(samples)

q1 = np.percentile(samples, 25)
q2 = np.percentile(samples, 75)
```

3. 다음 셀에서, 히스토그램을 사용해서 샘플을 시각화한다. 각각의 기술 통계량이 위치한 지점을 나타내기 위해 수직선을 그린다. 즉, 평균 위치에 빨간색 수직선, 중앙값 위치에 검은색 수직선,

각 사분위수 위치에 파란색 선을 그린다:

```
plt.hist(samples, bins=20)

plt.axvline(x=mean, c='red', label='Mean')
plt.axvline(x=median, c='black', label='Median')
plt.axvline(x=q1, c='blue', label='Interquartile')
plt.axvline(x=q2, c='blue')

plt.legend()
plt.show()
```

여기서, 각 시각화 함수를 호출할 때 레이블 인자를 지정하고 **plt.legend()** 함수를 호출함으로써, 다음처럼 적절한 레이블이 있는 범례가 생성된 것을 알 수 있다:

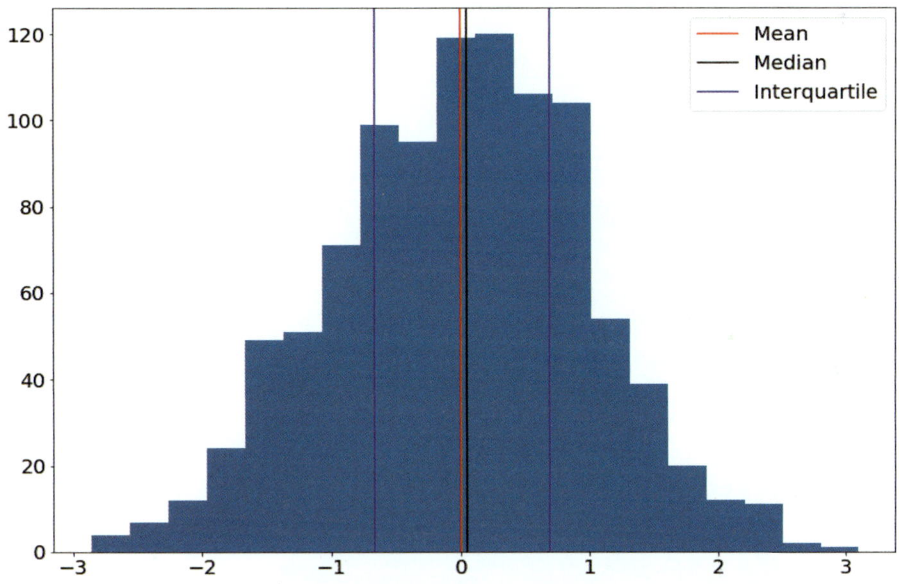

그림 3.16 정규 분포의 기술 통계량

여기에 흥미로운 점 하나가 있다: 평균과 중앙값이 x축에서 거의 일치한다. 이것은 다른 분포에서 볼 수 없는, 정규 분포가 갖는 수학적으로 편리한 특징 중 하나이다: 정규 분포는 평균, 중앙값, 그리고 최빈값이 모두 같다.

4. 다음처럼, 매개변수가 2와 5인 베타 분포에도 같은 과정을 적용한다:

```
samples = np.random.beta(2, 5, size=1000)
mean = np.mean(samples)
median = np.median(samples)

q1 = np.percentile(samples, 25)
q2 = np.percentile(samples, 75)

plt.hist(samples, bins=20)

plt.axvline(x=mean, c='red', label='Mean')
plt.axvline(x=median, c='black', label='Median')
plt.axvline(x=q1, c='blue', label='Interquartile')
plt.axvline(x=q2, c='blue')

plt.legend()
plt.show()
```

이 코드는 다음과 같은 그래프를 생성한다:

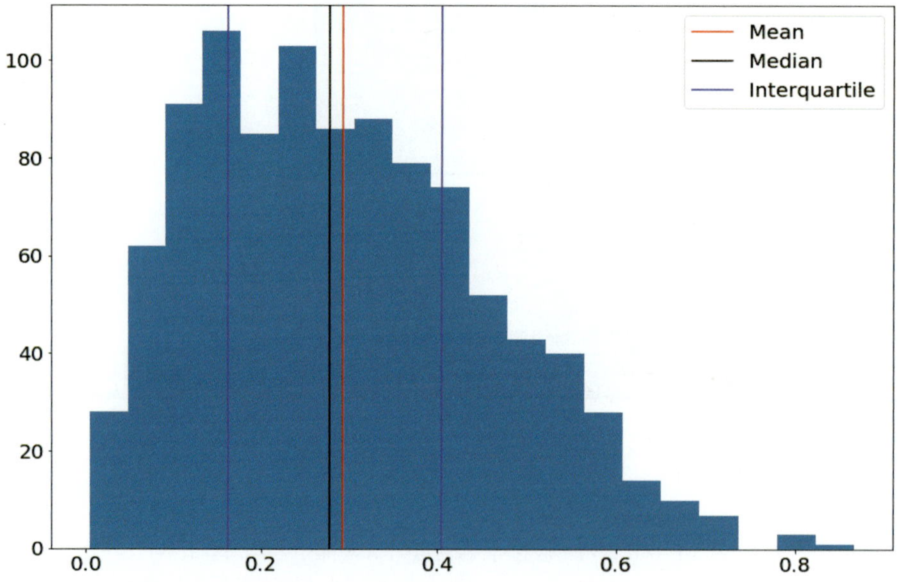

그림 3.17 베타 분포의 기술 통계량

5. 매개변수가 5인 감마 분포에도 같은 과정을 적용한다:

```
samples = np.random.gamma(5, size=1000)
mean = np.mean(samples)
median = np.median(samples)

q1 = np.percentile(samples, 25)
q2 = np.percentile(samples, 75)

plt.hist(samples, bins=20)

plt.axvline(x=mean, c='red', label='Mean')
plt.axvline(x=median, c='black', label='Median')
plt.axvline(x=q1, c='blue', label='Interquartile')
plt.axvline(x=q2, c='blue')

plt.legend()
plt.show()
```

이 코드는 다음과 같은 그래프를 생성한다:

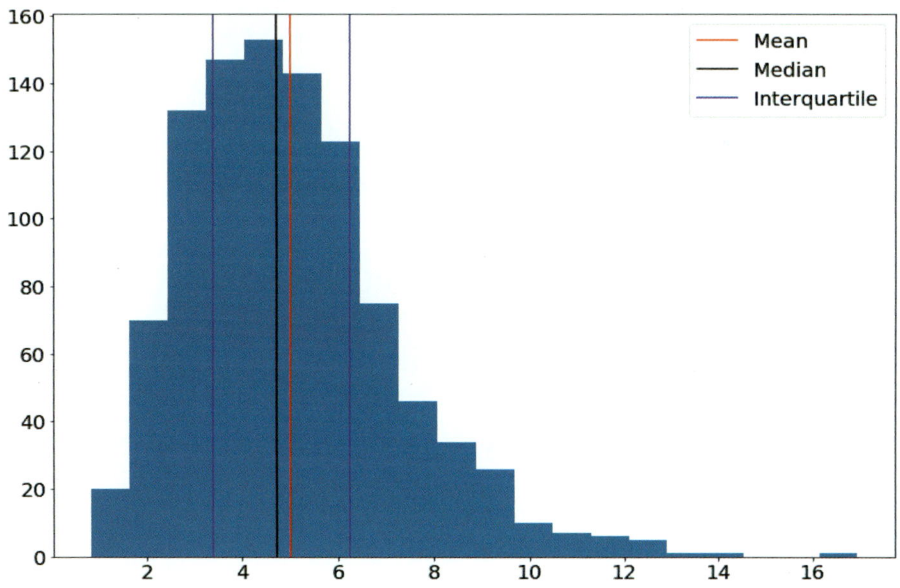

그림 3.18 감마 분포의 기술 통계량

이 실습으로, NumPy를 사용하여 데이터 세트의 다양한 기술 통계량을 계산하고 그것을 히스토그램으로 시각화하는 방법을 배웠다.

> **노트**
>
> 이 절의 소스 코드는 다음에 있다.
>
> https://packt.live/2YTobpm.
>
> 또한, 다음에서 이 예제를 온라인으로 실행할 수 있다.
>
> https://packt.live/2CZf26h

기술 통계량을 계산하는 것 외에도, 파이썬은, 다음 절에서 논의할, 데이터를 기술하는 다른 추가적인 메서드를 제공한다.

▶ 파이썬 관련 기술 통계

여기서, 데이터를 기술하는 데 사용하는 두 가지 중급 메서드를 살펴본다. 첫 번째는 **DataFrame** 객체에서 호출하는 **describe()** 메서드다(https://pandas.pydata.org/pandas-docs/stable/reference/api/pandas.DataFrame.describe.html에 위치한). 공식 문서에 나타난 표현을 그대로 옮기자면, 이 함수는 "**NaN** 값을 제외한 데이터 세트의 중심 경향성, 분산, 그리고 데이터 세트 분포의 형태를 요약하는 기술 통계량을 생성한다."

이 메서드의 효과를 실제로 확인해보자. 먼저, 다음처럼, 수치형 속성, 범주형 속성, 그리고 순서 속성을 포함하는 샘플 데이터 세트를 생성한다:

```
df = pd.DataFrame({'numerical': np.random.normal(size=5), \
                   'categorical': ['a', 'b', 'a', 'c', 'b'], \
                   'ordinal': [1, 2, 3, 5, 4]})
```

이제, **df** 변수로 **describe()** 메서드를 호출하면 테이블 형식의 요약을 생성한다:

```
df.describe()
```

출력은 다음과 같다:

```
         numerical     ordinal
count    5.000000      5.000000
mean     -0.251261     3.000000
std      0.899420      1.581139
min      -1.027348     1.000000
25%      -0.824727     2.000000
50%      -0.462354     3.000000
75%      -0.192838     4.000000
max      1.250964      5.000000
```

보다시피, 출력의 각 행이 데이터 세트의 각 속성에 대한 다른 기술 통계량을 나타낸다: 값의 개수(**count**), 평균, 표준 편차, 그리고 여러 사분위수. **수치형** 속성과 **순서** 속성은 (주어진 그대로) 수치형 데이터로 해석되기 때문에 **describe()**는 기본적으로 이러한 보고서를 생성한다. 그러나, **범주형** 열은 제외되었다. 모든 열에 대해 강제로 보고서를 작성하게 하려면 다음처럼 **include** 인자를 지정할 수 있다:

```
df.describe(include='all')
```

출력은 다음과 같다:

```
          numerical     categorical     ordinal
count     5.000000      5               5.000000
unique    NaN           3               NaN
top       NaN           a               NaN
freq      NaN           2               NaN
mean      -0.251261     NaN             3.000000
std       0.899420      NaN             1.581139
min       -1.027348     NaN             1.000000
25%       -0.824727     NaN             2.000000
50%       -0.462354     NaN             3.000000
75%       -0.192838     NaN             4.000000
max       1.250964      NaN             5.000000
```

이렇게 하면 메서드가 범주형 데이터에 적용되는 다른 통계량, 예를 들어 고유한 값의 개수(**unique**), 최빈값(**top**), 그리고 최빈값의 개수 또는 빈도(**freq**)를 강제로 계산한다. 앞에서 언급했듯이, 수치형 데이터에 관한 대부분의 기술 통계량은 범주형 데이터에 해당하지 않으며 그 반대도 마찬가지이고, 앞선 출력의 경우, 적용할 수 없는 경우를 나타내기 **NaN** 값이 사용되었다.

결국, Pandas의 **describe()** 메서드는 데이터 세트와 해당 속성을 요약해서 데이터 세트와 그 속성의 개요를 빠르게 파악할 수 있게 한다. 이는 특히 아직 익숙하지 않은 새로운 데이터 세트를 두루 살펴보는 탐색적 데이터 분석 작업에 유용하다.

파이썬이 지원하는 두 번째 기술 통계량 관련 메서드는 상자 그림 시각화이다. 명백하게, 상자 그림은 파이썬 언어만의 고유한 시각화 기법은 아니지만, 특히 seaborn 라이브러리를 통해 **sns.boxplot()** 함수라는 다소 편리한 API를 제공함으로써 이 처리를 수월하게 할 수 있다.

이론적으로, 상자 그림은 수치형 데이터 세트의 분포를 시각화하는 또 다른 방법이다. 다음과 같이 **sns.boxplot()** 함수를 사용하여 상자 그림을 생성할 수 있다:

```
sns.boxplot(np.random.normal(2, 5, size=1000))
plt.show()
```

이 코드는 대략 다음과 같은 그래프를 생성한다:

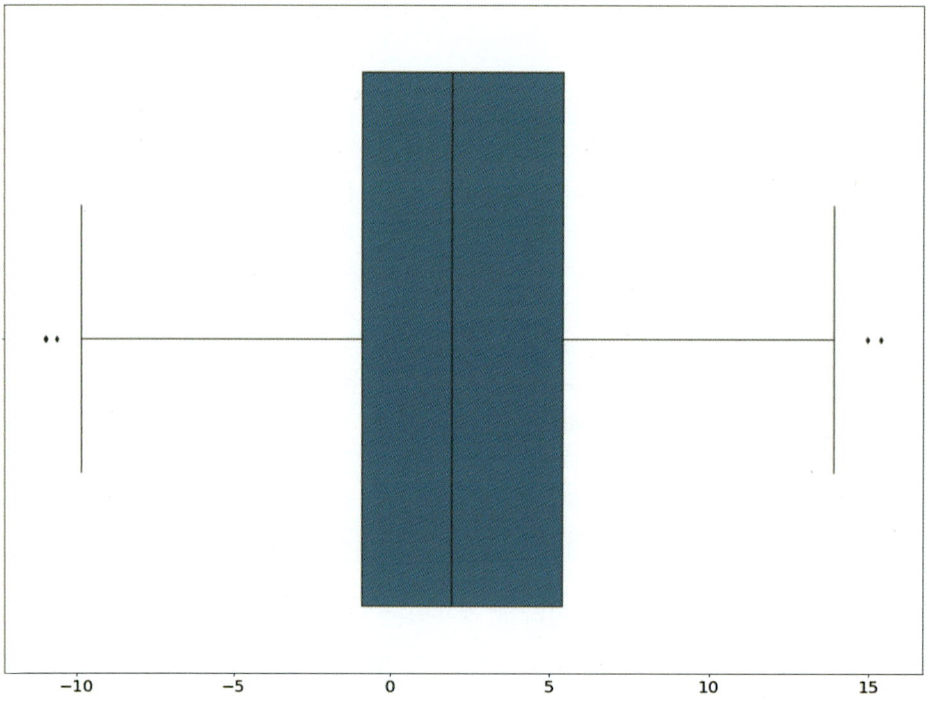

그림 3.19 Seaborn을 사용한 상자 그림

이 상자 그림에서, 가운데 파란색 상자는 입력 데이터의 사분위 범위(25-75% 사분위)를 나타낸다. 상자 중앙의 수직선은 중앙값을 나타내며, 상자 왼쪽과 오른쪽의 두 가지 임곗값은 각각 입력 데이터의 최솟값과 최댓값을 나타낸다.

최솟값은 25% 사분위에서 사분위 범위를 뺀 값에 1.5를 곱해서 계산하고, 최댓값은 75% 사분위에 사분위 범위를 더한 값에 1.5를 곱해서 계산한다. 이렇게 계산한 최솟값과 최댓값을 벗어나는 숫자는 일반적으로 **이상치**로 간주하며, 그래프에는 검은 점으로 표시한다.

본질적으로, 상자 그림은 pandas의 **describe()** 함수가 계산한 통계량을 시각적으로 나타낼 수 있다. seaborn이 제공하는 기준에 따라 여러 상자 그림을 쉽게 생성할 수 있어서, seaborn의 이 함수는 다른 시각화 도구보다 뛰어난 것으로 인정된다.

다음 예제에서 이것을 확인해보자. 먼저, 샘플 데이터 세트를 1000개의 행으로 무작위로 확장한다:

```
df = pd.DataFrame({'numerical': np.random.normal(size=1000), \
                   'categorical': np.random.choice \
                                  (['a', 'b', 'c'], size=1000), \
                   'ordinal': np.random.choice \
                                  ([1, 2, 3, 4, 5], size=1000)})
```

여기서 **'numerical'** 속성은 표준 정규 분포에서 무작위로 선택한 값, **'categorical'** 속성은 리스트 **['a', 'b', 'c']**에서 무작위로 선택한 값, **'ordinal'** 속성은 리스트 **[1, 2, 3, 4, 5]**에서 무작위로 선택한 값이다.

이 데이터 세트에서 서로 다른 **'categorical'** 속성에 대한 **'numerical'** 속성의 데이터 분포를 나타내는 다중 상자 그래프를 그리는 게 목표다. 이 작업의 일반적인 절차는, 데이터 세트를 **'categorical'** 속성의 고유한 값에 따라 서로 다른 그룹으로 나누고, 그렇게 나눈 각각의 그룹에 대해 **'numerical'** 속성의 해당 데이터를 사용하여 상자 그림을 생성하는 것이다.

그러나, seaborn을 사용하면 **sns.boxplot()** 함수에 인수 **x**와 **y**를 지정함으로써 이 프로세스를 간소화할 수 있다. 구체적으로, 다음 코드처럼, x축은 **'categorical'** 속성의 서로 다른 고유한 값을, y축은 **'numerical'** 속성의 데이터를 나타낸다:

```
sns.boxplot(y='numerical', x='categorical', data=df)
plt.show()
```

이렇게 하면 다음과 같은 그래프가 생성된다:

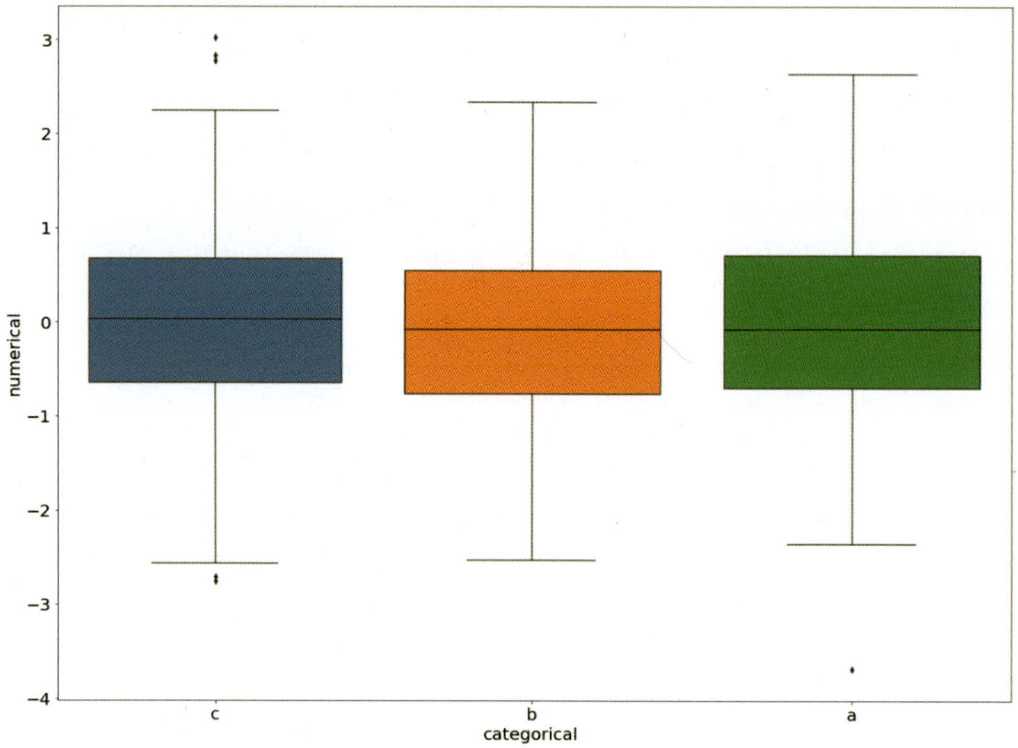

그림 3.20 Seaborn을 사용한 다중 상자 그림

시각화 결과가 표시하려고 한 내용을 담고 있다: **'numerical'** 속성의 데이터 분포를 상자 그림으로 나타내고, 이를 **'categorical'** 속성의 서로 다른 고유한 값에 따라 분리한다. **'ordinal'** 속성의 고유한 값에 대해서도, 다음처럼, 같은 과정으로 처리할 수 있다:

```
sns.boxplot(y='numerical', x='ordinal', data=df)
plt.show()
```

이렇게 하면 다음과 같은 그래프가 생성된다:

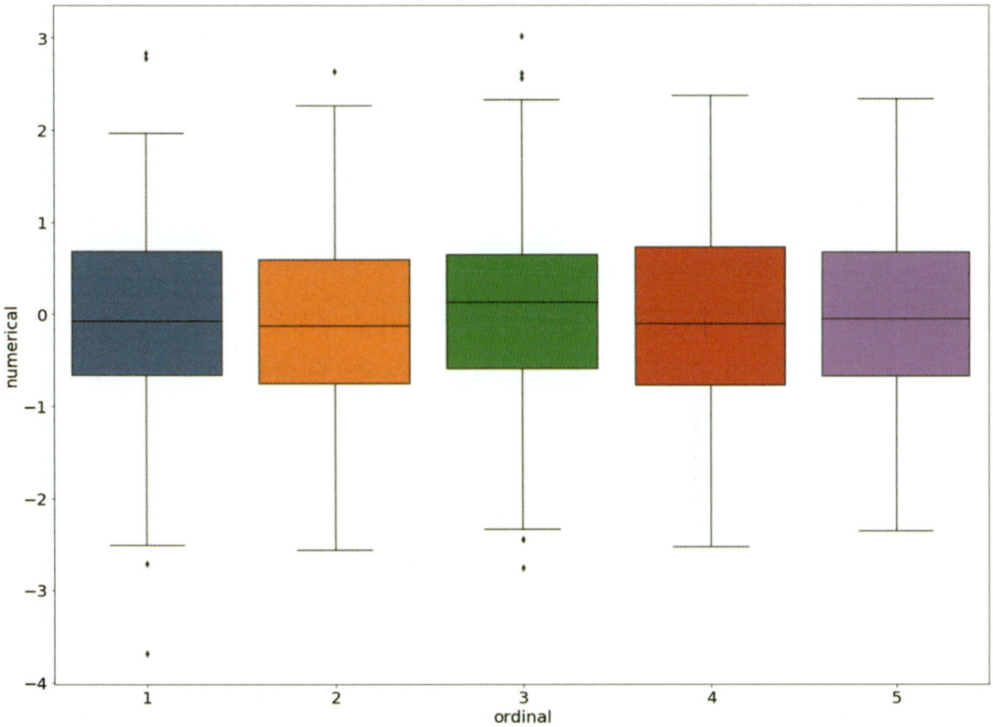

그림 3.21 Seaborn을 사용한 다중 상자 그림

눈치 빠른 독자가 상상한 대로, 이 시각화 방법은 범주형 또는 순서형 데이터에 대한 수치형 속성 데이터 분포의 차이를 분석하고자 할 때 이상적이다.

이것으로, 이 장의 기술 통계에 관한 내용을 마무리하자. 다음 절에서, 다른 유형의 통계인 **추론 통계**를 살펴본다.

추론 통계

특정한 양을 사용해서 데이터 세트의 여러 가지 특성을 설명하는 기술 통계와 달리, 추론 통계는 데이터 세트에 대한 특정한 통계 모델링 과정을 수행해서, 데이터 세트 자체를 포함해서 같은 모집단에서 가져온 미지의 데이터에 대한 추가 정보를 '추론'한다.

이 절에서, 추론 통계의 여러 가지 방법을 살펴본다. 이러한 논의로부터, 각 방법이 특정한 데이터와 상황에 따라 설계되었으며, 이를 적절하게 응용하는 것이 통계학자와 머신러닝 엔지니어의 책무라는 걸 알 수 있다.

첫 번째로 다룰 방법은 고전적인 통계의 가장 기본적인 방법의 하나다: **t-검정**.

▶ t-검정

일반적으로(**Student's t-검정**으로도 알려진) t-검정은 두 평균을 비교해서 그것이 충분히 서로 다른지를 판정할 때 사용한다. t-검정은 (예를 들어, 실험 중인 약물, 운동 루틴 등) 특정 사건이 실험을 위한 통제 그룹에 비해 모집단에 영향을 주는지를 비교하는 응용에 주로 사용한다. 평균이 충분히 다른 경우(이를 통계적으로 유의미하다고 말하는데), 주어진 사건이 영향을 준다고 믿을 만한 이유가 된다.

통계 분야에서는, 세 가지 주요한 유형의 t-검정을 사용한다: **독립 표본 t-검정**(두 독립적인 표본의 평균을 비교하는 데 사용), **대응 표본 t-검정**(같은 그룹의 평균을 다른 시기에 비교하는 데 사용), 그리고 **단일 표본 t-검정**(한 그룹의 평균을 미리 정해진 평균과 비교하는 데 사용)이 있다.

t-검정을 수행하는 일반적인 작업 흐름은 먼저 두 평균이 사실은 같다는 **귀무가설**을 선언한 다음 t-검정의 결과인 p-값을 고려해서 가설을 판정하는 과정으로 이루어진다. 만약 p-값이 정해진 임계값(일반적으로 0.05)보다 크면, 귀무가설을 기각할 수 없다. 반대로, p-값이 임계값보다 작으면, 귀무가설을 기각할 수 있는데, 이는 두 평균이 다르다는 걸 의미한다. 이렇게 사용자 데이터로부터 어떤 사실을 추론하기 때문에, 이것을 추론 통계 방법이라 부른다; 이 경우는 관심의 대상인 두 평균이 서로 같은지 아닌지를 추론한다.

검정에 한 이론적인 세부 사항으로 더 들어가지는 않는다; 대신, 파이썬의 SciPy 라이브러리가 제공하는 API를 어떻게 손쉽게 활용할 수 있는지 살펴본다. 지난 장에서 이 라이브러리를 사용했으므로, 아직 이 도구가 익숙하지 않다면 〈2장 파이썬과 기본 통계 툴〉로 돌아가서 사용자 환경에 이 라이브러리를 설치하는 방법에 대해 알아보라.

예제로 사용할 실험을 설계해보자. 미지의 분포를 따르는 두 개의 숫자 배열이 있을 때 이들의 평균이 서로 같은지 알아보고자 한다. 따라서 두 배열의 평균이 동일하다는 귀무가설을 세운 후, 만약 t-검정의 p-값이 0.05보다 작으면 이 귀무가설을 기각한다.

이 예제의 데이터를 생성하기 위해, 첫 번째 배열에는 (평균이 0, 표준 편차가 1인) 표준 정규 분포를 따르는 샘플 20개를 추출해 넣고, 두 번째 배열에는 평균이 0.2이고 표준 편차가 1인 정규 분포를 따르는 20개의 샘플을 추출해 넣는다:

```
samples_a = np.random.normal(size=20)
samples_b = np.random.normal(0.2, 1, size=20)
```

다음처럼 **plt.hist()** 함수를 사용해서 이 데이터 세트를 빠르게 시각화해보자:

```
plt.hist(samples_a, alpha=0.2)
plt.hist(samples_b, alpha=0.2)
plt.show()
```

다음과 같은 그래프가 생성된다(무작위성으로 실제 출력 결과는 다를 수 있다):

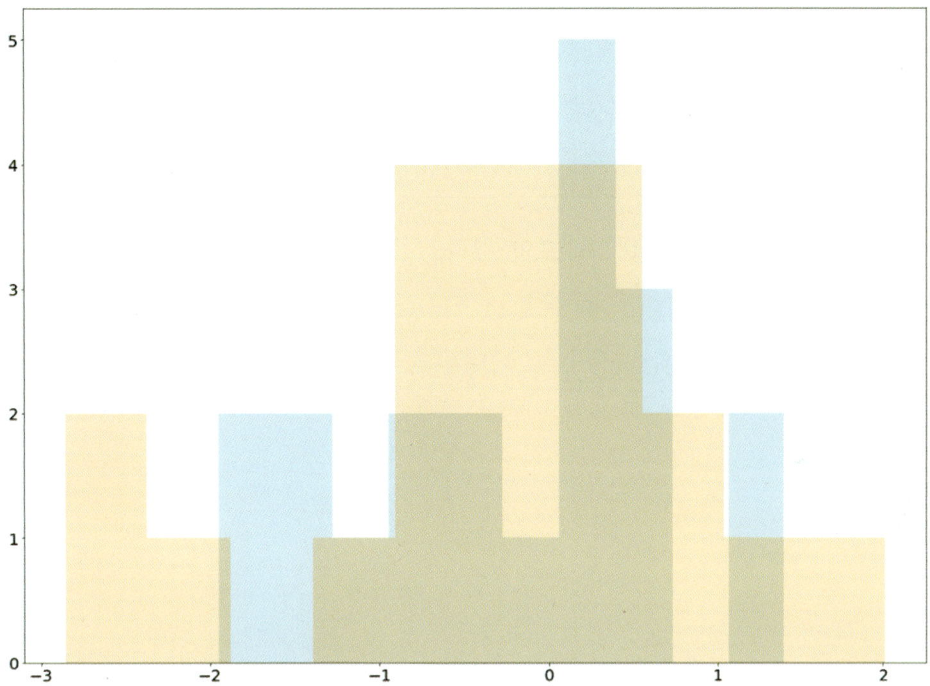

그림 3.22 t-검정을 위한 샘플 데이터의 히스토그램

이제 **scipy.stats** 패키지의 **ttest_ind()** 함수를 호출해보자. 이 함수는 독립 표본 t-검정을 수행해서 **pvalue**라는 속성을 가진 객체를 반환한다; 이 속성은 귀무가설을 기각할지를 결정하는 p-value를 포함한다:

```
scipy.stats.ttest_ind(samples_a, samples_b).pvalue
```

출력은 다음과 같다:

```
0.8616483548091348
```

출력 결과에 따라 귀무가설을 기각할 수는 없다. 다시 말하지만, 실제 p-값은 위와 다를 수 있다. 하지만 아마도 0.05보다 낮지는 않을 것이다. 이 실험의 최종 결론은 (실제로 서로 다른 평균을 가진 정규 분포를 따르게 추출했음에도 불구하고) 두 배열의 평균이 다르다고 할 만한 충분한 증거가 없다는 것이다.

이번에는 아주 많은 데이터로 실험을 해보자 – 각 배열에 1,000개의 숫자를 추출해 넣는다:

```
samples_a = np.random.normal(size=1000)
samples_b = np.random.normal(0.2, 1, size=1000)

plt.hist(samples_a, alpha=0.2)
plt.hist(samples_b, alpha=0.2)
plt.show()
```

이번에는, 히스토그램이 다음 그래프와 같다:

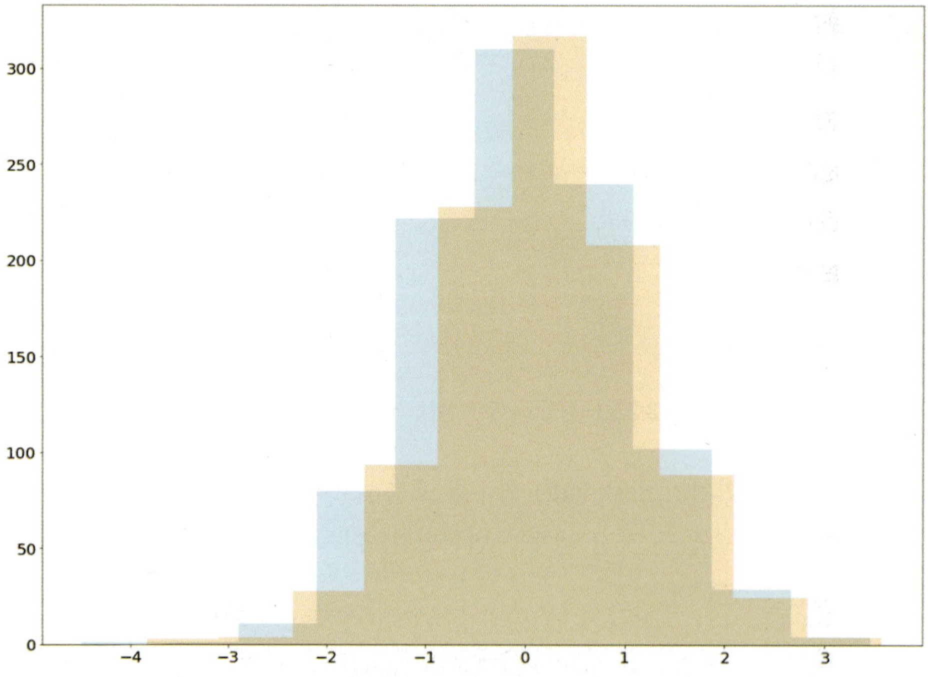

그림 3.23 t-검정을 위한 샘플 데이터의 히스토그램

다시 t-검정을 실행해보면, 이번에는 다른 결과가 나온다:

```
scipy.stats.ttest_ind(samples_a, samples_b).pvalue
```

출력은 다음과 같다:

```
3.1445050317071093e-06
```

p-값이 0.05보다 훨씬 작으므로, 귀무가설을 기각하고 두 배열이 서로 다른 평균을 가진다고 말할 수 있는 충분한 증거가 된다.

이 두 실험은 꼭 기억해야 할 한 가지 사실을 잘 보여준다. 첫 번째 실험에서는 데이터가 실제로 서로 다른 두 개의 분포에서 추출되었음에도, p-값이 충분히 작지 않아 귀무가설을 기각할 수 없었다. 그러나 더 많은 데이터로 수행한 두 번째 실험에서는 t-검정이 두 평균이 다르다고 판정할 결과를 내놓았다.

다시 요약해서, 각 배열의 샘플이 20개일 때, 첫 번째 t-검정은 p-값을 작게 출력할 만큼 충분한 신뢰 수준을 지니지 못했다. 하지만 1,000개의 샘플로 실험했을 때 평균의 차이는 보다 일관되고 견고하게 나타나서, 두 번째 t-검정은 확실하게 작은 p-값을 출력할 수 있었다. 일반적으로, 많은 다른 통계적 방법들도, 입력 데이터가 많을수록 더 결정적인 결과를 내놓게 된다.

주어진 두 모집단에 대한 평균의 차이를 검정하는 추론 통계의 한 방법으로써 독립 표본 t-검정 사례를 살펴보았다. **scipy.stats** 패키지는 모든 계산을 내부에서 처리한 후 최종 검정 결과를 반환하는 다양한 통계적 검정 함수를 제공한다. 이는 파이썬 언어가 갖는 일반 철학을 따르는 것으로, 사용자들이 복잡한 방법론을 유연하고 편리하게 활용할 수 있도록 API를 고수준으로 유지하는 것을 목표로 한다.

> **노트**
>
> **scipy.stats** 패키지에 대한 더 자세한 내용은 다음의 공식 문서에서 찾아볼 수 있다:
>
> https://docs.scipy.org/doc/scipy-0.15.1/reference/tutorial/stats.html
>
> 이 패키지에 포함된 것 중에서 가장 자주 사용되는 테스트: 평균의 차이를 비교하기 위한 t-검정 또는 ANOVA; 표본이 정규 분포에서 추출되었는지 확인하는 정규성 테스트; 표본 모집단의 평균과 표준 편차의 베이지안 신뢰구간 계산.

방금 살펴본 **scipy.stats** 패키지는 물론이고, 특히 편리한 **describe()** 메서드를 포함해서 pandas 라이브러리 또한 매우 다양한 통계처리 기능을 지원한다는 걸 이미 접해보았다. 다음 절에서, 두 번째 추론 통계 기법에 대해 알아본다: 데이터 세트에 대한 **상관 행렬**.

▶ 상관 행렬

상관 행렬은 주어진 데이터 세트의 모든 속성 사이의 **상관 계수**를 포함하는 2차원 테이블이다. 두 속성 사이의 상관 계수는 두 속성의 선형 상관관계 정도를 정량화한 것으로, 다시 말해 두 속성이 얼마나 선형적으로 유사한지를 나타낸다. 상관 계수는 −1부터 +1까지의 범위에 있으며, +1은 완전한 선형 상관관계가 있음을 나타내고, 0은 상관관계가 전혀 없음을 나타내며, −1은 완전한 음의 상관관계에 있음을 나타낸다.

두 속성이 높은 선형 상관관계를 가지면, 한 속성의 값이 증가하면, 다른 속성의 값도 같은 양에 상수를 곱한 만큼 증가한다. 다시 말해, 두 속성의 데이터를 산점도 그래프로 그렸을 때 개별 점들이 양의 기울기를 가진 선을 따라 분포한다. 상관관계가 없는 두 속성의 경우, 최적화된 선은 수평선이 되고, 음의 상관관계를 가진 두 속성은 음의 기울기를 가진 선이 된다.

두 속성의 상관관계는, 어떤 면에서, 속성들 사이에 얼마나 많은 정보가 공유되는지를 나타낸다. 양 또는 음으로 상관된 두 속성에 대해서는 그들 사이에 어떤 내재한 관계가 있다고 추론할 수 있다. 이것이 상관 행렬을 추론 통계 도구로 사용하려는 저변에 깔린 생각이다.

어떤 머신러닝 모델은, 상관된 특성이 있는 경우 데이터 세트에 하나의 특성만 남도록 처리한 후 모델의 입력으로 사용하는 것이 바람직하다. 대부분은, 모델이 학습한 특성과 강하게 상관된 다른 특성을 추가해도 성능이 향상되지 않는다; 게다가, 때에 따라서, 상관된 특성이 모델을 잘못된 방향으로 이끌어 잘못된 예측을 유도할 수도 있다.

다시 말해서, 두 데이터 속성의 상관 계수와 더불어 데이터 세트의 상관 행렬은 반드시 고려해야 할 중요한 통계적 객체다. 사례를 통해 빠르게 살펴보자:

'x', **'y'**, **'z'**라는 세 가지 속성으로 이루어진 데이터 세트가 있다고 하자. **'x'**와 **'z'** 데이터는 서로 독립적이면서 무작위로 생성해서 두 속성 사이에 상관관계가 없게 생성한다. 반면에, **'y'**는 **'x'** 데이터에 2를 곱하고 약간의 무작위적 잡음을 더하여 생성한다. 다음 코드를 사용해서 이런 조건을 만족하는 500개의 항목을 가진 데이터 세트를 생성할 수 있다:

```
x = np.random.rand(500,)
y = x * 2 + np.random.normal(0, 0.3, 500)
z = np.random.rand(500,)

df = pd.DataFrame({'x': x, 'y': y, 'z': z})
```

여기서 (데이터 세트의 모든 속성 쌍에 대한 상관 계수를 포함하는) 상관 행렬은 **corr()** 메서드로 쉽게 계산할 수 있다:

```
df.corr()
```

출력은 다음과 같다:

```
  x                          y                        z
x 1.000000                   0.8899950.869522         0.019747 -0.017913
y 0.8899950.869522           1.000000                 0.045332 -0.023455
z 0.019747  -0.017913        0.045332  -0.023455      1.000000
```

DataFrame 객체에 속성이 3개 있으므로 출력이 3×3 행렬임을 알 수 있다. 행렬의 각 숫자는 해당 행과 열의 속성 사이의 상관관계를 나타낸다. 이때, 각 속성은 자기 자신과 완벽하게 상관하기 때문에, 이 행렬의 모든 대각선 값은 1이다.

서로 다른 속성 사이의 상관관계가 관심의 대상이다: **'z'**는 **'x'**와 독립적으로 (따라서 **'y'**와도 독립적으로) 생성되었기 때문에 'z' 행의 **'x'**와 **'y'** 열의 값은 0에 가깝다. 이와 대조적으로, 하나가 다른 하나의 약 2배 관계인, **'x'**와 **'y'** 사이의 상관관계는 거의 1에 가깝다.

또한, 일반적으로 상관 행렬은 히트맵을 사용해서 시각적으로 나타낸다. 데이터 세트에 많은 수의 속성이 있는 경우, **히트맵**을 사용하면 상관된 속성에 해당하는 영역을 더 효율적으로 식별할 수 있기 때문이다. seaborn 라이브러리의 **sns.heatmap()** 함수를 사용해서 히트맵으로 시각화할 수 있다:

```
sns.heatmap(df.corr(), center=0, annot=True)
bottom, top = plt.ylim()
plt.ylim(bottom + 0.5, top - 0.5)

plt.show()
```

annot=True 인자를 사용해서 히트맵의 각 셀에 상관 행렬의 값 즉, 상관 계수를 출력하도록 지정했다.

이 코드의 실행 결과는 다음과 같다:

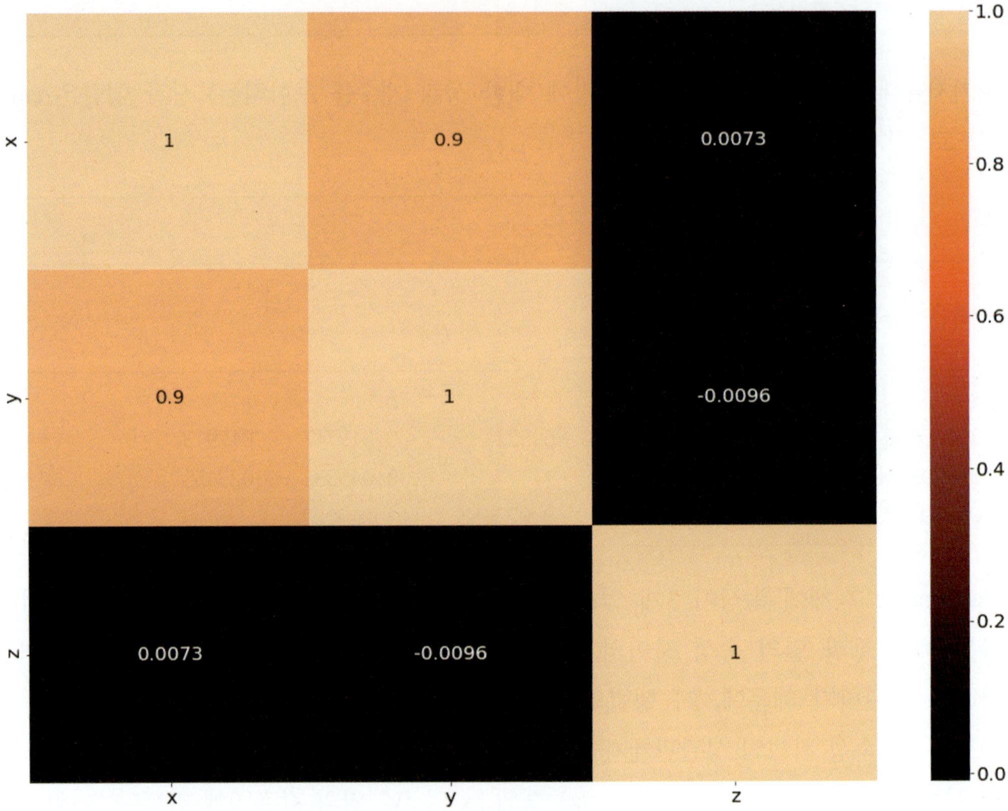

그림 3.24 상관 행렬을 나타내는 히트맵

상관 행렬 히트맵을 시각적으로 분석할 때, 대각선 셀을 제외하고, 밝은 영역에 집중해서 상관관계가 높은 속성을 식별할 수 있다. 만약 데이터 세트에 음으로 상관된 속성이 있다면(이 사례에는 없다), 어두운 영역으로 표시된다.

주어진 데이터 세트의 상관 행렬은 해당 데이터 세트의 서로 다른 속성 사이의 관계를 이해하는 데 유용한 도구일 수 있다. 다음 실습에서 이런 사례를 살펴본다.

실습 3.04 ✦ 평균의 동일성 판별 및 검정

이 실습에서, 두 가지 추론 통계 방법으로, 연습용으로 만든 합성 데이터 세트를 분석해본다.

이 데이터 세트는 다음 GitHub 저장소에서 내려받을 수 있다: https://packt.live/3ghKkDS.

먼저 이 데이터 세트에서 어떤 속성들이 서로 상관관계를 가지는지를 식별한 다음, t-검정을 적용해서 어떤 속성 쌍이 같은 평균을 가지는지 아닌지를 판단해보도록 한다.

이제 시작해보자:

1. 새 주피터 노트북에서, **pandas**, **matplotlib**, **seaborn** 그리고 **SciPy**의 **stats** 모듈에서 **ttest_ind()** 메서드를 가져온다:

```
import pandas as pd
from scipy.stats import ttest_ind

import matplotlib.pyplot as plt
import seaborn as sns
```

2. 내려받은 데이터 세트를 읽어온다. 첫 다섯 행은 다음과 같다:

```
In [4]: df = pd.read_csv('data.csv')

        df.head()

Out[4]:
```

	x	y	z	t
0	0.108610	0.901637	3.495175	5.548247
1	1.441267	1.666423	3.554596	-3.839294
2	-0.492374	0.112673	3.902964	13.713320
3	1.106691	0.754194	3.447355	8.432243
4	1.553509	3.087109	3.756501	-1.373107

그림 3.25 데이터 세트의 첫 다섯 행

3. 다음 코드 셀에서, **seaborn**을 사용해서 이 데이터 세트를 나타내는 상관 행렬 히트맵을 생성한다. 이 시각화를 통해 상관관계가 가장 큰 속성 쌍을 식별한다:

```
sns.heatmap(df.corr(), center=0, annot=True)
bottom, top = plt.ylim()
plt.ylim(bottom + 0.5, top - 0.5)
plt.show()
```

이 코드는 다음과 같은 그래프를 생성한다:

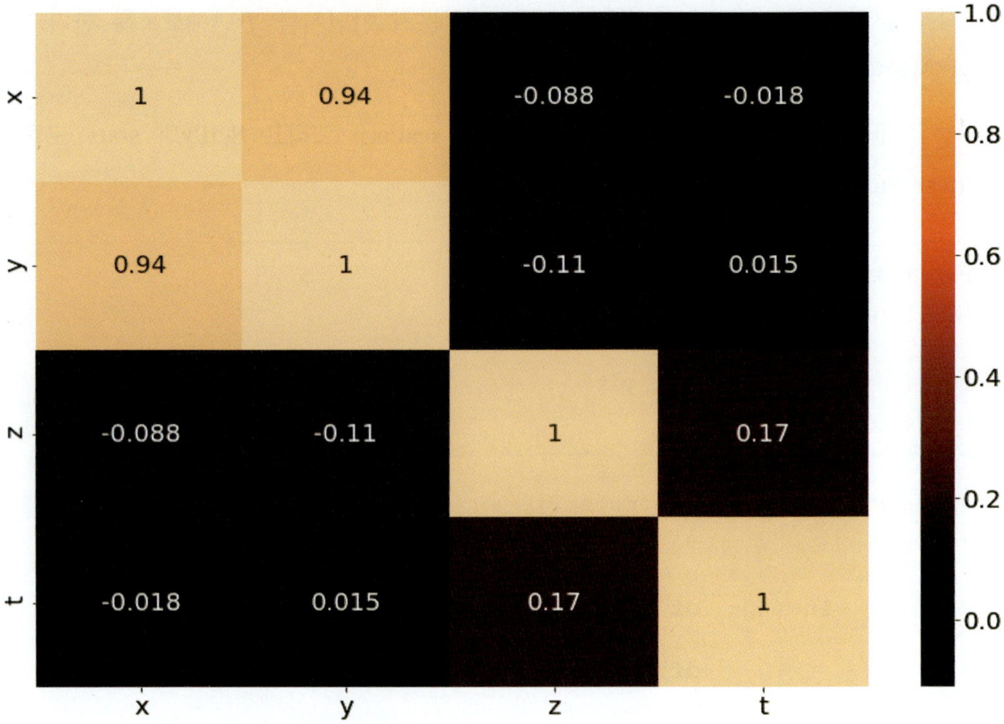

그림 3.26 데이터 세트의 상관 행렬

이 출력에서, **'x'**와 **'y'** 속성의 상관 계수가 매우 높다는 것을 알 수 있다: 0.94.

4. seaborn의 **jointplot()** 메서드를 사용해서, 두 가지 성분을 결합한 그래프를 생성한다: **'x'**와 **'y'** 값을 2차원 좌표 평면에 나타낸 산점도와 두 데이터의 분포를 나타내는 히스토그램. 출력 결과를 관찰해서 두 분포가 동일한 평균을 가지는지 아닌지를 판정한다:

```
sns.jointplot(x='x', y='y', data=df)
plt.show()
```

출력은 다음과 같다:

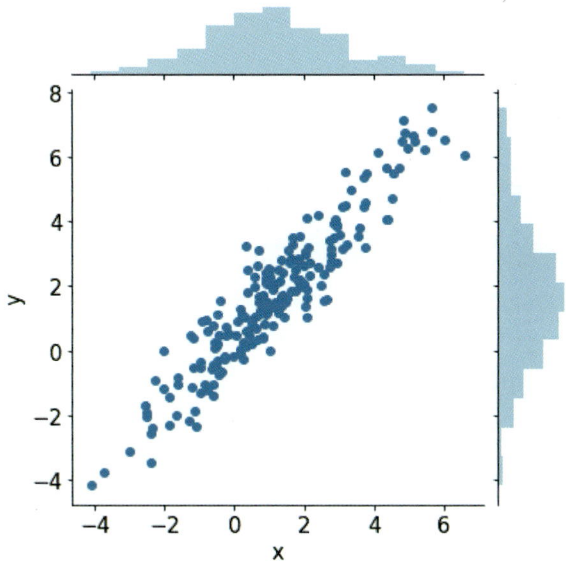

그림 3.27 상관된 속성의 결합 그래프

이 시각화로는 두 속성이 같은 평균을 가지는지 아닌지 명확하게 알 수 없다.

5. 시각화하는 대신, 유의 수준 0.05로 t-검정을 실행하여 두 속성이 같은 평균을 가지는지 아닌지를 판정해보자:

```
ttest_ind(df['x'], df['y']).pvalue
```

이 명령의 실행 결과는 다음과 같다:

```
0.011436482008949079
```

계산한 p-값이 0.05보다 낮으므로, 두 분포가 높은 상관관계가 있음에도 불구하고, 같은 평균을 갖는다는 귀무가설을 기각할 수 있다.

이 실습에서, 이 절에서 학습한 두 가지 추론 통계 방법을 사용하여 데이터 세트에서 서로 상관된 두 속성을 분석했다.

> **노트**
>
> 이 절의 소스 코드는 다음에 있다.
>
> https://packt.live/31Au1hc.
>
> 또한, 다음에서 이 예제를 온라인으로 실행할 수 있다.
>
> https://packt.live/2YTt7L7.

추론 통계 주제를 마지막으로 다루는 다음 절에서, 통계와 머신러닝 모델을 사용해서 통계 추론을 수행하는 방법에 대해 살펴본다.

▶ 통계 및 머신러닝 모델

주어진 데이터 세트를 수치 모델 또는 머신러닝 모델을 사용하여 모델링하는 것은 추론 통계의 또 다른 형태이다. 이런 모델은 데이터 세트에 내포된 패턴이나 경향을 일반화하여 미지의 데이터를 추론한다. 머신러닝은 컴퓨터 과학에서 가장 빠르게 성장하고 있는 분야 중 하나다. 하지만 대부분의 머신러닝 모델은 수학적 그리고 통계적 이론을 활용하기 때문에 두 분야는 강하게 연결되어 있다. 이 절에서는 주어진 데이터 세트에 대한 모델 학습 과정과 파이썬으로 이 과정을 수월하게 처리하는 방법을 다룬다.

머신러닝 모델의 **학습**은 실제로 인간의 학습방식과 다르다는 것에 주목할 필요가 있다. (!신경망에 기초한 딥러닝 모델, 강화학습 모델은 인간의 학습방식과 유사하다는 점에 주목할 필요도 있다.) 많은 경우, 이러한 모델은 많은 시간 학습 오차를 최소화하는 최적화 과정을 거친다. 학습 오차는 모델이 학습 데이터 내의 패턴을 얼마나 잘 처리할 수 있는지를 나타내며, 모델은 학습 데이터와 같은 분포에서 추출된 미지의 데이터를 잘 일반화할 수 있어야 한다.

예를 들어, 선형회귀 모델은 주어진 데이터 세트의 모든 데이터를 지나는 최적의 직선을 생성한다. 이 직선은 개별 데이터에 대한 오차의 합을 최소화하는 선으로 정의되는데, 선형회귀 모델은 오차의 합을 최소화하는 최적화를 통해서 최적으로 적합한 선을 만들어 낸다.

머신러닝 알고리즘은 데이터에 대한 **모델링** 즉, **최적화** 과정을, 정해진 상황에 따라 다양한 방식으로 처리한다. 다행스럽게, 파이썬 언어가 수준별로 차별화된 추상화를 내장하여, 사용자는 세부 사항을 모른 체 고수준에서 다양한 머신러닝 모델을 응용할 수 있다. 통계 및 머신러닝 모델이, 학습 데이터 세트에 내포된 패턴을 학습한 후, 미지의 데이터에 대한 예측을 수행하는 추론 통계의 다른 방법이라는 점만 기억하면 된다.

앞선 절에서 사용한 예제 데이터 세트를 사용해서 모델을 학습하는 작업을 수행해보자. 여기서 학습에 사용할 특성은 **'x'**와 **'z'**이고, 예측하려는 목표는 **'y'**이다. 즉, 모델은 **'x'** 또는 **'z'**와 **'y'** 사이에 내재한 숨어있는 관계를 학습하고, 그로부터 **'x'**와 **'z'**의 데이터로부터 미지의 **'y'**를 예측할 수 있어야 한다(!엄밀하게는 **'x'**와 **'z'** 역시 미지의 값인 경우가 일반적이다. 즉, 현재까지의 데이터를 학습해서 미지의 입력 **'x'**와 **'z'**에 대한 **'y'**를 예측하는 게 컴퓨터 과학에서의 머신러닝 모델의 역할이다.).

목표 변수 **'y'**가 수치형 속성이므로, 데이터를 학습할 모델은 분류기가 아니라 회귀 모델이다. 여기서는, 통계 및 머신러닝에서 가장 일반적으로 사용하는 회귀 모델을 살펴본다: 선형회귀. 이를 위해, 파이썬 최고의 — 최고가 아니라면 최고로 인기 있는 — 예측 데이터 분석 도구인 scikit-learn 라이브러리를 사용한다.

다음처럼 **pip** 명령을 실행해서 scikit-learn을 설치한다:

```
$ pip install scikit-learn
```

conda 명령을 사용해서 설치할 수도 있다:

```
$ conda install scikit-learn
```

이제, 선형회귀 모델을 가져와서 학습 데이터에 대해 모델을 적합한다:

```
from sklearn import linear_model

model = linear_model.LinearRegression()
model.fit(df[['x', 'z']], df['y'])
```

일반적으로, 머신러닝 모델 객체가 호출하는 **fit()** 메서드는 인수 2개를 입력으로 받는다:독립 특성(즉, 예측을 위해 입력으로 사용하는 특성)인 **'x'**와 **'z'**, 그리고 종속 특성 또는 예측 목표(즉, 예측하려는 속성)인 **'y'**다.

fit() 메서드는 주어진 데이터에 대한 모델의 학습 프로세스를 시작한다. 모델의 복잡도와 학습 데이터의 크기에 따라 이 과정은 상당한 시간이 소요될 수 있다. 그러나, 선형회귀의 경우 학습 과정은 다른 모델에 비해 상대적으로 빠르다.

모델이 학습을 완료하면 다양한 통계를 살펴볼 수 있다. 구체적으로 어떤 모델을 사용했느냐에 따라 관심의 대상인 통계량이 다르다; **선형회귀**의 경우 보통 계수가 관심 대상이다. 회귀 계수는 독립 특성과 예측 목표 사이의 선형 관계 추정치이다. 즉, 회귀 계수는 선형회귀 모델이, 특정 예측 변수(**'x'** 또는 **'z'**)와 목표 변수(**'y'**)의 관계를 나타내는 최적 직선의 기울기를, 추정한 값이다.

다음처럼 이 통계량을 참조할 수 있다:

```
model.coef_
```

출력은 다음과 같다:

```
array([1.98861194, 0.05436268])
```

다시 말하지만, 이번에도 출력 결과는 위와 정확히 같지는 않을 수 있다. 그러나 계수에는 명확한 추세가 있다: 첫 번째 계수(**'x'**와 **'y'** 사이의 추정된 선형 관계)는 대략 2이고, 두 번째 계수(**'z'**와 **'y'** 사이의 추정된 선형 관계)는 0에 가깝다.

이런 결과는 이 데이터 세트를 생성하는 데 사용한 방법과 잘 일치한다: **'y'**는 **'x'**에 대략 2를 곱한 값이고, **'z'**는 독립적으로 생성. 이 회귀 계수를 통해 예측 목표에 대한 가장 좋은 (선형) 예측기가 어떤 특성을 가졌는지에 대한 정보를 얻을 수 있다. 이러한 유형의 통계는 예측 과정이 어떻게 수행되었는지에 대한 통찰을 제공하기 때문에, 일부에서는 이 모델을 설명 가능한 또는 해석 가능한 통계로 간주한다.

미지의 데이터 예측 과정은 더욱 흥미롭다. 예측은 다음과 같이 모델 객체에 대해 **predict()** 메서드를 호출해서 수행할 수 있다:

```
model.predict([[1, 2], [2, 3]])
```

출력은 다음과 같다:

```
array([2.10790143, 4.15087605])
```

여기서, **predict()** 메서드에 2차원 테이블을 나타내는 어떤 데이터 구조를 전달한다(앞의 코드에서는 중첩 리스트를 사용했지만, 이론적으로, 2차원 NumPy 배열이나 pandas

DataFrame 객체도 사용할 수 있다). 이 테이블은 독립적인 특성의 개수와 열의 개수가 같기만 하면 된다; 이 경우에는 두 개의 입력 특성(**'x'**와 **'z'**)이 있으므로 **[[1, 2], [2, 3]]**의 각 하위 리스트는 두 개의 원소가 있다.

모델이 생성한 예측 결과를 보면, **'x'**가 1이고 **'z'**가 2인 경우(첫 번째 테스트 입력) 해당 예측이 대략 2임을 알 수 있다. 이는 **'x'**의 계수가 대략 2이고 **'z'**의 계수가 0에 가까운 것과 일치한다. 두 번째 테스트 입력도 마찬가지다.

이것이 머신러닝 모델로 데이터를 예측하는 사례다. scikit-learn 라이브러리는 여러 유형의 문제에 대한 다양한 모델을 제공한다: 분류, 회귀, 클러스터링, 차원 축소 등. 이러한 모델의 API는 모두 일관성 있게 앞에서 보았던 **fit()**과 **predict()** 메서드를 공유한다. 따라서 사용자는 매우 유연하고 간단하게 모델링을 할 수 있다.

머신러닝에서 모델 선택은 하나의 중요한 개념이다. 모든 모델이 기능적으로 같지 않다; 특정 데이터 세트에는 더 적합한 특정 모델이 있다. 전체 머신러닝 작업 흐름에서 모델 선택 단계가 중요한 이유다. 머신러닝 엔지니어들은, 학습 데이터 세트를 수집하고 정비한 후, 일련의 모델을 데이터 세트로 학습한 후 성능이 좋지 않은 모델을 배제한다.

다음 실습에서, 모델 선택 과정을 경험함으로써, 이를 확인해보자:

실습 3.05 ✦ 모델 선택

이 실습에서는, 데이터 세트에 세 가지 다른 모델을 적용한 후 성능을 비교하는 모델 선택 절차 예제를 다룬다:

1. 새 주피터 노트북의 첫 번째 코드 셀에서, 다음 도구를 가져온다:

```
import numpy as np

from sklearn.datasets import make_blobs
from sklearn.model_selection import train_test_split
from sklearn.metrics import accuracy_score

from sklearn.neighbors import KNeighborsClassifier
from sklearn.svm import SVC
from sklearn.ensemble import GradientBoostingClassifier

import matplotlib.pyplot as plt
```

> **노트**
>
> 아직 익숙하지 않은 일부 도구들은, 이 실습을 진행하면서 설명한다.

이제, 2차원 평면 위에 있는 점들로 구성된 데이터 세트를 합성해보자. 각각의 점은 특정 그룹에 속하고, 같은 그룹에 속한 점들은 그룹 중심점을 기준으로 주변에 위치한다.

2. **sklearn.datasets** 패키지의 **make_blobs()** 함수를 사용하여 이 합성 데이터를 생성할 수 있다:

```
n_samples = 10000
centers = [(-2, 2), (0, 0), (2, 2)]

X, y = make_blobs(n_samples=n_samples, centers=centers, \
                  shuffle=False, random_state=0)
```

코드에서 알 수 있듯이, 이 함수는 **n_samples**라는 인자로 생성할 데이터의 개수를 지정한다. 그리고, **centers** 인자는 개별 점들이 속하는 그룹의 개수와 각 그룹의 좌표를 지정한다. 이 경우, **(−2, 2), (0, 0), (2, 2)**를 중심으로 하는 세 그룹이 있다.

3. 마지막으로, **random_state** 인자를 0으로 지정해서, 이 노트북을 실행할 때마다 같은 데이터가 생성되도록 설정한다. 〈1장 파이썬 기초〉에서 언급한 것처럼, 재현성을 위한 실무적으로 바람직한 조치이다.

   이 데이터에 대해 다양한 모델을 학습시킨 후, 새로운 점의 리스트를 입력해서, 모델이 각 점이 어느 그룹에 속하는지 높은 정확도로 예측할 수 있게 하는 것이 이 목표다.

   이 함수는 X와 y라는 두 객체로 구성된 튜플을 반환한다. 튜플의 첫 번째 원소는 데이터 세트의 독립적인 특성들이다; 이 경우, 점들의 **x** 좌표와 **y** 좌표다. 튜플의 두 번째 원소는 예측 목표인 각 점이 속하는 그룹의 인덱스다. 머신러닝 분야의 표기 관례에 따라, 독립적인 특성은 대문자 X로 나타낸 행렬에, 예측 목표는 소문자 y로 나타낸 벡터에 저장한다.

4. 이 변수들을 출력해서 어떤 데이터인지 확인해 본다. X를 입력해보자:

```
X
```

출력 결과는 다음과 같다:

```
array([[-0.23594765, 2.40015721],
       [-1.02126202, 4.2408932 ],
       [-0.13244201, 1.02272212],
       ...,
       [ 0.98700332, 2.27166174],
       [ 1.89100272, 1.94274075],
       [ 0.94106874, 1.67347156]])
```

이제, y를 입력해보자:

```
y
```

출력은 다음과 같다:

```
array([0, 0, 0, ..., 2, 2, 2])
```

5. 이제, 새로운 코드 셀에서, 데이터 세트를 산점도 그래프로 시각화한다:

```
plt.scatter(X[:, 0], X[:, 1], c=y)
plt.show()
```

데이터 세트의 첫 번째 속성을 산점도의 **x** 좌표로, 두 번째 속성을 **y** 좌표로 사용한다. 그리고 예측 목표인 y를 c 인자로 지정해서 같은 그룹에 속한 점들이 같은 색상이 되도록 간단하게 지정한다. 이 코드는 다음과 같은 산점도를 생성한다:

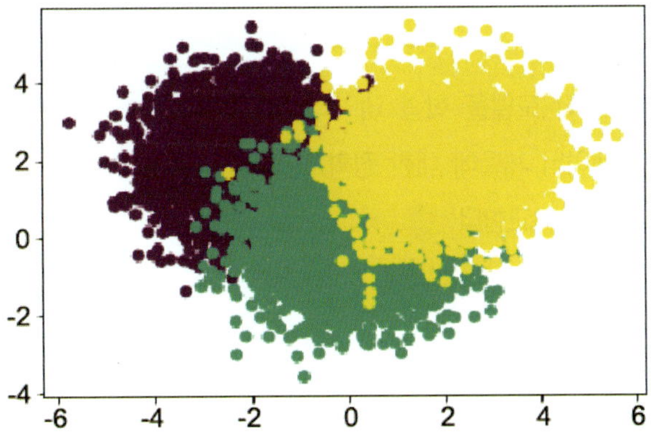

그림 3.28 머신러닝 문제에 대한 산점도

모델 선택 과정에서 사용하는 가장 일반적인 전략은 데이터를 학습 데이터 세트와 테스트/검증 데이터 세트로 나누는 것이다. 학습 데이터 세트는 사용하려는 머신러닝 모델을 학습하는 데 사용하고, 테스트 데이터 세트는 학습이 끝난 모델의 성능을 평가하는 데 사용한다.

6. **sklearn.model_selection** 패키지의 **train_test_split()** 함수를 사용해서 데이터 세트를 학습 데이터 세트와 테스트 데이터 세트로 쉽게 나눌 수 있다. 다음처럼 코드 셀에 입력하자:

```
X_train, X_test, \
y_train, y_test = train_test_split(X, y, shuffle=True, random_state=0)
```

보다시피, 이 함수는 네 개의 객체로 구성된 튜플을 반환하며, 이를 네 개 변수에 각각 할당한다. **X_train**은 학습 데이터 세트의 독립적인 특성 데이터를 포함하고 있으며, **X_test**는 테스트 데이터 세트의 같은 특성 데이터를 포함하고 있다. **y_train**도 마찬가지다.

7. 학습 데이터 세트의 형태를 고려하여 분할이 어떻게 이루어졌는지 확인할 수 있다:

```
X_train.shape
(7500, 2)
```

기본적으로, 학습 데이터는 입력 데이터 세트의 75%를 무작위로 선택하고, 테스트 데이터는 남은 비율의 데이터를 무작위로 섞어 만든다. 이를 출력에서 확인할 수 있다. 원래 데이터 세트에는 10,000개의 항목이 있으며, 학습 데이터 세트에 7,500개의 항목이 포함된 것을 알 수 있다.

8. 다음 코드 셀에서, 학습할 머신러닝 모델을 초기화하는데, 이때 초매개변수는 지정하지 않았다 (뒤에서 더 자세히 다룬다):

```
models = [KNeighborsClassifier(), SVC(), GradientBoostingClassifier()]
```

9. 다음으로 반복해서, 각 모델을 학습 데이터 세트에 대해 학습하고, **accuracy_score()** 함수를 사용하여 테스트 데이터 세트에 대한 정확도를 계산한다. 이 함수는 **y_test**에 저장된 값과 모델이 예측한 **y_pred**를 비교한다:

```
for model in models:
    model.fit(X_train, y_train)
    y_pred = model.predict(X_test)

    print(f'{type(model).__name__}: {accuracy_score(y_pred, y_ test)}')
```

다시 말해서, **fit()** 메서드는 각 모델을 **X_train**과 **y_train**에 대해 학습할 때 사용하고, **predict()** 메서드는 모델이 **X_test**에 대해 예측할 때 사용한다. 이 코드는 다음과 비슷한 결과를 생성한다:

```
KNeighborsClassifier: 0.8792
SVC: 0.8956
GradientBoostingClassifier: 0.8876
```

이 출력에 의하면, **SVC** 모델이 가장 우수한 성능을 보이는데, 이 모델이 세 가지 모델 중 가장 복잡한 모델이기 때문에 어느 정도 예상된 결과이다. 실제 모델 선택 과정에서는 교차 검증 등 더 많은 작업을 수행해서, 가장 적합한 모델을 최종적으로 선택할 수 있게 한다.

이것으로, 모델을 선택하는 과정에 대한 실습이 마무리되었다. 이 실습으로 **scikit-learn** 라이브러리가 제공하는 모델을 다루는 일반적인 절차에도 익숙해질 수 있었다. 앞에서 구현해보았던 대로, fit/predict API는 이 라이브러리에 포함된 모든 모델에서 일관성을 유지하며, 결과적으로 파이썬 프로그래머들에게 높은 수준의 유연성과 편의성을 제공한다.

이 실습으로 추론 통계에 관한 일반적인 주제를 마무리 짓자.

노트

이 절의 소스 코드는 다음에 있다.

https://packt.live/2BowiBl.

또한, 다음에서 이 예제를 온라인으로 실행할 수 있다.

https://packt.live/3dQdZ5h.

이 장의 마지막인 다음절에서는 여러 가지 특정한 통계 절차를 지원하는 다른 라이브러리를 차례로 살펴본다.

파이썬의 기타 통계 도구

앞 장에서, 파이썬의 세 가지 주요 라이브러리를 살펴보았다. 이 라이브러리들은 일반적인 데이터 과학/과학적 컴퓨팅 모듈의 주요 구성요소다: 다차원 행렬 연산을 위한

NumPy, 테이블 형태의 데이터 조작을 위한 pandas, 데이터 시각화를 위한 Matplotlib.

이 과정에서, 이러한 세 가지 라이브러리를 보완하는 여러 가지 지원 도구에 대해서도 논의했다: 복잡한 시각화 구현을 위한 seaborn, 통계 및 과학적 컴퓨팅 기능을 위한 SciPy, 그리고 고급 데이터 분석을 위한 scikit-learn.

말할 필요도 없이, 과학적 컴퓨팅에서는 이 책의 주제와 잘 맞지 않지만, 특정 작업을 위한 독특하고 강력한 기능을 제공하는 다른 도구와 라이브러리가 있다. 이 절에서, 이러한 도구 중 일부를 간단히 살펴보고, 파이썬 도구가 어떤 구체적인 작업에 사용될 수 있는지에 대해 종합적인 이해를 얻어보자.

이러한 도구에는 다음과 같은 것이 있다:

- statsmodels: 이 라이브러리는 원래 SciPy 생태계 일부였지만 결국 독자적인 프로젝트로 분리되었다. 이 라이브러리는 다양한 통계 검정 및 분석 기법, 모델, 그리고 시각화 기능을 제공하며, 이를 일관된 하나의 API로 통합해서 묶었으며, 이전 버전의 SciPy에서 다소 부족한 부분인, 시계열 분석 기능까지 포함한다.

  statsmodels의 주 웹사이트는 다음이다: http://www.statsmodels.org/stable/index.html.
- PyMC3: 통계학의 한 분야인 베이지안 통계학에는, 지금까지 살펴본 라이브러리들이 제대로 지원하지 못하는 강력한 모델링 및 예측 능력을 제공하는 많은 독특한 개념과 절차가 있다.

  PyMC3는 베이지안 통계 모델링과 확률적 프로그래밍 기법을 구현해서 그림 그리기, 검정, 그리고 진단 기능을 제공함으로써, 독자적인 생태계를 형성하고 있어서, 파이썬 사용자뿐만 아니라 모든 과학적 컴퓨팅 엔지니어들을 위한 가장 인기 있는 확률적 프로그래밍 도구로 평가된다.

  PyMC3를 사용하는 방법에 대한 자세한 정보는 홈페이지인 https://docs.pymc. io/에서 확인할 수 있다.
- SymPy: 통계학과 머신러닝에서 벗어나 기호처리 수학을 지원하는 파이썬 라이브러리를 찾는다면, SymPy가 가장 적합한 선택이다. 이 라이브러리는 대수학, 미적분학, 이산 수학, 기하학, 그리고 물리학 관련 응용 프로그램 같은 다양한 핵심 수학 분야를 지원한다. SymPy는 API가 간단하고 소스 코드를 확장할 수 있는 것으로도 알려져서, 파이썬의 기호처리 수학 라이브러리를 찾는 사용자들에게 인기가 많다.

  SymPy에 대해 더 알아보려면 해당 웹사이트인 https://www.sympy.org/en/index.html에 방문하자.

- **Bokeh**: 마지막으로 소개할 도구는 시각화 라이브러리이다. Matplotlib이나 seaborn과 달리 Bokeh는 특별히 대화식 웹 브라우징을 위해 설계된 시각화 도구이다. Bokeh는 일반적으로, 파이썬으로 대량의 데이터를 처리하지만 동시에 대화형 보고서/대시보드를 웹 애플리케이션으로 생성하고자 하는 시각화 엔지니어들이 주로 사용하는 도구이다.

  공식 문서를 읽어보고 약간의 예제를 살펴보려면 주 웹사이트 https://docs.bokeh.org/en/latest/index.html에 방문하자.

이러한 라이브러리들은 각자 해당하는 통계 및 수학의 하위 분야 작업에 큰 지원을 제공한다. 물론, 사용자의 특정한 요구에 맞는 다른 도구도 언제나 찾을 수 있다. 파이썬처럼 인기 있는 프로그래밍 언어를 사용하는 큰 장점 중 하나는, 많은 개발자가 날마다 모든 목적과 요구에 맞는 새로운 도구와 라이브러리를 개발하고 있다는 사실이다. 지금까지 논의한 라이브러리들은 통계 계산과 모델링에 필요한 대부분의 기본 작업을 수행하는 데 도움이 되는 것이며, 그것으로부터 필요에 따라 다른 고급 도구를 연동해서 자신의 프로젝트를 확장할 수 있다.

이 장을 마무리하기 전에, 2장 프로젝트 2.01에서 분석한 도시 범죄 데이터 세트를 다시 살펴보면서 여기서 배운 중요한 개념들을 강화해보자.

프로젝트 3.01 ✦ 도시 범죄 데이터 재분석

이 프로젝트에서, 2장의 도시 범죄 데이터 세트를 다시 분석해본다. 이번에는, 이 장에서 배운 개념을 적용해서 이 데이터 세트에서 추가적인 통찰을 얻는다:

1. 데이터 세트를 저장한 디렉터리에 새 주피터 노트북을 생성한다. 아니면, 링크 https://packt.live/2CWXPdD에서 데이터 세트를 다시 내려받을 수 있다.
2. 첫 번째 코드 셀에서, 이 프로젝트에서 사용할 라이브러리를 가져온다: **numpy, pandas, matplotlib, seaborn.**
3. 앞 장에서 했던 것과 마찬가지로 데이터 세트를 읽고 첫 다섯 행을 출력한다.
4. 모든 **'?'** 문자를 NumPy의 **nan** 객체로 대체한다.
5. 이번 프로젝트에서 관심을 두는 열은 다음과 같다: **'population'**(해당 지역의 전체 인구수를 포함), **'agePct12t21', 'agePct12t29', 'agePct16t24', 'agePct65up',** 인구집단에서 각각의 연령 그룹의 속한 인구의 백분율을 나타낸다.
6. 현재 데이터 세트에, 이러한 연령 그룹에 속하는 사람들의 실제 인원수를 포함하는 새로운 열

을 추가하는 코드를 작성한다. 이값은 **'population'** 열과 각 연령 백분율 열을 곱으로 계산한다.

7. pandas의 **groupby()** 메서드를 사용하여 주(state)별로 다른 연령 그룹의 전체 인원수를 계산한다.
8. 데이터 세트에 대해 **describe()** 메서드를 호출해서 데이터 세트의 여러 기술 통계를 출력한다.
9. 먼저 **'burglPerPop', 'larcPerPop', 'autoTheftPerPop', 'arsonsPerPop', 'nonViolPerPop'** 열을 분석한다. 각각 10만 명당 발생하는 여러 범죄 (강도, 절도, 자동차 절도, 방화 및 비폭력 범죄)의 수를 나타낸다.
10. 각 열의 데이터 분포를 상자 그림으로 시각화하고 모든 상자 그림을 하나로 묶은 시각화를 생성한다. 그리고, 그래프에서 가장 일반적인 범죄 유형과 가장 드문 범죄 유형을 식별한다.
11. 다음으로 **'PctPopUnderPov', 'PctLess9thGrade', 'PctUnemployed', 'ViolentCrimesPerPop', 'nonViolPerPop'** 열을 분석한다. 처음 세 열은 주어진 지역의 인구 중 해당 범주에 속하는 인구의 백분율을 나타낸다(빈곤선 아래에 사는 인구, 9학년 이하 교육을 받은 25세 이상의 인구, 노동 인구 중 실업자). 마지막 두 열은 10만 명당 폭력 및 비폭력 범죄 수를 나타낸다.
12. 적절한 통계량을 계산하고 의문을 해소할 수 있게 시각화하자. 가장 상관관계가 큰 두 열도 식별해보자.

> **노트**
>
> 이 프로젝트의 구현 코드는 부록에 있다.

요약

이 장에서, 범주형, 수치형 및 순서형과 같은 다양한 데이터 유형을 포함해서, 기술 통계와 추론 통계와 같은 통계의 다양한 하위 범주 등, 통계와 머신러닝의 여러 기본 개념을 형식적으로 살펴보았다. 이러한 내용의 논의 중에, 해당 주제에 대응하는 처리를 수월하게 해주는 관련 파이썬 라이브러리와 도구도 소개했다. 마지막으로, statsmodels, PyMC3, Bokeh와 같은 다른 파이썬 라이브러리에 대해 간략히 다루었는데, 이들은 더 복잡하고 어려운 통계 및 데이터 분석에 사용할 수 있다.

다음 장부터, 이 책의 새로운 부분이 시작되어, 수열과 급수, 벡터, 복소수, 그리고 행렬 같은 수학의 무거운 주제를 다루게 된다. 먼저, 다음 장에서, 함수와 연립방정식을 포함한 대수적 방정식에 대해 자세히 알아본다.

The
Statistics and Calculus with Python
Workshop

2부

선형대수

4장

파이썬과 함수 및 방정식

요약

앞 장에서, 변수, 기술 통계, 그리고 추론 통계 같은 다양한 통계 관련 주제를 다뤘다. 이 장에서는 수학의 일반적인 주제로 돌아와 가장 기본적인 개념을 살펴보겠다: **함수와 대수(방정식)**. 이러한 주제를 먼저 이론적으로 설명한 후, 파이썬으로 구현하는 방식으로 두 가지를 병행하여 논의한다. 이 주제에 대한 지식은, 수학과 프로그래밍을 사용해서 풀 수 있는, 그리고 이 장의 마지막 프로젝트 활동에서 확인할, 자주 접하는 일상적인 문제에 도전할 수 있게 해줄 것이다.

이 장을 마치면, 수학 함수의 정의와 정의역, 공변역, 그래프와 같은 **관련 개념을 명확히 이해**할 수 있게 된다. 또한, **손**으로 대수 방정식이나 연립방정식을 푸는 방법은 물론이고, 파이썬 **프로그래밍**으로 푸는 방법도 배우게 된다.

개요

수학은 미적분, 정수론, 기하학 등 여러 하위 분야로 나눌 수 있지만, 수학을 배우는 학생이라면 반드시 알아야 할 몇 가지 근본적인 개념이 있다. 그중 두 가지 개념이 함수와 대수이고, 이것이 4장에서 다루는 주제다.

함수는 한 객체를 다른 객체로 대응하는 방식을 나타내는 일반적인 수학적 과정이다. 함수는 하나의 숫자를 받아서 다른 숫자를 출력할 수 있다. 배열이나 벡터 형태의 숫자를 입력으로 받아 하나의 값 또는 여러 개를 출력할 수 있다. 함수는 아주 중요하기 때문에, 물리학, 경제학을 포함한 여러 과학 분야에서 널리 사용될 뿐 아니라, 이 책에서 보았던 것처럼 프로그래밍에도 사용된다.

수학적 맥락에서 함수에 대한 기초 개념을 확고하게 구축하는 것이 이 장의 목표다. 함수에 대한 논의는 정의역, 공변역, 그리고 함수의 그래프와 같은 관련 주제를 포함한다. 이러한 주제에 대해 확실하게 이해해야 이어지는 장에서 다룰 복잡한 수학적 분석을 잘 탐구할 수 있다.

함수 외에, 수학의 가장 중요한 부분 중 하나인 대수에 대해서 살펴본다. 대수는 일반적으로 넓은 의미에서 수학적 객체의 분석 및 조작을 의미하는데, 여기서는 대수 방정식과 연립방정식에 관한 내용만 다루기로 한다. 이 두 가지 관련 지식을 실제 문제에 적용하는 방법을 배움으로써, 그것이 갖는 수학적 역할의 중요성을 이해할 수 있다.

함수

앞서 설명한 대로, 함수는 일반적으로 임의의 입력을 받아서 원하는 출력을 생성하는 수학적 객체다. 그래서 함수는 일반적으로 한 수학적 객체의 다른 수학적 객체로의 대응으로 여긴다. 어떤 함수가 어떤 입력을 받아 대응하는 출력을 생성할 때, '관계'의 개념이 사용될 수 있는데, 이때는 함수 자체에 의해 설정된, 가능한 입력 집합과 출력 집합 사이의 대응 관계를 강조해서 함수를 설명하는 것이다.

함수는 일반적으로 소문자 f와 입력으로 받는 값을 감싸는 괄호로 나타낸다. 이 기호 $f(x)$는 x를 입력으로 받았을 때 f가 생성하는 출력을 나타낸다. 예를 들어, f가 입력의 제곱을 출력하는 함수라고 하자; f는 $f(x) = x^2$로 표시될 수 있다.

파이썬에서 함수를 선언하는 구문도 이 규칙을 따르는 것을 알 수 있다. 예를 들어, 같은 제곱 함수를 파이썬에서 선언하면 코드는 다음과 같다:

```
def f(x):
    return x ** 2
```

그리고 어떤 숫자를 입력해서 f의 값을 구할 때, 간단하게 그 입력에 대해 f를 호출한다. 예를 들어:

```
print(f(2))
print(f(-3))
```

이 코드는 각각 **4**와 **9**를 출력한다. 잘 알다시피, 함수가 반환하는 값은 할당을 통해 변수에 저장할 수 있다.

함수의 중요한 특징 중 하나는 어떤 입력도 서로 다른 출력에 대응될 수 없다는 사실이다. 한 입력 x가 해당하는 출력 $f(x)$와 대응되었다면, 이 출력은 하나의 값으로 확정된 것이며, 같은 입력에 대응하는 다른 값이 있을 수 없다. 반대로, 여러 입력을 같은 출력에 대응하는 건 완전 가능하다. 다른 말로, 서로 다른 x가 같은 $f(x)$에 대응할 수 있다.

또한, 입력받지 않는 함수도 있을 수 있고, 출력하지 않는 함수도 가능하다. 예를 들어, 프로그래밍할 때, 사전에 정해진 특정 파일에 포함된 데이터를 읽고 반환하는 작업을 수행하는 함수는 입력이 필요 없다. 다른 사례로, 전역 변수의 값을 갱신하는 함수가 있다면, 이 함수는 원칙적으로 무엇을 반환할 필요가 없다. 이러한 함수는 전체 함수 세계의 특별한 경우에 속하는 것이므로, 그렇다는 사실만 알면 되고, 여기서는 주로 입력과 출력을 갖는 함수를 다룬다.

다음 절에서, 수학과 프로그래밍에서 주로 사용하는 함수 몇 가지를 살펴본다.

▶ 자주 사용하는 함수

각각의 함수는 나름의 특성을 갖지만, 꼭 알아야 할 몇 가지 특별한 부류 또는 '계열'의 함수가 있다. 다음 표에 정리한, 상수, 선형, 다항식, 로그, 지수함수가 거기에 속한다:

유형	형태	그래프 사례
상수	$f(x) = c$, c는 상수	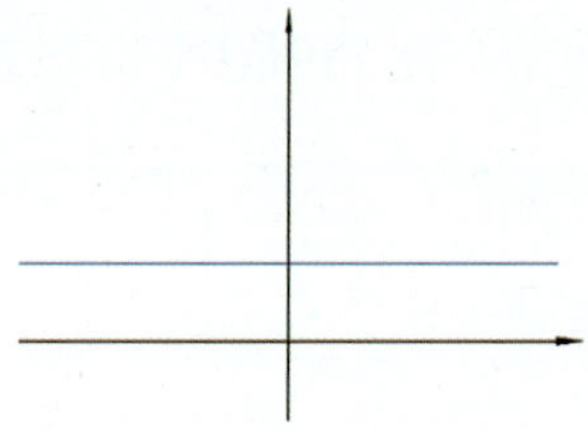
선형	$f(x) = mx + c$, m, c는 상수	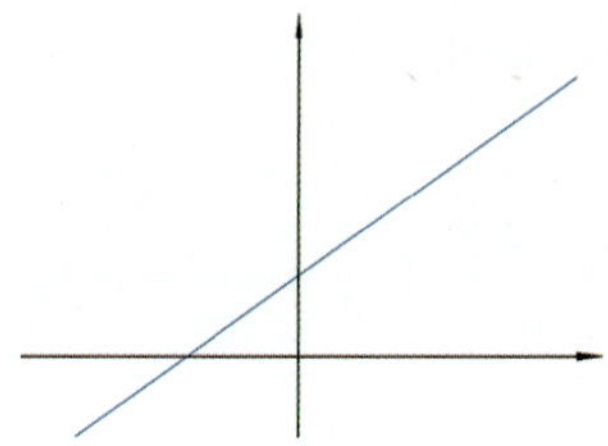
다항식	$f(x) = a_0 + a_1x + a_2x^2 + \cdots + a_nx^n$, a_i는 상수 계수, n은 다항식의 차수	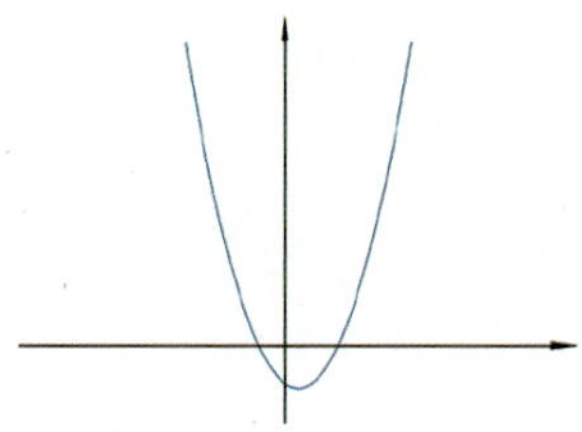
로그	$f(x) = c\log_a x$, $\log_a x$는 밑이 a인 로그함수, a, c는 상수	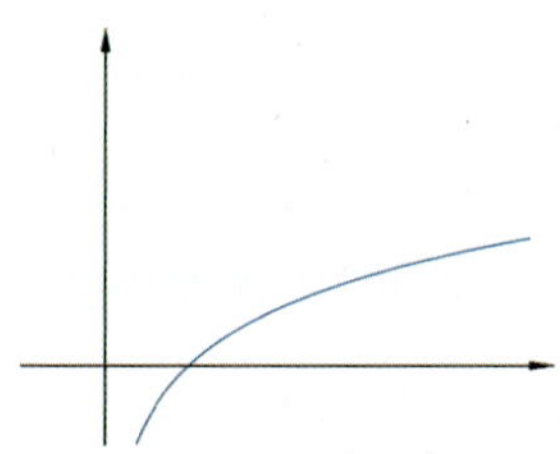
지수	$f(x) = ab^x$, a, b는 상수	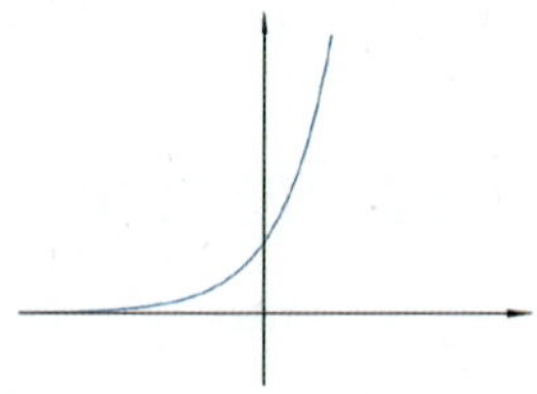

그림 4.1 특별한 계열의 함수

그림의 세 번째 열을 살펴보자. 이 열에 각 계열에 속하는 함수들의 예제 그래프가 나와 있다. 이어지는 절에서 함수의 그래프에 대해 이론적으로 자세하게 다룰 테니, 지금은 각 함수 계열의 고유한 그래프 스타일에 주목하면 된다; 실제로, 다음 실습이 그래프로부터 함수를 식별하는 것이다.

상수 함수와 선형 함수는 사실 다항식 함수 계열의 부분집합에 속한다(x의 지수가 큰 경우 계수가 모두 0). 또한, 이미 알아챘을 수도 있는 흥미로운 사실은, 로그함수 그래프가 y축의 왼쪽을 벗어나지 않기 때문에, 이 함수의 입력이 양수이어야 한다는 것이다. 반대로, 지수함수의 출력(상수 a가 양수인 경우)은 항상 양수다; 이 사실에 따라 이 그래프는 x축 위에만 그려진다. 이러한 사실들이 자연스럽게 바로 다음 주제인 함수의 **정의역**과 **치역**을 끌어낸다.

▶ 정의역과 치역

정의역과 치역은 함수의 가장 핵심적인 개념이다. 함수의 정의역은 함수가 받을 수 있는 모든 가능한 입력의 집합을 나타내고, 치역은 모든 가능한 출력의 집합을 나타낸다.

대부분, 주어진 함수의 정의역과 치역은 함수의 수식을 통해 알아낼 수 있다. 예를 들어, 선형 함수 $f(x)=mx+c$는 임의의 실수 x를 받아 실수 $mx+c$를 출력하므로, 정의역과 치역은 실수의 집합인 R이다. 그러나 이차 함수 $f(x)=x^2$는 오직 음이 아닌 출력값만을 출력하므로, 치역은 음이 아닌 실수의 집합이다.

함수의 정의역과 치역은 함수의 그래프로도 확인할 수 있다. 하나의 입력과 하나의 출력을 갖는 함수의 그래프가 있다고 하자: 그래프의 정의역은 x축에 투영된 것과 같고, 마찬가지로 치역은 그래프가 y축에 투영된 것과 같다. 따라서, 앞 절 표에 있는 그래프로 알 수 있듯이, 로그함수 $f(x)=\ln(x)$의 정의역은 양수의 집합이다. 반대로, 지수함수 $f(x)=e^x$의 치역은 양수의 집합이다.

요약해서, 함수의 정의역과 치역은 함수의 형태에 의존하며, 함수의 다양한 특성에 대해 많은 정보를 제공할 수 있다. 그중 하나가 함수의 근이라는 특성인데, 다음 절에서 이것에 대해 살펴보자.

▶ 함수의 근과 방정식

함수의 근은 출력이 0이 되는 정의역에 속하는 값이다. 다시 말해, 함수의 근이 어떤 값을 취하느냐는 함수 자체에 매우 의존적이다. 다시 앞의 표에 있는 사례를 이용하자면,

$f(x) = mx + c$는 m이 0이 아닌 경우, 고유한 근 $x = -c/m$을 가지며, $f(x) = \ln(x)$는 $x = 1$을 고유한 근으로 갖는다. 어떤 함수는 하나 이상의 근을 가질 수 있다: 예를 들어, $f(x) = x^2 - 3x + 2$의 근은 $x = 1$과 $x = 2$이며, $f(x) = 0$(이 그래프는 x축 자체에 해당)은 모든 x값이 근이다. 마지막으로, 함수의 치역에 0이 포함되지 않으면 그 함수는 근을 갖지 않는다; 함수 $f(x) = e^x$, $f(x) = x^2 + 1$, $f(x) = 3$ 등이 그렇다.

함수 $f(x)$의 모든 근을 찾는 과정과 방정식 $f(x) = 0$을 푸는 것은 같은 것이다. 여기서 '방정식'이라는 용어는, 독립된 두 개의 개별 수량을 나타내는 수학식 $f(x)$와 0이 서로 같음을 나타낸다. 방정식을 푸는 것은 수학에서 중요한 작업 중 하나로, 특정 방정식 유형에 따라 적용할 수 있는 여러 가지 기법이 있다.

여기서는 방정식이라는 개념을 함수라는 주제의 일부로 소개했으나, 이 장의 뒷부분에서 다시 다룬다. 지금은 함수의 마지막 중요한 개념인 **그래프**로 넘어가자.

▶ 함수의 그래프

앞에서, 함수의 그래프는 함수의 입력에 따른 출력의 특징을 시각적으로 나타낸 것으로 보았다. 구체적으로, 함수의 그래프를 사용해서, 입력이 함수의 정의역을 따라 변할 때 출력의 범위가 어떻게 변하는지를 알아보자.

프로그래밍 관점에서, 함수의 그래프는 x축상에서 아주 세밀하게 균일한 간격으로 설정된 값들에 대응하는 출력값들을 하나로 이어서 생성할 수 있다. 예를 들어, **-10**부터 **10**까지 함수 $f(x) = x + 1$의 그래프를 시각화한다고 하면, 우선 NumPy를 사용해서 균일한 간격의 **x**값을 생성한다:

```
x = np.linspace(-10, 10, 1000)
```

이 NumPy 함수는 **-10**과 **10** 사이에 균일하게 분포한 1,000개의 숫자 배열을 생성한다. **x**를 출력하면 다음 그림과 같다:

```
Out[3]: array([-10.        , -9.97997998, -9.95995996, -9.93993994,
                -9.91991992, -9.8998999 , -9.87987988, -9.85985986,
                -9.83983984, -9.81981982, -9.7997998 , -9.77977978,
                -9.75975976, -9.73973974, -9.71971972, -9.6996997 ,
                -9.67967968, -9.65965966, -9.63963964, -9.61961962,
                -9.5995996 , -9.57957958, -9.55955956, -9.53953954,
                -9.51951952, -9.4994995 , -9.47947948, -9.45945946,
                -9.43943944, -9.41941942, -9.3993994 , -9.37937938,
                -9.35935936, -9.33933934, -9.31931932, -9.2992993 ,
                -9.27927928, -9.25925926, -9.23923924, -9.21921922,
                -9.1991992 , -9.17917918, -9.15915916, -9.13913914,
                -9.11911912, -9.0990991 , -9.07907908, -9.05905906,
                -9.03903904, -9.01901902, -8.998999  , -8.97897898,
                -8.95895896, -8.93893894, -8.91891892, -8.8988989 ,
                -8.87887888, -8.85885886, -8.83883884, -8.81881882,
                -8.7987988 , -8.77877878, -8.75875876, -8.73873874,
                -8.71871872, -8.6986987 , -8.67867868, -8.65865866,
                -8.63863864, -8.61861862, -8.5985986 , -8.57857858,
                -8.55855856, -8.53853854, -8.51851852, -8.4984985 ,
                -8.47847848, -8.45845846, -8.43843844, -8.41841842,
```

그림 4.2 NumPy를 사용한 균일한 간격의 숫자

이제, Matplotlib의 **plot()** 함수를 사용해서 그래프를 그릴 수 있다:

```
plt.plot(x, x + 1)
plt.show()
```

벡터화 연산의 수행 결과로, 수식 **x + 1**은 **x**와 같은 크기의 배열이며, 각각의 원소는 **x**에 1을 더한 값이다. 이런 처리는 파이썬 언어, 특히 NumPy 라이브러리의 큰 장점으로, 함수의 그래프를 구성하는 점들을 빠르게 생성할 수 있게 해준다.

이 코드는 다음과 같은 그래프를 생성한다:

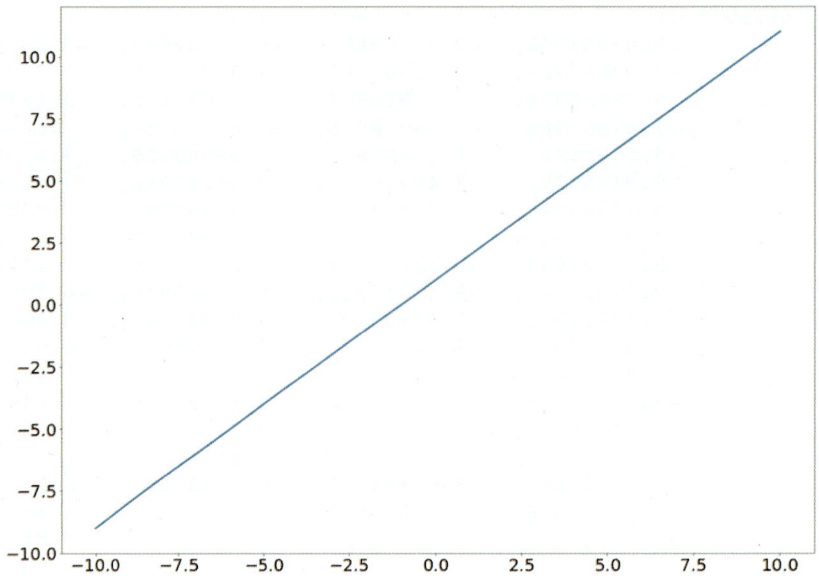

그림 4.3 파이썬으로 그린 $f(x)=x+1$ 그래프

같은 논리가 다른 형태의 함수에도 적용될 수 있다. 그것은 다음 실습에서 다시 다룰 것이다. 지금은 이론적인 논의로 돌아가자.

함수의 그래프는 수식을 시각적으로 나타낸 것으로, 그 함수에 대해 알아야 할 모든 정보를 포함하고 있다. 특히, 함수의 그래프를 통해 함수의 정의역과 치역을 확인할 수 있다는 것을 이미 설명했다. 더 나아가, 주어진 그래프가 조건에 맞는 유효한 함수에 대한 그래프인지도 판단할 수 있다. 이는 다음에 서술한 **그림 4.4**와 같은 수직선 검사로 확인할 수 있다.

주어진 2차원 평면상의 그래프에서, 모든 수직선(즉, y축에 평행한 모든 선)에 대해 그래프가 하나 이상의 교차점을 가진다면, 이것은 유효한 함수의 그래프가 아니다. 이 사실은 앞에서 언급한, 함수가 되기 위한 요구조건으로부터 즉각적으로 알 수 있다: 즉, 한 입력은 둘 이상의 출력과 대응될 수 없다. 만약 그래프가 수직선과 최소 두 교차점을 가지면, x축상의 한 점이 최소 두 개의 y축상의 점에 대응된다는 것을 의미하며, 필연적으로 이 그래프가 유효한 함수의 그래프가 아니라는 것을 알 수 있다.

예를 들어, 다음과 같은 원점이 $O(0,0)$이고 반지름이 1인 단위 원의 그래프는, 붉은 선으로 나타낸, 수직선 검사에 실패하는 것을 알 수 있다:

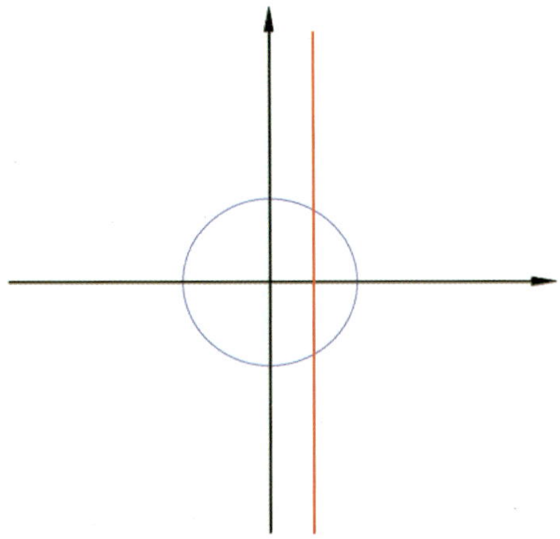

그림 4.4 단위 원의 수직선 검사

즉, 단위 원은 2차원 평면상의 함수의 그래프가 아니라는 것을 확인할 수 있다.

이것으로 함수의 정의에 대한 논의를 마친다. 다음 절로 넘어가기 전에, 실습으로 지금까지 배운 모든 개념을 확실하게 다지자.

실습 4.01 ✦ 그래프로 함수 식별

이 실습에서, 그래프로 함수의 특성을 분석하는 기술을 연습해본다. 이 과정을 통해서 함수의 특성과 그래프 사이의 관계를 이해할 수 있을 뿐 아니라, 앞에서 다룬 다양한 주제들을 통합할 수 있다.

다음에 나오는 각 그래프에 대해:

- 그래프가 함수인지 판단하고, 함수라면 다음 단계를 수행한다.
- 함수의 정의역, 치역을 찾고 함수식을 만든다(힌트: 좌표의 눈금 사용).
- 함수가 적어도 하나의 근을 갖는지 판정한다.
- 파이썬을 사용해서 그래프를 재현한다(축은 그리지 않아도 됨).

1. 수평선:

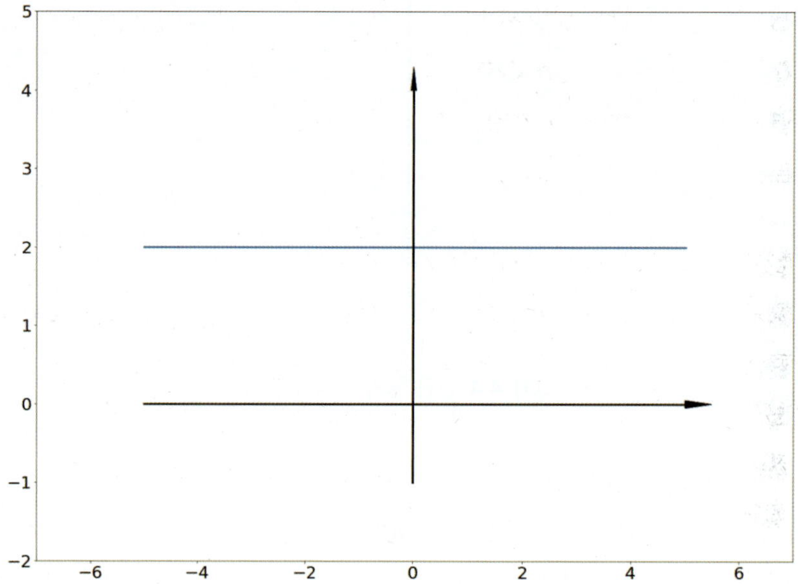

그림 4.5 수평선

유효한 함수의 그래프다. 함수식은 $f(x) = 2$이며, 정의역은 실수의 집합, 치역은 $\{2\}$다. 이 함수는 근은 갖지 않는다.

다음 코드를 사용해서 그래프를 재현할 수 있다:

```
import numpy as np
import matplotlib.pyplot as plt
x = np.linspace(-5, 5, 1000)
plt.plot(
    x, # evenly spaced numbers in the x-axis
    np.ones(1000) * 2 # all 2s in the y-axis
)

plt.show()
```

2. 회전된 이차곡선:

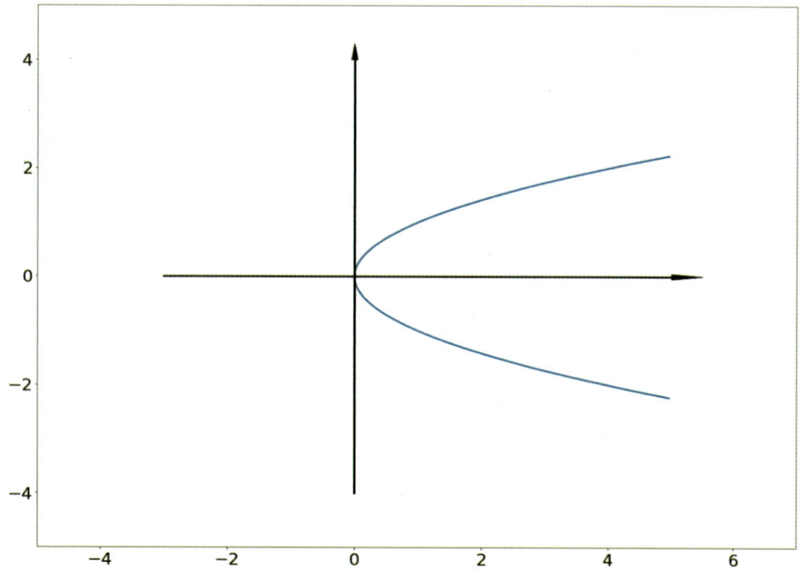

그림 4.6 회전된 이차곡선

이 그래프는 수직선 검사에 실패하므로 함수가 아니다.

3. 직선:

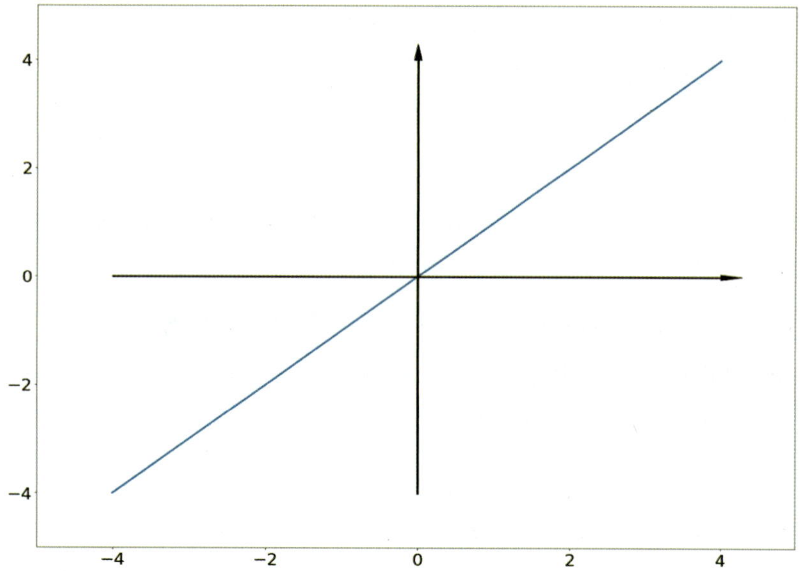

그림 4.7 직선

함수 $f(x) = x$의 그래프다. 정의역과 치역은 실수 집합이고, 한 개의 근이 있다: $x = 0$.
다음 코드를 사용해서 그래프를 재현할 수 있다(수평선으로 같은 변수 **x**를 사용):

```
plt.plot(x, x)
plt.show()
```

4. 이차곡선:

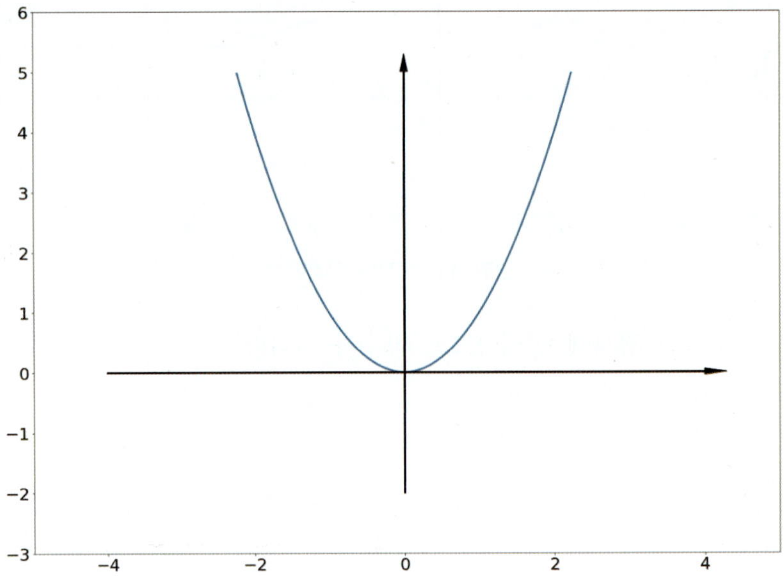

그림 4.8 이차곡선

함수 $f(x) = x^2$의 그래프다. 함수의 정의역은 모든 실수의 집합이고, 치역은 음이 아닌 실수의 집합이다. 또한, 한 개의 근을 가진다: $x = 0$.

다음 코드를 사용해서 그래프를 재현할 수 있다(NumPy 배열의 벡터화 이용):

```
plt.plot(x, x ** 2)
plt.show()
```

이 간단한 실습으로, 함수에 대한 이해, 정의역, 치역, 수직선 검사, 그리고 파이썬을 사용하여 그래프를 그리는 방법 등 함수와 관련된 여러 개념을 구체적으로 익혔다.

노트

이 절의 소스 코드는 다음에 있다.

https://packt.live/2YRMZhL.

또한, 다음에서 이 예제를 온라인으로 실행할 수 있다.

https://packt.live/2YSBgj2.

다음 절에서, 함수의 변환에 대해 살펴본다.

함수의 변환

변환은 함수와 관련한 가장 중요한 개념 중 하나다. 이름에서 알 수 있듯이, 함수의 변환은, 함수의 출력을 이동 또는 스케일링 같은 특정 변환 기법을 적용해서 얻은 출력이다. 넓은 의미에서, 함수의 변환은 일종의 **합성 함수**로 생각할 수 있다: 즉, 한 함수의 출력을 다른 함수에 전달하는 것이다. 그러나, 이와 별개로 특별한 성질과 큰 유용성을 갖기 때문에, 자주 사용하는 잘 알려진 변환 함수가 있다. 이어지는 절에서 이동 변환부터 차례로 살펴보기로 한다.

변환의 결과로 어떤 일이 일어났는지, 함수의 그래프를 통해서 가장 쉽게 이해할 수 있으므로 그래프를 이용해서 논의를 이어간다.

▶ 이동

이동은 함수의 그래프를 x축이나 y축, 또는 x축과 y축을 따라 정해진 양만큼 옮기는 변환이다. 예를 들어, 다음 그래프에서, 파란색 곡선은 함수 $f(x)=x^2$의 그래프이고, 빨간색 곡선은 같은 그래프를 수직으로 1만큼 위로 옮긴 것이다:

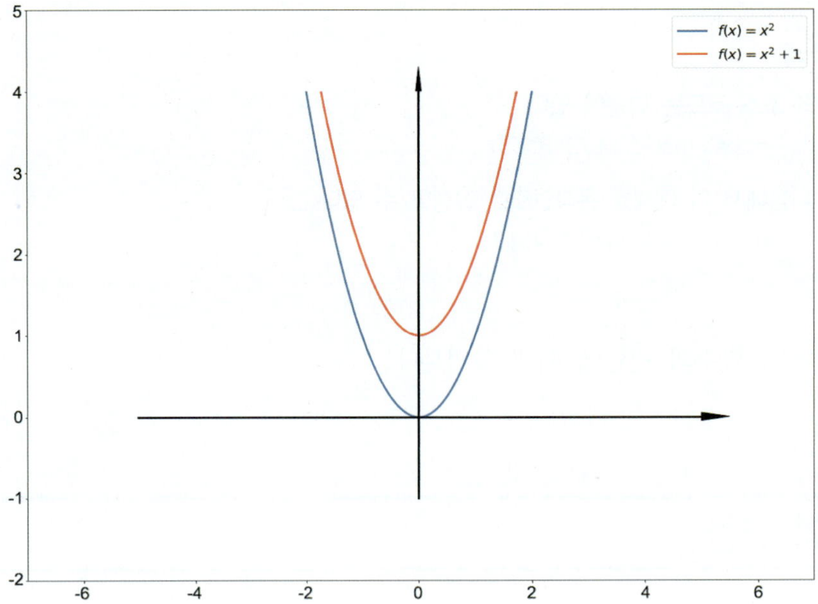

그림 4.9 함수의 수직 이동

함수 $f(x) = x^2$의 그래프에 속하는 모든 (x, y)가 $(x, y+1)$로 이동되었다는 것을 알 수 있다. $y = x^2$이므로 만약 (x,y)가 $f(x)$의 그래프에 속하는 점이라면, 이동의 결과는 실제로 함수 $f(x) = x^2 + 1$의 그래프이다.

이 예제를 통해 함수의 수직 이동을 일반화할 수 있다: 상수 c에 의해 주어진 함수 $f(x)$를 수직으로 이동한 결과는 새로운 함수 $f(x) + c$이다. 앞의 예제에서는 $c = 1$이므로 위로 1만큼 수평 이동한 것을 나타낸다. 물론 c는 음수일 수 있으며, 그 경우 함수는 아래로 이동하며, 심지어 $c = 0$일 수도 있는데, 이 같은 변환은 항등 변환이라 부르는 것으로 함수의 그래프에 아무 변화가 일어나지 않는다.

수직 이동이 함수의 출력, 다른 말로 그래프 위를 지나는 점의 y좌표가 수정될 때라는 것을 알 수 있다. 마찬가지로, 수평 이동은 함수의 입력을 수정할 때(즉, 점들의 x좌표에 숫자를 더할 때) 일어난다.

일반적으로, 함수 $f(x)$의 그래프가 2차원 평면의 x축을 따라 어떤 상수 c만큼 왼쪽으로 이동하면, 그 결과로 나타나는 그래프는 함수 $f(x+c)$의 그래프다. 마찬가지로, 함수 $f(x-c)$의 그래프는 함수 $f(x)$가 오른쪽으로 c만큼 수평 이동한 것에 해당한다.

계속해서 함수 $f(x) = x^2$를 사용하면, 다음 그래프는 함수를 오른쪽으로 2만큼 이동한 것, 즉 함수 $f(x) = (x-2)^2$의 그래프를 시각화한 것이다:

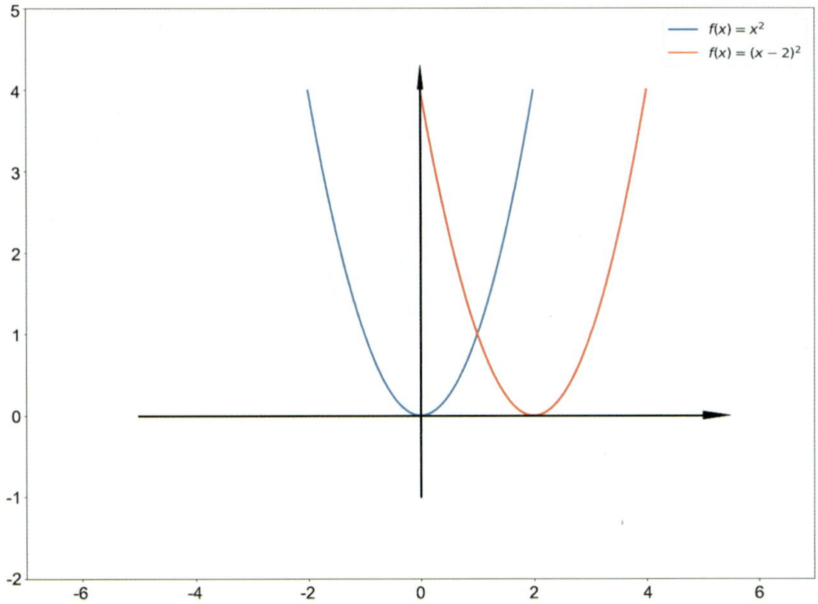

그림 4.10 함수의 수평 이동

수직 이동과 수평 이동을 결합하여 전체 그래프를 원하는 방향으로 이동시킬 수 있다. 예를 들어, 함수 $f(x)=x^2$를 북동 방향(위 오른쪽)으로 벡터 $(2,1)$만큼 이동하면, 변형된 함수는 $f(x)=(x-2)^2+1$이다.

요약해서, 이동 변환은 함수의 그래프를 수직 및/또는 수평으로 정해진 양만큼 이동시킨다. 그러므로, 이동은 모든 점을 같은 방향으로 일정한 거리만큼 이동시키는 일종의 **아핀 변환**이기도 하다. 그러나 이동 변환은 그래프의 크기까지 변환하지는 않는다. 다음 절에서, 그래프를 늘리거나 줄일 수 있는 또 다른 유형의 변환인 **스케일링**을 살펴본다.

(!스케일링은 한자어로 축척으로 나타낼 수 있는데, 순수한 우리말도 아니므로 시대에 맞게 스케일링으로 나타내기로 한다.)

▶ 스케일링

스케일링은 스케일링 계수에 따라 함수의 그래프를 특정 양만큼 늘리거나 줄이는 확대/축소 변환이다. 다음 그래프를 통해서, 모두에게 익숙한 함수 $f(x)=x^2$에 스케일링 변환을 적용한 결과를 관찰해보자:

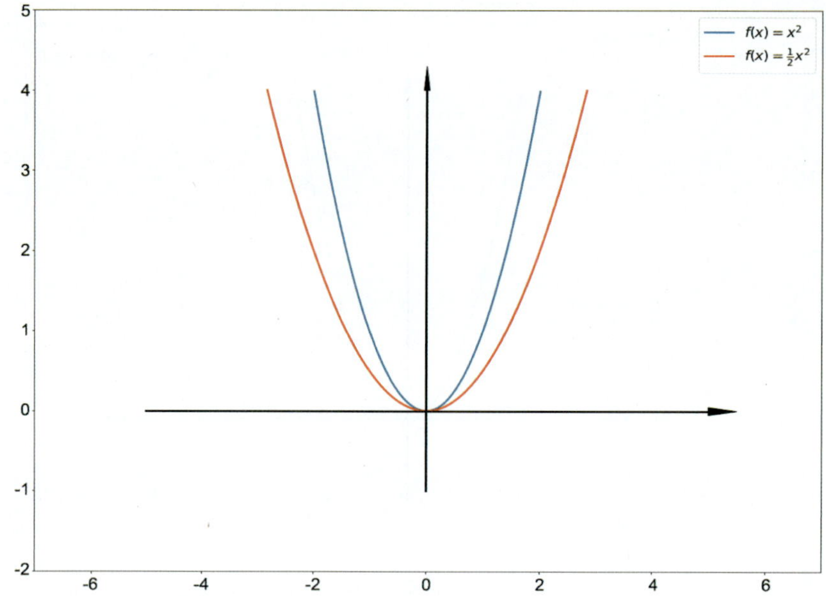

그림 4.11 함수의 스케일링

앞의 스케일링 변환을 통해 함수의 그래프를 지나는 모든 점 (x, y)가 점 $(x, y/2)$로 변환되어, 그래프가 수평으로 x축에 더 가까워졌다는 것을 알 수 있다. 변환된 그래프는 함수 $f(x) = x^2/2$에 해당하는데, 원래 그래프보다 더 넓어졌다. 이는 곡선이 x축에 가까워지도록 늘어졌기 때문이다. 더 정확하게 말하자면, 원점 $(0, 0)$을 제외한 원래 그래프의 모든 점이 x축에 가까워지도록 아래로 당겨졌다. 결과적으로 그래프의 기울기가 전체적으로 완만해졌다. 반대로, 그래프를 x축에서 더 멀리 이동시키는 스케일링 변환은 예를 들어, $f(x) = 2x^2$ 또는 $f(x) = 3x^2$과 같은 게 가능하며, 이 경우 그래프의 기울기는 더 가파르게 된다.

이 변환에서는 그래프의 y좌표에 상수를 곱해서 x축에 대한 기울기를 제어한다. 마찬가지로, 함수의 그래프의 x좌표를 제어하는 경우에 그래프가 y축에 대해 늘어나거나 줄어든다.

일반적으로, 스케일링 변환의 정도는 그래프의 x좌표 또는 y좌표에 곱해지는 상수인 '스케일링 계수'로 제어한다. 스케일링 계수가 양수인 경우, 축에 대한 그래프의 상대적인 위치는 달라지지 않는 데 주의하자. (!고무판에 그린 그림은 고무판을 수직이나 수평으로 아무리 늘려도 상대적인 위치가 달라지지는 않는다. 예를 들어, 아래쪽이 위로 가고 반대로 위쪽이 아래로 가는 일은 없다. 물론, 스케일링은 고무판을 늘리거나 줄이는 연산이지 접는 연산은 아니다.)

수직 스케일링(즉, y좌표 스케일링)에서, 계수가 1보다 작은 양수면 그래프를 x축에 가까이 당기고, 1보다 큰 양수면 그래프를 x축으로부터 멀리 밀어낸다. 수평 스케일링(x좌표 스케일링) 역시 마찬가지로 변환한다; 계수가 1보다 작은 양수면 그래프를 y축에 가까이 당기고, 1보다 큰 양수면 그래프를 y축으로부터 멀리 밀어낸다.

이런 당기기/밀기 효과는 음수 스케일링 계수에 대해서도 마찬가지지만, 함수가 음의 상수로 스케일링 되면 그래프가 해당 축을 기준으로 뒤집혀 늘어나거나 줄어든다:

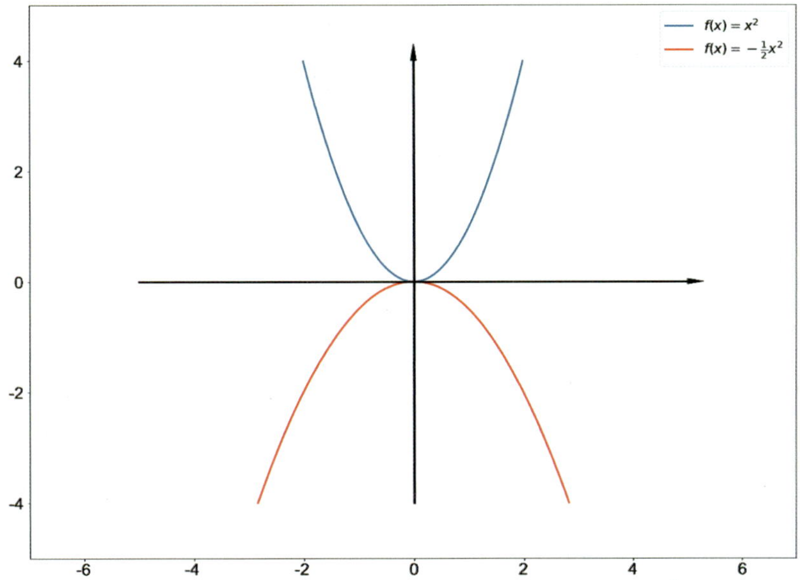

그림 4.12 함수의 음의 스케일링

이동 변환과 마찬가지로, 여러 스케일링 변환을 동시에 적용해서 복합적인 효과를 얻을 수 있다.

일반적으로, 이동과 스케일링은 가장 일반적인 함수 변환 방법이다. 다음 실습에서, 함수 그래프에 두 변환을 적용해서 두 변환의 차이를 구별하는 기술을 익혀보자.

실습 4.02 ✦ 함수 변환 판별

여기서는 특정 변환이 그래프에 미치는 영향을 분석하고 변환의 유형과 특성을 판별하려고 한다. 이 실습으로 변환이 함수의 모양을 어떻게 다르게 하는지를 파악할 수 있다.

다음 그래프는 3차 함수인 $f(x) = x^3 - x$과 사인 함수인 $f(x) = \sin(x)$이다. 사인 함수는 주기성을 지니고 있어서 사인 파형 또는 사인 곡선이라고 부른다:

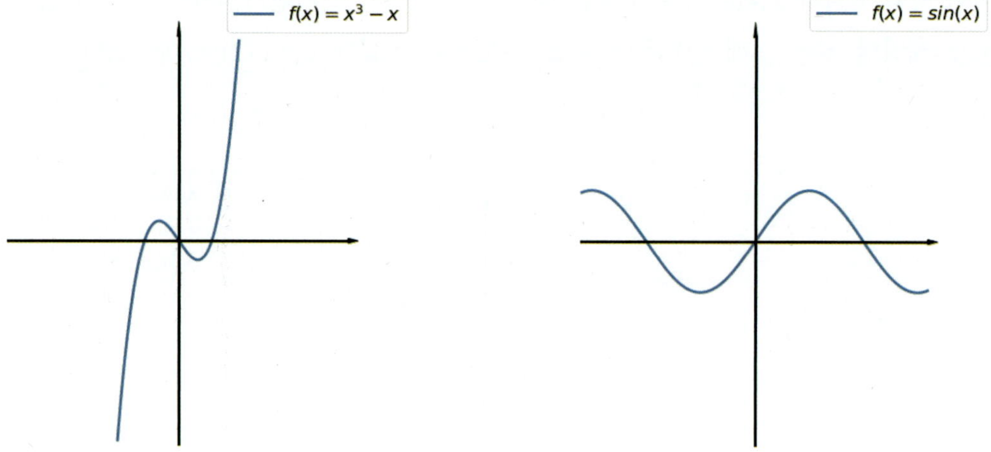

그림 4.13 3차 함수와 사인 함수 그래프

다음에 나오는 그래프들은 두 함수 중 하나가 파란색 곡선으로 나타나고, 특정한 변환을 적용한 결과는 빨간색 곡선으로 나타난다. 각 그래프에 대해 다음을 수행한다:

1. 어떤 변환을 적용했는지 알아본다.
2. 이동 변환인 경우, 이동 벡터값(즉, 상/하 또는 좌/우로 얼마나 이동되었는지)을 알아본다.
3. 스케일링 변환인 경우, 확대/축소 계수가 양수인지 음수인지 확인하고 값도 추정해보자(힌트를 주자면 이때도 눈금을 사용한다).
4. 추정한 값을 검증하기 위해 파이썬을 사용해서 같은 그래프를 그려본다(이때 축은 그리지 않아도 좋다).

이제 실습용 그래프를 살펴보자:

5. 3차 곡선의 첫 번째 변환:

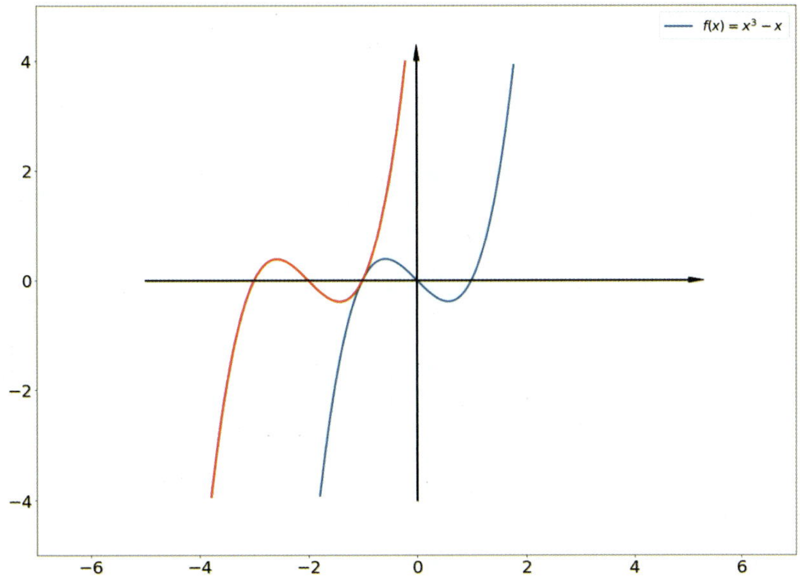

그림 4.14 3차 곡선의 첫 번째 변환

빨간 곡선은 원래 사인 파형을 왼쪽으로 이동한 것이다. 왼쪽으로 **2**만큼 이동한 수평 이동이므로 이동 값은 **−2**이다.

다음 코드를 사용해서 그래프를 재현할 수 있다:

```
import numpy as np
import matplotlib.pyplot as plt
x = np.linspace(-5, 5, 1000)
plt.plot(x, x ** 3 - x, c='blue')
plt.plot(x, (x + 2) ** 3 - (x + 2), c='red')

plt.ylim(-5, 5)

plt.show()
```

6. 3차 곡선의 두 번째 변환:

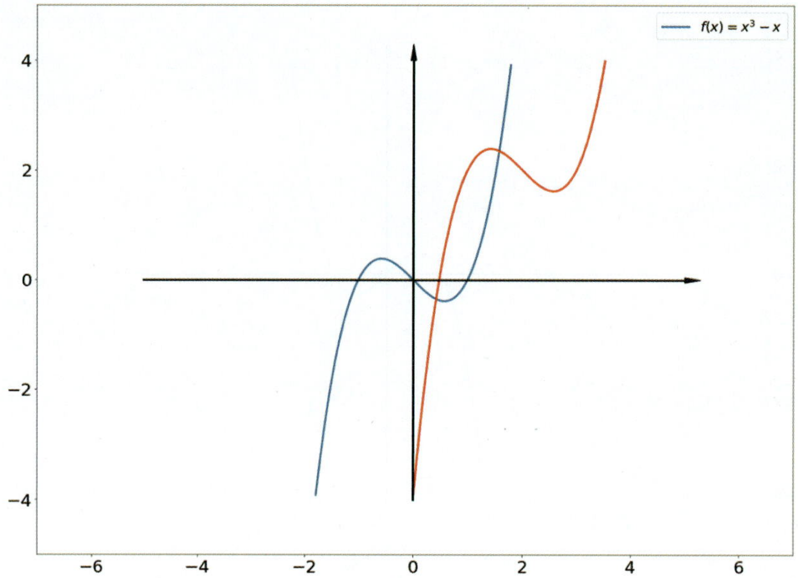

그림 4.15 3차 곡선의 두 번째 변환

빨간 곡선은 이동을 두 번 적용한 복합 이동의 결과다. 오른쪽으로 **2**만큼 수평 이동하고 위로 **2**만큼 수직 이동했다.

다음 코드를 사용해서 그래프를 재현할 수 있다(같은 변수 **x** 사용):

```
plt.plot(x, x ** 3 - x, c='blue') # original func
plt.plot(x, (x - 2) ** 3 - (x - 2) + 2, c='red') # transformed func

plt.ylim(-5, 5)

plt.show()
```

7. 사인 파형의 첫 번째 변환:

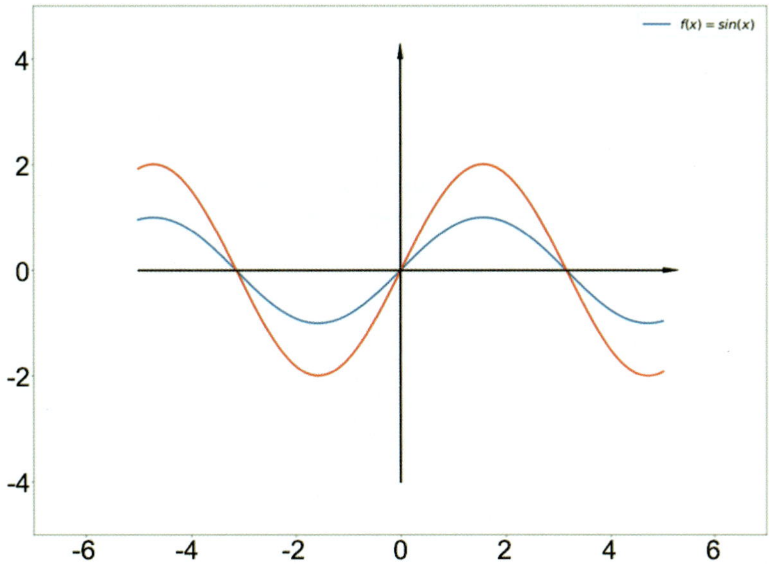

그림 4.16 사인 파형의 첫 번째 변환

빨간 곡선은 스케일링 변환의 결과다. x축에서 멀어지도록 수직 방향으로 **2**배 확대되었으므로 확대/축소 계수는 **2**다.

다음 코드를 사용해서 그래프를 재현할 수 있다(같은 변수 **x** 사용):

```
plt.plot(x, np.sin(x), c='blue') # original func
plt.plot(x, np.sin(x) * 2, c='red') # transformed func

plt.ylim(-5, 5)

plt.show()
```

8. 사인 파형의 두 번째 변환:

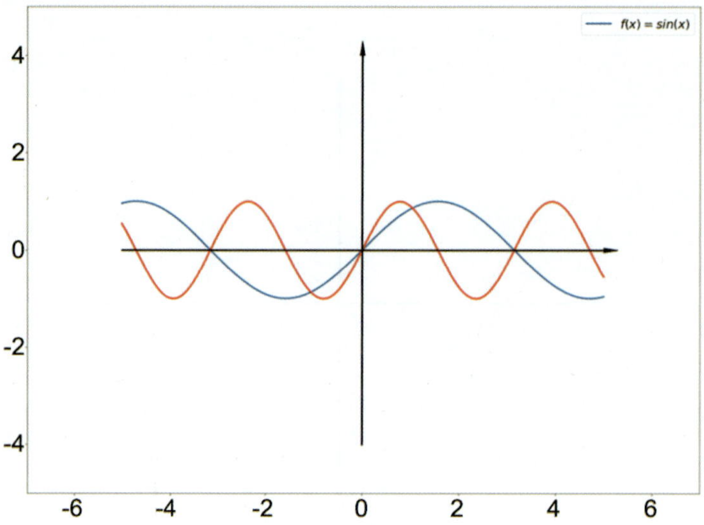

그림 4.17 사인 파형의 두 번째 변환

빨간 곡선은 스케일링 변환의 결과다. y축에 가까워지도록 수평 방향으로 **2**배 확대되었으므로 확대/축소 계수는 **2**다.

다음 코드를 사용해서 그래프를 재현할 수 있다(같은 변수 **x** 사용):

```
plt.plot(x, np.sin(x), c='blue') # original func
plt.plot(x, np.sin(x * 2), c='red') # transformed func

plt.ylim(-5, 5)

plt.show()
```

그래프를 관찰해서, 변환의 종류와 정도를 판단하는 방법을 배웠다. 이 실습으로 이 장의 함수에 대한 주제를 마무리한다.

> **노트**
>
> 이 절의 소스 코드는 다음에 있다.
>
> https://packt.live/2D2U7iR.
>
> 또한, 다음에서 이 예제를 온라인으로 실행할 수 있다.
>
> https://packt.live/2YPtHcJ.

다음 절에서, 앞서 간략하게 언급했던 개념인 **방정식**에 대해 자세하게 알아본다.

방정식

다시 정리하자면 방정식은, 함수 결과값으로 0을 할당하고, 그것에 대응하는, 보통 x로 나타내는, 함수 입력값을 찾을 때 구성한다. 그렇게 찾은 값들을 원래 **함수의 근**이라 부른다. 또한 이러한 근을 찾는 과정을 방정식 풀기라고 하며, 이는 수학 및 특히 대수학의 큰 연구 분야다. (!주어진 함수 $y=f(x)$에 대해, 0에 대응하는 정의역의 원소 x를 찾을 때 방정식이라는 것을 만든 후, 그것을 조작하거나 공식을 이용해서 답을 찾는 것을 방정식을 푼다고 말한다.)

이 절에서, 수작업으로 방정식을 푸는 두 가지 기본적인 방법과, 파이썬의 계산 도구 즉 라이브러리를 사용해서 방정식을 자동으로 푸는 방법을 살펴본다. 먼저 대수적 조작부터 시작해보자.

▶ 대수적 조작

첫 번째 방법은 대수적으로 근을 찾는 것인데, 일반적으로 대수는, 근을 쉽게 찾을 수 있도록 방정식을 보다 간단한 형태로 변환하는 기술이다. 방정식을 변환하는 일반적인 방법은 방정식 양쪽에 상수를 더하거나 빼는 것, 양쪽을 0이 아닌 상수로 곱하거나 나누는 것, 또는 방정식의 모든 항을 한쪽으로 모으는 것이다.

간단한 사례로 방정식 $3x-5=6$에 대해 생각해보자.

방정식을 x에 대해 풀기 위해, 먼저 방정식 양쪽에 5를 더해서 왼쪽에 있던 숫자 5를 오른쪽으로 이동한다. 결과로 $3x=11$을 얻는다.

마지막으로, 양쪽에 1/3을 곱해서 변수 x의 값을 구한다. 이 경우 $x=11/3$이 된다.

이 간단한 예제는 x를 분리하기 위해 방정식을 대수적으로 조작하는 전체 과정을 잘 보여준다. 다른 예제를 사용해서 이 개념을 명확하게 알아보자. 다음과 같은 방정식이 있다고 하자: $3x-7-2(19x-7)=(5x+9)/3+12$

방정식이 먼저 예제보다 훨씬 복잡해 보이지만, 사실 절차는 같다. 먼저 괄호 안의 항을 전개하고 x를 포함하는 항들을 한 그룹으로 모으고, 나머지 항들은 다른 그룹으로 모은다.

다음과 같이 대수적으로 조작할 수 있다:

$$3x-7-(38x-14)=(5x/3+3)+12$$
$$-35x+7=5x/3+15$$
$$110x/3=-8$$
$$x=-12/55$$

그림 4.18 x값을 찾기 위한 대수적 조작

그림에서 알 수 있듯이, 특히, x가 1차인 선형 항일 때, 일반적으로, 이 변환 과정은 매우 간단하다. 선형 항은 변수 x에 상수를 곱한 양을 나타낸다. 요약해서, 지금까지 살펴본, x의 선형 항만을 포함하는, 두 방정식을 부르는 일반적인 용어는 **선형 방정식**이다. 사례에서 보았듯이, 선형 방정식의 풀이는 수작업으로도 간단하게 할 수 있다.

반면에, **다항 방정식**은 변수 x의 차수가 1보다 큰 항을 포함하는 방정식이다. 다항 방정식은 다음 절에서 설명할 특정 기술을 사용해서 효과적으로 풀 수 있다. 여기서는, 대수적 조작을 사용해서 간단하게 풀 수 있는 **비선형 방정식** $3e^{x+2}+3=2(e^x+100)$을 살펴보자.

e는 자연로그함수의 밑이 되는 수학 상수(!또는 **오일러 상수**)다; 대략 2.71828.

> **노트**
>
> 이 상수에 대한 더 많은 정보를 다음에서 찾을 수 있다.
> https://mathworld.wolfram.com/e.html

이 방정식을 풀기 위해, 먼저 방정식의 항을 다음과 같이 전개한다: $3e^x e^2+3=2e^x+200$에서 좌변은 모든 양수 a와 실수 x, y에 대해 $a^{x+y}=a^x a^y$라는 항등식에 의해 성립한다. 비록 이 방정식에는 x의 선형 항이 없지만, 여전히 x와 관련된 항과 아닌 항을 분리해서 덩어리로 묶을 수 있다:

$$(3e^2-2)\ e^x=197$$
$$e^x=197/(3e^2-2)$$

그림 4.19 e^x를 분리하기 위한 대수 조작

이제, e^x를 분리했으니, x를 추출하자. 방정식의 양변에 자연로그함수 $f(x)=\ln(x)$를 취한다. 모든 실수 x에 대해, $\ln(e^x)=x$가 성립하므로, 이제 방정식의 좌변은 간단하게 x다:

$$x = ln(197/(3e^2 - 2))$$

그림 4.20 x를 찾기 위한 대수 조작

요약하면, 대수적 변환을 사용해서 방정식을 푼다는 것은, x를 포함하는 모든 항을 한 그룹으로 모으고, 이것을 x의 항으로 나타내자는 것이다. 그러나, 이 전략만으로 모든 방정식을 풀 수 있는 것은 아니어서, 모든 x항을 하나의 단일 항으로 단순화하는 것이 불가능할 수도 있다. 다항 방정식의 경우가 여기에 해당하며, 다음에 다룰 두 번째 방법에서 그것을 살펴본다: **인수분해**

▶ 인수분해

대수학에 속하는 **인수분해**는 주어진 방정식을, 특히 다음과 같은 형식으로 조작하는 과정을 의미한다:

$$f_1(x) f_2(x) \ldots f_n(x) = 0$$

그림 4.21 인수분해 형식

이 항들의 곱이 0과 같다면, 이 중 적어도 하나의 항은 0이어야 방정식을 만족시킬 수 있다. 즉, 원래 방정식을 푸는 것은 각각의 방정식 $f_1(x)=0$, $f_2(x)=0$, $\cdots$, $f_n(x)=0$를 푸는 것과 같다. 이상적으로, 인수분해는 이러한 각각의 방정식 $f_i(x)=0$이 원래 방정식보다 쉽게 풀리기를 기대하고 하는 작업이다.

다음 방정식으로 시작하자: $x^2=100$

실수 x, y에 대해 성립하는 $x^2-y^2=(x-y)(x+y)$라는 항등식에 의해서, 이 방정식은 $(x-10)(x+10)=0$과 같다.

항들의 곱이 0이므로, $x-10$ 또는 $x+10$이 0이어야 한다. 따라서 이 두 방정식을 풀어서 원래 방정식의 해를 얻을 수 있다: $x=10$ 또는 $x=-10$

꽤 간단한 예제지만, 이것으로부터 몇 가지 사항을 파악할 수 있다. 먼저, 방정식을 서로 곱해서 0이 되는 다른 항으로 분해함으로써, 원래 문제가 더 간단한 부분 문제들의 집합으로 변환되었다. 더불어, 간단하게 더하고 곱하는 조작만으로는 풀 수 없는 다항 방정식 문제를 인수분해로 풀 수 있다.

다음 다항 방정식을 풀어보자: $x^3 - 7x^2 + 15x = 9$

이 방정식은 이미 x항들이 묶여 있지만, 간단한 대수를 어떻게 사용할지 명확하지 않다.

어떤 뛰어난 수학과 학생이 $x = 1$ 또는 $x = 3$이 (이 값을 대입하면 방정식의 좌변이 0이 된다는 것을 확인한 후) 방정식의 근임을 알아챘다고 하자. $x = c$가 다항 방정식의 근이라는 것은 x를 c로 치환하면 방정식이 0이 되고, 동시에, 방정식 자체가 $(x - c)g(x) = 0$과 같은 형태로, 여기서 $g(x)$는 방정식의 나머지 인수, 인수분해 할 수 있다는 것을 의미한다. 이 사실을 **루피니의 법칙**(Ruffini's rule)이라고 하는데, 이것에 대한 자세한 정보는 https://mathworld.wolfram.com/RuffinisRule.html에서 찾을 수 있다. 아무튼 이런 사실을 마음에 담고, 다음과 같이, 주어진 방정식을 $(x - 1)$항에 대해 인수분해 해보자:

$$x^3 - 7x^2 + 15x = 9$$
$$\left(x^3 - x^2\right) - \left(6x^2 - 6x\right) + (9x - 9) = 0$$
$$x^2(x - 1) - 6x(x - 1) + 9(x - 1) = 0$$
$$(x - 1)\left(x^2 - 6x + 9\right) = 0$$

그림 4.22 주어진 방정식의 인수분해

$x = 3$ 역시 근이라는 사실로부터, $(x^2 - 6x + 9)$를 $(x - 3)$과 다른 항의 곱으로 다시 인수분해 할 수 있다. 2차 방정식 관련 공식에 익숙하다면, 이 방정식을 $(x - 1)(x - 3)^2 = 0$으로 인수분해 할 수 있을 것이다.

결과적으로, 주어진 방정식이 두 개의 근을 갖는다는 것을 증명했다: $x = 1$과 $x = 3$

차수가 n인 다항 방정식은 x의 가장 큰 차수가 n인 방정식을 의미한다. 이러한 방정식을 n개의 서로 다른 인수로 분해하는 게 목표다. 차수가 n인 다항 방정식은 최대 n개의 고유한 해를 가질 수 있다는 사실을 수학적으로 증명할 수 있으므로 이런 시도가 가능하다.

결론적으로, 방정식을 n개의 서로 다른 인수로 성공적으로 분해할 수 있다면, 각각의 인수는 x에 대한 선형 항이고, 바로 앞에서 설명한 방법으로 근을 구할 수 있다. 예를 들어, 방정식 $2x^3 - 7x^2 + 7x - 2 = 0$은 $(x - 1)(x - 2)(2x - 1) = 0$으로 인수분해 할 수 있으며, 이로부터 세 개의 근 $x = 1, x = 2, x = 1/2$을 구할 수 있다.

물론, 차수가 n인 다항 방정식을 n개의 서로 다른 x의 선형 항으로 인수분해 할 수 없을 때도 있다. 방정식 $x^3+4x-5=0$가 있다고 하자.

이 방정식은 $x=1$이 근이고, 따라서 $(x-1)$이라는 인수를 갖는다:

$$(x^3-x^2)+(x^2-x)+(5x-5)=0$$
$$(x-1)(x^2+x+5)=0$$

그림 4.23 $x=1$에 대한 인수

이제 항 x^2+x+5에 대해 생각해보자. 아무리 여러 가지 x값을 방정식에 대입해보아도 방정식을 만족시킬 수 없다는 것을 알 수 있다. 이는 이 방정식의 근이 없다는 것인데, 더 구체적으로, x^2+x+5이 모든 x에 대해 0보다 클 수 있다는 것이니, 이 추측을 증명해보자.

이차 함수가 항상 0보다 더 크다는 걸 증명하려면, 모든 실수 x와 모든 함수 g에 대해 (어떤 실수의 제곱도 음이 아니기 때문에) $(g(x))^2$이 항상 음이 아니라는 사실을 이용할 수 있다. 만일, 인수 x^2+x+5를 $(g(x))^2+c$ 형태로 다시 쓸 수 있다면(여기서 c는 양수 상수) 전체 항이 항상 양수임을 증명할 수 있다.

이제 **완전 제곱법**을 사용해서 x항들을 제곱으로 묶어보자. 즉, 모든 a와 b에 대해 성립하는 $(a+b)^2=a^2+2ab+b^2$이라는 항등식을 사용해서 $(g(x))^2$을 구성한다. 구체적으로, x에 2를 곱한 형태가 필요하므로, x항을 $2x(1/2)$로 다시 쓴다. 따라서 x^2와 $2x(1/2)$를 갖게 되었다; 이제 세 항목의 합이 완전 제곱 수가 되어야 하므로 $(1/2)^2=1/4$이 필요하다; 그러면 $x^2+x+1/4=x^2+2x(1/2)+(1/2)^2=(x+1/2)^2$이다.

따라서 전체 항을 $x^2+x+5=(x^2+x+1/4)+19/4=(x+1/2)^2+19/4$처럼 변환할 수 있다.

$(x+1/2)^2$은 모든 실수 x에 대해 음이 아니므로, 전체 항 $(x+1/2)^2+19/4$는 $19/4$보다 크거나 같다. 즉, x^2+x+5이 0이 되는 실수 x가 없다는 것을 의미한다; 다시 말해, 방정식 x^2+x+5은 어떠한 해도 갖지 않는다.

이렇게 다항 방정식을 푸는 인수분해 기법에 대해 살펴보았다. 방정식에 대한 마지막 주제로, 파이썬을 사용해서 방정식을 자동으로 푸는 과정에 대해 논의해보자.

▶ 파이썬으로 방정식 풀기

방정식을 손으로 푸는 두 가지 방법 외에, 파이썬의 계산 능력을 활용해서 어떤 방정식이든 자동으로 풀 수 있다. 이 절에서, SymPy 라이브러리를 사용해서 방정식을 푸는 방법을 다룬다.

넓은 의미에서, SymPy는 x, y, $f(x)$ 같은 기호를 다루는 대수적 계산을 다루는 기호 수학을 위한 파이썬 최고의 라이브러리 중 하나다. SymPy는 미분적분학, 기하학, 논리학, 정수론 등 다양한 수학 분야를 지원하는 포괄적인 API를 제공하는데, 이 장에서는 방정식과 (다음 절에서 다룰) 연립방정식을 푸는 수단으로써만 다루기로 한다.

> **노트**
>
> 이 라이브러리에 대한 더 자세한 정보는 공식 웹사이트에서 찾을 수 있다:
>
> https://docs.sympy.org/latest/index.html

먼저, 사용자 파이썬 환경에 이 라이브러리를 설치해야 한다. 항상 하듯이, **pip** 또는 **conda**를 사용한다. 다음 중 하나를 실행한다:

```
$ pip install sympy
$ conda install sympy
```

라이브러리를 성공적으로 설치하고 나면, 앞 절에서 다루었던 방정식의 풀이를 시작해 보자: $x^3 - 7x^2 + 15x = 9$

기호 수학 도구인 SymPy는 변수와 함수를 선언하기 위한 간편한 API를 제공한다. 먼저 SymPy 라이브러리의 **Symbol** 클래스를 가져온 후, **x**라는 이름의 변수를 선언한다:

```
from sympy import Symbol
x = Symbol('x')
```

주피터 노트북에서 **x**를 출력하면, 해당 문자가 실제로 수학 기호로 포맷되었다는 것을 알 수 있다:

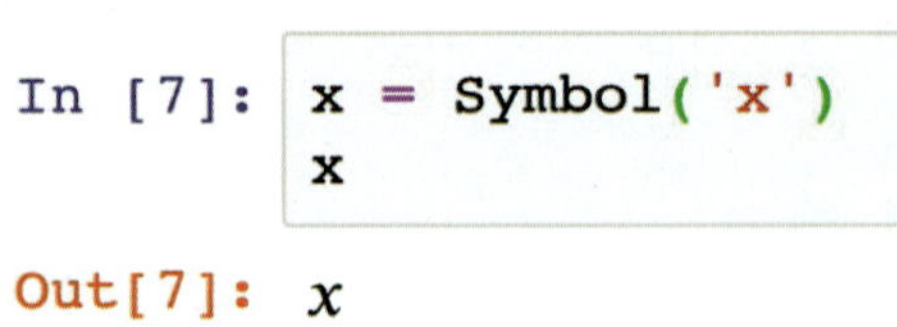

그림 4.24 주피터 노트북에서의 SymPy 기호

이제, 주어진 방정식을 풀기 위해 **sympy.solvers** 패키지의 **solve()** 함수를 가져온다. 이 **solve()** 함수는 SymPy 심볼(이 경우 변수 **x**)을 포함하는 수식을 입력으로 받아, 해당 식을 0으로 만드는 **x**의 값을 찾는다. $x^3 - 7x^2 + 15x = 9$를 풀려면 다음 코드를 입력한다:

```
from sympy.solvers import solve
solve(x ** 3 - 7 * x ** 2 + 15 * x - 9, x)
```

이 코드를 실행하면 **x**의 근을 나타내는 리스트를 반환하는데, 이 경우 **[1, 3]**이다. 이것은 앞에서 (!손으로 직접 푸느라 고생하면서) 인수분해를 통해 찾았던 해와 일치한다.

앞에서 풀었던 또 다른 사례를 살펴보자: $3e^{x+2} + 3 = 2(e^x + 100)$. 기억해보면 이 방정식은 하나의 근, $x = \ln(197/(3e^2 - 2))$를 가지는데 이 값은 대략 2.279이다. 이제, 이 방정식을 다음과 같이 (내장 **math** 라이브러리에서 상수 **e**를 가져온 후) **solve()** 함수에 입력한다:

```
from math import e
solve(3 * e ** (x + 2) + 3 - 2 * (e ** x + 100), x)
```

이 코드의 실행 결과는 다음과 같다:

```
[2.27914777845756]
```

대수적 분석으로 구한 근과 같다는 것을 알 수 있다. 요약해서, 변수를 선언하고 **solve()** 함수에 임의의 형태의 함수를 입력할 수 있으므로, SymPy는 파이썬에서 유연하고 편리한 방식으로 방정식의 근을 계산하는 기능을 제공한다.

이 사례로 방정식과 그 근을 찾는 방법에 대한 논의를 마친다. 이 장의 다음 주제로 넘어가기 전에, 이 절에서 배운 내용을 실습해보자.

실습 4.03 ✦ 손익분기 분석

손익분기 분석은 경제학과 재무 공학에서 흔히 사용하는 작업이다. 손익분기 분석의 목표는 사업의 수익이 비용을 상쇄하는 지점을 찾는 것이다. 이익을 언제 어떻게 창출할 수 있는지에 관심이 있는 사업주와 이해관계자에게는 제때 그 지점을 찾는 것이 매우 중요하다.

이 실습에서 사용할 시나리오는 수학적 변수와 함수를 사용해서 비교적 쉽게 모델링할 수 있다. 구체적으로, 여기서는 간단한 사업을 모델링하고 손익분기점을 찾아냄으로써 손익분기 분석을 실제로 수행하는 것에 초점을 맞춘다. 이 실습으로 실세계 상황을 변수와 함수로 구성된 수학적 모델로 표현하고 분석하는 과정에 익숙해질 수 있다.

시나리오: 햄버거 가게는 그들이 판매하는 햄버거 1개당 재료비용으로 \$6.56를 지불한다. 또한, 매월 \$1,312.13의 고정 비용이 발생하는데, 여기에는 요리사의 임금, 임대료, 공과금 등이 포함된다. 가게 주인은 언제 수익이 비용을 상환하는지 판단하기 위해 손익분기 분석을 수행하려고 한다.

1. 새 주피터 노트북을 생성한 후, 첫 번째 코드 셀에서 NumPy, Matplotlib, 그리고 SymPy를 가져온다:

```
import numpy as np
import matplotlib.pyplot as plt

from sympy.solvers import solve
from sympy import Symbol
```

2. 가게에서 정한 햄버거 한 개의 판매가를 \$8.99라고 가정하고, 변수 x를 수익과 비용과 같아지는 월 햄버거 판매 수량이라고 하자. 이런 가정 아래 x에 대한 방정식을 만든다.
   판매한 햄버거의 개수가 x일 때, 가게의 수익은 $8.99x$이고, 가게의 지출 비용은 $6.56x + 1312.13$이다. 따라서 x에 대한 방정식은 다음과 같다:
   $8.99x = 6.56x + 1312.13$

3. 손으로 x를 구하고, 주피터 노트북의 다음 셀에서 파이썬을 사용해서 결과가 일치하는지 확인한다. 비교를 위해서 SymPy가 반환한 근의 리스트를 **sols**라는 변수에 저장한다.
   간단한 대수적 조작으로 x를 구할 수 있다. $x = 1312.13/(8.99 - 6.56) = 539.97$이다. 따라서 가게는 햄버거를 대략 540개 판매해야 손익분기점에 도달한다.
   다음 코드로 SymPy를 사용하여 x를 구할 수 있다:

```
x = Symbol('x')
sols = solve(8.99 * x - 6.56 * x - 1312.13, x)
```

   sols 변수 값은 **[539.971193415638]**일 테고, 이 값은 손으로 구한 근과 같다.

4. 손익분기점으로 x를 구하는 대신, 가게의 매월 총 이익(수익에서 지출 비용을 뺀 값)을 나타내는 x의 함수를 작성해서 다른 문제를 해결해보자.

이번에 풀 함수는 $f(x) = 8.99x - 6.56x - 1312.13 = 2.43x - 1312.13$이다.

5. 주피터 노트북의 다음 코드 셀에서, NumPy와 Matplotlib을 사용해서 x가 0부터 1000까지인 범위에서 이 함수의 그래프를 그린다. 이때 0을 지나는 검은색 수평선을 함께 그린다:

```
xs = np.linspace(0, 1000, 1000)
plt.plot(xs, 2.43 * xs - 1312.13)
plt.axhline(0, c='k')

plt.show()
```

다음과 같은 그래프가 생성된다:

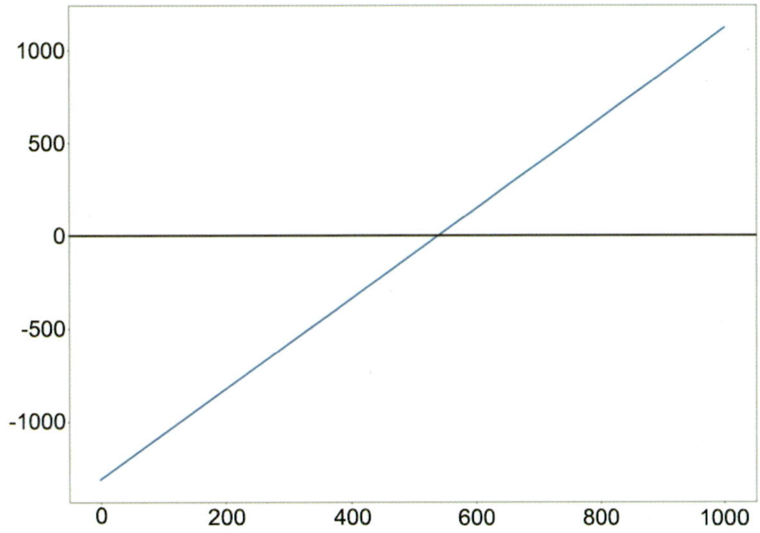

그림 4.25 손익분기점 분석 시각화

수익 곡선과 수평선의 교차점은 손익분기점을 나타낸다. 이 경우 실제 손익분기점에 해당하는 x 좌표가 대략 **540**인 것을 알 수 있다.

6. 가게가 평균적으로 매달 400개의 햄버거를 판매한다고 가정하고, 이번에는, 가게가 (400개를 판매했을 때) 손익분기점에 도달할 수 있게 하는 햄버거 가격을 x라 하자. 이런 가정 아래 x에 대한 방정식을 만든다.
햄버거 가격을 x라고 할 때, $400x$는 가게가 얻는 수익이고, $(400)6.56 + 1312.13 = 3936.13$(햄버거 한 개의 재료비 \$6.56와 고정 비용 \$1312.13)은 가게가 부담하는 비용이다.

따라서 x에 대한 방정식은 $400x = 3936.13$이다.

7. 손으로 x를 구하고, 주피터 노트북에서 SymPy를 사용하여 결과를 확인한다. 마찬가지로 SymPy가 반환한 근의 리스트를 변수 **sols1**에 저장한다.
   간단하게 양변을 400으로 나누어 방정식을 풀면 $x = 9.84$가 된다. 다음 코드로 SymPy를 사용해서 방정식을 풀 수 있고, 손으로 푼 것과 같은 결과를 얻을 수 있다:

```
sols1 = solve(400 * x - 3936.13, x)
sols1
```

8. 주피터 노트북의 다음 코드 셀에서, **0**부터 **10**까지의 x값에 대한 수익과 비용의 차이를 나타내는 함수의 그래프를 그린다. 이때 **0**에 검은색 수평선을 함께 그린다:

```
xs = np.linspace(0, 10, 1000)
plt.plot(xs, 400 * xs - 3936.13)
plt.axhline(0, c='k')

plt.show()
```

다음과 같은 그래프가 생성된다.

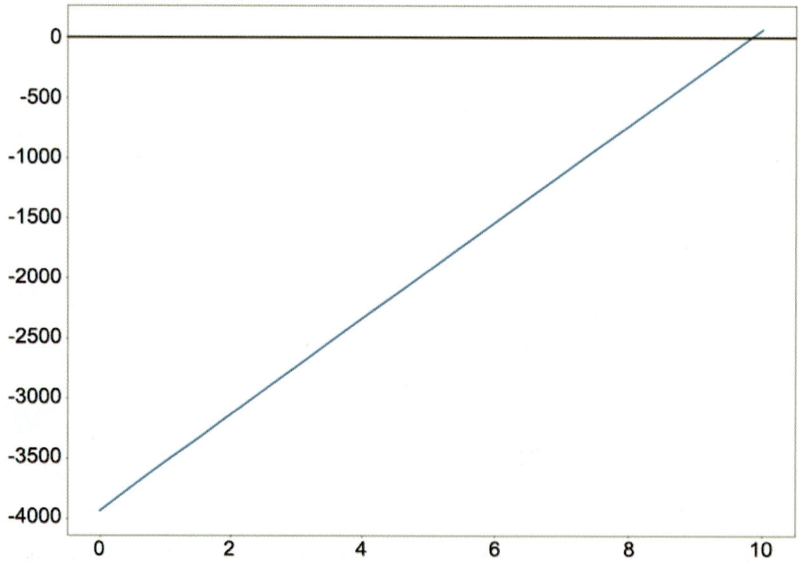

그림 4.26 손익분기점 시각화

이번에도, 두 개의 선이 교차하는 지점(즉, 손익분기점)은 손으로 계산한 실제 근(!약 9.84)과 일치한다.

이렇게 해서, 실습이 마무리되었다. 이 실습에서, 수학적 함수와 변수를 사용해서 실세계 비즈니스를 모델링하는 과정으로 손익분기 분석이라는 개념을 다루어 보았다. 구체적으로, 손익분기를 달성하려면 몇 개를 판매 또는 생산해야 하는지와, 반대로 손익분기를 달성하기 위해 적절한 가격을 설정하는 방법을 배웠다.

> **노트**
>
> 이 절의 소스 코드는 다음에 있다.
>
> https://packt.live/3gn3JU3.
>
> 또한, 다음에서 이 예제를 온라인으로 실행할 수 있다.
>
> https://packt.live/3gkeA0V.

물론, 실세계 비즈니스 시나리오는 더 복잡하며 많은 요인이 포함된다. 이 장의 마지막에서 다시 손익분기 분석에 대한 프로젝트를 수행할 텐데, 그전에 마지막 절 〈연립방정식〉을 살펴보고 가자.

연립방정식

방정식은 양변이 같은 등식이고, 그 등식을 만족하는 변수의 값을 구하는 게 방정식을 푸는 일이다. 연립방정식은 여러 개의 변수를 포함하는 방정식의 모임인데, 연립방정식을 푸는 일도 여전히 같다: 모임 내의 모든 방정식을 만족하는 변수를 찾아야 한다.

일반적으로, 하나의 연립방정식이 갖는 방정식의 개수에는 제한이 없다. 그러나 방정식의 개수가 변수의 개수와 일치하지 않는 경우, 이 연립방정식은 무한히 많은 근을 갖거나 근이 아예 없다는 것을 엄밀하게 증명할 수 있다. (!마찬가지로 방정식의 개수와 변수의 개수가 같으면 하나의 유일한 근을 갖는다는 사실도 증명할 수 있다.) 이 절에서는 방정식의 개수와 변수의 개수가 같은 경우만 다루기로 한다.

또한, 여기서는 두 가지 다른 유형의 연립방정식을 다룬다: 선형 연립방정식과 비선형 연립방정식. 이 두 가지 유형의 연립방정식에 대해, 손으로 직접 푸는 방법과 파이썬을 사용해서 근을 구하는 방법을 모두 살펴본다. 먼저, 선형 연립방정식에 대해서 알아보자.

▶ 선형 연립방정식

상수 및 선형인 변수만 포함하는 선형 방정식과 마찬가지로, 선형 연립방정식은 상수의 변수의 선형 결합만을 포함하는 선형 방정식으로 구성된다. (!보통 수학에서는 미지수라는 표현을 사용하지만, 이 책은 프로그래밍으로 수학과 통계학을 배우는 것이므로, 미지수 대신 프로그래밍의 용어인 변수라는 표현을 사용한다.)

다음은 간단한 연립방정식이다:

$$\begin{cases} x + y = 5 \\ 2y - x = 3 \end{cases}$$

그림 4.27 선형 연립방정식의 예

이 연립방정식은 변수가 두 개라는 것을 알 수 있다: x와 y. 두 방정식 모두 상수와, 변수에 상수를 곱한 선형 항으로만 구성되어 있다.

이 연립방정식을 풀어보자면, 이미 알아차렸겠지만, 두 방정식의 양변을 더해서 $3y = 8$을 얻고, 이를 풀어 $y = 8/3$을 구한 후, $x = 5 - 8/3 = 7/3$까지 구할 수 있다.

요약해서, 이 방법은 주어진 방정식에 서로 다른 상수를 곱하고 더함으로써 변수를 순차적으로 제거하는 풀이 방식이다. 먼저, 하나의 변수에 대해서 선형 항(특히 상수)만 남은 방정식을 구한다. 그리고, 그 변수의 근을 구해서, 그 값을 원래의 방정식에 대입한 후, 나머지 변수에 대해 같은 일을 반복한다.

변수와 방정식의 개수가 비교적 적을 때 이 방법을 수월하게 사용할 수 있다. 그러나 변수와 방정식의 개수가 증가하면 풀이가 복잡해질 수 있다. 이 절에서는 연립방정식을 푸는 절차를 체계화해서 결국 자동화로 이끄는 **행 소거법**, 또는 **가우스 소거법**으로 더 잘 알려진 방법을 살펴본다.

다음과 같은 n개의 변수와 n개의 방정식으로 이루어진 일반적인 선형 연립방정식을 푸는 경우를 가정하자:

$$\begin{cases} c_{11}x_1 + \cdots + c_{1n}x_n = c_1 \\ \cdots \\ c_{n1}x_1 + \cdots + c_{nn}x_n = c_n \end{cases}$$

그림 4.28 n개의 변수와 n개의 방정식으로 이루어진 선형 연립방정식

여기서 c_{ij}는 i번째 방정식의 j번째 변수 즉, 변수 x_j의 상수 계수를 나타낸다. 여기서, c_{ij} 값은 임의의 상수가 될 수 있으니, 이 연립방정식은 가장 일반적인 형태의 선형 연립방정식이다.

먼저 행렬 소거법을 적용하기 위해, 다음과 같은 **확대행렬**을 만든다:

$$\left[\begin{array}{ccc|c} c_{11} & \dots & c_{1n} & c_1 \\ \dots & \dots & \dots & \dots \\ c_{n1} & \dots & c_{nn} & c_n \end{array}\right]$$

그림 4.29 확대행렬

확대행렬의 왼쪽 $n \times n$ 하위행렬은 원래 연립방정식의 상수 계수를 원소로 갖는다. 확대행렬의 오른쪽은 n개의 원소를 갖는 열이며, 각 원소는 원래 연립방정식에서 방정식의 우변에 있는 상수다.

이제 이 확대행렬에 대해, 다음 세 가지 종류의 변환을 적용할 수 있다:

- 두 행의 위치를 교환한다.
- 행에 0이 아닌 상수를 곱한다.
- 한 행에 (보통 0이 아닌 상수를 곱한 후) 다른 행을 더한다.

가우스 소거법은 확대행렬을 소거 행제형으로 변환하는 것이다. **소거 행제형** 행렬은, i번째 행의 i번째 원소만 1이고 그 행의 다른 모든 원소는 0인 행렬이다. 따라서, 지금처럼 n개의 방정식과 n개의 변수로 구성된 연립방정식이라면 $n \times n$ 항등 행렬이다. 요약해서, 확대행렬을 다음과 같이 왼쪽이 항등 행렬이 되도록 확대행렬을 변환한다:

$$\left[\begin{array}{cccc|c} 1 & 0 & \dots & 0 & c_1{}' \\ 0 & 1 & \dots & 0 & c_2{}' \\ \dots & \dots & \dots & \dots & \dots \\ 0 & 0 & \dots & 1 & c_n{}' \end{array}\right]$$

그림 4.30 소거 행제형 행렬로 변환

이 작업이 끝나면, c_i' 값이 원래 연립방정식의 근이다. 즉, 이 연립방정식의 근은 $x_1 = c_1{}'$, $x_2 = c_2{}'$ 등이다.

변환 과정이 복잡해 보일 수 있으니, 예제로 이 과정을 이해해보자. 다음과 같은 선형 연립방정식이 있다고 하자:

$$\begin{cases} x + 3y - 2z = 1 \\ 3x + 5y + 6z = 31 \\ 2x + 4y + 3z = 19 \end{cases}$$

그림 4.31 선형 연립방정식

먼저 확대행렬을 구성한다:

$$\left[\begin{array}{ccc|c} 1 & 3 & -2 & 1 \\ 3 & 5 & 6 & 31 \\ 2 & 4 & 3 & 19 \end{array}\right]$$

그림 4.32 확대행렬

이제 이 행렬에, 앞에서 언급한 세 가지 변환을 적용해서, 계수 부분을 항등 행렬로 바꾸어 보자. 먼저 첫 번째 행의 3배를 두 번째 행에 더하고, 그 결과를 4로 나눈다(!첫 번째 행은 달라지지 않는다는 것에 주목하자! 이어지는 변환 과정에 대해서도 무엇이 달라지고, 무엇이 그대로인지 관찰하면 이 절차를 쉽게 이해할 수 있다.):

$$\left[\begin{array}{ccc|c} 1 & 3 & -2 & 1 \\ 0 & -1 & 3 & 7 \\ 2 & 4 & 3 & 19 \end{array}\right]$$

그림 4.33 계수 부분을 항등 행렬로 변환하는 단계 1

즉, 왼쪽을 항등 행렬로 만들기 위해, 비대각 원소를 0으로 만든다. 앞의 변환으로 두 번째 행의 첫 번째 원소를 0으로 만들었으므로, 이제 세 번째 행도 변환해보자. 첫 번째 행의 2배를 세 번째 행에서 빼면 다음과 같다:

$$\left[\begin{array}{ccc|c} 1 & 3 & -2 & 1 \\ 0 & -1 & 3 & 7 \\ 0 & -2 & 7 & 17 \end{array}\right]$$

그림 4.34 계수 부분을 항등 행렬로 변환하는 단계 2

세 번째 행의 두 번째 원소를 0으로 변환하기 위해 두 번째 행의 2배를 빼면 다음과 같다:

$$\left[\begin{array}{ccc|c} 1 & 3 & -2 & 1 \\ 0 & -1 & 3 & 7 \\ 0 & 0 & 1 & 3 \end{array}\right]$$

그림 4.35 계수 부분을 항등 행렬로 변환하는 단계 3

마지막 행이 원하는 형태로 변환되었으며, 다른 행을 변환하는 일도 비교적 쉽다. 이제 두 번째 행을 세 번째 행의 3배로 빼고, 다시 -1을 곱하면 다음과 같다:

$$\left[\begin{array}{ccc|c} 1 & 3 & -2 & 1 \\ 0 & 1 & 0 & 2 \\ 0 & 0 & 1 & 3 \end{array}\right]$$

그림 4.36 계수 부분을 항등 행렬로 변환하는 단계 4

첫 번째 행에 대해서, 먼저 세 번째 행의 2배를 첫 번째 행에 더해서 마지막 원소를 0으로 만든다:

$$\left[\begin{array}{ccc|c} 1 & 3 & 0 & 7 \\ 0 & 1 & 0 & 2 \\ 0 & 0 & 1 & 3 \end{array}\right]$$

그림 4.37 계수 부분을 항등 행렬로 변환하는 단계 5

마지막으로, 첫 번째 행에서 두 번째 행의 3배를 빼면, 처음 확대행렬을 소거 행제형 행렬로 나타낼 수 있다(확대행렬의 왼쪽 즉, 계수 부분은 항등 행렬이 되었음):

$$\left[\begin{array}{ccc|c} 1 & 0 & 0 & 1 \\ 0 & 1 & 0 & 2 \\ 0 & 0 & 1 & 3 \end{array}\right]$$

그림 4.38 계수 부분을 항등 행렬로 변환

따라서, 근은 $x=1$, $y=2$, $z=3$이다. 이 값을 원래의 연립방정식에 대입하여 실제로 연립방정식을 만족시키는지 확인할 수 있다.

이렇게 행 소거법(또는 가우스 소거법)을 살펴보았다. 앞에서 언급한 것처럼, 다른 풀이 방법이 있는데, 그 다른 하나는 행렬 해법이다. 이 방법은 주어진 연립방정식을 행렬 방정식으로 나타내는 것으로 시작한다. 다음과 같은 일반적인 선형 연립방정식이 있다고 하자:

$$\begin{cases} c_{11}x_1 + \ldots + c_{1n}x_n = c_1 \\ \qquad \ldots \\ c_{n1}x_1 + \ldots + c_{nn}x_n = c_n \end{cases}$$

그림 4.39 선형 연립방정식

이 연립방정식을 $Ax=c$처럼 행렬방정식으로 다시 쓸 수 있다. 여기서 A는 상수 계수를 포함하는 $n \times n$ 행렬, x는 근을 구해야 할 변수 $x_1, x_2, \cdots, x_n$을 포함하는 벡터, 그리고 c는 상수 계수 $c_1, c_2, \cdots, c_n$을 포함하는 벡터다. 행렬과 벡터의 곱셈의 정의에 따라, 이 방정식 $Ax=c$는 **그림 4.39**의 연립방정식과 완전히 같다.

이 행렬 표기법에서 벡터 x는 $x=A^{-1}c$를 계산해서 상대적으로 쉽게 구할 수 있다. 여기서 A^{-1}은 A의 **역행렬**을 나타낸다. 임의의 행렬 M의 역행렬 M^{-1}은 $MM^{-1}=I$를 만족하는 행렬로, 여기서 I는 항등 행렬이다.

행렬과 벡터 사이의 곱셈은 **내적**이라고 하며, 행렬의 원소와 대응하는 벡터의 원소들의 곱의 합으로 구성된 벡터를 출력한다. 여기서는, A^{-1}과 c의 내적으로 연립방정식의 근을 구성하는 벡터를 얻을 수 있다.

어떤 행렬은 역행렬을 가지지 않는다: 이런 행렬을 특이 행렬이라고 한다. 특이 행렬인지 아닌지 판단할 때 사용하는 기준 중 하나로, 행렬의 한 행이 다른 행에 상수를 곱한 것과 같으면 그 행렬은 특이 행렬이라는 성질이 있다.

이론적으로, 앞의 경우는, 연립방정식을 구성하는 한 방정식의 계수가 다른 방정식의 계수에 상수를 곱한 것과 완전히 같은 경우다. 이런 경우는 정보가 중복된 경우(두 방정식이 같은 정보를 가진 경우로, 연립방정식은 무수히 많은 근이 존재함)와 정보가 상충하는 경우(두 방정식의 오른쪽 상수가 일치하지 않는 경우로, 연립방정식은 근을 갖지 않음)로 나뉜다.

더 이상의 이론은 이 책의 범위를 벗어난다. 여기서는, 주어진 선형 연립방정식의 계수 행렬이 역행렬을 갖지 않으면, 그 연립방정식은 유일한 근을 갖지 않는다는 것만 알아두면 된다.

그렇다, 모든 행렬이 역행렬을 갖는 것은 아니며, 실제로 주어진 행렬이 역행렬을 가지더라도 역행렬을 계산하는 과정은 꽤 복잡할 수 있다. 다행히도, 역행렬을 구하는 계산을 NumPy를 이용해서 비교적 쉽게 구현할 수 있다. NumPy의 **linalg** (선형대수) 패키지는 많은 선형대수 관련 알고리즘을 효율적으로 구현할 수 있게 해준다. 여기서는, 특히, 행렬을 나타내는 2차원 NumPy 배열을 입력으로 받아 역행렬을 반환하는, **inv()** 함수가 쓸모가 있다. 다음 실습에서 이 함수를 직접 다루어본다; 이 패키지에 대한 자세한 정보는 https://docs.scipy.org/doc/numpy/reference/routines.linalg.html에서 찾을 수 있다.

실습 4.04 ✦ NumPy를 사용한 행렬 해법

이 실습에서, 선형 연립방정식을 입력으로 받아 행렬 해법을 사용해서 해당 연립방정식의 근을 구하는 프로그램을 작성한다. 다시 말하지만, 이 작업은 NumPy를 사용해서 계수 행렬의 역행렬을 계산하는 방식으로 연립방정식을 푸는 과정이다:

1. 주피터 노트북을 생성한다. 첫 번째 셀에서, NumPy와 **linalg** 패키지의 **inv()** 함수를 가져온다:

```
import numpy as np
from numpy.linalg import inv
```

2. 다음 코드 셀에서, 인수 두 개를 입력으로 받는 **solve_eq_sys()**라는 함수를 선언한다: 여기서 인수 **coeff_matrix**는 선형 연립방정식의 계수 행렬을 위한 변수이고, **c**는 방정식의 우변에 있는 상수들의 벡터를 위한 변수다:

```
def solve_eq_sys(coeff_matrix, c):
```

이 두 인수로 선형 연립방정식 객체를 온전하게 정의할 수 있고, **solve_ eq_sys()** 함수가 연립방정식의 근을 구한다. 또한 인수는 모두 NumPy 배열로 저장하는 것으로 가정한다.

3. 방정식의 근이 $x = A^{-1}c$이므로, **coeff_matrix**의 역행렬과 **c**의 곱을 계산하면 된다. 역행렬은 NumPy의 **inv()** 함수를 사용해서 계산할 수 있다:

```
inv_matrix = inv(coeff_matrix)
```

마지막으로, 행렬과 벡터의 내적을 계산하는 **dot()** 메서드를 사용해서 근을 계산할 수 있다:

```
return inv_matrix.dot(c)
```

결국 근을 구하는 함수는 다음과 같다:

```
def solve_eq_sys(coeff_matrix, c):
    inv_matrix = inv(coeff_matrix)
    return inv_matrix.dot(c)
```

4. 다음 코드 셀에서, 앞에서 사용한 연립방정식에 대한 계수 행렬과 **c**벡터를 선언하고, **solve_eq_sys()** 함수를 호출한다:

$$\begin{cases} x+3y-2z=1 \\ 3x+5y+6z=31 \\ 2x+4y+3z=19 \end{cases}$$

그림 4.40 선형 연립방정식

코드는 다음과 같다:

```
coeff_matrix = np.array([[1, 3, -2],
                         [3, 5, 6],
                         [2, 4, 3]])

c = np.array([1, 31, 19])

solve_eq_sys(coeff_matrix, c)
```

이 코드의 실행 결과는 다음과 같다:

```
array([1., 2., 3.])
```

행 소거법으로 구한 연립방정식의 근과 정확하게 같다: $x=1, y=2, z=3$.

5. 이번에는, 계수 행렬이 특이 행렬인 경우를 다루어보자. 다음과 같이 근이 없는 연립방정식으로 어떤 일이 일어나는지 살펴보자:.

$$\begin{cases} x+3y-2z=1 \\ 3x+5y+6z=31 \\ 2x+6y-4z=19 \end{cases}$$

그림 4.41 근이 없는 선형 연립방정식

첫 번째 방정식에 **2**를 곱해서 얻은 방정식이 세 번째 방정식과 모순된다는 것을 바로 알 수 있다. 즉, 이 연립방정식을 만족하는 변수 x, y, z는 없다.

다음 코드 셀에서, 이 계수 행렬에 대해 **inv()** 함수를 호출해보자:

```
inv(np.array([[1, 3, -2], \
              [3, 5, 6],  \
              [2, 6, -4]]))
```

이 코드는 **LinAlgError: Singular matrix**라는 오류를 생성한다. 다음 단계에서 이 오류를 수정하겠다.

* 실습할 때, 먼저 해당 셀의 주석을 해제하자.

6. 코드로 돌아가서, 현재의 **solve_eq_sys()** 함수를 **try ... except** 블록을 사용해서 이 오류를 처리하도록 수정한다. 먼저, NumPy에서 해당 오류 사항을 가져와야 한다:

```
from numpy.linalg import inv, LinAlgError
```

이제, 입력 행렬이 특이 행렬이면 다음처럼 **False**를 반환하게 한다:

```
def solve_eq_sys(coeff_matrix, c):
    try:
        inv_matrix = inv(coeff_matrix)
        return inv_matrix.dot(c)
    except LinAlgError:
        return False
```

7. 다음 코드 셀에서, 5.에서 사용한 선형 연립방정식에 대해 수정한 함수를 호출한다:

```
coeff_matrix = np.array([[1, 3, -2],
                         [3, 5, 6],
                         [2, 6, -4]])

c = np.array([1, 31, 19])

solve_eq_sys(coeff_matrix, c)
```

이번에는, 바라던 대로, 실행 중 오류가 발생하지 않고 함수가 **False**를 반환한다.

이 실습으로, **NumPy**를 사용하여 행렬 해법으로 선형 연립방정식을 푸는 방법을 배웠다. 이제 선형 연립방정식에 대한 논의를 마친다.

> **노트**
>
> 이 절의 소스 코드는 다음에 있다.
>
> https://packt.live/2NPpQpK.
>
> 또한, 다음에서 이 예제를 온라인으로 실행할 수 있다.
>
> https://packt.live/2VBNg6w.

다음 이 장의 마지막 절에서, 비선형 연립방정식에 대해 알아본다.

▶ 비선형 연립방정식

연립방정식에 비선형 항이 포함된 경우, 앞에서 배운 방법을 사용할 수 없다. 예를 들어, 다음과 같은 연립방정식이 있다고 하자:

$$\begin{cases} x + y = 5 \\ x^2 - x + 2y = 8 \end{cases}$$

그림 4.42 비선형 연립방정식

비선형 항 x^2 때문에 문제가 생겨서, 연립방정식의 변환을 복잡하게 만든다.

그러나, 여전히 이러한 유형의 연립방정식을 체계적인 방법으로 풀 수 있다. 구체적으로, 어느 방정식이든지, 한 변수를 다른 변수의 항으로 풀 수 있다. 이를 위해, 각각의 방정식을 대수적으로 조작해서 한 변수를 온전히 다른 변수의 항으로 나타낸다. 예를 들어, y를 다음과 같이 x의 함수로 나타낼 수 있다:

$$\begin{cases} y = 5 - x \\ y = \dfrac{8 - x^2 + x}{2} \end{cases}$$

그림 4.43 y를 x로 나타내기

그렇다면, 연립방정식이 유효한 근을 가지려면 두 y가 일치해야 한다. 즉, 다음과 같은 x의 방정식을 얻을 수 있다:

$$5 - x = \frac{8 - x^2 + x}{2}$$

그림 4.44 x의 방정식

이 식은 단순히 x에 대한 다항 방정식이며, 인수분해를 통해 풀 수 있다. 특히, 이 방정식은 $(x-2)(x-1)=0$으로 인수분해되므로, $x=1$과 $x=2$가 근이다. x를 이용해서 y를 찾을 수 있으므로, 원래의 방정식에 1과 2를 대입하면, 결국, 이 연립방정식의 두 근을 찾을 수 있다: $(x=1, y=4)$ 및 $(x=2, y=3)$.

이렇게, 대수적 조작으로, 한 변수를 다른 변수로 나타내는 방법을 **치환법**이라고 한다. 주어진 연립방정식에 대해, 치환을 통해서 하나의 변수만 포함하는 방정식을 얻을 수 있다.

다른 사례에 이 방법을 적용해보자. 다음과 같은 비선형 연립방정식이 있다고 하자:

$$\begin{cases} x^2 - 2x - y^2 = -1 \\ x^2 - 2y = 1 \end{cases}$$

그림 4.45 다른 비선형 연립방정식

여러 가지 방법이 있겠지만, 쉬운 방법의 하나로 두 번째 방정식을 y로 풀면, $y=(x^2-1)/2$이고, 이것을 첫 번째 방정식에 대입해서, $x^2-2x-(x^2-1)^2/4 = -1$을 얻을 수 있다.

일련의 대수 연산을 통해, 이 방정식을 $x^4-6x^2+8x-3=0$으로 정리할 수 있다.

이제 하나의 변수만 포함하는 방정식을 구했으니, 앞에서 배운 방법으로 x에 대한 근을 구할 수 있다. 일단 x의 근을 구하면 $y=(x^2-1)/2$를 이용하여 y에 근도 구할 수 있다.

실제로 계산해보면, 인수분해를 통해 이 방정식을 만족하는 x를 찾을 수 있다. $x=-1, 0, 1, 2$ 같은 몇 가지 값을 대입해서 식이 0인지 확인해보자. $x=1$이 유효한 근이므로, $(x-1)$로 인수분해해서 $(x-1)(x^3+x^2-5x+3)=0$을 얻는다.

가만히 들여다보면, $x=1$이 다시 $x^3+x^2-5x+3=0$을 만족하므로 $(x-1)^2(x^2+2x-3)=0$으로 인수분해할 수 있다.

2차식 x^2+2x-3은 쉽게 $(x-1)(x+3)$로 인수분해할 수 있으므로 최종적으로, 다음과 같은 방정식을 얻는다: $(x-1)^3(x+3)=0$.

이 방정식을 만족하는 x값은 두 개다: $x=1$과 $x=-3$. 이 값을 원래의 연립방정식에 대입해서 y를 구하면, 연립방정식에 대해 두 근 $(x=1, y=0)$과 $(x=-3, y=4)$를 얻는다. 불행하게도, 모든 비선형 연립방정식이 치환법으로 간단하게 풀리는 것은 아니다. 복잡한 연립방정식을 풀기 위해 교묘하고 독창적인 기법이 사용되는 경우가 많다.

그렇다면, 그런 연립방정식의 근을 찾는 과정을 자동화하고 싶다면 어떻게 해야 할까? 이때 **sympy** 라이브러리가 제공하는 기호 계산 기능이 다시 유용하게 활용될 수 있다.

SymPy를 사용해서 단일 변수 방정식을 풀 수 있다는 걸 배웠다. 같은 방법을 비선형 연립방정식 풀이에도 사용할 수 있으며, 이 경우에도, 기호로 표현된 함수 리스트를 **solve()** 함수에 전달하면 된다.

이 절에서 다룬 두 연립방정식을 SymPy를 사용해서 풀어보자; 먼저:

$$\begin{cases} x + y = 5 \\ x^2 - x + 2y = 8 \end{cases}$$

그림 4.46 첫 번째 연립방정식

다음으로:

$$\begin{cases} x^2 - 2x - y^2 = -1 \\ x^2 - 2y = 1 \end{cases}$$

그림 4.47 두 번째 연립방정식

우선, 연립방정식의 변수를 SymPy의 **Symbol** 클래스 객체로 선언한다:

```
x = Symbol('x')
y = Symbol('y')
```

그런 다음, SymPy의 **solve()** 함수를 호출해서 연립방정식에 대한 근을 찾는다. 먼저 첫 번째 연립방정식:

```
solve([x + y - 5, x ** 2 - x + 2 * y - 8], \
x, y)
```

이 코드는 **[(1, 4), (2, 3)]**를 출력한다. 앞에서 구한 것과 같다. 그리고 두 번째 연립방정식:

```
solve([x ** 2 - 2 * x - y ** 2 + 1, x ** 2 - 2 * y - 1], \
x, y)
```

이 코드는 **[(−3, 4), (1, 0)]**를 출력한다. 이것도 앞에서 구한 것과 같다. SymPy를 사용하면 직관적인 구문으로 방정식과 연립방정식의 근을 간단하게 구할 수 있다.

이것으로 이 절을 마무리한다. 앞서 작업한 손익분기 분석의 확장 사례를 마지막으로 이 장을 마치기로 한다.

프로젝트 4.01 ✦ 다중 변수 손익분기 분석

앞에서 다룬 손익분기 분석 실습에서 언급한 대로, 모델의 변수가 많아지면 손익분기 분석이 복잡해질 수 있다. 모델에 둘 이상의 변수를 포함하면, 손익분기점을 찾기 위해 연립방정식을 사용해야 한다. 이 프로젝트에서 그것을 해보자.

햄버거 가게 비즈니스 모델에서 햄버거 한 개의 생산 비용은 $6.56이고, 공과금, 임대료 및 기타 비용으로 매월 $1,312.13의 고정 비용이 발생했다. 이 프로젝트에서는 햄버거 판매 수와 햄버거의 가격에 따라 비즈니스의 전체 이익이 어떻게 변하는지 알아본다.

이 햄버거 가게 주변에 사는 사람들의 햄버거 수요라는 정보를 이 모델에 추가하기로 하자. 예를 들어, 이 가게의 월 매출이 약 $4,000이면, 수요는 대략 $4,000을 햄버거 가격으로 나눈 판매량과 같다고 할 수 있다.

다음 단계에 따라 프로젝트를 완성해보자:

1. 가게가 매월 생산하는 햄버거 개수와 가격이 모델의 두 변수다. 가게의 월 매출, 비용 및 전체 이익을 이 두 변수의 식으로 나타낸다.
2. 손익분기점에 대응하는 연립방정식을 구성한다: 가게에서 생산한 햄버거 수가 수요를 맞추면서, 매출이 비용과 같아지는 경우다.
3. 이 연립방정식을 손으로 풀고, 주피터 노트북에서 SymPy를 사용해서 결과를 확인한다.
4. 같은 주피터 노트북에서, 생산한 햄버거 개수와 가격을 입력으로 받아 가게의 전체 이익을 반환하는 파이썬 함수를 작성한다.
5. 다음 코드 셀에서, 매월 생산하는 햄버거 개수를 나타내는, 300에서 500까지 범위의 리스트를 생성한다. 햄버거 가격을 $9.76으로 정하고 이에 해당하는 이익의 리스트를 생성해서 변수 **profits_976**에 저장한다. 생산된 햄버거 개수에 대한 함수로써 이 이익 리스트를 그래프로 그린다.
6. 다음 코드 셀에서, 햄버거 가격을 $9.99로 올렸을 때, 이익의 리스트를 생성해서 변수 **profits_999**에 저장한다. 같은 그래프를 그리고 손익분기점의 맥락에서 해석한다.
7. 다음 셀에서, 생산할 햄버거 개수를 나타내는 리스트를 생성한다; 이번에는 300에서 500 사이의 모든 짝수로 구성한다(예를 들어, 300, 302, 304, … , 500). 또한, 햄버거 가격을 나타내

는, 5부터 10까지 균등하게 분포한 100개의 숫자로 이루어진 NumPy 배열을 생성한다.

8. 마지막으로, 2차원 리스트를 생성하는데, 여기서 i행 j의 원소는 가게의 이익을 나타내고, 첫 번째 리스트의 i번째 원소는 햄버거 개수, 두 번째 리스트(NumPy 배열)의 j번째 원소는 햄버거 가격을 나타낸다. 이 리스트를 변수 **profits**에 저장한다.
9. Matplotlib을 사용해서, 생산한 햄버거 수(y축)와 햄버거의 판매 가격(x축)의 함수로 계산해서 만든, 2차원 이익 리스트를 히트맵으로 시각화한다.

> **노트**
>
> 이 프로젝트의 구현 코드는 부록에 있다.

요약

이 장에서, 함수와 변수를 수학적으로 정의했다. 함수와 관련된 정의역, 치역, 그리고 함수의 그래프 같은 다양한 주제도 살펴보았다. 이 장의 후반부에서는 방정식과 연립방정식의 개념, 그리고 이러한 방정식을 푸는 특별한 방법을 다루었다. 이러한 논의 도중, SymPy 라이브러리와 NumPy에서 역행렬을 계산하는 함수도 살펴보았다. 대수와 함수를 이용해서 비즈니스를 위한 다중 변수 손익분기 모델을 구축하고 분석하는 것으로 이 장을 마무리했다.

다음 장에서, 수학의 또 다른 중요한 주제를 계속해서 다룬다: **수열과 급수, 삼각함수, 벡터, 그리고 복소수**

5장

파이썬과 기초수학

요약

이 장을 배우고 나면, **수열**과 **급수**의 기본 개념을 이해하고 이러한 수학적 개념을 파이썬 함수로 구현할 수 있다. 기본적인 **삼각함수**와 피타고라스의 정리를 응용한 문제를 다룰 수도 있다. **벡터**와 **미적분**에 대한 실습으로, 파이썬으로 벡터 대수를 계산해봄으로써 그것을 어디에 적용할 수 있는지 알게 된다. 마지막으로, **복소수**가 다른 숫자 체계만큼 뛰어나다는 것을 알게 되며, 이것이 **삼각법**과 깊은 관련이 있으며 실세계 문제의 응용에 아주 유용하게 쓰인다는 것을 알게 된다.

개요

앞 장에서, 기본적인 함수부터 시작해서 함수의 변환과 방정식 풀이까지, 파이썬을 사용한 함수와 대수를 다루었다. 5장에서는, 금융과 같은 많은 실세계 분야에 응용되며, 미적분을 배우기 위해 꼭 알아야 하는 기초 개념인 수열과 급수를 다룬다. 또한, 삼각법, 벡터, 복소수를 살펴봄으로써 수학적 세계를 더 잘 이해할 수 있다.

뛰어난 파이썬 프로그래머가 되려면, 반드시, 배경이 되는 수학을 확실하게 이해하고 동시에 그것을 효과적으로 응용할 수 있어야 한다. 벡터와 복소수를 자신의 '수학적 툴박스'를 확장하는 가치 있는 것으로 생각해야만, 금융, 과학, 비즈니스 및 사회 분야의 실세계 문제를 효율적으로 설명하고, 정량화해서, 해결할 수 있다.

수열과 급수는 무엇보다도 이익, 손실, 배당금 또는 기타 지급 등이 정기적으로 발생하는 상황에서 나타난다. 삼각법과 삼각함수는 지리와 공간 문제를 해결할 때 필요하며, 벡터는 물리학과 공학, 머신러닝 등 많은 분야에서, 여러 개의 값이 한 덩어리가 특히, 방향의 의미가 있을 때 널리 사용된다. 복소수는 전자기학, 광학, 양자역학, 그리고 컴퓨터 과학과 같은 다양한 분야에서 즐겨 사용하는 가장 기본적인 개념 중 하나다.

수열과 급수

만약 $10,000 상금이 걸린 질문이 "**2, 4, 8, 16, 32 라는 수열이 주어졌을 때, 다음에 오는 숫자는?**"이라면, 최선의 추측은 무엇일까? 만약 64라고 답한다면 축하한다. — 이것으로 수학적 추상의 핵심 개념 중 하나를 이해하는 데 한 걸음 더 다가간 것이다: 바로 수열이다. **수열**은, 글자 그대로, 특정한 순서에 따라 한 가지 뒤에 다른 것이 따르는 것을 말한다. 여기서 "것"은 (대부분) 정수 또는 실수다. 수열에 나오는 "것"의 순서가 중요하다. "것"을 수열의 항, 성분, 또는 원소라고 부른다.

예를 들어, 앞서 언급한 TV 퀴즈 프로그램 수열에서 각 항은 이전 수에 2를 곱한 것이다; 정수가 무한하므로 이 수열은 끝이 없다. 어떤 경우, 수열에 같은 값을 갖는 항이 한 번 이상 나타날 수 있다. 예를 들어, 한 해의 달의 일 수나 동전 던지기의 결과 수열을 생각해보면 쉽게 알 수 있다. 고대 인도 시대부터 잘 알려진 수열은 **피보나치 수열**이다. — $1, 1, 2, 3, 5, 8, 13 \cdots$ 이 수열은 각 항이 이전 두 항의 합이다.

즉, 다른 항을 유도하기 위해서 최소한 두 개의 선행 항이 있어야 한다. 다른 말로 하면, 세 번째 수를 예측해내기 위해서는 최초의 두 숫자(앞에 나열한 경우 1과 1이지만 일반적으로 어떤 두 숫자)가 있어야 한다. 우리는 어떤 수열이, 피보나치 수열과 같이, 내부에 어떤 논리를 지니고 있다는 것을 알고 있다; 어떤 기본 규칙으로, 이것으로 수열의 다른 항을 유도할 수 있다.

이 장에서, 응용 수학 및 프로그래밍의 여러 분야에서 자주 사용하는, 세 가지 범주에 속하는 기본적인 수열(또는 **연쇄**)을 다루기로 한다: **등차**, **등비**, **재귀**. 이것이 수열의 전부는 아니지만, 가장 자주 사용되는 것으로, 내포된 논리를 잘 보여주는 수열들이다.

수열 $\{\alpha_n\} = \{\alpha_1, \alpha_2, \alpha_3, \cdots, \alpha_N, \cdots\}$은 자연수 $n = 1, 2, 3, \cdots, N$와 수열의 항 사이에 1대1 대응 규칙이 존재하는 항(성분 또는 원소)의 정렬된 집합이다. 수열의 길이(즉, 항의 수)는 유한하거나 무한할 수 있으며, 이에 따라 수열은 각각 유한수열 또는 무한수열이라고 한다.

급수는 다음과 같이 수열을 더한 것이다:

$$a_1 + a_2 + a_3 + \ldots$$

그림 5.1 무한급수

다음과 같이 합 기호를 사용할 수도 있다:

$$\sum_{i=1}^{\infty} a_i$$

그림 5.2 합 기호로 나타낸 무한급수

앞의 급수는 무한하다(즉, 무한수열의 모든 항의 합이다). 그러나, 급수 역시 수열과 마찬가지로 유한할 수 있다. 왜 무한한 항을 더할까? 많은 경우에, 이미 알려진 공식을 사용해서 합을 효율적으로 계산할 수 있기 때문이다. 게다가, 수열이 무한하더라도 합산이 (무한이 아닌) 어떤 값이나 함수에 수렴할 수도 있다. 이러한 이유로 급수는 잘 알려진 함수들의 구성 요소로 여겨지며, 또한 복잡한 함수들을 나타내는 데 사용할 수 있어서, 급수의 속성 역시 직관적으로 이해할 수 있다. 급수와 수열은 수학, 물리학, 공학, 금융 등 어디에나 등장하는 빠질 수 없는 개념이며, 고대로부터 알려져 왔다. 이 개념은 특히 도함수를 포함한 다른 많은 함수를 정의할 때 등장해서 유용하게 사용된다.

▶ 등차수열

모든 다른 수학적 개념과 마찬가지로, 수열 역시 우리 일상생활 어디에서나 찾을 수 있다. 이전에는 생각해보지 않았을지도 모르지만, 택시를 탈 때마다, 비용을 계산하기 위해 보이지 않는 곳에서 수열이 뤔박질하고 있다. 차가 달리는 동안, 매 킬로미터(또는 마일) 당 일정한 금액이 초기 요금에 추가된다. 그래서 어떤 순간에든 그 순간의 요금에 해당하는 숫자가 정해진다(그때까지의 요금). 이 모든 요금이 차례로 정렬되어 수열을 구성한다. 마찬가지로, 자라면서 키는 시간(일 또는 달)에 대한 실수의 수열(센티미터 또는 인치로 표현된 키)을 구성한다. 이 두 가지 사례는 시간이 지남에 따라 비감소 수열을 구성한다. 다시 말해, 수열의 각 항은 이전 항보다 크거나 같으며 더 작지는 않다. 그러나, 사실 두 사례에는 미묘한 차이가 있기는 하다: 자라면서 키가 커지는 정도가 다르다(어린이는 빨리 자라고, 청소년은 천천히 자라며, 성인은 더 이상 자라지 않는다. (!나이 들어 키가 줄어드는 것은 생각하지 말자). 반면에 택시 요금이 증가하는 비율은 일정하다. 이런 성질로부터, 다음과 같이 정의되는, 특별한 유형의 수열-등차수열-에 대해 알아보자.

연속하는 두 항 사이의 차이가 일정한 수열을 **등차수열**이라고 한다. 즉, 등차수열의 공식은 다음과 같다:

$$\alpha_{n+1} - \alpha_n = d$$

여기서 d는 상수이며 모든 n에 대해 항상 같다. 당연하게, 매개변수 d와 어떤 (임의의) 항 α_n을 알면, 항 α_{n+1}은 관계식을 이용하여 쉽게 알아낼 수 있다. 계속해서, 다른 항 α_{n+2}, α_{n+3} $\cdots$과 α_{n-1}, α_{n-2}도 알아낼 수 있다. 다시 말해, 매개변수 d와 수열의 첫 번째 항 α_1을 알면 수열의 모든 항을 (고유하게) 결정할 수 있다. 수열의 n번째 항을 계산하는 일반 공식은 다음과 같다:

$$\alpha_n = \alpha_1 + (n-1)d$$

여기서 d를 공차라고 부른다.

반대로, 어떤 주어진 수열이 등차수열인지 확인하려면, 항들의 모든 순서쌍의 차이, $\alpha_{n+1} - \alpha_n$를 계산해서 값이 같은 상수인지 확인하면 된다. 등차수열에서 n항까지의 합은 다음과 같다:

$$\Sigma_j^n \alpha_j = \Sigma_j^n [\alpha_1 + (j-1)d] = n(\alpha_1 + \alpha_n)/2$$

즉, 수열의 길이 n과, 수열의 첫 번째 및 마지막 항을 알면, α_1부터 α_n까지 모든 항의 합을 결정할 수 있다. 합계 $(\alpha_1+\alpha_n)$은 전체 수열의 산술평균의 2배이므로, 급수는 단순히 산술평균의 n배라는 뜻이다.

이제, 등차수열의 구성과 특징을 알았다. 그러니, 몇 가지 구체적인 사례를 살펴보자. 아직, 특정한 파이썬 라이브러리를 가져올 필요가 없으므로 바로 함수를 생성한다. 함수는 항상 **def**로 시작해서, 공백 다음에 (원하는 아무) 함수 이름, 괄호 안에 함수가 취하는 인수의 목록을 쓰고, 콜론으로 구분한다. 다음 라인은 반드시 (오른쪽으로 네 칸) 들여 쓰는데, 여기에 함수의 논리, 즉 알고리즘이나 절차를 작성한다. 예를 들어, 다음을 살펴보자:

```
def my_function(arg1, arg2):
    '''Write a function that adds two numbers
       and returns their sum'''
    result = arg1 + arg2
    return result
```

최종 명령문의 **result**가 이 함수가 반환하는 값이다. 예를 들어, 앞서 설명한 대로 my_function을 정의하면, 이 함수는 두 개의 숫자 **arg1**과 **arg2**를 입력으로 받아서, 다음과 같이 새 변수에 전달할 수 있다:

```
summed = my_function(2,9)
print(summed)
```

출력은 다음과 같다:

```
11
```

여기서 **summed**는 **my_function**에 의해 반환(생성)되는 값을 갖는다. 함수를 정의할 때, **return** 문장이 누락된 경우에도 이 함수는 문법적으로 바르기 때문에 호출해서 사용할 수 있다. 그러나, 코드를 실행하면 **summed** 변수는 **None**이 된다.

이제, (어떤) 수열을 생성한다고 하자. 그러면 함수 몸체에서 반복문을 사용해야 한다. 파이썬에서는 **for** 또는 **while** 루프를 사용하여 이를 구현할 수 있다. 다음 예제를 살펴보자. 이 함수는 **n**개의 합의 수열을 반환한다:

```
def my_sequence(arg1, arg2, n):
    '''Write a function that adds two numbers n times and
        prints their sum'''
    result = 0
    for i in range(n):
        result = result + arg1 + arg2
        print(result)
```

이 함수는, result 변수를 (0으로) 초기화하고, **arg1 + arg2**를 반복해서 더한다. 이 반복은 **n**번 수행되며, 여기서 **n**은 새로 만든 함수 **my_sequence**의 인수 중 하나다. 반복문 몸체(**for** 문 다음에 오는 부분)가 실행될 때마다 **result**는 **arg1 + arg2**만큼 증가하고, 그 값을 화면에 출력한다. 간단하게 처리하려고 **return** 문은 생략했다. 이 예제에서는 파이썬의 내장 함수인 **range()** 메서드를 사용했다. 이 메서드는 0부터 (함수의 입력으로 받는) 종료 정수 바로 앞 숫자(!아래 호출의 경우 n=4이므로 이 값은 3)까지의 정수 수열을 생성한다. 이제 이 함수를 호출해보자:

```
my_sequence(2,9,4)
```

출력은 다음과 같다:

```
11
22
33
44
```

while 반복을 사용해서 같은 결과를 얻을 수 있다:

```
def my_sequence(arg1, arg2, n):
    '''Write a function that adds two numbers n times
        and prints their sum'''
    i = 0
    result = 0
    while i < n:
        result = result + arg1 + arg2
        i += 1
    print(result)
```

같은 매개변수를 전달해서, **my_sequence** 함수를 호출하면, 같은 결과를 얻는다.

▶ 제너레이터

파이썬에서 순차처리를 할 때 사용할 수 있는 제너레이터라는 재미있는 것이 있다. **제너레이터**는 함수와 유사한 객체로, 한 번에 하나의 값을 반환하는, 반복이 가능한 항목의 집합을 반환한다. 간단히 말해서, 함수에 최소한 하나의 **yield** 문이 포함되면 그 함수는 제너레이터 함수가 된다. 함수 대신 제너레이터를 사용해서 얻는 장점은, 시스템 메모리를 넘치지 않게 하면서, 원하는 만큼 (여기서는 무한히 많이) 제너레이터를 호출할 수 있다는 것이다. 특별한 상황에서 매우 귀중하게 사용할 수 있는 도구다. 수열의 한 항은 **next()** 메서드로 얻을 수 있다. 우선 함수를 정의해보자:

```
def my_generator(arg1, arg2, n):
    '''Write a generator function that adds
        two numbers n times and prints their sum'''
    i = 0
    result = 0
    while i < n:
        result = result + arg1 + arg2
        i += 1
        yield result
```

이제, next() 메서드를 여러 차례 호출해보자:

```
my_gen = my_generator(2,9,4)
next(my_gen)
```

출력은 다음과 같다:

```
11
```

두 번째 호출해보자:

```
next(my_gen)
```

출력은 다음과 같다:

```
22
```

세 번째 호출해보자:

```
next(my_gen)
```

출력은 다음과 같다:

```
33
```

네 번째 호출해보자:

```
next(my_gen)
```

출력은 다음과 같다:

```
44
```

앞의 예제와 같은 값을 한 번에 하나씩 얻었다. **next()** 메서드를 다시 호출하면 (n=4이므로) 제너레이터가 고갈되어 오류 메시지가 표시된다:

```
next(my_gen)
Traceback (most recent call last):
    File "<stdin>", line 1, in <module>
StopIteration
```

이제 지금까지 배운 수열의 개념을 파이썬 코드로 구현할 준비가 끝났다.

실습 5.01 ✦ 등차수열과 등차수열의 n번째 항 계산

이 실습에서, 간단한 파이썬 함수를 사용해서 유한 등차수열과 무한 등차수열을 만들어본다. 입력으로, 수열의 첫 항 **a1**, 공차 **d**, 그리고 수열의 크기 **n**을 사용한다. 이 실습의 목표는 다음과 같다:

- 수열의 한 항(n번째 항) 계산
- 전체 수열 생성
- 수열의 n번째 항까지의 합 계산

목표를 달성하기 위해, 수열의 첫 항 **a1**, 공차 **d**, 그리고 수열의 크기 **n**을 입력으로 제공해야 한다. 이를 구현해보자:

1. 먼저, 수열의 n번째 항을, 일반항 공식 $\alpha_n = \alpha_1 + (n-1)d$을 이용해서 구하는 함수를 작성한다:

```
def a_n(a1, d, n):
    '''Return the n-th term of the arithmetic sequence.
    :a1: first term of the sequence. Integer or real.

    :n: the n-th term in sequence
    returns: n-th term. Integer or real.'''
    an = a1 + (n - 1)*d
    return an
```

이렇게 해서, 다른 앞선 항을 알 필요 없이 수열의 n번째 항을 구할 수 있다. 예를 들어, 인수 **(4, 3, 10)**으로 함수를 호출해보자:

```
a_n(4, 3, 10)
```

출력은 다음과 같다:

```
31
```

2. 이제, 초항 **a1**을 **d**만큼 **n**번 증가시키고, 그렇게 생성한 모든 항을 리스트에 저장하는 함수를 작성한다:

```
def a_seq(a1, d, n):
    '''Obtain the whole arithmetic sequence up to n.
    :a1: first term of the sequence. Integer or real.
    :d: common difference of the sequence. Integer or real.
    :n: length of sequence
    returns: sequence as a list.'''
    sequence = []
    for _ in range(n):
        sequence.append(a1)
        a1 = a1 + d
    return sequence
```

3. 결과 리스트를 확인하기 위해 다음 코드를 추가해보자:

```
a_seq(4, 3, 10)
```

출력은 다음과 같다:

```
[4, 7, 10, 13, 16, 19, 22, 25, 28, 31]
```

4에서 시작하여 **3**씩 증가하는 크기가 **10**인 등차수열을 얻었다.

4. 이제, 무한 등차수열을 생성해보자. 이를 위해 앞에서 배운 파이썬 제너레이터를 사용해본다:

```
def infinite_a_sequence(a1, d):
    while True:
        yield a1
        a1 = a1 + d

for i in infinite_a_sequence(4,3):
    print(i, end=" ")
```

위 코드를 실행한 후, 수동으로 실행을 중단해야 한다; 그렇지 않으면 **for** 반복이 수열의 항을 끝없이 출력한다. 파이썬 제너레이터를 사용하는 또 다른 방법은, 앞에서 설명한 대로, 제너레이터 객체(여기서는 **infinite_a_sequence()**)가 직접 **next()** 메서드를 호출하는 것이다.

5. 파이썬의 **sum()** 메서드를 호출해서 수열의 항의 합을 계산해보자:

```
sum(a_seq(4, 3, 10))
```

출력은 다음과 같다:

```
175
```

6. 마지막으로, 등차수열의 일반항 식 $a_n = a_1 + (n-1)d$을 구현해보자. 이것으로 계산한 값과 앞의 합계를 비교할 수 있다:

```
def a_series(a1, d, n):
    result = n * (a1 + a_n(a1, d, n)) / 2
    return result
```

7. 다음과 같이 함수를 실행해보자:

```
a_series(4, 3, 10)
```

출력은 다음과 같다:

```
175.0
```

> **노트**
>
> 이 절의 소스 코드는 다음에 있다.
>
> https://packt.live/2D2S52c.
>
> 또한, 다음에서 이 예제를 온라인으로 실행할 수 있다.
>
> https://packt.live/31DjRfO.

이렇게 해서, 수열과 급수를 사용하여 등차수열의 합을 계산하고 비교할 수 있었다. 주어진 결과를, 두 가지 독립적인 수학적 방법으로 교차 검증하는 능력은, 프로그래머의 프로그래밍 수준과 무관하게 극히 유용하며, 과학적 검증의 중추를 이루는 역량이다. 또한, 동일한 문제를 해결할 수 있는 서로 다른 방법(여기서는 급수를 구하는 두 가지 방법)을 알고 있으며, 각각의 장점(그리고 단점)을 파악하는 것은 고급 수준의 코드 작성에 도달하기 위한 필수 역량이다.

이제 다른 범주의, 그렇지만 마찬가지로 기본적인, **등비수열**에 대해 배워보자.

▶ 등비수열

감염병은 해당 지역의 인구 밀도에 따라 다른 비율로 사람 사이에서 전파된다. 팬데믹의 경우, 중간 정도 전파력을 지닌 전염성 질병에 대해, 하루 평균 두 사람에게 전파되는 것으로 알려졌다. 따라서, 첫 번째 날 감염자가 한 사람이라면, 두 번째 날에는 새로 감염된 사람이 두 명 더 생기고, 세 번째 날에는 이전에 감염된 사람들 각각에 대해 또 두 명이 감염되어 추가 감염자가 네 명이 된다. 마찬가지로, 네 번째 날에는 여덟 명의 추가 감염자가 발생하는 등, 같은 식으로 계속 늘어난다. 추가 감염자의 수가 주어진 시점의 기존 감염자 수에 의존하기 때문에, 질병이 퍼지는 정도는 상수가 아니다 — 그래서, 전염병은 지수적으로 전파되고 팬데믹이 일어난다.

앞에서 계산해본 숫자들 $(1, 2, 4, 8, \cdots)$은 수열이다. 그런데, 이번에는 등차수열일 조건을 만족하지 않는다: 두 연속하는 항의 차이가 일정하지 않다. 그러나 비율은 일정하다. 이 같은 수열은, **등비수열**이라 부르는 특수한 유형의 수열로서, 연속하는 두 항의 비율이 상수인, 순서대로 정렬된 숫자들의 집합 또는 순서열이다.

이 같은 성질을, 수학이라는 간결한 언어로, $\alpha_{n+1} = r\alpha_n$으로 나타낸다.

여기서 α_n은 n일의 감염자 수, α_{n+1}은 $n+1$일에 발생한 추가 감염자의 수이고, $r > 0$은 감염자 수가 얼마나 빠르게 (또는 느리게) 늘어나는지를 정의하는 계수다. 이를 공비라고 한다. 이 공식은 모든 n에 대해 성립하는 일반식이다. 즉, n에 대해 성립하면 $n-1$, $n-2$ 등에 대해서도 성립한다. 앞의 관계를 귀납적으로 계산해서 쉽게 방정식 $\alpha_n = r^{n-1}\alpha$을 유도할 수 있다.

이제, 초항 $\alpha = \alpha_1$과 공비 r이 주어지면 등비수열의 n번째 항을 얻을 수 있다. 여기서 초항 α을 크기 계수라고도 부른다.

r은 0이 아닌 임의의 값이다. $r > 1$인 경우 α_{n+1}이 이전 값보다 크므로 수열은 계속 증가하고, $r < 1$인 경우는 반대다: α_{n+1}은 n이 증가함에 따라 0에 가까워진다. 따라서, 앞에서 설명한 감염병의 예에서 $r > 1$은 전염병이 확산하는 것을 의미하고, $r < 1$은 감소하는 것을 의미한다.

등비수열 공식 $\alpha_n = r^{n-1}\alpha$를 이용해서, 수열의 n번째 항을 계산하는 파이썬 함수를 작

성해보자:

```
def n_geom_seq(r, a, n):
    an = r**(n-1) * a
    return an
```

이 함수는 공비 **r**, 크기 계수 **a**, 찾고자 하는 항을 나타내는 **n**을 입력으로 받는다. 인수를 **(2, 3, 10)**으로 해서 이 함수를 호출해보자:

```
n_geom_seq(2, 3, 10)
```

출력은 다음과 같다:

```
1536
```

등차수열과 마찬가지로, 등비수열도, 항의 개수가 n인 수열의 항들의 합으로 등비급수를 정의한다:

$$\sum_{k=1}^{n} ar^{k-1} = ar^0 + ar^1 + ar^2 + ar^3 + \ldots + ar^{n-1}$$

그림 5.3 등비급수

또는, 다음과 같이 나타낼 수 있다:

$$\sum_{k=1}^{n} ar^{k-1} = \frac{a(1-r^n)}{1-r}$$

그림 5.4 등비급수의 다른 표현

등비급수를 더 잘 이해하기 위해 파이썬을 사용해서 그래프로 나타내 보자. 앞에서처럼 **r, a, n**을 입력으로 받고, 두 번째 공식으로 n번째 항까지의 급수를 계산하는 함수를 정의한다:

```
def sum_n(r, a, n):
    sum_n = a*(1 - r**n) / (1 - r)
    return sum_n
```

이제, 앞에서처럼 인수 **(2, 3, 10)**으로 해서 함수를 호출한다:

```
sum_n(2, 3, 10)
```

출력은 다음과 같다:

```
3069.0
```

$r > 1$인 경우, 등비수열의 항이 증가하는 모습을 시각화한 그래프를 살펴보자:

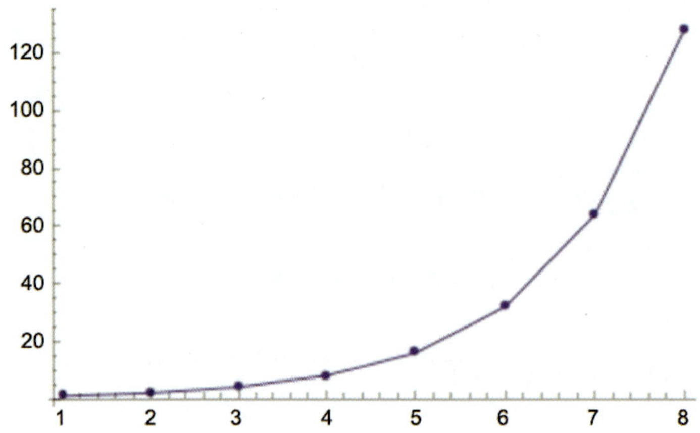

그림 5.5 $r > 1$에 대해 증가하는 등비수열

$r < 1$인 경우, 등비수열의 항이 감소하는 모습을 시각화한 그래프를 살펴보자:

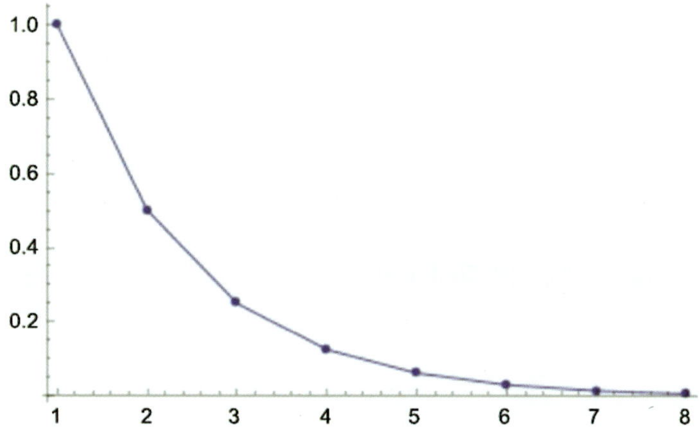

그림 5.6 $r < 1$에 대해 감소하는 등비수열

이 절에서, 등비수열의 항이 어떻게 변해가는지와 등비수열과 등비급수의 임의의 항을 어떻게 파이썬으로 쉽게 찾을 수 있는지 살펴보았다. 이제, 수열과 그 응용에 대한 이해를 높이기 위해 실습과 함께 배운 내용을 구현해보자.

실습 5.02 ✦ 수열의 다음 항을 찾는 함수

배양 접시에서 자라는 박테리아 수는 등비수열로 증가한다. n일에 대한 박테리아 개체 수가 주어질 때, $n+1$일의 박테리아 개체 수를 계산하는 함수를 작성해보자. 다음 단계에 따라 실습을 수행한다:

1. 인수 (*args)를 넘겨받아, 두 번째 항부터 시작해서, 각 항과 그 전 항의 비율을 계산한다. 그런 다음, 모든 비율이 같은지, 즉 공비인지, 확인하고 그 경우 공비를 반환한다. 그렇지 않으면 -1을 반환한다 (수열이 공비를 갖지 않는다):

```
def find_ratio(*args):
    arg0=args[0]
    ratios = []
    for arg in args[1:]:
        ratio = round(arg/arg0,8)
        arg0=arg
    ratios.append(ratio)
```

```
    if len(set(ratios)) == 1:
        return ratio
    else:
        return -1
```

2. 이제, 두 가지 다른 수열에 대해 **find_ratio()** 함수를 확인해보자. 먼저, 다음 수열을 사용한다:

```
find_ratio(1,2,4,8,16,32,64,128,256,512)
```

출력은 다음과 같다:

```
2.0
```

3. 이번에는 다음 수열을 사용한다:

```
find_ratio(1,2,3)
```

출력은 다음과 같다:

```
-1
```

앞선 두 출력에서 확인할 수 있듯이, **find_ratio()** 함수는 등비수열이면 공비를, 아니면 **-1**을 출력한다.

4. 이제, 수열을 입력하면 다음 항을 출력하는 함수를 작성한다. (쉼표로 구분된) 숫자 리스트를 입력받아, 공비를 찾은 다음, 그 값을 이용해서 다음 항을 예측한다:

```
def find_next(*args):
    if find_ratio(*args) == -1:
        raise ValueError('The sequence you entered'  \
                         'is not a geometric sequence. '  \
                         'Please check input.')
    else:
        return args[-1]*find_ratio(*args)
```

앞서 구현한 **find_ratio()** 함수를 호출해서 수열이 공비를 갖는지 확인한다. 공비가 없으면 오류를 출력하고; 아니면 다음 항을 반환한다.

5. 다음 수열로 함수가 정상적으로 작동하는지 확인해보자:

```
find_next(1,2,4)
```

출력은 다음과 같다:

```
8.0
```

6. 이번에도, 다른 수열을 사용해보자:

```
find_next(1.36,0.85680,0.539784,0.34006392)
```

출력은 다음과 같다:

```
0.2142402696
```

코드가 잘 돌아간다. 먼저 첫 번째 경우, 예상대로, 8.0이 출력되었다. 두 번째 경우는, 다소 예상하기 어려운, 감소하는 등비수열의 다음 항을 출력했다. 요약해서, 등비수열을 감지해서, 공비를 찾고, 다음 항을 예측하는 함수를 작성할 수 있었다. 이 함수는 복리 이자를 계산하는 등의 실세계 문제에 극히 유용하다.

> **노트**
>
> 이 절의 소스 코드는 다음에 있다.
>
> https://packt.live/2NUyT8N.
>
> 또한, 다음에서 이 예제를 온라인으로 실행할 수 있다.
>
> https://packt.live/3dRMwQV.

앞 절에서, 등차수열과 등비수열 모두 두 가지 방식으로 정의할 수 있다는 것을 알았다. 수열의 n번째 항은 주어진 항(꼭 그렇지는 않지만 보통 초항)과 등차 또는 공비를 사용해서 결정할 수 있다는 것을 알았다. 더 흥미롭게도, 수열의 $(n-1)$번째 항을 알면 n번째 항을 알 수 있고, 마찬가지로 $(n-2)$번째 항을 알면 $(n-1)$번째 항을 알 수 있다는 것도 알았다. 이러한 분석은 이 두 가지 유형의 수열을 규정하는 흥미로운 패턴을 보여준다. 실제로 이 패턴은 이러한 개념을 확장할 수 있다는 걸 의미한다. 사실, 이러한 패턴을 일반화해서 순수하게 재귀적인 방식으로 수열을 정의할 수 있다. 이제 다음 절로 넘어가서 점화수열에 대해 살펴보자.

▶ 점화수열

점화수열은 순환 관계식으로 생성되는 항 v_n의 수열이다. 즉, 각 항은 앞항에 의해 유일하게 정해진다.

v_n은 하나 이상의 앞항에 종속될 수 있다. 예를 들어, 앞에서 다룬 피보나치 수열은 $(n-1)$번째와 $(n-2)$번째 항으로 n번째 항을 알 수 있는 점화수열이다. 반면에, 팩토리얼은 앞항 하나만 알면 다음 항을 정할 수 있다. 구체적으로, **팩토리얼**은 재귀 관계식 $n!=n(n-1)!$, $n>0$과 초기 조건 $0!=1$로 정의된다.

이 공식을 파이썬 코드로 변환해보자:

```
def factorial(n):
    if n == 0 or n ==1:
        return 1
    elif n == 2:
        return 2
    else:
        return n*factorial(n - 1)
```

이 코드는 팩토리얼 함수를 재귀적으로 즉, 재귀 관계식을 사용해서 구현한 것이다: n에 대한 결과를 계산하기 위해, $n-1$에 대해 함수를 호출하고, 다시 $n-2$에 대해 함수를 호출하고, 이렇게 $n=2$에 도달할 때까지 계속해서 호출한다.

$n=11$인 경우 함수 호출은 다음과 같다:

```
factorial(11)
```

출력은 다음과 같다:

```
39916800
```

지금까지 살펴본 두 가지 유형의 수열(등차수열과 등비수열)은 상호 배타적이다. (!등차수열이면 등비수열일 수 없고 반대도 마찬가지라는 뜻) 그러나 재귀적으로 정의되는 수열은 그렇지 않아서, 점화수열은 재귀적이면서 등차수열이거나 재귀적이면서 등비수열일 수 있다. 전통적으로, 등비수열이나 등차수열과 달리, 재귀 관계식으로 정의할 수 없는 유형의 수열을 **점화수열**이라고 부른다.

점화수열의 기본 개념을 알아보았으니, 이제, 재귀적으로 정의된 임의의 수열의 항을 계산하는 파이썬 코드를 작성해보자.

실습 5.03 ✦ 사용자 점화수열 생성

이 실습에서, 앞 절에서 살펴본 개념에 따라 사용자 정의 점화수열을 만들어본다. 첫 세 항이, $P_1 = 1, P_2 = 7, P_3 = 2$인 P_n에 대해, 재귀 관계식 $P_{n+3} = (3*P_{n+1} - P_{n+2})/(P_n\text{-}1)$을 따르는 점화수열의 다음 일곱 개 항을 찾는다. 다음 단계에 따라 실습한다:

1. 주어진 재귀 관계식에 따라 n번째 항을 계산하는 파이썬 순환 함수를 정의한다:

```
def p_n(n):
    if n < 1:
        return -1
    elif n == 1:
        return 1
    elif n == 2:
        return 7
    elif n == 3:
        return 2
    else:
        pn = (3*p_n(n-2) - p_n(n-1) )/ (p_n(n-3) + 1)
        return pn
```

이 함수는, 수열을 정의할 때 설정한 세 항을 처리하는 것으로 시작한다: 즉, $n = 1$이면 $P = 1$, $n = 2$이면 $P = 7$, $n = 3$이면 $P = 2$이다. 또한, $n < 1$인 경우도 고려했다. 이 상황은 입력이 잘못된 것이고, 함수는 관례로 -1을 반환한다. 이렇게 해야, 함수가 무한 루프에 빠지지 않도록 제한하고, 함수를 잘못된 입력으로부터 보호할 수 있다. 그런 다음, 재귀적 관계식을 정의한다.

2. 이제, 수열의 첫 10개 항을 출력해서 함수를 평가해보자(주어진 초기 세 항과 새로 생성한 일곱 항):

```
for i in range(1,11):
    print(p_n(i))
```

출력은 다음과 같다:

```
1
7
2
9.5
-0.4375
9.645833333333334
-1.0436507936507937
53.29982363315697
-5.30073825572847
-3784.586609737289
```

실행 결과에서 알 수 있듯이, 알려진 항($P_1 = 1, P_2 = 7, P_3 = 2$)과 다음 항($P_1$부터 P_{10})을 모두 정상적으로 생성한다.

3. 보너스로, **matplotlib** 모듈을 사용해서 출력 결과를 그래프로 그려보자. 수열의 첫 40항을 리스트에 저장한 후, **pyplot**으로 그래프를 그린다:

```
from matplotlib import pyplot as plt
plist = []
for i in range(1,40):
    plist.append(p_n(i))

plt.plot(plist, linestyle='--', marker='o', color='b')
plt.show()
```

출력은 다음과 같다:

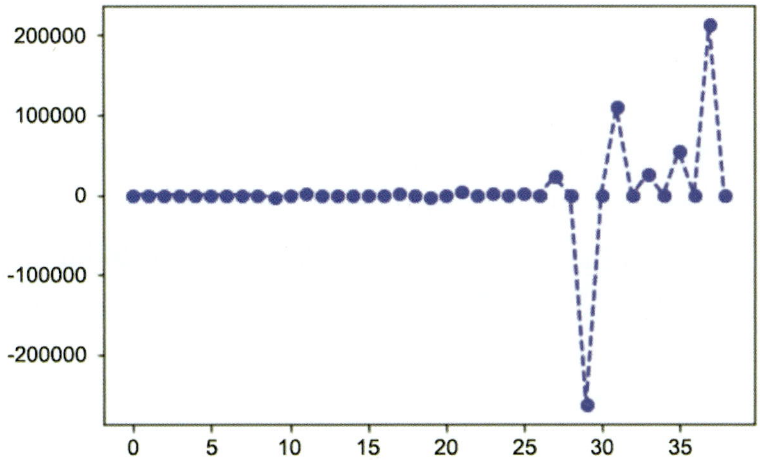

그림 5.7 Matplotlib 라이브러리를 사용해서 그린 수열의 그래프

> **노트**
>
> 이 절의 소스 코드는 다음에 있다.
>
> https://packt.live/2D3vlPF.
>
> 또한, 다음에서 이 예제를 온라인으로 실행할 수 있다.
>
> https://packt.live/3eY05Q4.

잘 정의된 단순해 보이는 재귀 관계가 때로는 무작위이고 불규칙한 결과를 낳을 수 있다는 것을 알 수 있었다. 실제로, 이 점화수열의 항을 계속해서 그려보면, 항들이 0 주변을 오르락내리락하면서 광범위하고 비대칭적으로 진동함을 알 수 있다. 이것은 재귀적인 수열을 정의하고 n번째 항을 예측하는 것은 간단하지만, 그 역이 항상 그렇지는 않다는 결론에 이르게 된다. 또한, 주어진 수열이 등차수열인지 등비수열인지 또는 둘 다인지 확인하는 것은 상당히 간단하다. 그러나 주어진 수열이 재귀적인 관계에서 파생되었는지 — 그 관계가 무엇인지는 — 대부분은 답할 수 없다.

이 절에서, 수열이 무엇이고, 왜 중요한지, 그리고 수학의 또 다른 중요 개념과 수열이 어떻게 관련되어 있는지 살펴보았다: **급수**. 구체적으로 등차수열, 등비수열, 그리고 점화수열을 배우고 파이썬으로 간단하게 구현할 수 있는지 알아보았다. 다음 절에서는 삼각법에 대해 자세하게 알아보고, 파이썬을 사용해서 삼각법 문제를 쉽게 해결하는 방법을 배운다.

삼각법

삼각법은 삼각형을 연구하는 것으로, 특히 각도와 변 사이의 관계를 다룬다. 삼각형의 세 변 중 두 변의 비율은 특정한 각에 대한 정보를 제공하며, 이러한 두 변에 특정한 이름을 주고 함수라고 부른다. 이러한 함수들이 삼각형 안에서 탄생하였음에도 불구하고, 삼각형과 무관해 보이는 다른 상황에서도 (추상적으로) 큰 의미를 갖고, 독립적인 수학적 객체로 사용된다는 점에서 삼각법과 수학의 아름다움을 찾을 수 있다. 실제로 탄젠트, 코사인, 사인과 같은 함수들은 삼각형의 존재와 무관하게, 수학, 물리학, 공학의 많은 영역에 등장한다.

가장 기본적인 삼각함수와 그 사용법을 살펴보자.

▶ 기본적인 삼각함수

직각삼각형 (혹은 단순히 직삼각형) ABC를 정의하는 것에서 시작해보자. 그중 한 각(다음 그림의 각 BCA)은 **직각**, 즉 90도다. 직각과 마주 보는 변을 **빗변**이라고 하고(그림에서 변 h), 다른 두 변(a와 b)은 발이라고 한다. 또한 이 두 변을 각에 대한 상대적 위치에 따라 밑변(또는 인접한 변)과 높이(또는 마주보는 변)로 구분한다. 예를 들어, 변 b는 오른쪽 아래 각(그림에서 각 CAB 혹은 θ)에 인접하고, 위쪽 각(그림 각 CBA)과 마주한다.

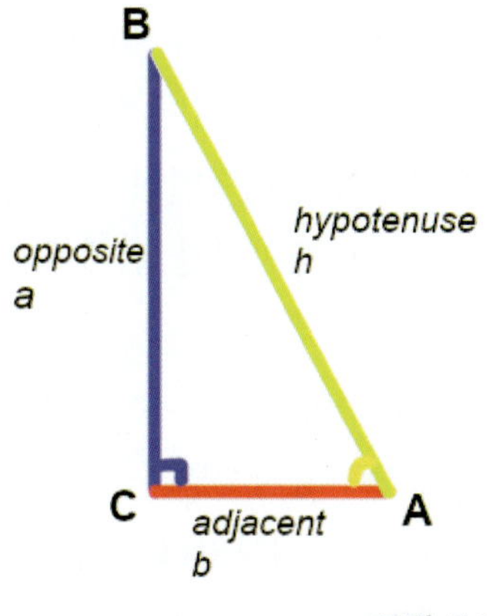

a: 각 CAB의 높이(마주보는 변)
b: 각 CAB의 밑변(인접하는 변)

θ

그림 5.8 직각삼각형

가장 일반적인 삼각함수는 이 그림으로부터 다음과 같이 정의된다:

sine

$$\sin\theta = \frac{a}{h} = \frac{opposite}{hypotenuse}$$

cosine

$$\cos\theta = \frac{a}{h} = \frac{adjacent}{hypotenuse}$$

tangent

$$\tan\theta = \frac{a}{b} = \frac{opposite}{adjacent}$$

그림 5.9 삼각함수

탄젠트 함수에 대해서, $\tan\theta = \sin\theta / \cos\theta$ 역시 성립한다.

또한, 임의의 각 θ에 대해 다음 항등식이 성립한다: $\sin\theta^2 + \cos\theta^2 = 1$.

삼각함수들은 본질적으로 주기를 갖는다. 즉, 삼각형 변의 크기와 무관하게, 이 함수들은 2π를 주기로 값이 반복된다. 이 사실은 다음 실습에서 그림을 통해 명확하게 알 수 있다. 사인과 코사인 함수의 범위는 구간 $[-1, 1]$이다. 이는 입력 θ와 관계없이 가장 작은 값은 -1이고 가장 큰 값은 1이라는 뜻이다.

마지막으로, 직각삼각형의 변은 유명한 피타고라스 정리를 따른다: $h^2 = a^2 + b^2$

파이썬 코드로, **math** 모듈의 제곱근 메소드(**sqrt**)를 사용해서, a와 b가 주어졌을 때 h를 계산하는, 피타고라스 정리에 대응하는, 함수를 간단하게 구현할 수 있다; 예를 들어:

```
from math import sqrt

def hypotenuse(a,b):
    h = sqrt(a**2 + b**2)
    return h
```

다음과 같이 $a = 3$, $b = 4$로 이 함수를 호출할 수 있다:

```
hypotenuse(a = 3, b = 4)
```

출력은 다음과 같다:

```
5.0
```

이제 이 개념을 확실하게 이해하기 위한 구체적인 실습을 해보자.

실습 5.04 ✦ 직각삼각형 그리기

이 실습에서는, 주어진 점 p_1과 p_2를 끝점으로 하는 선분을, 빗변으로 하는 직각삼각형을 그리는 파이썬 함수를 구현한다. 주어진 점은 삼각형의 두 발 즉, 밑변과 높이에 해당하는 변의 끝점이기도 하다(**그림 5.10** 참조). 그런 다음, 세 가지 삼각함수 값을 계산하고, 사인과 코사인 함수의 그래프도 그려본다:

1. **numpy**와 **pyplot** 라이브러리를 가져온다:

```
import numpy as np
from matplotlib import pyplot as plt
```

이제, p_1과 p_2를 입력으로 받아 피타고라스의 정리를 사용해서 빗변을 구한 후 반환하는 함수를 작성한다:

```
def find_hypotenuse(p1, p2):
    p3 = round( (p1**2 + p2**2)**0.5, 8)
    return p3
```

2. 이제, **sin**, **cos**, 그리고 **tan** 같은 삼각비를 계산하는 함수를 작성한다. 이 함수는 주어진 각에 대해 밑변과 높이 그리고 빗변의 길이를 입력으로 받아, 정의에 따라 삼각비를 계산한 후 튜플로 반환한다.:

```
def find_trig(adjacent, opposite, hypotenuse):
    '''Returns the tuple (sin, cos, tan)'''
    return opposite/hypotenuse, adjacent/hypotenuse, opposite/adjacent
```

3. 이제 삼각형을 그리는 파이썬 함수를 작성해보자. 간단하게, 직각을 좌표축의 원점 (0, 0)에 두고, 첫 번째 입력은 x축 위에 $(p_1, 0)$으로, 두 번째 입력은 y축 위에 $(0, p_2)$으로 배치한다:

```
def plot_triangle(p1, p2, lw=5):
    x = [0, p1, 0]
    y = [0, 0, p2]
    n = ['0', 'p1', 'p2']

    fig, ax = plt.subplots(figsize=(p1,p2))
    # plot points
    ax.scatter(x, y, s=400, c="#8C4799", alpha=0.4)
    ax.annotate(find_hypotenuse(p1,p2),(p1/2,p2/2))

    # plot edges
    ax.plot([0, p1], [0, 0], lw=lw, color='r')
    ax.plot([0, 0], [0, p2], lw=lw, color='b')
    ax.plot([0, p1], [p2, 0], lw=lw, color='y')

    for i, txt in enumerate(n):
        ax.annotate(txt, (x[i], y[i]), va='center')
```

주어진 점을 리스트 **x**와 **y**에 저장하고, 레이블 역시 리스트 **n**에 저장한다. 그런 다음, **pyplot** 객체를 생성해서 점을 그리고, 다음으로 변을 그린다. 마지막 두 줄은 그림에 주석을 추가하는 코드다; 즉, 점들 옆에 (리스트 **n**의) 레이블을 추가한다.

4. 입력으로 사용할 두 점을 선택한다. 그리고, 함수를 호출해서 그림을 출력한다:

```
p01 = 4
p02 = 4

print(find_trig(p01,p02,find_hypotenuse(p01,p02)))
plot_triangle(p01,p02)
```

첫 번째 줄에는 **sin**, **cos**, 그리고 **tan** 세 가지 삼각비를 출력한다. 그리고, 삼각형을 그리는데, 이 경우는 두 변의 길이가 같은 직각 이등변삼각형이 그려진다.
출력은 다음과 같다:

```
(0.707106781123095, 0.707106781123095, 1.0)
```

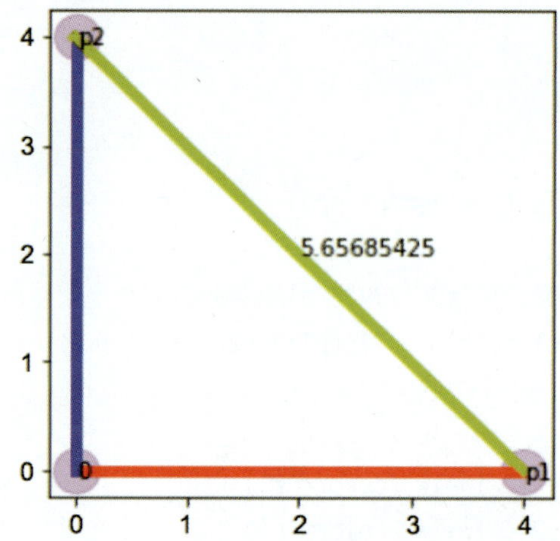

그림 5.10 직각 이등변삼각형

간단한 도형(두 각이 $\pi/4$인 직각 이등변삼각형)이기 때문에, 결과가 예상대로(오차는 반올림) 바르게 나왔다는 것을 쉽게 알 수 있다.

5. 마지막으로, 사인과 코사인 함수의 이해를 돕기 위해 그래프로 그려서 결과를 관찰해보자 (NumPy에서는 pi값을 **np.pi**로 직접 호출할 수 있다):

```
x = np.linspace(0, 10, 200)

sin = np.sin(x)
cos = np.cos(x)

plt.xticks([0, np.pi/2, np.pi, 3*np.pi/2, 2*np.pi, \
            5*np.pi/2, 3*np.pi], \
           ['0','',' u03C0','','2 u03C0','','3 u03C0'])

plt.plot(x, sin, marker='o', label='sin')
plt.plot(x, cos, marker='x', label='cos')

plt.legend(loc="upper left")
plt.ylim(-1.1, 1.6)
plt.show()
```

출력은 다음과 같다:

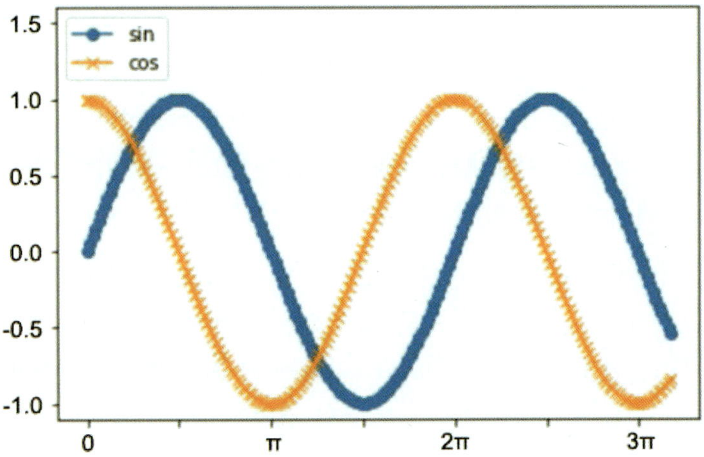

그림 5.11 사인과 코사인 함수 그래프

이 실습에서, 삼각함수의 세계로 뛰어들었으며, 파이썬으로 어떻게 시각화하는지 살펴보았다.

> **노트**
>
> 이 절의 소스 코드는 다음에 있다.
> https://packt.live/2Zz0TnU.
>
> 또한, 다음에서 이 예제를 온라인으로 실행할 수 있다.
> https://packt.live/2AoxS63.

이상으로, 삼각함수의 정의를 배우고, 사인, 코사인, 탄젠트 값이 각과 변의 관계로써 어떻게 계산되는지 알았다. 또한, 이 세 함수가, 2π마다 반복되는 주기함수라는 것, 그리고 첫 두 함수는 값이 $[-1, 1]$ 범위로 제한된다는 것도 알았다. 삼각함수 값은 파이썬이나 휴대용 과학 계산기를 사용해서 바로 구할 수 있다. 그런가 하면, 많은 상황에서 역과정이 유용하게 사용되기도 한다: sin, cos 또는 tan의 값을 줬을 때, 각을 찾을 수 있을까? 그런 함수가 있기는 할까? 다음 절에서 이 질문에 답해보자.

▶ 역삼각함수

역삼각함수는 삼각함수의 역함수로서 원래의 삼각함수만큼 쓸모가 많다. 역함수는 원래 함수와 반대로 동작 또는 기능하는 함수다. 삼각함수가 각도를 입력으로 받아 비율을 나타내는 순수한 숫자를 출력한다는 것을 기억하자. 역삼각함수는 반대로 숫자를 입력으로 받고 각도를 출력한다. 예를 들어, 만약 한 점 π가 점 -1에 대응된다면(cos 함수가 그렇다), 그 함수의 역함수는 정확히 그 반대를 수행해야 한다. 그리고 이러한 역대응 관계는 역함수가 정의된 모든 정의역에 대해 성립해야 한다.

$\sin(x)$ 함수의 역함수는 $\arcsin(x)$라고 부른다: 만약 $y = \sin(x)$라면 $x = \arcsin(y)$다. sin은 주기함수이므로 서로 다른 x가 같은 y에 대응된다. 그렇다면, 이 역함수는 한 점을 여러 개의 다른 점에 대응시킬 것이다. 이것은 함수의 정의와 충돌하기 때문에 허용될 수 없다. 이러한 문제점을 피하고자 arcsin의 정의역(arccos도 마찬가지로)을 $[-1, 1]$ 범위로 제한하고, 자연스럽게 $y = \arcsin(x)$와 $y = \arccos(x)$의 치역 역시 $[-\pi/2, \pi/2]$ 및 $[0, \pi]$ 범위로 제한된다.

세 가지 기본 역삼각함수를 다음과 같이 정의할 수 있다:

- $\arcsin(x) = y$, 단, 다음을 만족 $\arcsin(\sin(x)) = x$
- $\arccos(x) = y$, 단, 다음을 만족 $\arccos(\cos(x)) = x$
- $\arctan(x) = y$, 단, 다음을 만족 $\arctan(\tan(x)) = x$

파이썬에서, 이 함수들을 **math** 모듈이나 **numpy** 라이브러리 내부에서 호출할 수 있다. 파이썬은 대부분, 역함수가 라디안값을 반환하도록 구현하기 때문에, 결과를 각도 단위로 변환할 때가 있다. 이 일은, 각도와 호도법의 관계에 따라, 라디안값에 180을 곱한 후 π로 나누면 된다.

코드로 작성해보자. 입력 **x**는 -1과 1 사이의 숫자, 출력은 라디안값이다. 먼저 필요한 라이브러리를 가져오고 **x**의 값을 정의한다:

```
from math import acos, asin, atan, cos
x = 0.5
```

이제 역코사인 함숫값을 출력해보자:

```
print(acos(x))
```

출력은 다음과 같다:

```
1.0471975511965979
```

역사인 함숫값을 출력해보자:

```
print(asin(x))
```

출력은 다음과 같다:

```
0.5235987755982989
```

역탄젠트 함숫값을 출력해보자:

```
print(atan(x))
```

출력은 다음과 같다:

```
0.4636476090008061
```

이번에는 [−1, 1] 범위를 벗어나는 입력으로 **acos()** 함수를 호출해보자:

```
x = -1.2
print(acos(x))
```

이번에는 다음과 같은 오류가 발생한다:

```
Traceback (most recent call last):
File "<stdin>", line 1, in <module>
```

asin() 함수에 대해서도 비슷한 일이 일어난다. 이것은 코사인(또는 사인)값으로 **-1.2**을 출력하는 입력 θ가 없으므로 쉽게 예상할 수 있는 오류다. 그러나 **atan()** 함수에 대해서는 이 같은 입력이 허용된다:

```
x = -1.2
print(atan(x))
```

실행 결과는 다음과 같다:

```
-0.8760580505981934
```

마지막으로, 역삼각함수의 역함수 $\arccos(\cos(x))$를 확인해보자:

```
print(acos(cos(0.2)))
```

출력은 다음과 같다:

```
0.2
```

예상한 대로, **cos()** 함수의 입력 0.2가 출력된다.

역삼각함수는 수학, 물리학, 공학 등 분야에서 다양하게 활용된다. 예를 들어, 역삼각함수를 사용해서 적분을 구할 수 있다. 부정적분은 다음과 같다:

$$\int \frac{dx}{\sqrt{a^2 - x^2}} = \arcsin\frac{x}{a} + c$$

$$\int \frac{dx}{a^2 + x^2} = \frac{1}{a}\arctan\frac{x}{a} + c$$

$$\int \frac{dx}{x\sqrt{x^2 + a^2}} = \frac{1}{a} arcsec \left| \frac{x}{a} \right| + c$$

그림 5.12 역삼각함수

여기서, a는 매개변수이고 C는 상수다. 이처럼 적분은 역삼각함수를 이용해서 바로 구할 수 있다.

실습 5.05 ✦ 역삼각함수를 이용해서 보물까지의 가장 짧은 길 찾기

이 실습에서, 몇 세기 동안 귀중한 보물이 묻혀있는 위치 **B**를 가리키는 비밀 지도를 입수하게 되었다고 하자. 현재 **A** 지점에 있고, 보물을 가지려면 남쪽으로 20km 이동한 다음 서쪽으로 33km 이동해야 한다. 그리고 선분 **AB**가 가장 짧은 경로다. 정확하게 지도에 표시된 길을 따라 이동하기 위해 각도 θ를 찾아야 한다:

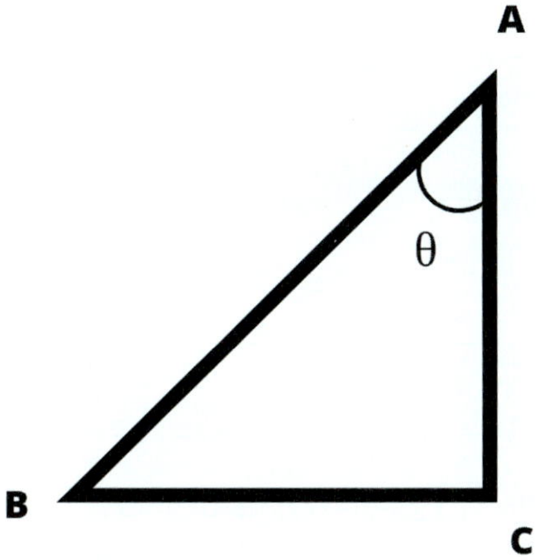

그림 5.13 점 A, B, C의 위치

선분 **AB**와 **AC** 사이의 각 θ를 찾는 게 목적이다. 다음 단계를 따라 한다:

1. **atan()** (arctan 또는 역탄젠트) 함수를 가져온다:

```
from math import atan, pi
```

2. **BC**와 **AC**를 사용해서 θ의 탄젠트를 찾는다:

```
AC = 33
BC = 20
tan_th = BC/AC
print(tan_th)
```

출력은 다음과 같다:

```
0.6060606060606061
```

3. 다음으로, 역탄젠트 함수를 사용해서 각을 구한다. 함수의 인수는 θ의 탄젠트다:

```
theta = atan(tan_th)
```

4. 이것을 도 단위로 변환한 후 값을 출력한다:

```
theta_degrees = theta*180/pi
print(theta_degrees)
```

출력은 다음과 같다:

```
31.218402764346372
```

따라서, 지도를 따라가려면 31.22도만큼 회전해야 한다.

5. 추가로 경로 **AB의** 거리를 계산해보자. 피타고라스의 정리로 다음과 같이 쉽게 알 수 있다:

$AB^2 = AC^2 + BC^2$

파이썬 코드는 다음과 같다:

```
AB = (AC**2 + BC**2)**0.5
print(AB)
```

출력은 다음과 같다:

```
38.58756276314948
```

즉, 이동 거리는 38.59km다.

파이썬의 **find_hypotenuse()** 함수를 호출해서 바로 구할 수도 있다. 아무튼, 예상한 대로, 선분 AB를 따라가는 것이 AC + BC = 53km보다 훨씬 짧다.

노트

이 절의 소스 코드는 다음에 있다.

https://packt.live/31CF4qr.

또한, 다음에서 이 예제를 온라인으로 실행할 수 있다.

https://packt.live/38jfVII.

실습 5.06 물체까지의 최적 거리 찾기

좋아하는 쇼를 보기 위해 공연장에 가서 관람장 중앙에 서 있다고 가정하자. 관람장 주변에는 사람들이 공연을 꼼꼼하게 볼 수 있게 별도의 스크린이 설치되어 있다. 스크린 하단은 눈높이로부터 3m 높이에 위치하고, 스크린 자체의 높이는 7m다. 시야각은 스크린 하단과 상단을 바라보며 형성된다. 이 상황에서 시야각이 최대가 되는 거리 x를 찾아보자:

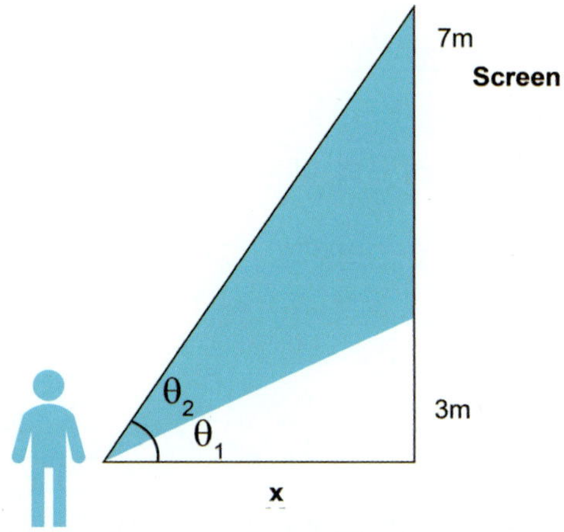

그림 5.14 눈과 스크린이 이루는 시야각

약간의 대수가 필요한 조금 복잡한 문제지만, 간단하게 몇 단계로 나눠서 해결의 논리를 설명하겠다. 먼저 문제를 나타내는 그림을 살펴보고 어떻게 해결해야 할지 구상해보자. 겉보기에 복잡한 이 실세계 문제는 더 추상적이고 단순한 기하학적인 그림으로 변환할 수 있다.

다음 단계에 따라 실습해보자:

1. x를 계산하자. 이것은 삼각형의 아래쪽 변이면서 각 θ_1(동시에 $\theta = \theta_1 + \theta_2$)에 인접한 변이다. 구하려는 x는 시야각 θ_2(동시에 $\tan(\theta_2)$)가 최대가 될 때라는 조건이 붙는다. 스크린의 위치에 대한 그림으로부터 즉각적으로 다음과 같은 세 각에 대한 관계를 유도할 수 있다: θ_1(내각), θ_2(외각), 그리고 $\theta = \theta_1 + \theta_2$:

   $\tan(\theta_1) =$ 높이/밑변 $= 3/x$

   $\tan(\theta) = \tan(\theta_1 + \theta_2) =$ 높이/밑변 $= (7+3)/x$.

   이제 대수를 이용해서 두 관계로부터 θ_2에 대한 조건을 구한다.

2. 두 각의 합의 탄젠트에 대한 등식은 다음과 같다:

$$\tan(\theta_1 + \theta_2) = \frac{\tan(\theta_1) + \tan(\theta_2)}{1 - \tan(\theta_1)\tan(\theta_2)}$$

그림 5.15 두 각의 합의 탄젠트에 대한 공식

   이 식에 $\tan(\theta)$와 $\tan(\theta_1)$를 대입해서 다음을 얻을 수 있다:

   $\tan(\theta_2) = 7x/(30 + x^2)$ 또는

   $\theta_2 = \arctan(7x/(30 + x^2))$.

   다시 말해, 문제로부터 각 θ_1이 거리 x의 함수라는 것을 이용해서 θ_2를 유도했다.

3. 이 함수가 어떻게 변하는지 그래프로 그려보자. 먼저 필요한 라이브러리를 가져온다:

```
from matplotlib import pyplot as plt
import numpy as np
```

4. 다음으로, 정의역 **x**와 값 **y**를 정의하고, **numpy**의 **arctan()** 메서드를 사용해서 이 함수를 그린다. 다음처럼 **pyplot**의 **plot()** 메서드로 쉽게 그릴 수 있다:

```
x = np.linspace(0.1, 50, 2000)
y = np.arctan(7*x / (30+x**2) )
plt.plot(x,y)

plt.show()
```

출력은 다음 그래프와 같다:

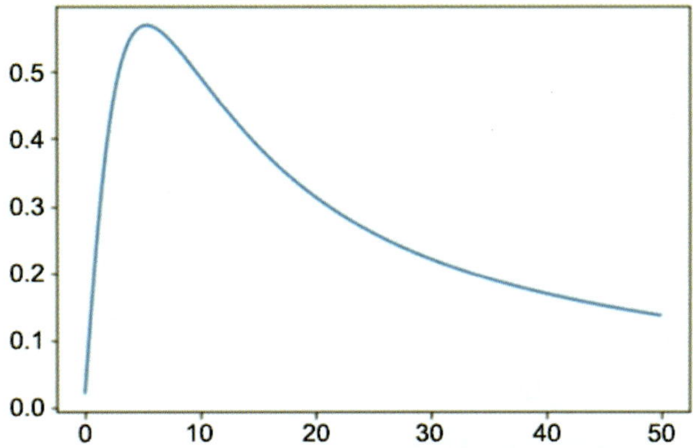

그림 5.16 arctan() 메서드를 사용한 함수의 그래프

이 그래프에서 함수의 최대값이 존재한다는 것을 알 수 있다.

5. 함수의 최대값 **y**와 함숫값을 최대로 하는 **x**를 결정한다:

```
ymax = max(y)
xmax = x[list(y).index(ymax)]

print(round(xmax,2), round(ymax,2))
```

출력은 다음과 같다:

```
5.47 0.57
```

6. 마지막으로, 찾은 각도를 도 단위로 변환한다:

```
ymax_degrees = round(ymax * 180 / np.pi, 2)
print(ymax_degrees)
```

출력은 다음과 같다:

```
32.58
```

따라서, 화면에서 5.47m 떨어진 곳에 서 있을 때, 시야각 θ_2가 32.58도로 최대가 된다는 것을 알아냈다. 결국, 삼각함수와 역삼각함수 그리고 파이썬으로, 실제 세계의 기하학적 문제를 해결했다. 이는 기하학과 삼각법의 개념을 유용하고 쉽게 코딩해서 원하는 결과를 얻는 방법을 잘 보여준다.

노트

이 절의 소스 코드는 다음에 있다.

https://packt.live/2VB3Oez.

또한, 다음에서 이 예제를 온라인으로 실행할 수 있다.

https://packt.live/2VG9x2T.

이제, 대수학, 물리학, 컴퓨터 과학, 응용 데이터 과학 등 다양한 분야에서 폭넓게 응용되는, 수학의 또 다른 중요한 개념인 **벡터**를 배워보자.

벡터

벡터는 크기와 방향을 가진 추상적인 수학적 객체다. 벡터는 꼬리와 머리를 가진 화살표로 나타낸다. 머리는 벡터의 방향을 나타내고, 화살표의 길이는 벡터의 크기를 나타낸다.

스칼라는 벡터와 대조적인 개념으로 단일 숫자다. 스칼라는 벡터가 아니며, 순수한 정수, 실수 또는 복소수(뒤에서 배운다)이며, 구성 원소 따위가 없고, 방향도 없다.

벡터는 **A**처럼 굵은 글씨로 나타내거나, 위에 화살표가 있는 글자로 나타내는데, 특별하게 혼란을 주지 않으면 그냥 보통의 글자로 나타낼 수도 있다. 벡터 **A**의 크기는 $|A|$ 또는 간단히 A로 나타낸다. 이제 다양한 벡터 연산을 살펴보자.

▶ 벡터 연산

쉽게 말해서, 벡터는 둘, 셋 또는 그 이상의 숫자를 모아놓은(리스트나 배열로 생각하자.) 수학적 객체다. 이 객체는, 메트릭이나 차원 같은 몇 가지 속성을 갖는, 벡터 공간이라고 부르는 특정한 기하학적 공간에 존재한다. **벡터 공간**은 (이 책의 종이의 평면 같은) 2차원, (우리 주위의 유클리드 공간 같은) 3차원, 또는 수학과 물리학의 많은 추상적인 구조에서 사용하는 더 높은 차원일 수 있다. 벡터를 구별하는 데 필요한 성분 또는 숫자의 개수는 공간의 차원과 같다. (!2차원 벡터는 값 2개가 주어지면 고유한 위치가 정해진다. 즉, 서로를 구별할 수 있다.) 이제, 벡터 공간(이라는 놀이터)을 정의했으니, 무언가를 측정할 수 있는 기준점을 정할 수 있게 좌표계(일반적으로 x, y, 그리고 z축)를 도입하자. 이렇게 잘 정의된 공간에서, 모든 벡터가 좌표축의 원점에서 시작한다는 가정 아래, 벡터를 유일하게 정의하기 위한 숫자들의 집합(둘, 셋 또는 그 이상)을 결정해야 한다. 벡터의 성분은 정수, 유리수, 실수 또는 (드물게) 복소수가 될 수 있다. 파이썬에서는 주로 리스트나 NumPy 배열로 나타낸다.

실수 집합과 마찬가지로, 벡터도 일련의 선형 연산을 정의할 수 있다. 두 벡터 $A=(a_1,\ a_2,\ a_3)$와 $B=(b_1,\ b_2,\ b_3)$ 사이에 다음과 같은 연산을 정의할 수 있다: (!이 연산이 무엇인지 선입견을 품을 필요가 없다. 이 책의 저자는 예를 들어, 벡터 A와 B를 연산해서 C가 얻어지는 상황을 그림으로 그릴 수 있다는 것을 말하고 있다. 잘 알다시피, 대부분 책에서 벡터 연산은 항상 그림으로 설명한다. 반면에 이 책은 그것을 파이썬으로 구현한다. 그래서 지금은 이 그림 하나로 대체한 것이다.)

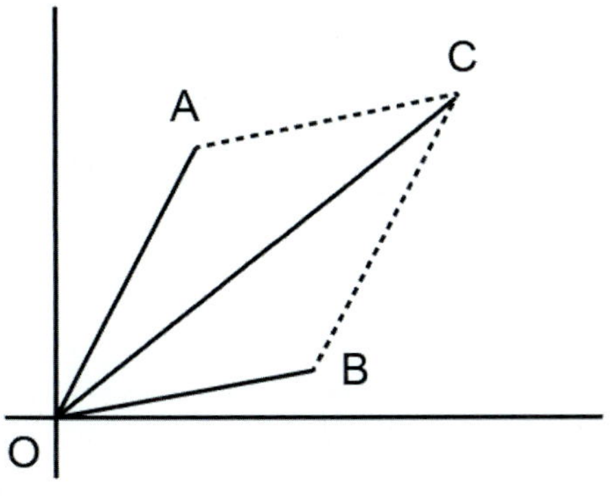

그림 5.17 점 A, B, C와 벡터 연산의 시각화

이제, 벡터에 어떤 연산이 있는지 살펴보자:

- **덧셈**; $C=A+B=(a_1+b_1,\ a_2+b_2,\ a_3+b_3)$
- **뺄셈**; $C=A-B=(a_1-b_1,\ a_2-b_2,\ a_3-b_3)$
- **점 곱**(내적 또는 스칼라 곱); $C=A.B=a_1b_1+a_2b_2+a_3b_3$

- **크로스**(또는 **외적**); $C = A \times B$, 이때, 벡터 C는 벡터 A와 B가 이루는 평면에 수직이고 성분은 $(a_2b_3 - a_3b_2,\ a_3b_1 - a_1b_3,\ a_1b_2 - a_2b_1)$이다.
- **쌍별 곱** 또는 Hadamard 곱; 두 벡터 A와 B의 쌍별 곱 $C = (a_1b_1,\ a_2b_2,\ a_3b_3)$이다.

(!점 곱, 크로스, 쌍별 곱은 일반적인 수학 용어가 아니다. 다만 이 책은 파이썬으로 수학을 배우는 것이라서, 파이썬의 용어를 주로 사용해서 더 빠르게 이것에 익숙해지게 하려는 의도가 있다. 눈치 빠른 독자는 $A \cdot B$가 아니라 $A.B$로 표기한 이유를 알아챘을 것이다.)

이 연산을 파이썬 코드로 작성해보자:

```
import numpy as np
A = np.array([1,2,3]) # create vector A
B = np.array([4,5,6]) # create vector B
```

A와 **B**의 합은 다음처럼 계산할 수 있다:

```
A + B
```

출력은 다음과 같다:

```
array([5, 7, 9])
```

차이는 다음처럼 계산할 수 있다:

```
A - B
```

출력은 다음과 같다:

```
array([-3, -3, -3])
```

쌍별 곱은 다음처럼 계산할 수 있다:

```
A*B
```

출력은 다음과 같다:

```
array([ 4, 10, 18])
```

내적은 다음처럼 계산할 수 있다:

```
A.dot(B)
```

출력은 다음과 같다:

```
32
```

마지막으로, 외적은 다음처럼 계산할 수 있다:

```
np.cross(A,B)
```

출력은 다음과 같다:

```
array([-3, 6, -3])
```

벡터의 덧셈, 뺄셈 및 내적은 결합법칙과 교환법칙이 성립한다. 반면에 외적은 결합법칙은 성립하지만, 교환법칙은 성립하지 않는다. 즉, $a \times b$는 $b \times a$와 같지 않다. 외적처럼 교환법칙이 성립하지 않는 연산을 **반가환**이라 부르기도 한다.

스칼라(λ) 즉, 수와 벡터(A)를 곱할 수 있다. 이 연산의 결과는 벡터의 각 성분에 동일한 숫자(스칼라)를 곱해서 얻어지는 벡터다:

$$\lambda A = \lambda(a_1, \ a_2, \ a_3) = (\lambda a_1, \ \lambda a_2, \ \lambda a_3)$$

벡터 사이의 진짜 중요한 연산은 내적이다. **내적**은 수학, 컴퓨터 과학의 응용 분야에서 가장 많이 사용하는 연산이다. 내적은 실수 세계에는 없는 매우 재미있는 연산이다. 이 연산은 두 벡터를 입력으로 받아 하나의 스칼라를 출력한다. 즉, 연산이 만들어낸 결과(스칼라)는 입력받은 재료(벡터)와 다른 유형이고, 따라서 일반적으로 역연산(내적 나눗셈)은 존재할 수 없다.

정의에 따라, 다음과 같이 표시된다:

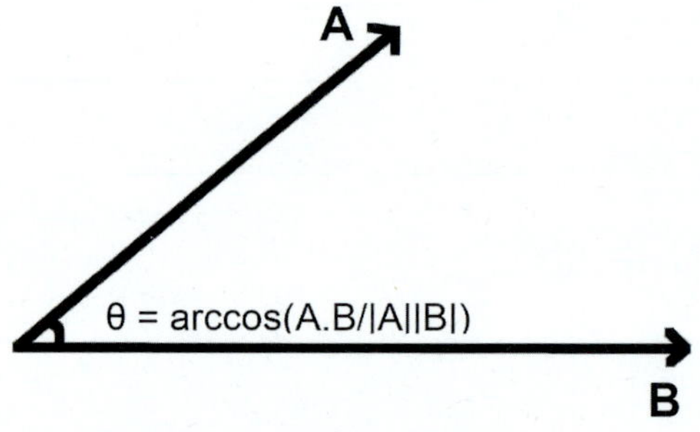

그림 5.18 사이각이 θ인 경우

이 그림에 내포된 관계는 다음 방정식으로 나타낼 수 있다:

$A.B = |A||B| cos(\theta)$

여기서 θ는 A와 B 사이의 각이다.

일반적인 성질을 살펴보자:

- A와 B가 직교한다면, 내적은 0이다:
  $A.B = 0$일 필요충분조건은 $\theta = angle(A, B) = \pi/2$, $|A|$와 $|B|$가 0이 아니므로.
- A와 B가 방향이 같고, 평행하면, $\theta = 0$, $\cos(\theta) = 1$이고 $A.B = |A||B|$이다. 만약 A와 B가 평행하면서 반대 방향이면, $\theta = \pi$, $\cos(\theta) = -1$이고 $A.B = -|A||B|$이다.
- 내적의 정의로부터, 자신과의 내적은 다음과 같다:
  $A.A = |A||A|$ 또는 $|A| = \sqrt{(A.A)}$
- $A.B = |A||B| cos(\theta)$으로부터, 두 벡터 사이의 각은 다음과 같다는 것을 바로 알 수 있다:
  $\theta = \mathrm{arccos}(A.B/|A||B|)$
  여기서 arccos는 앞에서 다룬 역코사인 함수다.

예를 들어, **numpy**와 이 식을 이용해서, 임의의 두 벡터 사이의 각도를 계산하는 파이썬 프로그램을 작성해보자:

```
import numpy as np
from math import acos
A = np.array([2,10,0])
B = np.array([9,1,-1])
```

다음 코드를 사용해서 벡터의 크기를 구할 수 있다:

```
Amagn = np.sqrt(A.dot(A))
Bmagn = np.sqrt(B.dot(B))
```

다른 방법으로 다음 코드를 사용할 수도 있다:

```
Amagn = np.linalg.norm(A)
Bmagn = np.linalg.norm(B)
```

값을 출력하자:

```
print(Amagn, Bmagn)
```

출력은 다음과 같다:

```
10.198039027185569
9.1104335791443
```

다른 코드에 대한 **Amagn**과 **Bmagn**을 출력해서, 두 코드가 같은 값을 출력한다는 걸 바로 확인할 수 있다.

마지막으로, 다음과 같이 각도 θ를 구할 수 있다:

```
theta = acos(A.dot(B) / (Amagn * Bmagn))
print(theta)
```

출력은 다음과 같다:

```
1.2646655256233297
```

실습으로 지금 배운 다양한 벡터 연산을 수행해보자.

실습 5.07 ✦ 벡터 시각화

이 실습에서, 2차원 공간상의 두 벡터를 그리는 함수를 만든다. 그리고 두 벡터의 합과 사이각도 구한다.

다음 단계에 따라 실습해보자:

1. 실습에 필요한 라이브러리 **numpy**와 **matplotlib**을 가져온다:

```
import numpy as np
import matplotlib.pyplot as plt
```

2. 리스트로 표현된 두 벡터를 인자로 받아 그림을 그리고, 추가로 그들의 합 벡터를 그리는 함수를 생성한다:

```
def plot_vectors(vec1, vec2, isSum = False):

    label1 = "A"; label2 = "B"; label3 = "A+B"
    orig = [0.0, 0.0] # position of origin of axes
```

vec1과 **vec2** 리스트는 각각 두 개의 실수를 포함한다. 각 쌍은 해당 벡터의 끝점 좌표를 나타내며, 시작점은 원점(0,0)으로 설정한다. 레이블은 **"A"**, **"B"**, **"A+B"**로 설정했지만, 원하면 변경하거나, 심지어 **plot_vectors()** 함수의 변수로 설정하고, 호출할 때 값을 넘겨주거나, 기본값을 지정할 수도 있다. 논리변수인 **isSum**은 기본값을 **False**로 지정해서, 명시적으로 **True**로 설정하지 않으면 벡터 합 **vec1+vec2**을 그리지 않는다.

3. 다음으로, **matplotlib.pyplot** 객체에 좌표를 설정한다:

```
    ax = plt.axes()
    ax.annotate(label1, [vec1[0]+0.5,vec1[1]+0.5] )
    # shift position of label for better visibility
    ax.annotate(label2, [vec2[0]+0.5,vec2[1]+0.5] )
    if isSum:
        vec3 = [vec1[0]+vec2[0], vec1[1]+vec2[1]]
        # if isSum=True calculate the sum of the two vectors
        ax.annotate(label3, [vec3[0]+0.5,vec3[1]+0.5] )

    ax.arrow(*orig, *vec1, head_width=0.4, head_length=0.65)
    ax.arrow(*orig, *vec2, head_width=0.4, head_length=0.65, \
           ec='blue')

    if isSum:
        ax.arrow(*orig, *vec3, head_width=0.2,  \
                 head_length=0.25, ec='yellow')
```

```
        # plot the vector sum as well

    plt.grid()
    e=3
    # shift limits by e for better visibility
    plt.xlim(min(vec1[0],vec2[0],0)-e, max(vec1[0], \
                vec2[0],0)+e)
    # set plot limits to the min/max of coordinates
    plt.ylim(min(vec1[1],vec2[1],0)-e, max(vec1[1], \
                vec2[1],0)+e)
    # so that all vectors are inside the plot area
```

annotate 메서드를 사용해서 벡터에 레이블을 추가한 후, arrow 메서드를 사용해서 벡터를 생성한다. 별표 연산자 *는 리스트 **orig**와 **vec1**, **vec2** 내의 인수를 풀어서 **arrow()** 메서드가 값을 바르게 읽을 수 있도록 한다. **plt.grid()**는 그래프 배경에 그리드를 추가해서 시각적으로 보기 좋게 나타내는 것으로, 원하면 빼도 된다. 매개변수 **e**는 그래프의 가독성을 좋게 하도록 그래프 영역을 적당히 넓게 만든다.

4. 다음으로, 제목을 추가하고 그래프를 그린다:

```
plt.title('Vector sum',fontsize=14)

plt.show()
plt.close()
```

5. 이제, 앞에서 설명한 대로, 내적을 사용해서 두 벡터 사이의 각도를 계산하는 함수를 작성한다:

```
def find_angle(vec1, vec2, isRadians = True, isSum = False):
    vec1 = np.array(vec1)
    vec2 = np.array(vec2)

    product12 = np.dot(vec1,vec2)
    cos_theta = product12/(np.dot(vec1,vec1)**0.5 *  \
                          np.dot(vec2,vec2)**0.5 )
    cos_theta = round(cos_theta, 12)
    theta = np.arccos(cos_theta)
```

```
    plot_vectors(vec1, vec2, isSum=isSum)
    if isRadians:
        return theta
    else:
        return 180*theta/np.pi
```

먼저, 메서드에서 사용할 수 있도록 입력 리스트를 **numpy** 배열로 변환한다. 다음으로 내적을 (**product12**) 계산한 후 그 값을 **vec1**의 크기와 **vec2**의 크기의 곱으로 나누어준다. 벡터의 크기는 자신과의 내적의 제곱근(또는 ****0.5**)으로 구한다. 내적의 정의에 따라, 이 값이 두 벡터 사이의 각도 theta의 코사인값이다. 따라서 마지막으로, **numpy**의 **arccos** 메서드를 사용해서 theta를 계산한다. 이때 입력 오류를 방지하기 위해 코사인값을 반올림한다.

6. **plot_vectors()**가 **find_angle()**을 호출하도록 해서 두 함수를 묶는다. 또한, 계산한 각을 라디안(**isRadians=True**) 또는 도(**isRadians=False**)로 출력할 수 있는 옵션도 설정했다. 이제 준비가 끝났다. 먼저, 수직인 두 벡터에 대해 실행해보자:

```
ve1 = [1,5]
ve2 = [5,-1]

find_angle(ve1, ve2, isRadians = False, isSum = True)
```

출력은 다음과 같다:

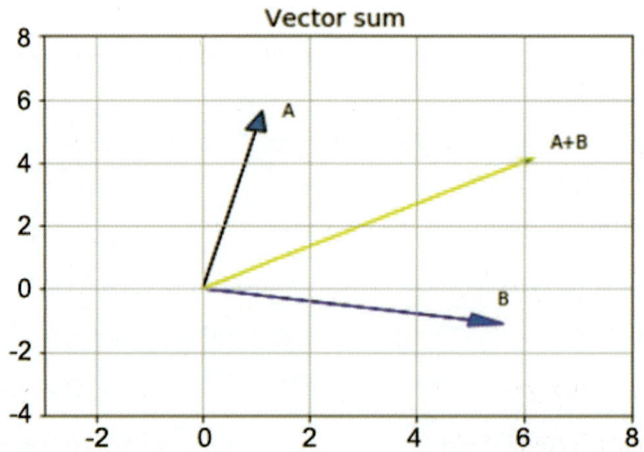

90.0

그림 5.19 직교하는 두 벡터의 그래프

잘 그려졌고, 기대한 대로, 90도가 출력되었다.

7. 이번에는 같은 함수를 평행한 두 벡터에 적용해보자:

```
ve1 = [1,5]
ve2 = [0.5,2.5]

find_angle(ve1, ve2, isRadians = False, isSum = True)
```

출력은 다음과 같다:

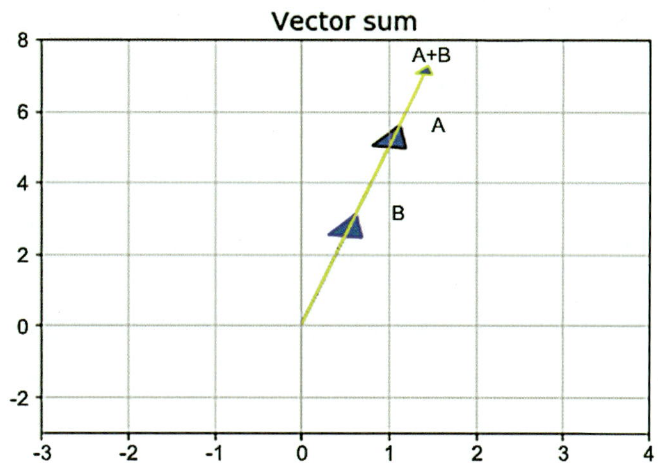

0.0

그림 5.20 평행한 두 벡터의 그래프

기대했던 대로 0도를 출력했다.

8. 마지막으로, 임의의 벡터에 적용해본다:

```
ve1 = [1,5]
ve2 = [-3,-5]

find_angle(ve1, ve2, isRadians = False, isSum = True)
```

출력은 다음과 같다:

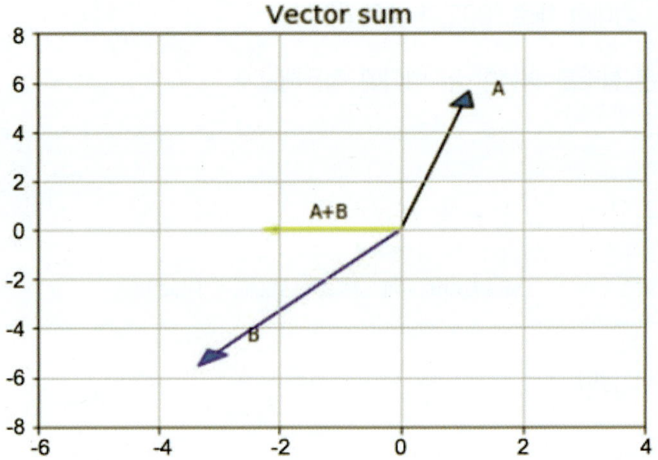


```
160.3461759419744
```

그림 5.21 임의의 두 벡터의 그래프

요약하면, 벡터는 벡터 공간에서 존재하는 수학적인 객체다. 이 절에서, 파이썬에서 그러한 벡터를 생성하고 표현하는 방법과 그래프로 시각화하는 방법을 배웠다. 벡터는 몇 가지 간단한 규칙을 따르며, 이와 관련하여 연산을 정의하고 수행할 수 있다. 벡터의 덧셈과 뺄셈은 정확히 실수 연산의 논리를 따른다. 곱셈은 다소 복잡해서 몇 가지 종류의 곱셈을 정의할 수 있다. 가장 폭넓은 인기를 누리는 곱셈은 내적 또는 점 곱으로, 기하학적으로 단순하면서 쓸모가 많아 수학 및 물리학 분야에 널리 사용된다. 파이썬에서 임의의 두 벡터의 내적을 계산하는 방법과, 더 나아가 (약간의 Numpy 메소드와) 내적의 개념을 이용해서 두 벡터 사이의 각도를 구해보았다. 한마디로, 2차원 벡터는 흥미로운 속성을 갖는, 두 숫자로 된 기하학적 객체다.

노트

이 절의 소스 코드는 다음에 있다.

https://packt.live/2Zxu7n5.

또한, 다음에서 이 예제를 온라인으로 실행할 수 있다.

https://packt.live/2YPntJQ.

다음으로, 두 개의 숫자를 결합해서 만든 한층 흥미로운, 복소수라는 객체에 대해 배워본다.

복소수

숫자와 그들의 관계에 대한 수학적 고찰은 고대 숫자 체계 이래로 계속 발전해왔다. 역사적으로, 수학적 사고는 구체적인 것에서 추상적인 것으로 진화해왔다. 예를 들어, 자연수의 집합은 주변의 모든 물리적 객체가 이 집합 내의 어떤 숫자와 직접 대응할 수 있도록 만들어졌다. 산술과 대수가 발전함에 따라, 자연수나 정수를 넘어서는 숫자가 필요하다는 것이 분명해졌고, 그래서 소수점과 유리수가 도입되었다. 마찬가지로, 피타고라스의 시대에 유리수로는 그때까지 알려진 기하학적인 문제를 모두 해결할 수는 없다는 것이 밝혀졌다. 무리수 — 즉, 제곱근을 정수의 비로 나타낼 수 없는 수 — 가 발견되면서 일어난 일이다.

복소수는 실수의 확장으로, 실수는 근이 될 수 없는 방정식의 근이 되는 특수한 숫자를 포함한다.

실제로 그런 숫자가 존재하며 기호 i로 나타낸다. 이 숫자를 허수 또는 상상의 수라고 부르는데, 사실 상상적인 측면은 전혀 없다. 지금까지 배워온 다른 모든 숫자만큼 실제적인 숫자이며, 곧 보게 되겠지만, 매우 아름다운 성질을 갖고 있다.

▶ 복소수의 기본 정의

허수 i는 다음과 같이 정의한다:

$$i^2 = -1$$

실수와 허수(또는 허수 부분)로 구성된 모든 숫자를 **복소수**라고 부른다. 예를 들어, 다음과 같은 숫자들이다:

$$z = 3 - i$$

$$z = 14/11 + i3$$

$$z = -\sqrt{5} - i2.1$$

위의 숫자는 모두 복소수다. 복소수의 실수부를 $Re(z)$로 표기하고, 허수부를 $Im(z)$로 표기하기도 한다. 이 경우 앞의 복소수를 다음과 같이 나타낼 수 있다:

$$Re(z) = 3,\ Im(z) = -1$$

$$Re(z) = 14/11,\ Im(z) = 3$$

$$Re(z) = -\sqrt{5},\ Im(z) = -2.1$$

코드를 사용해서 몇 가지를 살펴보자. 파이썬에서는 허수를 j로 나타내며, 복소수는 다음과 같이 작성한다:

```
c = <real> + <imag>*1j,
```

여기서 **<real>**과 **<imag>**는 모두 실수다. 또한, 복소수는 다음과 같이 정의될 수도 있다:

```
c = complex(<real>, <imag>).
```

예를 들어, 코드로 작성하면 다음과 같다:

```
a = 1
b = -3
z = complex(a, b)
print(z)
```

출력은 다음과 같다:

```
(1-3j)
```

real 함수와 **imag** 함수를 사용해서 **z**의 실수부와 허수부를 분리할 수 있다. 먼저 **real** 함수를 사용해보자:

```
print(z.real)
```

출력은 다음과 같다:

```
1.0
```

이제 **imag** 함수를 사용해보자:

```
print(z.imag)
```

출력은 다음과 같다:

```
-3.0
```

다시 말해서, 어떤 복소수든 $z = Re(z) + iIm(z)$로 분해해서 쓸 수 있다. 그렇다면, 복소수는 두 개의 실수로 이루어진 쌍이며, 따라서 두 개의 실수로 이루어진 벡터로 시각화할 수 있다. 결국, 앞 절에서 다룬 벡터의 기하학과 대수학을 여기에도 그대로 적용할 수 있다.

복소수를 입력으로 받는 메서드와 함수는 **cmath** 모듈에 있다. 이 모듈에는 복소수에 대한 수학 함수가 모두 포함되어 있다. 해당 함수들은 정수, 부동 소수점 숫자(실수), 또는 복소수를 인수로 입력받는다.

켤레 복소수 z^*(또는 $\bar{z}$)는 복소수 z와 실수부가 같고, 허수부는 반대 부호를 갖는 복소수로 정의한다. 즉, $z = x + iy$인 경우 $z^* = x - iy$이다. 둘의 곱, zz^*는 실수 $x^2 + y^2$이며, 이것은 복소수 z의 크기의 제곱과 같다:

$$zz^* = z^*z = |z|^2$$

복소수는 복소평면상에, 벡터와 유사하게, 그릴 수 있다(다음 그림 참조). 복소평면은 x축이 실수 부분, y축이 허수 부분인 평면이다. 켤레 복소수는 실수 축에 대해 벡터를 반사 대칭한 것에 지나지 않는다(다음 그림 참조):

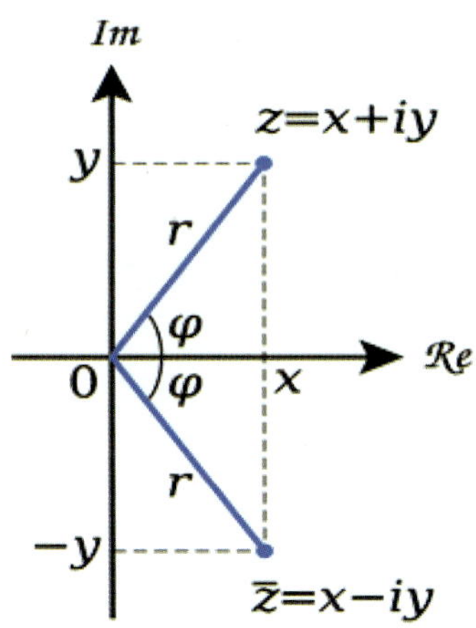

그림 5.22 그래프로 나타낸 복소수

복소수 z는 좌표 (x, y)인 벡터로 시각화할 수 있다. 다른 방법으로, 극좌표 (r, ϕ)로 복소수를 나타낼 수도 있다. 켤레복소수 z^* 또는 $\bar{z}$는 z를 x축에 반사한 벡터다.

실수부와 허수부가 모두 0이면 복소수는 0이다. 두 복소수 $z = x + iy$와 $w = u + iv$에 대해 다음과 같은 연산이 있다:

- **덧셈**: $z + w = (x + u) + i(y + v)$
- **뺄셈**: $z - w = (x - u) + i(y - v)$
- **곱셈**: $zw = (x + iy)(u + iv) = (xu - yv) + i(xv + yu)$
- **나눗셈**: $z/w = (x + iy)/(u + iv) = (ux + vy) + i(uy - xv)/(u2 + v2)$

▶ 극좌표와 오일러 공식

복소수는 복소평면상의 벡터로 쉽게 시각화할 수 있다. 복소수는 벡터의 길이로 결정되는 크기와 x(실수)축과 이루는 위상 ϕ에 따라 방향이 결정된다. 이 두 값을 정하려면, $z = x + iy$의 (절대값으로도 부르는) 크기 r을 구해야 한다:

$$r = |z| = \sqrt{x^2 + y^2}$$

복소수가 x축과 이루는 각(또는 편각, arg 또는 위상, *phase*) ϕ는 다음과 같다:

$$\phi = \arg(z) = \arctan(x + iy) = \arctan(y/x)$$

앞의 두 관계식은 벡터의 기하학에서 비롯된다. 첫 번째 관계식은 피타고라스의 정리를 응용해서, 두 번째 관계식은 위상 ϕ에 대한 탄젠트를 응용한 것이다.

그래프로 나타낸 복소수(앞의 그림 참조)를 살펴보면, 다음과 같은 것을 알 수 있다:

$$\cos(\phi) = x/r \text{ 그리고}$$
$$\sin(\phi) = y/r$$

또는

$$x = r\cos(\phi) \text{ 그리고}$$
$$y = r\sin(\phi)$$

$z = x + iy$에 대입해서 다음을 얻을 수 있다:

$$z = r(\cos(\phi) + i\sin(\phi))$$

(직교 좌표의) (x, y)가 주어졌을 때 (극 좌표의) (r, ϕ)를 찾거나 그 반대를 찾는 파이

썬 코드는 다음과 같이 쓸 수 있다:

```
def find_polar(z):
    from math import asin
    x = z.real
    y = z.imag
    r = (x**2 + y**2)**0.5
    phi = asin(y/r)
    return r, phi
find_polar(1-3j)
```

출력은 다음과 같다:

```
(3.1622776601683795, -1.2490457723982544)
```

같은 일을, **cmath** 모듈의 **polar** 메서드를 사용해서 할 수도 있다:

```
import cmath
z = 1-3j
cmath.polar(z)
```

출력은 다음과 같다:

```
(3.1622776601683795, -1.2490457723982544)
```

노트

0으로 나누는 오류가 발생하므로 입력(0, 0)은 사용할 수 없다

결국, 복소수는 가로좌표(x, 실수 부분)와 세로좌표(y, 허수 부분) 대신, 크기 r과 위상 ϕ로 나타낼 수 있다. 이때, 크기 r은 실수이고, 위상 ϕ는 구간 $[-\pi, \pi]$에 속한다: 복소수가 허수부가 0인 순수 실수인 경우, 범위는 0과 π이고, 순수 허수인 경우, 범위는 $\pi/2$ 또는 $-\pi/2$다. 크기와 각으로 나타내는 것을 극좌표 표현, 벡터로 나타내는 것을 직교좌표 또는 카테시안 좌표 표현이라 부른다; 어떤 좌표로 나타내도 두 객체는 수학적으로 동일하

다. 또한 다음과 같은 표현도 가능하다:

$$z = re^{i\phi} = r(\cos(\phi) + i\sin(\phi))$$

여기서 e는 자연로그의 밑이다. 이 식을 오일러 공식이라고 한다. $\phi = \pi$인 특별한 경우 다음이 성립한다:

$$e^{i\pi} + 1 = 0$$

이는 **오일러의 항등식**이라고 부른다: (!세상에서 가장 아름다운 방정식으로 알려졌다. 수학자들이 이 공식을 보면 아름다움을 느끼는 뇌 영역이 활성화된다고 한다. 따라서 이 식이 아름답지 않으면 수학자가 아닐 가능성이 높다.)

오일러의 공식을 사용하면 복소수의 곱셈과 나눗셈을 간단하게 계산할 수 있다. 두 복소수 z_1과 z_2를 곱하려면 (또는 나누려면) 각각의 크기(r)를 곱하고(또는 나누고), 각(ϕ)을 더하면 (또는 빼면) 된다:

$$z_1 * z_2 = re^{i\phi} = r_1 * r_2 e^{i(\phi_1 + \phi_2)}$$

이제, 파이썬에서 복소수 연산을 구현해보자. 복소수의 덧셈, 뺄셈, 곱셈 및 나눗셈 연산을 코딩한다:

```
def complex_operations2(c1, c2):
    print('Addition =', c1 + c2)
    print('Subtraction =', c1 - c2)
    print('Multiplication =', c1 * c2)
    print('Division =', c1 / c2)
```

두 복소수 c1=10+2j/3와 c2=2.9+1j/3에 대해 실행한다:

```
complex_operations2(10+2j/3, 2.9+1j/3)
```

출력은 다음과 같다:

```
Addition = (12.9+1j)
Subtraction = (7.1+0.3333333333333333j)
Multiplication = (28.77777777777778+5.266666666666666j)
Division = (3.429391054896336-0.16429782240187768j)
```

다음으로 그냥 실수와 순허수에 같은 연산을 적용해보자:

```
complex_operations2(1, 1j)
```

출력은 다음과 같다:

```
Addition = (1+1j)
Subtraction = (1-1j)
Multiplication = 1j
Division = -1j
```

마지막 출력을 보면 $1/i = -i$라는 것을 알 수 있다. 이 결과는 허수의 정의와 일치한다. **cmath** 라이브러리는 복소수의 각을 다루는 삼각함수뿐 아니라 **phase**, **polar** 같은 유용한 함수도 제공한다:

```
import cmath
def complex_operations1(c):
    modulus = abs(c)
    phase = cmath.phase(c)
    polar = cmath.polar(c)
    print('Modulus =', modulus)
    print('Phase =', phase)
    print('Polar Coordinates =', polar)
    print('Conjugate =',c.conjugate())
    print('Rectangular Coordinates =',  \
    cmath.rect(modulus, phase))

complex_operations1(3+4j)
```

출력은 다음과 같다:

```
Modulus = 5.0
Phase = 0.9272952180016122
Polar Coordinates = (5.0, 0.9272952180016122)
Conjugate = (3-4j)
Rectangular Coordinates = (3.0000000000000004+3.9999999999999996j)
```

따라서 주어진 복소수의 크기 Modulus, 위상 Phase, 극좌표, 켤레 복소수 등을 매우 간단하게 계산할 수 있다. 마지막 줄은 주어진 복소수의 크기와 각으로 직교좌표를 구한 것으로 입력한 복소수와 (!컴퓨터의 수치표현에 의한 오류를 제외하고) 정확하게 일치한다.

이제 복소수를 어떻게 나타내고 연산하는지 배웠으니, 이 내용을 담은 실습을 해서 익혀보자.

실습 5.08 ✦ 복소수의 조건부 곱셈

이 실습에서, 복소수 **c**를 읽고, 복소수의 인수 즉, 각이 0보다 큰 경우 해당 복소수를 자신과 곱하고, 인수가 0보다 작은 경우 해당 복소수 **c**의 제곱근을 취하며, 인수가 0인 경우 아무 작업도 수행하지 않는 함수를 작성한다. 결과를 그래프로 그리고 의미를 찾아본다:

1. 필요한 라이브러리를 가져오고, 선택 사항으로 경고 메시지를 제어한다(필수는 아니지만 사용하는 라이브러리의 버전에 따라 경고 메시지를 깔끔하게 유지하고 싶을 때 도움이 된다):

```
import cmath
from matplotlib import pyplot as plt
import warnings
warnings.filterwarnings("ignore")
```

2. 이제, Matplotlib의 **pyplot()** 함수를 사용해서 입력받은 복소수 **c**를 벡터로 그리는 함수를 정의한다:

```
def plot_complex(c, color='b', label=None):

    ax = plt.axes()
    ax.arrow(0, 0, c.real, c.imag, head_width=0.2, \
             head_length=0.3, color=color)
    ax.annotate(label, xy=(0.6*c.real, 1.15*c.imag))

    plt.xlim(-3,3)
    plt.ylim(-3,3)

    plt.grid(b=True, which='major') #<-- plot grid lines
```

3. 다음으로, 복소수 **c**를 입력받아, 앞에서 정의한 함수를 호출해서 그래프를 그리고, 입력 복소수의 위상에 따라 정해진 처리를 하는 함수를 작성한다. 연산 이전과 이후의 각도를 그래프로 그려서 연산의 결과로 생성된 벡터와 입력 벡터를 비교한다:

```
def mult_complex(c, label1='old', label2='new'):

    phase = cmath.phase(c)
    plot_complex(c, label=label1)

    if phase == 0:
        result = -1
    elif phase < 0:
        print('old phase:', phase)
        result = cmath.sqrt(c)
        print('new phase:', cmath.phase(result))
        plot_complex(result, 'red', label=label2)
    elif phase > 0:
        print('old phase:', phase)
        result = c*c
        print('new phase:', cmath.phase(result))
        plot_complex(result, 'red', label=label2)
    return result
```

복소수의 위상이 음수면, **c**의 제곱근(**math.sqrt()** 메서드 사용)을 계산하고, 양수면 **c**의 제곱근을 계산하는 것에 유의하자.

4. 이제 복소평면의 상부에 있는 복소수를 변환해보자:

```
mult_complex(1 + 1.2j)
```

출력은 다음과 같다:

```
old phase: 0.8760580505981934
new phase: 1.7521161011963868
(-0.43999999999999995+2.4j)
```

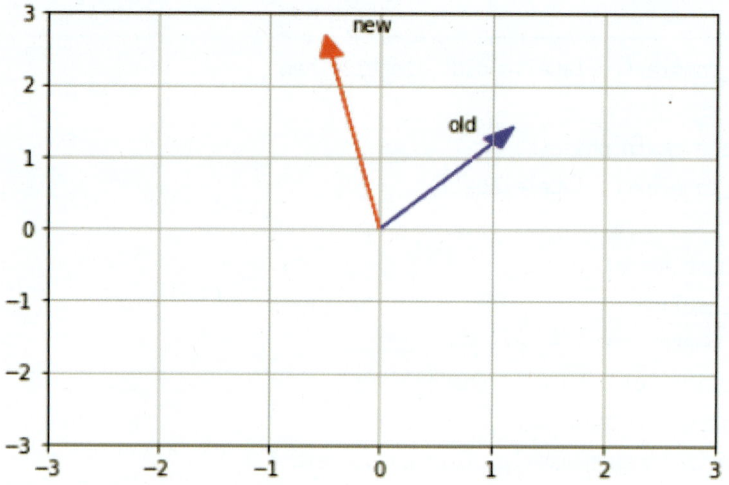

그림 5.23 복소평면 상부에 있는 복소수 변환

위상(ϕ)이 양수인 복소수(파란색 벡터)가 크기가 더 큰 복소수(빨간색 벡터)로 변환(또는 대응)되었고, 변환 후 위상은 이전 값의 두 배, 크기는 제곱이 되었다. 이는 복소수를 극좌표로 나타낸 오일러 공식 $c = re^{i\phi}$을 생각하면 명백하다. 즉, 복소수의 제곱 c^2은 원래 위상 ϕ의 2배이고, 크기는 r^2이다.

5. 이번에는, 복소평면의 하부에 있는 복소수를 변환해보자:

```
mult_complex(1-1.2j)
```

출력은 다음과 같다:

```
old phase: -0.8760580505981934
new phase: -0.43802902529909676
(1.1318237352126281-0.5301178808441246j)
```

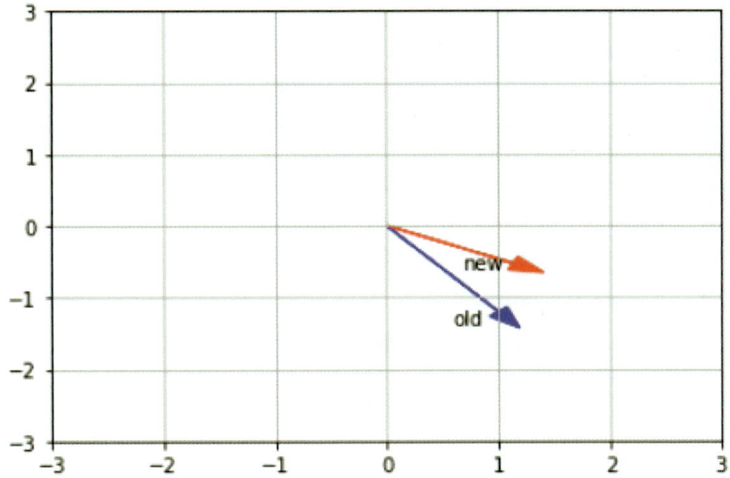

그림 5.24 복소평면 하부에 있는 수의 그래프

이 경우 제곱근을 계산한다. 첫 번째 예와 비슷하게, 변환된 새 벡터의 크기는 원래 벡터 크기의 제곱근과 같고, 각은 절반이다.

> **노트**
>
> 재미있는 사실: 두 경우 모두 벡터가 반시계 방향으로 회전되었다.

6. 다음은 벡터가 회전하는 모양을 관찰하기 위해 **mult_complex()** 함수를 n번 호출하는 **while** 반복문을 작성한다:

```
c0 = 1+1.2j
n = 0
while n < 6:
    c0 = mult_complex(c0, None, str(n))
    n+=1
```

출력은 다음과 같다:

```
old phase: 0.8760580505981934
new phase: 1.7521161011963868
old phase: 1.7521161011963868
new phase: -2.778953104786813
old phase: -2.778953104786813
new phase: -1.3894765523934065
old phase: -1.3894765523934065
new phase: -0.6947382761967033
old phase: -0.6947382761967033
new phase: -0.3473691380983516
old phase: -0.3473691380983516
new phase: -0.1736845690491758
```

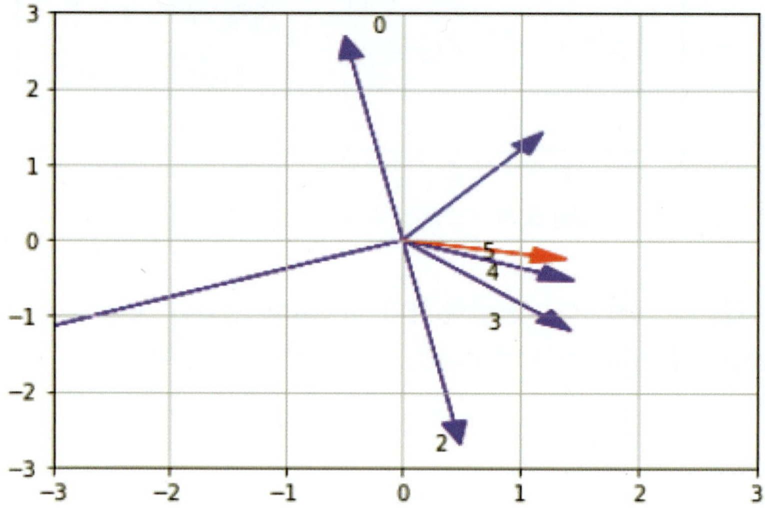

그림 5.25 벡터의 회전

이렇게 해서, 벡터와 벡터 대수를 사용하여 복소수 연산의 기하학적 의미를 시각화해 보았다. 특히, 복소수의 나눗셈과 곱셈은 대규모 데이터를 시각적으로 분석할 때 도움이 된다.

> **노트**
>
> 이 절의 소스 코드는 다음에 있다.
>
> https://packt.live/31yU8W1.
>
> 또한, 다음에서 이 예제를 온라인으로 실행할 수 있다.
>
> https://packt.live/2BXWJOw.

프로젝트 5.01 ✦ 급수로 퇴직 연금 계산

많은 국가에서, 고용주에 의한 연금 계획(미국의 경우 401(k))이 지원되고 있다. 이 연금 계획은, 피고용인이 급여를 받을 때 조금씩 내기 때문에 노후를 위해 저축하고 투자하는 간단하고 효과적인 방법이다. 월 납부 금액과 기간에 따라 월별 수익을 계산하고, 그래프로 그려주는 코드를 작성하라는 프로젝트를 받았다고 가정하자.

등비급수(또는 기하급수)처럼 연금은 시간이 지남에 따라 누적된다. 이는 일종의 투자다: 매월 일정 금액을 저축해서, 나중에 월별로, 추가 가치 또는 이자를 더해서, 받는다. 연금 수혜액을 계산하기 위한 주요 요소는 현재 잔액, 월별 납입액, 고용주의 대응 자금(고용주가 별도로 내는 금액), 은퇴 나이, 수익률(미국의 경우 401(k) 투자에서 기대되는 평균 연간 수익률), 기대 수명 및 기타 수수료다. 실제로는 금액 상한선이라는 게 있다: (일반적으로 50%에서 100% 사이인) 고용주가 내는 대응 자금은 연봉의 6% 이상으로 올릴 수 없다. 마찬가지로, 피고용인의 납입액도 연간 특정 금액(예를 들어, 미국의 경우 18,000)을 초과할 수 없다. 이는 급여가 얼마나 높든지에 상관없이 적용된다.

다음 단계에 따라 프로젝트를 완성해보자:

1. 문제의 변수들을 설정한다. 이 변수들로 함수를 구성하게 된다. 프로젝트의 시나리오를 주의 깊게 읽고, 어떤 값을 알며, 어떤 값이 계산되어야 하는지를 파악한다.
2. 수열의 식을 만들어서, 연도 n에서 연금 계획의 가치를 계산하는 함수를 하나 작성한다. 이 함수는 현재 잔액, 연간 급여, 연도 n 등을 입력으로 받아, 납입액, 고용주 대응 자금, 그리고 해당 연도 n에서의 전체 연금액을 포함하는 튜플을 반환해야 한다.
3. 급수의 방정식을 만들어서, *n년 후*의 연금 계획 누적 가치를 계산하는 함수를 작성한다. 이 함수는, 필요한 인수를 입력받아, 앞에서 만든 연도별로 연금의 가치를 계산하는 함수를 호출하고, 모든 (연도별) 금액을 합산해야 한다. 시각화를 위해 기여금(연도별), 고용주 대응 자금(연도별), 그리고 (연도별) 연금 총액을 튜플의 리스트로 반환해야 한다.
4. 다양한 값을 입력해서 함수를 실행하고 정상적으로 작동하는지 확인한다.
5. Matplotlib을 사용해서 결과를 그래프로 그린다.

> **노트**
>
> 이 프로젝트의 구현 코드는 부록에 있다.

요약

이 장에서, 수열, 급수, 삼각법, 벡터, 복소수라는 가장 중요한 수학적 개념과 그 쓸모를 소개했다. 더 중요하게, 파이썬을 사용해서 이러한 개념을 구체적이면서 간결한 예제를 통해 구현하는 방법을 알아보았다. 실세계 사례로, 연금 계획과 시간에 따른 연금액의 누적에 대해서도 다루어 보았다. 하지만 수열이나 급수를 모델링하고, 벡터나 복소수를 응용할 수 있는 아주 많은 다른 사례가 있다. 이러한 개념과 방법은 물리학, 공학, 데이터 과학 등에서 널리 사용된다. 선형대수, 즉 벡터, 행렬, 그리고 텐서를 다루는 일은 기하학과 벡터의 이해에 크게 의존하며, 벡터, 행렬, 그리고 텐서는 데이터 과학 및 신경망 연구의 거의 어디에나 등장한다. 한편, 기하학과 삼각법은 물리적인 움직임(예를 들어, 비디오 게임)을 모델링할 때 없어서는 안 되며, 지리 공간 응용 프로그램에서는 더 고급 개념이 사용된다. 하지만 이러한 개념에 대한 기초지식을 가지고 있는 것만으로도, 데이터 과학의 여러 기술을 더 구체적이고 쉽게 사용하거나 응용할 수 있다.

다음 장에서는, 행렬에 대해 배우고, 그것을 실세계 문제에 응용하는 방법을 살펴본다. 또한, 확률, 행렬, 그리고 극한의 개념이 모두 혼합된 마르코프 체인에 대해서도 살펴본다.

6장

파이썬과 행렬 및 마르코프 체인

요약

파이썬을 사용해서 **행렬**과 그 응용에 대해 알아본다. 다양한 행렬 연산을 살펴보고, 이것으로 행렬을 이용하는 실세계 응용 프로그램을 효율적으로 구축하는 방법을 배울 것이다.

이 장을 마치면, 행렬을 이해하고 적절한 연산을 수행할 수 있게 된다. **전이 행렬**을 사용해서, 행렬의 응용 사례인, **마르코프 체인**을 구현하고, 마르코프 체인과 마르코프 속성을 사용해서 실세계 문제를 해결할 수 있다.

개요

행렬은 숫자나 식을 행과 열에 하나씩 배치한 직사각형 모양의 객체다. 행렬을 하나의 개체로 간주하기 때문에, 행렬에 대한 연산을 수행하면, 행렬을 구성하는 각 원소에 대해 연산이 적용된다:

$$A(m,n) = \begin{bmatrix} a_{11} & a_{12} & . & a_{1n} \\ a_{21} & a_{22} & . & a_{2n} \\ . & . & . & . \\ a_{m1} & a_{m2} & . & a_{mn} \end{bmatrix}$$

그림 6.1 m개의 행과 n개의 열을 갖는 m × n 행렬

사람이 살아가는 물리적 세계에, 단순하게 1차원 선형 배열로 표현되는 속성은 드물고, 많은 경우가 공간과 시간과 관련된 2차원 이상의 속성을 갖는다. 행렬을 사용하는 주요 이유 중 다른 하나는 간결성이다. 행렬은, 각각의 원소가 (!벡터의 콤마 같은 군더더기 기호 없이) 일정한 거리만큼 행과 열을 맞추어 떨어져 있는 것을, 큰 대괄호로 묶어놓은 형태라 매우 간결하다고 할 수 있다. 이러한 두 가지 이유로 인해 행렬은 그래프 이론, 선형 변환, 확률 이론부터, 양자역학, 전자기학과 같은 물리학의 다양한 분야의 기본적인 수학 개념으로써, 실제로 이들을 포함한 모든 다른 분야에서 응용되고 있다.

마르코프 체인 모델과 그 변형은, 불확실성이 편재한 실세계 문제를 해결할 목적으로, 행렬, 극한 및 확률 개념을 하나로 묶어서 만든 응용 이론 중 하나다. 불확실성을 내포한 수학 공간에서의 의사결정이나 판단은 확률에 기반한다; 이것이 마르코프 체인의 근간이다. 마르코프 체인은, 상태 다이어그램을 나타내는, 전이 행렬이라는 특수한 유형의 행렬을 사용한다. 이 전이 행렬을 이용해서 현재 상태를 기반으로 다음 상태를 결정하는, 기억 장소를 사용하지 않는, 프로세스다. 이 개념은 페이지 랭크 알고리즘, 자동완성 애플리케이션, 텍스트 생성기 같은 매우 중요한 사용 사례가 많이 있다. 이 개념을 이 장에서 더 자세히 배울 것이고, 그러기 위해, 먼저 행렬을 이해해야 한다.

행렬의 연산 I

이 장에서, 행렬을 다루는 다양한 방법과 그것을 파이썬에서 구현하는 방법을 배운다. 행렬을 어떻게 다루는지 안다는 것은, 넓게 말해서 2차원 또는 다차원 배열을 어떻게 다루는지에 대한 기본 원리를 이해하는 것과 같다. 2차원 행렬의 기초가 튼튼해지면, 2차원 이상의, 희소 행렬, 벡터 공간, 고유값과 고유벡터와 같은 행렬의 고급 이론에 더 깊이 파고들 수 있다.

파이썬에서 행렬은 리스트나 배열로 구현할 수 있다. 파이썬의 중첩 리스트로도 완벽하게 행렬을 다룰 수 있지만, 강력한 패키지인 NumPy로 행렬을 훨씬 더 쉽게 구현할 수 있다. 또한, 일반적으로 크기가 큰 행렬 계산에 더 적합한, SciPy라는 패키지도 있다. 이 장에서 이 두 모듈을 모두 사용해본다.

▶ 행렬의 기본 연산

현재, 파이썬과 기본 라이브러리가 설치되어 있어 기본적인 파이썬 프로그램을 실행할 수 있다고 가정한다.

패키지를 설치한 후에, 처음으로 행렬을 정의해보자:

```
# Importing Numpy package
import numpy as np

# Initializing and printing matrix z
x = np.array([[1, 2], [3, 4]])
print(x)
```

이 행렬 **x**는 다음 행렬 **z**와 내용은 같지만, **z**가 (!시각적이라 즉각적으로 내용을 파악할 수 있는) 더 나은 표현이며, 가능하다면, 관례로, 다음처럼 정의하기를 권장한다:

```
# Initializing and printing matrix z
z = np.array([[1, 2], \
              [3, 4]])
print(type(z))
```

앞에서 변수 **z**의 형식을 명시적으로 출력했음에 유의하자. 출력 결과를 추측할 수 있겠는가? 출력은 다음과 같다:

```
<type 'numpy.ndarray'>
```

ndarray는 NumPy에서 사용하는 표준 배열 형식이다. 배열 객체는 동질적이며(!배열 내부의 모든 원소가 같은 형식의 데이터야 한다는 의미), 다차원이고, 할당된 원소에 따라 내부적으로 해당 형식의 데이터 객체를 가지고 있다.

예를 들어, 앞에서 정의한 행렬 **z**의 원소 하나를 살펴보자:

```
# Printing the data types for matrix-z
print(z)
print(type(z))
print(z[0][1])
print(type(z[0][1]))
```

출력은 다음과 같다:

```
[[1 2]
 [3 4]]
[[5 6]
 [7 8]]
<type 'numpy.ndarray'>
2
<type 'numpy.int64'>
[Finished in 0.221s]
```

주어진 행렬의 원소가 **int64** 형식, 즉 64비트 정수형임을 알 수 있다. 다른 데이터 형식으로, **np.float32, np.complex, np.bool, np.object, np.string_, np.unicode**_ 등이 있다.

여기서 사용하는 거의 모든 데이터 구조가 파이썬 버전 3.8과 NumPy 버전 1.17을 사용한다는 것을 알 필요가 있겠다. 원서 출판일 기준으로, NumPy에는 ndarray와 거의 동일한 기능을 수행하는 **matrix**라는 특별한 클래스가 있다. 유일한 차이점은 **matrix** 클래스가 2차원 특성을 유지하고, 곱셈 *과 거듭제곱 ** 연산자가 내장되어 있다는 것이다. 다만, **matrix** 클래스가 다루기 쉽고 두루 사용할 수 있기는 하지만, NumPy 공식 문서에는 언젠가 이 클래스가 제거될 수 있으므로 **np.matrix** 대신 평범하게 **ndarray**를 사용하는 것이 좋다고 조언한다. 따라서, 이러한 맥락에서 **ndarray**라는 용어를 **matrix**라는 용어와 동의어로 간주하는 게 좋겠다. 이 장에서는 두 가지를 구분하지 않고 사용한다.

ndarray로 작업을 진행해보자. 하나의 행렬이 있다고 가정하고, 그것에 적용할 수 있는 몇 가지 간단한 연산을 살펴본다. 앞에서 정의한 행렬 **z**를 계속 사용한다.

원소의 합을 출력해본다:

```
# Sum of all elements of the matrix
print(z)
print(np.sum(z))
```

출력은 다음과 같다:

```
[[1 2]
 [3 4]]
10
[Finished in 0.237s]
```

예상한 그대로 출력된다. 이제 수행할 수 있는 다른 몇 가지를 살펴보자.

행렬 **z**의 최대값, 최솟값, 평균값, 표준 편차를 찾아본다:

```
# Value of the largest integer in the matrix
print("Max ", np.max(z))

# Value of the smallest integer in the matrix
print("Min ", np.min(z))

# Mean of elements in the matrix
print("Mean ", np.mean(z))

# Standard deviation
print("Standard deviation ", np.std(z))
```

출력은 다음과 같다:

```
('Max ', 4)
('Min ', 1)
('Mean ', 2.5)
('Standard deviation ', 1.1180339887498949)
[Finished in 0.207s]
```

ndarray에서 수행할 수 있는 많은 다른 연산이 있다. sin, cos, log, 제곱근과 같은 일반적인 수학 함수와, 상관 계수와 누적 합과 같은 통계 함수 등이 있는데, 이 중 일부를 곧 사용하게 된다.

▶ 행렬의 속성값

이제, 작업 중인 임의의 배열에 대한 더 많은 정보를 알 수 있는 몇 가지 유용한 함수를 살펴보자. 마찬가지로 **ndarray**와 **z**를 계속 사용한다:

1. 사용 중인 행렬의 정보를 출력한다:

```
# 1. Information about a matrix
print("Information: ")
print(np.info(z))
```

출력은 다음과 같다:

```
Information:
class: ndarray
shape: (2, 2)
strides: (16, 8)
itemsize: 8
aligned: True
contiguous: True
fortran: False
data pointer: 0x7ff57665fef0
byteorder: little
byteswap: False
type: int64
None
```

2. 행렬의 모양(또는 크기)을 확인하려면, 다음처럼 코드를 작성한다:

```
# 2. Gives the shape of the matrix
print("Shape: ")
print(np.shape(z))
```

출력은 다음과 같다:

```
Shape:
(2, 2)
```

3. 2차원 행렬인지 3차원 행렬인지 확인하려면, 다음처럼 코드를 작성한다:

```
# 3. Dimensions of the matrix
print("Dimensions: ")
print(np.ndim(z))
```

출력은 다음과 같다:

```
Dimensions:
2
```

4. 행렬의 데이터 형식을 출력하려면, 다음 코드를 사용한다:

```
# 4. Data type of the matrix
print("Data type of elements")
print(z.dtype.name)
```

출력은 다음과 같다:

```
Data type of elements
int64
```

5. 행렬의 길이를 출력하려면, 다음 코드를 사용한다:

```
print("Length of the ndarray: ")
print(len(z))
```

출력은 다음과 같다:

```
Length of the ndarray:
2
```

출력에서 알 수 있듯이, **info()** 함수는 두 다른 함수 shape()와 type()의 결과를 출력한다. 그러나, 때로 그 값만 알고 싶을 때, 이러한 두 함수를 유용하게 사용할 수 있다. 잘 알고 있듯이, 다차원 **ndarray**는 배열의 배열이며, NumPy 배열의 **len()** 함수는 항상 첫 번째 차원의 길이가 된다. **z**가 2차원 행렬이면 **len(z)**는 **z**의 행의 개수다.

다음 예제에서, 하나의 행렬을 생성한다. 흔히 중첩 리스트로 행렬을 만드는데, 이 실습에서는, 실세계 문제에 대해, 행렬이 어떻게 구성되어 사용되는지를 더 자세하게 살펴본다.

실습 6.01 ✦ 태양광이 지구에 도달하는 데 걸리는 시간 계산

이 실습에서, 태양광이 1년 동안 매일 지구에 도달하는 데 걸리는 시간을 계산해본다.

지구가 태양 주위를 타원형 궤도로 공전하므로, 지구와 태양 사이의 거리가 달라져서 태양광이 도달하는 시간이 변한다. 이 문제를 다루는 데 사용할 수 있는 필요한 방정식이 3개 있다.

시간을 계산하는 식은 다음과 같다:

$$Time = \frac{Distance}{Speed}$$

그림 6.2 시간 계산식

지구와 태양 사이의 거리 r을 계산하는 식은 다음과 같다:

$$r = \frac{a(1-e^2)}{1-e\cos\theta}$$

그림 6.3 거리 계산식

앞의 방정식에서, 준 주축 거리 a의 값은 149,600,000km이고, 지구의 궤도 이심률 e는 0.0167, θ는 근일점으로부터 떨어진 각이다.

앞 방정식의 종속 변수 θ는 다음과 같이 계산한다:

$$\theta = \frac{2\pi n}{365.256}$$

그림 6.4 종속 변수 계산식

여기서 n은 근일점(1월3일)으로부터의 날 수다. 논의가 간단해지도록 근일점을 연초로 가정하자.

방정식 자체에 혼란스러워할 필요 없다. 이것은 단순한 상수의 곱셈에 지나지 않으며, **math**라는 간편한 파이썬 라이브러리를 사용하여 쉽게 풀 수 있다.

이제 실습을 시작해보자:

1. 우선, **math**와 **numpy** 라이브러리를 가져온다:

```
import math
import numpy as np
```

이 라이브러리들은 뒤에서 사용한다.

2. 다음으로, 두 상수를 대문자로 정의한다. 파이썬 세계에서는 관행으로 상수를 대문자로 지정한다:

```
def earth_sun_distance():
# Semi-major axis between earth and sun
A = 149600000
# Eccentricity of earth
E = 0.0167
l = []
```

A는 지구와 태양 사이의 준주축 거리다.

E는 지구의 궤도 이심률이다.

l은 값을 저장하기 위해 초기화한 리스트다.

3. 이제 코드의 주요 부분으로 넘어간다. **theta**는 날짜마다 다르므로, 365일에 대한 **theta**를 계산한다. 그런 다음, 지구와 태양 사이의 거리를 계산하고, 마지막으로 그 거리를 리스트에 추가한다:

```
# Calculating the distance between earth and sun
for i in range(365):
    theta = (2 * math.pi * i) / 365.25
    r = A*(1 - E**2) / (1 - (E * math.cos(theta)))
    l.append(r)
return l
```

앞서 가져온 **math** 라이브러리의 **math.pi**와 **math.cos** 함수를 사용했다.

4. 광속을 299,792km/s로 가정하고, 초 단위로 필요한 시간을 계산한다:

```
# Calculating the time taken
S = 299792
t = np.divide(l, S)
```

여기서, NumPy 배열의 강력한 기능인 **divide** 함수를 사용했다. 이 함수는 명시적으로 반복을 사용하지 않고 리스트의 모든 요소에 값을 적용한다. 그 결과를, 자동으로 NumPy 배열로 형식을 변환한 후, **t**에 저장한다.

5. 마지막으로 두 가지 작업을 수행한다. 먼저, 두 개의 리스트의 대응하는 각각의 원소를 하나로 묶어주는 파이썬 함수 **zip()**을 사용하고, 다음으로, **np.asarray()** 함수를 사용해서 튜플의 리스트를 NumPy 배열로 변환한다:

```
sunny = np.asarray(list(zip(l, t)))
print("Earth sun distance: \ n", sunny)
```

실행 결과는 다음과 같다:

```
Earth sun distance:
[[ 1.52098320e+08 5.07346160e+02]
 [ 1.52097938e+08 5.07344885e+02]
 [ 1.52096791e+08 5.07341061e+02]
 [ 1.52094881e+08 5.07334688e+02]
 [ 1.52092207e+08 5.07325770e+02]
 [ 1.52088771e+08 5.07314309e+02]
 ...
 [ 1.52072354e+08 5.07259546e+02]
 [ 1.52078259e+08 5.07279242e+02]
 [ 1.52083406e+08 5.07296411e+02]
 [ 1.52087793e+08 5.07311046e+02]
 [ 1.52091420e+08 5.07323143e+02]
 [ 1.52094284e+08 5.07332697e+02]
 [ 1.52096385e+08 5.07339707e+02]
 [ 1.52097723e+08 5.07344168e+02]]
[Finished in 0.197s]
```

이제, 지구와 태양 사이의 거리와 빛이 지구에 도달하는 데 걸리는 시간을 체계적인 표 형식으로 갖게 되었다. 이제 이 행렬에 다른 매개변수를, 행렬과 NumPy 배열을 사용해서, 유연하게 추가할 수 있다.

한 가지 주의해야 할 점은, 문제를 단순하게 하려고, 몇 가지 사소한 가정을 했기에, 이 값들이 절대적으로 정확한 것은 아니라는 점이다. 하지만 이는 행렬이 실제로 어떻게 활용될 수 있는지 잘 보여주는 좋은 사례다. 또한, 출력값들은 파이썬에서 사용하는 과학적 표기법 형식을 따른 것으로, 필요에 따라 소수점으로 형식으로 변환하거나 다른 형식으로 쉽게 변환할 수 있다. 그리고 왼쪽 값은 단위가 km이고, 오른쪽 값은 507.346…초와 같은 의미다.

6. 출력 결과를 다음과 같이 리스트 뒤에 추가한다:

```
d = []
for i in range(1,len(l) - 1):
    d.append(l[i]-l[i-1])
print(d)
```

다음은 출력의 일부분을 나타낸다:

```
[-382.2014582455158, -1146.4797523021698, -1910.3842301666737,
-2673.6658524870872, -3436.075836390257, -4197.365758448839,
-4957.287656396627, -5715.5941315591335, -6472.038449823856,
-7226.374643236399, -7978.357610076666, -8727.743215203285,
-9474.288]
```

> **노트**
>
> 이 절의 소스 코드는 다음에 있다.
>
> https://packt.live/3irS3Bk.
>
> 또한, 다음에서 이 예제를 온라인으로 실행할 수 있다.
>
> https://packt.live/3abV9pe.

▶ 행렬의 재구성

이제 간단한 행렬 연산을 이해했으니, 새로운 행렬을 생성하는 연산, **resize**, **reshape**, transpose 등을 수행해보자.

행렬에서 행과 열의 인덱스를 교환해서 대각선을 기준으로 위치를 교환하는 것을 행렬의 전치라고 한다. 이제 행렬을 전치하는 방법을 살펴보자. 행렬의 전치는 다음처럼 세 가지 방법으로 수행할 수 있다:

```
print("matrix z: ")
print(z)

# Transpose matrix
# Method 1
print("new matrix: ")
print(np.transpose(z))

# Method 2
print(z.transpose())

# Method 3
t = z.transpose()
print(t)
```

이 코드의 실행 결과는 다음과 같다:

```
matrix z:
[[1 2]
 [3 4]]

new matrix:
[[1 3]
 [2 4]]

[[1 3]
 [2 4]]

[[1 3]
 [2 4]]
[Finished in 0.207s]
```

3번째 방법에서는 생성된 전치 행렬을 새 변수에 할당한다.

이제부터 배울 함수는 행렬을 다룰 때 가장 많이 사용하는 것에 속한다.

첫 번째 함수는, 행렬을 단일 행으로 변환하는, 행렬의 플래트닝이다:

```
# Flatten the array
y = z.ravel()
print(y)
```

출력은 다음과 같다:

```
[1 2 3 4]
```

이제 다양한 비교 연산자를 살펴보자:

```
# Comparison operators on matrix
print(z == 3)
```

이 경우, 행렬 내의 모든 원소를 기준값(이 경우 **3**)과 비교해서, 해당 인덱스에 대한 논리값 행렬로 표시한다.

출력은 다음과 같다:

```
[[False False]
 [True False]]
```

z의 값이 **3**보다 작은지 확인하는 코드는 다음과 같다:

```
print(z < 3 )
```

출력은 다음과 같다:

```
[[True True]
 [False False]]
```

reshape는 함수는 인수로 전달받은 행과 열에 따라, 행렬의 차원을 변경할 때 사용한다. 이렇게 행렬의 모양을 재구성하는 코드는 다음과 같다:

```
# Reshaping the matrix
r = z.reshape(4,1)
print(r)
```

출력은 다음과 같다:

```
[[1]
 [2]
 [3]
 [4]]
```

이번에는 행렬의 모양을 다음 코드처럼 변경하자:

```
# Resizing the matrix
resize = np.resize(z,(3,3))
print(resize)
```

출력은 다음과 같다:

```
[[1 2 3]
 [4 1 2]
 [3 4 1]]
[Finished in 0.205s]
```

실행 결과를 보면, **resize()** 함수가, 사용자가 지정한 크기에 도달할 때까지, 값을 반복적으로 채워 넣는 것을 알 수 있다. 물론, 원본 행렬의 모든 값이 추가되지 않을 수도 있다. 또한, **ravel()** 함수보다 **reshape()** 함수를, 행렬을 평평하게 만드는 데 더 자주 사용한다는 것도 알아두자.

▶ 행렬의 축

이 비교적 간단한 주제는 이해하기 쉽지만 동시에 오해하기도 쉬우므로 독립적으로 다루도록 한다. 파이썬의 배열에서 축은 두 개 이상의 차원을 가진 모든 행렬이나 배열에 대해 정의할 수 있다. 복잡한 데이터 과학 및 데이터 가공 문제를 다룰 때, 종종 두 개 이상의 차원을 다뤄야 할 때가 있다. 이는 시각화하기 어려우며 혼란스러울 수 있다. 이를 단순화하기 위해 행렬에서 차원을 축으로 표현한다.

간단하게, 2차원 행렬은 수평과 수직, 두 개의 축을 갖는다. 하지만 파이썬에서는 축을 숫자로 나타낸다. 첫 번째 축은 행을 따라 아래로 내려가는 **axis 0**, 두 번째 축은 열을 따라 가로로 이동하는 **axis 1**이다.

앞에서 배운 함수들은 단일 축을 따라 실행할 수 있는데, 큰 데이터 세트의 경우 계산 오버헤드가 많이 줄어든다. 몇 가지 예제를 살펴보자. 이해를 돕기 위해 조금 더 큰 행렬을 사용한다:

```
import numpy as np
z = np.array([[1, 5, 9, 4], \
              [8, 3, 7, 6]])
print(z.max(axis = 0))
print(z.max(axis = 1))
```

출력은 다음과 같다:

```
[8 5 9 6]
[9 8]
[Finished in 0.198s]
```

지정된 각 축을 따라 최대값을 계산했다. 반환된 첫 번째 배열은, 값들이 axis 0을 따라 유일한 원소인 **1**과 **8**, **5**와 **3**, **9**와 **7**, 그리고 **4**와 **6**을 비교했다. 마찬가지로, axis 1의 경우에는 부분 배열의 네 원소를 비교해서 최대값을 반환했다.

다른 예제를 살펴보자:

```
print(z.sum(axis = 1))
```

결과를 추측할 수 있나? 출력을 확인해보자:

```
[19 24]
[Finished in 0.255s]
```

마지막으로, 더 복잡한 예제를 살펴본다:

```
print(np.concatenate((z[1], z[0]), axis=0))
```

이 코드의 출력은 다음과 같다:

```
[8 3 7 6 1 5 9 4]
[Finished in 0.252s]
```

두 배열을 입력받는 결합 함수를 사용했다. 두 배열은 간단히 배열 **z**의 첫 번째와 두 번째 원소로 지정했다. 이것은 각각 **[8 3 7 6]**과 **[1 5 9 4]**다. 두 배열 모두 1차원이므로, axis 0을 따라 원소를 선택하였다. 만일 axis 1으로 지정하면 NumPy는 **AxisError**를 발생시킨다:

```
print(np.concatenate((z[1], z[0]), axis=1))
```

이 코드의 출력은 다음과 같다:

```
Traceback (most recent call last):
  File "/matrix.py", line 9, in <module>
    print(np.concatenate((z[1], z[0]), axis=1))
numpy.core._internal.AxisError: axis 1 is out of bounds for array of dimension 1
```

실습 6.02 ✦ 행렬 탐색

이 실습에서, 행과 열에 대해 모두 오름차순으로 정렬된 행렬에서 주어진 입력값을 찾는 작업을 한다. 이 실습으로 특히 NumPy 배열을 사용하지 않을 때, 행렬의 원소를 순회하는 일에 대한 일반적인 원리를 이해할 수 있다.

선술하자면, 행렬에 대한 이진 탐색을 구현할 것이다. 물론, 이진 탐색을 잘 모르더라도 따라가기 쉽다.

행렬 내에 찾는 값이 있는지 아닌지에 따라 **True** 또는 **False** 값을 반환한다:

1. 먼저, 검색 대상 행렬을 정의한다:

```
matrix = [[7, 10, 15, 18], \
          [25, 29, 35, 47], \
          [56, 78, 85, 104]]
```

2. 이제, **matrixsearch()**라는 함수를 정의하고 작성해보자. 이 함수는 행렬과 검색할 값을 입력으로 받는다. 먼저, 행렬이 비어 있거나 대상 값이 없는 경우에 대한 예외 처리를 수행한다:

```
def matrixsearch(matrix, value):
    # Check for edge cases
    if value is None or not matrix:
        return False
```

3. 다음으로, 변수 네 개를 정의하고 초기화한다:

```
# Initialize the variables
    row = len(matrix)
    col = len(matrix[0])
    start = 0
    end = row * col - 1
```

여기서 변수 **row**와 column이 어떻게 초기화되는지에 주목할 필요가 있다. 어떤 행렬이든 이렇게 초기화하니, 이것을 알아둘 가치가 있다. 또한, 행렬이 이미 정렬되어 있고, 변수 **start**와 **end**는 이 행렬의 처음과 마지막 원소로 초기화되었으므로, 행렬의 시작부터 대각선 반대쪽 끝에 이르는 하나의 리스트로 생각할 수 있다.

4. 이제 프로그램의 실제 수행 **논리**를 이해하기 쉽게 몇 단계로 나누어 살펴보자. start부터 end까지 반복하는 동안, 행렬의 중간값을 찾는다(즉, 행렬을 리스트로 취급한다):

```
    while start <= end:
        mid = int((start + end) / 2)
```

5. 그런 다음, **pointer**라는 변수를 정의하고, 이 중간값으로 초기화한다:

```
        pointer = matrix[int(mid/col)][int(mid%col)]
        print(int(mid/col), int(mid%col))
```

여기서 /는 나눗셈, %는 나머지 연산이다. 따라서 첫 번째 반복에서 그 값은 각각 (1,1)이 된다.

6. 이제 이진 검색의 핵심을 알아보자. 포인터와 찾으려는 값을 비교해서 찾는 지점을 증가시키거나 감소시킨다. 만일 값이 일치하면 **True**를 반환하고, 그렇지 않으면 찾을 때까지 반복하다가, 끝까지 찾지 못하면 마지막에 **False**를 반환한다:

```
        if pointer == value:
            return True
        elif pointer < value:
            start = mid + 1
        else:
            end = mid - 1
    return False
sol = matrixsearch(matrix, 78)
print(sol)
```

출력은 다음과 같다:

```
1 1
2 0
2 2
2 1
True
```

이 연습에서, NumPy를 사용해서 행렬에 대한 이진 탐색을 구현했으며, 입력 78에 대해 **True**를 반환했다.

> **노트**
>
> 이 절의 소스 코드는 다음에 있다.
>
> https://packt.live/3eVd0Ch.
>
> 또한, 다음에서 이 예제를 온라인으로 실행할 수 있다.
>
> https://packt.live/2ZusZkj.

▶ 행렬의 원소별 곱

지금까지, 하나의 행렬에 대한 연산과 조작법을 다뤘다. 이제, 여러 개의 행렬을 연산하는 경우를 생각해보자. 대규모 배열을 저장해서 처리할 필요 때문에, 행렬과 파이썬은 자연스럽게 결합해서 오늘날 데이터 과학에서 가장 일반적으로 사용되고 있다. 간단한 예제로 시작해보자. 행렬 **z**와 **x**를 다음과 같이 곱해보자:

```
import numpy as np
z = np.array([[1, 2], \
              [3, 4]])
x = np.array([[4, 5], \
              [7, 8]])
print(np.multiply(x,z))
print(np.multiply(z,x))
```

이 코드의 실행 결과는 다음과 같다:

```
[[ 4 10]
 [21 32]]
[[ 4 10]
 [21 32]]
[Finished in 0.206s]
```

출력에서 바로 알 수 있듯이, 곱셈 결과 행렬의 원소는, 두 행렬의 해당 원소의 곱과 같다. 즉 원소별 곱셈으로, Hadamard 곱이라고도 부른다.

이제 행렬 **x**를 조금 변경해보자:

```
import numpy as np
z = np.array([[1, 2], \
              [3, 4]])
x = np.array([[4, 5, 6], \
              [7, 8, 9]])

print("Multiplying with a number: ")
print(np.multiply(3,x))
print(np.multiply(x,3))

print("Multiplication between matrices of different sizes: ")
print(np.multiply(x,z))
print(np.multiply(z,x))
```

출력은 다음과 같다:

```
Multiplying with a number:
[[12 15 18]
 [21 24 27]]
[[12 15 18]
 [21 24 27]]
Multiplication between matrices of different sizes:
Traceback (most recent call last):
    File "/Users/…/matrix operations.py", line 52, in <module>
    print(np.multiply(x,z))
ValueError: operands could not be broadcast together with shapes (2,3) (2,2)
[Finished in 0.204s]
```

NumPy 배열의 브로드캐스팅이라는 속성 때문에 **ValueError**가 발생했다. 여러 개의 행렬을 연산하려면 이 문제를 해결해야 한다.

브로드캐스팅

배열을 사용해서 행렬 연산을 수행할 때 할 수 있는 것과 할 수 없는 것을 알기 위해 브로드캐스팅이라는 개념을 이해하는 것이 중요하다.

간단히 말해서, 브로드캐스팅은 모양이 다른, 즉 차원이 다른 두 배열을 처리하는 NumPy의 처리 방식이다. 일반적으로, 두 배열 중 작은 배열을 특정한 방식으로 큰 배열에 브로드캐스팅해서, 두 배열을 호환되게 한다. 공식 문서에 따른 브로드캐스팅의 일반 규칙은 다음과 같다:

- 뒤쪽 차원부터 처리한다.
- 두 차원 중 하나가 1이거나, 또는 두 차원이 같을 때, 두 배열의 차원이 같은 것으로 간주한다.

> **노트**
>
> 다음 공식 문서에서 더 자세한 내용을 확인할 수 있다:
> https://docs.scipy.org/doc/numpy/user/basics.broadcasting.html.

앞의 예제에서 보았듯이, 같은 차원의 행렬 곱셈과 스칼라 곱셈은 완벽하게 계산된다. 반면에, 두 행렬의 차원이 다른 경우, NumPy가 작은 행렬의 값을 큰 행렬에 효율적으로 브로드캐스팅하지 못해 **ValueError**가 발생한다. 이 브로드캐스팅은 주로 배열을 더 빠르고 메모리 효율적으로 만들기 위해 내부적으로 수행된다. 이는 배열을 벡터화해서 파이썬이 아니라 C에서 반복 처리하여, 효과적으로 속도를 향상한다. 여기서 중요한 것은 NumPy 배열 쌍의 경우 연산이 원소별로 수행된다는 것이다. 차원과 관련된 문제를 해결하기 위해 주로 사용하는 두 가지 메서드는 **reshape**와 **newaxis**이다. 마지막으로, 브로드캐스팅의 한 가지 변형을 더 살펴보자:

```
import numpy as np
z = np.array([[1,2],\
              [3]])
x = np.array([[4,5]])
print(np.multiply(x,z))
```

출력을 예상할 수 있겠는가? 확인해보자:

```
[[list([1, 2, 1, 2, 1, 2, 1, 2]) list([3, 3, 3, 3, 3])]]
[Finished in 0.244s]
```

배열 **z**가 정사각형 모양이 아니므로, NumPy는 이것을 행렬로 해석하지 않고, 일반적인 객체의 행으로 취급해서 원소별 곱셈을 수행한다. 따라서 **z[0]**는 **x[0]**와 곱하고, **z[1]**은 **x[1]**과 곱해서 결과적으로 리스트 객체를 생성한다.

행렬의 연산 II

이제 본격적으로 몇 가지 특수한 행렬 연산과 둘 이상의 행렬 연산을 다루고, 그것을 수행하는 데 도움이 되는 함수를 살펴보자. 여기서는 역행렬, 논리 연산자, 내적, 고유값과 고유벡터, 외적, 행렬식 등을 다룬다.

NumPy 라이브러리에는 행렬을 다루는 데 사용할 수 있는 다른 많은 기능이 있으며, NumPy 공식 문서는 사용자의 요구에 맞는 정보를 참조하기 아주 좋은 자료다. 여기서 다루게 될 주제 대부분은 NumPy 선형대수 패키지의 일부분이다. 또한, 각각의 주제에 대해 물리학과 수학 분야의 훨씬 폭넓고 깊이가 있는 응용 사례들이 존재하지만, 이 장의 범위를 벗어나므로, 이 개념들이 행렬을 이해하는 데 매우 중요한 역할을 한다는 사실을 아는 것으로 만족하기로 한다.

> **노트**
>
> NumPy 라이브러리에 대한 더 많은 정보는 다음을 참조하자:
>
> https://docs.scipy.org/doc/numpy/reference/

▶ 항등 행렬

대각 원소가 모두 1이고, 그 외의 원소는 모두 0인 행렬을 항등 행렬이라 부른다. NumPy의 **linalg** 모듈을 사용해서 항등 행렬을 생성해보자:

```
import numpy as np
from numpy.linalg import inv

def identity():
    print(np.identity(3))
```

출력은 다음과 같다:

```
[[1. 0. 0.]
 [0. 1. 0.]
 [0. 0. 1.]]
[Finished in 0.206s]
```

▶ eye 함수

eye 함수는 항등 행렬과 유사하지만, 행렬의 값을 일정 거리만큼 이동할 수 있다는 점에서 다르다. 이 함수는 k번째 열부터 항등 행렬을 생성한다. 예를 들어보자:

```
def eye():
   print(np.eye(3, k = 1))
```

출력은 다음과 같다:

```
[[0. 1. 0.]
 [0. 0. 1.]
 [0. 0. 0.]]
[Finished in 0.277s]
```

▶ 행렬의 역행렬

역행렬 또는 곱셈에 대한 역원은, 원래의 행렬과의 곱이 항등 행렬이 되는 행렬이다. 행렬의 역행렬은 주로 3차원 기하학과 그래픽 분야에서 사용된다: (!수학에서 두 행렬의 곱을 파이썬에서는 내부적으로 행과 열 단위의 점 곱으로 계산한다.)

```
def inverse():
    z = np.array([[1,2], \
                  [3,4]])
    z_inv = inv(z)
    product = np.dot(z, z_inv)
    print(z_inv)
    print(product)
```

출력은 다음과 같다:

```
# Output of print(z_inv)
[[-2.   1. ]
 [ 1.5 -0.5]]
# Output of print(product)
[[1.00000000e+00 0.00000000e+00]
 [8.88178420e-16 1.00000000e+00]]
[Finished in 0.202s]
```

코드를 실행하면 두 개가 출력된다. 첫 번째 출력은 행렬 **z**의 역행렬 **z_inv**이고, 두 번째 출력은 원래의 행렬에 역행렬을 **dot()** 함수로 곱해서 만든 항등 행렬이다. 원소가 부동 소수점으로 표시된 것에 신경 쓸 필요는 없다.

▶ 논리 연산자

여기서는 **True**(1) 또는 **False**(0) 값을 포함하는 두 개의 리스트를 생성한 후, NumPy 내장 논리 연산 함수인 **logical_and()** 함수를 사용해서 **AND** 연산을 수행한 후 출력 결과를 살펴본다:

```
def and_op():
    m1 = [True, False, False]
    m2 = [True, False, True]
    print(np.logical_and(m1, m2))
```

출력은 다음과 같다:

```
[ True False False]
[Finished in 0.253s]
```

예상결과가 바로 출력된다. **True**와 **False** 대신 1과 0을 사용해도 같은 결과가 나온다. 사실, 0이 아니면 모두 **True**로 간주한다. 1과 0을 사용한 예를 살펴보자:

```
def and_op():
    m1 = [0, 1, 0]
    m2 = [1, 1, 0]
    print(np.logical_and(m1, m2))
```

출력은 다음과 같다:

```
[False True False]
[Finished in 0.192s]
```

logical_or(), logical_not(), logical_xor() 논리 함수에 대해서도 같은 작업을 수행할 수 있다.

▶ 외적 또는 벡터 곱셈

np.outer() 함수는 두 행렬의 외적 또는 벡터 곱을 계산할 때 사용한다:

```
def vector():
    horizontal = np.array([[1,3,2]])

    vertical = np.array([[2],\
                         [0],\
                         [1]])

    print("Output for dimension 1 x 1: ")
    print(horizontal.dot(vertical))

    print("Output for dimension 3 x 3: ")
    print(vertical.dot(horizontal))

    print("Output using outer for getting cross product: ")
    print(np.outer(vertical.ravel(), horizontal.ravel()))
    print(np.outer(horizontal.ravel(), vertical.ravel()))
```

출력은 다음과 같다:

```
Output for dimension 1 x 1:
[[4]]

Output for dimension 3 x 3:
[[2 6 4]
 [0 0 0]
 [1 3 2]]

Output using outer for getting cross product:
[[2 6 4]
 [0 0 0]
 [1 3 2]]
[[2 0 1]
 [6 0 3]
 [4 0 2]]
[Finished in 0.289s]
```

지금까지 행렬을 다루는 다양한 방법을 배웠다. 그러나 여기서 다룬 것보다 훨씬 다양한 함수가 있으며, 특정한 연산이 필요한 경우, 항상 라이브러리를 자세히 찾아보는 것이 실무 역량을 기를 수 있는 좋은 실천법이다. 또한, 다시 한번 언급하고 싶은 것은, 응용 분야에 따라 사용하기 어려운 별난 유형의 행렬도 다수 있다는 점이다.

행렬과 선형 방정식

선형 방정식은 대수학의 기초이며, 기초 수학을 공부한 사람이라면 어떤 것인지 알고 있을 것이다. 간략하게 살펴본 후, 파이썬에서 행렬을 사용해서 쉽게 해결할 수 있는지 알아보자.

선형 방정식의 일반식은 다음과 같다.

$$a_1x_1 + \ldots + a_nx_n + b = 0,$$

그림 6.5 선형 방정식의 일반식

여기서 $a_1, a_2, \cdots, a_n$은 계수고, $x_1, x_2, \cdots, x_n$은 변수다.

이러한 두 변수 선형 방정식은 x가 수평 차원이고 y가 수직 차원인 2차원 공간의 그래프로 나타낼 수 있다.

두 변수 선형 방정식의 예를 간단히 살펴보자. 예를 들어, 방정식이 $y = 2x + 6$이라고 가정해보자. 방정식을 이렇게 표현한 것을 **기울기-절편** 형식이라 부른다. 즉, $y = mx + c$, 여기서 m은 방정식의 기울기, c는 방정식의 y 절편이다.

예제 방정식의 경우, m은 2이고 c는 6이며, x와 y의 다른 값들을 그래프로 나타낼 수 있다.

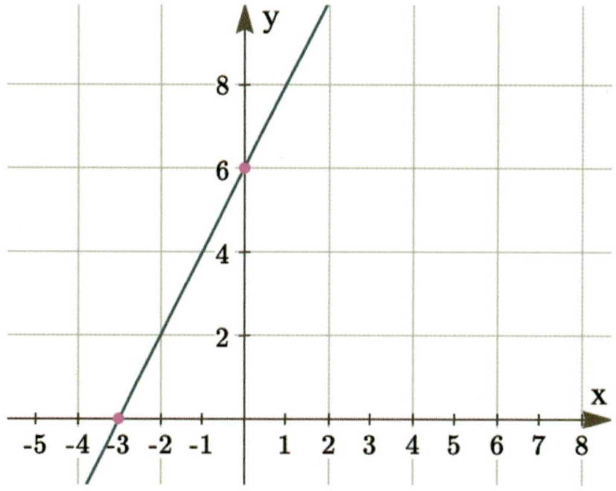

그림 6.6 2차원 공간에 나타낸 y = 2x + 6

각설하고, 앞 그림의 2차원 평면 위에 또 다른 평행한 직선이나 이 선과 교차하는 다른 직선이 있다고 상상해보자. 선형 방정식을 다룬다는 것은, 이러한 직선의 두 교차점을 찾고, 그것에 근거해서 임의의 x와 y값을 찾는 일이다. 차원의 수가 증가하면 그림으로 나타내기 어려워지지만, 근본적으로 개념은 같다. 행렬을 이용하면 이러한 선형 방정식을 간단하게 해결할 수 있다. 하나의 선형 방정식에 대해, 일반적으로 x와 y의 계수를 포함하는 행렬과 변수 x와 y를 포함하는 다른 행렬, 두 개를 구성할 수 있다. 이 두 행렬에 내적 연산을 적용해서 방정식 문제를 해결할 수 있다. 간단한 실습으로 쉽게 이해할 수 있다.

실습 6.03 ✦ 행렬로 선형 방정식 풀기

행렬을 사용해서 선형 방정식 응용문제를 해결해보자.

존은 3일 동안 도시를 떠나 여행 중인데, 여행 경비를 모두 소진할 때까지 쓰기로 마음먹었다. 그는 세 종류의 화폐를 가지고 떠났다. 첫째 날, 존은 마음에 드는 최신 전자 태블릿을 구매하는데, a 화폐 **37**장, b 화폐 **20**장, c 화폐 **12**장을 사용해서 합계 $435를 사용했다. 둘째 날, 스카이다이빙에 가서 화폐 a, b, c를 각각 **15, 32, 4**장 사용해서 합계 $178를 사용했다. 셋째 날, 남은 금액을 몽땅 털어서 극장에 갔다. 극장 요금은 $70이며 화폐 a, b, c를 각각 **5, 40, 2**장 사용하였다. 각 화폐의 액면 금액을 구해보자.

주어진 문제를 살펴보면, 미지수가 3개인 방정식 3개가 있다는 것을 알 수 있다.

1. NumPy 배열을 사용하여 3일 동안 지출을 행렬로 나타낸다:

```
import numpy as np

# Input
z = np.array([[37, 20, 12],
              [15, 32, 4],
              [5, 40, 2]])
```

이제 행렬을 생성했고, 풀어야 할 방정식은 다음과 같다:

$Ax = b$

여기서 A는 화폐 행렬, x는 미지수 행렬, b는 합계 행렬이다.

2. 합계 행렬 b는 다음과 같다. 이것은 존이 일자별로 소비한 금액이다:

```
r = np.array([[435],[178],[70]])
```

파이썬을 이용해서 3가지 방법으로 이 문제를 해결할 수 있다:

방법 1: 식 $x = A^{-1}b$를 이용해서 x를 찾는 방법:

3. 먼저, 앞서 배운 함수를 사용해서 행렬 A의 역행렬을 계산한다:

```
print(np.linalg.inv(z))
```

출력은 다음과 같다:

```
[[-0.06282723 0.28795812 -0.19895288]
 [-0.0065445 0.0091623 0.02094241]
 [ 0.28795812 -0.90314136 0.57853403]]
```

이 행렬의 원소를 이해하려 할 필요는 없다. A의 역행렬이라는 것만 기억하자.

4. 그런 다음, 두 행렬의 내적을 취해서 결과 행렬 **X**를 생성한다:

```
X = np.linalg.inv(z).dot(r)
print(X)
```

> **노트**
>
> 이 곱셈은 스칼라 변수가 아니므로 순수한 곱셈이 아닌 행렬의 내적을 사용한다.

출력은 다음과 같다:

```
[[10. ]
 [0.25]
 [5. ]]
```

방법 2: **linalg** 패키지의 내장 메서드 사용:

5. 앞에서 직접 수행한 일을 해주는 NumPy 함수 **solve()**를 사용해보자. 여기서는 출력 변수를 **y**로 지정한다:

```
y = np.linalg.solve(z,r)
print(y)
```

출력은 다음과 같다:

```
[[10.  ]
 [0.25]
 [5.  ]]
```

파이썬에서 선형 방정식을 코드 한 줄로 해결할 수 있었다. 즉, 파이썬으로 미지수가 많은 유사한 방정식을 쉽게 해결할 수 있다는 것을 확인할 수 있다.

결국 방법 1과 방법 2를 사용한 풀이가 같으며, 화폐는 각각 $10, $0.25, $5로 흔히 사용하는 화폐다.

만약 존의 지출 정보를 한번에 받는 것이 아니고 차례로 받는다면 어떻게 될까?

6. 먼저 존의 첫 지출에 대한 정보를 추가한다:

```
a = np.array([[37, 20, 12]])
```

7. 이어서, 존의 다른 지출에 대한 정보도 추가한다:

```
b = np.array([[15, 32, 4]])
c = np.array([[ 5, 40, 2]])
```

8. **concat()** 함수를 사용해서, 이러한 배열을 쉽게 결합하여 행렬을 구성할 수 있다:

```
u = np.concatenate((a, b, c), axis=0)
print(u)
```

출력은 다음과 같다:

```
[[37 20 12]
 [15 32 4]
 [ 5 40 2]]
[Finished in 0.188s]
```

앞에서 사용한 것과 같은 행렬이다.

따라서, 여행이 길어져서 입력이 훨씬 많아지더라도 반복을 사용해서 더 큰 행렬을 구성한 다음 같은 논리로 문제를 해결할 수 있다.

> **노트**
>
> 이 절의 소스 코드는 다음에 있다.
>
> https://packt.live/3eStF9N.
>
> 또한, 다음에서 이 예제를 온라인으로 실행할 수 있다.
>
> https://packt.live/38rZ6FI.

전이 행렬과 마르코프 체인

이제부터, 그 자체로 독립적인 연구 분야이자, 행렬의 응용 분야 중 하나인 마르코프 체인을 살펴본다. 마르코프 체인은 전이 행렬, 확률, 그리고 극한의 개념을 통합해서 실세계의 문제를 해결한다. 실세계는 흔히 만들어 사용하는 수학적 모델만큼 완벽하지 않다. 자동차가 A 지점에서 B 지점으로 이동하려 할 때, 실제로 거리와 속도라는 정보만으로는 부족하다. 길을 건너는 고양이 한 마리가, 자동차의 이동 시간을 예상하기 위해 수행한 모든 계산을 완전히 망칠 수 있다. 며칠 동안 잘 예측할 수 있는 패턴을 따르던 주식 시장을, 하룻밤에 붕괴시키는 사건이 발생할 수 있다. 이 사건은 전 세계적인 사건, 정치적 성명서, 또는 기업의 실적 보고서 발표일 수 있다. 물론, 현재의 수학적 계산 모델이, 이러한 사건의 결과를 예측할 수 있는 수준에 도달하지는 않았지만, 어떤 사건이 다른 사건보다 더 자주 발생할 확률을 결정하는 시도는 할 수 있다. 앞에서 소개한 사건 중, 기업의 실적 보고서가 특정 날짜에 발표된다면 특정 주식에 영향을 준다고 예상할 수 있으며, 이러한 기업의 시장 분석을 모델링할 수 있다.

마르코프 체인은, 현재 상태만 고려해서 다음 상태를 예측하는, **마르코프 속성**을 따르는 변수를 사용하는 예측 모델이다. 따라서 본질적으로 마르코프 체인은 메모리가 없는 프로세스다. **상태 전이 다이어그램**과 전이 행렬을 사용해서 이 모델을 표현하는데, 전이 행렬은 현재 사건이 발생할 때 특정 사건이 발생할 확률을 계산하는 데 사용된다. 메모리가 없는 프로세스라고 해서 과거 사건과 관련이 없는 것으로 혼동할 수 있지만, 실제로는 그렇지 않다. 어떻게 그런지 예를 통해서 이해하기가 훨씬 쉽다. 마르코프 체인을 사용하기 전에, 상태가 어떻게 전이되는지, 행렬은 어떻게 사용되는지, 그것들이 왜 사용되는지를 먼저 자세히 살펴보자.

▶ 마르코프 체인의 기본 개념

복잡한 개념을 쉽게 이해하기 위해, 우선 알고 있는 정보를 반복적으로 잘게 나누어 개념을 이해한 후, 그것을 반대로 통합해 가면서 배워보도록 하자.

확률적 대 결정적 모델

실세계 문제를 해결할 때 종종 통제하거나 공식화하기 어려운 상황을 마주하게 된다. 모델은 주어진 시스템의 작동 방식을 모방하기 위해 만든다. 시스템을 구성하는 요소를 최대한 모델에 반영하지만, 쉽게 결정할 수 없는 속성이 있을 수 있으며, 그 경우는 발생 확률을 기반으로 모델링한다. 이때 확률이 등장한다. 확률을 이용하기 위해 일련의 상황에서 특정 사건이 발생할 확률을 찾는 작업을 한다. 흔히 사용하는 모델에는, **결정적 모델**과 **확률적 모델** 두 가지 유형이 있다. 결정적 모델은 일련의 매개변수와 함수를 가지고 있으며, 이것의 조합으로부터 결과를 예측할 수 있는 방정식을 구성해서, 입력에 대해 고유한 출력을 산출한다. 확률적 모델은 무작위성을 포함하며, 초기값과 방정식을 알고 있음에도 불구하고, 출력은 가능한 결과와 그 결과에 대한 확률의 조합으로 산출한다. 즉, 확률적 모델은 고유한 출력을 산출하는 대신, 어떤 사건이 다른 사건보다 더 자주 발생할 확률을 계산한다. 선형 프로그래밍은 결정적 모델의 좋은 사례고, 날씨 예측은 확률적 모델이다.

상태 전이 다이어그램

객체지향 프로그래밍에서는 주어진 사건과 상황에서 객체가 취할 수 있는 모든 상태를 고려한다. 이렇듯, 주어진 시점의 객체의 상태는 특정한 조건이 충족될 때 그 객체가 취한 값이다. 그림으로 알아보자:

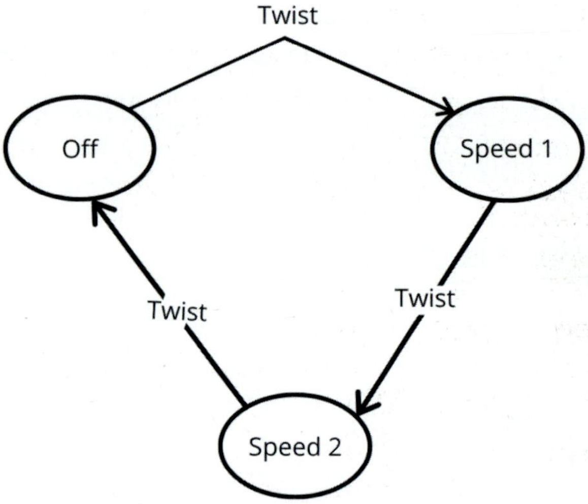

그림 6.7 선풍기의 상태 전이 다이어그램

이 그림은 시계 방향으로 돌릴 때마다, **Off** 위치일 때까지, 선풍기의 상태가 변경되는 탁상용 선풍기의 조절기에 대한 상태 전이 다이어그램이다.

여기서, 조절기의 버튼을 돌리는 행위가 동작이고, 탁상용 선풍기의 상태는 속도에 따라 변경된다. 이 사례의 경우 사건에 따라 상태가 달라지고, 조건이 충족될 때 상태가 달라지는 경우도 많다.

마르코프 체인을 사용한 텍스트 생성 예제를 살펴보고 바로 구현해보자. 다음은 동요 첫 두 구절이다: (!험피 덤피는 "땅딸막한"이라는 뜻으로 동요 가사를 통해 그것이 무엇인지 맞히는 동화 같은 노래인데, 정답은 달걀이고 모든 동화가 그렇듯 권력을 비판하는 숨은 뜻이 있다지만, 의미 따위는 생각지 않아도 마르코프 체인을 이해하는 데 아무런 문제가 없다.)

> Humpty Dumpty sat on a wall,
> Humpty Dumpty had a great fall.

먼저, 문장에 있는 모든 단어의 빈도표를 준비한다. **그림 6.8**에 단어의 빈도표가 나와 있다.

단어	빈도
Humpty	2
Dumpty	2
sat	1
on	1
a	2
wall	1
had	1
great	1
fall	1

그림 6.8 단어의 빈도표

토큰은 문장에 포함된 단어의 개수, 키는 고유한 단어의 대수다. 따라서 다음과 같다.

토큰 = 12

키 = 9

이 책에서 이런 내용을 모든 사용하는 것은 아니지만, 더 복잡한 문제를 구현하려고 할 때 (!예를 들어 머신러닝 딥러닝에서) 중요해질 것이다. 전이 다이어그램은 보통 시작 상태와 종료 상태를 포함하므로 이 두 상태를 키로 추가한다.

단어	빈도
start	1
end	1

그림 6.9 시작과 끝 상태의 빈도표

그런 다음, 현재 단어 다음에 어떤 단어가 나오는지를 나타내는 상태표를 만든다. 즉, 현재 단어 바로 뒤에 나오는 단어의 조합을 찾는다. 따라서, 다음과 같이 쌍을 찾을 수 있다.

Start	→	Humpty
Humpty	→	Dumpty
Dumpty	→	sat
.		
.		
great	→	fall
fall	→	end

그림 6.10 단어 쌍

토큰 대신 키에 따라 요약하면, 다음과 같이 어떤 키워드는 전이가 여러 개일 수 있다는 것을 알 수 있다.

Dumpty	→	sat, had
a	→	wall, great

그림 6.11 둘 이상의 전이가 있는 경우

이러한 요약은 단순히 상태 전이를 줄이는 것뿐 아니라, 곧 보게 될, 어떤 의미가 있다. 이제, 이 사례의 목표는 서로 짝지을 수 있는 단어를 정하는 것이다. 이제, 상태 전이 다이어그램을 그릴 준비가 되었다.

모든 고유한 키를 상태로 추가하고, 각 단어가 어떤 상태로 전이할 수 있는지 그림으로 나타낸다:

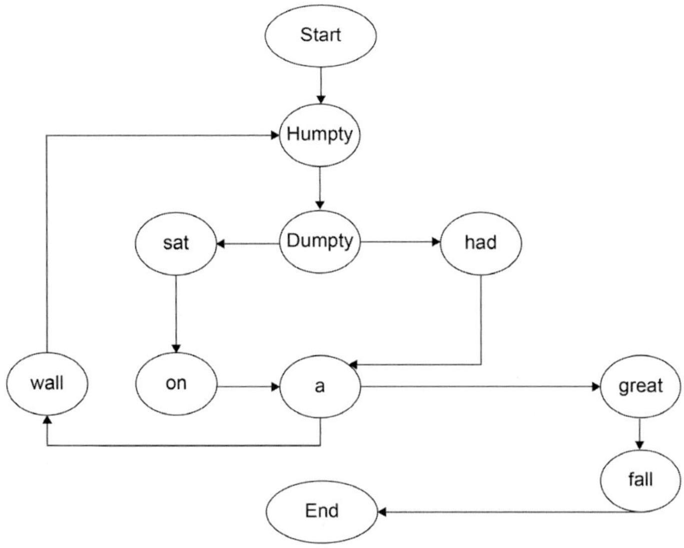

그림 6.12 상태 전이 다이어그램

앞 그림을 보면, 주어진 조건으로부터 어떤 단어든지 따라가서 노래를 완성할 수 있다는 것을 알 수 있다. 다음으로 할 일은 주어진 단어 다음에 어떤 단어가 나타날 확률이다. 이 확률은 **그림 6.13**에서 보듯이, 단어의 빈도에 따라 어떻게 분포하는지 명확하게 알 수 있다. Humpty 다음에는 항상 Dumpty가 나오므로 확률은 **1**이다:

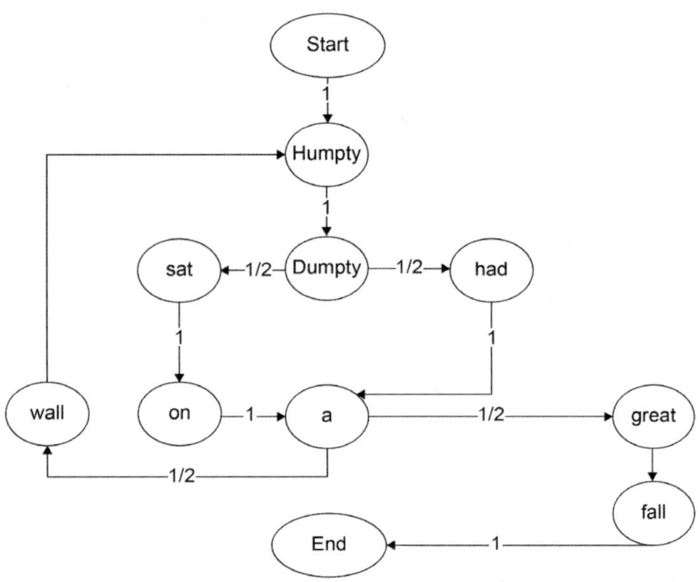

그림 6.13 확률을 포함한 상태 전이 다이어그램

이제 상태 전이 다이어그램에 대해 논의했으므로, 전이 행렬을 구성해보자.

전이 행렬

마르코프 프로세스에서는 상태 전이 확률을, 전이 행렬을 이용해서, 수학적 형식으로 나타낸다. 전이 행렬의 행과 열은 전이 다이어그램의 상태를 나타낸다. 즉, 전이 행렬의 각 값은 한 상태에서 다른 상태로 전이할 확률이다. 이 행렬의 값 중 많은 부분이 0일 것이라는 것을 쉽게 생각할 수 있다. 앞에서 다룬 사례의 경우, 전이 행렬은 상태가 9개고, 많은 원소가 0일 것이다. (!크기가 9×9이고 대부분 원소가 0인 희소 행렬이라는 뜻, 그러니) 더 단순한 전이 다이어그램을 가지고 그것에 해당하는 전이 행렬을 찾아보자.

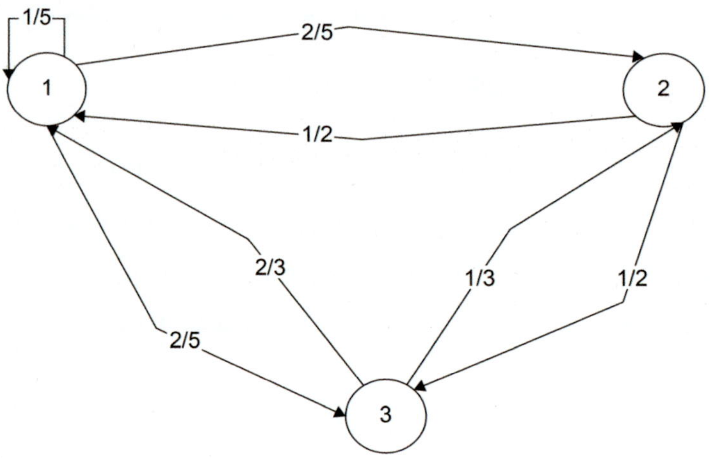

그림 6.14 상태 1, 2, 3을 가진 상태 전이 다이어그램

이 그림은 상태가 세 개인 모델의 상태 전이 다이어그램이다. 여기에는, 시작 상태와 종료 상태가 없지만, 어떤 경우에는 필요할 수 있다. 화살표는 한 상태에서 다음 상태로의 전이를 나타낸다. 상태 다이어그램이 있으면 행렬을 구성하기는 쉽다. 행과 열의 개수를 다이어그램의 상태 개수와 같게 하면 된다. 이 경우 3이다. 그런 다음 0번 행은 1번 상태의 전이를, 1번 행은 2번 상태의 전이를 나타내는 식으로 구성한다. 즉, 행렬의 각 행은 한 상태의 전이 확률을 나타낸다.

먼저 행렬을 살펴보고 몇 가지 더 알아보자.

$$\begin{bmatrix} 1/5 & 2/5 & 2/5 \\ 1/2 & 0 & 1/2 \\ 2/3 & 1/3 & 0 \end{bmatrix}$$

그림 6.15 전이 행렬

행이 갖는 의미 외에 하나 더 알 수 있는 것이 있다. 주어진 행의 모든 확률의 합이 항상 1이라는 점이다. 예를 들어, 첫 행의 합은 $1/5+2/5+2/5=5/5=1$이다. 모델의 모든 상태에 대한 전이가 완전하게 정의되기 때문이다.

만일 상태 사이에 전이 관계가 없는 경우, 해당 행렬의 값은 0이다. 행렬의 0이 아닌 원소의 개수와 상태 전이 다이어그램의 상태 전이의 개수를 비교해서 이 사실을 확인할 수 있다. 이 사례의 경우, 모두 7로 같다.

실습 6.04 ✦ 상태 전이 확률 찾기

A, B, C, D라는 네 개의 상태가 무작위로 포함된 배열이 주어졌을 때, 이 네 가지 상태 사이의 전이 확률을 찾아본다. 구체적으로 각 상태 전이의 확률을 구한 후, 이로부터 전이 행렬을 구성한다.

파이썬으로 주어진 입력 배열에 대한 **전이 행렬**을 구한다. 뒤에서 마르코프 체인을 생성할 때 같은 논리를 사용한다.

1. 파이썬의 **random** 패키지를 사용해서, **A, B, C, D** 문자를 무작위로 포함하는 상태 배열을 생성한다. 상수 **LEN_STR**로 원소의 개수를 지정하는데, 이 경우 **50**이다:

```
# Generate random letters from 4 states A B C D
import random
tokens = []
LEN_STR = 50
for i in range(LEN_STR):
    tokens.append(random.choice("ABCD"))
print(tokens)
LEN_TOKENS = len("ABCD")
```

출력은 다음과 같다:

```
['C', 'A', 'A', 'B', 'A', 'A', 'D', 'C', 'B', 'A', 'B',
 'A', 'A', 'D', 'A', 'A', 'C', 'B', 'C', 'D', 'D', 'C',
 'C', 'B', 'A', 'D', 'D', 'C', 'A', 'A', 'D', 'C', 'A',
 'D', 'A', 'A', 'A', 'C', 'B', 'D', 'D', 'C', 'A', 'A',
 'B', 'A', 'C', 'A', 'D', 'D']
```

노트

다른 상수 **LEN_TOKENS**을 사용해서, 상태 개수를 알 수 있다.

2. 다음으로, 문자 'A'를 기준으로 각 문자의 상대적인 위치를 찾아, 계산하기 쉬운 정수로 변환한다:

```
# Finding the relative values with ordinal values of
# ASCII characters
relative_value = [(ord(t) - ord('A')) for t in tokens]
print(relative_value)
```

출력은 다음과 같다:

```
[2, 0, 0, 1, 0, 0, 3, 2, 1, 0, 1, 0, 0, 3, 0, 0, 2, 1,
 2, 3, 3, 2, 2, 1, 0, 3, 3, 2, 0, 0, 3, 2, 0, 3, 0, 0,
 0, 2, 1, 3, 3, 2, 0, 0, 1, 0, 2, 0, 3, 3]
```

여기서는 편의를 위해 개수를 나타내는 기수를 사용했지만, 딕셔너리 등 다른 방법을 사용할 수도 있다. 또한, 코드의 **ord()** 함수는 입력 문자열의 ASCII 코드값을 반환한다. 예를 들어, 문자 **'A'**와 **'D'**의 ASCII 값은 각각 **65**와 **68**이다.

3. 이제, 전이 행렬을 위한 빈 리스트 **m**을 만들고, 앞에서 구한 리스트 **relative_value**의 원소를 두 개씩 읽어 각 상태를 찾아내면서 각 상태 전이의 빈도를 계산한다:

```
#create Matrix of zeros
m = [[0]*LEN_TOKENS for j in range(LEN_TOKENS)]
```

```
print(m)

# Building the frequency table(matrix) from the given data
for (i,j) in zip(relative_value, relative_value [1:]):
    m[i][j] += 1
    print(list(zip(relative_value, relative_value [1:])))

    print(m)
```

출력은 다음과 같다:

```
[[0, 0, 0, 0], [0, 0, 0, 0], [0, 0, 0, 0], [0, 0, 0, 0]]

[(2, 0), (0, 0), (0, 1), (1, 0), (0, 0), (0, 3), (3, 2),
 (2, 1), (1, 0), (0, 1), (1, 0), (0, 0), (0, 3), (3, 0),
 (0, 0), (0, 2), (2, 1), (1, 2), (2, 3), (3, 3), (3, 2),
 (2, 2), (2, 1), (1, 0), (0, 3), (3, 3), (3, 2), (2, 0),
 (0, 0), (0, 3), (3, 2), (2, 0), (0, 3), (3, 0), (0, 0),
 (0, 0), (0, 2), (2, 1), (1, 3), (3, 3), (3, 2), (2, 0),
 (0, 0), (0, 1), (1, 0), (0, 2), (2, 0), (0, 3), (3, 3)]

[[8, 3, 3, 6], [5, 0, 1, 1], [5, 4, 1, 1], [2, 0, 5, 4]]
```

구체적으로 상수 **LEN_TOKENS** 값을 이용해서 0으로 초기화된 행렬을 만들었다. 그런 다음, **relative_value**의 원소를 두 개씩 읽어 전이 쌍의 튜플을 생성하고, 두 상태 사이의 전이 횟수에 따라 전이 행렬을 위한 빈도를 계산했다. 이 결과가 출력의 마지막 줄에 나타나 있다.

노트

새로운 행렬을 생성하지 않고 전이 쌍을 찾는 단계에서 행렬 **m**을 계산했다.

4. 다음으로, 확률을 계산할 차례다. 확률은 주어진 행의 상대적인 빈도로 산출한다. 첫 행에서 'A'에서 'A'로의 전이가 8이며, 'A'에서 어떤 상태로의 전이의 총합은 20이다. 따라서, 이 경우 'A'에서 'A'로의 전이 확률은 $1.8/20 = 0.4$가 된다:

```
# Finding the Probability
for state in m:
    total = sum(state)
    if total > 0:
        state[:] = [float(f)/sum(state) for f in state]
```

각 행에 대해 같은 처리를 반복하는데, **sum()** 함숫값이 **0**보다 큰 경우에만 확률을 정할 수 있다. 여기서는 **float()** 함수를 사용해서, 파이썬 일부 버전에서 일어나는, **int**로의 형 변환을 피한다. 또한, **state[:]**의 사용에 주목하자. 이것은 얕은 복사에 해당하므로 묵시적인 형 변환에 의한 문제를 방지한다.

5. 다음 코드를 추가하여 객체 **state**를 출력해보자:

```
for state in m:
    print(state)
```

행 단위로 값을 출력하는데, 이것이 구하려는 최종 목표인 전이 행렬이다.
출력은 다음과 같다:

```
[0.4, 0.15, 0.15, 0.3]
[0.7142857142857143, 0.0, 0.14285714285714285, 0.14285714285714285]
[0.45454545454545453, 0.36363636363636365, 0.09090909090909091,
 0.09090909090909091]
[0.18181818181818182, 0.0, 0.45454545454545453, 0.36363636363636365]
```

이렇게 해서, 한 상태에서 다음 상태로의 전이 확률을 나타내는 전이 행렬을 구했다. 즉, **'A'** 다음에 **'A'**가 나올 확률은 **0.4**, **'A'** 다음에 **'B'**가 나올 확률은 **0.15** 등등이다.

노트

이 절의 소스 코드는 다음에 있다.

https://packt.live/31Ejr9c.

또한, 다음에서 이 예제를 온라인으로 실행할 수 있다.

https://packt.live/3imNsAb.

마르코프 체인과 마르코프 속성

상태 전이와 전이 행렬이 **마르코프 체인**의 전부라고 할 수 있다. 몇 가지 추가로 알아야 할 사항이 있다. 앞에서 언급한 대로, **마르코프 속성**은 변수의 다음 상태가 현재 상태에 의해서만 정해질 때 적용된다. 즉, 마르코프 모델은 현재 상태로부터 다음 상태의 가능성을 결정할 수 있지만, 과거 상태는 독립적인 것으로 미래에 영향을 주지 않는다. 동전 던지기를 예로 들면, 앞면 또는 뒷면의 확률을 계산할 수 있지만, 그것만으로 미래의 결과를 결정할 수 없다.

마르코프 속성은 기본적으로 두 가지 기준을 충족해야 한다:

- 현재 상태에만 의존해야 한다.
- 이산 시간에만 적용할 수 있다.

혼란을 덜기 위해, 수학적 모델에서 시간은 이산적이거나 연속적일 수 있다. 동전 던지기는 앞 또는 뒷면과 같은 명확한 결과를 가지므로 이산적인 시간의 사건이다. 반면에 날씨 패턴이나 주식 시장은 연속적인-시간의 사건이다; 예를 들어, 날씨는 하루 내내 변동하며 변화가 발생할 때 시작과 끝 시간을 측정할 수 없다. 이러한 연속적인 사건을 다루기 위해서는, 양자화 같은 기술로 이산적 사건으로 만들어야 한다. 양자화는, 간단히 말해서, 이상적으로 연속인 수와 시간 데이터를 일정 범위 덩어리로 묶는 것이다. 과거 상태를 저장하지 않는 마르코프 체인은 이산적인 시간과 상태 공간의 프로세스다.

행렬을 어떤 응용에 사용하다 보면 특별한 형태의 행렬이 등장하기도 한다. 예를 들어, 희소 행렬은 데이터 과학에서 많이 사용하는 것으로, 무의미한 값이 대부분인 행렬을, 기억장소와 계산에 매우 효율적으로 변형한 형태의 행렬이다. 이것을 다루려면 리스트의 원소가 리스트인 경우를 살펴보아야 하는데, 여기서는 그것을 많이 다루지 않았다. 그러나 미래를 위해 시간을 내서 배우기를 권한다.

마르코프 체인 외에도 무작위 프로세스에 대한 모델이 몇 가지 더 있다. 여기에는 자기회귀 모델, 포아송 모델, 가우시안 모델, 이동 평균 모델 등이 포함된다. 각각의 모델은 무작위성을 다른 측면으로 다루지만, 거의 모든 모델에 대해 파이썬에서 지원하는 라이브러리가 있다. 마르코프 체인 모델 또한, 다차원 행렬 또는 2계 행렬, **은닉 마르코프 모델**, MCMC 또는 **몬테카를로 마르코프 체인** 등과 같은 복잡한 주제가 있다. 토끼 굴을 얼마나 깊이 파고들 것인지는 각자의 선택에 달려있다.

프로젝트 6.01 ✦ 마르코프 체인을 사용한 텍스트 생성기(또는 미니 챗MC)

이 프로젝트는 지금까지 다룬 내용을 기반으로 직접 텍스트 생성기를 만드는 것이 목표다. 유명 인물의 연설 내용을 사용해서, 마르코프 체인 모델과 상태 전이를 기반으로, 텍스트 생성기를 만들어본다.

다음 단계에 따라 프로젝트를 완성해보자:

1. 먼저, 과학자 또는 정치적 또는 영적 지도자와 같은 유명 인물의, 충분히 큰 분량의, 연설 원고를 찾는다. 아니면 GitHub 저장소 https://packt.live/38rZy6v의 샘플 텍스트 파일, **churchill.txt**을 사용할 수 있다.
2. 주어진 단어와 이어지는 단어들 사이의 상관관계를 보여주는, 상태 전이 리스트를 생성한다.
3. 생성한 리스트를 정렬하고, 여기저기 흩어져 있는, 주어진 단어 다음에 나오는 단어들을 그룹으로 묶어 해시 테이블을 만든다. 예를 들어, 다음은 단어 John을 따르는 단어를 그룹으로 묶은 것이다: [cannot, completely, thought, …] :

   John cannot…, John completely…, John thought …,
4. 무작위 단어 생성기를 사용해서 첫 단어를 생성한다.
5. 마지막으로, 상태 전이에 기반해서 새 문장(또는 연설문)을 만드는 텍스트 생성기를 완성한다.

> **힌트**
>
> 이 프로젝트에는 몇 가지 익숙한 파이썬 메서드가 사용된다.
> 먼저, 텍스트 파일에서 원고를 읽고 **open('churchill.txt').read()**를 사용해서 텍스트를 단어의 리스트로 나눈다.
> 다음으로, 리스트를 반복 처리해서, 키워드와 그 뒤를 따르는 단어의 리스트를 생성한다.
> 그런 다음, 리스트의 각 튜플에 대해 키-값 쌍 구조의 딕셔너리를 생성한다.
> **np.random()** 함수를 사용하여 무작위로 단어 말뭉치를 생성할 수 있다.
> 생성한 단어 리스트로 문장을 생성한다.

> **노트**
>
> 이 프로젝트의 구현 코드는 부록에 있다.

이렇게, 자신만의 텍스트 생성기 즉, 문서 작성기를 만들었다. 물론 이것은 빠르고 광범위하게 성장하는 텍스트 생성기 개발 기술의 아주 기본적인 수준에 지나지 않는다. 이것은 완벽한 것으로부터 거리가 아주 멀다; 이유를 몇 가지 알아보자:

- 텍스트 샘플의 크기가 너무 작다. 제공한 텍스트는 약 22,000개의 단어를 포함하는데, 실제로는 수백만 개의 단어를 전이 행렬을 계산하기 위한 학습 데이터로 사용해야 한다.
- 불용어 처리, 구두점, 문장의 시작과 끝 처리 등 일반적인 자연어 처리 과정을 거치지 않았다.
- 전이 확률에 따라 무작위로 단어를 선택했지만, 확률 및 통계 모델을 사용해서 훨씬 더 정확하고 정교한 모델을 만들 필요가 있다.

그건 그렇고, 어쨌든 첫 텍스트 생성기를 완성했으며, 더 복잡한 것이라도 기본 구조는 이것과 같다.

이 텍스트 생성기가 원활하게 작동한다고 볼 수는 없지만, 여전히 몇 줄의 코드로 작성했으니 아주 훌륭한 시작이다.

요약

이 장에서, 수학과 파이썬의 기본적인 공통 주제인 행렬을 다루었다. 현재의 데이터 과학은 행렬의 효율적 사용에 크게 의존한다. 행렬의 응용으로 마르코프 체인도 살펴보았는데, 중요한 주제지만, 행렬의 응용이라는 범주 아래 다룰 만한 다른 주제 역시 아주 많다.

다음으로, 통계의 세계로 다시, 그리고 깊이 들어가보자. 더 형식적이고 체계적으로 통계를 배우기 위해, 먼저 통계의 구성요소를 이해하고, 확률과 확률변수의 역할을 이해하며, 마지막으로 이러한 개념을 통합해서 통계 모델링을 구현한다.

3부

확률통계

7장

파이썬과 기초 통계

요약

기본적인 기술 통계량을 사용하는 방법과 탐색적 데이터 분석에 사용되는 주요 **그래프**를 생성하고 분석하는 방법을 배운다.

이 장을 마치면, 기본 통계 분석을 위해 **데이터 세트를 가져와 다듬어 준비**하는 방법을 이해하고, 주요 기술 통계량을 계산하고 사용하는 방법을 알게 되며, 기술 통계 분석으로 **수치형**과 **범주형 변수**에 내포된 정보를 이해하는 방법을 알게 되고, 그래프를 통한 시각화로 변수 사이의 관계를 연구할 수 있다.

개요

파이썬과 pandas나 Matplotlib 같은 분석 라이브러리를 사용해서, 다양한 유형의 데이터 세트에 대해, 간단한 계산은 물론이고 반대로 복잡한 통계 계산을 수행하는 일은 매우 쉽다. 이 장에서는 먼저 통계 분석의 기본적인 과정을 살펴본다: 문제를 정의하고 이해하는 것, 데이터 세트를 가져와 다듬는 데이터 준비, 그리고 그 후에, 개별 변수를 이해하고 그것들 사이의 어떤 관계를 탐색하는 것.

7장은 세 개의 절로 구성된다: 첫 번째 절은, 이 장에서 사용할 가상의(하지만 매우 현실적인) 비즈니스 문제와 그것을 위한 데이터 세트를 소개한다. 그런 다음 해당 데이터 세트를 가져와 변수의 유형을 변경하거나 불필요한 내용을 필터링하는 등 데이터를 다듬는 **데이터 준비**과정에 처리할 일반적인 작업을 수행한다. 데이터 세트가 준비되면, 두 번째 절에서 기술통계의 주요 통계량에 대한 개념을 간단하게 살펴보고, 이 지식을 곧바로 작업 중인 데이터 세트에 적용해본다. 이 과정에, 기술통계에서 얻은 정보를 지식으로 전환하는 방법을 사례와 함께 알아본다. 세 번째 절에서 **탐색적 데이터 분석** 실습을 시작한다. 몇 가지 질문과 기본적인 계산으로 시작해서, 히스토그램, 상자 그림 및 산점도 같은 가장 쓸모가 많은 통계적 시각화를 통해 기초 통계에 대한 이해를 강화한다.

이 장은, 같은 주제를 다루는 전통적인 접근 방식과는 다른 접근 방식을 취한다; 통계에 관한 개념만 제시하는 대신, 데이터 분석 도구로서의 통계를 실제로 활용해서, 데이터를 정보로, 정보를 지식으로 변환하는 방법을 다룬다.

데이터 준비

모든 응용 통계는 데이터 세트와 함께 그것으로 해결할 문제로 시작된다. 아무것도 없는 상태라면 통계 분석도 없다; 실세계에는 항상 해결해야 할 비즈니스 문제, 양적으로 이해해야 할 주제, 또는 답해야 할 과학적 질문이 있다. 어떤 통계 분석이든 항상 문제를 이해하는 것이 가장 첫 번째 단계이다. 두 번째 단계는 데이터를 수집하고 준비하는 것이다. 데이터 수집은 이 책의 주제가 아니므로 데이터 준비로 바로 넘어갈 것이다. 결국, 통계적 계산을 수행하기 전에 비즈니스 문제를 이해하고 데이터 세트가 준비되었는지 반드시 확인할 필요가 있다.

▶ 데이터 세트

이 절에서, 이 장에서 계속 사용할 데이터 세트를 소개하고, 기본적인 데이터 준비 작업을 수행한다. 데이터 세트를 잘 이해해야 비즈니스 문제 역시 잘 정의할 수 있다.

케글의 **전략 게임**이 앞으로 사용할 데이터 세트다. 이 데이터 세트는 애플 앱 스토어의 전략 게임에 대한 실제 정보를 포함하고 있다(https://www.kaggle.com/tristan581/17k-apple-app-store-strategy-games에서 받을 수 있다: Attribution 4.0 International(CC BY 4.0) 라이선스). 이 데이터 세트는 2019년 8월에 수집되었으며, 약 17,000개의 전략 게임으로부터 수집한 18개의 열을 포함하고 있다. 파일에 포함된 18개 열은 다음과 같다:

- **URL:** 게임의 URL
- **ID:** 할당된 ID
- **Name:** 게임의 이름
- **Subtitle:** 이름 아래의 설명 텍스트
- **Icon URL:** 512 × 512 픽셀 크기의 JPG
- **Average User Rating:** 0.5로 반올림한 평균 사용자 평점
- **User Rating Count:** 국제 평점 수; null은 5 미만임을 의미
- **Price:** 미국 달러로 된 가격
- **In-app Purchases:** 앱 내 구매 가격
- **Description:** 앱 설명
- **Developer:** 앱 개발자
- **Age Rating:** 연령 제한 4+, 9+, 12+ 또는 17+
- **Languages:** ISO2A 언어 코드
- **Size:** 앱의 크기(바이트 단위)
- **Primary Genre:** 주요 장르
- **Genres:** 앱의 장르
- **Original Release Date:** 출시일
- **현재 버전 릴리스 날짜:** 마지막으로 업데이트된 날짜

> **노트**
>
> 데이터 세트를 다음 GitHub 저장소(https://packt.live/2O1hv2B)에서도 받을 수 있다.

▶ 비즈니스 문제

이 데이터 세트와 가상의 비즈니스 문제를 사용해서 데이터를 정보로 그리고 다시 정보를 유익한 제안으로 변환하는 방법을 배워보자. 눈부신 월요일 아침에 최고급 과테말라 커피 한 잔을 즐기고 있는 자신을 상상하라. 통계 분석팀의 뛰어난 일원인 당신은 다음과 같은 소식을 듣게 된다.

> "당신이 근무하는 게임 개발 회사의 CEO가 게임 시장에서 회사의 위치를 강화하기 위한 계획을 생각해냈다. 그는 그가 가진 산업 지식과 다른 비즈니스 보고서를 통해 새로운 고객을 유치하는 매우 효과적인 방법은 모바일 게임 세계에서 훌륭한 평판을 얻는 것임을 알게 되었다. 이 사실을 기초로, 그는 다음과 같은 계획을 세웠다; 많은 사람으로부터 긍정적인 평가를 받는 iOS 플랫폼 전략 게임을 개발해서, 회사에 많은 수의 신규 고객을 유입시킨다. 그는 사용자로부터 좋은 평점을 받는다면 반드시 계획이 성공할 것이라고 확신한다. 다만 그는 모바일 게임 세계에 대해서 아는 게 적어서, 당신에게 다음과 같은 질문으로 도움을 요청한다: 어떤 유형의 전략 게임이 사람들로부터 높은 평점을 받을까?"

이제 당신이 이 비즈니스 문제를 해결할 주인공이다. 데이터를 정리하는 번잡한 일을 시작하기 전에, 문제를 제대로 이해했는지, 그리고 최소한 원칙적으로 가지고 있는 데이터 세트를 이용해서 (부분적으로든 완전히든) 문제를 해결할 수 있는지 반드시 확인해야 한다. 앞서 소개한 데이터 세트를 사용해서, 이러한 게임 산업의 하위 시장에서 높은 평점을 받는 전략 게임의 요소가 무엇인지, 몇 가지 통계 분석을 수행하고 권고 사항을 도출해보자.

▶ 데이터 준비

이 장에서 사용할 데이터 세트와 필요한 라이브러리를 가져오는 것부터 시작해보자. 먼저, NumPy, Seaborn, pandas, Matplotlib를 가져온다:

```
import pandas as pd
import numpy as np
import matplotlib.pyplot as plt
import seaborn as sns

# line to allow the plots to be shown in the Jupyter Notebook
%matplotlib inline
```

다음으로, 데이터 세트를 읽어온다. pandas의 강력한 기능 덕분에 코드 한 줄로 이 작업을 수행할 수 있다. 이 데이터 세트는 17,007개의 전략 게임에 대한 정보를 각각 18개 열에 담고 있다. 다음 한 줄은 CSV 파일을 읽어 들여, 바로 사용할 수 있는 DataFrame을 생성한다:

```
games = pd.read_csv('data/appstore_games.csv')
```

파일에서 행과 열을 예상한 만큼 바르게 읽어왔는지 항상 확인하는 것이 좋다.

```
games.shape
```

출력은 다음과 같다:

```
(17007, 18)
```

위 결과로, 파일의 모든 행과 열을 읽었다는 것을 알 수 있다.

이제, 새로 생성된 DataFrame의 처음 다섯 행을 빠르게 살펴보자:

```
games.head()
```

출력은 다음과 같다:

	URL	ID	Name	Subtitle	Icon URL	Average User Rating	User Rating Count	Price	In-app Purchases
0	https://apps.apple.com/us/app/sudoku/id284921427	284921427	Sudoku	NaN	https://is2-ssl.mzstatic.com/image/thumb/Purpl...	4.0	3553.0	2.99	NaN
1	https://apps.apple.com/us/app/reversi/id284926400	284926400	Reversi	NaN	https://is4-ssl.mzstatic.com/image/thumb/Purpl...	3.5	284.0	1.99	NaN
2	https://apps.apple.com/us/app/morocco/id284946595	284946595	Morocco	NaN	https://is5-ssl.mzstatic.com/image/thumb/Purpl...	3.0	8376.0	0.00	NaN
3	https://apps.apple.com/us/app/sudoku-free/id28...	285755462	Sudoku (Free)	NaN	https://is3-ssl.mzstatic.com/image/thumb/Purpl...	3.5	190394.0	0.00	NaN
4	https://apps.apple.com/us/app/senet-deluxe/id2...	285831220	Senet Deluxe	NaN	https://is1-ssl.mzstatic.com/image/thumb/Purpl...	3.5	28.0	2.99	NaN

그림 7.1 DataFrame의 첫 다섯 행과 아홉 열

여기서 주목해야 할 두 가지 사항이 있다:

- 열 이름이 바르게 읽혔다(URL, Name, ID 등); 그러나 파일에서 가져온 이 이름은, 대/소문자가 섞여 있고, 일부는 단어 사이에 공백이 포함되는 등 입력하기 쉽게 되어 있지 않다.
- DataFrame은 자동으로 생성된 정수 인덱스를 사용해서 읽어왔다. 가장 왼쪽 열 굵은 정수(**0, 1, 2, ...**)가 인덱스다. (!순서 이상의 의미가 있어야 좋다. 바로 뒤에서 해결한다.)

이 두 가지를 각각 해결해보자.

첫째, DataFrame 열의 이름은 하나의 표준 형식을 사용하는 것이 좋다. 이것은 물론 개인적인 선택이며, 엄격한 지침은 없다. 그러나 다음 형식을 권장한다:

- 소문자 이름
- 공백 제거–공백 대신 밑줄로 단어를 구분

이 형식을 사용하면 다음과 같은 이점으로 더 빠르게 입력할 수 있다:

- 입력할 때 혼란을 방지한다("이 문자가 대문자일까 소문자일까?").
- IDE 및/또는 주피터 노트북의 자동완성 기능을 활용할 수 있다(주피터에서 Tab 키 사용).

이렇게 수정하기 위해서, 다음과 같이 원래 열 이름과 변환된 이름을 포함하는 딕셔너리를 생성한다:

```
original_colums_dict = {x: x.lower().replace(' ','_') \
                        for x in games.columns }
original_colums_dict
```

생성된 딕셔너리는 다음과 같다:

```
{'URL': 'url',
 'ID': 'id',
 'Name': 'name',
 'Subtitle': 'subtitle',
 'Icon URL': 'icon_url',
 'Average User Rating': 'average_user_rating',
 'User Rating Count': 'user_rating_count',
 'Price': 'price',
 'In-app Purchases': 'in-app_purchases',
 'Description': 'description',
 'Developer': 'developer',
 'Age Rating': 'age_rating',
 'Languages': 'languages',
 'Size': 'size',
 'Primary Genre': 'primary_genre',
 'Genres': 'genres',
 'Original Release Date': 'original_release_date',
 'Current Version Release Date': 'current_version_release_date'}
```

그림 7.2 원래 열 이름과 변환된 열 이름을 포함하는 딕셔너리

이제 **rename** 함수와 앞의 딕셔너리를 사용해서 열 이름을 변경할 수 있다:

```
games.rename(columns = original_colums_dict, \
             inplace = True)
```

두 번째, DataFrame의 정수 인덱스를 해결해보자. 정수라는 것 자체는 문제가 아니지만, 데이터 처리를 쉽게 하도록 의미 있는 DataFrame 인덱스를 사용하는 것이 항상 좋다, 특히, 다른 테이블과 병합할 때 더욱 그렇다. 이 경우, 데이터 세트의 각 행에 대한 고유한 ID(**id**)를 포함하는 열이 이미 있으므로, 이 열을 DataFrame의 인덱스로 사용하기로 한다:

```
games.set_index(keys = 'id', inplace = True)
```

이제, 다음 코드를 다시 사용해서 수정된 DataFrame의 첫 번째 행과 열을 살펴보자:

```
games.head()
```

수정된 DataFrame은 다음과 같다:

id	url	name	subtitle	icon_url	average_user_rating	user_rating_count	price
284921427	https://apps.apple.com/us/app/sudoku/id284921427	Sudoku	NaN	https://is2-ssl.mzstatic.com/image/thumb/Purpl...	4.0	3553.0	2.99
284926400	https://apps.apple.com/us/app/reversi/id284926400	Reversi	NaN	https://is4-ssl.mzstatic.com/image/thumb/Purpl...	3.5	284.0	1.99
284946595	https://apps.apple.com/us/app/morocco/id284946595	Morocco	NaN	https://is5-ssl.mzstatic.com/image/thumb/Purpl...	3.0	8376.0	0.00
285755462	https://apps.apple.com/us/app/sudoku-free/id28...	Sudoku (Free)	NaN	https://is3-ssl.mzstatic.com/image/thumb/Purpl...	3.5	190394.0	0.00
285831220	https://apps.apple.com/us/app/senet-deluxe/id2...	Senet Deluxe	NaN	https://is1-ssl.mzstatic.com/image/thumb/Purpl...	3.5	28.0	2.99

그림 7.3 수정된 DataFrame의 첫 다섯 행과 열

좋아 보인다; 하지만 아직 준비가 조금 더 필요하다.

이 데이터 세트에는 18개의 열이 있다; 그러나, 일부 열은 쓸모가 없어 보인다. 어떤 열이 유용한 정보를 제공할지를 어떻게 알 수 있을까? 모든 것은 문제의 맥락에 달려있다: 해결하려는 문제는, 전략 게임이 좋은 평점을 받는 요소를 이해하는 것이다. 이런 맥락에서 게임의 URL과 게임 아이콘의 URL이 이 문제에 대해 유용한 정보를 제공할 것 같지 않다고 무리 없이 가정할 수 있다. 따라서 이 열을 포함할 필요가 없다. 다음 코드를 실행해서 열을 삭제할 수 있다:

```
games.drop(columns = ['url', 'icon_url'], inplace = True)
```

열이 올바른 형식으로 되어 있는지 확인하는 것도 또한 중요한 DataFrame의 처리 단계다: 계산, 시각화 그리고 새로운 특징 생성 같은 다른 작업을 수월하게 할 수 있다. **info()** 메서드를 사용해서 열의 유형과 함께 열에 대한 다른 유용한 정보를 확인할 수 있다:

```
games.info()
```

출력은 다음과 같다:

```
<class 'pandas.core.frame.DataFrame'>
Int64Index: 17007 entries, 284921427 to 1475076711
Data columns (total 15 columns):
name                           17007 non-null object
subtitle                       5261 non-null object
average_user_rating            7561 non-null float64
user_rating_count              7561 non-null float64
price                          16983 non-null float64
in-app_purchases               7683 non-null object
description                    17007 non-null object
developer                      17007 non-null object
age_rating                     17007 non-null object
languages                      16947 non-null object
size                           17006 non-null float64
primary_genre                  17007 non-null object
genres                         17007 non-null object
original_release_date          17007 non-null object
current_version_release_date   17007 non-null object
dtypes: float64(4), object(11)
memory usage: 2.1+ MB
```

그림 7.4 info() 메서드의 출력

보다시피, 직관적으로 수치형 또는 범주형 변수로 보이는 열은 올바른 형식인 것 같다: **float64** 및 **object**. 그러나, 두 개의 날짜 열은 **object** 형식이다. 다음 코드를 사용해서 이 두 열을 **datetime** 형식으로 변환한다:

```
games['original_release_date'] = \
pd.to_datetime(games['original_release_date'])

games['current_version_release_date'] = \
pd.to_datetime(games['current_version_release_date'])
```

이 코드를 실행한 후, **info()** 메서드를 사용해서 열 유형을 다시 확인할 수 있다:

```
games.info()
```

출력은 다음과 같다:

```
<class 'pandas.core.frame.DataFrame'>
Int64Index: 17007 entries, 284921427 to 1475076711
Data columns (total 15 columns):
name                            17007 non-null object
subtitle                        5261 non-null object
average_user_rating             7561 non-null float64
user_rating_count               7561 non-null float64
price                           16983 non-null float64
in-app_purchases                7683 non-null object
description                     17007 non-null object
developer                       17007 non-null object
age_rating                      17007 non-null object
languages                       16947 non-null object
size                            17006 non-null float64
primary_genre                   17007 non-null object
genres                          17007 non-null object
original_release_date           17007 non-null datetime64[ns]
current_version_release_date    17007 non-null datetime64[ns]
dtypes: datetime64[ns](2), float64(4), object(9)
memory usage: 2.1+ MB
```

그림 7.5 날짜 유형 변경 후 info() 메서드의 출력

두 날짜 열 **original_release_date**와 **current_version_release_date**가 **datetime64** 형식으로 바르게 변경되었다.

이제 분석을 위한 데이터 세트가 준비된 것 같다. '된 것 같다'고 표현한 이유는, 데이터 세트를 분석하는 과정에서 추가적인 준비 또는 정리 작업이 필요할 수 있기 때문이다.

head() 메서드를 사용해서 다듬어 처리한 DataFrame의 최종 모습을 확인할 수 있다:

```
games.head()
```

출력은 다음과 같다:

id	name	subtitle	average_user_rating	user_rating_count	price	in-app_purchases	description	developer	age_rating	languages	size
284921427	Sudoku	NaN	4.0	3553.0	2.99	NaN	Join over 21,000,000 of our fans and download ...	Mighty Mighty Good Games	4+	DA, NL, EN, FI, FR, DE, IT, JA, KO, NB, PL, PT...	15853568.0
284926400	Reversi	NaN	3.5	284.0	1.99	NaN	The classic game of Reversi, also known as Oth...	Kiss The Machine	4+	EN	12328960.0
284946595	Morocco	NaN	3.0	8376.0	0.00	NaN	Play the classic strategy game Othello (also k...	Bayou Games	4+	EN	674816.0
285755462	Sudoku (Free)	NaN	3.5	190394.0	0.00	NaN	Top 100 free app for over a year.\nRated "Best...	Mighty Mighty Good Games	4+	DA, NL, EN, FI, FR, DE, IT, JA, KO, NB, PL, PT...	21552128.0
285831220	Senet Deluxe	NaN	3.5	28.0	2.99	NaN	"Senet Deluxe - The Ancient Game of Life and A...	RoGame Software	4+	DA, NL, EN, FR, DE, EL, IT, JA, KO, NO, PT, RU...	34689024.0

그림 7.6 처리된 DataFrame의 첫 다섯 행과 열

실제 데이터 세트를 다룰 때, 거의 예외 없이, 일부 열에서 결측값을 발견할 수 있으므로, 데이터 세트의 각 열에 **결측값**이 얼마나 있는지 확인하는 것이 좋다. 다음 코드를 사용해서 이것을 확인할 수 있다:

```
games.isnull().sum()
```

이 코드의 실행 결과는 다음과 같다:

```
name                          0
subtitle                  11746
average_user_rating        9446
user_rating_count          9446
price                        24
in-app_purchases           9324
description                   0
developer                     0
age_rating                    0
languages                    60
size                          1
primary_genre                 0
genres                        0
original_release_date         0
current_version_release_date  0
dtype: int64
```

그림 7.7 열별 null 값 개수

subtitle 열에는 11,000개 이상의 결측값이 있다. 그러나 해결할 과제를 생각해보면 이 열이 그렇게 중요해 보이지 않는다. 반면에, **average_user_rating**과 **user_rating_count** 열은 결측값 개수가 같다: 9,446개. 즉, 해당 결측값이 관련이 있다는 것을 시사한다. NumPy의 **np.array_equal()** 함수를 사용해서 이러한 가정을 확인해보자. 이 함수는 두 배열이 원소 단위로 같은지 확인한 후 그런 경우 **True**를 반환한다. 따라서, 이 함수로 결측값이 대응되는 위치에 있는지 즉, 같은 행에서 발생했는지 확인할 수 있다. 이 일을 수행하는 코드는 다음과 같다:

```
np.array_equal(games['average_user_rating'].isnull(), \
               games['user_rating_count'].isnull())
```

이 코드의 실행 결과는 **True**다.

결과적으로 어떤 열에 결측값이 있을 때, 대응되는 다른 열의 같은 행에도 결측값이 나타난다는 결론을 내릴 수 있다. 따라서, 추측이 맞았다: 만약 **user_rating_count** 값이 없다면 **average_user_rating** 값도 없다(그렇다면 두 열의 결측값을 따로 처리해야 할 것이다). **user rating count** 열의 설명(데이터 세트 절)을 다시 살펴보면 "null은 5보다 작은 값을 의미한다."라고 나와 있다. 즉, 게임을 평가한 사람이 5명 미만이라면, 평가 결과가 없는 것으로 간주한다.

결측값을 계속 탐색하면, in-app purchases 열에도 9,324개의 결측값이 있다는 것을 알 수 있다. 마지막으로, price, languages, size에는 각각 24개, 60개, 1개의 결측값이 있다. 이 수치는 데이터 세트의 크기를 고려하면 큰 문제가 되지 않는다.

이렇게 데이터 세트의 어떤 열에 결측값이 있다는 것을 알았는데, 이러한 결측값을 처리하는 다양한 방법이 있다. '대체'는 결측값을 합리적인 값으로 대신 채우는 것을 의미한다. 대체를 위한 매우 복잡한 방법들도 있지만, 그것은 이 책의 범위를 벗어난다. 여기서는 매우 간단한 방법으로 결측값을 처리한다; 다만 결측값에 대한 처리는 조금 미루기로 한다. 대체는 일반적으로 데이터 준비 과정의 마지막 단계에서 한다.

이제 분석에 필요한 관측값(게임)을 결정할 차례다. 즉, 어떤 게임을 분석 대상으로 삼을지 결정해야 한다.

여기서 수행해야 할 분석의 맥락에서 명확한 점이 하나 있다: 게임에 대한 평가를 이해하려는 것이므로, 사용자 평점이 없는 게임은 목표에 아무런 도움이 되지 않는다. 따라서, 이러한 게임은 분석에서 제외해야 한다. 다음 코드는 **average_user_rating**이 null이 아닌

행만 골라낸다:

```
games = games.loc[games['average_user_rating'].notnull()]
```

average_user_rating의 null 개수가 9446이었으므로, 이 코드에 의해 해당 행이 모두 제거된다.

알아야 할 또 다른 사실이 하나 있다: 게임을 평가한 사람의 수다. 데이터 세트에 대한 설명으로부터, 적어도 다섯 명의 사용자가 게임을 평가해야 평점이 유효하다는 것을 알고 있다. 뒤에서 배울 〈9장 파이썬과 고급 통계〉에서 설명할 통계 분석의 이슈 때문에, 최소한 30명의 사용자 평가를 받은 게임만 분석 대상으로 사용한다(기술적인 이유로 평균 평점이 분석에 사용되려면 평가자 수가 30명 이상이어야 한다). 이 작업을 수행하는 코드는 다음과 같다:

```
games = games.loc[games['user_rating_count'] >= 30]
```

shape를 사용해서 남은 데이터 개수를 확인해보자:

```
games.shape
```

결과는 다음과 같다:

```
(4311, 15)
```

이제 각 열에 대해, 얼마나 많은 결측값이 있는지 다시 확인하는 것이 좋겠다. 앞에 사용한 것과 같은 코드를 이용한다:

```
games.isnull().sum()
```

출력은 다음과 같다:

```
name                              0
subtitle                       2523
average_user_rating               0
user_rating_count                 0
price                             0
in-app_purchases               1313
description                       0
developer                         0
age_rating                        0
languages                        14
size                              0
primary_genre                     0
genres                            0
original_release_date             0
current_version_release_date      0
dtype: int64
```

그림 7.8 열별 null 값 개수

잠정적으로 해결하려는 문제와 관련이 있어 보이는 열 중에서, 결측값이 있는 열은 두 개만 남았다는 것을 알 수 있다: **in-app_purchases**(1,313개)와 **languages**(14개).

> **노트**
>
> 모든 실습 그리고 관련된 테스트 스크립트에 대해 간단히 언급하자면: 테스트 스크립트를 실행하기 위해 (Windows의 명령어 프롬프트나 Mac의 터미널 같은) **명령어 라인 인터페이스(CLI)**를 사용하는 경우, **Implement enable_gui in a subclass** 오류가 발생하는데, 이는 노트북에서 사용하는 (**%matplotlib inline** 같은) 일부 명령과 관련이 있다. 따라서, 테스트 스크립트를 실행하려면 IPython 쉘을 사용해달라. 실습 코드는 주피터 노트북에서 실행하는 것이 가장 좋다.

실습 7.01 ✦ 문자열을 숫자열로 변환

이 실습에서, DataFrame에 새로운 숫자 변수를 만들 것이다. 이 변수는 게임이 제공하는 언어의 개수에 대한 정보를 갖는다. 이것은 텍스트 데이터를 숫자 정보로 변환하는 방법의 사례다.

1. 지금까지 사용해 온 DataFrame의 사본을 만들고, **games2**라는 이름을 붙여서, 이제부터 다른 객체를 가지고 작업한다:

```
games2 = games.copy()
```

2. **languages** 열의 첫 다섯 값을 **head()** 메서드를 사용해서 확인한다:

```
games2['languages'].head()
```

결과는 다음과 같다:

```
id
284921427    DA, NL, EN, FI, FR, DE, IT, JA, KO, NB, PL, PT...
284926400                                                   EN
284946595                                                   EN
285755462    DA, NL, EN, FI, FR, DE, IT, JA, KO, NB, PL, PT...
286210009                                                   EN
Name: languages, dtype: object
```

그림 7.9 languages 열의 첫 다섯 행

3. 보다시피, 이 열은 쉼표로 구분된 언어 약어의 문자열로 이루어져 있다. **fillna()** 메서드를 사용해서 해당 열의 결측값을 가장 많이 나오는 값인 **EN**으로 대체한다:

```
games2['languages'] = games2['languages'].fillna('EN')
```

4. **str** 접근자의 **split()** 메서드(문자열의 split 메서드와 동일한 방식으로 작동함)를 사용해서, 서로 다른 언어의 리스트를 만들어, **list_of_languages**라는 객체에 저장한다:

```
list_of_languages = games2['languages'].str.split(',')
```

5. 마지막으로, DataFrame에 **n_languages**라는 열을 생성해서, 각 리스트에 포함된 원소의 개수(지원하는 언어 개수)를 저장한다. 이를 위해, 리스트의 길이를 반환 **lambda** 함수에 **apply()** 메서드를 적용한다:

```
games2['n_languages'] = list_of_languages.apply(lambda x: len(x))
```

6. 새로 추가한 열의 첫 10개 원소는 다음과 같다:

```
id
284921427 17
284926400 1
284946595 1
285755462 17
286210009 1
286313771 1
286363959 1
286566987 1
286682679 1
288096268 1
Name: n_languages, dtype: int64
```

이 실습에서, pandas의 **str.split()** 메서드와 람다 함수를 사용해서 텍스트 열로부터 숫자 열을 생성했다.

> **노트**
>
> 이 절의 소스 코드는 다음에 있다.
>
> https://packt.live/31xEnyy.
>
> 또한, 다음에서 이 예제를 온라인으로 실행할 수 있다.
>
> https://packt.live/38lpuk2.

이 절에서, 비즈니스 문제를 정의하는 것의 중요성을 살펴보고, 이어질 장에서 사용할 데이터 세트를 소개했다. 지금까지 수행한 모든 작업을 통해, 데이터 세트의 값들에 의미를 부여할 수 있는 상태에 이르렀다. 이제 기술 통계를 사용해서 그것을 분석하는 것이 다음 절의 주제다.

기술통계 계산 및 응용

기술통계는 측정치(데이터)에 내포된 정보를 요약할 때 사용하는 방법의 집합이다. 물론 그렇게 요약된 정보는 데이터를 잘 이해할 수 있게 한다. 이 절에서, 먼저 기술통계의 필요성에 관해 설명한다. 그런 다음 평균, 중앙값, 표준편차를 포함한 가장 일반적인 기술 통계량을 소개한다. 먼저, 간단한 측정치 집합을 사용해서 개념적 수준에서 이해한 다음, 이것을 앞 절에서 준비한 데이터 세트에 적용해본다.

▶ 기술 통계의 필요성

왜 기술 통계가 필요한가? 다음 예를 통해서 이러한 종류의 분석 도구가 필요한 이유를 알아보자: 우리의 뇌는, 인간의 표정에서 나타나는 감정을 인식하는 것 같은, 다양한 일을 하는 데 아주 뛰어나다. 그렇다면 다음의 얼굴에서 감정을 읽기 위해 뇌는 얼마나 많이 노력할까:

그림 7.10 얼굴에 나타난 표정

정답: 거의 없다, 그런데도 어떤 일이 일어나는지 확실하게 말할 수 있다.

반면에, 우리의 뇌에 다른 것을 주면 어떨까: 앞 절의 게임 데이터 세트에서 사용자 평점 평균 열에서 무작위로 300개의 관측값을 선택한 후, 그 값을 출력해보자. 코드로 작성하면 다음과 같다:

```
random_ratings = games['average_user_rating'].sample(n=300)
for r in random_ratings:
    print(r, end=', ')
```

결과는 다음과 같다:

```
3.0, 4.5, 4.5, 4.0, 4.5, 4.0, 4.0, 3.0, 4.5, 4.0, 4.5, 4.0, 4.5, 4.5, 4.5, 2.5, 4.0, 4.5, 4.5, 4.5,
3.0, 4.0, 4.5, 4.0, 4.0, 5.0, 4.0, 3.5, 4.5, 4.5, 4.5, 4.5, 4.0, 4.0, 4.5, 4.5, 4.5, 4.0, 5.0, 4.5,
4.0, 5.0, 4.5, 4.5, 4.5, 4.5, 4.5, 5.0, 3.5, 3.5, 4.5, 4.5, 4.5, 4.5, 4.5, 4.0, 4.5, 4.5, 4.5, 4.0,
4.5, 4.0, 4.0, 5.0, 4.5, 4.0, 4.5, 5.0, 4.5, 4.0, 4.0, 4.5, 4.0, 4.5, 4.0, 1.5, 4.5, 4.5, 4.5, 4.5,
4.5, 4.5, 3.5, 3.5, 4.0, 4.0, 3.0, 4.5, 3.5, 4.0, 4.5, 4.0, 4.0, 3.0, 4.5, 4.5, 4.0, 4.0, 3.5, 4.0,
4.0, 3.5, 4.0, 4.5, 4.5, 4.5, 3.0, 3.5, 4.5, 4.5, 4.0, 4.0, 3.5, 3.0, 5.0, 4.5, 4.0, 4.0, 4.5, 4.5,
4.0, 5.0, 4.5, 3.5, 4.5, 3.0, 4.5, 4.5, 3.0, 4.5, 4.5, 3.5, 4.5, 4.5, 4.0, 4.5, 3.0, 4.5, 4.5, 4.5,
4.5, 4.0, 4.5, 3.5, 4.5, 3.5, 4.5, 4.5, 4.5, 4.5, 4.5, 4.5, 3.5, 3.5, 4.0, 4.5, 4.5, 4.5, 4.5, 4.5,
4.5, 4.5, 4.0, 4.5, 4.5, 4.5, 4.5, 4.5, 4.0, 3.0, 4.0, 4.5, 3.5, 4.5, 3.5, 4.5, 4.5, 4.5, 4.5, 4.5,
3.0, 3.0, 4.5, 4.0, 4.5, 4.5, 4.0, 5.0, 4.5, 3.0, 4.5, 4.0, 4.5, 4.5, 4.0, 4.0, 4.5, 4.5, 4.5, 4.5,
3.5, 4.5, 2.5, 3.5, 5.0, 4.5, 4.5, 4.5, 4.5, 4.5, 4.5, 4.5, 4.5, 4.5, 4.5, 5.0, 2.5, 4.5, 4.0, 3.5,
4.0, 3.0, 4.5, 4.5, 4.5, 4.5, 3.5, 5.0, 4.0, 4.5, 4.5, 4.0, 4.0, 4.0, 3.5, 3.5, 4.5, 3.5, 4.5, 4.0,
4.0, 4.5, 4.5, 4.0, 4.5, 4.0, 3.5, 5.0, 4.5, 4.5, 4.5, 4.5, 4.5, 4.5, 4.5, 4.5, 5.0, 4.5, 4.5, 4.5,
4.5, 5.0, 4.5, 4.5, 5.0, 4.5, 4.5, 4.5, 4.5, 4.0, 5.0, 5.0, 4.5, 5.0, 4.0, 3.0, 5.0, 4.5, 4.5, 4.5,
4.5, 4.5, 4.5, 4.5, 3.5, 4.5, 3.0, 3.5, 4.0, 4.5, 4.0, 4.5, 5.0, 5.0, 4.5, 4.0, 3.0, 4.5, 4.0, 4.5,
```

그림 7.11 사용자 평점 평균 무작위 샘플 300개

출력을 살펴보고, 분석해보고, 다음 질문에 답해보자:

- 유의미한 내용을 알아내기 위해서 얼마나 많은 정신적 노력이 필요한가?
- 숫자를 보고 평점 평균에 대해 무엇을 말할 수 있나?

이 질문에 대한 답은 아마도 다음과 같을 수 있다:

- 유의미한 내용을 알아내기 위해서 얼마나 많은 정신적 노력이 필요한가?
  "숫자를 살펴보면서 몇 시간을 소비했다."
- 숫자를 보고 평점 평균에 대해 무엇을 말할 수 있나?
  "별거 없고, 숫자가 .0 또는 .5로 끝난다는 정도."

그림 7.10을 보는 것만으로, 여자가 웃고 있다라고 수천 개의 픽셀에 담긴 정보를 자동으로 요약하고 이해할 수 있다. 그러나 **그림 7.11**의 경우에는 자동으로 그들을 이해할 방법이 없다. 이것이 기술 통계가 필요한 이유다: 기술통계는 비교적 간단한 계산을 통해 수치 정보를 요약하고 이해할 수 있게 해준다.

▶ 통계 개념에 대한 간단한 복습

이 책을 읽고 있다면, 이미 가장 일반적인 기술통계를 배웠거나 사용한 적이 있을 테고, 한편, 이미 수백 권의 통계학책에서 다룬 개념을 색다르게 정의하기도 어렵다. 따라서, 이어지는 내용은 기술 통계량의 측정에 관한 가장 중요한 개념을 복습하는 정도로 생각하면 된다.

이 절에서는, 개념을 조금 더 쉽게 이해하기 위해, 전략 게임 데이터 세트를 잠시 밀어 놓고, 24개의 관측값으로 이루어진 작은 데이터 세트를 사용한다. 남성 24명의 키(m 단위) 데이터가 있다고 하자. 관측값은 다음과 같다:

```
1.68, 1.83, 1.75, 1.80, 1.88, 1.80, 1.89, 1.84,
1.90, 1.65, 1.67, 1.62, 1.81, 1.73, 1.84, 1.78,
1.76, 1.97, 1.81, 1.75, 1.65, 1.87, 1.85, 1.64.
```

이 작은 관측 데이터를 사용해서 중요한 기술통계 개념을 살펴본다. 계산의 편의를 위해서 이 값을 포함하는 pandas series를 생성한다:

```
mens_heights = pd.Series \
                  ([1.68, 1.83, 1.75, 1.8, 1.88, 1.8, 1.89, 1.84,\
                    1.9, 1.65, 1.67,1.62, 1.81, 1.73, 1.84, 1.78,\
                    1.76, 1.97, 1.81, 1.75, 1.65, 1.87, 1.85, 1.64])
```

이제, 가장 일반적으로 사용하는 기술 통계량을 배워보자.

산술 평균: **평균**으로도 부르며, 이 값은 분포의 중심 또는 숫자 집합의 중심을 나타내는 척도다. 관측값이 주어지면, 평균은 관측값을 모두 합한 후 관측값의 개수로 나누어 계산한다. 다음은 해당 공식이며, 여기서 막대기가 붙은 x $(\bar{x})$는 평균이고 n은 관측값의 개수다:

$$\bar{x} = \frac{1}{n}\left(\sum_{i=1}^{n} x_i\right) = \frac{x_1 + x_2 + \ldots + x_n}{n}$$

그림 7.12 산술 평균 공식

대부분의 값이 하나의 '중심'에 뭉쳐 있는 경우, 평균은 그 중심에 가까워지고, 따라서 많은 값에 가까워지므로 관측값을 대표하는 수치가 되기 때문에, 이때 특히 평균이 유용한 정보를 제공한다. 실세계의 많은 (아마도 대부분의) 수치 변수는 평균을 중심으로 값들이 분포하기 때문에, 평균은 일반적으로 관찰의 전형적인 값을 나타내는 좋은 지표다.

이제 pandas의 내장 메서드를 사용해서 남성 키 집합의 평균을 계산해보자:

```
mens_heights.mean()
```

결과는 다음과 같다:

```
1.7820833
```

즉, 1.78m가 24명의 남성 키 집합을 대표하는 값이라고 통계가 말한다. 따라서 이 값을 계산한 후에는 (그 샘플을 얻은 모집단에 대해) 일반적인 남성의 키가 약 **1.78**m라고 추정할 수 있다.

평균은 극단적인 값에 영향을 받는다는 것을 주의할 필요가 있다. 특히, 극단적인 값이 대다수 일반적인 값보다 수십 배 더 큰 경우 문제가 될 수 있다.

마지막으로, 평균이라고 하면 대부분은 일반적으로 산술 평균을 생각할 것이나, 중앙값 같은 다른 평균도 있으며, 뒤에서 정의하기로 한다.

표준 편차: 데이터의 퍼짐을 측정하는 값이다. 즉, 관측값이 서로 얼마나 다른지 또는 퍼져 있는지를 측정한다. 수학적 공식은 산술 평균에 기반하며, 참고로 다음과 같다:

$$s = \sqrt{\frac{1}{N-1}\sum_{i=1}^{N}(x_i - \bar{x})^2}$$

그림 7.13 표준 편차 공식

이 공식에서 s가 표준편차이고, $\bar{x}$는 평균을 나타내며, N은 관측값의 개수를 나타낸다. 엄밀한 이론적 분석의 결과로 (이 책의 범위를 벗어나는 내용), 분모로 N 대신 $N-1$이 사용되는데, 설명의 편의를 위해, 잠시 N이 분모에 있는 것으로 가정하자: 공식을 자세히 살펴보면 제곱근 기호 내의값이 '평균에 대한 편차 제곱의 평균'이라는 것을 알 수 있다. 따라서, 표준편차는 관측값이 평균으로부터 얼마나 멀리 떨어져 있는지에 대한 산술 평균이다. 제곱근이 공식에 포함되어 있으므로 결과는 원래 측정값과 동일한 단위다.

앞에서처럼 pandas의 내장 메서드를 사용해서 남성 키 측정값 집합의 표준편차를 계산해보자:

```
mens_heights.std()
```

결과는 다음과 같다:

```
0.0940850
```

표준편차는 0.094m 또는 9.4cm다. 이 숫자의 의미는, 평균적으로, 남성의 키가 평균(1.78m)과 9.4cm 정도 다르다는 것이다. 평균적으로가 의미하는 것은, 개별 남성의 키는 평균에서 9.4cm보다 더 가까울 수도, 더 멀리 떨어져 있을 수도 있지만, 9.4는 일반적인 관측값이 평균으로부터 얼마나 멀리 떨어져 있는지 추측할 때 사용할 수 있는 정보를 제공하는 숫자다.

표준편차의 개념을 더 잘 이해하기 위해, 앞의 계산을 다른 가상의 관측값과 대조해보는 것이 좋겠다. 예를 들어, 다른 평균값을 가진 남성 24명의 키를 가지고 있다고 가정해보자:

```
mens_heights_2 = pd.Series \
                    ([1.77, 1.75, 1.75, 1.75, 1.73, 1.75, 1.73, 1.75,\
                      1.74, 1.76, 1.75, 1.75, 1.74, 1.76, 1.75, 1.76,\
                      1.76, 1.76, 1.75, 1.73, 1.74, 1.76, 1.76, 1.76])
```

첫 번째 그룹의 평균과 비교하기 위해, 이 남성 24명의 키 평균을 계산한다:

```
mens_heights_2.mean()
```

결과는 다음과 같다:

```
1.750416
```

이 값은 첫 번째 그룹의 평균보다 약 3cm 작다. 이제 두 번째 그룹의 표준편차를 계산해보자:

```
mens_heights_2.std()
```

결과는 다음과 같다:

```
0.01082
```

이는 약 1cm로, 두 번째 그룹의 키는 훨씬 더 동질적이다. 다시 말해, 두 번째 그룹의 키는 서로 더 가깝다(즉, 퍼짐이 더 적다). 관측 데이터 개수가 적으므로, 두 번째 그룹의 측정값을 자세히 살펴보면 무엇을 말하는지 쉽게 알 수 있다: 모든 측정값 즉 키가 1.73과 1.77 사이에 있으므로 변동성이 첫 번째 그룹에 비해 적다.

극단적인 경우로, 모든 관측값이 정확히 같다면, 즉 관측값에 아무런 차이가 없으면 표준 편차는 0이다. 측정값이 서로 다를수록 표준 편차는 커진다.

데이터의 퍼짐을 나타내는 다른 측정 방법도 있지만, 표준편차가 가장 중요한 지표로 사용된다. 따라서 이 통계량의 의미를 꼭 알아두어야 한다.

사분위수: 사분위수는 '위치에 대한 측정값'이다. 관측값이 가장 작은(최소) 값에서 가장 큰(최대) 값으로 정렬된 경우, 특정 값의 상대적인 위치를 나타내는 지표다. 첫 번째, 두 번째, 세 번째 사분위수는 일반적으로 **Q1, Q2, Q3**로 표시한다:

- **Q1:** 관측값의 25%가 이 값 아래에 있도록 데이터를 나눈다.
- **Q2:** **중앙값**이라고도 하며, 데이터를 두 개로 나누는 값으로, 관측값의 50%는 이 값 아래에 있고, 다른 50%는 이 값 위에 있다. 중앙값은 다른 유형의 평균이다.
- **Q3:** 관측값의 25%가 이 값 아래에 있도록 데이터를 나눈다.

처음 사용한 24명의 키 데이터를 다시 사용해서, 이 작은 데이터 집합을 정렬한 후, 각각 6개의 관측값을 갖는 네 부분으로 나눌 수 있다. 결과를 그림으로 나타내면 다음과 같다:

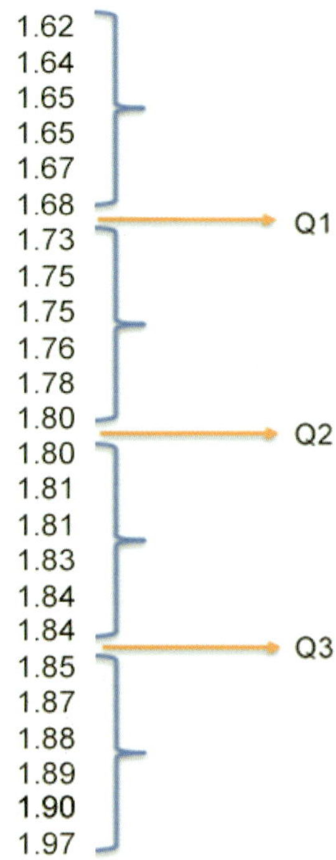

그림 7.14 사분위수

이 예제에서는, 데이터 집합을 정확히 네 부분으로 나눌 수 있다. 첫 번째 부분은 가장 작은 6개의 관측값으로 구성된다; 여섯 번째 관측값은 **1.68**이고, 다음 관측값(두 번째 사분위수에 속함)은 **1.73**이다. 기술적으로 **1.68**과 **1.73** 사이의 어떤 수(**1.68 < Q1 < 1.73**)도 '첫 번째 사분위수'로 부를 수 있다. 예를 들어, 25%의 관측값이 1.70보다 작으므로 **1.70**은 첫 번째 사분위수일 수 있다. 마찬가지로 **1.71**을 선택할 수도 있다. 마찬가지로 25%의 관측값이 1.71보다 작기 때문이다.

중간값(**Q2**)은 관측값을 두 개로 나눈다. 이 경우 12번째와 13번째 관측값인 **1.80**이 중간값이다. (12번째와 13번째 관측값 사이에 다른 숫자가 있으면 중간값은 그사이의 숫자가 된다.)

마지막으로, 세 번째 사분위수(**Q3**)는, 그림에서 알 수 있듯이 하위 75%의 관측값과 상위 25%의 관측값을 나누는 **1.84**와 **1.85** 사이의 어떤 수(예: 1.845)다.

사분위수를 계산하는 아무런 공식도 제시하지 않았는데, 그렇다면 사분위수는 정확히 어떻게 계산할 수 있을까? 이 책에서는 다루지 않겠지만, 몇 가지 방법이 있다. 정확한 방법은 중요하지 않다 — 중요한 것은 개념을 이해하는 것이다. 이제 이 값을 어떻게 계산하는지 살펴보자. 다음 코드처럼 pandas의 **quantile** 메서드를 사용한다(사분위수는 **백분위수**와 밀접한 개념인 **quantile**의 특별한 경우다).

```
mens_heights.quantile([0.25, 0.5, 0.75])
```

결과는 다음과 같다.

```
0.25 1.7175
0.50 1.8000
0.75 1.8425
dtype: float64
```

관측값을 나누는 비율(백분율)을 나타내는 리스트를 메서드에 전달했다. 이 경우에는 각각 **Q1, Q2, Q3**에 해당하는 25%, 50%, 75%다. 결과에 나타난 것처럼, 첫 번째 사분위수(**1.7175**)는 1.68과 1.73 사이의 숫자이며, 중간값은 **1.80**이고, 세 번째 사분위수(1.8425)는 1.84와 1.85 사이의 숫자이다.

사분위수와 다르게, **분위수 함수** quantile()은 관측값을 어떤 비율로든 나눌 수 있다. 예를 들어, 관측값을 하위 80%와 상위 20%로 나누고 싶다면, 80번째 백분위수는 0.8 분위수와 같으며, 이는 관측값의 80%가 그 아래에 있는 숫자다. 마찬가지로, 33번째 백분위수는 0.33 분위수와 같으며, 이는 관측값의 33%가 그 아래에 있는 숫자다. 그래서 pandas의 quantile() 함수에 원하는 분위수의 리스트를 전달했다; 예를 들어, 다음 코드는 33번째 백분위수와 80번째 백분위수(33% 백분위수와 80% 백분위수에 해당)를 계산해서 출력한다:

```
mens_heights.quantile([0.33, 0.80])
```

결과는 다음과 같다.

```
0.33 1.750
0.80 1.858
dtype: float64
```

이 결과에 따르면, 관측값의 80%가 **1.858** 아래에 있다. 작은 연습으로, **그림 7.14**를 살펴보고 33번째 백분위수의 값을 예상해보고 결과와 비교해보자.

기술 통계는 평균, 중앙값 등과 같은 표준 지표만 다루는 것이 아니다. 합계, 비율, 백분율 등 데이터를 기술하기 위한 모든 계산 결과 역시 기술 통계다. 예를 들어, 키가 1.80m를 초과하는 남성의 비율을 계산해보자. 여러 가지 방법이 있겠지만, 두 단계로 나누어 처리하는 방법을 사용해보자. 먼저, 조건을 만족하는 관측값에 대해서는 **True**를, 그렇지 않으면 **False**를 반환하는 코드를 실행한다:.

```
mens_heights >= 1.8
```

결과는 다음과 같다.

```
0     False      13    False
1      True      14     True
2     False      15    False
3      True      16    False
4      True      17     True
5      True      18     True
6      True      19    False
7      True      20    False
8      True      21     True
9     False      22     True
10    False      23    False
11    False      dtype: bool
12     True
```

그림 7.15 논리값 열

다음으로, **True** 값이 얼마나 많은지 세어본다. 다음 코드처럼 **sum()** 메서드를 사용하는데, 이 함수는 **True**를 1로 변환하고 **False**를 0으로 변환한다. 그런 다음 **shape()** 메서드를 사용해서 합계를 관측값 수로 나눈다. 전체 코드는 다음과 같다:

```
(mens_heights >= 1.8).sum()/mens_heights.shape[0]
```

결과는 다음과 같다:

```
0.54166
```

24개의 키 데이터 중 1.8m 이상인 관측값은 54%이다. 이 비율 또한, 데이터에 대한 무엇인가를 설명하는 수치이므로, 기술 통계다.

앞의 계산은 다음과 같이 더 간결하게 수행할 수 있다:

```
(mens_heights >= 1.8).mean()
```

작은 연습으로, **그림 7.12**의 평균 공식을 사용해서 **mean()** 메서드가 논리값의 열의 True 값 비율을 어떻게 계산하는지 유추해보자.

▶ 기술 통계 활용

기술 통계의 가장 중요한 측정 지표를 다시 살펴보았으니, 원래 데이터 집합으로 돌아가서 주어진 비즈니스 문제의 맥락에서 이러한 개념을 활용해보자.

앞 절에서 살펴본 기술 통계는 너무 중요하기 때문에, pandas의 **describe()** 메서드는 (전략 게임과 키 데이터에 대한) 이러한 모든 지표를 계산해준다. 또한 다음과 같은 정보도 찾을 수 있다:

- **Count:** 열에서 null이 아닌 값의 수
- **Minimum:** 최솟값
- **Maximum:** 최댓값

describe() 메서드를 데이터프레임에 적용하면, 수치형 데이터를 가진 모든 열에 대해 기술 통계를 계산한다:

```
games.describe()
```

결과는 다음과 같다:

	average_user_rating	user_rating_count	price	size
count	4311.000000	4.311000e+03	4311.000000	4.311000e+03
mean	4.163535	5.789754e+03	0.677878	1.759569e+08
std	0.596239	5.592425e+04	2.910916	2.866278e+08
min	1.500000	3.000000e+01	0.000000	2.158400e+05
25%	4.000000	7.000000e+01	0.000000	4.073626e+07
50%	4.500000	2.210000e+02	0.000000	9.730048e+07
75%	4.500000	1.192000e+03	0.000000	2.085176e+08
max	5.000000	3.032734e+06	139.990000	4.005591e+09

그림 7.16 데이터프레임의 수치형 열에 대한 기술 통계

결과를 해석하기 전에, pandas는 기본적으로 결과를 과학적 표기법으로 출력한다는 점을 알 필요가 있다. 예를 들어, **4.311000e+03**은 $4.311 \times 10^3 = 4,311$을 의미한다. 표기 **"e+k"**는 $(\times 10^k)$를 의미하고, 표기 **"e-k"**는 $(\times 10^{-k})$을 의미한다.

이 개념을 실제로 적용하기 위해, **user_rating_count** 변수의 통계를 읽고 해석해보자.

- **count:** 출력은 4,311이다. 이 값은 관측값이 null이 아닌 변수의 개수를 나타낸다.
- **mean:** 출력은 5,789.75이다. 이제 데이터 세트에서, 게임을 평가한 사용자가 평균 약 5,800명이라는 것을 알 수 있다. 이 숫자에 대해 더 많은 정보를 추출하기 위해 (이것이 유용한지 아닌지) 다른 통계를 확인해보자.
- **std:** 표준편차는 5,592.43이다. 데이터 세트에서, 평균적으로, 게임을 평가한 사용자 수는 평균으로부터 약 5,600명 정도 차이가 난다. 평균 평가자 수가 대략 5,800명이고, 그 값과 편차가 거의 5,600이다. 즉, 해당 변수의 변동성이 매우 크다는 것(퍼진 정도가 크다는 것)을 알 수 있다. 다시 말해, 어떤 게임은 소수의 사용자가 평가했고, 어떤 게임은 매우 많은 사용자가 평가했다는 뜻이다.
- **min, 25%, 50%, 75%, max:** 이 숫자들은 대상 변수의 관측값이 어떻게 분포하는지에 대한 중요한 정보를 담고 있다. 최솟값은 30이다(적어도 30개의 평가를 받은 게임을 명시적으로 선택했다는 것을 기억하자). 최댓값은 300만 이상이다! 첫 번째 사분위수는 데이터 세트에서 약 25%의 게임이 70개 이하의 사용자 평가를 받았다는 것을 알려준다. 평균이 5,789.75였던 것을 생각하면 매우 적은 수다. 중앙값은 221개의 사

용자 평가이므로, 절반의 게임들은 221개 이하의 평가를 받았다. 마지막으로, 세 번째 사분위수는 관측값의 75%가 1,192보다 작다는 것을 나타낸다.

지금까지 상당수의 출력을 해석해보았으니, 이제 이 데이터를 유용한 정보로 변환하기 위해 좀 더 논의해보자.

최댓값(300만 이상)을 알기 때문에, 이 변수에 대한 평균이 극단적으로 많은 수의 평가를 받은, 매우 인기 있는 게임들에 크게 영향을 받았다는 것을 확신할 수 있다. 따라서, 평균은 이 변수에 대해 그다지 쓸 만한 정보를 제공하지 않을 수 있다. 아마도 전형적인 사용자 평가 개수 같은 것을 논하는 것은 의미가 없을 수 있다. 이 변수에 대해서는 **전형적인 수치**가 없다는 것을 시사한다. 사실, 관측값의 75%가 1,200개 미만의 사용자 평가를 받았다는 것을 이미 알고 있다. 결국 몇 개의 인기 있는 게임을 관찰해야만 한다는 것을 암시한다. 가장 많은 사용자 평가를 받은 게임들을 살펴보고, 이 가설을 검증하기 위해서, **sort_values()** 메서드를 사용해서 **user_rating_count**의 상위 10개 값을 내림차순으로 정렬한 후 확인해보자:

```
games['user_rating_count'].sort_values(ascending=False).head(10)
```

결과는 다음과 같다:

```
id
529479190     3032734.0
1053012308    1277095.0
1330123889     711409.0
597986893      469562.0
1094591345     439776.0
672150402      400787.0
1270598321     374772.0
1116645064     283035.0
297558390      273687.0
847985808      259030.0
Name: user_rating_count, dtype: float64
```

그림 7.17 user_rating_count의 상위 10개 값

백만 개 이상의 사용자 평가를 받은 게임은 단 두 개뿐인 것에 주목하자, 이것이 표준편차에서 관찰한 높은 변동성(5,592.43)을 설명한다. 이제 최소한 100,000개 이상의 사용자

평가를 받은 게임이 몇 개 있는지 확인해보자. 먼저, 열을 조건 >= **100000**으로 필터링한 다음, **sum ()** 메서드를 사용해서 조건을 만족하는 값을 계산한다:

```
(games['user_rating_count'] >= 100000).sum()
```

결과는 다음과 같다:

```
40
```

따라서 100,000개 이상의 평가를 받은 게임은 단 40개뿐이며, 이는 현재 분석 중인 데이터 세트(게임 4,311개)의 1% 미만이며, 원래 데이터 세트(게임 17,007개)의 0.23%다.

요약해서, 게임에 대한 사용자 평가 개수는 변동이 매우 크다. 또한, 샘플 데이터 세트에서 25%의 게임은 70개 미만의 사용자 평가를 받았으며, 절반의 게임들은 221개 미만의 평가를 받았다. 게다가 100,000개 이상의 사용자 평가를 받은 게임은 단 40개뿐이고, 가장 인기 있는 게임은 3백만 개 이상, 두 번째로 인기 있는 게임은 120만 개 이상의 평가를 받았다.

CEO에게 다음과 같은 정보를 제시할 수 있다:

> "게임의 인기를 나타내는 지표인 사용자 평가 개수 데이터에 의하면, 전략 게임이 아주 큰 인기를 얻기가 매우 어렵다는 것을 시사한다. 구체적으로, (사용자 평가 개수로 판단할 때) 전략 게임 중 1% 미만이 아주 큰 인기를 얻을 수 있는 것으로 보인다. 또한, 게임 중 75%가 1,200개 미만의 사용자 평가를 받았으며, 이는 상대적으로 낮은 수준의 사용자 피드백이다. 또한, 이 분석에서는 30개 이하의 사용자 평가를 받은 게임은 제외했으므로, 전략 게임이 아주 큰 인기를 얻는 비율은 1% 미만일 것으로 판단한다."

앞 단락은 기술 통계로 유익한 정보를 어떻게 추출하는지 보여주는 하나의 사례다. 이 보고서에, 기술적인 용어인 평균, 중앙값, 표준편차, 사분위수, 백분위 등을 언급하지 않았다는 사실에 주목하자. 또한, 메시지를 전달하는 데 크게 문제가 되지 않으므로, 예를 들어, 평균이 5,789.75라는 사실도 인용하지 않았다. CEO 같은 사람들이 듣고 싶어 하는 정보는 이렇게 명확하고, 유익하며, 실행할 수 있는 정보다.

중요한 조언과 함께 이 절을 마무리하겠다: 분석의 결과로, 여러 가지 계산으로 얻은 기술 통계량 리스트를 제시하는 실수를 저지르지 말자. 또 다른 흔한 실수는 '평균은 x이고, 표준편차는 y이며 최댓값은 88'이라는 식으로 통계 테이블에 있는 정보를 다시 쓴 내용의 보고서를 작성하는 경우다. 계산만 수행하지 말고 이러한 숫자가 무엇을 의미하며, 문제해결과 관련된 통찰이 무엇인지 설명하는 것이, 분석의 핵심이라는 것을 명심하자.

실습 7.02 ✦ 기술 통계량 계산

이 실습에서, 평균 사용자 평점 변수의 값을 계산하는 기술통계를 다룬다. 이를 위해 앞 절에서 소개한 기술 통계량을 사용한다. 또한, 게임에 대한 평가 횟수와 비율을 포함한 다른 기술통계 계산도 수행해본다.

1. **average_user_rating** 열의 기술 통계량을 계산한다:

```
games['average_user_rating'].describe()
```

결과는 다음과 같다:

```
count     4311.000000
mean      4.163535
std       0.596239
min       1.500000
25%       4.000000
50%       4.500000
75%       4.500000
max       5.000000
Name: average_user_rating, dtype: float64
```

결과에서 알 수 있듯이, 중앙값과 세 번째 사분위수는 **4.5**로 같은 값이고, 최소한 25%의 게임이 평균 평점 **4.5**라는 것을 의미한다.

2. 평점이 정확히 **4.5**인 게임의 개수와 비율을 계산하자. 이를 위해 **mean()** 메서드를 사용한다:

```
ratings_of_4_5 = (games['average_user_rating'] == 4.5).sum()

proportion_of_ratings_4_5 = (games['average_user_rating'] == 4.5) \
                                    .mean()

print(f'''The number of games with an average rating of 4.5 is \
{ratings_of_4_5}, \
which represents a proportion of {proportion_of_ratings_4_5:.3f}  or \
{100*proportion_of_ratings_4_5:.1f} %''')
```

결과는 다음과 같다:

```
The number of games with an average rating of 4.5 is 2062, which represents a
proportion of 0.478 or 47.8%
```

3. **unique()** 메서드를 사용해서, 이 변수의 고유한 값을 확인하자. 무엇이 보이는가?

```
games['average_user_rating'].unique()
```

이 실습에서, 지금 다루고 있는 비즈니스 문제의 또 다른 중요한 변수를 이해하기 위해 기술 통계량을 계산해보았다.

노트

이 절의 소스 코드는 다음에 있다.

https://packt.live/2VUWhI3.

또한, 다음에서 이 예제를 온라인으로 실행할 수 있다.

https://packt.live/2Zp0Z1u.

기술 통계로 작업할 때는 항상 다음과 같은 질문을 해야 한다:

- 이 변수의 평균은 이 변수를 이해하는 데 쓸 만한 통계인가? 이 변수를 대표하는 값인가 아니면 다른 값을 선택해야 하나?
- 표준편차를 기반으로, 이 변수의 변동성은 높은 수준인가 아니면 낮은 수준인가?
- 기술 통계량을 사용해서 얻은 정보를 한 단락으로 요약하는 방법은 무엇인가?

이 절에서는, 기술통계가 필요한 이유와 사용하는 방법을 배웠다. 처음 소개한 예제를 통해 뇌가 숫자 정보를 자동으로 이해할 수 없다는 것을 알았다. 따라서, 숫자 데이터를 이해하기 위해서는 이러한 종류의 분석 도구가 필요하다.

그리고, 평균, 표준편차, 사분위수 등과 같이, 가장 흔히 사용하는 기술 통계량에 대해 간단하게 정리(또는 소개)해보았다. 그런 다음, 전략 게임 데이터 세트를 대상으로 그 지식을 즉시 적용하고, 특정 수치 변수의 기술 통계량을 계산했다. 사용자 평가 개수를 나타내는 변수의 통계량을 분석하고, 비전문가 집단도 이해할 수 있게 관련 정보를 요약했다.

마지막으로, **mean, std, describe, quantile** 등의 pandas 내장 메서드를 사용해서 모든 계산을 파이썬으로 수행했다.

이제 기술 통계학의 기본 사항을 알았으므로, 다음 절에서, 통계처리 툴박스를 확장하고 시각화를 사용해서 분석기술을 보완하자.

탐색적 데이터 분석

이 장을 시작할 때 분석한 비즈니스 문제로 다시 돌아가보자. 해당 문제는 다음과 같다:

> "당신이 근무하는 게임 개발 회사의 CEO가 게임 시장에서 회사의 위치를 강화하기 위한 계획을 생각해냈다. 그는 그가 가진 산업 지식과 다른 비즈니스 보고서를 통해 새로운 고객을 유치하는 매우 효과적인 방법은 모바일 게임 세계에서 훌륭한 평판을 얻는 것이라는 것을 알게 되었다. 이 사실을 기초로, 그는 다음과 같은 계획을 세웠다; 많은 사람으로부터 긍정적인 평가를 받는 iOS 플랫폼 전략 게임을 개발해서, 회사에 많은 수의 신규 고객을 유입시킨다. 그는 사용자로부터 좋은 평점을 받는다면 반드시 계획이 성공할 것이라고 확신한다. 다만 그는 모바일 게임 세계에 대해서 아는 게 적어서, 당신에게 다음과 같은 질문으로 도움을 요청한다: 어떤 유형의 전략 게임이 사람들로부터 높은 평점을 받을까?"

이 절에서는, 탐색적 데이터 분석을 수행한다. 기술 통계량을 계속 사용하기 때문에, 이 절을 바로 앞 절의 연장으로 생각할 수 있으며, 더불어 더욱 강력한 분석 도구 중 하나인 **시각화**를 통계처리 툴박스에 추가한다.

탐색적 데이터 분석(EDA) 분야는 (데이터와 관련된 다른 분야와 마찬가지로) 급속히 성장하고 있으며, 이 절의 내용은 매우 기본적인 개념과 시각화만 다룬다. 그래도, 이 절에서 소개한 시각화를 앞으로 수행하게 될 대부분의 데이터 분석 프로젝트에서 사용할 게 틀림없다.

▶ EDA란?

기본적인 통계학의 여러 정의를 되짚어보았으므로, 이제 그 정의를 활용하고, 획득한 정보를 시각화로 보완할 수 있게 되었다. 간단히 말해서, EDA는 기술 통계량과 시각화를 결합하여 데이터를 분석하는 과정이다. EDA를 수행하는 이유와 목표는 다음과 같다:

- 변수의 분포 이해하기
- 둘 이상의 변수 사이의 관계 이해하기
- 수치 계산으로 찾을 수 없는 패턴 탐지하기
- 데이터에서 이상치나 특이점 찾기
- 인과 관계에 대한 가설 설정하기
- 새로운 변수를 설계(특성 공학)하기 위한 정보 제공하기
- 가능한 형식적 추론 통계 검정을 위한 정보 제공하기

말 그대로, EDA를 수행하는 동안 데이터를 탐색하므로, 사전에 명확하게 정해진 단계나 비책은 없으며 많은 창의성이 필요하다. 그래도, 체계적인 구조를 갖추고 수행하는 것이 매우 중요하다. 그렇지 않으면, 명확한 목표도 없이 그래프와 계산 결과를 생성할 수 있다. 데이터 분석에 있어서(인생도 마찬가지고), 일정한 크기의 데이터 세트를 분석하는 방법이 무수히 많으므로, 명확한 목적 없이는 길을 잃기가 매우 쉽다. 따라서, EDA를 수행하기 전에 무엇을 알고 싶은지 정의해야 하며, 그때 비즈니스 문제의 올바른 이해가 핵심이 된다.

두 단계로 EDA를 수행할 것을 권장한다:

1. **단변량 단계:** 데이터 세트에서 가장 중요한 변수를 이해한다: 분포, 주요 특성, 극단적인 값 등.
2. **관계 찾기:** 비즈니스/과학적 문제를 염두에 두고, 해결하려는 문제에 유용한 정보를 제공할 것 같은 '정형화된 질문 리스트'를 작성한 다음, 이러한 질문에 따라 EDA 과정을 수행한다.

보통 단변량 분석이라고 부르는 첫 번째 단계는 비교적 간단하다. 두 번째 단계에서는 변수 사이의 관계를 찾아야 하므로 쌍변량 또는 다변량 기법을 사용한다. 다음 절에서 단

변량 EDA부터 수행해보자.

▶ 단변량 EDA

이름에서 알 수 있듯이, 단변량 EDA는 한 번에 한 가지 변수를 분석하는 것이다. 앞 절에서 pandas를 사용해서 주요 기술 통계량을 계산하기가 얼마나 쉬운지 알았다. 이제 기술 통계량으로부터 얻은 정보를 적절하게 시각화해서 보완해보자.

EDA를 수행하려면, 분석 중인 변수의 유형을 반드시 알아야 한다. 앞으로 다루게 될 주요 변수 유형을 정리하고 가자:

1. **수치형 변수:** 숫자를 취하는 변수다:
   a. **연속형:** 키, 체중, 질량 등 특정 범위 내의 실수값을 취하는 변수다.
   b. **이산형:** 정해진, 한정된 수의 값만 취하는 변수이며, 주로 정수다. 자녀의 수나 직원 수 등이 사례다.
2. **범주형 변수:** 정해진 개수의 범주만 취하는 변수다:
   a. **서열형:** 범주 사이에 어떤 자연스러운 순서가 있는 변수다. 예를 들어, 변수 **age group**이 20~29, 30~39, 40~49, 50+인 경우, 이러한 범주에는 순서가 있다: 20~29는 40~49보다 작다.
   b. **명목형:** 범주 사이에 순서 관계가 없는 범주형 변수다. 예를 들어, 파란색, 초록색, 빨간색은 어떠한 순서가 없는 범주다.
3. **시간 변수:** 날짜 또는 시간과 관련된 변수다.

데이터 세트에서 수치형 변수를 식별하는 것으로 시작해보자. 데이터 세트를 준비할 때, 개념적으로 수치형인 변수는 대응하는 적절한 파이썬 데이터 형식을 가지고 있다는 것을 이미 알았다. 앞서 수정한 **games** 데이터 프레임에 대해 **info()** 메서드를 호출해서 다시 확인해보자:

```
games.info()
```

출력은 다음과 같다:

```
<class 'pandas.core.frame.DataFrame'>
Int64Index: 4311 entries, 284921427 to 1474461379
Data columns (total 15 columns):
name                            4311 non-null object
subtitle                        1788 non-null object
average_user_rating             4311 non-null float64
user_rating_count               4311 non-null float64
price                           4311 non-null float64
in-app_purchases                2998 non-null object
description                     4311 non-null object
developer                       4311 non-null object
age_rating                      4311 non-null object
languages                       4297 non-null object
size                            4311 non-null float64
primary_genre                   4311 non-null object
genres                          4311 non-null object
original_release_date           4311 non-null datetime64[ns]
current_version_release_date    4311 non-null datetime64[ns]
dtypes: datetime64[ns](2), float64(4), object(9)
memory usage: 538.9+ KB
```

그림 7.18 데이터 세트에 포함된 변수의 유형

출력에서 알 수 있듯이, 수치형으로 간주할 수 있는 열: **average_user_rating, user_rating_count, price, size**는 **float64** 데이터 형식이다. 단일 수치형 변수에 대해 가장 일반적으로 사용하는 유용한 그래프는 히스토그램이다. 먼저 어떻게 생겼는지 보고, 그 후에 어떻게 구성하는지 설명한다. **size** 변수를 대상으로 사용한다. 이 변수는 단위가 바이트이므로 시각화하기 전에 메가바이트로 변환한다.

```
games['size'] = games['size']/1e6
```

이제 pandas의 내장 메서드 **hist()**를 사용한다:

```
games['size'].hist(bins=30, ec='black');
```

두 가지 추가 매개변수가 있다: **bins**는 보이는 막대의 개수(대략)이며, **ec**는 막대 테두리의 색상이다. 출력은 다음 그래프와 같다:

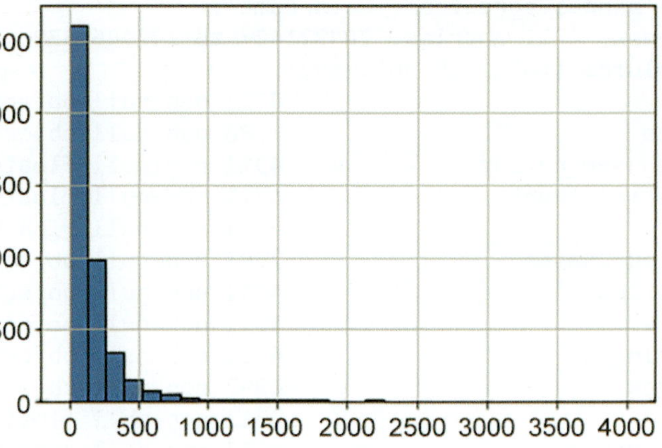

그림 7.19 변수 size의 히스토그램

히스토그램은, 최댓값에서 최솟값을 뺀 값인, 변수의 범위를 일정한 크기의 bin(통)으로 나누어 구성한다. 이 사례의 경우 최댓값과 최솟값은 각각 4,005.6과 0.2이므로 범위는 약 4,005이다. bin의 개수를 30으로 지정했기 때문에, 각 bin의 크기는 약 133 ~ 4,005 / 30이다. 따라서, 첫 번째 bin은 대략 최솟값(약 0)에서 133까지이고, 두 번째 bin은 133부터 266 = 133 + 133까지다. 이와 같은 식으로 계속한다. 막대의 높이는 해당 bin의 구간에 속하는 관측값의 개수를 나타낸다. 예를 들어, 첫 번째 막대는 2,500개 이상의 관측값을 가지고 있는데, 이는 첫 번째 bin(약 0에서 ~ 133까지인 bin)에 속하는 관측값의 개수다. 백분위수와 마찬가지로, 히스토그램을 구성하는 구체적인 알고리즘은 사용하는 소프트웨어에 따라 다르다. pandas는 Matplotlib을 사용하므로 자세한 내용을 알기 원하면 Matplotlib의 문서를 참조하기 바란다.

히스토그램을 들여다보고 의미를 해석하는 데 익숙해져야 한다. 예를 들어, size의 히스토그램은 다음과 같은 내용을 담고 있다:

- 첫 번째 bin(가장 높은 막대)이 게임 크기의 비율을 잘 나타낸다.
- 크기는 대부분 500MB 미만이다.
- 변수가 증가함에 따라 관측값(빈도)의 수가 감소한다: 파일의 크기가 커질수록 관측값이 점점 적어진다.
- 그래프의 x축은 약 4,000MB에 도달하지만, 거기에 막대라고는 보이지 않는다. 관측값이 매우 적어 대응하는 막대가 너무 작아서 높이가 0에 가깝기 때문이다. 이것으로부터 적어도 하나의 극단적인 값(매우 용량이 큰 게임)이 있다는 것을 의

미한다.

- 1,000MB를 초과하는 막대의 높이가 매우 낮으므로 1,000MB를 초과하는 게임은 매우 적다.

히스토그램은 기술적 통계에서 얻은 숫자 정보를 완벽하게 보완한다:

```
games['size'].describe()
```

출력은 다음과 같다:

```
count      4311.000000
mean        175.956867
std         286.627800
min           0.215840
25%          40.736256
50%          97.300480
75%         208.517632
max        4005.591040
NameL size, dtype: float64
```

중앙값으로부터 게임 중 절반 이상이 97.3MB보다 작다는 걸 알 수 있고, 크기가 가장 큰 게임은 중앙값의 약 40배 이상인데, 이것은 이상치 즉, 대부분의 값보다 훨씬 극단적인 관측값으로 간주할 수 있다. 사용자 평점 개수와 마찬가지로 데이터를 내림차순으로 정렬한 후 첫 12개를 표시하여 큰 게임들을 조사해볼 수 있다.

```
games['size'].sort_values(ascending=False).head(12)
```

출력은 다음과 같다:

```
id
1245565445    4005.591040
1106831630    3916.692480
633625517     3747.742720
1235863443    3716.897792
1183898700    3599.435776
881270303     3518.277632
1107741196    3321.082880
909472985     2996.021248
1321791212    2897.696768
1298734617    2581.730304
1264531625    2547.534848
1257031979    2512.028672
Name: size, dtype: float64
```

그림 7.20 크기가 큰 게임 순위

사실 최댓값 외에 이상치가 더 있다는 걸 알 수 있다. **이상치**의 정확한 정의는 없다 — 문맥에 따라 다르다. 여기서 이런 관측값을 이상치로 부르는 이유는, 해당 게임 집합에서 75%의 게임이 208MB 미만의 크기를 가지고 있으므로, 이런 정도의 크기는 아주 이상하리만큼 큰 것으로 간주할 수 있기 때문이다.

좋다, 다시 히스토그램으로 돌아가보자. pandas의 매우 멋진 기능 중 하나는 **DataFrame** 클래스의 **hist()** 메서드를 사용해서, 많은 수치형 변수에 대한 히스토그램을 동시에 생성할 수 있다는 점이다. 이 기능은 데이터 세트에 많은 수치형 변수가 있고, 그것들을 빠르게 살펴보고 싶을 때 유용하다:

```
games.hist(figsize = (10, 4), bins = 30, ec = 'black');
# This line prints the four plots without overlap
plt.tight_layout()
```

pandas는 자동으로 모든 수치형 변수를 가져와, 그래프의 행과 열로 구성된 (조절이 가능한) 그리드를 생성한다. **games**에는 네 개의 수치형 변수가 있으며 결과는 다음과 같다:

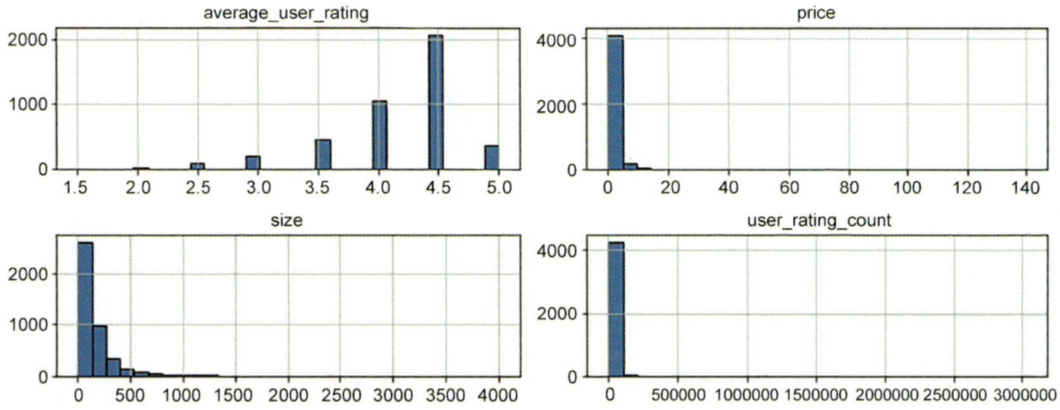

그림 7.21 DataFrame의 히스토그램 사례

price, size, user_rating_count에 몇 개의 극단적인 값(이상치)이 있어서, 이 변수들의 값이 실제로 어떻게 분포되어 있는지 정확히 확인할 수가 없다.

분위수(와 백분위수)에 대한 지식을 바탕으로, 분포를 더 잘 이해할 수 있을 것이라는 희망을 품고, 이 세 변수에서 각각 최상위 1% 값을 필터로 제외해보자:

```
filter_price = games['price'] <= games['price'].quantile(0.99)

filter_user_rating_count = games['user_rating_count'] \
                          <= games['user_rating_count'].quantile(0.99)

filter_size = games['size'] <= games['size'].quantile(0.99)

filter_exclude_top_1_percent = filter_price \
                               & filter_user_rating_count
                               & filter_size

games[filter_exclude_top_1_percent].hist(figsize = (10, 4), \
                                         bins = 30, ec = 'black');

# This line prints the four plots without overlap
plt.tight_layout()
```

결과는 다음과 같다:

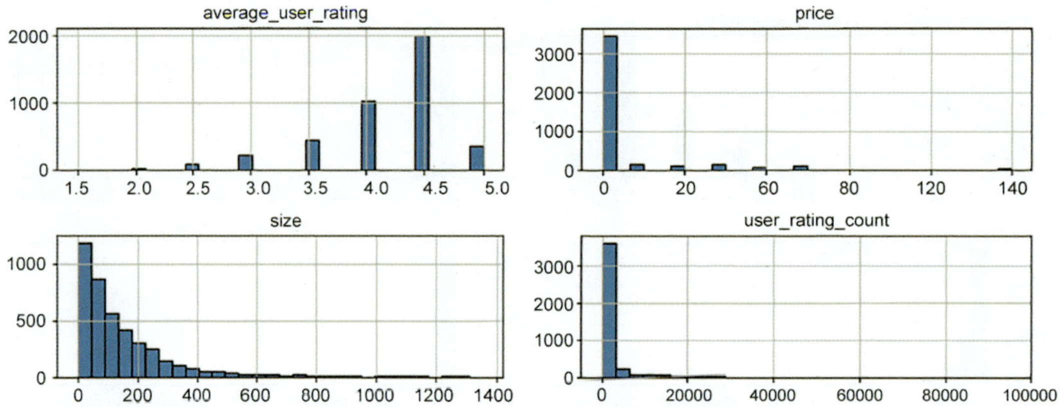

그림 7.22 DataFrame의 히스토그램 사례

이제 히스토그램이 더 많은 정보를 드러냈고, 다음이 새로 그린 히스토그램에서 알 수 있는 몇 가지 내용이다:

- 대부분 무료 게임이고, 무료가 아닌 게임은 매우 소수이며, 어쨌든 거의 모두 $10 미만이다.
- 사용자 평점 평균은 4.5가 가장 많다; 실제로 평점 평균이 낮은(3점 이하) 게임은 거의 없다.
- 용량이 큰 게임은 별로 없다.
- 게임 대부분이 매우 적은 수의 사용자 평가를 받았다.

이 그래프에서 다른 정보를 추출해보고, 이 변수들의 기술적 통계를 사용해서 보완하는 실습을 해보자: 예를 들어, **size** 변수의 감소 패턴이나 **user_rating_count**에서 관찰되는 밀집도가 높은 패턴에 대한 의견을 제시해보자: 왜 이러한 형태인지 설명할 수 있을까?

이제 연속 변수의 분포를 분석하는 또 다른 유용한 그래프를 다루어보자: **상자 그림**. 상자 그림은 위치 통계량인 **Q1**, 중앙값, **Q3**를 그림으로 나타내는데, 일반적으로 최솟값과 최댓값도 함께 표시된다. 다음 코드를 사용해서 24개 관측값을 포함하는 샘플 데이터 세트에 대한 상자 그림을 생성할 수 있다:

```
mens_heights.plot(kind='box');
```

결과는 다음과 같다(그림에 기술 통계를 주석으로 추가하였다):

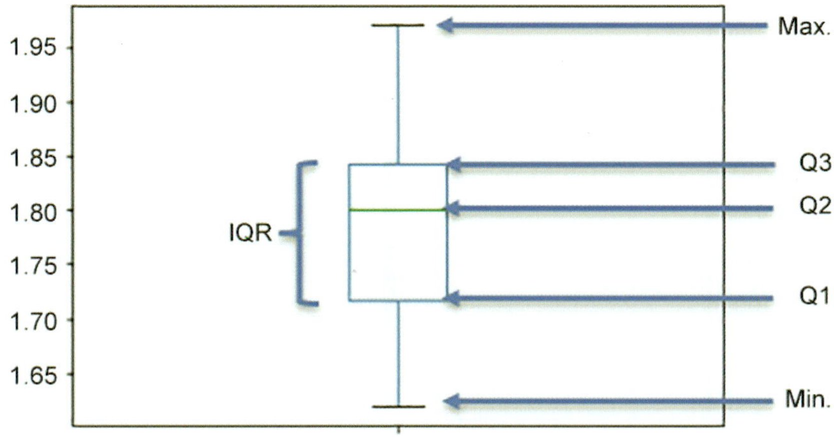

그림 7.23 상자 그림

상자 그림은 두 개의 수염과 하나의 상자로 구성된다. 첫 번째 수염은 (일반적으로) 최솟값에서 시작해서 상자의 시작점인 **Q1**까지 이어진다. 따라서 첫 번째 수염은 관측값의 하위 25%를 포함한다. 상자는 **Q1**부터 **Q3**까지 이어지며, 관측값의 중간 50%를 포함한다. 상자의 높이는 **사분범위(IQR)**라고 부르는데, 이것은 퍼짐의 정도를 나타내는 척도다. 즉, 관측값의 중간 50%가 얼마나 밀집되어 있는지를 나타내므로, IQR이 클수록 분산이 크다는 것을 의미한다. 상자 중간에 있는 선은 중앙값을 나타내고, 마지막으로 위쪽 수염은 (일반적으로) 최댓값에서 끝난다.

(보통은 괄호로 묶어서 나타내기도 하는) 최댓값과 최솟값을 표시했으니 주목하면 좋겠다. $Q3+1.5\times IQR$보다 큰 관측값(또는 $Q1-1.5\times IQR$보다 작은 관측값)은 이상치로 여길 수 있고 점으로 표시된다. 그리고, 이러한 관측값이 있다면 위쪽(또는 아래쪽) 수염은 $Q3+1.5\times IQR$보다 큰 관측값(또는 $Q1-1.5\times IQR$보다 작은 관측값)에서 끝난다. 예를 들어, **size** 변수에 대한 상자 그림은 다음과 같다:

```
games['size'].plot(kind='box');
```

결과는 다음과 같다:

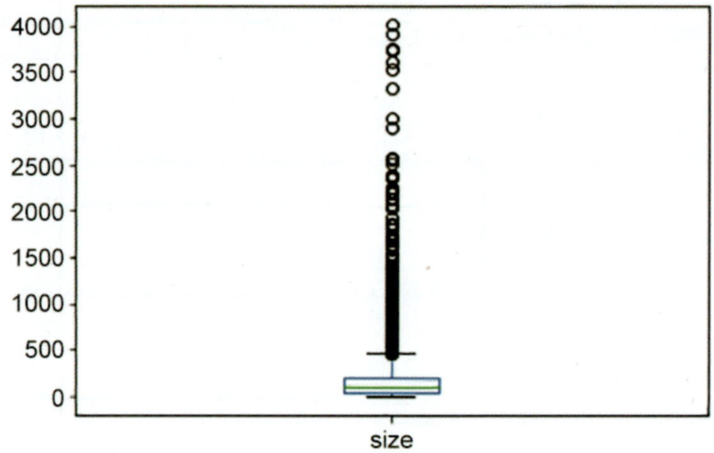

그림 7.24 size 변수의 상자 그림

이 경우, 위쪽 수염은 최댓값에서 끝나지 않고 $Q3 + 1.5 \times IQR$에서 끝난다. 이 그림을 보면, 변수가 많은 극단적인 값(동그란 점으로 표시된 이상치)을 가지고 있다고 말할 수 있다. 상자 그림이 단변량 EDA에 유용할 때도 있지만, 히스토그램이 더 선호된다. 상자 그림은 수치형 변수와 범주형 변수의 관계를 분석할 때 가장 효과적이다. 다음 절에서 상자 그림에 대해 더 살펴본다.

이 절을 마무리하기 전에 범주형 변수의 개수, 비율 또는 백분율을 보여주는 막대그래프를 생성하는 방법을 살펴본다. 대상은 범주형 변수인 **age_rating** 열이다. 다음 코드는 변수의 각 값에 대한 게임 수를 계산한다:

```
games['age_rating'].value_counts()
```

결과는 다음과 같다:

```
4+ 2287
9+ 948
12+ 925
17+ 151
Name: age_rating, dtype: int64
```

결과가 pandas의 series 객체이므로, kind='bar' 인수와 함께 **plot()** 메소드를 바로 호출해서 막대그래프를 생성할 수 있다:

```
games['age_rating'].value_counts().plot(kind = 'bar');
```

결과는 다음과 같다:

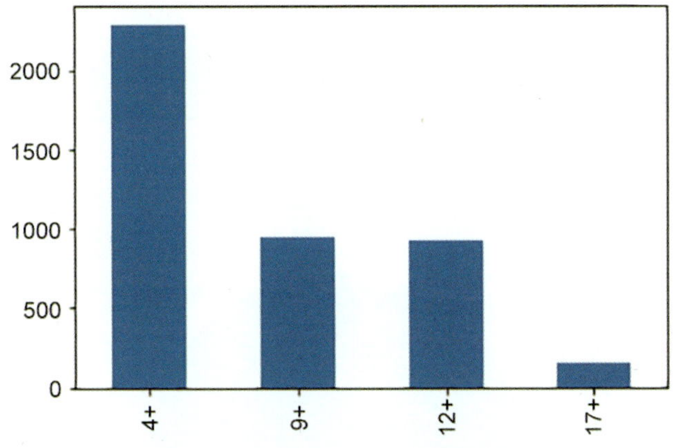

그림 7.25 age_rating의 개수에 대한 막대그래프

만약 비율을 시각화하고 싶다면, **value_counts()** 메소드에 인수 **normalize=True**를 전달하면 된다.

```
games['age_rating'].value_counts(normalize=True).plot(kind='bar');
```

비율을 나타내는 그림으로 앞의 그림과 y축 레이블만 다르다:

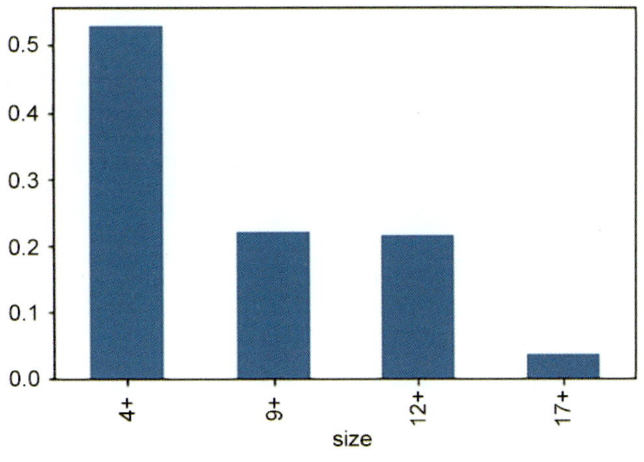

그림 7.26 age_ratings의 비율에 대한 막대그래프

마지막으로, 비율을 시각화하는 또 다른 그래프로 **파이 차트**가 있다. 파이 차트가 정보를 전달하는 데 문제가 있는 것으로 알려져 이 그래프를 기피하는 경우가 있다. 그러나 특히 비즈니스 정보를 전달하는 데 쓸모가 많으므로, 윗사람이 파이 차트를 요청한다면 다음과 같이 생성하면 되겠다:

```
games['age_rating'].value_counts().plot(kind = 'pie');
```

결과는 다음과 같다:

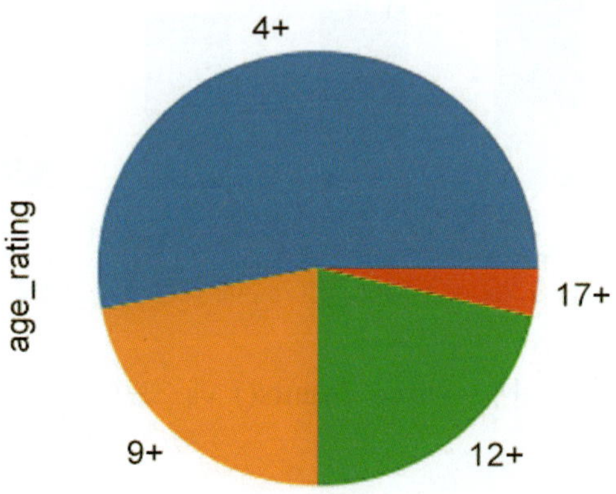

그림 7.27 age_ratings의 파이 차트

파이 차트의 문제는, 문서를 화려하게 꾸미기는 좋지만, 수치적인 정보를 전달하는 좋은 방법이 아니라는 점이다; 시각화는 수치적인 계산 결과를 전달하기 어려운 것을 보완하고 그 이상의 의미를 전달할 수 있어야 한다. 비율(또는 백분율)을 보여주려면, 그 값을 보여주는 것이 더 간단하고 나은 방법이다:

```
percentages = 100*games['age_rating'].value_counts(normalize=True)

for k, x in percentages.items():
    print(f'{k} : {x:0.1f}%')
```

출력은 다음과 같다:

```
4+: 53.1%
9+: 22.0%
12+: 21.5%
17+: 3.5%
```

▶ 이변량 EDA: 변수 간 관계 탐색

통계 분석의 가장 흥미로운 측면 중 하나가 변수 사이의 관계를 탐색할 수 있다는 것이다. 변수 사이의 관계를 탐색할 때, 가장 대표적인 두 변수형인 수치형과 범주형만 고려한다면, 가능한 세 가지 경우가 있다:

- 수치형 대 수치형
- 수치형 대 범주형
- 범주형 대 범주형

첫 번째 경우는 산점도를 사용한 시각화가 가장 적합하다. 두 번째 경우는 해결하려는 문제에 따라 몇 가지 선택사항이 있는데, 보통 상자 그림이 가장 유용하다. 마지막으로, 세 번째 경우는 대부분 분할표라고 부르는 것을 사용한다: 범주형 데이터를 비교하기 위한 시각화 도구가 있지만, 그렇게 일반적으로 사용하지는 않는다.

〈탐색적 데이터 분석〉에서 언급한 대로, 이러한 형태의 분석을 수행할 때, 답하고자 하는 질문 목록을 먼저 작성하고 나서, 시각화를 시작하는 것이 좋은 전략이다. 지금 다루는 비즈니스 문제를 되짚어보면서, 다음 세 가지 질문에 대해 몇 가지를 통찰해보자:

- 크기와 사용자 평점 평균 사이에 어떤 관계가 있을까?
- 연령 등급과 사용자 평점 평균 사이에 어떤 관계가 있을까?
- 앱 내 구매 여부와 게임 평점 사이에 어떤 관계가 있을까?

산점도를 사용해서 첫 번째 질문에 대답해보겠다. 가장 간단한 형태의 산점도는 한 쌍의 변수값을 좌표 평면에 나타내는 방법이다. 각 변수의 모든 쌍은 점으로 표현되며, 이러한 점의 패턴이 두 변수 사이에 어떤 관계가 있는지 나타낸다. 다음 표에, 산점도에서 파악할 수 있는 몇 가지 패턴이 나와 있다:

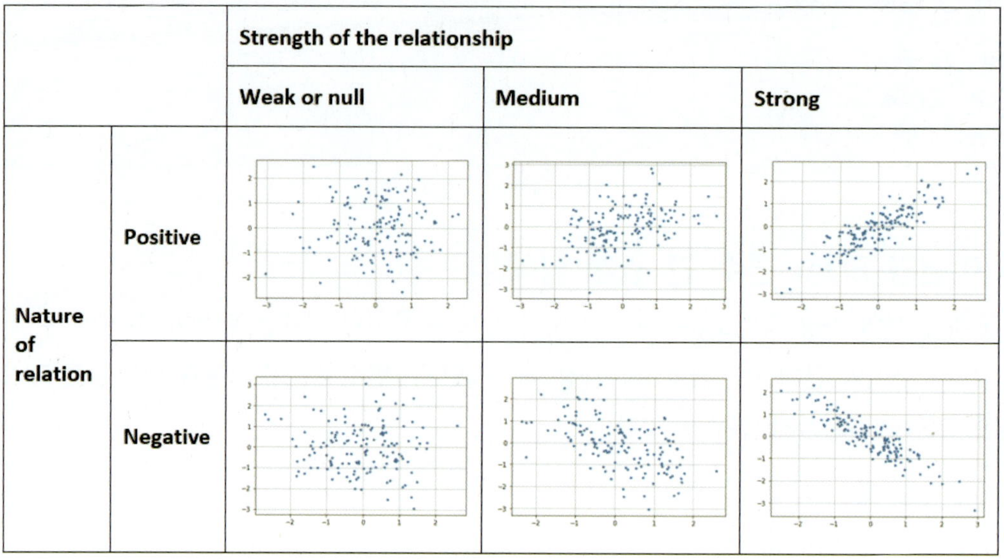

그림 7.28 산점도 패턴 사례

이 표의 패턴은 참고용으로 제시한 사례일 뿐이다: 일반적으로 실제 데이터 세트에서는 이렇게 쉽게 식별할 수 있는 패턴을 보기 어렵다.

pandas를 사용해서 그림을 그릴 수 있지만, 여기서는 몇 줄의 코드만으로 아름답고 복잡한 그림을 그릴 수 있는, 매우 인기 있는 통계적 시각화 도구인 Seaborn을 사용한다. 구체적으로, 각 축에 올 변수 이름과 DataFrame 이름을 인수로 취하는, **scatterplot()** 함수를 사용한다:

```
sns.scatterplot(x='size', y='average_user_rating', \
                data=games, \
                # this is for controlling the size of the points
                s=20);
```

결과는 다음과 같다:

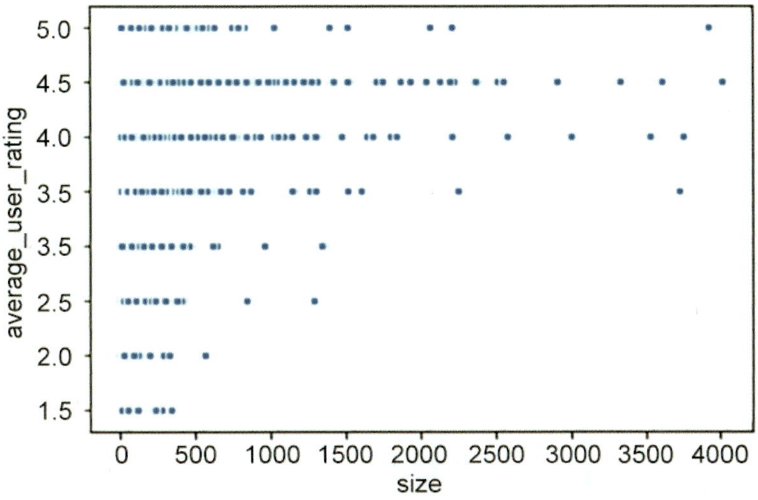

그림 7.29 게임 파일의 크기 vs. 사용자 평점 평균의 산점도

그림의 오른쪽 위를 살펴보면, 특정 크기의 게임(예: 1,500MB 이상)은 평점이 3.5 이상인 것으로 보인다. 게임의 크기는 아무래도 그래픽 품질과 게임의 복잡성에 비례하므로, 이 결과는 일정 수준의 복잡성과 시각적 품질을 가진 게임을 제작해야지만 높은 평점 평균을 얻을 가능성 역시 커진다는 것을 시사한다. 물론, 그림에 의하면 비교적 크기가 작으면서도 평점 평균이 5인 게임도 있다.

이제 수치형 변수와 범주형 변수 사이의 관계를 탐색해보자. 만일 평점 평균을 범주형 변수로 취급하면, 더 많은 통찰을 얻을 수도 있다; 평점 평균을 산출한 방식 때문에 결국 평점 평균 변수는 연속이 아니라 이산이다; 이 변수는 0.5만큼씩 다르다. 다음 코드처럼 딕셔너리를 사용해서 수치형 변수를 범주화한다:

```
ratings_mapping = {1.5: '1_poor', 2. : '1_poor', \
                   2.5: '1_poor', 3. : '1_poor', \
                   3.5: '2_fair', 4. : '2_fair',\
                   4.5: '3_good', 5. : '4_excellent'} \

games['cat_rating'] = games['average_user_rating'] \
                      .map(ratings_mapping)
```

범주형 변수를 사용하는 새로운 사용자 평점 척도를 만들었다. 이제 평점 유형별로 게임의 크기가 어떻게 분포하는지를 상자 그림으로 확인해보자:

```
sns.boxplot(x='cat_rating', y='size', \
            data=games[games['size'] <= 600], \
            order=['1_poor', '2_fair', '3_good', '4_excellent']);
```

결과는 다음과 같다:

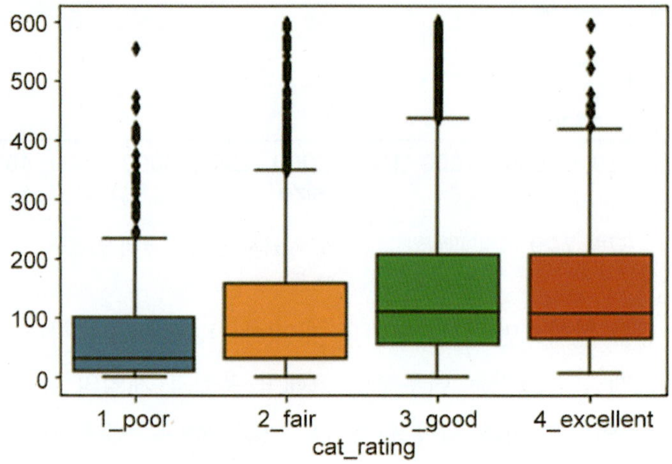

그림 7.30 게임 파일의 크기 vs. 범주형 사용자 평점의 상자 그림

지나치게 큰 게임은 제외하고, 크기가 600MB 이하인 게임으로 제한해서, 크기-평점의 관계를 확인했다. 그 결과, 실제로 다른 분포를 얻었으며, 낮은 평점(1_poor)의 게임들은 일반적으로 다른 범주의 게임보다 크기가 작았다(상자 그림이 다른 범주에 비해 낮은 위치에 있다). 좋은 평가(3_good)와 우수 평가(4_excellent)를 받은 게임의 크기 분포는 거의 같다는 걸 알 수 있고, 결국 크기가 600MB 이하인 게임에 대해, 복잡성과 그래픽 품질은 어느 정도 평점에 영향을 준다고 판단할 수 있다.

마지막으로, 두 범주형 변수 사이의 관계를 살펴보자. 여기서는 연령 등급과 바로 앞에서 만든 범주형 평점을 비교해본다. 두 변수의 각 조합에 대한 관측값의 개수를 계산한 표, 즉 분할표를 만들어서 분석한다. **분할표**는 pandas의 **crosstab()** 함수를 사용해서 생성한다:

```
pd.crosstab(games['age_rating'], games['cat_rating'])
```

결과는 다음과 같다:

cat_rating	1_poor	2_fair	3_good	4_excellent
age_rating				
12+	57	327	466	75
17+	11	59	68	13
4+	238	821	1029	199
9+	57	309	499	83

그림 7.31 연령 등급 vs. 범주형 사용자 평점의 분할표

개수를 얻은 것은 좋다; 그러나 이 데이터를 이해하기는 여전히 조금 까다롭다. 두 변수가 관련이 있는지 알아보려면, 연령 등급의 비율이 게임 평점이 좋고 나쁨에 따라 어떻게 변하는지 알아야 한다. 예를 들어, 4+ 게임의 90%가 낮은 평점을 받는다고 하고, 동시에 17+ 게임의 15%만이 낮은 평점을 받는다면, 이 변수들은 어떤 관련성을 가지고 있다고 가정할 수 있다. 이것을 계산하려면 앞서 만든 표의 행을 정규화하면 된다. 이를 위해 **normalize='index'** 매개변수를 추가한다:

```
100*pd.crosstab(games['age_rating'], games['cat_rating'], normalize='index')
```

전체 표에 100을 곱해서 이해하기 쉬운 백분율로 표시했다:

cat_rating	1_poor	2_fair	3_good	4_excellent
age_rating				
12+	6.162162	35.351351	50.378378	8.108108
17+	7.284768	39.072848	45.033113	8.609272
4+	10.406646	35.898557	44.993441	8.701355
9+	6.012658	32.594937	52.637131	8.755274

그림 7.32 연령 등급 vs. 범주형 사용자 평점의 백분율 분할표

행을 정규화했으므로, 각 행의 합은 100이어야 한다. 이제 서로 다른 연령 등급에 대한 서로 다른 사용자 평점 분포를 쉽게 비교할 수 있다. 예를 들어, 우수하게 평가된 게임의 비율이 연령 등급과 관계없이 거의 같다는 걸 관찰할 수 있으며, 다른 열도 (대략) 마찬가지다. 이는 게임의 연령 등급이 게임의 평점에 큰 영향을 미치지 않을 수도 있다는 것을 시사한다.

이쯤이면 통계적 분석은 예술이 되어간다. 초기 탐색 결과로부터 새로운 질문과 가설을 도출한 후, 많은 수치 및 시각적 분석을 통해 더 자세히 탐구하고, 몇 번의 반복을 거쳐 유용한 정보를 도출해내면, 마침내 그것을 문제에 대한 지식으로 바꿀 수 있다.

이 절을 마치며, 이 책은 두 변수 사이의 관계를 시각화하는 데 중점을 두지만, 세 개 이상의 변수 사이의 관계도 시각적으로 탐색할 수 있다는 점을 언급한다. 다만, 두 개 이상의 변수를 시각화할 때는 분석의 복잡성이 지수적으로 증가한다는 점을 기억하자.

실습 7.03 ✦ EDA 실습

이 연습에서, 상자 그림을 사용해서 무료 게임과 유료 게임의 평가가 다른지를 시각적으로 분석해보자.

1. 먼저, 데이터 세트에 있는 가격을 살펴본다. 다음 코드로 가격의 고유한 값을 확인할 수 있다:

```
games['price'].unique()
```

출력은 다음과 같다:

```
array([ 2.99, 1.99, 0.  , 0.99, 5.99, 7.99, 4.99,
        3.99, 9.99, 19.99, 6.99, 11.99, 8.99, 139.99,
        14.99, 59.99])
```

2. 모든 게임이 몇 달러 **99**센트로 판매되는 것 같다. 실제로 **2.99**는 **$3**를 의미한다. 이 값을 내장된 **round()** 메서드를 사용해서 깔끔하게 정수로 변환한다:

```
games['price'] = games['price'].round()
```

3. 이산적인 수치 변수이므로, 각각의 가격별 게임의 분포를 시각화하기 위해 막대그래프를 그려 보자:

```
games['price'].value_counts().sort_index().plot(kind='bar');
```

출력은 다음과 같다:

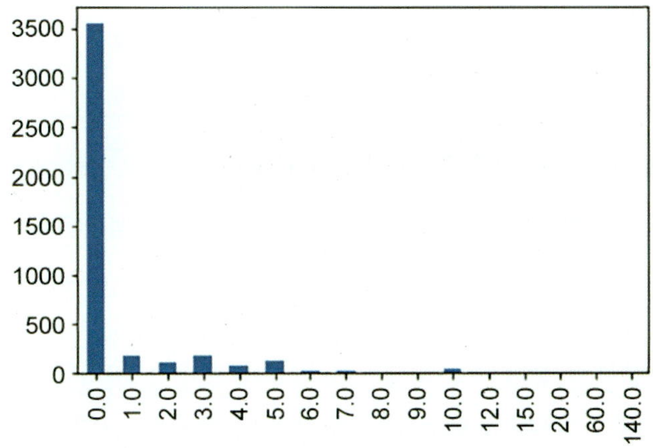

그림 7.33 가격별 관측값 수의 막대그래프

4. 결과를 보니 게임 대부분이 무료인 것 같다. 쉽게 분석하기 위해 무료 또는 유료인지를 나타내는 **cat_price**라는 범주형 변수를 만든다:

```
games['cat_price'] = (games['price'] == 0).astype(int) \
                     .map( 0:'paid', 1:'free' )
```

5. 앞에서 생성한 변수와의 관계를 시각화하기 위해 상자 그림을 그린다:

```
sns.boxplot(x='cat_price', y='average_user_rating', \
            data=games);
```

출력은 다음과 같다:

그림 7.34 상자 그림: cat_price vs. 사용자 평점 평균

그림에서 알 수 있듯이, 무료 게임과 유료 게임의 사용자 평점 평균의 분포는 거의 같다. 이는 게임이 무료인지 유료인지가 게임의 평점에 영향을 미치지 않는다고 할 수 있다.

이 실습에서는 상자 그림을 사용해서 가격 변수의 분포를 탐색하고, 이 변수와 사용자 평점 평균 사이에 어떤 관계가 있는지 살펴보았다.

> **노트**
>
> 이 절의 소스 코드는 다음에 있다.
>
> https://packt.live/2VBV2gl.
>
> 또한, 다음에서 이 예제를 온라인으로 실행할 수 있다.
>
> https://packt.live/2YUGv1I.

이 절에서, EDA에 대해 배웠다. EDA는 기술 통계량을 시각화로 보완하는 과정이다. 거의 모든 유형의 통계 분석에서 사용하는 가장 유용한 시각화 도구를 배웠다. 이제 꽤 익숙해진 히스토그램, 상자 그림, 막대그래프, 그리고 산점도 같은 도구들은 수치 분석을 보완해서 데이터 세트에 내포된 유익한 정보를 밝혀내는 강력한 도구다.

EDA는 통계 분석의 핵심 단계로, 데이터 세트의 변수를 살펴보고, 변수 사이에 내재한 관계를 인식하며, 형식적 추론 방법을 사용해서 수학적으로 검증할 가설을 도출하는 등의 작업을 할 수 있게 해준다. 기술 통계의 기초를 배웠으므로 이제 추론 통계에 대해 배울 차례다. 하지만 먼저, 다음 장에서, 확률 이론의 기초 몇 가지를 배워야 한다.

프로젝트 7.01 ✦ 높은 평점을 받는 전략 게임 찾기

당신이 근무하는 게임 개발 회사가 게임 시장에서 회사의 입지를 강화하기 위한 계획을 생각해냈다. 산업 지식과 다른 비즈니스 보고서를 통해 새로운 고객을 유치하는 매우 효과적인 방법은 모바일 게임 세계에서 훌륭한 평판을 얻는 것이라는 것을 알게 되었다. 이 사실을 기초로, 회사는 다음과 같은 계획을 세웠다; 많은 사람으로부터 긍정적인 평가를 받는 iOS 플랫폼 전략 게임을 개발해서, 회사에 많은 수의 신규 고객을 유입시킨다. 회사는 사용자로부터 좋은 평점을 받는다면 반드시 계획이 성공할 것이라고 확신한다. 모바일 게임 분야의 경험이 풍부한 당신은 회사측으로부터 다음과 같은 질문을 받았다: 어떤 유형의 전략 게임이 사람들로부터 높은 평점을 받을까?

이 프로젝트는 두 단계로 수행된다: 먼저, 두 개의 범주형 변수를 결합해서 새로운 변수를 만든다. 그런 다음, **groupby()** 메서드를 사용해서 사용자 평점의 기술 통계를 계산하여, 새로 생성된 변수와 사용자 평점 평균 사이에 관계가 있는지 확인한다.

다음 단계에 따라 프로젝트를 완성해보자:

numpy와 **pandas** 라이브러리를 가져온다.

1. 전략 게임 데이터 세트를 (이 장의 **data** 폴더에서) 가져온다.
2. 첫 번째 절에서 수행한 모든 변환을 수행한다:
   a. 변수 이름을 변경한다.
   b. 열 **id**를 **index**로 설정한다.
   c. **url**과 **icon_url** 열을 삭제한다.
   d. **original_release_date**와 **current_version_release_date**를 **datetime**으로 변경한다.
   e. **average_user_rating**이 null인 행을 DataFrame에서 제거한다.
   f. **user_rating_count**가 30 이상인 행만 DataFrame에 유지한다.
4. 데이터 세트의 차원을 출력한다. DataFrame은 4,311개의 행과 15개의 열을 가져야 한다.
5. **languages** 열의 누락값을 문자열 **EN**으로 대체해서 영어로만 사용 가능한 게임으로 설정한다.
6. **free_game** 변수를 새로 만들어서, 가격이 0보다 큰 경우 **paid**를, 0인 경우 **free**를 할당한다.
7. **multilingual** 변수를 새로 만들어서, **language** 열에 언어 문자열이 하나만 있는 경우 **monolingual**, 언어 문자열이 둘 이상 있는 경우 **multilingual** 값을 할당한다.
8. 앞에서 새로 생성한 두 변수의 네 가지 조합(**free-monolingual**, **free-multilingual**,

paid-monolingual, 그리고 **paid-multilingual**)을 값으로 취하는 변수 **price_language**를 만든다.

9. **price_language** 변수의 각 유형의 관측값 개수를 계산한다.
10. games DataFrame에 **groupby()** 메서드를 적용해서, 새로 생성된 변수를 그룹화한 다음, **average_user_rating** 변수를 선택해서 기술 통계를 계산한다.

> **노트**
>
> 이 프로젝트의 구현 코드는 부록에 있다.

이 프로젝트에서, 두 개의 범주형 변수의 가능한 조합을 값으로 취하는 새로운 범주형 변수를 만드는 접근방법을 사용했다. 새로 생성한 변수를 **groupby()** 메서드를 사용해서 묶은 후, 이 변수의 가능한 값을 대상으로 기술 통계를 계산했다.

요약

이 장에서, 모든 종류의 통계 분석을 수행할 때 사용할 수 있는 기본 단계를 배웠다: 먼저, 비즈니스 문제를 정의하고 데이터 세트를 가져왔다. 그리고 해결하려는 문제를 고려해서 데이터 세트를 가공했다: 일부 레코드를 삭제하고, 누락된 값을 대체하고, 일부 변수의 형식을 변환하고, 새 변수도 만들었다. 그런 다음, 기술 통계의 필요성에 대해 알아보았다; pandas를 사용해서 이러한 계산을 쉽게 수행하고 해석하는 방법을 배웠다. 마지막 절에서, 시각화와 기술 통계를 결합하여 데이터 세트에 포함된 변수 사이의 관계를 깊게 이해하는 방법을 배웠다. 이 장에서 배운 개념과 기술은 모든 실무 데이터 분석에서 실제로 사용할 수 있는 것이다. 그러나, 더 복잡한 분석을 위해서는, 다음 장의 주제인, 확률론의 기본 개념을 잘 알아야 한다.

8장

파이썬과 확률의 기초 및 응용

요약

확률 분포에 대한 **이론**과 **시뮬레이션**을 사용해서 특정 사건의 확률을 계산하는 방법을 다룬다. scipy.stats 모듈에 포함된 무작위 변수를 개념적으로 정의하고 그 사용법 또한 다룬다. 더불어 **정규분포**의 주요 특성과, 정규분포를 따르는 확률 분포 곡선 아래 **면적**을 계산해서 확률을 구하는 방법을 배운다.

이 장을 마치면, 확률론의 기본적이고 기초적인 개념에 익숙해진다. NumPy와 SciPy 모듈을 사용해서 시뮬레이션을 수행하는 방법, 그리고 시뮬레이션으로 확률을 계산해서 **문제를 해결하는 방법**을 또한 알게 된다.

개요

앞 장에서, 통계 분석의 첫발을 내디뎠다. 비즈니스 또는 과학적 문제와 관련된 데이터 세트를 주면, 데이터 세트를 가져와 분석을 위해 먼저 준비하는 방법을 배웠다. 그런 다음, 기술 통계를 계산하고 그것을 사용해서 변수를 이해하는 방법을 배웠다. 마지막으로, EDA를 수행해서 기술 통계에서 얻은 정보를 보완해서, 변수와 변수 사이의 가능한 관계에 대해 더 잘 이해할 수 있었다. 분석적 문제에 대한 기본적인 이해를 얻은 후에는, 더 정교한 정량적 도구를 사용해서, 한 단계 더 나아가야 할 필요가 있다. 그러한 도구 중 일부는 다음과 같은 분야에서 사용된다:

- 추론 통계
- 머신러닝
- 처방 분석
- 최적화

이 분야들의 공통점은 무엇일까? 많다: 수학적이고, 계산 중심이며, 어떤 방식으로든 **확률론**을 사용한다. **확률론**은 응용 수학의 가장 유용한 분야 중 하나로, 앞에서 언급한 다른 학문 분야의 기초를 이루고 유용한 수단을 제공한다.

이 장에서, 확률론에 대해 아주 간단하게 살펴본다. 전통적인 통계 서적과 달리, 여기서는, 이론적인 개념을 실제로 적용하고 구체화하기 위해 시뮬레이션을 적극적으로 사용한다. 이를 위해, NumPy와 SciPy의 무작위 수 생성 기능을 광범위하게 활용하고, **시뮬레이션**을 통해서 문제를 해결하는 방법을 배운다. 필수적인 기본 개념을 알아본 후에는 NumPy를 사용해서 무작위 수를 생성하고, 이러한 기능을 사용해서 확률을 계산하는 방법을 알아본다. 이후 확률변수의 개념을 정의한다.

이 장의 후반에서, 두 가지 유형의 확률변수를 자세하게 다룬다: 이산 확률변수와 연속 확률변수가 그것인데, 각각에 대해 SciPy를 사용해서 이러한 확률변수를 생성하는 방법과, 이러한 분포로부터 정확한 확률을 계산하는 방법을 배운다.

임의성, 확률, 확률변수

이 부분은 배워야 할 이론적 개념이 많은 절이다. 비록 이해하기 어렵겠지만, 확률론의 가장 기본적이고 기초적인 일련의 개념을 매우 잘 이해하고 마칠 것으로 기대한다. 또한, NumPy를 사용해서 시뮬레이션을 수행할 때 사용할 수 있는 방법들을, 직접 사용할 수 있는 코드와 함께, 소개한다. 시뮬레이션을 통해서, 이론적인 개념이 어떻게 실제 숫자로 전환되고, 그리하여 그것으로 문제를 해결할 수 있는지 보여준다. 마지막으로, 실세계의 문제를 통계로 해결할 때 알아야 하는, 두 가지 가장 중요한 개념인 **확률변수**와 **확률 분포**를 정의한다.

▶ 무작위성과 확률

누구든지, 무작위성의 개념을 직관적으로 이해하고, 일상생활에서 이 용어를 사용한다. 무작위성은 예측할 수 없거나 어떤 패턴 없이 일어나는 사건을 의미한다.

무작위적인 사건에 대한 역설적인 사실은, 개별적인 사건은, 정의에 따라, 예측할 수 없지만, 발생한 사건 전체를 묶어서 생각하면, 어떤 결과를 매우 높은 확신을 두고 예측할 수 있다는 것이다. 예를 들어, 동전을 한 번 던질 때는 어떤 결과(앞면 또는 뒷면)가 나올지 알 수 없다. 그러나 동전을 1,000번 던질 때는 450번에서 550번 사이의 앞면이 나올 것이라고 거의 확신할 수 있다.

개별적으로는 예측할 수 없는 사건을 묶어서 생각하면, 어떻게 의미 있는 결과를 예측할 수 있게 될까? 무작위성과 어떤 결과가 나타날 가능성을 계산하는 수단을 형식적으로 연구하는 수학의 한 분야인, 확률론이 핵심이다. 확률은 불확실성의 척도로 이해할 수 있으며, 확률론은 불확실한 사건을 이해하고 분석하기 위한 수학적 도구를 제공한다. 그래서 확률론은 매우 유용한 의사 결정 도구다: 불확실성에도 불구하고, 견고하고 논리적인 방식으로 불확실한 사건을 분석해서 더 나은 결정을 내릴 수 있다.

불확실성은 무지 또는 순수한 무작위성에서 비롯되는 것으로, 예를 들어, 동전 던지기는, 동전의 질량, 손가락의 정확한 위치, 던질 때 작용한 정확한 힘, 정확한 중력의 영향 등을 알고 있다면 사실 완전히 무작위적인 과정이 아니다. 이 모든 정보를 알고 있다면 원칙적으로 결과를 예측할 수 있지만, 실제로는 이러한 모든 변수나 정확한 예측을 위한 방정식이 무엇인지 알지 못한다. 또 다른 예로, 축구 경기 결과, 대통령 선거 결과, 일주일 후에 비가 올 것인지 등이 있다.

미래에 대한 무지함을 생각해보면, **최선의 예측**을 내리기 위해 할 수 있는 것이 확률을 할당하는 일이다.

확률론은 큰 비즈니스다. 복권, 도박, 보험과 같은 산업 전체가 확률 법칙과 어떻게 그것을 활용해서 이익이 되는 예측을 할지를 바탕으로 구축되었다. 카지노는 룰렛을 하는 어떤 사람이 다음 게임에서 이길지 알 수 없지만, 확률 법칙 때문에, 카지노 소유주는 룰렛 게임으로부터 이윤을 창출할 수 있다는 걸 확신한다. 마찬가지로 보험 회사는 자신들의 고객이 내일 교통사고를 낼지 알지 못하지만, 자동차 보험료를 내는 고객을 충분히 확보하면 이윤을 남길 수 있는 사업이라고 확신한다.

다음 절은 다소 이론적이라고 느낄 수 있지만, 분석적인 문제를 해결하는 데 사용하려면 이러한 중요 개념을 알아야 한다.

▶ 확률의 기초 개념

이 주제를 다루는 데 꼭 필요한 기본 용어부터 시작한다. 이러한 개념을 배워야만 문제를 엄밀하게 해결하고, 결과를 기술적으로 바르게 표현할 수 있다.

먼저, **실험**이라는 개념으로 시작한다: 실험은 통제된 조건에서 일어나고, 그로부터 관측할 수 있다. 관측해서 얻은 것을 실험의 **결과**라고 한다. 다음 표는 몇 가지 실험 사례와 가능한 결과를 나타낸다:

실험	결과
주사위 던지기	5
A팀과 B팀의 축구 경기	A팀의 승리
ATM 기기의 거래 건수	244
X사 주식의 종가	USD 34.5

그림 8.1 실험 그리고 결과

실험의 **표본 공간**은 모든 가능한 결과로 이루어진 '수학적인 집합'이다. 마지막으로, **사건**은 표본 공간의 부분집합이다. 표본 공간의 각 원소를 **단순 사건**이라고 한다. 이제 확률을 다루는데 필수적인, 서로 관련이 있는 네 개의 용어를 알았다: 실험, 표본 공간, 사건, 결과. 앞에 제시한 표의 실험과 관련해서, 다음 표는 실험의 표본 공간과 사건을 나타낸다:

실험	표본 공간	가능한 사건
주사위 던지기	S = {1, 2, 3, 4, 5, 6}	{1} 홀 수 (또는 {1, 3, 5}) 5미만의 수 (또는 {1, 2, 3, 4})
A팀과 B팀의 축구 경기	S = {A팀 승, B팀 승, 무승부}	A팀 승 무승부
ATM 기기의 거래 건수	S = {0, 1, 2, 3, ... , 1,440}	{330, 331, 332} {12, 1000} 500 미만
X사 주식의 종가	S = {USD 1,000 이하의 모든 양수}	어제보다 높았던 가격 범위 [30.4, 32.6]

그림 8.2 실험, 표본 공간, 가능한 사건

노트

앞 표에서, 거래는 1분에 최대 1개가 발생한다고 가정했다.

표본 공간을 수학의 집합으로 정의했다는 것에 주목할 필요가 있다. 따라서 부분집합(사건)을 포함한 집합론의 모든 연산을 사용할 수 있다. 사건은 자체가 집합이며, 더 큰 집합의 부분집합이므로 합집합, 교집합 등의 연산을 사용할 수 있다. 사건은 집합과 마찬가지로, 일반적으로 A, B, C와 같은 대문자로 표시한다.

실험 결과가 사건에 속할 때 사건이 발생했다고 말한다. 예를 들어, 주사위 던지기에서 홀수가 나오는 사건에 관심이 있고, 1, 3, 또는 5 같은 결과 중 어느 것을 관찰하면, 사건이 발생했다고 말한다.

무작위 실험을 수행할 때는, 어떤 결과가 나올지 모른다. 확률론이 하는 일은 실험과 관련된 모든 가능한 사건에 어떤 숫자를 할당하는 것이다. 이 숫자를 그 사건의 '확률'이라고 한다.

어떤 사건의 확률을 어떻게 정할까? 몇 가지 방법이 있다. 하지만, 확률을 할당하는 방법과 상관없이 그것이 다음 네 가지 조건을 만족한다면, 확률론 그리고 그것으로 유도한 결과가 모두 일치한다. 사건 A와 B가 주어지고 그 확률을 $P(A)$와 $P(B)$로 표시한다고 가정한다:

1. $0 \leq p(A) \leq 1$: 확률은 항상 0과 1 사이의 숫자다. 1에 가까울수록 사건이 발생할 가능성이 크다. 0은 발생할 수 없는 사건을 나타내는 값이고, 1은 반드시 발생하는 사건을 나타낸다.
2. $P(\varnothing) = 0$: A가 공집합인 경우, 확률은 0이어야 한다. 예를 들어, 주사위를 던지는 실험에서 10보다 큰 수가 나오는 사건은 존재하지 않으므로 그 사건은 공집합이고, 확률은 0이다.
3. $P(S) = 1$: 실험을 수행하면, 어떤 결과가 반드시 발생한다는 것을 의미한다.
4. $P(A \cup B) = P(A) + P(B)$, 여기서 사건 A와 B는 상호 배타적 사건: 동시에 발생할 수 없는 사건 A와 B에 대해, 사건(A∪B), 또는 A 또는 B의 확률은 개별 사건의 확률을 더해서 얻을 수 있다. 이 규칙은 두 개 이상의 사건에도 적용된다.

이 절은 개념과 이론적인 면에서 상당히 복잡하지만, 나중에 실수를 안 하려면 지금 이해하는 게 중요하다. 다행히도, 훌륭한 수치 처리 기능을 갖춘 Python과 NumPy가 있으니, 이 복잡해 보이는 이론을 수월하게 실무적으로 다룰 수 있다.

> **노트**
>
> 모든 실습 그리고 관련된 테스트 스크립트에 대해 간단히 언급하자면: 테스트 스크립트를 실행하기 위해 (Windows의 명령어 프롬프트나 Mac의 터미널 같은) **명령어 라인 인터페이스(CLI)**를 사용하는 경우, **Implement enable_gui in a subclass** 오류가 발생하는데, 이는 노트북에서 사용하는 (**%matplotlib inline** 같은) 일부 명령과 관련이 있다. 따라서, 테스트 스크립트를 실행하려면 IPython 쉘을 사용하자. 실습 코드는 주피터 노트북에서 실행하는 것이 가장 좋다.

▶ NumPy를 사용한 시뮬레이션

모든 이론을 실제로 실습하기 위해, 먼저 이 장에서 사용할 라이브러리를 가져온다:

```
import pandas as pd
import numpy as np
import matplotlib.pyplot as plt
import seaborn as sns

# line to allow the plots to be shown in the Jupyter Notebook
%matplotlib inline
```

NumPy의 무작위 수 생성 기능을 많이 활용한다. 무작위 수 모듈(**np.random**)을 사용하는데, 이 모듈은 대부분의 중요한 확률 분포를 따르는 무작위 수를 생성할 수 있다(확률 분포에 대해서는 나중에 다룬다).

무작위 실험을 시뮬레이션해보자: 정상적인 주사위 던지기.

NumPy를 사용해서 이 실험을 수행하는 방법을 배워본다. 여러 가지 방법이 있지만, **random** 모듈의 **randint()** 함수를 사용한다. 이 함수는 **low**(는 포함)와 **high**(는 배제) 사이의 무작위 정수를 생성한다. 1부터 6까지의 숫자를 생성해야 하므로 다음과 같이 작성한다:

```
def toss_die():
    outcome = np.random.randint(1, 7)
    return outcome
```

이 함수를 10번 연속으로 호출해서 어떻게 동작하는지 살펴보자:

```
for x in range(10):
    print(toss_die())
```

다음은 출력의 한 사례다:

```
6, 2, 6, 5, 1, 3, 3, 6, 6, 5
```

이 숫자들은 무작위로 생성되기 때문에, 실행할 때마다 대부분 다른 값이 나온다.

이 함수 그리고 거의 모든 다른 무작위 수(또는 다른 무작위적 결과) 생성 함수의 경우, 언제 누가 코드를 실행하든 같은 결과를 얻을 수 있어야 할 때가 있다. 이때는 **seed**를 사용한다.

seed를 지정하는 코드를 추가하고, 이 함수를 10번 연속으로 호출해서 어떻게 동작하는지 살펴보자:

```
np.random.seed(123)

for x in range(10):
    print(toss_die(), end=', ')
```

결과는 다음과 같다:

```
6, 3, 5, 3, 2, 4, 3, 4, 2, 2
```

seed 값을 123으로 지정한 코드를 (같은 NumPy 버전에서) 실행하는 경우, 누가 언제 이 코드를 실행하든 같은 수열을 얻는다. (!seed 123을 다른 값으로 바꾸면 이것과 다른 수열이 나오지만, seed를 다시 바꿀 때까지 언제나 같다.)

numpy.random 모듈의 또 다른 유용한 함수인 **np.random.choice()**는 벡터에서 원소를 무작위로 추출한다. 예를 들어, 학생이 30명인 한 반에서 4명을 무작위로 선택한다고 가정해보자. 먼저 가상의 학생 목록을 생성한다:

```
students = ['student_' + str(i) for i in range(1,31)]
```

이제 **np.random.choice()**를 사용해서 그중 4명을 무작위로 선택할 수 있다:

```
sample_students = np.random.choice(a=students, size=4, \
                                   replace=False)
sample_students
```

출력은 다음과 같다:

```
array(['student_16', 'student_11', 'student_19', \
       'student_26'], dtype='<U10')
```

replace=False로 지정하면 한 번 선택한 원소는 다시 선택하지 않는다. 이것을 **비복원 추출**이라고 한다.

반대로, **복원 추출**은 샘플을 생성할 때마다 벡터의 모든 원소를 대상으로 한다. 벡터의 모든 원소가 가방에 들어있다고 상상해보자. 샘플을 추출하기 위해 원소를 무작위로 선택한 후, 다음 샘플을 추출하기 전에 선택한 원소를 가방에 다시 넣는다. 예를 들어, 다음과 같이 응용할 수 있다: 한 반에서, 12주 동안 매주 무작위로 선택한 학생에게 깜짝 퀴즈를 출제한다고 가정하자. 모든 학생은 이 퀴즈의 대상이고, 이전 주에 선택된 학생도 다시 퀴즈의 대상자가 될 수 있다. 이 경우 **replace=True**로 지정한다:

```
sample_students2 = np.random.choice(a=students, size=12, replace=True)

for i, s in enumerate(sample_students2):
    print(f'Week {i+1}: {s}')
```

결과는 다음과 같다:

```
Week 1: student_6
Week 2: student_23
Week 3: student_4
Week 4: student_26
Week 5: student_5
Week 6: student_30
Week 7: student_23
Week 8: student_30
Week 9: student_11
Week 10: student_6
Week 11: student_13
Week 12: student_5
```

결과에서 알 수 있듯이, 불행하게도 6번 학생은 1주와 10주에 선택되었고, 30번 학생은 6주와 8주에 선택되었다.

이제 NumPy를 사용해서 주사위를 던진 결과를 (복원 추출 또는 비복원 추출로) 생성할 수 있게 되었으니, 이것을 활용해서 확률을 연습해보자.

실습 8.01 ✦ 복원 및 비복원 추출

이 실습에서, **random.choice()**를 사용하여 복원 및 비복원 샘플을 추출한다.

다음 단계에 따라 실습해보자:

1. NumPy 라이브러리를 가져온다:

```
import numpy as np
```

2. 4개의 무늬와 13개의 순위를 포함하는 두 개의 리스트를 만든다:

```
suits = ['hearts', 'diamonds', 'spades', 'clubs']
ranks = ['Ace', '2', '3', '4', '5', '6', '7', '8',
         '9', '10', 'Jack', 'Queen', 'King']
```

3. 52장의 표준 카드 덱을 나타내는 **cards**라는 이름의 리스트를 만든다:

```
cards = [rank + '-' + suit for rank in ranks for suit in suits]
```

4. **np.random.choice()** 함수를 사용해서 덱에서 패(5장)를 뽑는다. **replace=False**로 지정해서 각 카드가 한 번씩만 선택되도록 한다:

```
print(np.random.choice(cards, size=5, replace=False))
```

결과는 다음과 같다(무작위적이므로 다른 카드를 받을 수 있다):

```
['Ace-clubs' '5-clubs' '7-clubs' '9-clubs' '6-clubs']
```

5. 이제, 같은 덱에서 카드 5장씩 뽑아 만든 리스트 두 개를 반환하는 **deal_hands()**라는 함수를 만든다. **np.random.choice()** 함수는 **replace=False**로 설정한다. 따라서 이 함수는 비복원 추출을 한다:

```
def deal_hands():
    drawn_cards = np.random.choice(cards, size=10, replace=False)
    hand_1 = drawn_cards[:5].tolist()
    hand_2 = drawn_cards[5:].tolist()
    return hand_1, hand_2
```

다음처럼 함수를 실행해서 결과를 출력한다:

```
deal_hands()
```

결과는 다음과 같다:

```
(['9-spades', 'Ace-clubs', 'Queen-diamonds', '2-diamonds', '9-diamonds'],
 ['Jack-hearts', '8-clubs', '10-clubs', '4-spades', 'Queen-hearts'])
```

6. 앞 함수와 같지만, **np.random.choice()** 함수를 **replace=True**로 설정한 **deal_ hands2()**라는 두 번째 함수를 생성한다. 이 함수는 복원 추출을 한다:

```
def deal_hands2():
    drawn_cards = np.random.choice(cards, size=10, replace=True)
    hand_1 = drawn_cards[:5].tolist()
    hand_2 = drawn_cards[5:].tolist()
    return hand_1, hand_2
```

7. 마지막으로 다음 코드를 실행한다:

```
np.random.seed(2)
deal_hands2()
```

결과는 다음과 같다:

```
(['Jack-hearts', '4-clubs', 'Queen-diamonds', '3-hearts', '6-spades'],
 ['Jack-clubs', '5-spades', '3-clubs', 'Jack-hearts', '2-clubs'])
```

출력에서 알 수 있듯이, 복원 추출의 결과로, **Jack-hearts** 카드가 두 패에 모두 선택되었음을 알 수 있다. 즉, 카드를 뽑을 때 전체 52장이 후보가 된다.

이 실습에서, 복원 및 비복원 추출의 개념을 익히고 **np.random.choice()** 함수를 사용해서 그것을 응용하는 방법을 배웠다.

노트

이 절의 소스 코드는 다음에 있다.

https://packt.live/2Zs7RuY.

또한, 다음에서 이 예제를 온라인으로 실행할 수 있다.

https://packt.live/2Bm7A4Y.

▶ 상대 빈도 확률

앞에서 개념을 다룰 때의 질문으로 돌아가보자: 어떤 사건의 확률을 어떻게 정할까? 상대 빈도 접근법은, 많은 횟수 실험을 반복한 다음, 사건의 확률을 상대 빈도로 정의하는 방법이다. 즉, 사건이 발생한 횟수를 실험을 수행한 횟수로 나눈 값이 그 사건의 확률이다:

$$P(A) = \frac{\#\ times\ A\ occurred}{\#\ of\ experiments}$$

그림 8.3 확률을 계산하는 공식

실제 사례로 이 개념을 살펴보자. 먼저, 주사위를 100만 번 던지는 실험을 수행한다: (!책상 서랍에서 주사위를 꺼내지 마라!)

```
np.random.seed(81)

one_million_tosses = np.random.randint(low=1, high=7, size=int(1e6))
```

배열에서 처음 10개의 값을 가져올 수 있다:

```
one_million_tosses[:10]
```

예를 들어, 다음과 같을 수 있다:

```
array([4, 2, 1, 4, 4, 4, 2, 2, 6, 3])
```

이 실험의 표본 공간은 S = {1, 2, 3, 4, 5, 6}이다. 몇 가지 사건을 정의하고 상대 도수 방법으로 확률을 정해보자. 먼저 두 가지 간단한 사건을 정의한다:

- **A:** 숫자 2인 사건
- **B:** 숫자 6인 사건

NumPy의 벡터화 기능을 사용해서, 비교 연산의 수행결과인 논리값 벡터를 합산하여, 사건 A가 발생한 횟수를 셀 수 있다:

```
N_A_occurs = (one_million_tosses == 2).sum()

Prob_A = N_A_occurs/one_million_tosses.shape[0]

print(f'P(A) = Prob_A}')
```

결과는 다음과 같다:

```
P(A)=0.16595
```

같은 절차에 따라 사건 B의 확률을 계산한다:

```
N_B_occurs = (one_million_tosses == 6).sum()

Prob_B = N_B_occurs/one_million_tosses.shape[0]

print(f'P(B) = {Prob_B}')
```

결과는 다음과 같다:

```
P(B)=0.166809
```

이번에는, (결과가 두 개 이상인) 복합 사건 두 개를 정의한다:

- **C:** 홀수인 사건 (또는 {1, 3, 5})
- **D:** 5보다 작은 수인 사건 (또는 {1, 2, 3, 4})

홀수인 사건은 결과가 1 또는 3 또는 5일 때 발생한다. 자연어의 '또는' 수학의 **OR** 연산자로 변환할 수 있다. Python에서는 이것이 | 연산자다:

```
N_odd_number = (
    (one_million_tosses == 1) |
    (one_million_tosses == 3) |
    (one_million_tosses == 5)).sum()

Prob_C = N_odd_number/one_million_tosses.shape[0]

print(f'P(C) = {Prob_C}')
```

결과는 다음과 같다:

```
P(C)=0.501162
```

마지막으로, D의 확률을 계산해보자:

```
N_D_occurs = (one_million_tosses < 5).sum()

Prob_D = N_D_occurs/one_million_tosses.shape[0]

print(f'P(D) = {Prob_D}')
```

결과는 다음 값이다:

```
P(D)=0.666004
```

상대 빈도 접근법으로 계산한 네 가지 사건의 확률은 다음과 같다:

- **A:** 숫자 2인 사건: 0.16595
- **B:** 숫자 6인 사건: 0.166809
- **C:** 홀수인 사건: 0.501162
- **D:** 5보다 작은 수인 사건: 0.666004

요약하면, 상대 빈도 접근법은 반복된 실험에서 얻은 결과 집합이 있을 때, 사건이 발생한 횟수를 센 후, 그 횟수를 실험의 전체 횟수로 나누어 사건의 확률을 계산한다. 아주 간단하다.

다른 경우는, 사건의 정의를 기반으로 확률을 할당한다. 이를 **이론적 확률**이라고 부른다. 예를 들어, 앞면과 뒷면이 나올 가능성이 같은 **공평한 동전**은 정의에 따라 앞면 또는 뒷면 중 하나가 나올 확률이 같다. 이 같은 동전 던지기 실험은 {앞면, 뒷면} 같은 두 가지 결과만 가능하고, 확률의 합은 1이어야 하므로, 각각의 단순 사건이 발생할 확률은 0.5다.

다른 예는, 공정한 주사위다. 여섯 개의 숫자가 같은 확률로 나타날 수 있으므로, 어떤 숫자가 던져질 확률은 1/6 = 0.1666666이다. 실제로, **numpy.randint()** 함수는 기본적으로, 각각의 숫자가 같은 확률로 나오도록 정수를 선택하는 동작을 모방한 것이다.

확률의 이론적 정의를 알았고, NumPy가 **공정한 주사위**를 모방했다는 것도 알았으니, 앞에서 정의한 사건의 확률 역시 계산할 수 있다.

- **A:** 숫자 2인 사건: P(A) = 1/6 = 0.1666666
- **B:** 숫자 6인 사건: P(B) = 1/6 = 0.1666666
- **C:** 홀수인 사건: P(1을 관찰하거나 3을 관찰하거나 5를 관찰하는 것) = P(1을 관찰하는 것) + P(3을 관찰하는 것) + P(5를 관찰하는 것) = 1/6 + 1/6 + 1/6 = 3/6 = 0.5
- **D:** 5보다 작은 수인 사건: P(1을 관찰하거나 2를 관찰하거나 3을 관찰하거나 4를 관찰하는 것) = P(1을 관찰하는 것) + P(2를 관찰하는 것) + P(3을 관찰하는 것) + P(4를 관찰하는 것) = 1/6 + 1/6 + 1/6 + 1/6 = 4/6 = 0.666666

여기서 두 가지 사실에 주목하자:

- 이 숫자들은 상대 빈도 접근법으로 계산한 결과와 놀랍게도 (또는 이미 알고 있었다면, 안 놀랍게도) 매우 가깝다.
- 확률의 기초 개념 절의 규칙 4에 의해서 **C**와 **D**의 합을 분해할 수 있었다.

▶ 확률변수의 정의

무작위적인 (또는 그렇게 보이는) 절차로 생성한, 어떤 값이나 수량을 흔히 볼 수 있다. 몇 가지 예를 들어보자면:

- 주사위 두 개를 던진 결과의 합
- 동전을 10번 던져서 앞면이 나오는 횟수
- 일주일 후 IBM 주식의 가격
- 웹사이트 방문자 수
- 개인이 하루 동안 섭취한 칼로리

이 모든 것은 값이 변하는 양이므로 변수다. 또한, 그 값이 부분적으로 또는 완전히 무작위적으로 결정되기 때문에 '확률변수'라고 부른다: 변수의 값이 무작위적인 절차에 의해 결정된다. 확률변수는 전형적으로 표기법은 알파벳 끝 대문자 X, Y, Z를 사용한다. 대응하는 소문자는 그 변수가 취하는 값을 나타낼 때 사용한다. 예를 들어, X가 주사위 두 개를 던져 나온 눈의 합일 때, 몇 가지 표기와 의미는 다음과 같다:

- $P(X=10)$: X가 10일 확률

- $P(X>5)$: X가 5보다 큰 값일 확률
- $P(X=x)$: X가 x일 확률 (일반적인 명제를 제시할 때 사용)

X가 주사위 두 개를 던져 나온 눈의 합이기 때문에, X는 다음과 같은 값을 취할 수 있다: {2, 3, 4, 5, 6, 7, 8, 9, 10, 11, 12}. 앞 절에서 배운 내용을 활용해서, 다음처럼 확률변수 X에 대해 많은 횟수의 동전 던지기를 시뮬레이션할 수 있다:

```
np.random.seed(55)

number_of_tosses = int(1e5)

die_1 = np.random.randint(1,7, size=number_of_tosses)
die_2 = np.random.randint(1,7, size=number_of_tosses)

X = die_1 + die_2
```

두 주사위 던지기를 100,000번 시뮬레이션해서 확률변수 X의 값을 구했다. 다음은 각 벡터의 첫 10개 값이다:

```
print(die_1[:10])
print(die_2[:10])
print(X[:10])
```

결과는 다음과 같다:

```
[6 3 1 6 6 6 6 6 4 2]
[1 2 3 5 1 3 3 6 3 1]
[7 5 4 11 7 9 9 12 7 3]
```

즉, 첫 번째 시뮬레이션에서 첫 번째 주사위의 눈은 **6**, 두 번째 주사위의 눈은 **1**이 나왔고, 따라서 합 즉, X의 첫 번째 값은 **7**이다.

실험과 별개로, 확률변수에 대응하는 사건을 정의하고, 해당 사건의 확률을 계산할 수 있다. 예를 들어, 다음 사건의 확률을 상대 도수 정의를 이용해서 계산할 수 있다:

- $X=10$: X가 10일 확률
- $X>5$: X가 5보다 큰 값일 확률

앞에서 했던 대로 확률을 계산할 수 있다:

```
Prob_X_is_10 = (X == 10).sum()/X.shape[0]

print(f'P(X = 10) = {Prob_X_is_10}')
```

결과는 다음과 같다:

```
P(X = 10) = 0.08329
```

두 번째 사건은 다음처럼 계산한다:

```
Prob_X_is_gt_5 = (X > 5).sum()/X.shape[0]

print(f'P(X > 5) = {Prob_X_is_gt_5}')
```

결과는 다음과 같다:

```
P(X > 5) = 0.72197
```

막대그래프를 사용해서, 시뮬레이션에 나타난 결과값의 빈도를 시각화할 수 있다. 이것으로 이 확률변수를 더 잘 이해할 수 있다:

```
X = pd.Series(X)

# counts the occurrences of each value
freq_of_X_values = X.value_counts()

freq_of_X_values.sort_index().plot(kind='bar')
plt.grid();
```

출력은 다음 그래프와 같다:

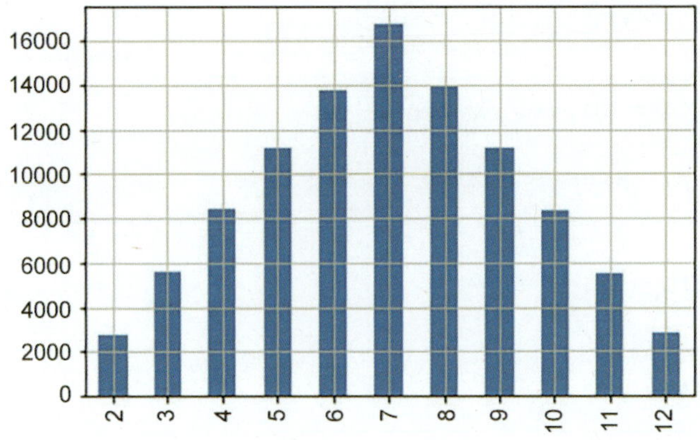

그림 8.4 X값의 빈도

100,000개의 X값 중에서 3은 약 5,800번, 6은 약 14,000번 나왔으며, 8이 나타난 횟수와 거의 같다. 또한, 가장 빈도가 높은 것은 7이다.

확률의 상대 도수 정의에 따라, 빈도를 X 값의 개수로 나누면, 확률변수 X의 각 값이 나타날 확률을 구할 수 있다:

```
Prob_of_X_values = freq_of_X_values/X.shape[0]

Prob_of_X_values.sort_index().plot(kind='bar')
plt.grid();
```

출력은 다음 그래프와 같다:

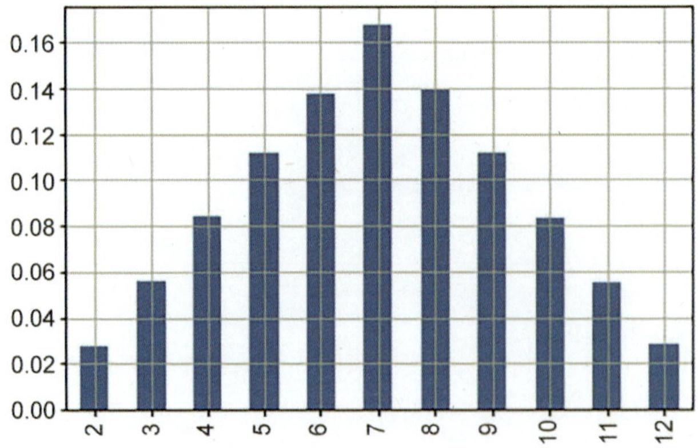

그림 8.5 X값의 확률 분포

이 그래프는 앞의 그래프와 모양은 거의 같지만, 이 경우는 X가 취할 수 있는 모든 가능한 값(즉, 사건)의 확률을 나타낸다. 이것을 확률변수의 확률 분포(또는 간단히 분포)라고 한다: 확률변수가 취할 수 있는 관측 가능한 값의 확률이다.

다른 예를 통해서 확률변수와 확률 분포라는 개념을 익혀보자. 우선, 다음과 같은 확률변수를 정의한다:

Y: 10개의 공정한 동전을 던질 때 나오는 앞면의 개수

여기서 먼저, 이 확률변수의 확률 분포를 추정해보자. 이 확률변수는 11개의 가능한 값을 갖는다: $\{0, 1, 2, 3, 4, 5, 6, 7, 8, 9, 10\}$. 이 가능한 개개의 값에 대해, 변수 Y가 그 값을 취할 확률이 있다. 직관적으로 알 수 있듯이, 변수가 극단적인 값을 취하는 경우를 관측하기는 어렵다: 앞면이 10개($Y=10$) 또는 뒷면이 10개($Y=0$) 나오는 경우는 매우 드문 일이다. 또한, 변수 Y가 많은 경우 4, 5, 6 같은 값을 취할 것으로 예상할 수 있다. 이러한 직관을 검증하기 위해 확률 분포를 계산해본다.

다시, 10개의 동전을 던지는 실험을 시뮬레이션해보자. 이러한 모의실험을 통해서, 이 확률변수의 값을 관찰할 수 있다. 10개의 공정한 동전을 1,000,000번 던지는 시뮬레이션을 수행해보자:

```
np.random.seed(97)

ten_coins_a_million_times = np.random.randint(0, 2, \
                                               size=int(10e6)) \
                                               .reshape(-1,10)
```

이 코드는 각 행이 10개의 동전을 던지는 실험 결과를 나타내는 $1{,}000{,}000 \times 10$ 행렬을 생성한다. 0은 뒷면을 나타내고, 1은 앞면을 나타내는 것으로 가정하자. 다음은 첫 12개의 행을 출력한다:

```
ten_coins_a_million_times[:12, :]
```

결과는 다음과 같다:

```
array([[0, 1, 1, 1, 1, 1, 0, 1, 1, 0],
       [0, 0, 1, 1, 1, 0, 1, 0, 0, 0],
       [0, 1, 0, 1, 1, 0, 0, 0, 0, 1],
       [1, 0, 1, 1, 0, 1, 0, 0, 1, 1],
       [1, 0, 1, 0, 1, 0, 1, 0, 0, 0],
       [0, 1, 1, 1, 0, 1, 1, 1, 1, 0],
       [1, 1, 1, 1, 0, 1, 0, 1, 0, 1],
       [0, 1, 0, 0, 1, 1, 1, 0, 0, 0],
       [1, 0, 0, 1, 1, 1, 0, 0, 0, 0],
       [0, 1, 0, 1, 0, 1, 0, 1, 0, 1],
       [1, 0, 1, 1, 1, 0, 0, 0, 1, 0],
       [0, 0, 0, 0, 1, 1, 1, 0, 1, 1]])
```

확률변수 Y가 취할 수 있는 값을 생성하기 위해, 다음처럼 각 행을 더한다:

```
Y = ten_coins_a_million_times.sum(axis=1)
```

이제, 이렇게 구한 객체(**Y**)를 사용해서 특정 사건의 확률, 예를 들어, 0개의 앞면이 나올 확률을 계산할 수 있다:

```
Prob_Y_is_0 = (Y == 0).sum() / Y.shape[0]

print(f'P(Y = 0) = {Prob_Y_is_0}')
```

출력은 다음과 같다:

```
P(Y = 0) = 0.000986
```

이 확률은 매우 작은 값이며, 앞서 예상한 것과 일치한다. 즉, 뒷면이 10개 나오는 일은 매우 드물다는 것을 의미한다. 실제로, 이 시뮬레이션의 경우 백만 번 실험 중 986번 10개 모두 뒷면이었다.

앞에서처럼 Y의 확률 분포도 그래프로 그릴 수 있다:

```
Y = pd.Series(Y)

# counts the occurrences of each value
freq_of_Y_values = Y.value_counts()

Prob_of_Y_values = freq_of_Y_values/Y.shape[0]

Prob_of_Y_values.sort_index().plot(kind='bar')
plt.grid();
```

출력은 다음과 같다:

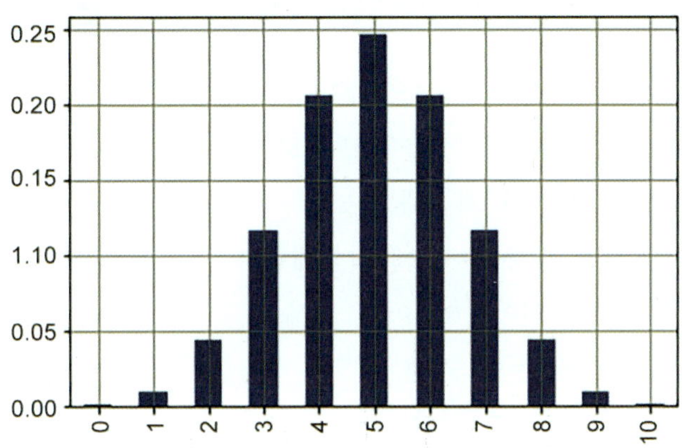

그림 8.6 Y의 확률 분포

앞면이 5개 나올 확률은 약 0.25로, 시뮬레이션을 수행하는 약 25%의 시간 동안, 동전 10개 중 5개가 앞면일 것으로 예상할 수 있다. 4개 또는 6개의 앞면이 나올 확률도 비교적 높다. 앞면이 4, 5, 또는 6개일 확률은 얼마일까? 4, 5, 또는 6개의 앞면이 나올 확률을, **Prob_of_Y_values**로 각각 더해서 쉽게 계산할 수 있다:

```
print(Prob_of_Y_values.loc[[4,5,6]])
print(f'P(4<=Y<=6) = {Prob_of_Y_values.loc[[4,5,6]].sum()}')
```

결과는 다음과 같다:

```
4 0.205283
5 0.246114
6 0.205761
dtype: float64

P(4<=Y<=6) = 0.657158
```

결국, 10개의 동전을 던질 때, 4, 5, 또는 6개의 앞면을 관측할 확률은, 약 2/3(약 66%)다. 불확실성의 척도라는 확률의 정의를 다시 생각해보면, 10개의 공정한 동전을 던질 때, 4부터 6개의 앞면이 나올 것이라고 확신할 수 있는 정도가 66%라고 말할 수 있다.

실습 8.02 ✦ 룰렛 게임의 평균 수익 계산

이 실습에서, **np.random.choice()**를 사용해서 실세계의 확률 과정을 시뮬레이션하는 방법을 배운다. 그런 다음, 이 시뮬레이션을 기반으로, 게임을 아주 많이 했을 때 평균적으로 얼마나 돈을 벌거나 잃게 되는지 계산해본다.

카지노에 가서 룰렛 게임 상황을 시뮬레이션해보자. 유럽식 룰렛은 0부터 36까지의 정수 중 하나에 공이 무작위로 떨어지며, 어떤 숫자에 떨어질 확률은 모두 같다. 다양한 베팅 방식이 가능하지만, 여기서는 한 가지 방식만 허용한다(잘 알려진, 빨간색 또는 검은색에 베팅하는 방식). 규칙은 다음과 같다:

- 숫자 19부터 36까지에 m 단위(원하는 통화 단위) 베팅.
- 룰렛의 결과가 선택한 숫자 중 하나면 m 단위를 받는다.
- 룰렛의 결과가 0부터 18 사이의 숫자면 m 단위를 잃는다.

간단하게, 베팅 단위를 1로 가정한다. 이제 시작해보자:

1. NumPy 라이브러리를 가져온다:

```
import numpy as np
```

2. **np.random.choice()** 함수를 사용해서 유럽식 룰렛 게임을 임의의 횟수 시뮬레이션하는 함수 **roulette()**을 작성한다:

```
def roulette(number_of_games=1):

    # generate the Roulette numbers
    roulette_numbers = np.arange(0, 37)

    outcome = np.random.choice(a = roulette_numbers, \
                               size = number_of_games, \
                               replace = True)

return outcome
```

3. 앞에서 설명한 베팅 논리에 따라 손익을 계산하는 함수 **payoff()**를 작성한다. 인수는 두 개를 받는다: 룰렛 결과를 나타내는 숫자(0부터 36까지의 정수) **outcome**; 베팅 단위(기본값 1)를 나타내는 **units**:

```
def payoff(outcome, units=1):
    # 1. Bet m units on the numbers from 19 to 36
    # 2. If the outcome of the roulette is any of the
    # selected numbers, then you win m units
    if outcome > 18:
        pay = units
    else:
    # 3. If the outcome of the roulette is any number
    # between 0 and 18 (inclusive) then you lose m units
        pay = -units
    return pay
```

4. **np.vectorize()**를 사용해서 룰렛의 결과 벡터를 함수의 입력으로 받을 수 있게 한다. 이를 통해 벡터화된 게임의 결과를 함수에 전달해서 베팅 결과를 계산할 수 있다:

```
payoff = np.vectorize(payoff)
```

5. 이제, 룰렛 게임을 20번 시뮬레이션한다(1단위로 베팅). 그런 다음, **payoff()** 함수를 사용해서 베팅 결과를 계산한다:

```
outcomes = roulette(20)
payoffs = payoff(outcomes)

print(outcomes)
print(payoffs)
```

출력은 다음과 같다:

```
[29 36 11 6 11 6 1 24 30 13 0 35 7 34 30 7 36 32 12 10]
[ 1 1 -1 -1 -1 -1 -1 1 1 -1 -1 1 -1 1 1 -1 1 1 -1 -1]
```

6. 룰렛 게임을 100만 번 시뮬레이션하고, 결과를 입력해서 베팅 결과를 구한다. 벡터 **payoffs**에 베팅 결과를 저장한다:

```
number_of_games = int(1e6)
outcomes = roulette(number_of_games)
payoffs = payoff(outcomes)
```

7. **np.mean()** 함수를 사용해서 **payoffs** 벡터의 평균을 계산한다. -0.027027에 가까운 결과를 얻을 수 있다:

```
np.mean(payoffs)
```

결과가 음수라는 것은, 각 베팅 단위마다, 즉 게임을 할 때마다, 평균적으로 -0.027027만큼 잃는다는 의미다. 고객의 손실은 카지노의 이익이다. 그것이 그들의 비즈니스다.

이 실습에서, NumPy의 무작위 수 생성 기능을 사용해서, 실세계에서 일어나는 일을 시뮬레이션하는 방법을 배웠다. 또한, 많은 횟수의 시뮬레이션으로 사건의 결과에 대한 장기적인 평균을 계산해보았다.

> **노트**
>
> 이 절의 소스 코드는 다음에 있다.
>
> https://packt.live/2AoiyGp.
>
> 또한, 다음에서 이 예제를 온라인으로 실행할 수 있다.
>
> https://packt.live/3irX6Si.

이렇게 해서, 불확실성을 정량적으로 다루기 위해 확률을 할당함으로써, 무작위 사건에 의미를 부여하는 방법을 배웠다. 그런 다음, 확률론에서 가장 중요한 일부 개념을 정의했다. 또한, 상대 빈도 정의를 사용해서 사건에 확률을 할당하는 방법을 배웠다. 그리고, 확률변수라는 중요한 개념을 다루어보았다. 계산이라는 측면에서, NumPy를 사용해서 샘플을 추출하고 확률변수의 값을 정하는 방법과 시뮬레이션을 수행해서 특정 사건의 확률을 계산하는 방법을 배웠다.

확률변수는 해당 변수가 취할 수 있는 값의 종류에 따라 두 가지로 구분한다:

- 이산 확률변수
- 연속 확률변수

이어지는 두 절에서 각각을 사례와 함께 배운다.

이산 확률변수

이 절에서, 확률변수와 그것의 응용에 대해 계속 배운다. 특히, 여기서는 특별한 형태의 확률변수를 다룬다: **이산 확률변수**. 이산 확률변수는 의학, 교육, 제조 등 많은 응용 분야에서 발견할 수 있으며, 따라서, 이러한 확률변수를 이해하고, 또 사용하는 방법을 아는 게 무척 중요하다. 먼저 이산 확률변수를 정의하고, 가장 중요하고 가장 쓸모가 많다고 누구나 인정하는 이산 분포 중 하나를 배운다: **이항 분포**.

▶ 이산 확률변수의 정의

이산 확률변수는 미리 정해진 (수학적으로 표현해서, 개수를 셀 수 있는) 값만 가질 수 있는 변수다. 대개, 이 값들은 특정한 정수인데, 꼭 그래야 하는 건 아니다. 예를 들어, 어떤 확률변수가 {1.25, 3.75, 9.15}라는 값만 취할 수 있다면, 이 변수 역시 이산 확률변수다. 앞 절에서 다루었던 두 확률변수는 모두 이산 확률변수의 사례다.

자신이 자동차 부품을 생산하는 공장의 매니저라고 상상해보자. 부품을 생산하는 기계의 평균 불량률은 4%인 것으로 알려졌다. 그렇다면, 불량률 4%를 기계가 불량품을 생산할 확률로 해석할 수 있다. 만일 생산된 자동차 부품이 12개 단위로 상자에 담겨 포장된다면, 각 상자에는 0개부터 12개까지의 불량품이 들어갈 수 있다. (사용되기 전까지는) 어떤 게 불량품인지 알 수 없고, 언제 불량품이 생산될지도 모른다. 따라서, 불량품의 개수는 확률변수다. 먼저, 이를 형식적으로 정의해보자:

Z: 12개 단위로 포장된 상자에 있는 불량품의 개수.

공장의 매니저인 당신에게, 회사의 최대 고객이 다음과 같이 문의했다:

- 불량품이 0개인 (무결한 부품만 포함) 상자의 백분율은 얼마인가?
- 불량품이 3개 이상인 상자의 백분율은 얼마인가?

이 확률변수의 확률 분포를 알고 있다면, 두 질문에 모두 대답할 수 있다. 그러므로, 먼저 자신에게 다음과 같이 물어보자:

Z의 확률 분포는 어떻게 생겼을까?

시뮬레이션을 통해서 이 질문을 해결해보자. **np.random.choice()** 함수를 이용해서 하나의 상자에 대해 시뮬레이션하는데, 불량일 확률은 매개변수 **p**로 전달한다:

```
np.random.seed(977)

np.random.choice(['defective', 'good'], \
                 size=12, p=(0.04, 0.96))
```

결과는 다음과 같다:

```
array(['good', 'good', 'good', 'good', 'good', 'good', 'good',
       'defective', 'good', 'good', 'good', 'good'], dtype='<U9')
```

이 모의실험의 경우 상자에 불량품이 하나 들어있다. 함수에 전달하는 확률 벡터는 합이 1이어야 한다. 즉, 불량품을 관측할 확률이 4%(0.04)인 경우, 정품을 관측할 확률은 100% - 4% = 96%(0.96)이다. 이 값을 매개변수 p로 전달했다.

이제 상자 하나를 시뮬레이션하는 방법을 알았으므로, 확률변수의 분포를 추정하기 위해 많은 수의 상자를 시뮬레이션해보자; 상자 100만 개라면 충분할 것 같다. 계산을 쉽고 빠르게 하도록 불량품과 정품을 1과 0으로 나타낸다. 상자 100만 개는, 매개변수 **size**를 크기 12 × 1,000,000인 튜플로 지정해서 설정한다:.

```
np.random.seed(10)

n_boxes = int(1e6)
parts_per_box = 12

one_million_boxes = np.random.choice \
                        ([1, 0], \
                          size=(n_boxes, parts_per_box),
                          p=(0.04, 0.96))
```

다음은 처음 다섯 상자의 상태를 출력한다:

```
one_million_boxes[:5,:]
```

결과는 다음과 같다:

```
array([[0, 1, 0, 0, 0, 0, 0, 0, 0, 0, 0, 0],
       [1, 0, 0, 0, 0, 0, 0, 0, 0, 0, 0, 0],
       [0, 0, 0, 0, 0, 0, 0, 0, 0, 0, 0, 0],
       [0, 0, 0, 0, 0, 0, 0, 0, 0, 0, 0, 0],
       [0, 0, 0, 0, 0, 0, 0, 0, 0, 0, 0, 0]])
```

각 상자에서 0, 1, 2, ⋯ , 12개의 불량품을 관측한 횟수를 세어, 이를 통해 확률변수 Z의 확률 분포를 그릴 수 있다:

```
# count defective pieces per box
defective_pieces_per_box = one_million_boxes.sum(axis=1)

# count how many times we observed 0, 1,…, 12 defective pieces
defective_pieces_per_box = pd.Series(defective_pieces_per_box)
frequencies = defective_pieces_per_box.value_counts()

# probability distribution
probs_Z = frequencies/n_boxes
```

마지막으로, 이를 시각화해보자:

```
print(probs_Z.sort_index())
probs_Z.sort_index().plot(kind='bar')
plt.grid()
```

출력은 다음과 같고:

```
0    0.612402
1    0.306383
2    0.070584
3    0.009630
4    0.000940
5    0.000056
6    0.000004
7    0.000001
```

확률 분포는 다음 그래프와 같다:

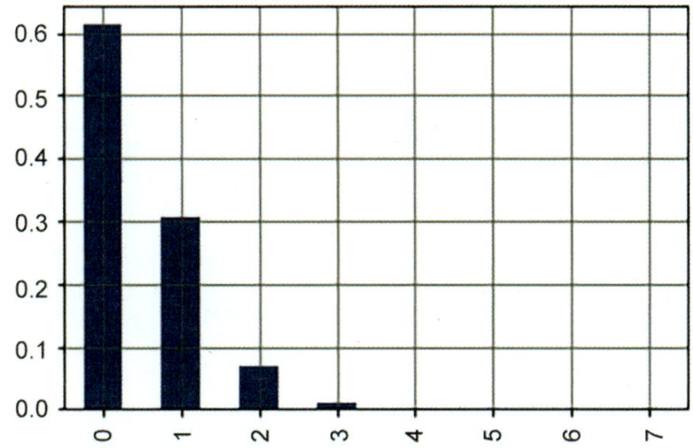

그림 8.7 Z의 확률 분포

이 시뮬레이션을 통해, 약 61%의 상자가 불량품이 없는 상태로 출하되고, 약 30%의 상자에는 불량품이 하나 들어있을 것으로 예상할 수 있다. 또한, 세 개 이상의 불량품이 있는 상자는 거의 없다는 것도 알 수 있다. 이제 고객의 질문에 답할 수 있게 되었다:

- 불량품이 0개인 (무결한 부품만 포함) 상자의 백분율은 얼마인가? 답: 약 61%
- 불량품이 3개 이상인 상자의 백분율은 얼마인가? 답: 약 1%

▶ 이항 분포

특정한 조건에서, 어떤 이산 확률변수의 정확한 확률 분포를 알아낼 수 있다는 사실이 밝혀졌다. 다음 세 가지 특성을 만족하는 확률변수에 대한 '이항 분포'가 바로 그것이다:

- **조건 1:** 관측의 결과는 오직 두 가지이고, 일반적으로 성공과 실패로 나타낸다. 이때, 성공의 확률이 p라면 실패의 확률은 $1-p$다.
- **조건 2:** 실험은 일정한 횟수 n만큼 수행된다.
- **조건 3:** 모든 실험은 독립적으로 수행된다. 즉, 한 실험의 결과가 다음 실험의 확률에 영향을 주지 않는다. 따라서, 성공(또는 실패)의 확률은 언제나 같다.

이 조건을 만족할 때, 해당 확률변수는 이항 분포를 따른다고 말하고, 이러한 확률변수를 **이항 확률변수**라고 부른다. 이항 확률변수 X의 정확한 확률 분포는, 다음 공식을 사용해서 구할 수 있다:

$$P(X=x) = \frac{n!}{x!(n-x)!}p^x(1-p)^{n-x}$$

그림 8.8 X의 확률 분포를 계산하는 공식

이산 확률변수가 취할 수 있는 값(x)을 입력받아, 대응하는 확률을 반환하는 수학함수를 **확률 밀도 함수**라고 한다. 앞의 공식에서 p와 n을 알 때, x값으로 확률을 정할 수 있으므로, 이 공식은 이항 확률변수의 확률 밀도 함수다.

좋다, 아주 이론적이고 추상적으로 이항 분포를 정의했다. 사실, 이항 분포를 따르는 두 가지 확률변수를 이미 다뤘었다. 다음 상황에 대해 조건을 따르는지 확인해보자:

Y: 10개의 공정한 동전을 던져서 나오는 앞면의 개수.

- **조건 1:** 각 동전에 대해 앞면 또는 뒷면이라는 두 가지 가능한 결과만 존재하고, 각각의 확률은 0.5다. 앞면의 개수에 관심이 있다고 가정하면, 앞면은 성공, 뒷면은 실패로 나타낼 수 있다.
- **조건 2:** 동전의 개수는 10개로 고정되었다. 즉, 10번 던지는 것과 같다.
- **조건 3:** 동전 던지기 행위는 독립적이다. 묵시적으로 (그리고 논리적으로) 한 동전의 결과가 다른 동전의 결과에 영향을 주지 않는다고 가정했다.

따라서, 공식을 사용해서 확률을 구하는 데 필요한 숫자는 다음과 같다:

- $p = 0.5$
- $n = 10$

만약, 앞면이 5개일 확률을 구하려면, $x = 5$로 치환하면 된다. p와 n은 이미 알고 있다:

$$P(Y=5) = \frac{10!}{5!(10-5)!}0.5^5(1-0.5)^{10-5} = 0.24609375$$

그림 8.9 이항 분포 Y의 확률 계산

이제, 이론에 따라 해온 계산을 파이썬으로 수행해보자. 이곳과 다음 장에서 자주 사용하게 될 다른 파이썬 모듈을 소개할 차례도 되었다. **scipy.stats** 모듈에는 많은 통계 함수가 포함되어 있다. 그중에서는, 가장 자주 사용되는 확률 분포를 따르는, 무작위 변수를 생성하는 많은 함수가 있다. 이 모듈을 사용해서, 앞에서 이론적으로 다룬 이항 분포를 따르는, 무작위 변수를 생성한다. 먼저, 매개변수를 적절하게 지정해서 무작위 변수를 생성한다:

```
import scipy.stats as stats

Y_rv = stats.binom(
    n = 10, # number of coins
    p = 0.5 # probability of heads (success)
)
```

일단 객체가 생성된 후에는, 이 객체의 (**확률 밀도 함수**) **pmf()** 메서드를 사용해서 Y가 취할 수 있는 각각의 가능한 값에 대한 정확한 이론적 확률을 계산할 수 있다. 먼저, Y가 취할 수 있는 모든 값(0부터 10까지의 정수)을 포함하는 벡터를 생성한다:

```
y_values = np.arange(0, 11)
```

이제, **pmf()** 메서드를 사용해서 이 값에 대한 확률을 구할 수 있고:

```
Y_probs = Y_rv.pmf(y_values)
```

다음처럼 **pmf**를 시각화할 수 있다:

```
fig, ax = plt.subplots()

ax.bar(y_values, Y_probs)

ax.set_xticks(y_values)

ax.grid()
```

출력은 다음과 같다:

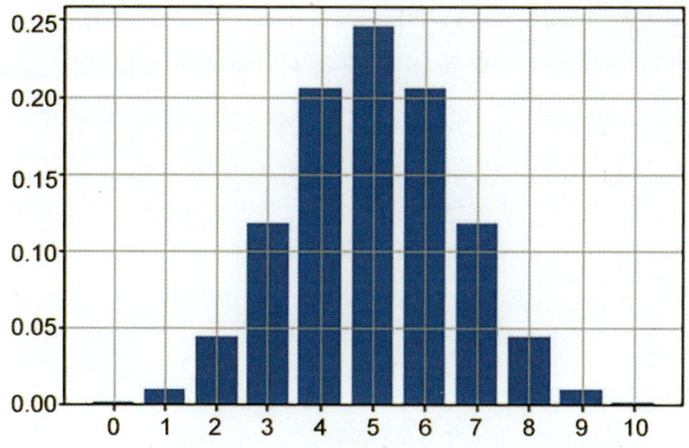

그림 8.10 Y의 확률 밀도 함수

시뮬레이션을 사용해서 얻은 결과와 매우 유사하다. 그렇다면, 두 그래프를 비교해보자. DataFrame을 만들어 사용하면 그래프를 쉽게 그릴 수 있다:

```
Y_rv_df = pd.DataFrame({'Y_simulated_pmf': Prob_of_Y_values, \
                        'Y_theoretical_pmf': Y_probs}, \
                         index=y_values)

Y_rv_df.plot(kind='bar')
plt.grid();
```

결과는 다음과 같다:

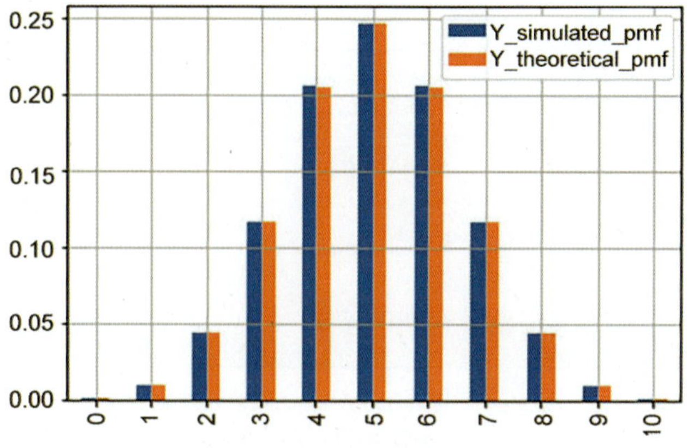

그림 8.11 이론적 분포와 시뮬레이션 분포의 비교

두 막대그래프는 실제로 같다; 시뮬레이션으로 구한 확률이 이론적인 값과 매우 가깝다. 이 사실은 시뮬레이션이 매우 효과적이라는 것을 보여준다.

실습 8.03 ✦ 무작위 변수가 이항 분포를 따르는지 확인

이 실습에서, 무작위 변수가 이항 분포를 따르는지 아닌지 확인하는 방법을 연습한다. **scipy.stats**를 사용해서 무작위 변수를 생성하고 분포를 그려본다. 이 실습으로 이항 분포의 개념을 잘 파악할 수 있다.

여기서는, 무작위 변수 Z: 12개 단위로 포장된 상자에 있는 불량품의 개수가, 이항 분포를 따르는지 아닌지 확인한다(마찬가지로, 4%가 불량품이라고 가정한다).

다음 단계에 따라 실습해보자:

1. 늘 하던 방법으로 NumPy, Matplotlib, 그리고 **scipy.stats**를 가져온다:

```
import numpy as np
import scipy.stats as stats
import matplotlib.pyplot as plt
%matplotlib inline
```

2. 앞 절 이산 확률변수의 정의에서 배운 대로, 무작위 변수 Z가 이항 분포의 세 가지 특성을 따르는지 논리적으로 확인한다:
   a. **조건 1:** 자동차 부품 각각은 불량품 또는 정품 둘 중 하나다. 이번에는 불량품에 관심이 있었으므로 그 결과를 성공으로 간주하고, 따라서 확률은 0.04(4%)로 고정된다.
   b. **조건 2:** 각 상자에 포함된 부품이 12개이므로, 실험은 고정된 횟수로 수행된다.
   c. **조건 3:** 불량품은 서로 관련이 없다. 생산 기계는 평균 4%의 불량품을 무작위로 생성한다.

3. 이 확률변수에 대한 매개변수 p와 n을 결정해야 하는데, 앞에서 살펴본 대로 $p = 0.04$이고 $n = 12$이다.

4. **공식**과 이 매개변수를 사용해서, 상자에 딱 한 개의 불량품($x = 1$)이 포함될 이론적 확률을 계산하자:

$$P(Z=1) = \frac{12!}{1!(12-1)!}0.04^{1}(1-0.04)^{12-1} = 0.3063549$$

그림 8.12 이항 분포 Z의 확률 계산

5. **scipy.stats** 모듈을 사용해서 무작위 변수 Z의 객체를 생성하자. 이름은 **Z_rv**로 지정한다:

```
# number of parts per box
parts_per_box = 12

Z_rv = stats.binom( \
   n = parts_per_box, \
   p = 0.04 # probability of defective piece (success)
)
```

6. Z의 확률 밀도 함수를 그린다:

```
z_possible_values = np.arange(0, parts_per_box + 1)

Z_probs = Z_rv.pmf(z_possible_values)

fig, ax = plt.subplots()
ax.bar(z_possible_values, Z_probs)
ax.set_xticks(z_possible_values)
ax.grid();
```

결과는 다음과 같다:

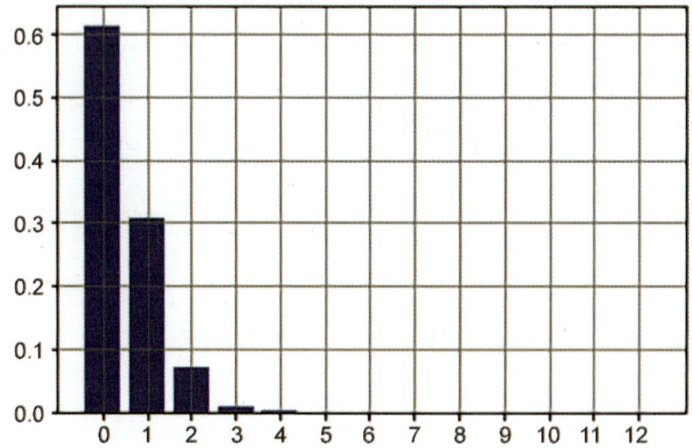

그림 8.13 Z의 확률 밀도 함수

이 실습으로, 이산 확률변수가 이항 분포를 따르기 위한 세 가지 조건을 확인하는 방법을 배웠다. 결론적으로 해당 변수가 실제로 이항 분포를 따른다고 결론지었다. 또한, 그 확률변수의 매개변수를 정한 후, **scipy.stats**를 사용해서 해당 이항 분포를 따르는 무작위 변수를 생성하고 그림으로 그려보았다.

> **노트**
>
> 이 절의 소스 코드는 다음에 있다.
>
> https://packt.live/3gbTm5k.
>
> 또한, 다음에서 이 예제를 온라인으로 실행할 수 있다.
>
> https://packt.live/2Anhx1k.

이 절에서, 이산 확률변수를 다루었다. 이런 종류의 확률변수는 특정한 범위의 정해진 값을 취할 수 있다. 그리고 일반적으로 그 값은 정수다. 따라서 주로 개수와 관련이 있다: 예를 들어, 시험에 합격한 학생 수, 다리를 건너간 차량 수 등이다. 또한 이산 확률변수의 중요한 분포 중 하나인 이항 분포를 배웠으며, 파이썬을 사용해서 이항 분포의 정확한 이론적 확률을 계산하는 방법도 알게 되었다.

다음 절에서, 연속 확률변수를 다룬다.

연속 확률변수

이 절에서, 확률변수에 대해 계속 살펴본다. 특히, 여기에서 연속 확률변수를 다룬다. 먼저 연속 확률 분포와 이산 확률 분포의 큰 차이점을 배운다. 그리고, 모든 분포를 대표할 만한 분포를 만나본다: **정규분포**. 이 분포를 **scipy.stats**를 사용해서 다루는 방법을 배우고 가장 두드러진 특성을 검토한다.

▶ 연속 확률변수 정의

원칙적으로, 특정한 구간 내의 실수값을 갖는 무작위적인 양이 있다. 다음은 몇 가지 사례다:

- 일주일 후 IBM 주식 가격
- 개인이 하루에 섭취한 열량
- 영국 파운드와 유로 사이의 환율 종가
- 특정 그룹에서 임의로 선택한 남성의 키

취할 수 있는 값의 이러한 속성으로 인해 이러한 변수를 '연속 확률변수'라고 부른다. 이산 확률변수와 마찬가지로, 연속 확률 분포를 따르는 실세계 현상이 매우 많고 이들을 연속 확률변수로 모델링할 수 있다.

연속 확률변수를 다루기 위해, 이미 알고 있는 예제를 다시 살펴보겠다. 〈7장 파이썬과 기초 통계〉를 배울 때 사용한 게임 데이터 세트를 다시 가져온다:

```
games = pd.read_csv('./data/appstore_games.csv')

original_colums_dict = {x: x.lower().replace(' ','_') \
                        for x in games.columns}

# renaming columns
games.rename(columns = original_colums_dict, inplace = True)
```

데이터 세트에 있는 변수 중 하나가 게임의 크기(바이트 단위)다. 이 변수의 분포를 시각화할 텐데, 먼저 메가바이트로 변환하자:

```
games['size'] = games['size']/(1e6)

# replacing the one missing value with the median
games['size'] = games['size'].fillna(games['size'].median())

games['size'].hist(bins = 50, ec='k');
```

출력은 다음과 같다:

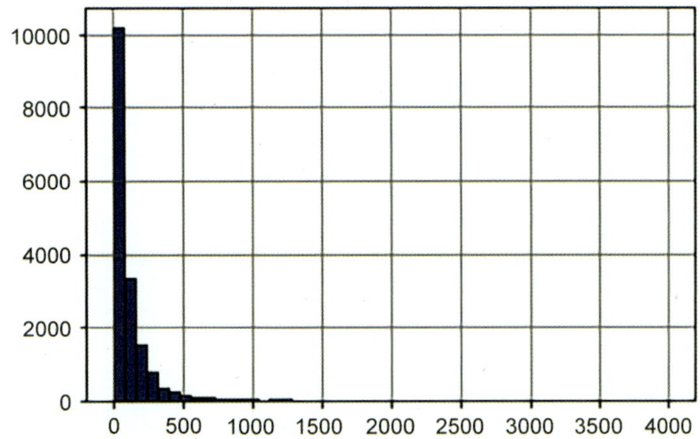

그림 8.14 게임 크기의 분포

확률변수 X를 다음과 같이 정의해보자:

X: 앱 스토어에서 임의로 선택한 전략 게임의 크기.

이렇게 확률변수를 정의했으니, 이제 특정한 사건의 확률에 대해 질문할 수 있다:

- $P(X > 100)$: X가 100MB보다 클 확률
- $P(100 \leq X \leq 400)$: X가 100MB와 400MB 사이일 확률
- $P(X = 152.53)$: X가 정확히 152.53MB일 확률

상대 도수 정의를 사용해서 이러한 확률을 어떻게 추정할 수 있는지 이미 알고 있다: 사건이 발생한 횟수를 세고 이를 전체 사건 수(이 경우 게임 수)로 나눈다:

```
# get the number of games to use as denominator
number_of_games = games['size'].size

# calculate probabilities
prob_X_gt_100 = (games['size'] > 100).sum()/number_of_games

prob_X_bt_100_and_400 = ((games['size'] >= 100) & \
                         (games['size'] <= 400)) \
                         .sum()/number_of_games
```

```
prob_X_eq_152_53 = (games['size'] == 152.53).sum()/number_of_games

# print the results
print(f'P(X > 100)={prob_X_gt_100:0.5f}')
print(f'P(100 <= X <= 400)={prob_X_bt_100_and_400:0.5f}')
print(f'P(X = 152.53)={prob_X_eq_152_53:0.5f}')
```

결과는 다음과 같다:

```
P(X > 100) = 0.33098
P(100 <= X <= 400) = 0.28306
P(X = 152.53) = 0.00000
```

마지막으로 계산한 확률 $P(X=152.53)$에 주목하자. 연속 확률변수의 특정한 값(예: 152.53)에 대한 추정 확률은 0이다. 이것은 어떤 연속 확률변수에도 항상 성립한다. 연속 확률변수는, 원칙적으로, 무한한 종류의 값 중에서 하나를 취하기 때문에, 특정한 값에 대한 확률은 0이다.

앞의 예제는 충분한 양의 데이터를 가지고 있을 때, 연속 확률변수에 대한 확률을 추정할 수 있다는 것을 보여준다. 그러나, 하나의 변수에 대한 관측치가 항상 많은 건 아니다. 이러한 맥락에서 다음과 같은 질문에 대해 생각해보자:

- 데이터가 전혀 없는 경우는 어떻게 하나?
- 데이터가 충분하지 않은 경우는 어떻게 하나?
- 이산 확률변수와 마찬가지로, 시뮬레이션을 수행해서 확률을 추정할 수 있을까?

이는 합리적인 질문이며, **연속 확률 분포의 이론적 모형**을 이용해서 답을 구할 수 있다:

- 데이터가 전혀 없다면 어떻게 해야 할까? 이런 경우는 **해당 변수에 대해 합리적인 가정을 세운 후, 다양한 연속 확률 분포 모형 중 하나를 사용해서 모델링할 수 있다.**
- 데이터가 충분하지 않다면 어떻게 해야 할까? **마찬가지로 변수에 대해 합리적인 가정을 세우고, 이러한 가정을 데이터로 검증하며, (다음 장에서 배울) 매개변수 추정을 통해서 연속 확률 분포 모형을 선택할 수 있다.**
- 이산 확률변수와 마찬가지로, 시뮬레이션을 수행해서 특정 사건의 확률을 추정할 수 있을까? **가능하다. 일단 대응하는 매개변수와 함께 확률 분포를 선택하면, 시뮬레이션**

을 수행해서 복잡한 질문에 답할 수 있다.

앞에서 제시한 질문에 답하기 위해, 다음 절에서 가장 중요한 연속 확률 분포인 **정규분포**를 소개한다.

연속 확률변수의 경우도, 확률 분포를 **확률 밀도 함수** 혹은 **PDF**라고 부른다.

▶ 정규분포

확률론에서 가장 유명하고 중요한 분포는 이것이다: 정규분포. 정규분포의 확률 밀도 함수(PDF)는 다음과 같다:

$$f(x) = \frac{1}{\sigma\sqrt{2\pi}} e^{-\frac{1}{2}\left(\frac{x-\mu}{\sigma}\right)^2}$$

그림 8.15 정규분포의 확률 밀도 함수

여기서 π와 e는 잘 알려진 수학 상수인 원주율과 **오일러 상수**다. 이 식을 이해하려고 할 필요 없다; 두 가지만 알면 된다: 첫째, 매개변수 두 개가 정해지면, 분포의 형태가 완전하게 결정된다:

- μ: 분포의 평균
- σ: 분포의 표준편차

둘째, X가 정규분포를 따르는 확률변수라면, 가능한 값 x에 대해, 확률변수가 x 주변의 값을 가질 확률과 관련된 값을 앞의 공식으로 구할 수 있다. 이항 분포의 경우 공식에 값을 대입하여 확률을 구했지만, 연속 확률변수의 경우는 조금 다르다: 공식에 의한 값 자체가 확률이 아니고 일련의 해석이 필요하다. 다음 예제를 보면 바로 알 수 있다.

scipy.stats 모듈을 사용해서 정규분포를 따르는 확률변수를 생성할 수 있다. 어떤 남성 인구 집단의 키가 평균 170cm, 표준편차 10cm인 정규분포를 따른다고 가정하자. 다음은 **scipy.stats**를 사용해서 이러한 분포의 확률변수를 생성하는 코드다:

```
# set the mu and sigma parameters of the distribution
heights_mean = 170
heights_sd = 10

# instantiate the random variable object
heights_rv = stats.norm(
        loc = heights_mean, # mean of the distribution
        scale = heights_sd # standard deviation
)
```

즉, 이 코드는 정규분포를 따르는 확률변수를 생성하며, 확률 밀도 함수는 다음과 같다:

$$f(x) = \frac{1}{10\sqrt{2\pi}} e^{-\frac{1}{2}\left(\frac{x-170}{10}\right)^2}$$

그림 8.16 정규분포를 따르는 확률변수의 확률 밀도 함수

모든 x에 대해, 예를 들어, x가 **175**인 경우, **pdf()** 메서드를 사용해서 다음처럼 확률 밀도 함수의 값을 구할 수 있다:

```
heights_rv.pdf(175)
```

결과는 다음과 같다:

```
0.03520653267642
```

이 수치는 앞의 공식 x에 **175**를 대입한 값과 같다:

$$f(175) = \frac{1}{10\sqrt{2\pi}} e^{-\frac{1}{2}\left(\frac{175-170}{10}\right)^2} = 0.03520653267642$$

그림 8.17 x=175일 때 확률 밀도 함수의 값

명백하게, 이 수치는 키가 175cm인 남성을 관찰할 확률이 '아니다'(연속 확률변수가 특정 값을 가질 확률은 0이다). 이 수치는 그 자체로 직접적인 의미가 있는 건 아니다. 하지만 전체 확률 밀도 함수를 그린다면, 이 확률변수의 분포를 잘 이해할 수 있다. 전체 확률 밀도 함수를 그리기 위해서는 이 변수가 가질 수 있는 값들의 벡터를 생성해야 한다. 남성의 키라는 점을 고려해서, 건강한 성인 남성들의 가능한 키인 130cm부터 210cm 사이의 값에 대한 확률 밀도 함수를 그려보자. 먼저, **np.linspace()**를 사용해서, 120부터 210(포함) 사이를 간격이 같은 200개의 숫자로 나눈다:

```
values = np.linspace(130, 210, num=200)
```

이제, 이 값을 사용해서 확률 밀도 함수의 값을 생성하고 그래프로 그린다:

```
heights_rv_pdf = heights_rv.pdf(values)

plt.plot(values, heights_rv_pdf)
plt.grid();
```

곡선의 그래프는 다음과 같다:

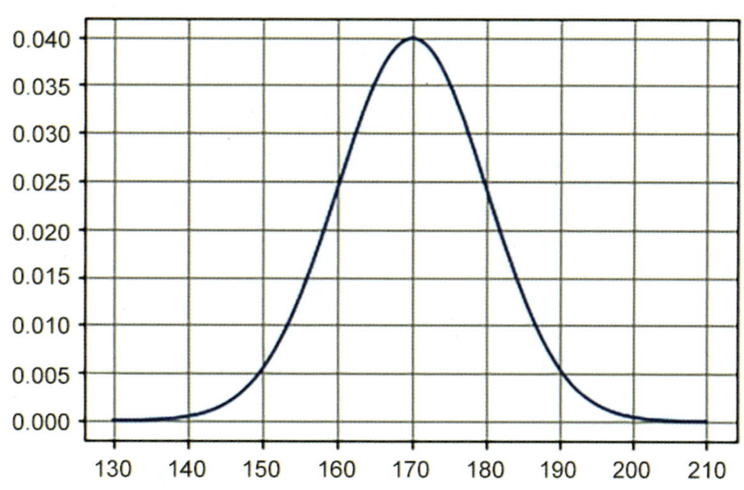

그림 8.18 평균=170, 표준편차=10인 정규분포 그래프

곡선의 높이가 높을수록 해당 x값 주변의 값을 관찰할 확률이 더 높다. 예를 들어, 키가 160cm에서 170cm 사이인 남성을 관찰할 확률이 키가 140cm에서 150cm 사이인 남성을 관찰할 확률보다 크다는 것을 알 수 있다.

정규분포를 따르는 확률변수를 정의했는데, 그렇다면 시뮬레이션을 사용해서 관련된 질문에 대답할 수 있을까? 당연히 가능하다. 실제로, 미리 정의된 확률변수를 사용한 시뮬레이션으로 표본값을 구하는 방법을 배운다. 이때, 확률 분포에서 무작위 샘플을 생성하는 **rvs()** 메서드를 사용한다:

```
sample_heighs = heights_rv.rvs \
                  (size = 5, \
                    random_state = 998 # similar to np.seed)

for i, h in enumerate(sample_heighs):
    print(f'Men {i+1} height: {h:0.1f}')
```

결과는 다음과 같다:

```
Men 1 height: 171.2
Men 2 height: 173.3
Men 3 height: 157.1
Men 4 height: 164.9
Men 5 height: 179.1
```

앞 코드는 모집단에서 남성 다섯 명을 임의의 추출해서 키를 측정한 시뮬레이션이다. 여기서, 매개변수 **random_state**는 **numpy.seed**와 비슷한 역할을 한다: 즉, 이 코드를 실행하는 모든 사람이 같은 무작위 수를 얻는다.

앞에서 했던 것처럼, 시뮬레이션을 통해서 이 확률변수와 관련된 사건에 대해 답할 수 있다. 예를 들어, 190cm보다 큰 키를 가진 남성을 마주할 확률은 얼마일까? 다음 코드는 앞에서 정의한 확률변수에 대해 시뮬레이션으로 이 값을 계산한다:

```
# size of the simulation
sim_size = int(1e5)

# simulate the random samples
```

```
sample_heights = heights_rv.rvs \
                  (size = sim_size, \
                   random_state = 88 # similar to np.seed)

Prob_event = (sample_heights > 190).sum()/sim_size

print(f'Probability of a male > 190 cm: {Prob_event:0.5f} \
 (or {100*Prob_event:0.2f} %)')
```

결과는 다음과 같다:

```
Probability of a male > 190 cm: 0.02303 (or 2.30%)
```

때로 계산량이 많고 불필요할 수도 있는 시뮬레이션을 수행하지 않고, 밀도 함수로부터 정확한 확률을 구하는 방법을 다음 절에서 알아본다.

▶ 정규분포의 몇 가지 특성

우주와 수학에 대한 인상적인 사실 중 하나는 현실 세계의 많은 변수가 정규분포를 따른다는 것이다:

- 인간의 키
- 포유류의 몸무게
- 표준화된 시험 점수
- 제조 공정에서 제품 품질의 편차
- 이완기 혈압, 콜레스테롤, 수면 시간과 같은 의학적 측정치
- 어떤 증권의 수익률과 같은 금융 변수

많은 현상을 설명하고 확률과 통계 분야에서 널리 사용되는 정규분포의 다음과 같은 두 가지 핵심적인 특성을 알아둘 필요가 있다:

- 정규분포는 두 매개변수로 완전히 결정된다: **평균**과 **표준편차**.
- 정규분포를 따르는 확률변수에 대해, 평균으로부터 몇 표준편차만큼 떨어진 위치에 어느 정도의 관측치가 존재하는지 알려주는 실증적 규칙이 있다.

이 두 가지 중요한 특성을 이해해보자. 먼저, 분포의 두 매개변수가 분포의 형태를 결정한다는 점을 살펴보자:

- 평균은 분포의 중심을 결정한다.
- 표준편차는 분포의 폭(또는 퍼짐 정도)을 결정한다.

이러한 특성을 살펴보기 위해 다음과 같이 평균과 표준편차가 다른 남성 인구집단을 가정해보자. 각 인구집단은 서로 다른 국가다:

- **A 국가**: 평균 = 170cm, 표준편차 = 10cm
- **B 국가**: 평균 = 170cm, 표준편차 = 5cm
- **C 국가**: 평균 = 175cm, 표준편차 = 10cm

각 나라의 키 분포를 시각화해서 서로 비교해보자. 먼저 확률변수를 생성한다:

```
# parameters of distributions
heights_means = [170, 170, 175]
heights_sds = [10, 5, 10]
countries = ['Country A', 'Country B', 'Country C']

heights_rvs = {}
plotting_values = {}

# creating the random variables
for i, country in enumerate(countries):
    heights_rvs[country] = stats.norm(
        loc = heights_means[i], # mean of the distribution
        scale = heights_sds[i] # standard deviation
)
```

이제 이 객체를 이용해서 다음처럼 시각화할 수 있다:

```
# getting x and y values for plotting the distributions
for i, country in enumerate(countries):
    x_values = np.linspace(heights_means[i] - 4*heights_sds[i], \
                           heights_means[i] + 4*heights_sds[i])
```

```
    y_values = heights_rvs[country].pdf(x_values)
    plotting_values[country] = (x_values, y_values)

# plotting the three distributions
fig, ax = plt.subplots(figsize = (8, 4))
for i, country in enumerate(countries):
    ax.plot(plotting_values[country][0], \
            plotting_values[country][1], \
            label=country, lw = 2)

ax.set_xticks(np.arange(130, 220, 5))
plt.legend()
plt.grid();
```

국가별 키 분포 그래프는 다음과 같다:

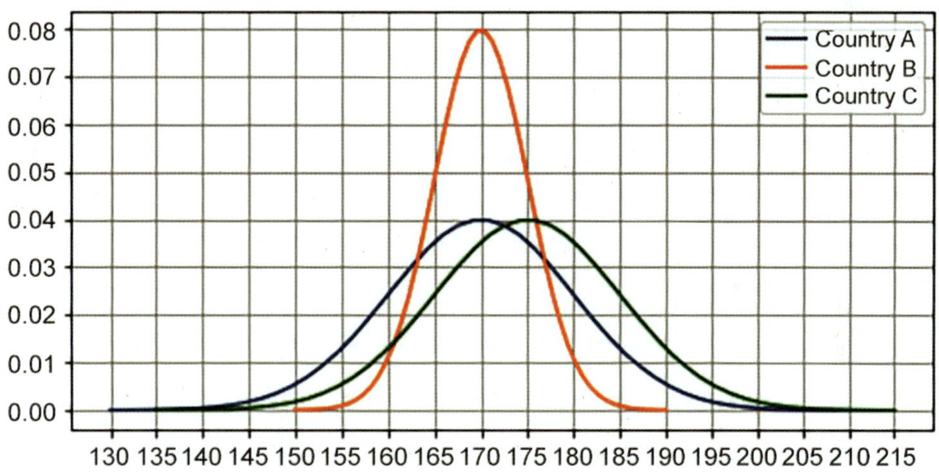

그림 8.19 서로 다른 매개변수를 가진 정규분포 비교

A 국가와 **B 국가**의 남성의 키는 평균이 같지만(170cm) 표준편차가 달라서, **B 국가**가 170cm 주변에 훨씬 집중되어 분포하고 있다는 걸 알 수 있다. 즉, 이 나라 남성들은 키가 더 균일하다. **A 국가**와 **C 국가**의 분포곡선은 기본적으로 모양이 같다. 다만 **C 국가**의 곡선이 5cm 오른쪽에 위치하는데, 이것은 **C 국가**에는 **A 국가**나 **B 국가**보다 키가 190cm 이상인 남성이 더 많다는 의미다(초록색 곡선은 $x = 190$ 이상에서 다른 두 곡선보다 y값이 대체로 크다).

정규분포의 두 번째 중요한 특성은 **실증적 규칙**이라는 것이다. 평균이 170cm이고 표준편차가 10cm인 남성 인구집단의 경우:

- ~68%의 관측치는 평균 ± 1 표준편차 구간에 있다. 즉, 대략 68%의 남성이 160cm에서 180cm(170 ± 10) 사이에 있다.
- ~95%의 관측치는 평균 ± 2 표준편차 구간에 있다. 즉, 대략 95%의 남성이 150cm에서 190cm(170 ± 20) 사이에 있다.
- 99% 이상의 관측치는 평균 ± 3 표준편차 구간에 있다. 즉, 거의 모든 관측치는 평균에서 표준편차의 세 배보다 작은 거리에 있다. 실제로, 대략 99.7%의 남성이 150cm에서 200cm(170 ± 30) 사이에 있다.

실증적 규칙을 사용해서, 평균으로부터 일정 표준편차만큼 떨어진 곳에서, 어떤 비율의 관측치를 기대할 수 있는지 빠르게 계산할 수 있게 해준다.

이 장을 마무리하는 시점에, 어떤 연속 확률변수에 대해서도 **확률 분포 아래의 면적**은 변수가 특정 범위의 값을 취할 확률을 나타낸다는 매우 중요한 사실을 반드시 알아야 한다. 이 사실을 정규분포를 이용해서 설명하고, 실증적 규칙과 관련지어 다루어본다. 마찬가지로 평균이 170이고 표준편차가 10인 정규분포를 따르는 확률변수가 있다고 가정한다. $x = 160$부터 $x = 180$까지(평균에서 1 표준편차 범위)의 확률 분포 아래의 면적은 얼마인가? 실증적 규칙에 따르면, 관측치의 68%가 이 구간에 위치하므로, 확률 분포에서 구간 [160, 180] 아래의 곡선이 이루는 면적은, $P(160 \leq X \leq 180) \cong 0.68$로 예상할 수 있다. 이러한 내용을 matplotlib을 사용해서 그래프로 그릴 수 있다. 다만, 코드가 다소 길어서 두 부분으로 나누어 작성해본다. 먼저, 그래프를 그리는 함수를 생성하고, 그래프의 x축 범위를 설정한 다음, 구간을 나누어 그림을 그릴 벡터를 생성한다:

```
from matplotlib.patches import Polygon

def func(x):
    return heights_rv.pdf(x)

lower_lim = 160
upper_lim = 180

x = np.linspace(130, 210)
y = func(x)
```

다음으로, 음영으로 영역을 처리한 그래프를 생성한다:

```
fig, ax = plt.subplots(figsize=(8,4))
ax.plot(x, y, 'blue', linewidth=2)
ax.set_ylim(bottom=0)

# Make the shaded region
ix = np.linspace(lower_lim, upper_lim)
iy = func(ix)
verts = [(lower_lim, 0), *zip(ix, iy), (upper_lim, 0)]
poly = Polygon(verts, facecolor='0.9', edgecolor='0.5')
ax.add_patch(poly)

ax.text(0.5 * (lower_lim + upper_lim), 0.01, \
        r"$ int_{160}^{180} f(x) mathrm{d}x$", \
        horizontalalignment='center', fontsize=15)

fig.text(0.85, 0.05, '$height$')
fig.text(0.08, 0.85, '$f(x)$')

ax.spines['right'].set_visible(False)
ax.spines['top'].set_visible(False)
ax.xaxis.set_ticks_position('bottom')

ax.set_xticks((lower_lim, upper_lim))
ax.set_xticklabels(('$160$', '$180$'))
ax.set_yticks([]);
```

출력은 다음과 같다:

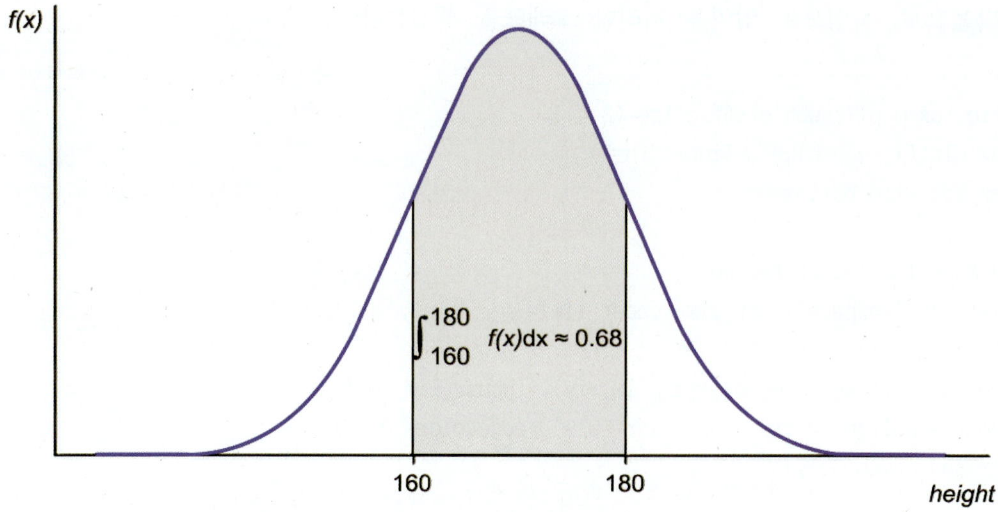

그림 8.20 사건의 확률로서 확률 밀도 함수 아래의 면적

곡선 아래의 면적을 어떻게 적분할까? **scipy.stats** 모듈을 사용해서 매우 쉽게 구할 수 있다. 확률변수의 **누적 분포 함수** 메서드 **cdf()**를 사용해서, 하한과 상한을 빼는 방법(미적분의 기본 정리)으로 pdf의 적분을 쉽게 계산할 수 있다:

```
# limits of the integral
lower_lim = 160
upper_lim = 180

# calculating the area under the curve
Prob_X_in_160_180 = heights_rv.cdf(upper_lim) - \
                    heights_rv.cdf(lower_lim)

# print the result
print(f'Prob(160 <= X <= 180) = {Prob_X_in_160_180:0.4f}')
```

결과는 다음과 같다:

```
Prob(160 <= X <= 180) = 0.6827
```

따라서, 이런 방법을 사용해서, 시뮬레이션을 수행하지 않고 **pdf**로부터 확률을 직접 계산할 수 있다. 이를 더 명확하게 이해하기 위해, 앞에서 다룬 내용을 다시 살펴보자. "**키가**

190cm보다 큰 남성을 만날 확률은 얼마인가?"라는 질문에 대해 생각해보자. 앞에서는 시뮬레이션을 수행해서 답을 얻었다. 이번에는, 다음처럼 해당 확률을 정확하게 계산할 수 있다:

```
# limits of the integral
lower_lim = 190
upper_lim = np.Inf # since we are asking X > 190

# calculating the area under the curve
Prob_X_gt_190 = heights_rv.cdf(upper_lim) - \
                heights_rv.cdf(lower_lim)

# print the result
print(f'Probability of a male > 190 cm:{Prob_X_gt_190:0.5f} \
      (or {100*Prob_X_gt_190:0.2f}%)')
```

결과는 다음과 같다:

```
Probability of a male > 190 cm: 0.02275 (or 2.28%)
```

앞에서 구한 값과 거의 같다. 그러나 이 방법이 더 정확하고, 계산적으로나 기억장소 사용 면에서 더 효율적이다.

실습 8.04 ✦ 교육 분야에 정규분포 응용

이 실습에서, **scipy.stats**의 정규분포 객체와 **cdf()**, 그리고 그것의 역함수인 **ppf()**를 사용해서 교육과 관련된 문제를 해결해 본다.

교육학과 심리학의 많은 영역에서 교육 정책과 관련된 많은 변수가 정규분포를 따른다는 사실이 잘 알려져 있다. 예를 들어, 수학 시험 점수는 정규분포를 따른다. 이 실습에서는 이 현상을 탐색해본다: 어떤 나라에서, 고등학생들이 표준화된 수학 시험을 치렀고, 시험 점수는 매개변수가 다음과 같은 정규분포를 따른다고 하자: 평균 = 100, 표준편차 = 15.

다음 단계에 따라 실습해보자:

1. 하던 방법대로 NumPy, Matplotlib, 그리고 **scipy.stats**를 가져온다:

```
import numpy as np
import scipy.stats as stats
import matplotlib.pyplot as plt
%matplotlib inline
```

2. **scipy.stats** 모듈을 사용해서 '평균 = 100, 표준편차 = 15'인 정규분포 확률변수 객체 **X_rv**를 생성한다:

```
# producing the normal distribution
X_mean = 100
X_sd = 15

# create the random variable
X_rv = stats.norm(loc = X_mean, scale = X_sd)
```

3. X의 확률 분포 그래프를 그린다:

```
x_values = np.linspace(X_mean - 4 * X_sd, X_mean + 4 * X_sd)
y_values = X_rv.pdf(x_values)

plt.plot(x_values, y_values, lw=2)
plt.grid();
```

출력은 다음과 같다:

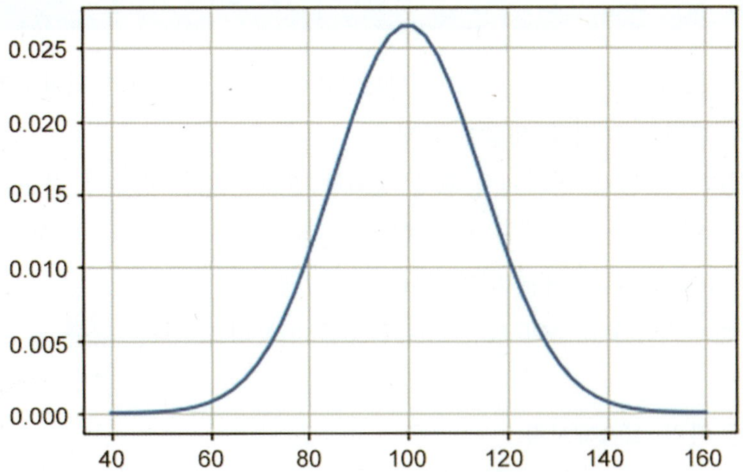

그림 8.21 시험 점수의 확률 분포

4. 교육부는 수학을 잘하는 학생의 기준을 80점 이상으로 정했다. **cdf()** 메서드를 사용해서 기준점 이상을 받은 학생의 비율을 계산한다:

```
Prob_X_gt_80 = X_rv.cdf(np.Inf) - X_rv.cdf(80)

print(f'Prob(X >= 80): {Prob_X_gt_80:0.5f} \
(or {100*Prob_X_gt_80:0.2f} %)')
```

결과는 다음과 같다:

```
Prob(X >= 80): 0.90879 (or 90.88%)
```

즉, 수학을 잘하는 학생은 약 91%다.

5. 매우 경쟁력 있는 대학은 해당 대학에 입학하려는 고등학생들에 대해 아주 높은 기준을 요구한다. 예를 들어, 어떤 대학이 상위 2%에 해당하는 수학 점수를 받은 학생들만 입학시키는 정책을 사용한다고 가정하자. **ppf()** 메서드(**cdf()** 메서드의 역함수)의 인수로 $1-0.02=0.98$을 전달해서, 입학 기준을 넘기는 점수를 계산할 수 있다:

```
proportion_of_admitted = 0.02

cut_off = X_rv.ppf(1-proportion_of_admitted)

print(f'To admit the top {100*proportion_of_admitted:0.0f} %, \
the cut-off score should be {cut_off:0.1f}')
top_percents = np.arange(0.9, 1, 0.01)
```

결과는 다음과 같다:

```
To admit the top 2%, the cut-off score should be 130.8
```

이 실습에서, 정규분포와 **cdf()** 그리고 **ppf()** 메서드를 사용해서 교육 정책과 관련된 현실적인 문제를 해결해보았다.

> **노트**
>
> 이 절의 소스 코드는 다음에 있다.
>
> https://packt.live/3eUizB4.
>
> 또한, 다음에서 이 예제를 온라인으로 실행할 수 있다.
>
> https://packt.live/2VFyF9X.

이 절에서, 연속 확률변수와 이러한 유형의 변수가 따르는 분포 중 가장 중요한 정규분포에 대해 배웠다. 이 절의 주요 요점은, 연속 확률변수가 그것의 확률 밀도 함수에 의해 결정된다는 것이다. 또한, 확률 밀도 함수는 다시 그것의 매개변수에 의해 결정된다. 정규분포의 경우, 분포의 모양을 결정하는 두 매개변수는 평균과 표준편차다. 이러한 두 가지 매개변수가 분포의 형태에 어떤 영향을 미치는지, 예제를 사용해서 살펴보았다.

또 다른 중요한 요점은, PDF 아래의 영역을 사용해서 특정 사건의 확률을 계산할 수 있다는 것이다. 이것은 정규분포를 포함한 모든 연속 확률변수에 대해 참이다.

마지막으로, 정규분포에 대한 실증적 규칙을 배웠다. 이것은 분포의 평균으로부터 k 표준편차만큼 떨어진 관측값의 비율을 빠르게 파악할 때 사용하는 아주 유용한 **경험적 규칙**이다.

이제 이 중요한 분포에 익숙해졌고, 다음 장에서 **중심 극한 정리**를 다룰 때 다시 접하게 된다.

프로젝트 8.01 ✦ 금융 분야에 정규분포 응용

이 프로젝트는, 주식 가격의 일일 수익을 계산하는데, 정규분포를 사용할 수 있는지 탐구한다. 이 프로젝트를 마치면, 주식의 일일 수익을 다루는 데 있어서 정규분포가 적절한 모델인지에 대한 어떤 의견을 가질 수 있다.

이 프로젝트는 Yahoo! Finance에서 제공하는 Microsoft 주식에 대한 일일 정보 데이터를 사용한다.

다음 단계에 따라 프로젝트를 완성해보자:

노트

이 프로젝트에 필요한 데이터 세트는 다음에 있다:

https://packt.live/3imSZqr

1. pandas를 사용해서, **data** 폴더에 저장한 **MSFT.csv**라는 CSV 파일을 읽어온다.
2. 원하는 경우, 열 이름을 다루기 쉽게 수정한다.
3. **date** 열을 **datetime** 형식으로 변환한다.
4. **date** 열을 DataFrame의 인덱스로 설정한다.
5. 금융에서, 주식의 일일 수익은 일일 종가의 백분율 변화로 정의된다. **adj close** 열의 백분율 변화를 계산해서, MSFT DataFrame에 **returns** 열로 추가한다. 이때, pandas의 **pct_change()** 메서드를 사용한다.
6. 분석 기간을 **2014-01-01**부터 **2018-12-31**(포함)까지로 제한한다.
7. 구간을 40개로 지정하고, **returns** 열의 분포를 히스토그램으로 시각화한다. 그리고 그것이 정규분포와 유사한지 확인한다.

   출력이 다음과 같아야 한다:

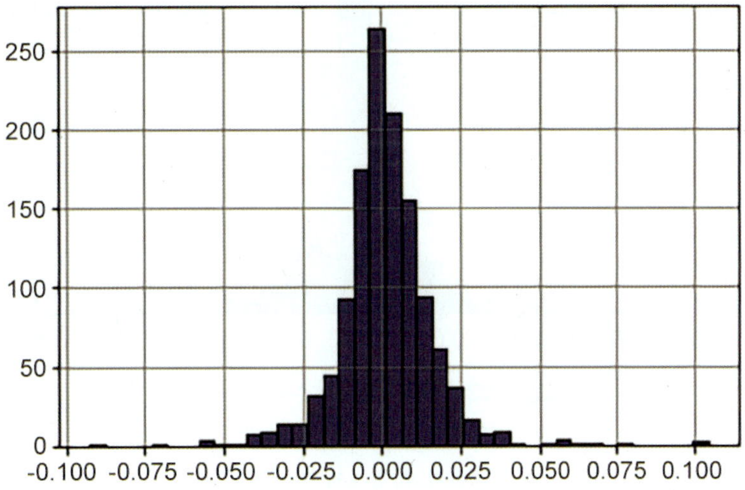

그림 8.22 MSFT 주식의 수익률 히스토그램

8. **returns** 열의 기술 통계를 계산한다.

```
count    1258.000000
mean        0.000996
std         0.014591
min        -0.092534
25%        -0.005956
50%         0.000651
75%         0.007830
max         0.104522
Name: returns, dtype: float64
```

9. 'MSFT 주식의 일일 수익'을 나타내는 '**R_rv**'라는 이름의 확률변수를 생성한다. 이 분포의 매개변수는 **returns** 열의 평균과 표준편차를 사용한다.

10. **R_rv**의 분포와 실제 데이터의 히스토그램을 그린다. 이때, **plt.hist()** 함수의 인수를 **density=True**로 지정해서 이론적 분포와 실제 데이터 분포를 같은 척도로 나타낸다.

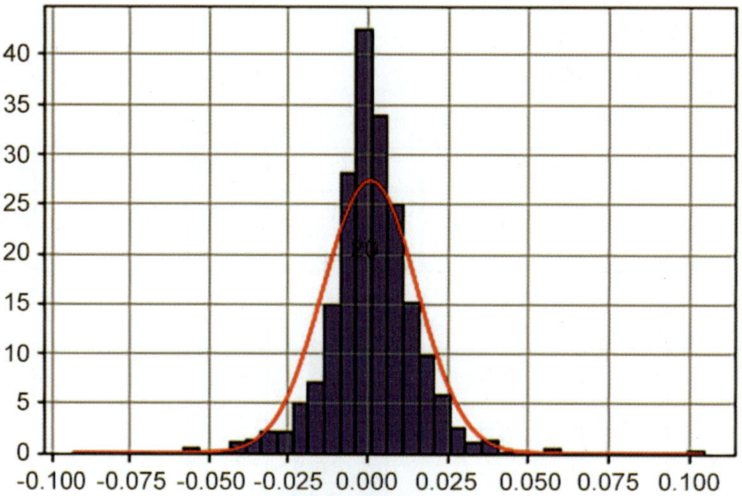

그림 8.23 MSFT 주식의 수익 히스토그램

11. 결과 그래프를 살펴본 후, 정규분포가 일별 Microsoft 주식의 수익을 설명하는 정확한 모델이라고 말할 수 있나?

12. 추가 프로젝트: Procter and Gamble 주식에 대한 정보가 들어있는 **PG.csv** 파일을 가져와 같은 단계를 반복해보자.

이 실습은 실제 데이터를 관찰하고, 이론적 분포를 사용해서 이 데이터를 설명해본 것이다. 이론적 모델의 알려진 속성을 활용해서 실세계의 데이터에 대해 어떤 결론이나 숨은 의미를 찾아낼 수 있으므로 이러한 작업이 중요하다. 예를 들어, 일일 회사 수익에 대해, 실증적 법칙을 사용해서 어떤 주장을 하거나, 정해진 금액의 손실 확률을 계산할 수 있다.

> **노트**
>
> 이 프로젝트의 구현 코드는 부록에 있다.

요약

이 장에서, 확률론이라는 수학의 한 분야에 대해 간략하게 살펴보았다.

확률의 개념을 정의했고, 실험, 표본 공간, 사건과 같은 중요한 규칙, 그리고 관련된 개념을 다루었다. 또한 확률변수의 개념을 정의하고, 두 가지 대표적인 확률변수인 이산형과 연속형 확률변수를 예제와 함께 배웠다. 이 장의 후반부에서, **scipy.stats** 모듈을 사용해서 확률변수, 확률 밀도 함수, 확률 분포 함수를 생성하는 방법을 배웠다. 그런 다음 (문자 그대로) 우주에서 가장 중요한 두 가지 확률변수에 대해 살펴보았다: **정규분포**와 **이항 분포**. 이것들은 많은 응용 분야에서 실제 문제를 해결하는 데 사용된다.

물론 이것은 관련된 주제에 대한 간략한 소개였으며, 이것을 다룬 목적은, 다음 장의 주제인, 추론 통계를 이해하고 사용하는데, 특히 중요하고 필수적인 몇 가지 기본적인 개념들을 살펴보고 익숙해지기 위해서다.

9장

파이썬과 고급 통계

요약

이 장에서, 고급 통계 개념의 세계로 들어간다. 특히, 표본의 개수가 많아질수록, **큰수의 법칙**에 따라서, 표본 평균이 어떻게 되는지 알아본다.

이 장을 마치면, 중심 극한 정리를 사용해서 표본 평균의 분포를 설명하고, 통계적 **신뢰구간**을 생성해서 일정한 신뢰 수준으로 가능한 평균값의 범위를 추정할 수 있으며, **가설 검정**을 사용해서 표본을 기반으로 추정한 가정을 평가하고, **회귀** 방정식을 사용해서 데이터를 분석할 수 있다.

개요

앞 장에서, 기술통계와 시각화 기법을 사용해서 데이터를 이해하고 분석했다. 또한 확률, 무작위성, 그리고 확률변수 시뮬레이션을 통해서 문제를 해결하는 방법도 살펴보았다. 분포의 개념에 대해서도 살펴보았는데, 이것은 이 장에서 특히 더 중요한 역할을 한다.

통계를 사용해서 문제를 해결할 때, 방법론 측면에서 몇 가지 중요한 질문을 하게 된다. 예를 들어, "표본의 크기는 얼마가 적절할까?" 또는 "결과에 대해 얼마나 확신할 수 있을까?" 등이다. 이 장에서, 통계학에서 가장 중요한 두 가지 정리를 활용하는 방법을 살펴보는데, 우선 실용적인 측면에서 시작한 후, 이 중요한 아이디어에서 파생된 더 유용한 기법들을 사용해서 일반적인 문제를 해결해본다.

먼저, 큰 수의 법칙이 무엇인지 설명하고, 표본의 크기가 표본 평균에 어떤 영향을 미치는지 명확하게 한다. 다음으로 중심 극한 정리에 대해 논의하고, 신뢰구간과 가설 검정에의 응용을 다룬다. 파이썬을 사용해서, 신뢰구간을 계산하는 함수를 작성하고, 표본 통계와 여론 조사의 오차 범위를 설명한다. 파이썬에 의한 가설 검정에서는, 수집된 표본을 증거로 삼아, 일련의 모순된 가설을 평가한다. 마지막으로, 파이썬의 선형회귀 기능을 사용해서 새로운 데이터 값을 예측하는 선형 모델을 만든다.

큰 수의 법칙

사람들은 카지노에서 큰돈을 따는 승자가 될 수 있다고 확신하는 여러 전략과 책략에 대해 말한다. 그러나, 이 사람들은 카지노가 항상 이익을 남기는 비즈니스인 이유를 모르고 하는 말이다; 승률이 항상 카지노 쪽에 유리하게 설정되어 있어, 결국 카지노가 이익을 남겨서 (장기적으로는) 항상 승자가 된다. 카지노 비즈니스를 지탱하는 것이 바로 큰 수의 법칙이다.

카지노가 어떻게 장기적으로 이길 수 있는지 파악하기 전에, 몇 가지 용어를 정의해야 한다. 첫 번째 용어는 **표본 평균**이다. 표본 평균은 사람들이 보통 평균이라고 생각하는 것이다. 표본 평균은 시행의 결과를 모두 더한 후 결과의 개수로 나누어 계산한다. 예를 들어, 동전을 10번 던져 앞면이 7번 나온다고 하자. 한 번 던질 때 평균적으로 앞면이 나올

횟수인 표본 평균은 다음과 같이 계산할 수 있다:

$$\bar{x} = \frac{7}{10} = 0.7$$

그림 9.1 표본 평균 계산

표본 평균은 일반적으로 $\bar{x}$로 표기되며, 'x 바'라고 읽는다.

두 번째 용어는 **기댓값**이다. 기댓값은 확률에 기반해서, 평균이라고 기대하는 이론적인 값이다. 동전 던지기 같은 이산적인 시행의 경우, 각 결과를 그 결과가 발생할 확률과 곱한 후 합산해서 구한다. 동전 던지기에서 동전의 앞면은 1, 뒷면은 0으로 정하고, 각 면이 발생할 확률(이 경우 0.5)을 각각에 곱한다. 수학식으로 표현하면 다음과 같다:

$$E(X) = 1 * 0.5 + 0 * 0.5 = 0.5$$

그림 9.2 기댓값 계산

따라서, 동전 던지기에서 한 번의 동전 던지기마다 앞면이 0.5개 나올 것으로 기대할 수 있으며, 이것은 동전 던지기에서 앞면이 나올 확률 50%와 같다.

또 다른 용어는 **표본**으로, 시행 결과의 집합이다. 즉, 이 경우 동전 던지기 결과의 모음이 표본이다. 표본의 중요한 속성 중 하나는 크기, 즉 수집한 결과의 개수다. 만일 동전을 10번 던진다면 표본의 크기는 10이다. 마지막 용어는 **독립성**의 개념으로, 한 결과가 다른 결과에 아무런 영향을 미치지 않는다는 것을 의미한다. 동전 던지기는 독립적이다; 첫 번째 동전 던지기에서 앞면이 나온 것이, 10번째 동전 던지기 결과에 아무런 영향을 주지 않는다.

표본 평균과 기댓값이 다른 개념이라는 것에 주의하자. 동전을 10번 던졌을 때, 앞면이 7번 나오는 일(!이 경우 표본 평균은 0.7로 평균 0.5와 다르다)은 그다지 가능성이 있어 보이지 않지만 그렇다고 불가능하지도 않다. 그러나, 표본의 절반은 앞면이 나와야 한다는 것을 알고 있다. 만약 동전을 더 많이 던진다면 어떻게 될까? 100번이나 1,000번을 더 던진다면 어떻게 될까? **큰 수의 법칙**이 답을 알려준다. 큰 수의 법칙은, 표본 평균의 값은 표본의 크기가 커짐에 따라 기댓값에 수렴한다고 말한다. 다시 말해, 동전을 더 던질수록 표본 평균은 점점 0.5에 가까워진다.

▶ 파이썬과 무작위 수

이 장에서, **random** 라이브러리를 자주 사용할 텐데, 실제로 이것은 진정한 의미의 무작위가 아니다 — 대신 유사-무작위 수라고 부른다. **유사-무작위 수**는 일반적으로 어떤 알고리즘으로 생성한 숫자다. 이런 알고리즘은 시드라고 부르는 숫자를 사용해서 초기화된다. 많은 경우, **시드 값**은 프로그램이 실행된 시간이나 날짜를 기반으로 설정된다. 그렇더라도, 파이썬(및 대부분의 다른 언어)에서 필요에 따라 사용자가 원하는 숫자로 시드를 설정할 수 있다. 같은 시드로 알고리즘을 초기화하면 매번 같은 유사-무작위 수가 생성된다. 이것은 무작위 숫자를 다루지만, 언제 실행하더라도 항상 같은 결과가 나와야 하는 경우 유용하다. (!시뮬레이션으로 문제를 해결할 때, 시드를 초기화하는 게 절대적으로 중요하다. 그래야 실험을 재현할 수 있고, 더 중요하게, 시스템의 다른 요소나 매개변수가 시스템에 영향을 주는지 아닌지를 관찰할 수 있다.)

실습 9.01 ✦ 큰 수의 법칙

파이썬 환경에서 동전 던지기 실험을 확장해보자. 먼저, 모의 동전 던지기 (시뮬레이터)를 만들어보자. 주피터 노트북을 열고 다음 코드를 입력하자:

1. 먼저, **random** 파이썬 패키지를 가져오고 **seed()** 메서드를 설정한다:

```
# coin_flip_scenario.py
# import the random module
import random
random.seed(54321)
```

2. 표본 크기를 나타내는 변수를 정의하고, **10**으로 설정한다:

```
# set the sample size or coin flips you what to run
sample_size = 10
```

3. 동전 던지기 실험 결과를 수집하기 위해 빈 리스트를 생성한다:

```
# create a for loop and collect the results in a list
# 1 = heads and 0 = tails
result_list = []
for i in range(sample_size):
```

```
        result = random.randint(0, 1)
        result_list.append(result)
```

4. 결과를 편집할 변수를 정의한다(앞면의 개수와 앞면 개수의 평균):

```
# compile results
num_of_heads = sum(result_list)
avg_of_heads = float(num_of_heads) / sample_size
```

5. 마지막으로, 결과를 화면에 출력한다:

```
# print the results
print(f'Results: {num_of_heads} heads out of {sample_size} flips.')
print(f'Average number of heads per flip is {avg_of_heads}.')
```

6. 코드를 실행하면 다음과 같은 결과가 나타난다:

```
Results: 4 heads out of 10 flips. Average number of heads per flip is 0.4.
```

7. 이 시뮬레이션은, 시드를 설정하지 않아, 무작위 수를 생성하기 때문에 결과가 다르게 보일 수 있다. 동전을 10번 던져서 앞면이 4개 나왔다는 것(던진 횟수 당 앞면이 평균 0.4개)은 가능성 있는 결과지만, 기댓값인 0.5와는 다르다. 표본 크기를 10에서 100으로 변경해서 어떤 일이 일어나는지 확인해보자:

```
# set the sample size or coin flips you what to run
sample_size = 100
```

8. 프로그램 전체를 다시 실행하면(이번에는 **random.seed(54321)**을 반드시 포함해야 한다) 이번에는 결과가 다음과 같다:

```
Results: 51 heads out of 100 flips. Average number of heads per flip is 0.51.
```

표본 크기가 10일 때보다 표본 평균 (**0.51**)이 기댓값 (**0.50**)에 훨씬 가까워진 것에 주목하자. 이것이 큰 수의 법칙이다.

노트

이 절의 소스 코드는 다음에 있다.

https://packt.live/2VCT9An.

또한, 다음에서 이 예제를 온라인으로 실행할 수 있다.

https://packt.live/2NOMGhk.

실습 9.02 ✦ 시간에 따른 동전 던지기 평균

동전 던지기 시뮬레이터 코드로 돌아가서, 동전을 던지는 동안 계속해서 표본 평균을 관찰할 수 있게 수정한다. 동전을 20,000번 던지고, 시간에 따라 표본 평균이 어떻게 변하는지 선 그래프로 나타내고, 이론적인 기댓값과 비교해본다.

1. 파이썬 패키지 **random**과 **matplotlib**를 가져오고, 무작위 수 시드도 설정한다:

```
# coin_clip_scenario_2.py
# import the module
import random
import matplotlib.pyplot as plt
random.seed(54321)
```

2. 표본 크기(또는 동전 던지기 횟수)를 정의한다:

```
# set the sample size or coin flips you what to run
sample_size = 20000
```

3. 시뮬레이션 결과를 수집할 변수들을 초기화한다:

```
# initialize the variables required for our loop
# 1 = heads and 0 = tails
num_of_heads = 0
heads_list = []
trials_list = []
freq_list = []
```

4. 시뮬레이션을 실행하고 결과를 수집한다:

```
# create a for loop and collect the results in a list
for i in range(1,sample_size+1):
    result = random.randint(0, 1)
    if result == 1:
        num_of_heads += 1
    avg_of_heads = float(num_of_heads) / i
    heads_list.append(num_of_heads)
    trials_list.append(i)
    freq_list.append(avg_of_heads)
```

5. 화면에 결과를 출력한다:

```
# print the results
print(f'Results:  num_of_heads  heads out of {sample_size} flips.')

print(f'Average number of heads is {avg_of_heads}')
```

6. 시간에 따라 표본 평균을 나타내는 선 그래프를 생성하고, 점선으로 기댓값을 구분해서 표시한다:

```
#create a simple line graph to show our results over time
plt.plot(trials_list, freq_list)
plt.ylabel('Sample Average')
plt.xlabel('Sample Size')
plt.hlines(0.50,0,sample_size,linestyles='dashed')
plt.show()
```

7. 코드를 실행하면 다음과 같은 결과가 나타난다:

```
Results: 10008 heads out of 20000 flips. Average number of
heads is 0.5004
```

다음과 같은 그래프를 동시에 출력한다. 이 그래프는 표본의 크기가 커짐에 따라, 앞면이 나온 개수의 평균(실선으로 표시)이 어떻게 변하는지 잘 보여준다. 약 2,000번의 동전 던지기 후에는 표본 평균이 이론적인 기댓값(0.5)과 일치하는 것을 알 수 있다:

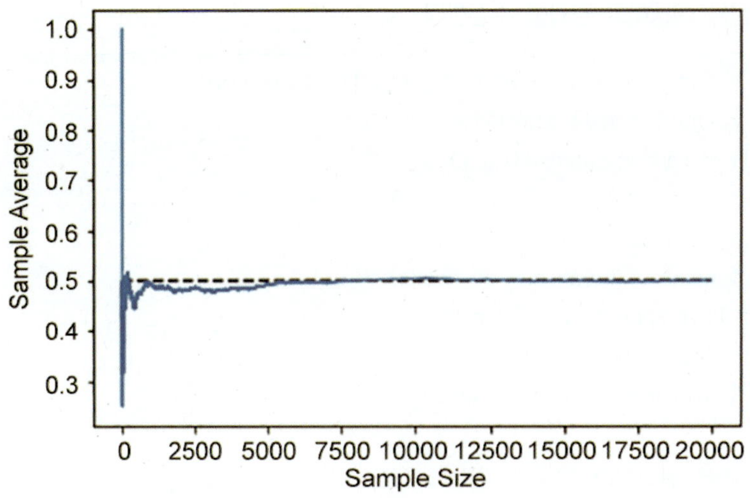

그림 9.3 표본의 크기에 따른 앞면의 표본 평균

> **노트**
>
> 이 절의 소스 코드는 다음에 있다.
>
> https://packt.live/2BZcR2h.
>
> 또한, 다음에서 이 예제를 온라인으로 실행할 수 있다.
>
> https://packt.live/31Alxpc.

▶ 실제 세계에서 관찰되는 큰 수의 법칙

큰 수의 법칙으로 가장 잘 분석할 수 있는 카지노 게임은 **룰렛**이다. 이 게임은 규칙이 비교적 간단하다. 게임기 가운데는, 1부터 36, 0, 그리고 00(더블 제로) 레이블이 붙은 칸으로 나뉜 큰 바퀴가 있다. 홀수는 빨간색으로, 짝수는 검은색으로 표시되어 있으며, 0과 00은 초록색으로 표시된다. 바퀴가 돌아가면 공을 반대 방향으로 던진다. 결국 공은 38개의 칸 중 하나로 떨어진다. 공이 떨어지는 위치가 베팅하는 곳이다. 사람들은, 공이 떨어질 곳의 색을 지정하거나 어떤 번호에 떨어질 것인지 등 다양한 방식으로 베팅할 수 있다. 카지노는 베팅 유형에 따라 배당금을 지급한다. 대체로 룰렛을 처음 보면 "두 초록색은 무엇인가?"라고 질문한다. 이어지는 내용을 더 배우면 그것이 카지노측에 매우 중요한 곳임을 명확하게 알게 될 것이고, 그전에 먼저 룰렛 게임에서 어떤 것을 기대할 수 있는지 알아보자.

게임 분석의 편의를 위해, 매번 빨간색에 공이 떨어지는 것에 베팅하는 것으로 가정하자. 이러한 베팅에 당첨 시 지급률은 1:1이므로, 만약 $5를 베팅하고 이기면 $5를 돌려받고 추가로 $5를 더 받는다. 만약 지면 $5를 잃는다. 빨간색에 베팅하는 경우 가능한 확률은 다음과 같다:

- 빨간색에 베팅하고 공이 빨간색에 떨어지면, 승리: $\frac{18}{38} \approx 0.474$
- 빨간색에 베팅하고 공이 검은색에 떨어지면, 패배: $\frac{18}{38} \approx 0.474$
- 빨간색에 베팅하고 공이 초록색에 떨어지면, 패배: $\frac{2}{38} \approx 0.053$

$1를 베팅할 때, 얻거나 잃는 금액은 다음과 같다:

- 빨간색에 베팅하고 공이 빨간색에 떨어지면, $1를 얻는다.
- 빨간색에 베팅하고 공이 검은색에 떨어지면, $1를 잃는다.
- 빨간색에 베팅하고 공이 초록색에 떨어지면, $1를 잃는다.

이 게임은 이산 분포에 해당한다. 이산 분포의 기댓값은 가능한 각 결과에 그 결과가 나올 확률을 곱해서 계산한다. 룰렛 게임에서 가능한 결과와 그때의 확률을 알고 있으므로, 이제 전형적인 룰렛 게임에서 기대할 수 있는 금액을 계산할 수 있다:

(빨간색에 떨어질 확률 * 빨간색에 떨어졌을 때 얻거나 잃는 금액) +
(검은색에 떨어질 확률 * 검은색에 떨어졌을 때 얻거나 잃는 금액) +
(초록색에 떨어질 확률 * 초록색에 떨어졌을 때 얻거나 잃는 금액)

이제, 앞에서 산출한 확률에 기반해서 기대 금액을 계산하면 다음과 같다:

$$(0.474 * 1) + (0.474 * -1) + (0.053 * -1) \approx -0.05$$

이 결과에 따르면, 빨간색에 $1 베팅할 때 약 5센트를 잃는다고 기대할 수 있다. 베팅 금액을 올리면 더 많은 돈을 잃을 것이 뻔하다.

실습 9.03 ✦ 빨간색에 계속 베팅할 때 평균 기대 금액 계산

룰렛 게임을 다시 시뮬레이션해서, 게임당 얻거나 잃는 금액의 평균을 전체적으로 추적해본다. 그런 다음, 동전 던지기에서 했던 대로 결과를 그래프로 그린다:

1. random과 matplotlib 패키지를 가져온다:

```
# roulette simulation.py
# import the module
import random
import matplotlib.pyplot as plt
random.seed(54321)
```

2. 표본 크기를 나타내는 변수를 생성해서 10으로 설정한다. 마찬가지로 베팅 금액을 나타내는 변수 bet을 $1로 지정한다:

```
# set the number of games of roulette you want to play
sample_size = 10

#set the amount of money you want to bet
bet = 1
```

3. 시뮬레이션 결과를 수집하는 변수들을 초기화한다:

```
# initialize the variables required for our loop
# 1 to 36 represent numbers on roulette wheel, 37 represents 0, 38 represents
00
net_money = 0
wins = 0
money_track = []
trials_track = []
```

4. 시뮬레이션을 실행하고 결과를 수집한다:

```
# create a for loop and collect the results in a list
for i in range(1,sample_size+1):
    result = random.randint(1,38)
    if result % 2 == 1 and result != 37:
        net_money += bet
        wins += 1
    else:
        net_money -= bet
    money_track.append(net_money/i)
    trials_track.append(i)
```

5. 시뮬레이션 결과와 평균의 기댓값을 출력한다:

```
# print the results
print(f'Results: You won {wins} games out of \
{sample_size}  and won an average of \
{net_money/sample_size}  dollars per game')
print(f'Results: You are expected to win \
{((18/38)*bet+(20/38)*(-bet))}  per game')
```

6. 순이익의 기댓값과 게임당 순이익의 표본 평균을 나타내는 그래프를 그린다:

```
#create a simple line graph to show our results over time
plt.plot(trials_track, money_track)
plt.ylabel('Net Money')
plt.xlabel('Number of games')
plt.hlines(((18/38)*bet+(20/38)*(-bet)), 0, \
             sample_size, linestyles='dashed')
plt.show()
```

7. 코드를 실행하면 다음과 같은 결과가 나타난다:

```
Results: You won 4 games out of 10 and won an average of -0.2 dollars per game
Results: You are expected to win -0.05263157894736842 per game
```

이 코드가 생성하는 그래프는 다음과 같다:

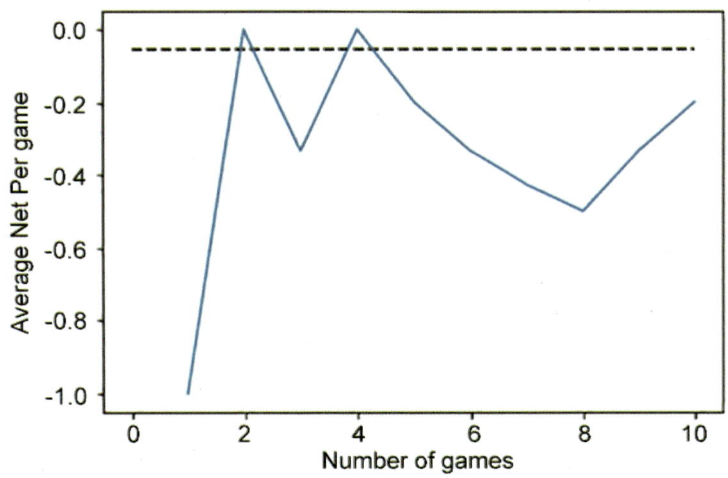

그림 9.4 10회 룰렛 게임의 게임당 평균 추적

그림에서, 실선은 10회까지 게임을 하는 동안, 게임당 벌 수 있는 금액을 나타낸다. 점선은 게임당 이긴 금액 또는 잃은 금액 즉, 기대 금액을 나타낸다(!기대 금액은 이론적인 값으로 게임 횟수와 무관하게 같은 값이다). 이론적으로 게임당 약 5센트를 잃어야 하지만, 이 시뮬레이션에서는 10회 게임에서 총 20센트를 잃었다. 즉, 게임당 5센트보다 훨씬 적은 금액을 잃었다. 앞 코드의 **random.seed(54321)**을 제거하고(!또는 시드를 다른 값으로 변경하고) 시뮬레이션을 다시 실행하면 결과가 다를 것이다. 베팅 금액을 변경하는 등 자유롭게 실험하고 결과를 확인해보자.

> **노트**
>
> 이 절의 소스 코드는 다음에 있다.
> https://packt.live/3dTdlEb.
>
> 또한, 다음에서 이 예제를 온라인으로 실행할 수 있다.
> https://packt.live/2ZtkOEV.

하지만 이런 상황은 카지노에서 일어나는 실제 상황은 아니다. 어떤 카지노도 하루에 10회의 룰렛 게임만 진행하지 않는다. 그렇다면 게임 횟수를 10에서 100,000으로 변경하면 그래프가 어떻게 될까? 표본 크기 변수를 100,000으로 설정하고 코드를 다시 실행하면 다음과 같은 그래프를 얻을 수 있다:

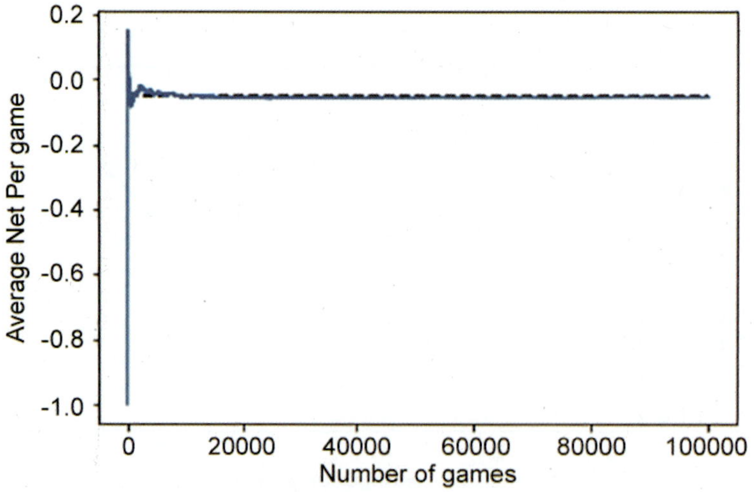

그림 9.5 100,000회 룰렛 게임의 게임당 평균 추적

파란색 선이 빠르게 게임당 평균 순이익인 −0.05달러에 수렴한 것을 알 수 있다. 구체적으로 시뮬레이션 결과로 −0.054달러의 순이익을 도출했는데, 이 값은 기댓값과 크게 다르지 않다. 실제로, 카지노는 장기적으로 게임당 기대할 수 있는 순이익을 얻을 것이고, 도박꾼들은 돈을 잃을 것이다. 이제 초록색 칸에 대한 궁금함을 풀어보자. 이 칸을 제거하면 빨간색 18개와 검은색 18개가 남는다. 이러한 조건에서 기댓값을 다시 계산해보자:

(빨간색에 떨어질 확률 * 빨간색에 떨어졌을 때 얻거나 잃는 금액) +
(검은색에 떨어질 확률 * 검은색에 떨어졌을 때 얻거나 잃는 금액)

$$\left(\frac{18}{36}*1\right)+\left(\frac{18}{36}*-1\right)=0$$

그림 9.6 기댓값 계산

이것은 초록색 공간이 없으면 카지노나 도박꾼이 장기적으로 돈을 벌지도 잃지도 않을 것이라는 의미이다; 양쪽 모두 시작한 금액과 같은 금액을 가지고 집으로 돌아간다.

중심 극한 정리

앞 절의 내용을 간단히 복습하면, 큰 수의 법칙에 따라 표본이 많을수록 표본 평균과 모집단 평균이 더 가까워진다. 이 법칙은 표본 평균이 어떤 값이 될 것인지 예상할 수 있게 해주지만, 분포에 대해서는 아무런 정보를 제공하지 않는다. 그래서 중심 극한 정리가 필요하다. **중심 극한 정리(CLT)**는 따르면, 충분히 많은 표본이 있다면, 표본 평균의 분포가 근사적으로 정규분포를 따르며, 평균은 모집단 평균이고 표준편차는 모집단 표준편차를 n의 제곱근으로 나눈 값이다. 즉, 모집단 평균이 가질 수 있는 전형적인 값뿐만 아니라 분포의 모양과 분산도 알 수 있다는 점에서 매우 중요하다.

▶ 정규분포와 중심 극한 정리

〈8장 파이썬과 확률의 기초 개념 및 응용〉에서, 정규분포라 부르는 연속 확률 분포를 살펴보았다. 정규분포는 종 모양 곡선 또는 가우시안 곡선이라고도 하는데, 이 세 가지는 모두 같다. (!엄밀하게 말하자면, 모든 종 모양이 정규분포는 아니다. 코시 분포는 종 모양이지만 긴 꼬리 분포를 따른다.) 일반적인 생각과 다르게, 정규분포를 따르는 사례가 아주 많아서 이것이 그렇게 특별한 게 아니다. 정규분포가 특별한 이유는, 표본 평균을 포함한 많은 통계량의 분포가 정규분포를 따르기 때문이다.

일상적으로 풀어야 하는 많은 통계 문제에서, 표본 평균의 분포가 결정적인 역할을 하는 것으로 알려져 있다. 평균과 분산 정보를 활용해서, 표본 평균이 표본에 따라 어떻게 달라지는지 알아차릴 수 있다. 그리고 그것에 따라, 산출한 표본 평균이 기대되는 값인지, 아니면 기대와 달라서 더 자세히 조사해야 하는지 알 수 있다. 같은 것으로 예상하는 모집단에서 표본을 추출해서, 두 모집단이 실제로 유의미하게 서로 다른지를 증명할 수 있다.

▶ 균등분포로부터 무작위 표본 추출

다음 실습에서, 파이썬으로 몇 가지 시뮬레이션을 구축해서 중심 극한 정리를 확인해본다. 첫 번째 시뮬레이션은 균등분포에서 무작위로 표본을 추출하는 것이다. **균등분포**는 가능한 결과가 나올 확률이 모두 같은 분포다. 균등분포를 그래프로 그리면 수평 직선이 페이지를 가로질러 간다. 균등분포의 예로는 주사위 던지기, 동전 던지기 또는 전형적인 무작위 수 생성기 등이 있다.

실습 9.04 ✦ 균등분포의 표본 평균

0과 100 사이의 무작위 수를 생성하는 생성기에서 무작위로 표본을 추출하고, 표본 평균을 계산해본다.

1. 다음과 같은 파이썬 패키지를 가져오고 **seed**를 설정한다:

```
# sample_from_uniform_dist.py
# import the module
import random
import matplotlib.pyplot as plt
import math
import numpy as np
import scipy.stats as stats
random.seed(54312)
```

2. 표본의 크기와 추출할 표본의 전체 개수를 나타내는 변수를 생성한다. CLT 즉, 중심 극한 정리는 충분히 큰 표본을 전제하므로, 표본의 크기를 30으로 선택한다. 또한, 그래프를 그리기 위해 많은 표본 평균이 필요하므로 이 값은 10,000으로 설정했다:

```
# select the sample size you want to take
sample_size = 30
# select the number of sample mean you want to simulate
calc_means = 10000
```

3. 표본 평균을 수집할 리스트를 초기화하고, 정해진 횟수만큼 시뮬레이션을 수행해서, 각 표본의 표본 평균을 계산한다:

```
mean_list = []
# run our loop and collect a sample
for j in range(calc_means):
    # initialize the variables to track our results
    sample_list = []
    for i in range(sample_size):
        sample_list.append(random.randint(0, 100))
    sample_mean = sum(sample_list) / sample_size
    mean_list.append(sample_mean)
```

4. 수집한 표본 평균의 히스토그램을 생성한다. 히스토그램 위에, CLT에 의하면 표본 평균의 분포가 어때야 하는지를 알 수 있게 덧붙인다:

```
"""
create a histogram of our sample and compare it
to what the CLT says it should be
"""
n, bins, patches = plt.hist(mean_list, \
                            math.floor(math.sqrt(calc_means)), \
                            density=True, facecolor='g', alpha=0.75)
plt.grid(True)
mu = 50
sigma = math.sqrt(((100 ** 2) / 12)) / (math.sqrt(sample_size))
x = np.linspace(mu - 3 * sigma, mu + 3 * sigma, 100)
plt.plot(x, stats.norm.pdf(x, mu, sigma))
plt.show()
```

코드를 실행하면 결과는 다음과 같다:

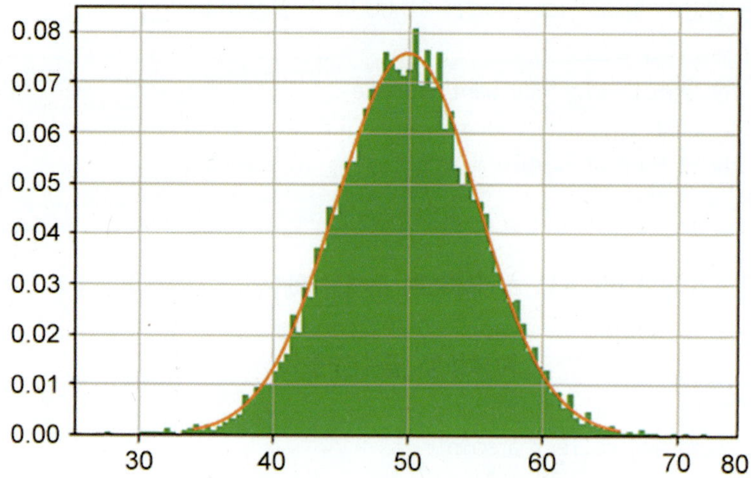

그림 9.7 표본의 크기가 30인 균등분포에서 10,000개의 표본으로부터 얻은 표본 평균의 분포

CLT에 의한 이론적인 분포와 시뮬레이션 결과의 히스토그램이 거의 완벽하게 일치한다. 표본의 크기와 표본 평균의 개수를 달리해 가면서 그래프를 그려보기 바란다.

> **노트**
>
> 이 절의 소스 코드는 다음에 있다.
>
> https://packt.live/31JG77I.
>
> 또한, 다음에서 이 예제를 온라인으로 실행할 수 있다.
>
> https://packt.live/3ggAq5m.

▶ 지수분포를 따르는 무작위 표본 추출

CLT가 균등분포에서 추출한 표본 평균에 대해 잘 들어맞는다는 것을 알았는데, 균등분포와 전혀 닮지 않은 분포에도 통할까? CLT가 표본을 추출하는 분포의 형태를 제한하지 않는다면, 이번에는 정규분포와 전혀 닮지 않은 분포에도 통할까? 이번에는 지수분포를 살펴보자. **지수분포**는 왼쪽에서 오른쪽으로 갈수록 빠르게 감소하지만, 0에 도달하지 않고 수평선에 접근하는 분포다. 다음 그래프는 전형적인 지수분포다:

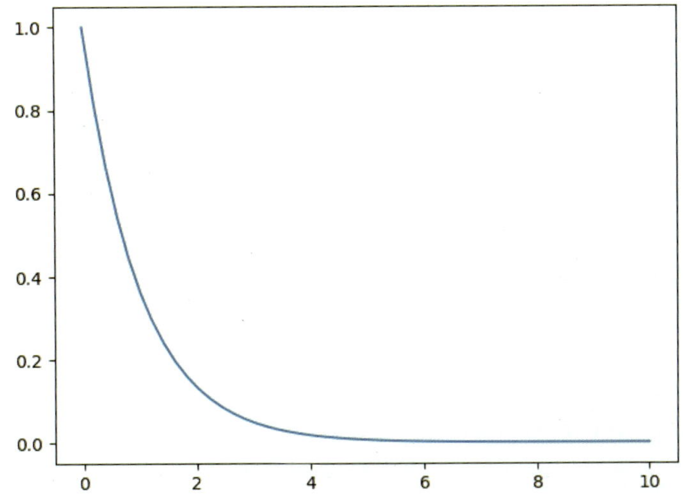

그림 9.8 지수분포 사례

실세계에 지수분포를 따르는 사례가 많다. 예를 들어 뜨거운 액체의 냉각, 방사능의 붕괴, 기계 부품의 고장 등이다.

실습 9.05 ✦ 지수분포의 표본 평균

이 실습에서, 지수분포에서 무작위로 표본을 추출한다. 다음은 지수분포를 시뮬레이션할 때 사용할 수 있는 코드다:

1. 필요한 파이썬 패키지를 가져온다. 표본의 크기가 작을 때 일어나는 효과를 관찰하기 위해서, 표본의 크기를 **5**로 설정하지만, 표본의 개수는 앞에서처럼 **10000**으로 한다:

```
# sample_from_exp_dist.py
# import the module
import random
import matplotlib.pyplot as plt
import math
import numpy as np
import scipy.stats as stats
# select the sample size you want to take
sample_size = 5
# select the number of sample mean you want to simulate
calc_means = 10000
```

2. 시뮬레이션 결과를 수집할 변수를 초기화한 후 코드를 실행한다. 이번에는 균등분포가 아니라 지수분포에서 표본을 추출한다:

```
mean_list = []
# run our loop and collect a sample
for j in range(calc_means):
    # initialize the variables to track our results
    sample_list = []
    for i in range(sample_size):
        draw = np.random.exponential(1)
        sample_list.append(draw)
    sample_mean = sum(sample_list) / sample_size
    mean_list.append(sample_mean)
```

3. 수집한 표본 평균의 히스토그램을 생성하고, CLT에 따라 기대되는 분포를 덧붙인다:

```
""" create a histogram of our sample and compare it to what the CLT says it
should be """
n, bins, patches = plt.hist(mean_list, \
                   math.floor(math.sqrt(calc_means)), \
                   density=True, facecolor='g', \
                   alpha=0.75)
plt.grid(True)
mu = 1
sigma = 1 / (math.sqrt(sample_size))
x = np.linspace(mu - 3 * sigma, mu + 3 * sigma, 100)
plt.plot(x, stats.norm.pdf(x, mu, sigma))
plt.show()
```

4. 코드의 실행 결과는 다음 그래프와 같다:

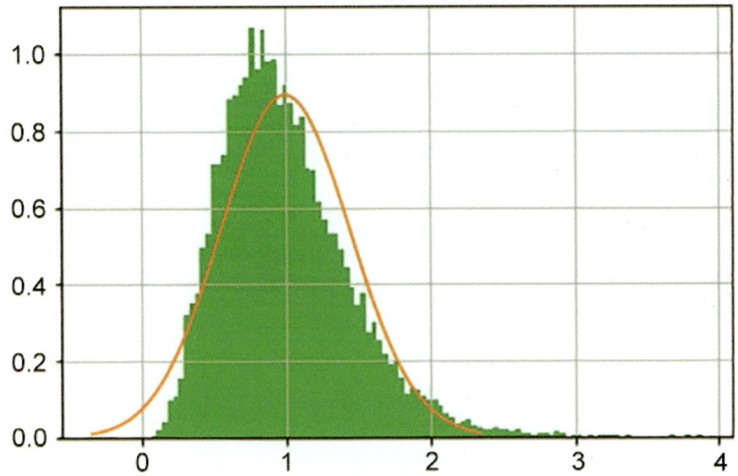

그림 9.9 표본의 크기가 5인 지수분포에서 10,000개의 표본으로부터 얻은 표본 평균의 분포

직전의 〈실습 9.04 균등분포의 표본 평균〉과 마찬가지로, 주황색 선은 CLT에 의해 기대하는 분포를 나타낸다. 시뮬레이션의 결과인 초록색 히스토그램은 기대되는 선과 유사하지만, 명백하게 한쪽으로 치우쳐 있고 종 모양도 아니다. CLT가 충분히 큰 표본을 전제한다는 점을 기억해보자. 분명히, 5는 충분히 크지는 않으므로, 표본의 크기를 5에서 50으로 늘리고 코드를 다시 실행해보자. 그러면 다음과 같은 결과가 나온다:

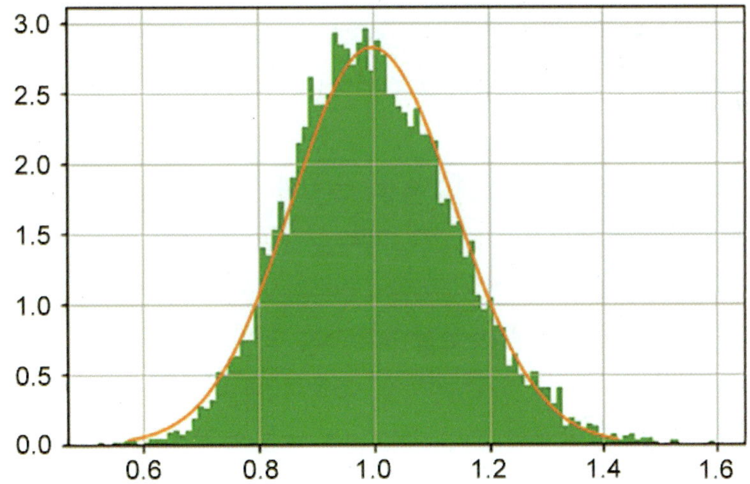

그림 9.10 표본의 크기가 50인 지수분포에서 10,000개의 표본으로부터 얻은 표본 평균의 분포

이 그래프는 기대한 것에 훨씬 근접해 보인다. 분명히, 표본 크기 50은 충분히 크고, 5는 아니다. 그렇다면 당장 질문이 하고 싶어진다: "얼마나 돼야 충분히 큰 표본이고 또한 그것을 어떻게 알 수 있을까?" 정답은 다루는 분포에 따라 다르다; 분포가 더 치우칠수록, 더 많은 표본을 추출해야 CLT가 전제하는 충분히 큰 표본이 될 수 있다.

> **노트**
>
> 이 절의 소스 코드는 다음에 있다.
>
> https://packt.live/2D2phXE.
>
> 또한, 다음에서 이 예제를 온라인으로 실행할 수 있다.
>
> https://packt.live/2NRcvNP.

이 장의 후반부에서, 만족하는 결과를 얻는 데 필요한 표본의 크기를 계산하는 방법을 살펴보겠지만, 보통 표본의 크기가 30 이상일 때만 CLT가 적용된다고 한다.

신뢰구간

앞에서 수행한 시뮬레이션에서 보았듯이, 표본 평균은 표본마다 다를 수 있다. 컴퓨터로 수행하는 시뮬레이션에서는 예를 들어, 10,000개의 표본을 쉽게 추출할 수 있지만, 실제 세계에서는 그렇게 할 수 없다; 비용과 시간이 아주 많이 든다. 현실적으로, 표본 하나를 수집해서 사용할 수 있다. 그렇다면, 이렇게 단 하나의 표본에서 얻은 결과를 어떻게 신뢰할 수 있을까? 표본 평균을 제시할 때 이것이 실제와 얼마나 다를 수 있는지를 측정하는 방법이 있을까?

다행스럽게도, CLT가 표본 평균의 분산에 대한 실마리를 제공해준다. CLT를 적용해서, 신뢰구간이라는 것을 구하여 표본의 변동성을 다룰 수 있다. 일반적으로, **신뢰구간**은 (표본 평균 같은) 통계량에 대한 값의 범위로, 이 범위는, 평균의 참값을 포함할 가능성이 얼마나 되는지에 대한 신뢰도 분포를 기반으로 한다. 표본 평균에 대한 신뢰구간만 계산하는 것도 아니다; 이 개념은 표본으로부터 계산하는 모든 통계량에 적용할 수 있다(계산 방법만 다르다). 신뢰구간은 얼마나 많은 표본을 채취해야 하는지와 오차 범위를 계산하는 데 사용된다.

▶ 표본 평균의 신뢰구간 계산

첫 번째로 계산할 신뢰구간 유형은 **z-신뢰구간**이다. 이것은 **표준 정규모델**(때로는 **z-분포**라고도 함)을 기반으로 산출한 표본 평균의 범위(또는 구간)를 나타낸다.

표본 평균에 대한 **z-신뢰구간**을 계산하기 위해서는, 다음 네 가지를 알아야 한다:

- 표본 평균
- 표본 크기
- 모분산
- 임계값 또는 일정한 신뢰 수준

표본 평균과 크기는 수집한 표본으로부터 계산한다. 모분산은 표본으로부터 계산하는 것이 아니다; 주어진 값이다. 전형적으로, 선행 연구와 조사를 통해서 알아낸 값이다. 마지막 퍼즐 조각은 임계값 또는 신뢰 수준이다; 여기에 정규분포와 CLT가 등장한다. 임계값이 무엇인지 알아보기 위해, (평균이 0이고 분산이 1인) 표준 정규분포와 그 아래 영역을 살펴보자:

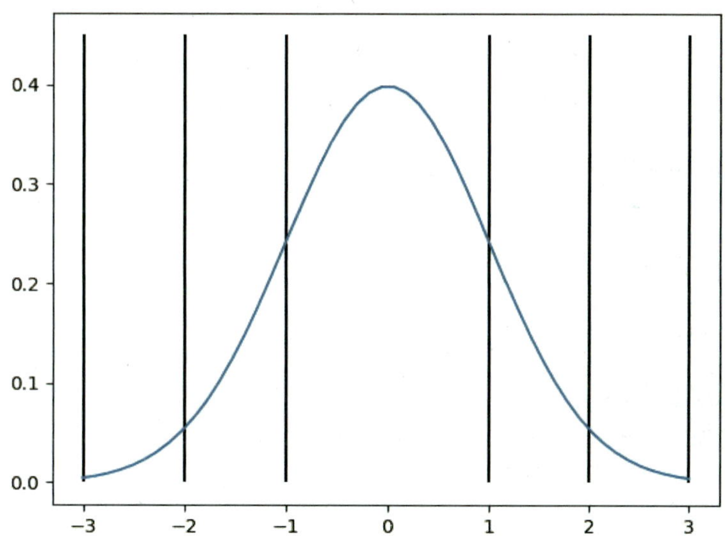

그림 9.11 표준 정규모델

정규분포가 그렇듯이, 표준 정규분포의 평균이 중앙에 있다는 걸 쉽게 알 수 있다(이 경우 0). 또한, 곡선 아래의 영역 −1부터 1까지는 전체 영역의 68%를 차지한다. 다른 말로 하면 이 분포를 따르는 값의 68%는 −1과 1 사이에 있다. 약 95%의 값은 −2와 2 사이에 있다. 이런 사실을 표본 평균의 분포에 적용하면, 95%의 표본 평균이 차지할 범위를 찾을 수 있다. **그림 9.7**을 다시 가져와 보자:

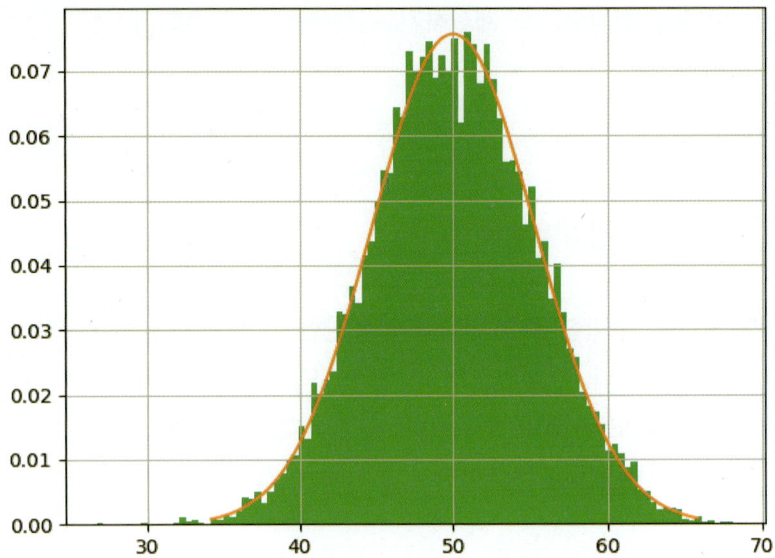

그림 9.12 표본의 크기가 30인 균등분포에서 10,000개의 표본으로부터 얻은 표본 평균의 분포

그림을 보면, 종 모양 곡선의 중심은 50인데, 이 값은 0에서 100까지의 균등분포의 기댓값이다. 0부터 100까지의 균등분포의 기대 표준편차는 약 5.27이다($\sqrt{\frac{(100-0)^2}{12}} \approx 5.27$).

따라서, 앞에서 살펴본 논리에 따르면, 약 68%의 값은 45와 55 사이에 있고, 약 95%의 값은 40과 60 사이에 있다. 이 범위가 바로 신뢰구간이다.

z-신뢰구간을 계산하는 형식적인 식은 다음과 같다:

$$\bar{x} \pm Z * \frac{\sigma}{\sqrt{n}}$$

그림 9.13 z-신뢰구간 계산식

이 식에서:

- $\bar{x}$ 표본 평균
- n 표본 크기

- σ 모분산
- Z 임계값 또는 신뢰 수준

신뢰구간은 상한과 하한 두 값으로 정해진다: 상한은 두 값을 더하고, 하한은 두 값을 빼서 구한다. 다행스럽게, 이 계산을 다음처럼 파이썬 함수로 작성할 수 있다:

```
def z_confidence_interval(data, st_dev, con_lvl):
    import statistics as st
    import scipy.stats as sp
    import math
    sample_mean = st.mean(data)
    n = len(data)
    crit_value = sp.norm.ppf(((1 - con_lvl) / 2) + \
                             con_lvl)
    lower_limit = sample_mean - (crit_value *  \
                               (st_dev/math.sqrt(n)))
    higher_limit = sample_mean + (crit_value * \
                                (st_dev / math.sqrt(n)))
    print (f'Your  con_lvl  z confidence interval \
                                is ({lower_limit}, {higher_limit})')
    return (lower_limit,higher_limit)
```

이 함수의 입력은 다음과 같다: 수집한 데이터와 (알려진) 모집단의 표준편차 그리고 신뢰 수준. 함수의 수행 결과로, 신뢰 수준과 신뢰구간을 화면에 출력하고, 더불어서 신뢰구간을 튜플 형태로 반환한다.

실습 9.06 ✦ 여론 조사 결과의 신뢰구간 찾기

선거 운동에 참여하고 있고, 약 10명이 참여하는 포커스 그룹 30개를 운영하기로 했다고 가정하자. 이들을 대상으로 여론 조사를 수행해서 결과를 얻었고, 10명 중 자신을 지지할 것으로 예상하는 사람 수를 후보자에게 보고해야 한다. 포커스 그룹마다 편차가 있을 수 있어서, 95%의 z-신뢰구간을 제시하는 게 가장 정확한 방법이라고 판단된다. 과거 경험으로부터 표준편차는 2.89로 가정하자. 이 상황을 파이썬으로 모델링해보자:

1. **random** 패키지를 가져오고, 시드를 **39809**로 설정한다. 이렇게 하면 프로그램을 실행할 때마

다 (!다른 조건이 달라지지 않는 한) 같은 결과를 얻을 수 있다:

```
import random
random.seed(39809)
```

2. 표본을 수집할 리스트를 초기화하고, 각 포커스 그룹으로부터 표본을 추출한다. 그런 다음, 함수에 수집한 정보 즉, 여론을 전달한다:

```
sample_list = []
for i in range(30):
    sample_list.append(random.randint(0, 10))

z_confidence_interval(sample_list,2.89,0.95)
```

3. 별다른 오류가 없다면, 이 코드의 실행 결과는 다음과 같다:

```
Your 0.95 z confidence interval is (3.965845784931483, 6.034154215068517)
```

이 결과에 의하면, 각 포커스 그룹마다 4~6명이 후보자에게 투표할 것으로 예상된다. 즉 선거 본부는 더 많은 사람이 후보자를 지지하도록 더 열심히 노력해야 한다는 걸 암시한다.

> **노트**
>
> 코드에 포함된 기호 #은 주석을 나타낸다. 주석은 코드의 논리를 설명하기 위해 추가한다.

▶ 작은 표본의 신뢰구간

z-신뢰구간은 표본이 충분히 큰 경우에 사용된다(표본 크기가 30 이상이어야 한다); 하지만 만약 표본이 충분히 크지 않다면 어떻게 해야 할까? 이 경우, 기본적으로 z-신뢰구간과 같지만 두 가지 차이가 있는, **t-신뢰구간**을 사용할 수 있다:

- t-신뢰구간은 모집단의 표준편차를 안다고 가정하지 않기 때문에, 표본 표준편차를 사용할 수 있다.
- z(표준 정규) 분포 대신 **t-분포**를 사용해서 임계값을 계산한다. 모집단 표준편차를 모

르기 때문에 t-분포가 평균 주변에 덜 집중되어 있다는 점에서 z 분포와 다르다.

t-신뢰구간을 계산하기 위해서는, 두 가지를 알아야 한다; 첫째는 표본의 크기에서 1을 뺀 값($n-1$)인 자유도이다. 두 번째는 앞에서와 마찬가지로 사용자가 지정하는 신뢰 수준이다. t-신뢰구간 계산식은 다음과 같다:

$$\overline{x} \pm \mathrm{t}_{n-1} * \frac{S}{\sqrt{n}}$$

그림 9.14 t-신뢰구간 계산식

이 식에서:

- $\overline{x}$ 표본 평균
- t_{n-1} 임계값(자유도 $n-1$)
- S 표본 표준편차
- n 표본의 크기

z-신뢰구간과 마찬가지로, 최종 결과는 하한값과 상한값이다. 두 값을 계산하는 파이썬 함수를 작성해보자:

```
def t_confidence_interval(data, con_lvl):
    import statistics as st
    import scipy.stats as sp
    import math
    sample_mean = st.mean(data)
    sample_st_dev = st.stdev(data)
    n = len(data)
    crit_value = sp.t.ppf(((1 - con_lvl) / 2) + \
                                con_lvl, n-1)
    lower_limit = sample_mean - (crit_value * \
                    (sample_st_dev/math.sqrt(n)))
    higher_limit = sample_mean + (crit_value * \
                    (sample_st_dev/math.sqrt(n)))
    print(f'Your  con_lvl  t confidence interval is \
                                          ({lower_limit}, {higher_limit})')
    return (lower_limit,higher_limit)
```

z-신뢰구간을 계산할 때와 같은 표본 리스트를 사용한다. **t_confidence_interval()** 함수 역시 z-신뢰구간 함수와 같은 방식으로 사용한다; t-신뢰구간을 계산하려는 표본의 데이터 리스트와 신뢰 수준을 입력하면 된다. 모집단 표준편차를 전달할 필요가 없다; t-신뢰구간은 표본 표준편차를 사용해서 모집단의 표준편차를 자동으로 계산한다. **t_confidence_interval()** 함수는 다음과 같이 호출한다:

```
t_confidence_interval(sample_list,0.95)
```

이 코드의 실행 결과는 다음과 같다:

```
Your 0.95 t confidence interval is (3.827357936126168,6.172642063873832)
```

t-신뢰구간이 z-신뢰구간보다 폭이 넓다는 것에 주목하자. 이것은 표본 표준편차를 사용해서 모집단 표준편차를 추정하는 것이, 알려진 값을 사용하는 것보다 더 많은 불확실성을 가지기 때문이다.

t-신뢰구간의 좋은 점이, 작은 표본이나 모집단 표준편차를 모르는 상황에서 사용할 수 있다는 것만이 아니다; z-신뢰구간을 사용하는 모든 상황에 역시 t-신뢰구간을 적용할 수 있다. 실제로, 표본의 크기가 커질수록 t-분포는 z(표준 정규) 분포에 점점 가까워진다. 따라서 주어진 모집단 표준편차를 확신할 수 없거나, 선행 연구 결과를 확인할 때, 언제든지 안전하게 t-신뢰구간을 사용할 수 있다.

▶ 비율에 대한 신뢰구간

실습 9.06의 선거 운동 사례로 돌아가보자. 포커스 그룹들이 명확한 결과를 보여주지 않아서, 350명의 표본을 대상으로, 여론 조사를 다시 시행한 결과에 따르면, 후보자가 54%의 지지율로 선거에서 앞섰고, 상대 후보는 나머지 46%의 지지율을 얻었다. 이 비율에 대한 신뢰구간을 계산해서 표본의 변동성을 따져보고자 한다.

표본 평균의 신뢰구간을 계산하는 방법은 알고 있는데, 그렇다면 표본 **비율의 신뢰구간**은 어떻게 계산할 수 있을까? 표본의 백분율은 표본의 평균과 다르다. 다행스럽게, 표본 비율에 대한 신뢰구간을 계산하기 위한 공식이 있다:

$$\hat{p} \pm Z * \sqrt{\frac{\hat{p} * (1 - \hat{p})}{n}}$$

그림 9.15 비율의 신뢰구간 계산식

이 식에서:

- $\hat{p}$는 표본의 비율이다. 이 경우 후보를 지지하는 사람들의 비율인 54%이다.
- n은 표본의 크기다. 이 경우 350명이다.
- Z는 표준 정규분포에서의 임계값이다. 이 값은 z-신뢰구간과 같은 방식으로 계산한다.

또한, 다음 조건을 만족해야 이 식을 사용할 수 있다:

- 표본 내의 관측치들은 독립이어야 한다. 즉, 한 사람의 응답이 다른 사람의 응답에 영향을 미치지 않아야 한다.
- 최소한 10개의 성공과 10개의 실패가 필요하다. 즉, 지지자가 최소 10명, 상대 지지자도 최소 10명이어야 한다.

마찬가지로, 이 계산을 수행하는 파이썬 함수를 만들 수 있다:

```
def prop_confidenct_interval(p_hat, n, con_lvl):
    import math
    import scipy.stats as sp
    crit_value = sp.norm.ppf(((1 - con_lvl) / 2) + \
                                    con_lvl)
    lower_limit = p_hat - (crit_value * (math.sqrt( \
                         (p_hat * (1-p_hat)) / n)))
    higher_limit = p_hat + (crit_value * (math.sqrt( \
                         (p_hat * (1 - p_hat)) / n)))
    print(f'Your  con_lvl  proportional confidence \
                              interval is ({lower_limit}, {higher_limit})')
    return (lower_limit,higher_limit)
```

다른 함수들과 다르게, 데이터 리스트를 입력하지 않는다. 대신, 통계량을 직접 입력하고 신뢰 수준을 설정한다. 다음과 같이 정보를 입력해서 여론 조사의 신뢰구간을 계산한다:

```
prop_confidenct_interval(0.54,350, 0.95)
```

출력 결과는 다음과 같다:

```
Your 0.95 proportional confidence interval is (0.4877856513683282,0.592214
3486316719)
```

결과적으로, 실제 선거에서 후보자는 48.8%에서 59.2% 사이의 지지를 받는다고 95% 확신할 수 있다. 따라서, 이 조사 결과에 의하면 당선 확신이라는 결론을 내리기 어렵고, 후보자에 대한 지지를 높이기 위한 노력이 더 필요하고 할 수 있다. 이것이 보통 선거에서 사용하는 허용 오차다. **허용 오차**는 점 추정값($\hat{p}$)과 상한 또는 하한 사이의 거리다(신뢰구간이 대칭이므로 상한이나 하한 어떤 것을 사용해도 좋다). 이 여론 조사의 허용 오차는 $0.592 - 0.54 = 0.052$다.

즉, 이 여론 조사의 허용 오차는 약 5.2%다. 정치적이든 그렇지 않든, 어떤 여론 조사 결과에 대해서도 허용 오차가 있다는 걸 유념해야 한다.

가설 검정

앞 절에서, 동일한 모집단에서 추출하더라도 표본마다 표본 평균이 달라지는 시뮬레이션을 수행해보았다. 그러나 계산한 표본 평균이 사전에 설정된 값이나 다른 표본과 유의미하게 다른지를 어떻게 알 수 있을까? 그 차이가 표본의 변동성 탓인지, 표본의 이질성 탓인지 어떻게 알 수 있을까? 그 답을 찾는 게 가설 검정이다.

가설 검정은 통계량이 기대하는 값과 유의하게 다른지를 결정하기 위해 고안된 통계적 검정이다. 가설 검정의 사례에는, 표본 평균이 사전에 설정된 기준값과 유의하게 다른지 확인하거나, 두 개의 다른 표본이 통계적으로 다른지 또는 같은지 확인하는 일 등이 있다.

▶ 가설 검정의 구성요소

가설 검정은 세 가지 주요 요소로 구성된다: 가설, **검정 통계량**, p-값이다. 가설은 검정을 통해서 기각할지 또는 수용할지를 확인하려는 대상이다. 어떤 검정이든지 항상 두 가지

가설이 존재한다: **귀무가설**(일반적으로 H_O로 표시)과 **대립가설**(일반적으로 H_A로 표시). 귀무가설은 항상 참이거나 참인 것으로 가정된 것이다; 다시 말해, 사전에 설정한 기준이다. 대립가설은 귀무가설과 비교할 대안이다; 사실은 참이라고 증명하려는 무엇이다.

다음은 여러 가지 가설이다:

- 당신은 제조 회사의 리더인데, 이 회사에는 보통 시간당 15L의 연료를 사용하는 공정이 있다. 회사는 이 공정을 변경해서 연료를 더 절약할 수 있는지 실험하고 있다. 24시간 동안 표본을 추출해보니, 새로운 공정에서는 평균적으로 13.7L의 연료가 소비되었다. 회사는 이 연료 감소량이 유의미한지 또는 공정의 변동성으로 설명할 수 있는지 알아야 한다. 귀무가설은 공정이 일반적으로 소비하는 연료량이다: $H_O : \mu = 15$. 새로운 공정이 연료를 더 적게 사용한다는 것을 증명하려고 하므로 대립가설은 다음과 같다: $H_A : \mu < 15$.
- 이차두는 도시에서 제빵업을 경영하는 사업가다. 그는 공장의 새로운 빵 제조 장비에 투자할지 고민하고 있다. 현재 그의 공장은 한 차례에 약 15,000개의 빵을 생산할 수 있다. 이차두는 5차례 동안 새로운 장비로 시험을 해보았고, 평균적으로 한 차례에 17,500개의 빵을 생산할 수 있었다. 이차두는 이것이 유의미한지 확인하려 한다; 귀무가설은 그가 일반적으로 생산하는 양을 기반으로 한다($H_O : \mu = 15{,}000$), 대립가설은 그가 증명하려고 하는 것이다($H_A : \mu = 17{,}500$).
- 다인이는 회사의 품질 관리 부서 분석가다. 회사에서 생산하는 부품은 길이가 15in(인치)여야 한다. 회사가 모든 부품을 측정할 수는 없으므로, 다인이는 100개의 부품을 표본으로 삼아 이 표본의 평균 길이가 14.89in라는 사실을 알아냈다. 그녀는 각각의 부품이 15in여야 한다고 예상했고($H_O : \mu = 15$), 이 표본으로부터 부품의 평균 길이가 15in가 아니라는 것을 증명하려고 한다($H_A : \mu \neq 15$).

앞에서 소개한 상황은 세 가지 대표적인 가설 검정을 나타낸다: 각각 상한-단측 검정, 하한 단측-검정, 그리고 양측 검정. 검정의 유형을 알아야 올바른 가설을 세우고 p-값을 제대로 계산할 수 있다.

검정 통계량은 검정하는 평균에 대해, 관찰된 표본이 가정하거나 알고 있는 것과, 어떻게 비교되는지를 설명하는 숫자다. 이 값은 수행하는 다양한 검정 사이에 가장 많이 차이가 나는 구성요소다; 이것은 검정하는 특정 통계량과 사용하는 검정 방식에 기반해서 정해진다. 검정 통계량은 통계적 검정의 가장 수학적인 부분으로, 일반적으로 공식으로 나타낸다. 가설 검정의 마지막 구성요소는 **p-값**이다; 이 값은 보통 귀무가설이 참이라고 가정할 때, 수집한 표본과 유사한 표본이 관찰될 확률로 정의된다. 이 값을 **유의 수준**(가장 자주 사용하는 유의 수준은 0.05)과 비교한다. 만약 p-값이 유의 수준보다 작다면, 표본은 대립가설이 참이라는 증거가 되므로 귀무가설을 기각한다. 마찬가지로, p-값이 유의 수준보다 크다면, 표본은 대립가설이 참이라는 증거가 되지 못하므로 귀무가설을 기각할 수 없다.

▶ Z-검정

z-신뢰구간과 마찬가지로, 표준 정규모델에 기반한 가설 검정인 **z-검정**이 있다. z-검정도 z-신뢰구간과 마찬가지로, 모집단의 표준편차를 알고 있고, 표본이 충분하게 크다고(경험적으로 표본의 크기 30 이상으로) 가정한다. z-검정의 기본적인 설정은 다음과 같다:

- $H_O : \mu = \mu_O$ (수식에 대해 걱정할 필요 없다; μ_O는 보통 평균으로 생각하는 하나의 숫자다.)
- $H_A : \mu < \mu_O$ 또는 $H_A : \mu > \mu_O$ 또는 $H_A : \mu \neq \mu_O$ (μ_O는 귀무가설)
- 검정 통계량: $Z = \dfrac{\bar{x} - \mu_O}{\dfrac{\sigma}{\sqrt{n}}}$

  여기서, $\bar{x}$는 표본 평균, σ는 알려진 모집단 표준편차, n은 표본 크기
- p-값: $p = P(z < Z_\alpha)$ 또는 $p = P(z > Z_\alpha)$ 또는 $p = 2 * P(z < |Z_\alpha|)$

이 수학은 익숙해지면 어렵지 않지만, 그래도 파이썬을 사용해서 더 간단하게 계산할 수 있다.

실습 9.07 ✦ 실전 Z-검정

모집단 평균이 알려진 분포에서 무작위로 표본을 추출하고, z-검정이 올바른 가설을 선택하는지 확인해보자:

1. 코드에 필요한 모든 라이브러리를 가져오고 **시드**를 설정하는 것으로 시작하자:

```
import scipy.stats as st
import numpy as np
import pandas as pd
import math as mt
```

```
import statistics as stat
import statsmodels.stats.weightstats as mod
import statsmodels.stats.proportion as prop

np.random.seed(12345)
```

2. z-검정을 수행할 함수를 작성한다. 입력은 표본(리스트 형태), 모집단 표준편차(z-검정의 필수 조건), 가설 값, 검정의 유의 수준 및 검정 유형(상위-꼬리, 하위-꼬리 또는 양측 검정)이다. 주어진 리스트를 이용해서 표본 평균과 표본 크기를 계산한다. 그리고 검정 통계량을 계산한다. 그런 다음, 수행할 가설 검정에 따라 p-값을 계산한다. 마지막으로, p-값을 유의 수준과 비교하여, 유의 수준보다 작으면 귀무가설을 기각한다. 그렇지 않으면 귀무가설을 기각하지 않는다.

```
def z_test(sample, pop_st_dev, hypoth_value, \
            sig_level, test_type):
    sample_mean = stat.mean(sample)
    sample_size = len(sample)
    test_statistic = (sample_mean - hypoth_value) / \
                     (pop_st_dev / (mt.sqrt(sample_size)))
    if test_type == 'lower':
        p_value = st.norm.cdf(test_statistic)
    if test_type == 'upper':
        p_value = 1 - st.norm.cdf(test_statistic)
    if test_type == 'two':
        p_value = 2 * (1 - st.norm.cdf(abs(test_statistic)))
    print(f'P Value = {p_value}')
    if p_value < sig_level:
        print(f'Results are significant. Reject the Null')
    else:
        print(f'Results are insignificant. ' \
              'Do Not Reject the Null')
```

3. 평균이 15이고 표준편차가 1인 정규분포에서 크기가 50인 표본을 무작위로 추출한다. 화면에 표본 평균을 출력해서 값을 확인한다(시드를 설정하지 않으면, 매번 무작위로 표본을 추출하기 때문에, 실행할 때마다 다를 것이다). z-검정 함수를 사용해서 표본 평균이 16보다 유의미하게 작은지 확인해본다. 데이터를 포함하는 리스트(**data1**), 모집단 표준편차(**1**이다), 가설 값(**16**보다 유의미하게 작은지 확인하려고 한다), 유의 수준(대부분 **0.05** 사용), 그리고 검정 유형(평균이 16보다 작은지 확인하려고 하므로 하위-꼬리 검정)을 설정한다:

```
# 1 - Lower Tailed Test
# Randomly Sample from Normal Distribution mu= and st_dev = 3
data1 = np.random.normal(15, 1, 50)

# Test to see if Mean is significantly less then 16
print(f'Sample mean: {stat.mean(data1)}')
z_test(data1,1,16,0.05,'lower')
# most of the time, the null should be rejected
```

이 코드의 실행 결과는 다음과 같다:

```
Sample mean: 14.94804802516884
P Value = 5.094688086201483e-14
Results are significant. Reject the Null
(-7.43842374885694, 5.094688086201483e-14)
```

검정 통계량 p-값이 0.05보다 작으므로(지수 표기법을 풀어쓰면, 0.0000000000000509), 50개의 표본 크기를 기반으로 계산한 결과, 표본 평균 14.95는 16보다 유의미하게 작다는 것을 알 수 있다. 평균이 15인 모집단에서 표본을 추출했기 때문에 검정 결과는 예상한 대로다. 시드 설정을 해제하고 실행할 때마다 무작위로 표본을 추출하면 결과가 달라질 수 있지만, 대부분 표본에 대해 이 검정은 귀무가설을 기각해야 한다. 반환된 튜플에서 첫 번째 값은 검정 통계량이고 두 번째 값은 p-값이다.

4. 다음으로, 평균이 **14**보다 유의미하게 큰지 확인해보자. 하위-꼬리 검정과 같은 방식으로 다음과 같이 코드를 작성한다:

```
#test to see if the mean is significantly more than 14
print(f'Sample mean: {stat.mean(data1)} ')
z_test(data1,1,14,0.05,'upper')
#most of the time the null should reject
```

이 코드의 실행 결과는 다음과 같다:

```
Sample mean: 14.94804802516884
P Value = 1.0159539876042345e-11
Results are significant. Reject the Null
(6.703711874874011, 1.0159539876042345e-11)
```

5. 마지막으로, 평균이 **15**와 유의미하게 다른지 양측 검정을 수행해보자. 이 검정에서는 평균이 **15**보다 큰지 작은지에 관해서는 관심이 없다. 즉, 그냥 평균이 **15**와 다른지만 확인하려고 한다:

```
#test to see if the mean is significantly different than 15
print(f'Sample mean: {stat.mean(data1)} ')
z_test(data1,1,15,0.05,'two')
#most of the type we should not reject the null
```

이 코드의 실행 결과는 다음과 같다:

```
Sample mean: 14.94804802516884
P Value = 0.7133535345453159
Results are insignificant. Do Not Reject the Null
(-0.3673559369914646, 0.7133535345453159)
```

귀무가설을 기각하지 않는데, 이러한 결과는 평균이 15인 모집단에서 표본을 추출했기 때문에 의미가 있다.

> **노트**
>
> 이 절의 소스 코드는 다음에 있다.
>
> https://packt.live/2C24ItD.
>
> 또한, 다음에서 이 예제를 온라인으로 실행할 수 있다.
>
> https://packt.live/2NNyntn.

▶ 비율 Z-검정

z-검정은, 표본 평균의 유의성을 검정하는 것이 아니라, 비율의 유의성을 검정하는 데 더 자주 사용된다. 이러한 검정을 할 때 필요한 가정은 비율에 대한 z-신뢰구간의 요구조건과 같다: 무작위 표본, 독립성, 그리고 최소 10개의 성공과 10개의 실패. 이 검정에 대한 검정 통계량은 다음과 같이 계산한다:

$$Z_p = \frac{\widehat{p} - p_O}{\sqrt{\frac{\widehat{p} * (1 - \widehat{p})}{n}}}$$

그림 9.16 검정 통계량 계산식

표본 평균의 z-검정과 같은 방식으로 p-값을 계산한다. 이 검정을 위해 함수를 만들 필요는 없다. 파이썬 패키지 **statsmodels.stats.proportion**에 **proportions_ztest()**라는 함수가 이미 만들어져 있다. 이 함수의 구문은 다음과 같다:

```
proportions_ztest(x,n,Po, alternative=['smaller', \
                                       'larger','two-sided'])
```

여기서, **x**는 표본에서 성공의 수, **n**은 표본 크기, **Po**는 검정하려는 대립가설 값 **alternative**에 하위-꼬리, 상위-꼬리 또는 양측 검정을 지정한다.

이 함수는 튜플을 출력한다; 첫 번째 요소는 검정 통계량이고 두 번째 요소는 p-값이다. 선거 운동 사례로 돌아가보자: 자체적으로 여론 조사를 해서 350명으로부터 표본으로 추출했다. 350명 중 193명이 후보자를 지지한다고 말했다. 이렇게 수집한 표본이, 다수의 사람이 후보자를 지지한다는 증거인지 확인해보자.

z-검정의 결과를 변수 **results**에 할당한다. 함수를 호출할 때, **193**은 성공/후보자를 지지하는 사람의 수이고, 표본 크기는 **350**이다. 표본이, 다수의 사람이 후보자를 지지한다는 증거인지 검정하려고 하므로, 가설 값은 **0.50**으로 설정하고 상위-꼬리 검정을 수행한다:

```
#z-test for proportion
results = prop.proportions_ztest(193,350,.50, \
                                 alternative='larger')
print(results)
```

이 코드의 실행 결과는 다음과 같다:

```
(1.93454148164361, 0.026523293494118718)
```

p-값은 약 0.027로, 유의 수준 0.05에서 유의미한 결과다. 즉, 표본은 후보자가 대다수의 지지를 받는다는 증거다.

▶ T-검정

z-검정은 비율에 대한 가설 검정에 유용하지만, 일반적으로 모집단의 표준편차를 알지 못하기 때문에 표본 평균을 검정할 때는 실용적이지 않다. 또한, 표본의 크기가 아주 작을 때도 있다. 이런 때는, t-신뢰구간과 유사한 t-검정을 사용할 수 있다. t-신뢰구간과 마찬가지로 모집단의 표준편차를 알 필요가 없고, 대신 표본을 사용해서 추정한다.

t-검정 공식은 다음과 같다:

$$T = \frac{\bar{x} - \mu_0}{\frac{s}{\sqrt{n}}}$$

그림 9.17 t-검정 계산식

이 식에서,

- $\bar{x}$는 표본 평균.
- μ_O는 검정하려는 가설 값.
- s는 표본 표준편차.
- n은 표본 크기.

t-검정에서는 표준 정규분포 대신 t-분포를 사용해서 p-값을 계산한다. 그러나 이 특별한 검정도 앞에서 다룬 다른 가설 검정과 유사하므로, 절차적인 부분을 지나치게 세세하게 다루지는 않는다. z-검정과 비슷하게 t-검정을 수행하는 함수를 생성할 수 있다:

```
def t_test(sample, hypoth_value, sig_level, test_type):
    sample_mean = stat.mean(sample)
    sample_st_dev = stat.stdev(sample)
    sample_size = len(sample)
    test_statistic = (sample_mean - hypoth_value) / \
                     (sample_st_dev/(mt.sqrt(sample_size)))
    if test_type == 'lower':
        p_value = st.t.cdf(test_statistic,df=sample_size-1)
    if test_type == 'upper':
        p_value = 1 - st.t.cdf(test_statistic,df=sample_size-1)
    if test_type == 'two':
        p_value = 2 * (1 - st.t.cdf(abs(test_statistic), \
```

```
                                        df=sample_size-1))
    print(f'P Value={p_value}')
    if p_value < sig_level:
        print(f'Results are significant. Reject the Null')
    else:
        print(f'Results are insignificant. ' \
              'Do Not Reject the Null')
```

이 코드에서:

- **sample**은 표본의 리스트.
- **hypoth_value**는 대립가설 값.
- **sig_level**은 유의 수준.
- **test_type**은 검정 유형인 하위-꼬리, 상위-꼬리 또는 양측 검정.

실습 9.08 ✦ T-검정

두 가지 서로 다른 표본을 검토한다: 큰 표본과 작은 표본. 두 표본 모두 평균이 50이고 표준편차가 10인 정규분포에서 무작위로 추출한다. 큰 표본은 크기가 100이고 작은 표본은 크기가 10이라는 점이 두 표본의 유일한 차이점이다:

1. 먼저, 사용할 라이브러리를 가져오고 시드를 설정한 다음 큰 표본을 무작위로 추출한다:

```
import scipy.stats as st
import numpy as np
import pandas as pd
import math as mt
import statistics as stat
import statsmodels.stats.weightstats as mod
import statsmodels.stats.proportion as prop

np.random.seed(1)

data1 = np.random.normal(50, 10, 100)
```

2. t-검정 함수를 작성한다:

```
def t_test(sample, hypoth_value, sig_level, test_type):
    sample_mean = stat.mean(sample)
    sample_st_dev = stat.stdev(sample)
    sample_size = len(sample)
    test_statistic = (sample_mean - hypoth_value) / \
                    (sample_st_dev/(mt.sqrt(sample_size)))
    if test_type == 'lower':
        p_value = st.t.cdf(test_statistic,df=sample_size-1)
    if test_type == 'upper':
        p_value = 1 - st.t.cdf(test_statistic,df=sample_size-1)
    if test_type == 'two':
        p_value = 2 * (1 - st.t.cdf(abs(test_statistic), \
                            df=sample_size-1))
    print(f'P Value = {p_value}')
    if p_value < sig_level:
        print(f'Results are significant. Reject the Null')
    else:
        print(f'Results are insignificant. ' \
              'Do Not Reject the Null')
```

3. 세 가지 다른 검정을 실행한다: 표본 평균이 **50**과 유의미하게 다른지, 표본 평균이 **51**보다 유의미하게 작은지, 표본 평균이 **48**보다 유의미하게 큰지 확인한다:

```
print('large sample')
print(f'Sample mean:{stat.mean(data1)}')
t_test(data1,50,0.05,'two')
t_test(data1,51,0.05,'lower')
t_test(data1,48,0.05,'upper')
```

이 코드의 실행 결과는 다음과 같다:

```
large sample
Sample mean: 50.60582852075699
P Value = 0.4974609984410545
Results are insignificant. Do Not Reject the Null
P Value = 0.32933701868279674
Results are insignificant. Do Not Reject the Null
P Value = 0.002109341573010237
Results are significant. Reject the Null
```

첫 번째 검정은 유의미하지 않아서, 평균이 **50**과 유의미하게 다르지 않다고 증명할 수 있는 근거가 없다. 두 번째 검정도 유의미하지 않다; 표본은 평균이 **51**보다 유의미하게 크다는 것을 증명할 수 있는 근거가 안 된다. 마지막 검정은 유의미하다; 표본은 평균이 **48**보다 유의미하게 높다는 근거다.

4. 이번에는 크기가 **5**인 표본(큰 표본의 처음 5개)을 사용해서 같은 세 가지 검정을 한다:

```
# select the first 5 elements of the data set
data2 = data1[:5]
print(data2)

#two-tailed test = Is the sample mean significantly
#different from 50?
print('small sample')
print(f'Sample mean: {stat.mean(data2)}')
t_test(data2,50,0.05,'two')
#lower tailed = Is the sample mean significantly
#lower than 51?
t_test(data2,51,0.05,'lower')
#upper tailed = is the sample mean significantly
#more than 48?
t_test(data2,48,0.05,'upper')
```

이 코드의 실행 결과는 다음과 같다:

```
[66.24345364 43.88243586 44.71828248 39.27031378 58.65407629]
small sample
Sample mean: 50.553712409836436
P Value = 0.918572770568147
Results are insignificant. Do Not Reject the Null
P Value = 0.4671568669546634
Results are insignificant. Do Not Reject the Null
P Value = 0.32103491333328793
Results are insignificant. Do Not Reject the Null
```

첫 두 검정의 결과는 변하지 않지만, 세 번째 검정은 거의 같은 표본 평균임에도 불구하고 달라졌다. 표본 크기가 작기 때문이다; 표본의 크기가 작아서 확신 역시 작아지므로 검정은 더 보수적이고, 귀무가설을 기각할 가능성도 더 작아진다. 이러한 분석은 t-검정의 검정 통계량 공식에서도 확인할 수 있다:

$$T = \frac{\bar{x} - \mu_0}{\frac{s}{\sqrt{n}}}$$

그림 9.18 t-검정의 검정 통계량 계산식

분모 $\frac{s}{\sqrt{n}}$를 살펴보자; n이 작으면 (s가 일정할 때) $\frac{s}{\sqrt{n}}$이 더 커진다. 그러므로 검정 통계량의 분모 값이 커져서 결국, 검정 통계량이 더 작아진다.

> **노트**
>
> 이 절의 소스 코드는 다음에 있다.
>
> https://packt.live/38mMShg.
>
> 또한, 다음에서 이 예제를 온라인으로 실행할 수 있다.
>
> https://packt.live/3gkBdlK.

▶ 2-표본 T-검정 또는 A/B 검정

마지막으로 살펴볼 검정은 2-표본 t-검정이다. 이것은 두 개의 다른 표본의 평균을 비교하는 가설 검정으로, 한 평균이 다른 평균보다 유의미하게 높거나, 낮거나, 다른지를 판정한다. 이것의 응용사례 중 하나가 A/B 검정이라고 부르는 것이다. A/B 검정은 다른 두 그룹에 두 가지 다른 버전의 웹사이트 또는 앱을 보여주고 어떤 성능 지표를 수집하는 것으로 시작한다. 성능 지표의 예로는 지출 금액, 광고를 클릭한 사람 수, 또는 모바일 게임 내에서의 소액 거래 금액 등이 있다. 일단 데이터를 수집하면, 두 표본 평균을 검정해서 서로 다른 두 가지 버전 사이의 차이가 유의미한지 확인한다.

2-표본 t-검정에서 귀무가설과 대립가설은 1-표본 검정과 약간 다르다. 표본 평균을 어떤 값과 비교하는 대신, 다른 평균과 비교한다. 보통, 평균의 차이를 0과 비교하는 방식을 사용한다. 약간의 대수학을 사용해서 대립가설을 설정할 수 있다:

- **상한-꼬리**(평균 1이 평균 2보다 큰 경우): $\mu_1 > \mu_2 \Rightarrow \mu_1 - \mu_2 > 0$
- **하한-꼬리**(평균 1이 평균 2보다 작은 경우): $\mu_1 < \mu_2 \Rightarrow \mu_1 - \mu_2 < 0$
- **양측**(평균 1이 평균 2와 다른 경우): $\mu_1 \neq \mu_2 \Rightarrow \mu_1 - \mu_2 \neq 0$

2-표본 t-검정에서 귀무가설은 항상 0으로 설정된다($\mu_1 - \mu_2 = 0$). 즉, 귀무가설은 두 평균 사이에 차이가 없다고 주장하며, 대립가설은 차이가 있다고 주장한다. 2-표본 t-검정의 검정 통계량은 다음과 같이 계산한다:

$$r = \frac{\bar{x}_1 - \bar{x}_2}{\sqrt{\frac{s_1^2}{n_1} - \frac{s_2^2}{n_2}}} \quad \text{자유도는} \quad \frac{\left(\frac{s_1^2}{n_1} + \frac{s_2^2}{n_2}\right)}{\frac{\left(s_1^2/n_1\right)^2}{n_1 - 1} + \frac{\left(s_2^2/n_2\right)^2}{n_2 - 1}}$$

이 값을 손으로 직접 계산할 필요가 없고, 또한, 함수를 만드는 수고도 할 필요가 없다는 건 아주 좋은 소식이다. **scipy.stats** 패키지에는 이러한 검정을 위한 함수가 이미 만들어져 있다. 그 함수는 다음과 같다:

```
scipy.stats.ttest_ind(x1,x2,equal_var=False)
```

여기서:

- **x1**은 첫 번째 표본의 데이터 리스트.
- **x2**는 두 번째 표본의 데이터 리스트.
- **equal_var**(두 표본의 분산이 같은지 여부)를 **False**로 설정한다.

이 함수는 값 두 개를 반환한다: 부호가 붙은 검정 통계량과 p-값이다. 누군가는 이 함수에 어떤 검정을 수행하는지 지정하는 옵션이 없다는 것을 주목할 수도 있다. 이 함수는 항상 양측 검정을 한다고 가정하기 때문이다. 그렇다면 한-꼬리 검정의 결과를 어떻게 얻을 수 있을까? t-분포는 대칭이므로, 한-꼬리 검정의 p-값은 양측 검정의 p-값의 절반이다. 다음으로 확인해야 할 사항은 검정 통계량의 부호다. 하한-꼬리 검정의 경우, 검정 통계량이 음수인 경우에만 귀무가설을 기각한다. 마찬가지로, 상한-꼬리 검정의 경우, 검정 통계량이 양수인 경우에만 귀무가설을 기각한다. 따라서 한-꼬리 검정의 경우 다음과 같다:

- **하한:** $\frac{p - value}{2}$가 유의 수준보다 작고 검정 통계량이 음수인 경우, 귀무가설을 기각한다.
- **상한:** $\frac{p - value}{2}$가 유의 수준보다 작고 검정 통계량이 양수인 경우, 귀무가설을 기각한다.

실습 9.09 ✦ A/B 검정

표본 두 개가 있다. 하나는 평균이 50인 정규분포에서 추출되었고, 다른 하나는 평균이 100인 분포에서 추출되었다. 두 표본의 크기는 모두 100이다. 이 실습에서는 한 표본의 표본 평균이 다른 표본과 유의미하게 다른지, 작거나 큰지를 결정한다:

1. 먼저 사용할 라이브러리를 가져온다:

```
import scipy.stats as st
import numpy as np
```

2. 무작위로 표본을 추출하고 표본 평균을 출력해서 확인한다. 시드를 설정하는 것을 잊지 말자:

```
# Randomly Sample from Normal Distributions
np.random.seed(16172)
sample1 = np.random.normal(50, 10, 100)
sample2 = np.random.normal(100,10,100)
print(f'Sample mean 1:{stat.mean(sample1)}')
print(f'Sample mean 2:{stat.mean(sample2)}')
```

   결과는 다음과 같다:

```
Sample mean 1: 50.54824784997514
Sample mean 2: 97.95949096047315
```

3. **scipy** 패키지의 함수를 사용해서 2-표본 t-검정을 수행하고 결과를 출력한다:

```
two_tail_results = st.ttest_ind(sample1, sample2, equal_var=False)
print(two_tail_results)
```

   결과는 다음과 같다:

```
Ttest_indResult(statistic=-33.72952277672986, pvalue=6.3445365508664585e-84)
```

   이 함수는, 기본적으로, 양측 검정을 수행하므로, **sample1**의 평균은 **sample2**의 평균과 유의미하게 다르다. (**sample1**의 평균이 **sample2**보다 유의미하게 작은) 하한-꼬리 검정을 수행할 때도 같은 코드를 사용한다. 다만, p-값을 2로 나누고 검정 통계량이 음수인지 확인해야 한다. p-값을 2로 나눈 값이 0.05보다 작고, 검정 통계량이 음수이므로, **sample1**의 평균은 **sample2**의 평균보다 유의미하게 작다.

4. **sample2**의 평균이 **sample1**의 평균보다 유의미하게 큰지를 검정하려면 함수에서 **sample1**과 **sample2**의 위치를 바꾸기만 하면 된다:

```
upper_tail = st.ttest_ind(sample2, sample1, equal_var=False)
print(upper_tail)
```

결과는 다음과 같다:

```
Ttest_indResult(statistic=33.72952277672986,
pvalue=6.3445365508664585e-84)
```

하한-꼬리 검정과 마찬가지로 p-값을 2로 나눈다. 그리고 이번에는 검정 통계량이 양수인지 확인해야 한다. p-값을 2로 나눈 값이 0.05보다 작고, 검정 통계량이 양수이므로, **sample2**의 평균은 **sample1**의 평균보다 유의미하게 크다.

노트

이 절의 소스 코드는 다음에 있다.

https://packt.live/3iuHmOr.

또한, 다음에서 이 예제를 온라인으로 실행할 수 있다.

https://packt.live/3ghpdl4.

▶ 선형회귀

지금까지 표본 통계량을 기술하고 검정하는 방법을 살펴보았는데, 만일 데이터의 특성을 사용해서 다른 특성을 설명하고 싶다면 어떻게 해야 할까? 예를 들어, 모바일 앱의 가격이 다운로드 횟수에 어떤 영향을 미치는지 알고 싶다면 어떻게 해야 할까? 선형회귀를 사용한 데이터 모델링으로 그런 일을 할 수 있다. 하나 이상의 독립 변수를 사용해서 하나의 종속 변수를 설명하는 선형 방정식을 사용하는 것이 **선형회귀**다. 일반적으로 회귀 방정식은 다음처럼 기울기-절편 형태로 표현된다:

$$y = \beta_1 x + \beta_0$$

그림 9.19 선형회귀 방정식

여기서:

- β_1은 방정식의 기울기를 나타내는 것으로 계수라고 부른다.
- β_0는 방정식의 절편이다.

계수와 절편을 어떻게 정할까? 이 값을 정하는 수학은, 예측된 y값과 실제 y값의 차이인 잔차로부터 시작된다. **잔차**는 이 방정식의 예측이 실제값으로부터 얼마나 벗어났는지를 나타내는 양이다. 여기서는 자세히 다루지 않겠지만, 미적분을 사용해서, 모든 잔차의 합을 최소화하는 β_1, β_0를 구한다. 또한, 계수의 개수를 하나로 제한할 필요 없다; 다음처럼, 여러 개(두 개 이상)의 계수를 가질 수도 있다:

$$y = \beta_3 x_3 + \beta_2 x_2 + \beta_1 x_1 + \beta_0$$

그림 9.20 계수가 여러 개인 선형회귀 공식

다행스럽게, 특히 **sklearn** 패키지의 선형 모델 함수를 사용해서, 이러한 모든 계산을 파이썬으로 수행할 수 있다.

실습 9.10 ✦ 선형회귀

와인의 여러 가지 특성을 사용해서 레드 와인의 pH를 예측하는 작업을 맡았다고 가정하자. 데이터 세트는 GitHub 저장소 https://packt.live/3imVXv5에서 내려받을 수 있다.

> **노트**
>
> 이 데이터는 UCI Machine Learning Repository (http://archive.ics.uci.edu/ml)에서 제공하는 와인 품질 데이터 세트다. Irvine, CA: University of California, School of Information and Computer Science. *P. Cortez, A. Cerde ira, F. Almeida, T. Matos, and J. Reiss.* 물리 화학적 특성의 데이터 마이닝을 통한 와인 선호도 모델링. 의사결정 지원 시스템, Elsevier, 47(4):547-553, 2009.

1. 필요한 패키지를 가져오고, 데이터도 읽어온다:

```
# import packages and read in data
import pandas as pd
import statistics as st
import scipy.stats as sp
import math
import sklearn.linear_model as lm
import matplotlib.pyplot as plt
from mpl_toolkits import mplot3d
import numpy as np

data = pd.read_csv("winequality-red.csv")
```

2. 데이터 세트에서 필요한 두 열의 부분집합을 추출한다(구연산의 양을 사용해서 **pH** 수준을 예측한다). **pH** 수준을 종속 변수로 설정하고 **citric acid**를 독립 변수로 설정한다:

```
data1 = data[['pH','citric acid']]
plt.scatter(x=data1['citric acid'], y=data1['pH'])

y = data1['pH']
x = data1[['citric acid']]
```

3. 선형 모델을 적합(!또는 학습)시키고, 데이터를 산점도 그래프와 선형회귀 모델 그래프로 나타낸다:

```
model = lm.LinearRegression()
model.fit(x,y)

plt.scatter(x, y,color='g')
plt.plot(x, model.predict(x),color='k')

plt.show()
```

결과는 다음과 같다:

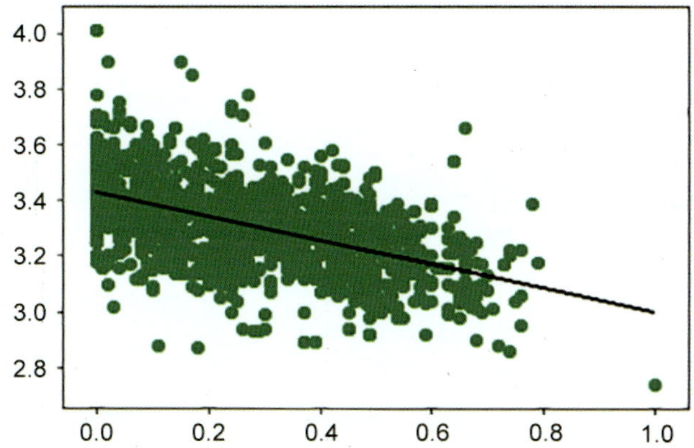

그림 9.21 선형 방정식이 데이터에 잘 맞는 것으로 보임

그림을 살펴보면, 선형 방정식에 대응하는 선이 데이터와 잘 맞는 것을 알 수 있다. 이제 다른 독립 변수를 추가해보자; 여기서는, 잔여 당분(!알코올로 변하지 않고 남은 당으로 와인 1L에 30g 이상 들어있으면 sweet wine으로 간주한다) 함량을 추가하고 더 잘 예측하는지 알아본다.

4. 이번에는, 독립 변수를 **citric acid**와 **residual sugar**로 설정하고 모델을 적합 시킨다:

```
#can we predict the pH of the wine using
#citric acid and residual sugar?
data2 = data[['pH','citric acid','residual sugar']]
y = data2['pH']
x = data2[['citric acid', 'residual sugar']]

model = lm.LinearRegression()

model.fit(x,y)

y_pred = model.predict(x)
```

5. 3차원 산점도를 그리고, 마찬가지로 **3d** 공간에 회귀 직선을 그려서 데이터와 잘 맞는지 확인한다:

```
threedee = plt.figure().gca(projection='3d')
threedee.scatter(data2['citric acid'], data2['residual sugar'],data2['pH'])
threedee.set_xlabel('citric acid')
threedee.set_ylabel('residual sugar')
threedee.set_zlabel('pH')

xline = np.linspace(0, 1, 100)
yline = np.linspace(0, 16, 100)
zline = xline*(-0.429) + yline*(-0.000877)+3.430
threedee.plot3D(xline, yline, zline, 'red')

plt.show()
```

결과는 다음과 같다:

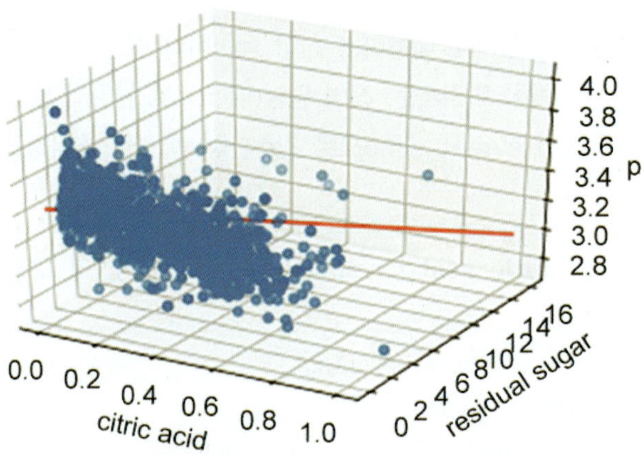

그림 9.22 선형 방정식이 데이터에 잘 맞지 않는 것으로 보임

그림을 살펴보면, 선형 모델이 첫 번째 모델만큼 데이터에 잘 맞지 않는 것으로 보인다. 이를 바탕으로 잔여 당분은 최종 모델에서 제외하는 게 좋겠다.

> **노트**
>
> 이 절의 소스 코드는 다음에 있다.
>
> https://packt.live/2Anl3ZA.
>
> 또한, 다음에서 이 예제를 온라인으로 실행할 수 있다.
>
> https://packt.live/3eOmPlv.

프로젝트 9.01 ✦ 표준화된 시험 성적

2015년 PISA 시험 결과를 설명하고 인터넷 인프라의 보급 정도가 시험 성적에 어떤 영향을 미칠 수 있는지 조사하는 작업을 맡았다고 가정하자. (!PISA 즉, 국제학업성취도평가는 경제협력개발기구(OECD)가 만 15세 이상 학생을 대상으로 각국의 학업 성취도를 비교 평가하는 시험)

데이터 세트는 GitHub 저장소 https://packt.live/3gi2hCg에서 **pisa_test_scores.csv** 파일을 내려받아 작업 디렉터리에 저장한다.

> **노트**
>
> 이 PISA 시험 성적 데이터 세트는 세계은행 교육통계(World Bank Edstats.)에서 제공한 데이터를 기반으로 한다.
>
> (https://datacatalog.worldbank.org/dataset/education-statistics)

파일을 저장한 후 다음을 수행한다:

1. 신뢰구간을 사용해서, 읽기, 과학, 그리고 수학에 대한 학생의 전형적인 점수를 설명한다.
2. 가설 검정을 사용해서, 인터넷 인프라의 보급 정도가 더 높은 시험 성적으로 이어질 수 있는지 평가한다.
3. 읽기 및 쓰기 점수를 사용해서, 수학 점수를 예측하는 선형 모델을 만든다.

> **노트**
>
> 이 프로젝트의 구현 코드는 부록에 있다.

요약

이 장에서, 큰 수의 법칙과 표본 평균 통계량의 안정성이 표본 크기에 어떻게 영향을 받는지 살펴보았다. 중심극한정리를 통해 신뢰구간과 가설 검정의 이론적 기반을 세밀하게 검토했다. 신뢰구간은 표본 평균, 표본 비율, 그리고 오차 범위와 같은 표본 통계량을 설명하는 데 사용되었다. 가설 검정은 수집된 표본을 증거로 사용해서 두 가지 상반된 가설을 검정하는 데 사용되었다.

다음 장에서, 미적분을 다루기 시작한다. 미적분에서는 순간 변화율이나, 곡선의 기울기를 찾는 등의 주제를 다룬다. 그 후, 곡선 아래의 면적을 찾는 적분을 살펴본다. 마지막으로, 도함수를 사용해서 복잡한 방정식과 그래프의 최적값을 찾는다. (!딥러닝 학습 알고리즘도 도함수를 이용해서 최적값을 찾는다.)

4부

미적분

10장

파이썬과 기초 미적분

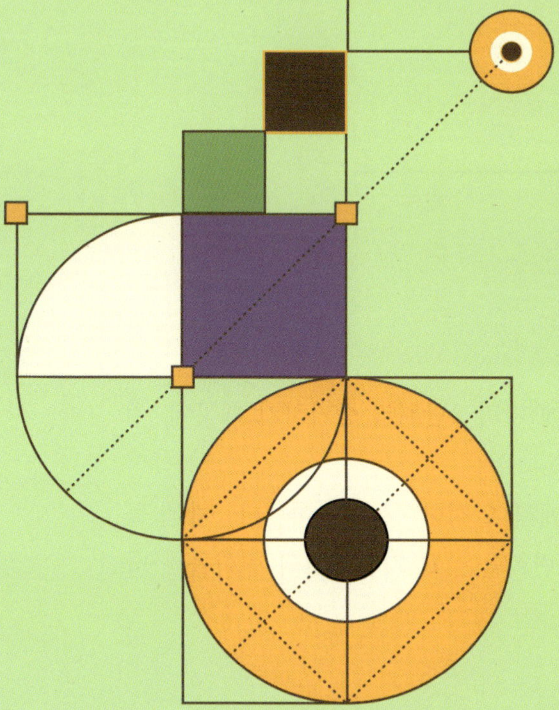

요약

주어진 x에서 함수의 **미분계수**를 계산하는 방법을 배운다. 또한, 주어진 값 사이 함수의 **적분**을 계산하고, 이를 이용해서 이윤을 극대화하거나 비용을 최소화하는 등의 **최적화** 문제를 해결하는 방법도 배운다. 이 장을 마치면, 미적분을 사용해서 다양한 수학적 문제를 해결할 수 있다.

개요

미적분은 변화의 과학이다. 행성이나 로켓의 위치와 속도 같이 지속해서 변하는 값을 다루는 수단이기 때문이다. 미적분이 발명되기 전에는 이렇게 변하는 형태의 변수를 다룰 수 없었다.

첫 번째로 다루어야 할 미적분의 중요한 주제는 **미분계수**다. 미분계수는 주어진 한 점에서 함수의 변화율이다. 직선은 기울기라는 단순한 패턴을 따르는 선이다. 기울기는 y값의 변화(높이)를 x값의 변화(거리)로 나눈 값이다:

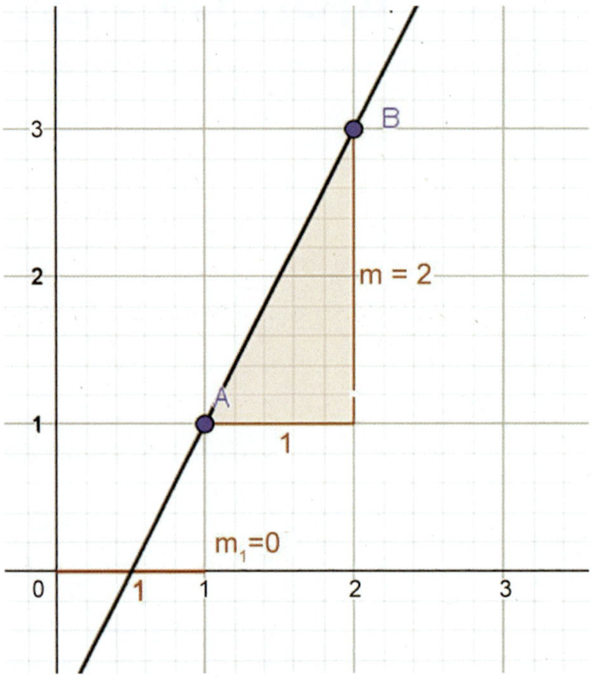

그림 10.1 직선의 기울기

그림 10.1에서, 직선의 y값은 x값이 1단위 증가함에 따라 2단위씩 증가하기 때문에, 기울기는 2를 1로 나눈 2다.

하지만, 곡선의 기울기는 직선과 같이 전체 곡선에서 일정한 상수가 아니다. 예를 들어, 다음 **그림 10.2**에서 보듯이, **A** 지점에서 함수의 변화율은 **B** 지점에서의 변화율과 다르다:

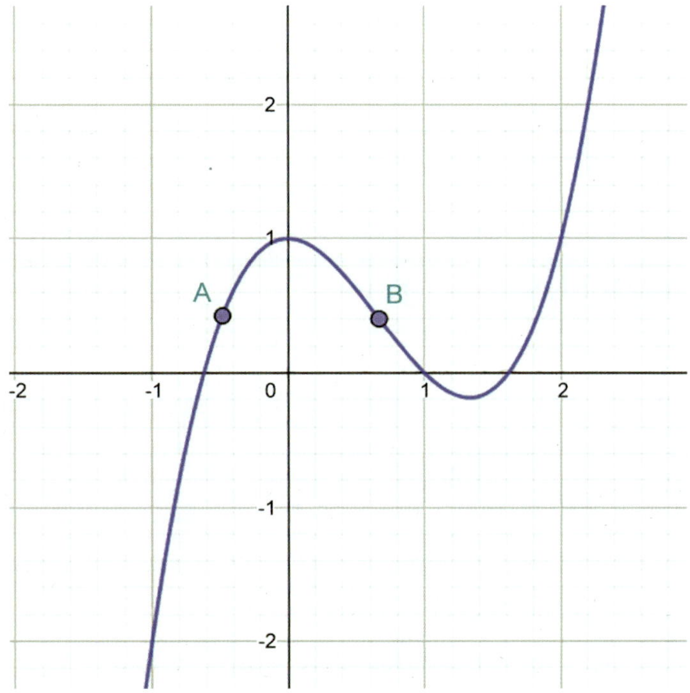

그림 10.2 곡선의 기울기 구하기

그러나, **A** 근처를 충분히 확대하면, 곡선이 거의 직선과 비슷하게 된다는 걸 알 수 있다.

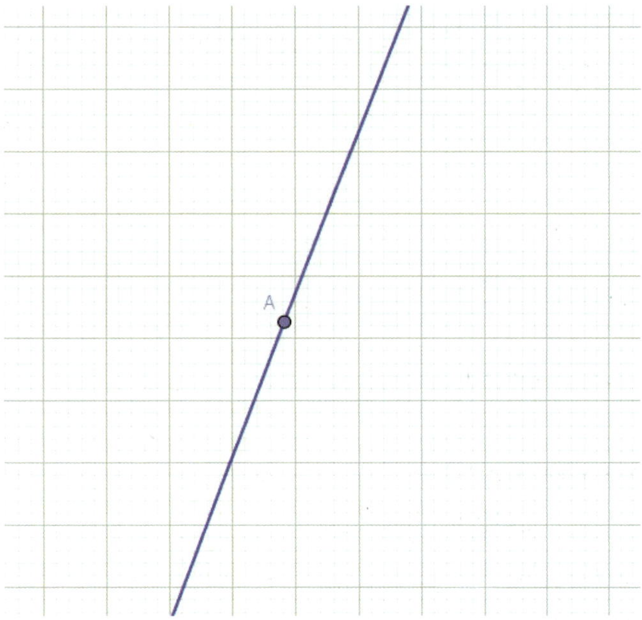

그림 10.3 곡선의 특정 지점 확대

이것이 미분계수의 기본 원리다: x의 이동 거리, 즉, 변화량을 충분하게 작게 만들고, 그 작은 곡선 부분에서의 기울기가 그 지점에서 곡선의 변화율을 잘 근사하도록 한다. 파이썬으로 계산해보자.

미분계수 계산 함수

미적분 과목에서 미분계수의 개념이 일종의 공포심을 유발하는 것과 달리, 이 값을 수치적으로 계산하는 함수는 놀랍게도 매우 간단하다.

먼저, 주피터 노트북에서, 함수 $f(x)$를 포물선 $y=x^2$으로 정의한다;

```
def f(x):
    return x**2
```

이제, 다음 공식을 이용해서, 임의의 점 $(x, f(x))$에서의 미분계수를 계산하는 함수를 작성한다:

$$\lim_{\Delta x \to 0} \frac{f(x+\Delta x)-f(x)}{\Delta x}$$

그림 10.4 미분계수 계산식

분자는 y의 높이 즉, 변화량이고 분모는 x의 이동 거리, 즉 변화량이다. x의 변화량은 Δx로 나타내며, 여기서는 이 값을 1을 백만으로 나눈 아주 작은 소수(!이 값이 작을수록 정확한 미분계수를 구할 수 있다)로 설정한다:

```
def f(x):
    return x**2

def derivative(f,x):
    """
    Returns the value of the derivative of
    the function at a given x-value.
```

```
    """
    delta_x = 1/1000000
    return (f(x+delta_x) - f(x))/delta_x
```

> **노트**
>
> 앞 코드에서, 큰따옴표 (""") 세 개는, 여러 줄에 주석을 붙일 때, 주석의 시작과 끝을 나타내는 기호다. 코드에 주석을 추가해서 그 부분의 논리를 이해하기 쉽게 설명할 수 있다.

이제, 원래 함수의 어떤 x에 대해서도, 그 점에서의 미분계수를, 매우 정확하게, 계산할 수 있다:

```
for i in range(-3,4):
    print(i,derivative(f,i))
```

이 코드를 실행 결과는 다음과 같다:

```
-3 -5.999999000749767
-2 -3.999998999582033
-1 -1.999999000079633
0 1e-06
1 2.0000009999243673
2 4.0000010006480125
3 6.000001000927568
```

이 값들은 실제 값과 약간 차이가 있다. (-6 대신에 -5.999999). 출력을 소수점 첫째 자리까지 반올림하면 더 명확하게 이해할 수 있다:

```
for i in range(-3,4):
    print(i,round(derivative(f,i),1))
```

출력은 다음과 같다:

```
-3  -6.0
-2  -4.0
-1  -2.0
 0   0.0
 1   2.0
 2   4.0
 3   6.0
```

여러 점에 대해, 함수 $y = x^2$의 미분계수를 계산해보니, 어떤 패턴이 있다는 걸 확인할 수 있다: 미분계수가 항상 x값의 두 배다. 이 값은 그 지점에서 곡선을 확대했을 때 생기는 직선의 기울기다. 이 방법의 놀라운 위력을 다음 실습에서 명확하게 알 수 있다.

(!특정 점에서의 기울기가 미분계수고, 모든 점에서의 미분계수를 품는 함수를 **도함수**라고 부른다. 파이썬 함수는 임의의 x가 주어지면 대응하는 미분계수를 반환하기 때문에, 이 함수의 이름이 derivative( )다.)

실습 10.01 ✦ 함수의 미분계수 계산

앞에서 작성한 **derivative()** 함수를, 임의의 주어진 함수의 미분계수를 구하는 데 사용할 수 있다. x의 이동 거리를 작게 하는 방법을 사용해서, 지루한 대수적 조작을 하지 않고 기울기를 계산할 수 있다. 여기서, 다소 복잡해 보이는 몇 가지 함수의 미분계수를 계산해 본다. **derivative()**의 함수에 대한 인수를 f로 지정했지만 아무 함수나 전달할 수 있다. 이 실습에 사용할 함수는 다음과 같다:

$$f(x) = 6x^3 \ at\ x = -2$$
$$g(x) = \sqrt{2x+5} \ at\ x = 3$$
$$h(x) = \frac{1}{(x-3)^3} \ at\ x = 5$$

그림 10.5 함수 정의와 미분계수를 구할 x값

다음 단계를 수행한다:

1. 우선 **math** 모듈에서 제곱근 함수를 가져온다:

```
from math import sqrt
```

2. 다음으로, 앞의 예제 함수를 파이썬 코드로 변환한다:

```
def f(x):
    return 6*x**3

def g(x):
    return sqrt(2*x + 5)

def h(x):
    return 1/(x-3)**3
```

3. 미분계수를 구할 함수를 정의한다(앞에서 구현한 것과 같다):

```
def derivative(f,x):
    """Returns the value of the derivative of
        the function at a given x-value."""
    delta_x = 1/1000000
    return (f(x+delta_x) - f(x))/delta_x
```

4. 이제, 각각의 함수와 x를 전달해서 미분계수를 계산한다:

```
print(derivative(f,-2),derivative(g,3),derivative(h,5))
```

출력은 다음과 같다:

```
71.99996399265274 0.30151133101341543 -0.18749981253729509
```

지금 아주 중요한 기술을 배웠다: 임의의 함수에 대한 특정 x값에서의 미분계수 계산. 이것은 미적분을 배우는 학생들이 많은 어려운 대수적 계산을 해야만 구할 수 있는 문제다: 학생들은 먼저 도함수를 구한 후, x를 대입해서 손으로 미분계수를 구한다. 그러나, 파이썬에서는 어떤 대수적 계산을 하지 않고, 함수의 미분계수를 정의에 따라 직접 계산한다.

노트

이 절의 소스 코드는 다음에 있다.

https://packt.live/2AnlJOC.

또한, 다음에서 이 예제를 온라인으로 실행할 수 있다.

https://packt.live/3gi4l7S.

▶ 접선의 방정식 찾기

곡선 위의 주어진 점을 지나는 접선의 방정식을 찾는 것은 미적분에서 흔히 다루는 문제 중 하나다. 점 **A**와 **B**에 대해 다시 상기해보자. 접선은, **그림 10.6**처럼, 그 점에서 곡선을 최대로 확대했을 때 생기는 직선이다.

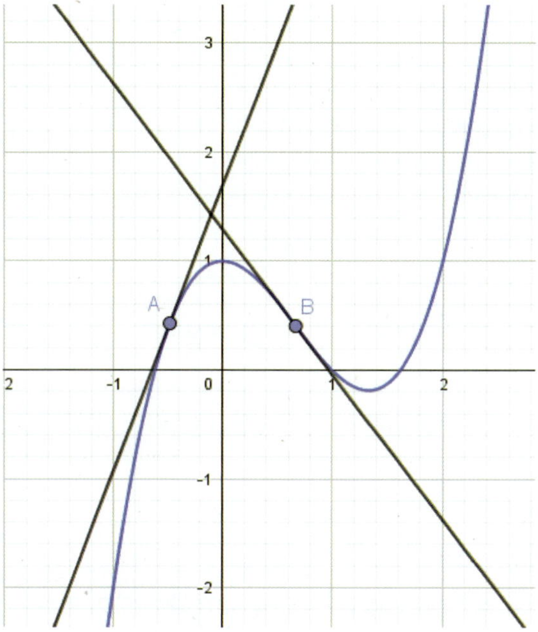

그림 10.6 곡선의 두 접선

그림 10.6 곡선에 대해 생각해보자. 푸른색 곡선을 방정식으로 나타내면 다음과 같다:

$$f(x) = x^3 - 2x + 1$$

그림 10.7 f(x)의 방정식

그림 10.6의 점 **A**의 x값은 -0.48이고, **B**의 x값은 0.67이다. 파이썬으로 계산하는 경우 주어진 값이 정수, 음수, 또는 실수인지 구분하지 않고 처리한다는 점은 아주 멋진 일이다.

직선의 방정식을 구하려면 기울기와 한 점을 알아야 한다. 만약 대수학을 배웠다면 다음과 같은 공식을 기억할 수 있겠다:

$$y - y_0 = m(x - x_0)$$

그림 10.8 직선의 방정식

함수와 한 점 (x_0, y_0)이 주어지면, 주어진 x_0값에서의 미분계수를 사용해서 기울기 m을 구할 수 있다. 접선의 방정식은 $y = mx + b$ 형태이고, 그렇다면 구해야 하는 다른 값은 y절편인 b다. 그러나, 앞의 방정식을 재정렬하면, 등식의 오른쪽에서 b가 나타난다:

$$y = mx - mx_0 + y_0$$

그림 10.9 한 점을 지나는 직선의 방정식

앞에서 만든 미분계수를 구하는 함수를 사용해서, 기울기 m을 구한 다음, $y_0 - mx_0$에 대입하면 된다. 다음 단계에 따라 실습해보자:

5. 먼저, 함수 **f(x)**를 정의한다:

```
def f(x):
    return x**3 - 2*x**2 + 1
```

6. 그런 다음, 기울기와 한 점을 주면, y절편을 반환하는 함수를 작성한다. 이 함수는 **point_slope**라고 부르기로 한다:

```
def point_slope(m,x,y):
    """Finds the y-intercept of a line
       given its slope m and a point (x,y)"""
       return y-m*x
```

7. 마지막으로, 함수 **f**와 **x**를 주면, **x**에서 **f**의 미분계수를 찾아, **point_slope()** 함수에 전달하고, $y = mx + b$ 형태로 된 직선의 방정식을 출력하는 함수를 작성한다. 이 함수는 **tangent_line**이라고 부르기로 한다:

```
def tangent_line(f,x):
    """Finds the equation of the line
       tangent to f at x."""
```

8. **x**에서 **f**의 미분계수를 구해서, 접선의 기울기를 구한다:

```
    m = derivative(f,x)
```

9. 그런 다음, **point_slope()** 함수를 사용해서 y절편을 찾는다:

```
    y0 = f(x)
    b = point_slope(m,x,y0)
    print("y = ",round(m,2),"x + ",round(b,2))
```

10. 이제, 다음 코드를 사용해서, $x = -0.48$과 $x = 0.67$에서 **f**에 접하는 직선의 방정식을 구한다:

```
for x in [-0.48,0.67]:
    tangent_line(f,x)
```

출력은 다음과 같다:

```
y = 2.61 x + 1.68
y = -1.33 x + 1.3
```

이 절에서, 특정 **x**값에서의 접선의 방정식을 찾는 방법을 배웠다.

적분 계산

당연하게도, 미적분의 주요 주제 중 하나는 미분이고, 이것은 미분계수를 구하는 것을 의미하며, 이 장에서 지금까지 살펴본 내용이다. 미적분의 다른 주요 주제는 적분 계산으로, 많은 작은 조각을 합산해서, 면적이나 체적을 구하는 것을 포함한다.

손으로 직접 적분을 계산할 때, 미분계수를 찾기 위해 수행하는 대수학을 반대로 적용하는 방법을 보통 배운다. 그러나, 그 대수학은 매우 복잡하고, 때에 따라서는 계산할 수 없기도 하다. 학교에서 배우는 어려운 버전으로, Riemann 합이었는데, 이것은 곡선 아래의 영역을 직사각형 조각으로 나누어 합산해서 면적을 계산한다. 그러나, 현실적인 시간 내에 10조각 이상으로 나누어 계산하기 어렵고, 시험에서라면 물론 불가능하다.

그러나, 파이썬을 사용하면, 원하는 만큼 많은 조각으로 나누어 계산할 수 있으므로, 대수학적 방정식을 얻기 위해 해야 하는 묘기를 부리는 것에 가까운 수고를 덜 수 있다. 대수학적 방정식을 찾는 목적이 정확한 값을 얻는 것이므로, 만일 프로그램을 사용해서 더 정확한 값을 얻을 수 있다면, 그 방법을 선택하지 않을 아무런 이유가 없다.

그림 10.10은 임의의 함수와 그 아래 영역을 나타낸다. 일반적으로 함수의 영역은, 함수 자체, x의 하한 **a**, x의 상한 **b**, 그리고 x축으로 둘러싸인 부분이다.

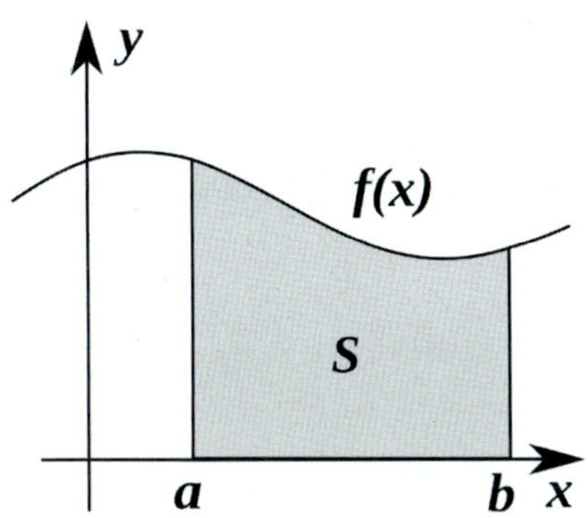

그림 10.10 함수 f(x)와 a, b에 의해 정의된 곡선 아래 영역 S

이제, 이 영역의 면적을 구하기 위해 할 일은, 영역 **S**를 같은 너비의 직사각형으로 나누는 것이고, 높이 ($f(x)$)를 알고 있으므로 파이썬을 사용해서 쉽게 모두 더할 수 있다. **그림 10.11**은 $f(x)=x^2$의 경우를 나타낸다:

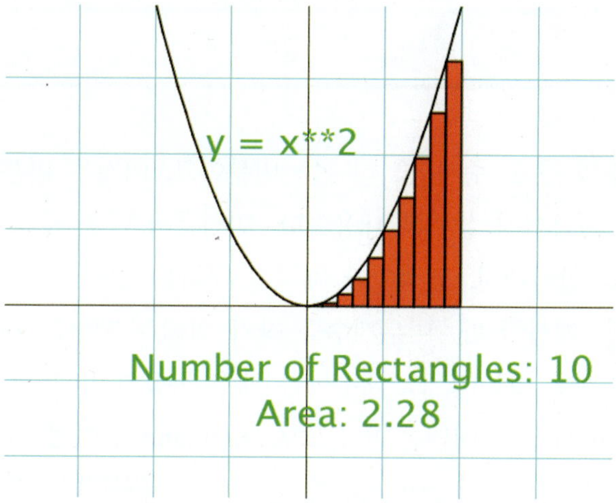

그림 10.11 같은 너비의 직사각형 10개로 나눈 영역 S

먼저, (필요에 따라 두 값을 모두 쉽게 변경할 수 있도록) 함수를 정의하고 직사각형의 개수를 상수로 지정한다. 이번에는 계산의 정확도를 높이기 위해, **그림 10.11**보다 많은 20개의 직사각형을 사용하기로 한다:

```
def f(x):
    return x**2

number_of_rectangles = 20
```

그리고 적분 함수를 정의한다. 먼저, 범위 **(b - a)**를 직사각형의 개수 **num**로 나누어서, 같은 너비로 잘게 나눈다:

```
def integral(f,a,b,num):
    """Returns the sum of num rectangles
    under f between a and b"""
    width = (b-a)/num
```

그런 다음 범위 크기만큼 반복하면서, 작은 직사각형 영역의 면적을 더한다. 이 계산은 리스트 중첩을 사용해서 줄로 작성한다. 각 **n**에 대해 직사각형의 밑변(**width**)에 높이($f(x)$)를 곱해서 각 직사각형의 면적을 구한다. 마지막으로, 면적의 합을 반환한다:

```
    area = sum([width*f(a+width*n) for n in range(num)])
    return area
```

다음처럼 함수를 호출한다:

```
for i in range(1,21):
    print(i,integral(f,0,1,i))
```

출력을 보면, 직사각형을 더 많이 사용할수록 실제 면적에 더 가까워진다는 것을 알 수 있다:

```
1  0.0
2  0.125
3  0.18518518518518517
4  0.21875
5  0.24000000000000005
6  0.2546296296296296
7  0.26530612244897955
8  0.2734375
9  0.279835390946502
10  0.2850000000000001
11  0.2892561983471075
12  0.292824074074074
13  0.2958579881656805
14  0.29846938775510196
15  0.30074074074074075
16  0.302734375
17  0.3044982698961938
18  0.3060699588477366
19  0.3074792243767312
20  0.3087500000000001
```

값이 조금씩 커지는 것 같다. 그렇다면 100개로 훌쩍 늘리면 어떨까? 그러면 **그림 10.12**와 같이 이전보다 영역이 매끄럽게 된다:

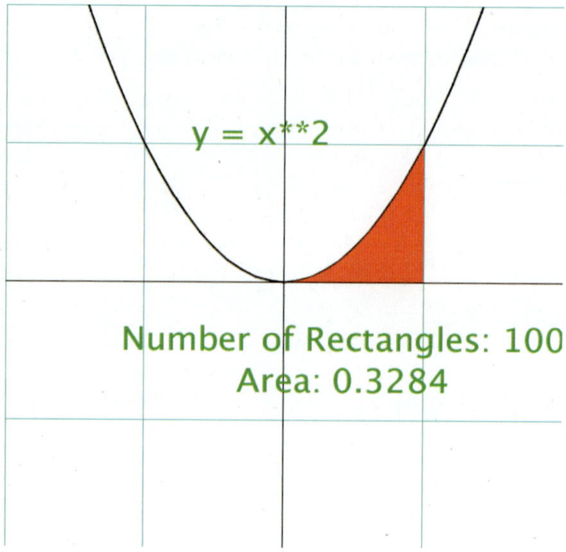

그림 10.12 더 작은 직사각형으로 더 정확하게 면적을 근사

다음과 같이 **print** 문을 수정해서, 직사각형 100개를 더해 면적을 구할 수 있다:

```
print(100,integral(f,0,1,100))
```

출력은 다음과 같다:

```
100 0.32835000000000014
```

그렇다면 직사각형 1,000개는 어떨까? 만일 손으로 계산한다면 엄청나게 어렵고 시간도 아주 오래 걸리는 적분 계산임이 틀림없다. 파이썬을 사용하면, 그냥 100을 1,000으로 수정해서 훨씬 더 정확한 근삿값을 구할 수 있다:

```
print(1000,integral(f,0,1,1000))
```

출력은 다음과 같다:

```
1000 0.33283350000000034
```

그리고 직사각형을 100,000개 더하면 적분은 0.3333283333이 된다. 이 값은 참값인 0.333… 또는 1/3에 근접하고 있다. 하지만 0을 계속 더해서 직사각형 개수를 늘리는 게, 어려운 일은 아니므로, 원하는 만큼의 정확도를 얻을 때까지 직사각형 개수를 늘려도 좋다.

사다리꼴을 사용한 적분

사다리꼴을 사용하면 직사각형보다 더 빠르게, 더 정확한 근삿값을 구할 수 있다. 사다리꼴은, **그림 10.13**에서 알 수 있듯이, 손실되는 면적이 더 작다:

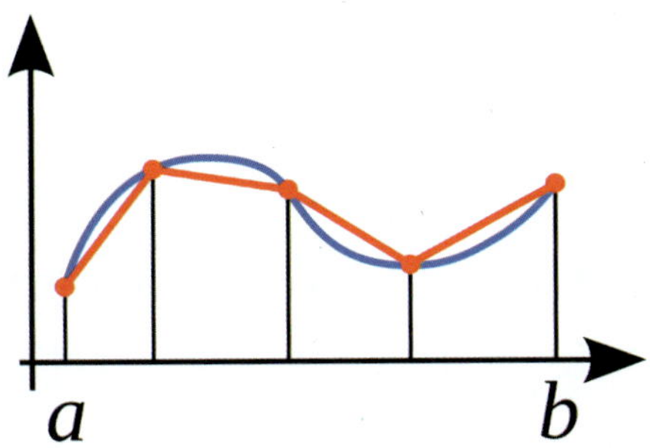

그림 10.13 사다리꼴을 사용해서 곡선을 더 정확하게 근사

다음은 사다리꼴 법칙의 공식이다:

$$Area\ of\ Trapezoids = \frac{\Delta x}{2}\left(f(x_0) + 2f(x_1) + 2f(x_2) + 2f(x_3) + \ldots. + 2f(x_{N-1}) + f(x_N)\right)$$

그림 10.14 사다리꼴을 사용한 면적 공식

양 끝점 $x = a$와 $x = b$의 높이는 한 번만 계산되지만, 다른 모든 높이는 두 번씩 계산된다. 이것은 사다리꼴의 면적에 대한 공식에 높이가 두 개 필요하기 때문이다. 사다리꼴 공식에 맞게 적분 함수를 수정하려면 어떻게 해야 할지 이미 추측했을 것이다.

```
def trap_integral(f,a,b,num):
    """Returns the sum of num trapezoids
       under f between a and b"""
    width = (b-a)/num
    area = 0.5*width*(f(a) + f(b) + 2*sum([f(a+width*n) for n in range(1,num)]))
    return area
```

이제 사다리꼴 5개를 사용하는 **trap_integral()** 함수를 실행한다:

```
print(trap_integral(f,0,1,5))
```

출력은 다음과 같다:

```
0.3400000000000001
```

따라서, 사다리꼴 5개만 사용해도 오차를 3%로 줄였다(참값이 0.333…이라는 것을 기억하자). 사다리꼴 10개를 사용하면 0.335이고, 이때의 오차는 0.6%다.

실습 10.02 ✦ 곡선 아래의 면적 계산

이 실습에서, 다음 함수와 구간이 이루는 면적을 계산한다:

$$\int_3^4 \left(x^3 + 3\right) dx$$

$$\int_0^{\pi/4} 3\cos x \, dx$$

$$\int_2^4 \frac{\left(x^2 - 1\right)\left(x^2 + 1\right)}{x^2} dx$$

그림 10.15 정적분 수식

다음 단계에 따라 면적을 계산한다. 사다리꼴을 사용하는 **trap_integral()** 함수가 있으니, 곡선 아래 면적의 근삿값을 쉽게 구할 수 있다: 함수를 정의하고(삼각함수와 원주율 **pi**를 가져와야 할 때도 있다.) 양 끝점을 선언하자. 매우 정확하고 빠르게 계산할 수 있으므로, 사다리꼴 100개를 사용하도록 설정한다:

1. 먼저, **math**에서 함수를 가져오고 **f, g,** 그리고 **h**를 정의한다:

```
from math import cos,pi

def f(x):
    return x**3 + 3

def g(x):
    return 3*cos(x)

def h(x):
    return ((x**2 - 1)*(x**2+1))/x**2
```

2. 그리고 각 함수에 대해 지정된 x의 범위와 함께, **trap_integral()** 함수를 호출한다:

```
print(trap_integral(f,3,4,100))
print(trap_integral(g,0,pi/4,100))
print(trap_integral(h,2,4,100))
```

출력은 다음과 같다:

```
46.75017499999999
2.1213094390731206
18.416792708494786
```

이제, 이러한 수치적 계산의 힘을 충분히 알 수 있을 것이다. 함수를 파이썬으로 표현하기만 하면, 곡선 아래의 모든 직사각형, 또는 더 정확하게 계산하려면, 곡선 아래의 모든 사다리꼴을 더하는 함수를 사용해서, 매우 정확한 적분 근삿값을 구할 수 있다.

> **노트**
>
> 이 절의 소스 코드는 다음에 있다.
> https://packt.live/3dTUVTG.
>
> 또한, 다음에서 이 예제를 온라인으로 실행할 수 있다.
> https://packt.live/2Zsfxxi.

적분의 응용

x축이나 y축, 혹은 또다른 또는 어떤 축에 평행한 선을 중심으로 곡선을 회전해서 3차원 객체를 형성하는 경우, 그 객체의 부피를, 적분을 사용해서 계산할 수 있다. 예를 들어, $y = x^2$ 형태의 포물선이 포물선의 대칭축을 중심으로 회전하여 **그림 10.16**과 같은 포물체를 생성한다고 가정해보자:

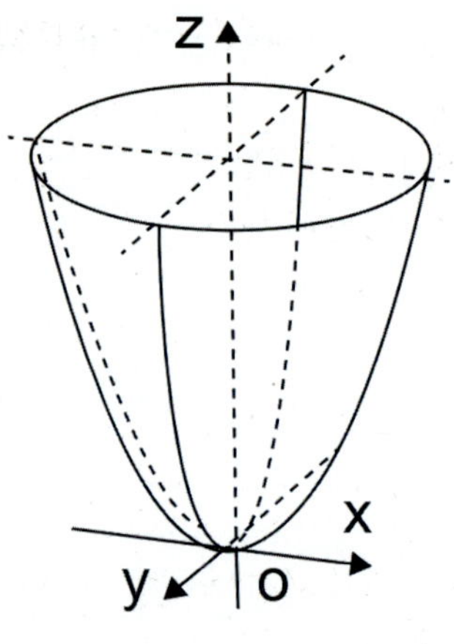

그림 10.16 z축 주위로 회전하는 포물선

포물체를 따라 올라가면서 포물체 조각을 모두 더 합하는 방식으로 부피를 계산할 수 있다. 다만 앞에서처럼, 2차원 직사각형을 사용하는 대신, 이번에는 3차원에서 원판을 사용한다. **그림 10.16**에서는 원판이 포물체를 따라 올라가므로, 앞에서처럼 오른쪽으로 이동하도록 나타내기 위해, 그림을 오른쪽으로 회전시키기 위해서, 곡선 $y = x^2$을 $y = \sqrt{x}$로 재정의한다.

이제 각 원판의 반지름은 y이고, 구간은 $x = 0$에서 $x = 1$로 가정해보자:

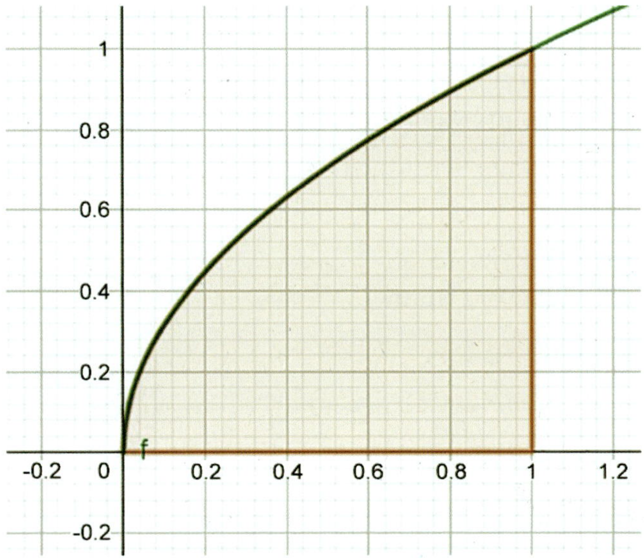

그림 10.17 포물체를 옆으로 회전

양 끝점은 여전히 0과 1이지만, 곡선의 반지름은 y값인 $\sqrt{x}$다. 따라서 각 원판 조각의 부피는 원판의 부피(π * 반지름^2 * 높이)인데, 이 경우에는 $\pi * r^2 *$ 두께 또는 $\pi * \sqrt{x}^2 *$ 너비다.

먼저, **math** 모듈에서 **sqrt**와 **pi**를 가져오고 **f(x)**를 정의한다:

```
from math import sqrt, pi
def f(x):
    return sqrt(x)
```

그리고 포물체를 구성하는 함수와 **x**의 시작값과 끝값을 가져오는 함수를 정의한다. 이 함수는 부피와 사용할 조각의 개수를 정의하는 것으로 시작한다:

```
def vol_solid(f,a,b):
    volume = 0
    num = 1000
```

그리고 x의 범위를 조각의 개수로 나누어 원판의 두께를 계산한다:

```
    width = (b-a)/num
```

이제 각 원통 조각의 부피인 $\pi * r^2 *$ 두께를 계산한다. 이 값을 총 부피변수에 더하고, 반복이 종료되면 최종 부피를 반환한다:

```
for i in range(num):
# volume of cylindrical disk
    vol = pi*(f(a+i*width))**2*width
    volume += vol
return volume
```

이제 **0**부터 **1** 사이의 부피를 구한다:

```
print(vol_solid(f,0,1))
```

출력은 다음과 같다:

```
1.5692255304681022
```

이 값이 경계가 **0**과 **1**인 포물체의 부피에 대한 근삿값이다. 이 경우도 마찬가지로, 함수를 더 작은 조각으로 나눌수록 실제 부피에 가까운 근삿값을 더 정확하게 구할 수 있다.

실습 10.03 ✦ 회전체의 부피 계산

또 다른 회전체 문제를 생각해보자: 다음 함수들이 x축을 중심으로 회전할 때 생성되는 고체의 부피를 계산하는 문제다.

다음 그림에서, 녹색 곡선은 $f(x) = 4 - 4x^2$이고, 붉은색 곡선은 $g(x) = 1 - x^2$이다. 함수 아래 영역이 x축을 중심으로 회전할 때 생성되는 고체의 부피를 계산해보자.

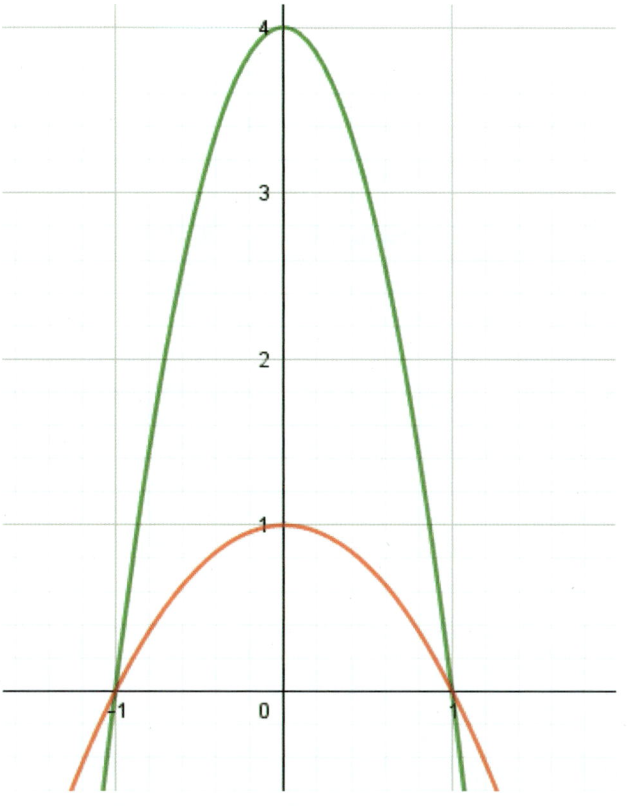

그림 10.18 회전하는 함수 두 개의 이차원 단면

결과로 생성되는 입체의 모양은 다음과 같다:

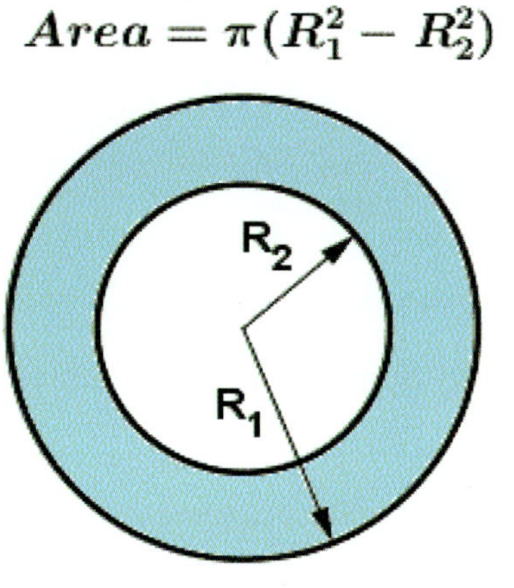

그림 10.19 고리 모양의 입체 (!x값에 따라 고리의 폭이 다르다.)

결국 이 문제는 앞 그림처럼 고리의 면적을 찾는 것과 유사하다.
수식으로 나타내면 다음과 같다:

$$A = \pi R^2 - \pi r^2$$
$$A = \pi\left(R^2 - r^2\right)$$

그림 10.20 고리의 면적 계산식

이제 파이썬을 사용해서, 다음 단계에 따라 입체의 부피를 계산해보자:

1. 두 함수 **f**와 **g**를 작성하고, 세 번째 함수 **h**는, 고리의 면적 계산식에 따라, **f**와 **g**의 제곱을 뺀 것으로 정의한다:

```
def f(x):
    return 4 -4*x**2

def g(x):
    return 1-x**2

def h(x):
    return f(x)**2-g(x)**2
```

2. 입체의 부피는 지정한 함수 범위 사이의 정해진 개수(**num**)의 고리 부피의 합이다. 앞의 부피 계산에서 사용한 원리와 같다. 또한, 고리를 계산할 때 사용하는 반지름은 적분에서 사용한 직사각형의 높이와 같은 개념이다.

```
def vol_solid(f,a,b):
    volume = 0
    num = 10000
    width = (b-a)/num
    for i in range(num):
```

3. 고리의 부피는 $\pi * r^2 *$ 두께이며, 이 값을 총 부피변수에 더한다:

```
        vol = pi*(f(a+i*width))*width
        volume += vol
    return volume
```

4. 이제 함수 **h**에 대해 x가 -1부터 **1**까지일 때 **vol_solid()**를 호출해서 입체의 부피를 구한다:

```
print(vol_solid(h,-1,1))
```

출력은 다음과 같다:

```
50.26548245743666
```

따라서, 입체의 부피는 50.3이다. 이렇게 해서, 적분을 이용해서 회전체의 부피를 계산해보았고, 특히, 회전하는 두 곡선이 생성하는 입체의 부피를 계산하는 데 응용해보았다.

> **노트**
>
> 이 절의 소스 코드는 다음에 있다.
> https://packt.live/2NR9Svg.
>
> 또한, 다음에서 이 예제를 온라인으로 실행할 수 있다.
> https://packt.live/3eWJaxs.

도함수를 최적화에 응용

예를 들어, 오차가 가장 작거나, 이익이 가장 극대화되는 지점을 찾는 등의 최적화 문제를 푸는 데, 도함수를 사용하는 사례가 많다. 해결하려는 문제를 함수로 모델링하고, 그 함수의 도함수를 찾은 후, 미분계수가 0이 되는 입력값을 구하는 것이 전형적인 최적화 방법이다. 이것은, 다음 그림에서 볼 수 있듯이, 함수의 도함수가 지역 최소점과 최대점 같은 극점에서 0이 되는 성질을 이론적 근거로 한 방법이다:

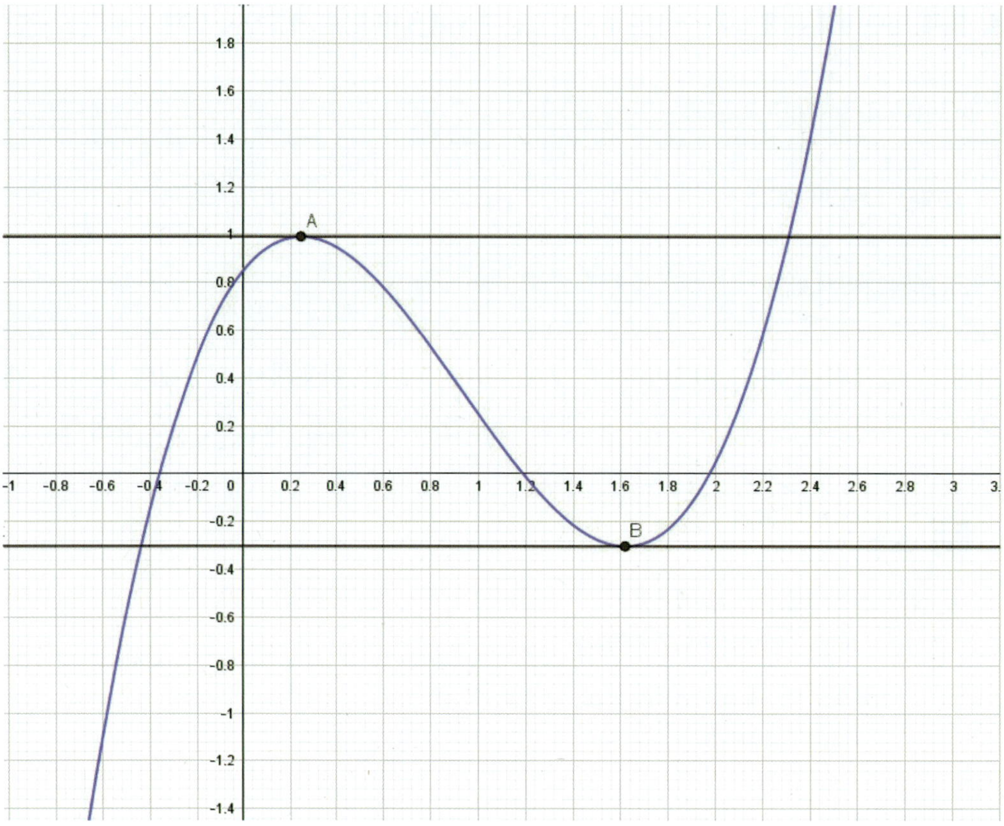

그림 10.21 3차 함수와 극점

그림의 함수는 $f(x) = x^3 - 2.8x^2 + 1.2x + 0.85$이다. 만일 지역 최대점 **A**와 지역 최소점 **B**를 찾는다고 가정하자. 보통은 함수를 미분해서 얻은 방정식을 손으로 풀어서 극점을 찾아야 한다. 그러나, 컴퓨터를 사용하면, 왼쪽부터 x를 조금씩 증가시켜가며 오른쪽으로 전진하면서, $f(x)$의 크기 변화 방향이 달라지는 지점을 간단하게 찾을 수 있다. 이 일은, 임의의 점에서의 미분계수를 구해주는, 도함수를 사용해서 미분계수의 부호가 바뀌는지 확인하는 방식으로 처리한다.

먼저, **f(x)**를 정의한다:

```
def f(x):
    return x**3-2.8*x**2+1.2*x+0.85
```

그리고 가장 작은 x에서 시작해서, 도함수가 0인지 또는 양에서 음으로 또는 음에서 양으로 부호가 변경되는지 확인하면서, 조금씩 오른쪽으로 이동하는 **find_max_ mins()** 함수를 정의한다. 미분계수의 부호변화를 확인하는, 가장 수학적인 방법은 이전 미분계수와 새로운 미분계수의 곱이 음수인지 확인하는 것이다:

```
def find_max_mins(f,start,stop,step=0.001):
    x = start
    deriv = derivative(f,x)
    while x < stop:
        x += step
        #take derivative at new x:
        newderiv = derivative(f,x)
        #if derivative changes sign
        if newderiv == 0 or deriv*newderiv < 0:
            print("Max/Min at x=",x,"y=",f(x))
            #change deriv to newderiv
            deriv = newderiv
```

마지막으로, 함수를 호출해서 미분계수의 부호가 바뀌는 모든 x값(과 그때의 y값)을 출력한다:

```
find_max_mins(f,-100,100)
```

출력은 다음과 같다:

```
Max/Min at x= 0.247000000113438 y= 0.9906440229999803
Max/Min at x= 1.6200000001133703 y= -0.3027919999998646
```

그림 10.21 함수 **f**의 두 극점과 같다.

실습 10.04 ✦ 가장 빠른 경로 찾기

지역 최솟값이나 최댓값 같은 극점을 찾는 절차를 사용해서, 복잡한 함수의 최솟값을 구할 수 있다. 전통적인 미적분 수업에서, 학생들은 도함수를 대수적으로 구한 후, 도함수를 0으로 설정해서 얻은 방정식을 풀어서 답을 구한다. 다른 방법으로, 주어진 문제 상황을 파이썬으로 모델링하고, 미분계수와 **find_max_min()** 함수를 사용해서 최솟값을 쉽게 찾을 수 있다. 해결할 문제는 다음과 같다: 해안으로부터 바다 쪽으로 6km 떨어진 곳에 등대가 있고, 해안을 따라 위치한 오두막집은 등대로부터 가장 가까운 지점으로부터 9km 떨어져 있다. 시속 3km 속도로 배를 저을 수 있고, 시속 5km 속도로 걸을 수 있다고 할 때, 등대에서 출발해서 가장 빨리 오두막집으로 가려면 해안의 어느 지점에 배를 세워야 할까?

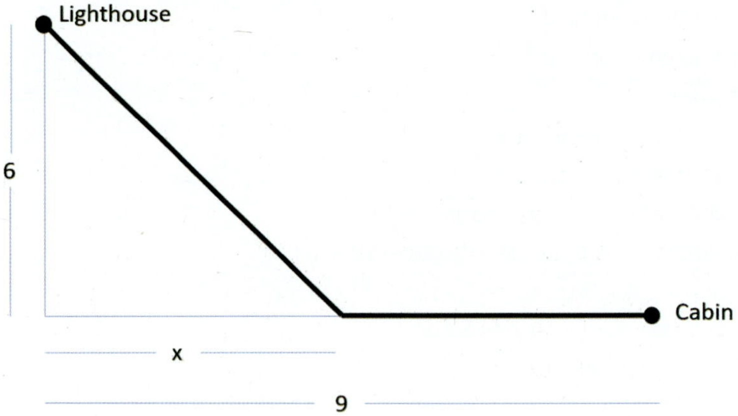

그림 10.22 오두막으로부터 등대까지의 거리

다음 단계에 따라 실습해보자:

1. 이동에 걸리는 시간을 최소화하기 위해 시간에 대한 식을 만들어보자. 시간은 거리를 속도로 나눈 값이라는 걸 기억하자:

$$t(x) = t_1 + t_2 = \frac{\sqrt{x^2 + 36}}{3} + \frac{9 - x}{5}$$

그림 10.23 이동시간을 계산하는 식

2. 다음으로 최소화해야 할 함수를 정의해야 한다. x의 최적값은 0과 9km 사이에 있을 것이므로, 이 값을 **find_max_mins()** 함수를 호출할 때 시작과 끝값으로 지정한다:

```
from math import sqrt

def t(x):
    return sqrt(x**2+36)/3 + (9-x)/5

find_max_mins(t,0,9)
```

출력은 다음과 같다:

```
Max/Min at x= 4.4999999999998375 y= 3.4000000000000004
```

즉, 해변을 따라 4.5km 떨어진 지점이다. 이것은 매우 쓸모가 많은 계산이다: 제약 조건이 주어진 상황에서 두 지점 사이의 최단 거리를 찾았다.

> **노트**
>
> 이 절의 소스 코드는 다음에 있다.
> https://packt.live/31DwYxu.
>
> 또한, 다음에서 이 예제를 온라인으로 실행할 수 있다.
> https://packt.live/38wNRM5.

실습 10.05 상자 문제

미적분을 배우는 학생들이 연습하는 전통적인 문제가 있다. 어떤 제조업자가 직사각형 모양 재료의 네 귀퉁이를, 다음 그림처럼, 같은 크기의 정사각형으로 잘라 상자로 만들려고 한다:

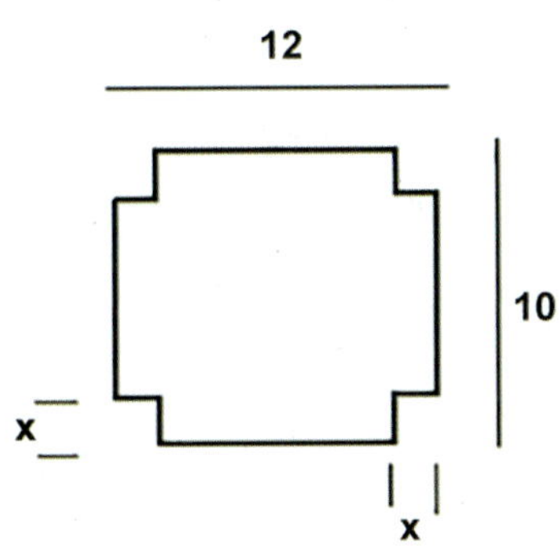

그림 10.24 직사각형 귀퉁이를 정사각형으로 잘라낸 모습

이 경우, 재료의 크기는 10in × 12in다. 해결할 문제는: 상자의 부피를 최대로 하는 정사각형의 크기를 찾아라:

1. 상자의 부피는 상자의 길이와 폭과 높이를 곱한 값이다. 잘라낸 정사각형의 길이가 x라면, 12in 길이의 두 귀퉁이를 잘랐으므로, 상자의 길이는 $12-2x$다. 마찬가지로, 상자의 폭은 $10-2x$다. 상자를 위로 접으므로 높이는 x다. 따라서 부피는 다음과 같다:

$$V = x(10-2x)(12-2x)$$

그림 10.25 상자의 부피 계산식

2. 이 함수를 파이썬에서 정의하면 다음과 같다:

```
def v(x):
    return x*(10-2*x)*(12-2*x)
```

3. **find_max_mins()** 함수에서 이것을 사용하는 방법은 이미 안다. 너비가 10in이므로 x는 5in 이상일 수 없다(양쪽 귀퉁이 너비가 합해서 10in면 한쪽 변이 없어진다):

```
find_max_mins(v,0,5)
```

출력은 다음과 같다:

```
Max/Min at x= 1.8109999999999113 y= 96.77057492400002
```

한 변의 길이가 약 1.81in인 정사각형으로 자르는 경우 상자의 부피가 최대가 된다. 다음은 x에 따른 부피 그래프다:

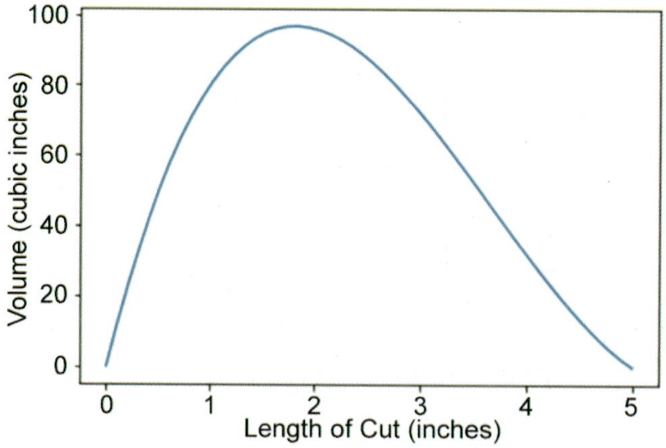

그림 10.26 x에 따른 부피 변화 그래프

각 귀퉁이를 약 1.81in 크기의 정사각형을 자를 때 최대 부피가 되는데, 그 지점은 그래프의 최대점이 위치한 곳과 일치한다.

노트

이 절의 소스 코드는 다음에 있다.

https://packt.live/3gc11AC.

또한, 다음에서 이 예제를 온라인으로 실행할 수 있다.

https://packt.live/2NNSNmb.

실습 10.06 최적의 캔

원통형 캔에 355cm³의 소다를 담으려고 한다. 캔을 제작하는 데 필요한 금속을 최소화하기 위한 크기(반지름과 높이)는 어떻게 될까? 단, 캔의 뚜껑 부분 즉, 윗면은 고려하지 않는다:

1. 원통의 표면적은 바닥 면적(원이므로 πr^2)과 원통 옆면의 면적인, 밑변이 $2\pi r$이고 높이가 h인, 직사각형의 면적을 합친 것이다. 원통의 부피는 $\pi r^2 h$이므로 다음처럼 식 두 개를 얻는다:

$$SA = \pi r^2 + 2\pi rh$$
$$V = \pi r^2 h$$

그림 10.27 원통의 표면적과 부피 계산식

2. 부피는 이미 355로 설정되어 있다. 그것으로부터 h에 대한 식을 얻을 수 있고, 이제 표면적을 한 변수로 나타낼 수 있다:

$$355 = \pi r^2 h$$
$$\frac{355}{\pi r^2} = h$$
$$SA = \pi r^2 + 2\pi r\left(\frac{355}{\pi r^2}\right)$$
$$SA = \pi r^2 + \frac{710}{r}$$

그림 10.28 미지의 변수 h 소거

3. 이것을 파이썬으로 정의하고, **find_max_mins()** 함수에 전달한다:

```
from math import pi

def surf_area(r):
    return pi*r**2 + 710/r
 find_max_mins(surf_area,0.1,10)
```

코드의 실행 결과는 다음과 같다:

```
Max/Min at x= 4.834999999999949 y= 220.28763352297025
```

따라서 반지름은 약 4.8cm이고, 높이는 355/(π(4.8)2) = 4.9cm다. 즉, 캔의 폭이 높이의 약 2배다. 다음은 반지름이 2cm에서 6cm 사이인 캔에 대한 **surf_area()** 함수의 출력 그래프다. 재료를 최소로 하는 지점이 4.5cm와 5cm 사이에 있다는 걸 알 수 있고, 계산 결과는 정확하게 약 4.8cm다:

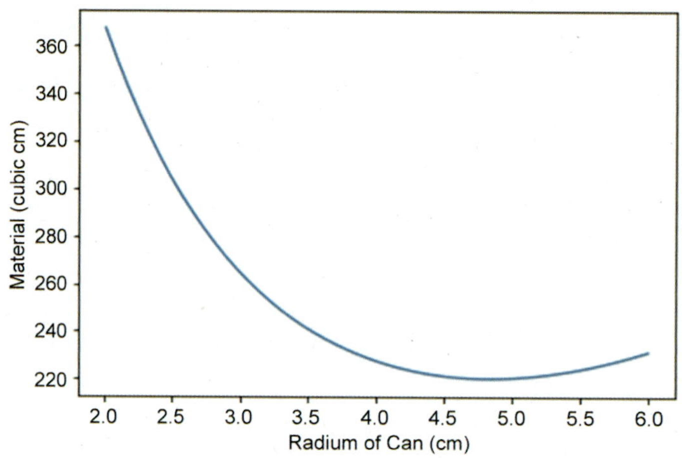

그림 10.29 반지름에 따른 캔 제작 재료의 변화 그래프

> **노트**
>
> 이 절의 소스 코드는 다음에 있다.
>
> https://packt.live/2Zu2bAK.
>
> 또한, 다음에서 이 예제를 온라인으로 실행할 수 있다.
>
> https://packt.live/38lUNeE.

실습 10.07 ✦ 이동 중인 선박 사이의 거리 계산

정오에, 선박 A는 선박 B로부터 북쪽으로 20km 떨어져 있다. 선박 A가 시속 6km로 남쪽으로 항해하고, 선박 B는 시속 8km로 동쪽으로 항해할 때, 두 선박 사이의 거리가 가장 가까운 시점을 찾아야 한다. 그림으로 나타내면 다음과 같다:

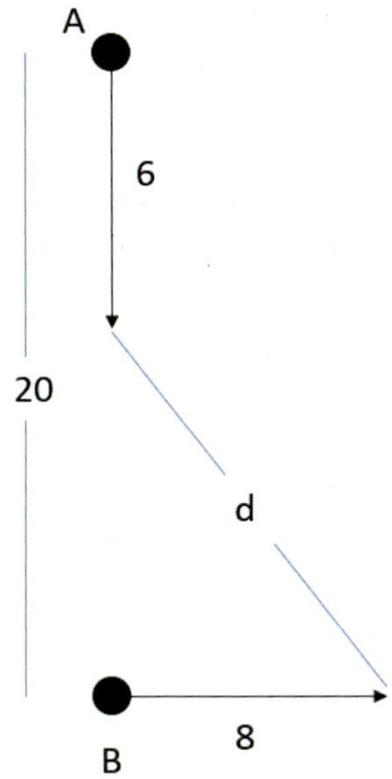

그림 10.30 선박 A와 B의 위치와 이동 방향

다음 단계에 따라 시간을 계산해보자:

1. 거리는 속도와 시간을 곱한 값이므로, 두 선박 사이의 거리는 다음과 같은 식으로 모델링할 수 있다:

$$d=\sqrt{(20-6t)^2+(8t)^2}$$

그림 10.31 거리 계산식

2. 이를 파이썬으로 구현하고, **find_max_mins()** 함수에 전달한다:

```
from math import sqrt

def d(t):
    return sqrt((20-6*t)**2+(8*t)**2)
```

3. 시간은 **0**부터 **4** 사이일 것으로 추정한다:

```
find_max_mins(d,0,4)
```

코드의 실행 결과는 다음과 같다:

```
Max/Min at x= 1.1999999999999786 y= 16.0
```

따라서, 두 선박이 가장 가까이 위치한 지점은, 다음 그림의 최소점에 해당하는, 약 1.2 시간 이동했을 때다. 0.2시간은 12분이므로, 정오에 각각 출발한 선박은 오후 1시 12분에 가장 가까이 위치한 후 계속 멀어진다. 다음은 시간에 따른 두 선박 사이의 거리 그래프다:

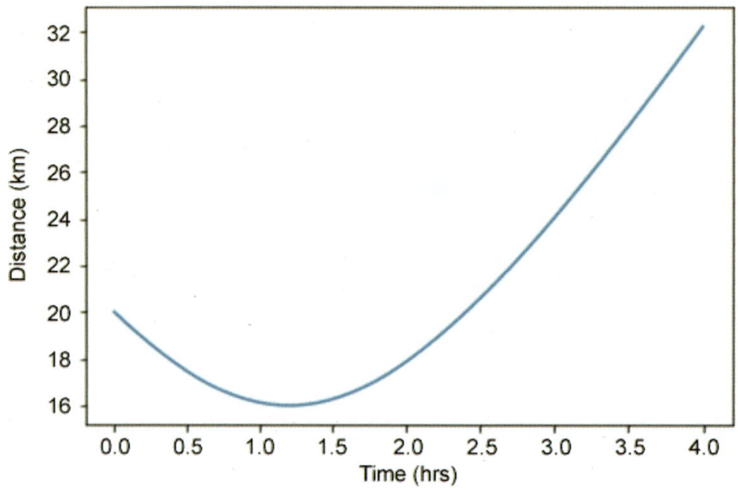

그림 10.32 시간에 따른 두 선박 사이의 거리 그래프

> **노트**
>
> 이 절의 소스 코드는 다음에 있다.
>
> https://packt.live/38k2kuF.
>
> 또한, 다음에서 이 예제를 온라인으로 실행할 수 있다.
>
> https://packt.live/31FK3GG.

프로젝트 10.01 ✦ 원뿔의 최대 부피

이 문제는 고전적인 최적화 문제로, 손으로 계산하려면, 아주 복잡한 방정식을 미분한 후 풀어야 한다. 그러나, 파이썬의 도움을 받으면 미적분 부분을 훨씬 쉽게 처리할 수 있다. 먼저 원에서 θ도 만큼의 부채꼴을 잘라낸다. 그리고 다음 그림처럼 점 **A**와 **B**를 연결해서 원뿔을 만들 수 있다:

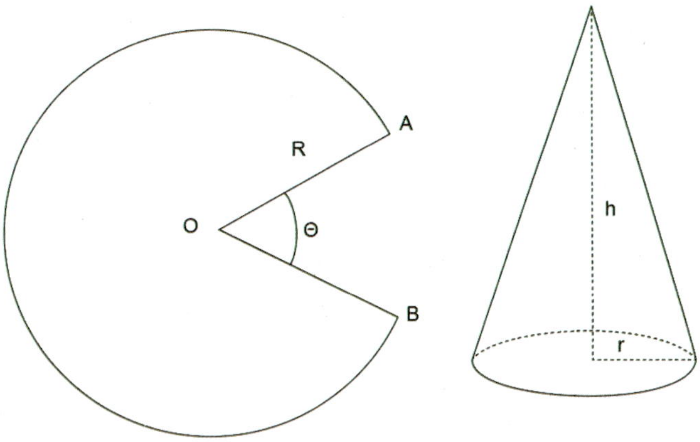

그림 10.33 원형을 잘라서 만든 원뿔

상자 문제와 마찬가지로, 원뿔의 부피를 최대로 하는 각을 계산해야 한다. 앞에서 설명한 대로 정해진 각도만큼 부채꼴을 잘라내고, 점을 연결해서 원뿔을 만든 후, 원뿔의 부피를 계산해야 한다.

다음 단계에 따라 프로젝트를 완성해보자:

1. 호 **AB**의 길이를 구한다.
2. 원뿔의 높이 h를 구한다.
3. 원뿔 밑면의 반지름 r을 구한다.
4. 원뿔의 부피를 각도(θ)의 함수로 나타낸다.

노트

이 프로젝트의 구현 코드는 부록에 있다.

요약

미적분이라는 수학이 있어서, 수학자와 과학자들은 끊임없이 변하는 값을 다룰 수 있게 되었으며, 동시에 이 수학이 과학의 연구방식을 바꿔 놓았다. 어느 날부터, 무한히 작은 단계를 사용해서, 한 점에서 곡선의 기울기의 근삿값을 계산하고, 무한히 작은 직사각형을 사용해서 곡선 아래의 면적을 근사할 수 있었다. 이 수학은 컴퓨터와 무료 프로그래밍 소프트웨어를 자유롭게 사용할 수 있는 현재보다 수백 년 앞서 개발되었지만, 뉴턴, 라이프니츠, 베르누이 형제가 사용하던 오래된 이론이 전혀 아니다. 미적분 없이는 스마트폰도 없다.

이 장에서 무한히 작은 두 점 사이의 함수 높이의 증분(Δy)을 무한히 작은 이동 거리(Δx)로 나누어서 미분계수를 구하는 방법을 배웠다. 파이썬 코드 한 줄이면 1을 백만으로 나눈 만큼 작은 수를 쉽게 얻을 수 있다. 컴퓨터 없이, 그렇게 작은 수의 함숫값을 계산하기는 두려우리만큼 어려울 수 있지만, 파이썬은 그런 수를 정수 다루듯이 쉽게 처리한다.

미분계수 개념을 사용해서 함수의 최댓값이나 최솟값을 계산할 수 있었는데, 이것은 그 점에서 미분계수가 0이라는 점에 근거한 방법이다. 이 방법으로 예를 들어, 최단 거리나, 최대 부피를 구하는 등 함수의 최적값을 계산하는 데 응용할 수 있었다.

미적분의 두 번째로 중요한 주제는 적분이며, 적분의 원리에 의해, 사각형, 사다리꼴 또는 원판 조각을 결합해서 복잡한 형태의 면적이나 부피를 계산할 수 있다. 파이썬으로 수백에서 수천 개의 조각을 만들어 면적이나 부피를 정확하게 근사할 수 있었다.

변하는 값, 무한히 작은 값, 반대로 무한히 큰 값을 이해하고 다루는데, 미적분과 파이썬이 얼마나 강력한 힘을 가졌는지를, 혀만 살짝 대고 맛보았다.

다음 장에서, 이러한 기본 개념을 더욱 확장해서 곡선의 길이, 표면적, 그리고 특히 머신러닝 분야에 가장 유용한, 표면의 최소점 등을 구하는 방법을 배운다.

11장

파이썬과 고급 미적분

요약

방정식이 주어졌을 때, **곡선의 길이**를 계산하는 방법을 배운다. 3차원 공간의 **편미분**을 설명한 후, 이것을 사용해서 입체 표면의 면적을 계산하는 방법도 배운다. 중세 수학자들의 발자취를 따라, 무한급수를 사용해서 원주율과 같은 중요한 **상수를 계산**하고, **급수의 수렴 구간**을 결정할 수 있다. 현대 수학자와 머신러닝 엔지니어들과 마찬가지로, 편미분을 사용해서 표면상의 입체 표면의 **극소점**을 찾는 방법도 배운다. 이 장을 마치면, 미적분을 사용해서 다양한 수학적 문제를 해결할 수 있는 능력을 지니게 된다.

개요

앞 장에서, 미분과 적분을 계산하는 방법을 배웠다. 이제 이러한 수단을 써서 곡선과 나선의 길이를 구하고, 이러한 수학을 3차원으로 확장해서 복잡한 표면의 면적을 계산한다. 또한 미적분에서 자주 사용하는 무한급수를 살펴보고, 이것을 이용해서 중요한 수학의 상수를 계산하고 복잡한 함수의 근삿값도 구해본다. 마지막으로, 머신러닝의 중요한 개념을 자세하게 살펴본다: 곡선상의 극소점 계산. **신경망 학습**이란, **오차 함수**를 생성한 후, 다차원 오차 표면상에서 오차가 최소인 지점을 찾는 작업에 지나지 않는다. 경사 하강 함수를 직접 만들어서, 바닥에 도달할 때까지 오차 표면을 따라 아래로 계속 이동해서 극소점을 찾는다.

곡선의 길이

미분과 적분은 곡선의 길이를 계산하는 데 중요하게 사용된다. 공식은 다음과 같다:

$$L = \int_a^b \sqrt{1 + [f'(x)]^2}\, dx$$

그림 11.1 곡선의 길이 계산식

앞의 계산식에는 적분 그리고 도함수가 포함되어 있다. 즉, 곡선의 길이를 구하려면 도함수와 적분 함수 둘 다 필요하다. 먼저 앞에서 만든 두 함수를 코드에 복사해서 붙여 넣는다:

```
from math import sqrt

def derivative(f,x):
    """Returns the value of the derivative of
        the function at a given x-value."""
    delta_x = 1/1000000
```

```
    return (f(x+delta_x) - f(x))/delta_x

def trap_integral(f,a,b,num):
    """Returns the sum of num trapezoids
        under f between a and b"""
    width = (b-a)/num
    area = 0.5*width*(f(a) + f(b) + 2*sum([f(a+width*n) for n in range(num)]))
    return area
```

곡선의 길이 계산 함수를 파이썬으로 구현한다:

```
def curve_length(f,a,b,num):
    def g(x):
        return sqrt(1+(derivative(f,x)**2))
    return trap_integral(g,a,b,num)
```

앞의 계산식을 그대로 파이썬 코드로 변환했다는 걸 알 수 있다. 이때, 함수 **g**를 **curve_length()** 함수 내부에 정의했다. 함수 **g**는 계산식의 제곱근 안에 있는 값이다. 다음으로, **trap_integral()** 함수를 호출해서 **a**와 **b** 사이에서 함수 **g**의 누적값을 계산한다.

길이를 잘 알 수 있는 곡선 $y=2x$를 사용해서 확인해보자. $x=(0, 0)$에서 $x=(2, 4)$까지, 곡선(이 경우 선분)의 길이는 피타고라스의 정리를 사용해서 계산하면 $2\sqrt{5}$ 또는 4.47이다:

```
def f(x):
    return 2*x

print(curve_length(f,0,2,1000))
```

이 코드의 출력은 4.47…이다.

하지만 우리가 길이를 알고 있는, 반원과 같은 실제 곡선의 길이를 알려고 할 때는 문제가 발생한다. 다음 함수는, 반지름이 1인 원의 원둘레의 절반을 나타내므로, 이 곡선의 길이는 쉽게 알 수 있다. 즉, 곡선의 길이는 π 또는 3.1415…이다:

$$y = \sqrt{1 - x^2}$$

그림 11.2 반원의 방정식

우선 **f(x)**를 반원의 계산식으로 변경해보자:

```
def f(x):
    return sqrt(1-x**2)

print(curve_length(f,-1,1,100))
```

이 코드를 실행하면 오류가 발생한다. 오류 메시지의 마지막 줄(첫 번째로 보게 되는 줄)에 다음과 같은 내용이 표시된다:

```
ValueError: math domain error
```

이것은 -1과 1에서 반원의 미분계수가 무한대이기 때문에 발생한다. 아래 그림과 같이, 이 점에서의 접선은 수직선이다:

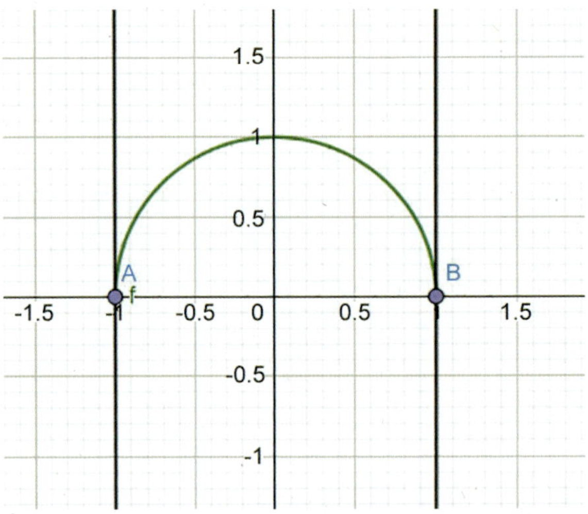

그림 11.3 기울기 무한인, 수직 접선

따라서, 이 방법은 문제점을 내포하고 있다. 이제, 다음 그림과 같은, 일반적인 다항식 함수의 길이를 계산하는 경우를 살펴보자:

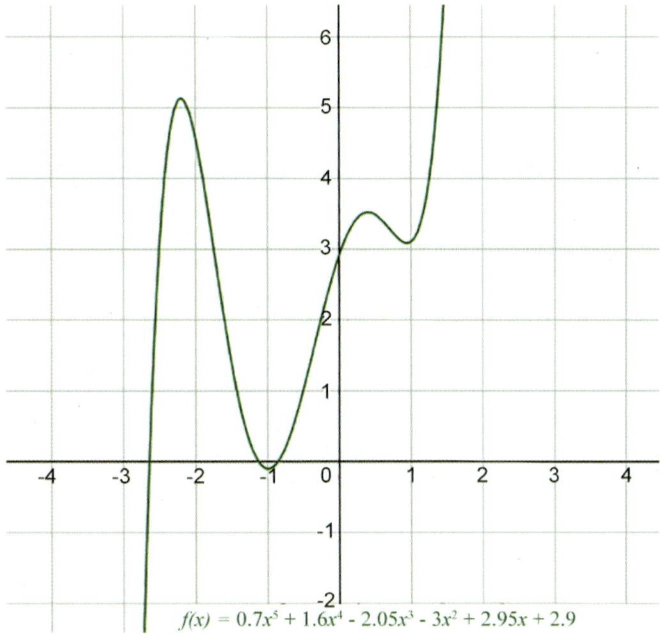

그림 11.4 복잡한 다항식 함수

이 함수는, x의 최고 차수가 5인, 5차 함수다. 이 곡선의 방정식은 다음과 같다:

$$y = 0.7x^5 + 1.6x^4 - 2.05x^3 - 3x^2 + 2.95x + 2.9$$

그림 11.5 곡선의 방정식

복잡해 보이지만, **그림 11.3**과 달리 곡선 위의 어느 지점에도 미분계수가 무한인 지점은 없다. 즉, 앞에서 작성한 곡선의 길이 계산 함수를 사용할 수 있다는 뜻이다.

다음은 이 다항 함수를 나타내는 파이썬 코드다:

```
def f(x):
    return 0.7*x**5 + 1.6*x**4-2.05*x**3 -3*x**2+2.95*x+2.9

print(curve_length(f,-2,1,1000))
```

그리고 곡선의 길이는 다음과 같다:

```
9.628984854276812
```

잘 알려진 수학 라이브러리인 Wolfram Alpha에서, length of curve y = ... from -2 to 1 구문으로, 이 문제를 풀어서 여기서 계산한 값이 적절한지 확인할 수도 있다. 그러나 파이썬을 사용해서도, 곡선의 길이를 더 직관적인 방법으로 계산할 수 있으며, 이 경우 앞에서 발생한 미분계수 관련 문제도 일어나지 않는다. 실제로 이 방법은 미분계수나 적분을 사용하지 않는다. 다음 그림처럼, 피타고라스의 정리를 사용해서 곡선의 작은 부분의 길이를 계산한 후, 그냥 이 값을 모두 더하면 된다. 너비를 알고 있을 때, 작은 직각삼각형 빗변의 길이를 계산하고 싶다고 하자. x의 함숫값과, x+width의 함숫값의 차이를 구해서 삼각형의 높이를 계산할 수 있다:

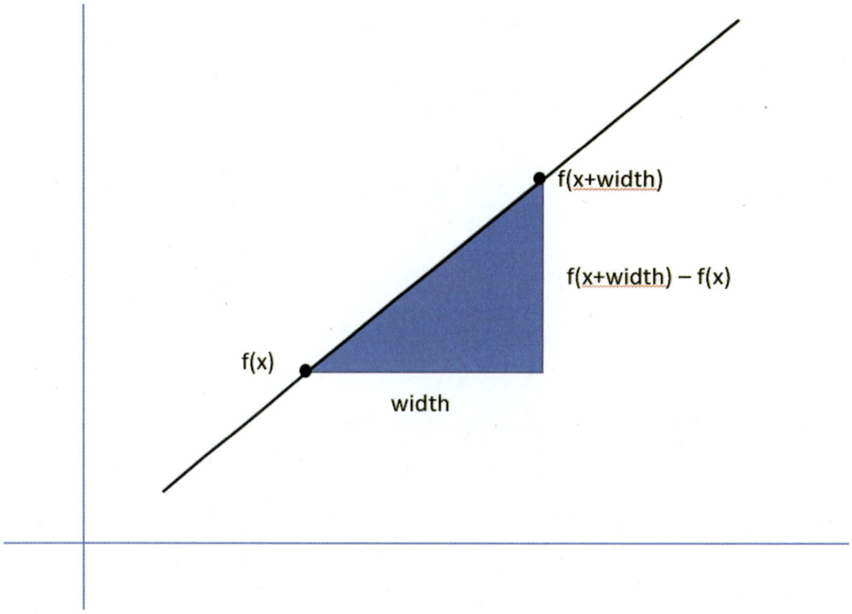

그림 11.6 곡선의 작은 부분의 길이 계산

앞 그림의, 직각삼각형 빗변의 길이는 다음과 같다:

$$\sqrt{(f(x+width)-f(x))^2+width^2}$$

그림 11.7 직각삼각형 빗변의 계산식

남은 일은, 구간 **a**에서 **b**까지 이렇게 계산해가면서, 이것을 누적해서 곡선 전체의 길이를 구하면 된다. 이 과정을 파이썬으로 구현하면 다음과 같다:

```
def f(x):
    return 0.7*x**5 + 1.6*x**4-2.05*x**3 -3*x**2+2.95*x+2.9

def curve_length2(f,a,b,num=1000):
    """Returns the length of f between
        a and b using num slices"""
    output = 0
    width = (b-a)/num
    for i in range(num):
        output += sqrt((f(a+(i+1)*width)-f(a+i*width))**2 + width**2)
    return output
```

코드를 보면 앞에서 했던 적분 프로그램이 떠오른다: 먼저, 누적 변수를 생성하고, 곡선을 따라가며 각 조각에 대해, 면적(지금의 경우 호의 길이)을 누적한다. 그리고, 누적한 합계를 반환한다.

다음은 지금 풀고 있는 곡선에 대한 구간 $[-2, 1]$에서의 길이다:

```
print(curve_length2(f,-2,1))
```

이렇게 계산한 곡선의 길이는 **9.614118659973549**다. 앞에서 계산한 결과보다 더 정확하면서, 훨씬 간단하다. 다음 실습에서 같은 작업을 계속해본다.

실습 11.01 ✦ 곡선의 길이 계산

이 실습에서 사용하는 곡선의 방정식은 다음과 같다. 이 방정식에 대해, 주어진 구간의 곡선의 길이를 계산해보자:

$$y = \sqrt{1 - x^2}$$

그림 11.8 곡선의 방정식

구간은 $x = -1$에서 $x = 1$까지다.

다음 단계에 따라 실습해보자:

1. 먼저, 주어진 방정식으로 함수 **circle()**을 만든다:

```
def circle(x):
    return sqrt(1-x**2)
```

> **노트**
>
> 이번에도 반원의 길이다. 하지만 이번에 구현하는, **curve_length2()** 함수는 특정한 미분계수 문제를 일으키지 않는다.

2. 이제, 앞에서 했듯이, 곡선을 따라가며 작은 조각의 길이를 계산해서 모두 더하는 함수 **curve_length2()**를 구현한다.

```
def curve_length2(f,a,b,num=1000):
    """Returns the length of f between
        a and b using num slices"""
    output = 0
    width = (b-a)/num
    for i in range(num):
        output += sqrt((f(a+(i+1)*width)-f(a+i*width))**2 \
                            + width**2)
    return output
```

3. 구간 $x=-1$에서 $x=1$까지, 해당 곡선의 길이를 계산해서 출력한다:

```
print(curve_length2 (circle,-1,1))
```

출력은 다음과 같다:

```
3.1415663562164773
```

이번에는 오류 메시지가 나타나지 않는다. 반지름이 1인 원의 둘레 길이(2π)의 절반에 대한 좋은 근삿값을 구했다.

> **노트**
>
> 이 절의 소스 코드는 다음에 있다.
>
> https://packt.live/3gkI5Qi.
>
> 또한, 다음에서 이 예제를 온라인으로 실행할 수 있다.
>
> https://packt.live/3eVpSbz.

실습 11.02 사인 파형의 길이 계산

사인 파형은 수학과 과학에서 매우 중요하고 유용한 함수다. 이것은 다음 그림처럼 0과 2π 사이를 한 주기로 한다:

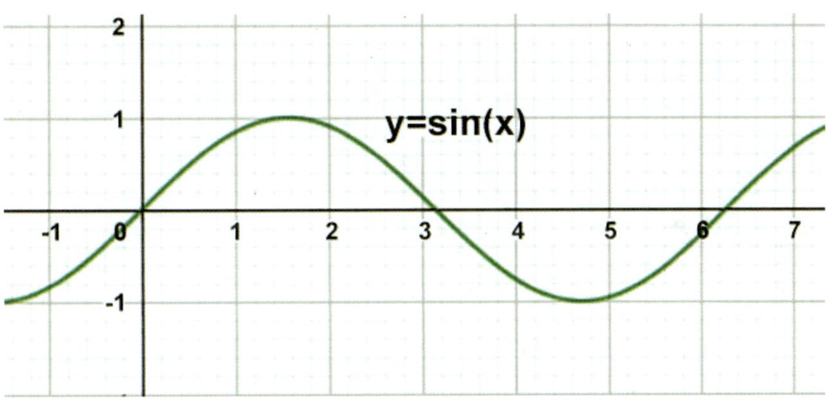

그림 11.9 사인 파형의 한 주기

사인 파형의 파장(2π)과 진폭(위아래로 이동하는 거리, 즉 1 단위)은 쉽게 알 수 있는데, 그렇다면 곡선의 길이는 실제로 얼마나 될까? 이 실습에서는 0부터 2π까지 사인 파형의 길이를 계산해본다.

다음 단계에 따라 실습해보자:

1. **curve_length2()** 함수를 다시 사용하며, 이번에는 **math** 모듈에서 **sin**과 **pi** 함수를 가져온다:

```
from math import sin, pi
```

2. 곡선의 작은 조각의 길이를 더하는 **curve_length2()** 함수는 이미 구현했다. 길이를 구할 함수와 시작 및 끝의 x값만 지정하면 된다:

```
print(curve_length2(sin,0,2*pi))
```

출력은 다음과 같다:

```
7.640391636335927
```

curve_length2() 함수를 사용해서 사인 파형의 길이를 쉽게 계산할 수 있다는 걸 확인했다.

> **노트**
>
> 이 절의 소스 코드는 다음에 있다.
>
> https://packt.live/3dUy3nk.
>
> 또한, 다음에서 이 예제를 온라인으로 실행할 수 있다.
>
> https://packt.live/2VFy2xd.

나선의 길이

이번에는 나선이다. 나선은 원점으로부터의 거리 r, x축과 이루는 각도 theta(θ)에 대한 극좌표 함수로 표현된다. 다음 그림과 같은 나선의 길이는 앞에서 구현한, x와 y의 함수(!$y = f(x)$ 형태)를 사용해서 계산할 수 없다.

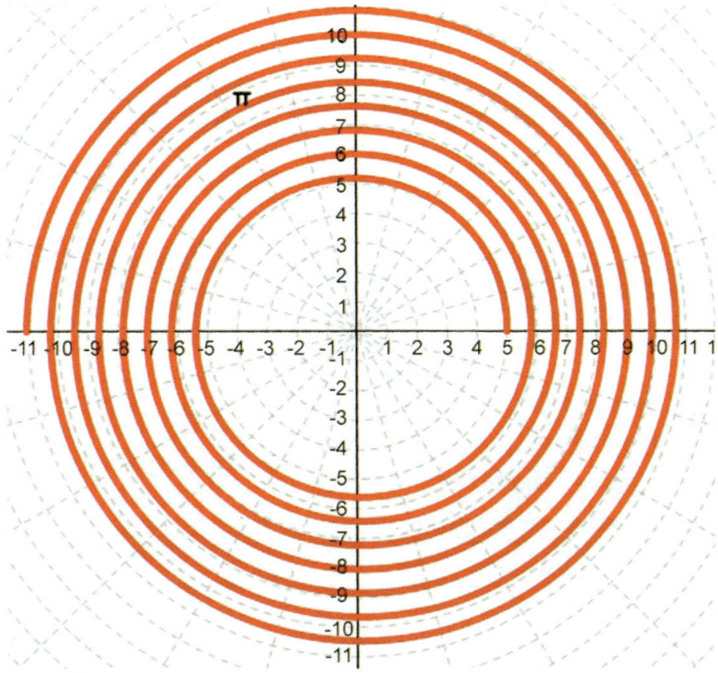

그림 11.10 아르키메데스 나선

앞의 그림은 (5, 0)에서 시작해서 7.5바퀴 돌아 (11, π)에서 끝나는 나선이다. 이 곡선의 방정식은 $r(\theta) = 5 + 0.128920\theta$이다. 회전수를 라디안 단위로 환산하면 7.5에 2π를 곱한 값인 15π다. 길이는 앞 절과 같은 방식으로 계산한다: 다음 그림처럼, $r(\theta)$에서 $r(\theta + step)$까지의 직선 길이를 작은 중심각 단위로 구해서 곡선의 길이를 근사한다:

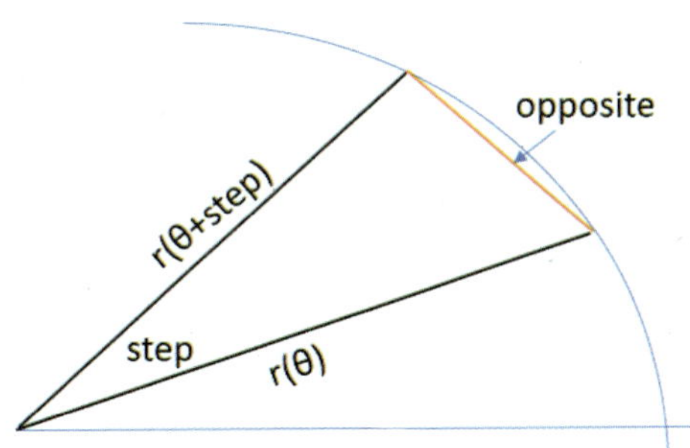

그림 11.11 곡선의 작은 조각 길이 계산

붉은색으로 표시한 중심각의 대변은 적분 문제에서의 조각 또는 앞에서 다룬 곡선 길이의 삼각형 빗변에 해당한다. 이번에는 직각삼각형이 아니기 때문에 빗변을 쉽게 계산할 수 없다. 그러나, 이 문제에는 **코사인 법칙**이라는 공식을 사용할 수 있다. 삼각형 ABC에서 각 C와 마주 보는 대변의 길이는 다음과 같다:

$$c^2 = a^2 + b^2 - 2ab \cos C$$

그림 11.12 코사인 법칙

이 길이를 구하는 함수는 다음과 같이 구현한다:

```
def opposite(a,b,C):
    """Returns the side opposite the given angle in
       a triangle using the Law of Cosines
       Enter side, side, angle"""
    c = sqrt(a**2 + b**2 - 2*a*b*cos(C))
    return c
```

그리고, 시작 각에서부터, 곡선을 따라 작은 각만큼 이동하면서, 각각에 대한 마주 보는 변의 조각 길이를, 끝 각에 도달할 때까지 누적해서 계산하는 함수를 구현한다:

```
from math import sqrt,cos,pi
def spiral(r,a,b,step=0.0001):
    """Returns length of spiral r from
       a to b taking given step size"""
    length = 0
    theta = a
    while theta < b:
       length += opposite(r(theta),r(theta+step),step)
       theta += step
    return length
```

길이를 구할 함수는 다음과 같다:

```
def r(theta):
    return 5 + 0.12892*theta
```

마지막으로, 이 나선에 대해, 0부터 15π까지, **spiral()** 함수를 실행하면 된다:

```
spiral(r,0,2*pi*7.5)
```

출력은 다음과 같다:

```
378.8146271783955
```

나선의 길이는 **378.8146271783955**이다. 다음 실습에서, 극좌표 나선 곡선의 길이를 찾는 방법에 대해 알아보겠다.

실습 11.03 ✦ 극좌표로 표현한 나선의 길이 계산

이 실습에서, 극좌표 (3,0)에서 시작해서, 원점을 기준으로 12번 회전한 후, **극좌표** (16,0)에서 끝나는 나선의 길이를 계산해본다.

다음 단계에 따라 길이를 계산해보자:

1. 이 나선의 방정식은 모르지만, 12번 회전 후, 반지름이 (3에서 16으로) 13단위 증가했다는 걸 알 수 있다. 따라서 한 바퀴 회전할 때마다, 즉, 각(θ)이 2π만큼 증가할 때마다, 반지름은 13/12단위만큼 증가한다는 의미다. 따라서 반지름의 증가량은 13/12를 2π로 나눈 것과 같다. 이것을 식으로 나타내면 다음과 같다:

$$r(\theta) = 3 + \frac{13}{12(2\pi)}\theta$$

$$r(\theta) = 3 + 0.1724\theta$$

그림 11.13 반지름 증가 계산식

2. 파이썬으로 구현하면 다음과 같다:

```
def r(theta):
    return 3 + 0.1724*theta
```

3. $r(0) = 3$이고 $r(24\pi) = 16$인지 확인해보자:

```
print(r(0),r(24*pi))
```

출력은 다음과 같다:

```
3.0 15.998653763493127
```

4. 이제 **spiral()** 함수를 호출해서 길이를 구해보자:

```
spiral(r,0,2*pi*12)
```

출력은 다음과 같다:

```
716.3778471288748
```

이 실습으로, 시작과 끝, 원점을 기준으로 한 회전수를 알 때, 나선의 길이를 쉽게 구할 수 있었고, 그 길이는 716.3778471288748이다.

> **노트**
>
> 이 절의 소스 코드는 다음에 있다.
> https://packt.live/2YT70EH.
>
> 또한, 다음에서 이 예제를 온라인으로 실행할 수 있다.
> https://packt.live/2YV4wFT.

실습 11.04 둥글게 감겨있는 단열재의 길이 계산

다음 사진처럼 둥글게 감겨있는 롤에서 단열재의 (대략적인) 길이를 구해달라는 요청을 받았다고 하자:

그림 11.14 미적분으로 둥글게 감겨있는 재료 측정

감겨있는 롤을 측정해보니 비어있는 중심은 지름이 4in인 원이다. 따라서 $r(0) = 2$이다. 롤 외경의 지름은 26in이다. 중심부터 바깥쪽까지 층을 세어보니, 나선이 23.5번 감긴 것

으로 추정된다. 따라서 $r(2\pi*23.5) = 26/2 = 13$이다.

다음 단계에 따라 길이를 계산해보자:

1. 측정한 데이터를 사용해서 방정식을 만든다:

$$r(\theta) = 2 + \frac{11}{23.5(2\pi)}\theta$$
$$r(\theta) = 2 + 0.745\theta$$

그림 11.15 반지름 계산식

2. 이 나선은 다음과 같다:

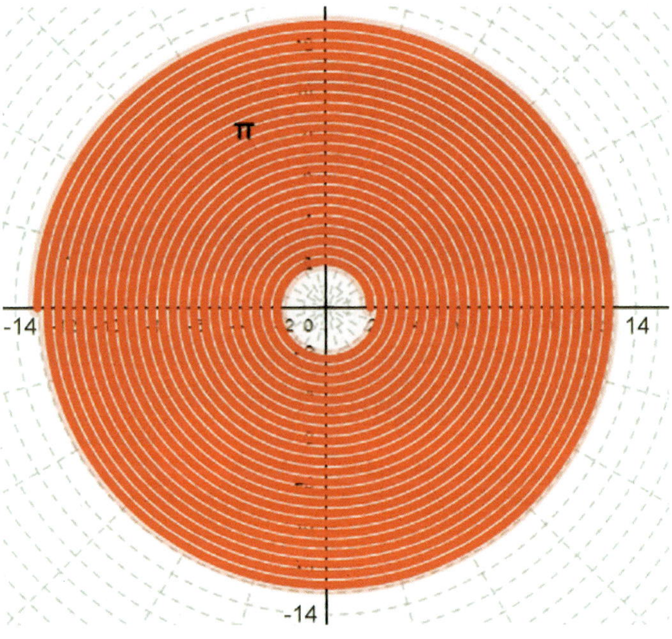

그림 11.16 단열재 롤의 나선

3. 이 나선에 대응하는 함수 **r()**은 다음처럼 쉽게 구현할 수 있다:

```
def r(theta):
    return 2 + 0.0745*theta
```

4. 이제 **spiral()** 함수를 호출해서, 0에서 $2*\pi*23.5$까지, 길이를 구해보자:

```
spiral(r,0,2*pi*23.5)
```

출력은 다음과 같다:

```
1107.502879450013
```

단열재 1,107in는 약 92피트(!약 28.1m)다.

노트

이 절의 소스 코드는 다음에 있다.

https://packt.live/2VE9YKZ.

또한, 다음에서 이 예제를 온라인으로 실행할 수 있다.

https://packt.live/31D43tG.

실습 11.05 ✦ 아키메데스 나선의 길이 계산

이 실습에서, 아키메데스 나선의, $\theta = 0$부터 $\theta = 2\pi$까지, 길이를 계산한다:

$$\gamma(\theta) = 2e^{0.315\theta}$$

그림 11.17 아키메데스 나선의 방정식

노트

아키메데스 나선뿐 아니라 로그 나선에도 적용된다.

다음 단계에 따라 길이를 계산해보자:

1. **r()**을 지수함수로 재정의한다:

```
from math import e
def r(theta):
    return 2*e**(0.315*theta)
```

2. 그리고, 0에서 2π까지, **spiral()** 함수를 실행한다:

```
spiral(r,0,2*pi)
```

출력은 다음과 같다:

```
41.518256747758976
```

이 나선의 길이는 **41.518256747758976**이다.

노트

이 절의 소스 코드는 다음에 있다.

https://packt.live/2VEtjfo.

또한, 다음에서 이 예제를 온라인으로 실행할 수 있다.

https://packt.live/2VHasQN.

곡면의 표면적

2차원에서 해온 계산을, 3차원으로 확장해서, 3차원 곡면의 표면적을 계산하는 방법을 배운다. 〈10장 파이썬과 기초 미적분〉에서 회전체 표면의 면적을 계산하는 방법을 배웠지만, 이번에 다루는 표면은 세 번째 차원인 z가 x와 y의 함수다.

▶ 공식

전통적으로, 곡면의 표면적은 **이중 적분**을 해석학적으로 푸는 대수적인 방법을 사용해서 구한다:

$$A = \iint_S \left\| \frac{\partial z}{\partial x} \times \frac{\partial z}{\partial y} \right\| dx\, dy$$

그림 11.18 3차원 곡면의 표면적 계산식

여기서 $z = f(x,y)$ 또는 $(x,y,f(x,y))$이다. 또한, 라운드 d(∂)는 증분을 나타내는데, 결국 **편미분**을 다룰 것이라는 의미다. 편미분은 독립 변수가 두 개 이상인 함수의 한 변수에 대한 미분을 나타낸다. 다음은 주어진 점 **(v,w)**에서 변수 **u**에 대한 편미분을 반환하는 함수 **f**다. 앞에서와 마찬가지로, 관심 대상 변수가 x인지 y인지에 따라, 이 함수 **f**는 해당 방향으로 작은 조각을 처리하는 단계를 수행해서 미분계수를 계산한 후 반환한다.

```
def partial_d(f,u,v,w,num=10000):
    """returns the partial derivative of f
        with respect to u at (v,w)"" "
    delta_u = 1/num
    try:
        if u == 'x':
            return (f(v+delta_u,w) - f(v,w))/delta_u
        else:
            return (f(v,w+delta_u) - f(v,w))/delta_u
    except ValueError:
        pass
```

이 코드에는, **ValueError**가 발생하는 경우를 대비해서 **try…except** 블록을 사용했다. 이 함수를 수행할 때, 기울기가 너무 큰 경우, 즉 접선이 수직선인 경우가 발생할 수 있다. 이런 경우에는 그 값을 무시하고 다음 단계를 계속 진행한다.

이제, 3차원 벡터와 면적 공식에 사용할 **외적**(**cross()**) 함수를 구현하자. 이 외적 함수를 이용해서 주어진 벡터 모두에 수직인 벡터의 길이와, 주어진 두 벡터가 구성하는 평행사변형의 면적을 알 수 있다.

(!두 벡터를 외적하면, 두 벡터에 수직이면서, 길이가, 두 벡터가 구성하는 평행사변형의 면적과 같은 벡터를 얻는다. 다음 그림에서 두 벡터 a, b의 내적 $a \times b$는 파란색 벡터다. 즉 이 벡터는 벡터 a, b에 각각 수직이고 길이 $|a \times b|$는 평행사변형의 면적과 같다.)

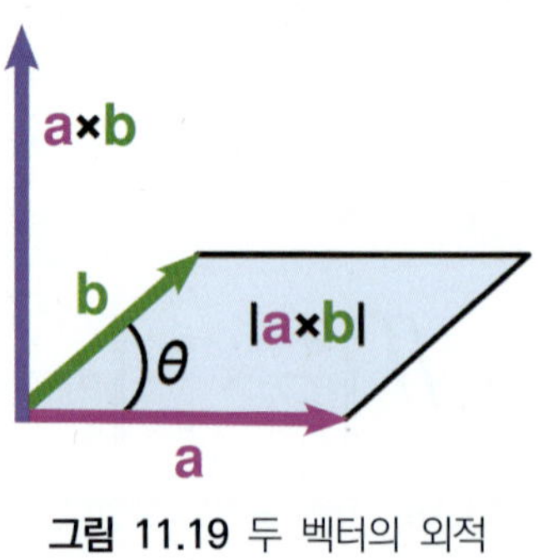

그림 11.19 두 벡터의 외적

두 벡터가 이루는 각을 알면, 이를 이용해서, 외적으로 얻은 결과 벡터의 길이를 구할 수 있다.

$$|a \times b| = |a||b|sin\theta$$

그림 11.20 외적 벡터의 길이 계산식

만일 두 벡터가 이루는 각을 모를 때에는, x, y, z 각각의 방향에 대한 벡터의 변위를 나타내는 3차원 벡터를 사용해서 외적을 구할 수 있다. 예를 들어, $u = 2i + 3j + 4k$이고 $v = 5i + 6j + 7k$라고 가정하자. 이 경우 각 벡터는 세 차원의 변위로 정의된 것이다. 여기서 i부분은 x방향의 변위, j부분은 y방향의 변위, k부분은 z방향의 변위를 나타낸다. 이 값 중에 0이 몇 개라도 있으면 계산이 아주 간단해져서 좋다. 아무튼, 이렇게 나타낸 벡터에 대해서는 다음 행렬식으로 외적을 구할 수 있다:

$$\begin{vmatrix} \mathbf{i} & \mathbf{j} & \mathbf{k} \\ 2 & 3 & 4 \\ 5 & 6 & 7 \end{vmatrix} = (3*7 - 6*4)\mathbf{i} + (4*5 - 2*7)\mathbf{j} + (2*6 - 5*3)\mathbf{k}$$
$$= -3\mathbf{i} + 6\mathbf{j} - 3\mathbf{k}$$

그림 11.21 행렬식에 의한 두 벡터의 외적 계산

이제 두 3차원 벡터의 외적을 계산하는 파이썬 함수를 구현해보자. 입력은 i, j, k의 계수만 넣으면 된다. 따라서, $u = ai + bj + ck$이고 $v = di + ej + fk$라면 외적은 다음과 같다:

$$\begin{vmatrix} \mathbf{i} & \mathbf{j} & \mathbf{k} \\ a & b & c \\ d & e & f \end{vmatrix} = (bf - ce)\mathbf{i} + (cd - af)\mathbf{j} + (ae - bd)\mathbf{k}$$

그림 11.22 3차원 벡터의 외적 계산

벡터는 리스트로 나타낸다. 따라서, $u = [a, b, c]$이고, $u[0] = a$, $u[1] = b$, $u[2] = c$처럼 계수를 참조할 수 있다:

```
def cross(u,v):
    """Returns the cross product of 2 3D vectors
    [[i,j,k], \
    [1,0,dz/dx], \
    [0,1,dz,dy]]
    cross([1,-1,2],[2,3,-5])
    >>> [-1, -9, 5]
    """
    return [u[1]*v[2]-v[1]*u[2], \
            -u[0]*v[2]+v[0]*u[2], \
            u[0]*v[1]-v[0]*u[1]]
```

함수가 하는 일을 명확하게 하려고 긴 주석을 달았다. 함수의 목적, 인수를 전달하는 방법, 출력을 명확하게 제시했다. 제대로 동작하는지 확인해보자:

```
print(cross([2,3,4],[5,6,7]))
```

결과는 다음과 같다:

```
[-3, 6, -3]
```

잘 작동한다. 이제 3차원 벡터의 크기를 계산하는 함수를 작성할 차례다. 즉, 두 벡터가 구성하는 평행사변형의 면적을 반환하는 함수다. 사실 이것은 3차원으로 확장된 피타고라스 정리다. 따라서, 벡터 $u = ai + bj + ck$의 경우, 벡터의 크기는 $\sqrt{a^2 + b^2 + c^2}$이다:

```
def mag(vec):
    """Returns the magnitude of a 3D vector"""
    return sqrt(vec[0]**2+vec[1]**2+vec[2]**2)
```

다음은 3차원 반원의 모습이다. 이 입체 도형의 표면을 두 벡터의 평행사변형으로 조각으로 근사한다. 평행사변형이 더 많을수록, 더 정확한 근삿값을 구할 수 있다:

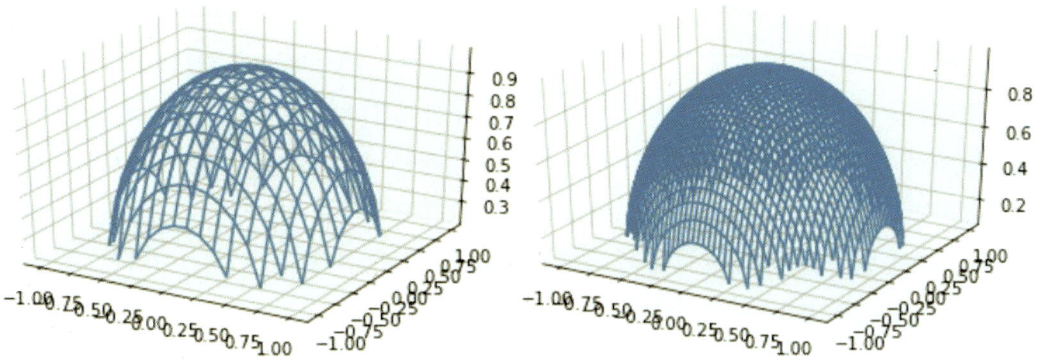

그림 11.23 더 많은 평행사변형으로 더 정확하게 근사

3차원 표면의 면적 함수는 사각형 격자 위의 모든 x와 y좌표에 대해, 각 점에서의 편미분을 반복해서 계산한 후, 그렇게 계산한 두 벡터의 외적의 길이를 이용해서, 그 지점의 평행사변형의 면적 즉 표면적 조각을 계산한다.

```
from math import sqrt

def sphere(x,y):
    """Sphere of radius 1"""
    return sqrt(1-x**2-y**2)

def area(f,ax,bx,ay,by,num=1000):
    """Returns area of parallelogram formed by
        vectors with given partial derives"""
    running_sum = 0
    dx = (bx-ax)/num
    dy = (by-ay)/num
    for i in range(num):
        for j in range(num):
            x = ax+i*dx
            y = ay+j*dy
            dz_dx=partial_d(f,'x',x,y)
            dz_dy=partial_d(f,'y',x,y)
            try:
                running_sum += mag(cross([1,0,dz_dx],[0,1,dz_dy]))*dx*dy
            except:
                pass
    return running_sum
```

먼저, 표면적의 누적 합을 0으로 설정한다. 그런 다음, x와 y의 작은 증분 dx와 dy를 계산한다. 이것으로 곡면을 같은 크기의 조각으로 나눈다. **try…except** 블록으로, **그림 11.3** 처럼 접선의 기울기가 수직인 경우, 편미분 값이 무한대가 되어 발생할 수 있는 오류를 무시(**pass**)하도록 지정한다. 오류가 없으면 해당 지점에서 편미분으로 구한 두 벡터가 형성한 평행사변형의 면적을 계산해서 더한다. 이제 각 축으로 1,000개의 점을 사용해서 면적 함수에 3차원 반구를 넘겨주면 꽤 정확한 근삿값을 구할 수 있다. 반지름이 1인 구의 표면적의 절반은 2π 또는 6.28이다:

```
print("Area of hemisphere:",area(sphere,-1,1,-1,1))
```

결과는 다음과 같다:

```
Area of hemisphere: 6.210356913122
```

이제 이 개념을 기반으로, 빠르게 몇 가지를 실습해보자.

실습 11.06 ✦ 3차원 곡면의 표면적 계산 - 1부

이제 대수적인 방법으로 구하기 어려운 복잡한 곡면의 표면적을 계산해본다. 다음 방정식에 대한 표면적을 구해보자:

$$f(x,y) = 10\sin\left(\sqrt{x^2+y^2}\right)$$

그림 11.24 곡면의 방정식

이 곡면은 다음 그림과 같다:

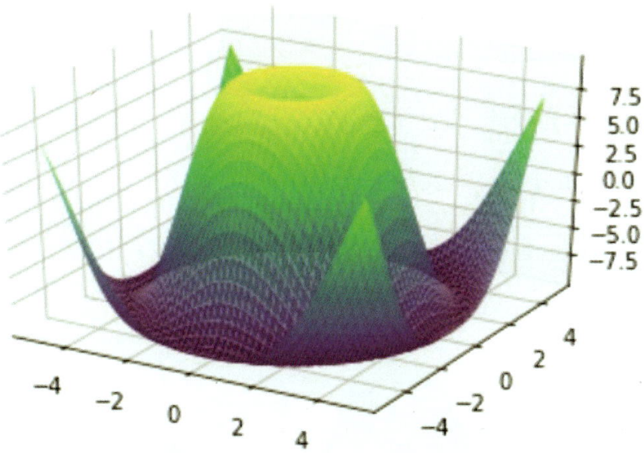

그림 11.25 복잡한 3차원 곡면

다음 단계에 따라 이 곡면의 표면적을 계산해보자:

1. 면적 계산 함수에 곡면을 입력해서 결과를 확인해보자:

```
from math import sin, cos, sqrt

def surface(x,y):
    return 10*sin(sqrt(x**2+y**2))
print("Area of wave surface:",area(surface,-5,5,-5,5))
```

2. 이 코드의 실행 결과는 다음과 같다:

```
Area of wave surface: 608. 2832236305994
```

앞에서 작성한 코드를 살펴보면, 단 몇 줄의 파이썬 코드를 사용해서, 복잡한 곡면의 표면적을 쉽게 찾을 수 있다는 걸 명확히 알 수 있다.

> **노트**
>
> 이 절의 소스 코드는 다음에 있다.
> https://packt.live/3gwd6kr.
>
> 또한, 다음에서 이 예제를 온라인으로 실행할 수 있다.
> https://packt.live/2ZpgwOQ.

실습 11.07 ✦ 3차원 곡면의 표면적 계산 - 2부

다음 3차원 곡면의 표면적을 계산해보자.

$$f(x,\ y) = 3\cos(x) + 2\cos(x)\cos(y),\ \ 0 < x < 2\pi,\ \ 0 < y < 2\pi.$$

이 곡면은 다음 그림과 같다:

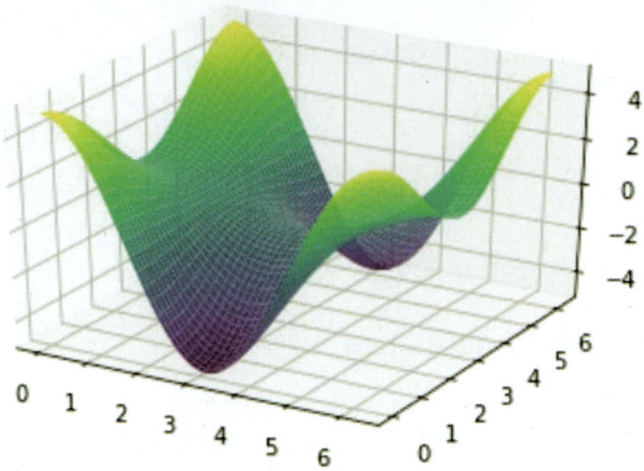

그림 11.26 또 다른 3차원 곡면

다음 단계에 따라 표면적을 계산해보자:

1. 곡면의 계산식을 반환하는 함수를 정의한다:

```
def surface(x,y):
    return 3*cos(x)+2*cos(x)*cos(y)
```

2. 표면적을 계산하는 함수 **area()**를 실행하고, 값을 출력한다:

```
print("Area of surface:",area(surface,0,6.28,0,6.28))
```

출력은 다음과 같다:

```
Area of surface: 99.80676808568984
```

이 3차원 곡면의 표면적은 **99.80676808568984**다.

노트

이 절의 소스 코드는 다음에 있다.

https://packt.live/2VCaObq.

또한, 다음에서 이 예제를 온라인으로 실행할 수 있다.

https://packt.live/2NPXvQo.

실습 11.08 3차원 곡면의 표면적 계산 - 3부

다음 3차원 곡면의 표면적을 계산해보자.

$$f(x,\ y) = \sqrt{1 + \sin(x)\cos(y)},\ \ 0 < x < 2\pi,\ \ 0 < y < 2\pi$$

이 곡면은 다음 그림과 같다:

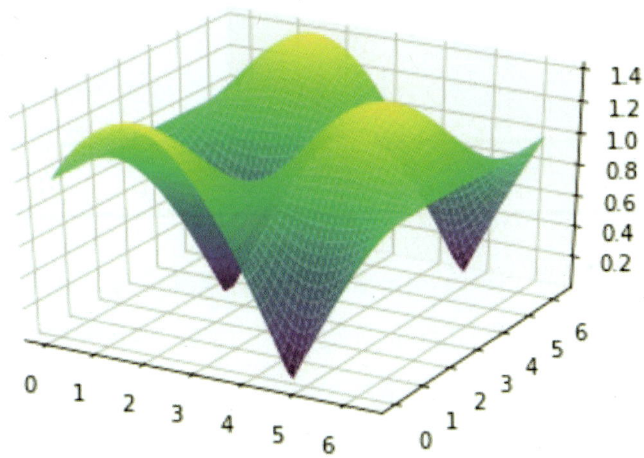

그림 11.27 $f(x,\ y) = \sqrt{1 + \sin(x)\cos(y)}$ 의 곡면

다음 단계에 따라 표면적을 계산해보자:

1. 곡면의 계산식을 반환하는 함수를 정의한다:

```
def surface(x,y):
    return sqrt(1+sin(x)*cos(y))
```

2. 표면적을 계산하는 함수 **area()**를 실행하고, 값을 출력한다:

```
print("Area of surface:",area(surface,0,6.28,0,6.28))
```

출력은 다음과 같다:

```
Area of surface: 42.80527549685105
```

이 표면의 면적은 **42.80527549685105**다.

> **노트**
>
> 이 절의 소스 코드는 다음에 있다.
>
> https://packt.live/3gwdLIV.
>
> 또한, 다음에서 이 예제를 온라인으로 실행할 수 있다.
>
> https://packt.live/3dUNWdt.

무한급수

수학자들은 풀 수 없거나 다루기 어려운 함수에 직면하는 경우가 많았으며, 그래서 근삿값은 항상 수학의 중요한 구성요소가 되었다. 미적분을 대수적으로 풀어나가려는 수학자들에게, 멋지고 깔끔한 해가 없는 방정식, 도함수, 적분 등이 아주 많이 주어진다. 일반적으로, 실세계에서 과학자들이 마주하는 미분방정식은 대수적인 해를 갖지 않으므로, 그것을 응용하려면 다른 방법으로 풀어야만 한다. 미분방정식은 뒤에서 자세하게 살펴볼 것이고, 여기서는 쉬운 다항식으로 어려운 함수를 근사하는 중요한 계열의 근사치 계산법을 다루어본다.

▶ 다항식 함수

($y = x^2$과 같은, 마찬가지로 다음 그림과 같은) 다항 방정식은 근을 구하기 쉽고, 미분과 적분도 쉽다:

$$f(x) = 3x^5 - 12x^4 + 7x^3 - 5x^2 + \frac{x}{6} + 11$$

그림 11.28 다항 방정식

더하(거나 빼)는 항이 이어서 나오는데, 삼각함수, 로그함수 또는 지수함수와 같은 초월함수는 포함하지 않는다. 다음은 어려운 함수를 쉬운 다항식으로 근사하는 공식이다:

$$f(x) \approx f(a) + \frac{df}{dx}(a)(x-a) + \frac{1d^2f}{2dx^2}(a)(x-a) + \frac{1d^3f}{3!dx^3}(a)(x-a) + \cdots$$

그림 11.29 테일러 급수

이 공식의 이름은 **테일러 급수**다: 어떤 (미분이 가능한) 함수든, 일정한 개수의 항을 취해서, 지정한 값에 대해, 정해진 정밀도로 근사치를 구할 수 있다.

▶ 급수

수학자들은, 일정한 패턴을 따르는 일련의 숫자를 모두 합하는 것을, 다음과 같은 표기법으로 나타낸다:

$$\sum_{i=1}^{10} i = 1 + 2 + 3 + \cdots + 10$$

그림 11.30 급수 표현식

E와 비슷한 모양의 큰 기호는 그리스 문자 시그마 또는 S로 숫자들의 합을 나타낸다. 시그마 아래의 식은 변수의 시작 값을 나타내고(이 경우 1), 시그마 위에는 변수 i의 마지막 정수 값(이 경우 10)이 있다. 시그마 오른쪽에는 변수에 대한 식이 있다. 이 경우, 변수 i를, 1부터 10까지, 더한다. 이것은 사실 파이썬의 **리스트 구성** 구문과 거의 같다. 다음과 비교해보자:

```
s = sum([i for i in range(1,11)])
```

리스트 구성에서 첫 번째 항목은 시그마를 이용한 표현식의 i와 같다. 예를 들어, n까지 정수의 제곱 합에 대한 급수 표현식은 다음과 같다:

$$\sum_{i=1}^{n} i^2 = 1^2 + 2^2 + 3^2 + \cdots + n^2$$

그림 11.31 1부터 n까지 정수의 제곱 합에 대한 급수 표현식

파이썬으로 구현하면 다음과 같다:

```
s = sum([i**2 for i in range(1,n+1)])
```

오래되었지만 중요한 급수 중 하나가 아크탄젠트 급수다. 이 급수는 주어진 탄젠트에 해당하는 (라디안 단위) 각도를 계산한다. 예를 들어:

$$\tan\left(\frac{\pi}{6}\right) = \frac{1}{\sqrt{3}}$$

그림 11.32 탄젠트 $\pi/6$

이 값에 따라 아크탄젠트 $1/\sqrt{3}$ 을 구할 수 있다:

$$arctan\left(\frac{1}{\sqrt{3}}\right) = \frac{\pi}{6}$$

그림 11.33 아크탄젠트 $1/\sqrt{3}$

아크탄젠트를 급수로 나타내면 다음과 같다:

$$arctan(x) = 1 - \frac{x^3}{3} + \frac{x^5}{5} - \frac{x^7}{7} + \cdots$$

그림 11.34 아크탄젠트의 급수 표현식

시그마 표현식으로 나타내면 다음과 같다:

$$\sum_{i=1}^{\infty} \frac{(-1)^{i-1} x^{2i-1}}{2i-1}$$

그림 11.35 아크탄젠트의 시그마 표현식

x에 탄젠트 값을 대입해서, 대응하는 각도의 근삿값을 계산할 수 있다:

$$arctan\left(\frac{1}{\sqrt{3}}\right) = 1 - \frac{\left(\frac{1}{\sqrt{3}}\right)^3}{3} + \frac{\left(\frac{1}{\sqrt{3}}\right)^5}{5} - \frac{\left(\frac{1}{\sqrt{3}}\right)^7}{7} + \cdots$$

그림 11.36 $1/\sqrt{3}$에 대응하는 각의 근삿값 계산

이것은 수 세기 전 수학자들에게는 꽤 골치 아픈 계산이었겠지만, 지금은 같은 계산을 대신해주는 파이썬 함수를 사용할 수 있다. 리스트 구성의 첫 부분이 이 급수의 시그마 표현식과 얼마나 닮았는지 살펴보기 바란다:

```
def arctan(x,n):
    """Returns the arctangent of x using a series of n terms."""
    return sum([((-1)**(i-1)*(x**(2*i-1)))/(2*i-1)  \
                                for i in range(1,n+1)])
    print(arctan(1/1.732,10))
```

이렇게, 10개의 항에 대해 계산한 결과는 다음과 같다:

```
0.523611120446175
```

이 값은 $\frac{\pi}{6}$와 아주 가깝다.

▶ 수렴

수학자들은, 다음과 같은 사실로부터, 아크탄젠트 급수를 단순화해서 π값을 쉽게 계산하고자 시도했다:

$$\tan\left(\frac{\pi}{4}\right) = 1$$

그림 11.37 탄젠트 $\pi/4$

이 값에 따라 아크탄젠트 1을 구할 수 있다:

$$arctan(1) = \frac{\pi}{4}$$

그림 11.38 아크탄젠트 1

수학자들은 아크탄젠트 급수의 x에 1을 대입하면 π를 쉽게 계산할 수 있다고 판단했다. 처음 몇 항은 다음과 같다:

$$\frac{\pi}{4} = 1 - \frac{1}{3} + \frac{1}{5} - \frac{1}{7} + \cdots$$

그림 11.39 아크탄젠트 급수에 $x = 1$ 대입

이 식은 원주율에 대한 근삿값이다:

$$\sum_{i=1}^{\infty} \frac{(-1)^{i-1}}{2i-1}$$

그림 11.40 원주율의 근삿값 계산식

시그마 오른쪽 부분의 코드를 작성하고, n을 지정하는 코드를 추가해서, 합을 구한다.

```
for n in range(1,10):
    print(4*sum([((-1)**(i-1))/(2*i-1) for i in range(1,n+1)]))
```

원주율에 대한 근삿값이 어떻게 변하는지 확인할 수 있다:

```
4.0
2.666666666666667
3.466666666666667
2.8952380952380956
3.3396825396825403
2.9760461760461765
3.2837384837384844
3.017071817071818
3.2523659347188767
```

아직은 π와 가깝지 않다. 더하는 항의 수를 더 늘리고 출력을 건너뛰도록 반복문을 수정한다:

```
for n in [100,1000,1000000]:
```

출력은 다음과 같다:

```
3.1315929035585537
3.140592653839794
3.1415916535897743
```

더하는 항을 100만 개로 늘려도, 소수점 다섯 자리까지만 정확하다. 이 급수는 $\pi/4$로 너무 느리게 수렴해서(즉, 매우 가깝거나 가까워져서) 실용적으로 사용할 수 없다. 그래서 수 세기 동안, 수학자들은 π를 근사하는 더 나은 급수를 찾기 위해 연구해왔다.

실습 11.09 ✦ π의 소수점 10자리까지 계산

1706년, 영국의 수학자이자 천문학자인 존 매카인은, 아크탄젠트 급수를 개선해서 원주율을 소수점 100자리까지 계산했다. 다음은 그가 사용한 급수다:

$$\frac{\pi}{4} = 4\arctan\left(\frac{1}{5}\right) - \arctan\left(\frac{1}{239}\right)$$

그림 11.41 존 매카인 급수

매카인의 아크탄젠트 급수를 사용해서 **원주율**을 소수점 10자리까지 정확하게 계산할 수 있다. 다음 단계에 따라 실습해보자:

1. 그냥 앞에서 만든 아크탄젠트 함수를 호출한다. 10항까지 계산하는 것으로 충분하다:

```
print(4*(4*arctan(1/5,10)-arctan(1/239,10)))
```

2. 이 코드의 실행 결과는 다음과 같다:

```
3.1415926535897922
```

급수의 항 10개를 계산해서 꽤 좋은 근삿값을 구할 수 있다. 14자리까지 정확하다.

노트

이 절의 소스 코드는 다음에 있다.

https://packt.live/3dPjVvD.

또한, 다음에서 이 예제를 온라인으로 실행할 수 있다.

https://packt.live/3dVITKR.

실습 11.10 ✦ 오일러 급수로 π값 계산

독일의 위대한 수학자 오일러는 다음과 같은 식을 고안했다:

$$\frac{\pi^2}{6} = 1 + \frac{1}{2^2} + \frac{1}{3^2} + \frac{1}{4^2} + \cdots$$

그림 11.42 오일러 급수

이 식을 사용해서 원주율의 근삿값을 구해보자. 앞에서 사용한 매카인 급수보다 더 빠르게 수렴할까?

다음 단계에 따라 실습해보자:

1. 다음은 오일러 급수를 사용해서 π를 근사하는 코드다:

```
from math import sqrt

for n in [100,1000,1000000]:
    print(sqrt(6*sum([1/(i**2) for i in range(1,n+1)])))
```

2. 더 빨리 수렴할까? 코드를 실행해서 결과를 확인하자:

```
3.1320765318091053
3.1406380562059946
3.1415916986605086
```

더 빨리 수렴하는 것 같지는 않다. 급수의 항 100만 개를 계산해도, 다섯 자리까지만 정확하다.

노트

이 절의 소스 코드는 다음에 있다.

https://packt.live/2NRnnLD.

또한, 다음에서 이 예제를 온라인으로 실행할 수 있다.

https://packt.live/38lHXgm.

▶ 20세기 공식

다음은 인도의 탁월한 수학자 라마누잔의 π 근사 공식이다:

$$\frac{1}{\pi} = \frac{2\sqrt{2}}{9801}\sum_{k=0}^{\infty}\frac{(4k)!(1103+26390k)}{k!^4\left(396^{4k}\right)}$$

그림 11.43 라마누잔의 π 근사 급수

파이썬으로 구현한 코드는 다음과 같다:

```
from math import sqrt, factorial

one_over_pi = 2*sqrt(2)/9801*sum([(factorial(4*k)*(1103+26390*k))/ \
                (((factorial(k))**4)*(396**(4*k))) for k in range(10)])

print(1/one_over_pi)
```

급수의 10항까지 계산한 결과는 다음과 같다:

```
3.141592653589793
```

매우 정확하다! 15자리 모두 일치한다.

▶ 수렴 구간

급수가 수렴하는 (어떤 값에 가까워지는) 값의 범위를 수렴 구간이라고 한다. 파이썬을 이용하면, 급수의 수렴 구간을 쉽게 찾을 수 있다: 어떤 값에 대해서 급수가 무한대로 커지면 그 값은 수렴 구간에 속하지 않는다. 만일 급수가 어떤 값을 생성하면 즉, 수렴

하면 그 값은 수렴 구간에 속한다. 아주 흔한 교과서적인 문제를 살펴보고 파이썬으로 풀어보자.

실습 11.11 ✦ 수렴 구간 결정 - 1부

다음 제곱 급수에 대한 수렴 구간을 결정해보자:

$$\sum_{n-1}^{\infty} \frac{(-1)^n n}{4^n}(x+3)^n$$

그림 11.44 제곱 급수

다음 단계에 따라 실습해보자:

1. 파이썬으로 급수의 합을 계산한다:

```
def mystery_sum(x):
    return sum([(((-1)**n)*n)/(4*n)*(x+3)**n for n in  \
                      range(1,1000000)])
```

"무한"한 항을 계산할 수 없으므로, n = 1부터 100만까지 항의 합계를 구한다.

2. −10에서 10까지의 모든 정수에 대해 어떤 숫자로 수렴하는지 확인한다:

```
for x in range(-10,11):
    print(x,mystery_sum(x))
```

3. 이 코드를 실행하면 **OverflowError**가 발생한다:

```
OverflowError: int too large to convert to float
```

이것은 예상한 대로, 어떤 숫자가 지나치게 커진다는 것을 암시한다. **OverflowError**가 발생하면 그냥 **Infinity**를 반환하도록 조건을 추가한다. **try…except** 블록을 사용하면 된다.

4. 파이썬이 코드 한 줄을 수행하도록 추가한다. 즉, 특정 오류가 발생하면 (이 경우 **OverflowError**), 프로그램을 중단하지 말고, 대신 **Infinity**를 출력하게 한다:

```
def mystery_sum(x):
    try:
        return sum([(((-1)**n)*n)/(4*n)*(x+3)**n  \
                                        for n in range(1,1000000)])
    except OverflowError:
        return "Infinity"
```

5. 이번에는, 출력에 무한대와 수렴 값이 섞여 나온다:

```
-10 Infinity
-9 Infinity
-8 Infinity
-7 Infinity
-6 Infinity
-5 Infinity
-4 249999.75
-3 0.0
-2 -0.25
-1 Infinity
0 Infinity
1 Infinity
...
```

수렴 구간이 $-5 < x < -1$인 것으로 추정할 수 있다. 즉, x가 해당 구간에 있을 때는 급수를 사용해서 유용한 값을 얻을 수 있다는 걸 의미한다. 그렇지 않으면, 급수를 사용할 수 없다.

> **노트**
>
> 이 절의 소스 코드는 다음에 있다.
> https://packt.live/38k30A2.
>
> 또한, 다음에서 이 예제를 온라인으로 실행할 수 있다.
> https://packt.live/31AtmMU.

실습 11.12 ✦ 수렴 구간 결정 - 2부

다음 제곱 급수에 대한 수렴 구간을 결정해보자:

$$\sum_{n=0}^{\infty} \frac{nx^n}{5^{2n}}$$

그림 11.45 제곱 급수

다음 단계에 따라 실습해보자:

1. 파이썬으로 급수의 합을 계산하고 구간 −30부터 30까지 확인한다:

```
def mystery_sum(x):
    try:
        return sum([n*x**n/(5**(2*n)) for n in range(1,10000)])
    except OverflowError:
        return "Infinity"

for x in range(-30,30):
    print(x,mystery_sum(x))
```

2. 다음은 실행 결과의 일부분을 나타낸다:

```
-30 Infinity
-29 Infinity
-28 Infinity
-27 Infinity
-26 -1.0561866634327267e+174
-25 -5000.0
-24 -0.24989587671803576
-23 -0.24956597222222246
-22 -0.24898143956541371
-21 -0.24810964083175827
-20 -0.24691358024691298
...
18 9.18367346938776
19 13.194444444444444
```

```
20 19.999999999999993
21 32.81249999999964
22 61.11111111111108
23 143.74999999999983
24 599.9999999999994
25 49995000.0
26 5.3728208568640556e+175
27 Infinity
28 Infinity
29 Infinity
```

x가 -25에서 25 사이인 경우, 계산한 항의 개수와 무관하게, 작은 값(0에서 600 사이)을 가지므로 수렴 구간은 $-25 < x < 25$로 결정한다.

> **노트**
>
> 이 절의 소스 코드는 다음에 있다.
>
> https://packt.live/38pwuwC.
>
> 또한, 다음에서 이 예제를 온라인으로 실행할 수 있다.
>
> https://packt.live/2YS46jl.

실습 11.13 ✦ 상수 찾기

이 실습에서, 파이썬으로 무한급수를 표현하고 그것의 값을 계산한다. 다음과 같은 급수로 정의되는 유명한 상수를 구해보자:

$$\sum_{n=0}^{\infty} \frac{1}{n!}$$

그림 11.46 급수로 정의된 상수

이 유명한 상수의 값은 얼마일까? 다음 단계를 따라 이 값을 구해보자:

1. **factorial** 모듈을 가져오고, 급수를 파이썬으로 변환하자:

```
from math import factorial
print(sum([1/factorial(n) for n in range(10000)]))
```

2. 코드를 실행해서 출력을 확인하자:

```
2.7182818284590455
```

이 유명한 상수는 자연로그의 밑인 e다. (!오일러 상수라고 부르는 게 더 좋다.)

노트

이 절의 소스 코드는 다음에 있다.

https://packt.live/2AoyubH.

또한, 다음에서 이 예제를 온라인으로 실행할 수 있다.

https://packt.live/2BZ4aVw.

프로젝트 11.01 곡면의 최솟값 찾기

머신러닝 분야에서 수행하는 중요한 작업 중 하나가 함수의 최솟값을 찾는 일이다. 신경망을 학습할 때는 행렬이나 텐서의 값을 수정해가면 학습 데이터를 더 잘 근사하는 값을 찾는다. 신경망의 현재 가중치가 출력의 오차에 얼마나 작용했는지 확인하는 방식으로 오차 곡면의 최솟값에 대응하는 가중치를 찾는다. 이것은 곡면의 서로 다른 지점에서의 편미분과 유사한 개념이다. 어떻게 생각하는가?

이러한 처리의 한 사례가 바로 **경사 하강법**이다. 어떤 함수를 최소로 하는 독립 변수의 위치를 찾는다고 하자. 표면의 각 점이 **편미분**을 갖는다면, 이것을 사용해서 함수의 값이 작아지는 방향으로 조금씩 이동할 수 있다. 즉, 어떤 임의의 시작점에서 출발해서, 해당 점에서의 편미분을 계산한 다음, z값(즉, 함수의 값)이 감소하는 방향으로 이동한다. 이때, z에 대한 x의 편미분(dz_dx라고 나타낸다)이 음수면, x가 증가함에 따라 z가 감소한다는 것을 의미하며, 따라서 x의 양수 방향(조금 더 큰 x)으로 이동한다. 반대로 dz_dx가 양수이면, x가 증가함에 따라 z도 증가한다는 것을 의미하므로, x의 음수 방향(조금 더 작은 x)으로 이동한다. y 방향에 대해서도 같은 원리로 작업을 수행한다. 이 과정을 다음 그림

에 적용해보면서 통찰해보자:

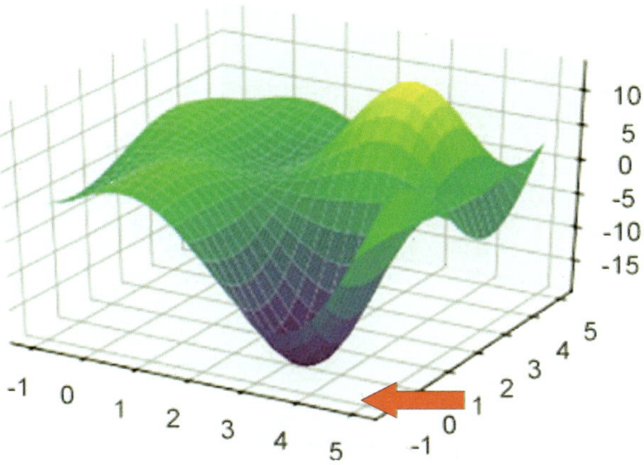

그림 11.47 최솟값으로의 하강

이 프로젝트는 곡면의 최솟값을 찾는 함수를 작성하는 것으로 시작한다. 다음 단계를 따라 이 함수를 작성할 수 있다:

1. 곡면 위 임의의 위치 (x, y)를 생성하는 함수를 작성한다. 이때, **random** 모듈의 **uniform()** 함수를 사용할 수 있다.
2. x와 y에 대한 z의 편미분을 계산한다.
3. 편미분에 음수를 곱한 후, 편미분이 큰 값인 경우를 대비해서, 다시 아주 작은 스텝 크기를 곱한 값을 각각 x와 y에 더해서 다음 위치를 계산한다.
4. 이렇게 정한 새로운 위치에서 다시 편미분을 계산하는 과정을, 편미분이 아주 (0.0001보다) 작아지거나 새로운 위치가 곡면의 영역을 벗어날 때까지 반복한다.
5. 임의의 위치를 달리해가면서 함수를 실행하고, 가장 작은 z 값을 리스트 **mins**에 저장한다.
6. 마지막으로, mins 리스트의 최솟값을 출력한다.

함수를 작성했으면, 의도한 대로 작동하는지 확인하기 위해 최솟값을 알고 있는 함수에 적용해서 평가한다. 그런 다음, 최소점을 모르는 함수에 적용해서 해당 곡면을 최소로 하는 위치를 찾는다. 이 과정은 다음 단계에 따라 구현한다:

1. 함수 $f(x) = x^2 + y^2$에 대해서 검증한다. 이 함수는 (0, 0)에서 최솟값 0을 갖는다.
2. 함수가 올바르게 작동하면, $f(x) = 3\cos(x) + 5x\cos(x)*\cos(y)$의 최솟값을 찾아본다. 단, 범위는 $-1 < x < 5$, $-1 < y < 5$로 한다.

시작점의 위치에 따라, 함수가 서로 다른 최소점(지역 최솟값과 전역 최솟값)으로 수렴해야 한다. (!이 함수는 대단히 많은 지역 최솟값을 갖는다.)

> **노트**
>
> 이 프로젝트의 구현 코드는 부록에 있다.

요약

앞 장에서, 미분계수와 적분의 힘을 배웠고, 이 장에서, 그것을 이용해서, 나선의 길이와 3차원 곡면의 면적 계산 같은 어려운 문제를 해결했다. 편미분 개념을 통해서 미분과 적분의 차원을 확장하기도 했다. 전형적인 미적분 수업에서는 이러한 도구를 사용하려면 많은 대수 계산 과정을 거쳐야 한다. 그러나 파이썬을 사용하면 문제 상황을 모델링해서 같은 일을 할 수 있다. 찾으려는 값에 대응하는 변수를 만들고, 때에 따라 수백만 번의 계산을 반복해서 원하는 변수값을 찾을 수 있었다. 수백 년 전 수학자들에게는 요술 램프의 마법으로 보일 것이다.

다음 장에서, 더 다양한 영역의 변화율과 변화량을 다루고, 파이썬을 사용하여 대수를 피해 간다. 혼합물에 포함된 소금의 양, 포식자가 언제 어디서 먹잇감을 잡을지, $1,000,000를 만들려면 돈을 얼마 동안 투자해야 하는지 등을 계산한다.

12장

파이썬과 미분방정식

요약

이 장을 마치면, 거의 모든 과학과 공학의 문제에 등장하는 **미분방정식**을 풀 수 있다. 이 장에서, 인구와 온도 문제를 수치적인 방법으로 모델링하고, 미분방정식을 사용해서 모델 변수의 **과거의 값**을 계산하거나, **미래의 값**을 예측할 수 있다. 어떤 값이 특정한 범위에 속한다는 것만 알면, 이진 탐색을 사용해서, 추측 후 확인하는 방식으로, 매우 정확하게 답을 찾는 방법을 배운다. 또한, 물체가 움직이는 상황을 모델링하고, 물체의 속도에 관한 미분방정식을 이용해서, 그것의 다음 위치를 계산할 수 있다.

개요

수학을 배우는 학생들은 대수와 기하학에 나오는 다항식의 인수 분해나 각을 이등분하는 등의 문제가 실세계에서 쓸모가 없다고 불평하지만, 미분방정식은 그렇지 않다. 이 장에서 배우는 수단을 쓰면, 미분방정식을 이용해서 물리학, 전자공학, 그리고 공학의 실제 문제를 모델링하고 해결할 수 있다. 파이썬은, 컴퓨터 과학을 별도로 공부해서 학위를 취득하기를 원하지 않으면서, 숫자를 처리해서 문제를 해결하려는 수학자와 과학자들에게는 완벽한 도구다. 파이썬은 사용하기 쉽고 매우 직관적이어서, 오늘날 가장 인기 있는 프로그래밍 언어 중 하나가 되었다.

17세기에, 수학자들은 수학적 방정식을 사용해서 떨어지는 물체의 운동을 모델링하고, 더 나아가 우주 공간에 있는 행성의 운동에 관해 관심을 두게 되었다. 뉴턴은 행성의 운동을 모델링했는데, 그가 유도한 방정식에는 단순한 변수뿐만 아니라 그 변수의 변화에 대한 정보도 포함된다. 예를 들어, 그 방정식은 미지의 각도뿐만 아니라 그 각도의 변화율(각속도)과 심지어 각도의 변화율의 변화율(각가속도)까지 포함하고 있다. 이러한 방정식을 해결하기 위한 도구가 없었기 때문에 그는 스스로 도구를 발명해야 했다. 이 도구들이 미적분이다.

미분방정식

수학에서 해결하려는 방정식은 보통 알려지지 않은 미지수 x를 포함한다. 예를 들어, $2x+5=13$ 또는 $\cos 2x=1/2$ 같은 방정식은, 미지수의 형태로 그 값을 감추고 있지만, 동시에 그 값을 찾는 방법에 대한 힌트를 품고 있다. 하지만, 미분방정식은 어떤 함수의 **도함수**만 주어지고, 그것으로부터 원래의 함수를 찾아야 한다. 다음과 같이 간단한 미분방정식이 있다고 하자:

$$\frac{dy}{dx}=2$$

그림 12.1 도함수가 2인 함수 찾기

이 미분방정식은 '도함수가 2인 함수를 찾으라'는 의미다. 다음과 같이 다른 방식으로 미분방정식을 나타낼 수도 있다:

$$y' = 2$$

그림 12.2 미분방정식의 다른 표현

$y = 2x$라는 함수의 도함수가 2인 걸 알기 때문에, 간단한 적분으로, 이 방정식을 만족하는 함수를 찾을 수 있다. 사실, $y = 2x + 1$, $y = 2x + 2$, $y = 2x + 3$ 등과 같이 도함수가 2인 함수는 매우 많다. 따라서, 일반적인 형태인 $y = 2x + C$가 근이다.

다음 미분방정식처럼, 함수에 대한 정보가 거의 없는 경우는 좀 더 복잡해진다:

$$y' = y$$

그림 12.3 도함수가 자기 자신인 함수

즉, 도함수가 자기 자신인 함수를 찾는 문제다.

미분방정식이 어떻게 사용되는지 이해하기 위해, 경제 같은, 실세계의 문제에 대한 간단한 함수부터 시작해보자.

이자 계산

미분방정식의 핵심 연구는 중세의 이자 계산에서 비롯되었다. 다음 실습 문제를 살펴보자.

실습 12.01 ✦ 이자 계산

연 2%의 이자가 붙는 적금 계좌가 있다고 하자. $3,500를 투자하면 5년 후에 얼마가 될까?

단리 이자 공식은 다음과 같다:

$$I = Prt$$

그림 12.4 단리 이자 계산식

여기서 I는 이자, P는 원금 또는 투자한 금액, r은 이율 또는 이자율, t는 투자 기간이다. 이 공식에 따라 원금에 대한 이자는 $I=(3500)(0.02)(5)=\$350$이 된다. 다음 단계에 따라 실습해보자:

1. 원금, 이율, 그리고 기간을 입력받아, 앞서 제시한 공식에 따라, 이자를 계산해서 출력하는 프로그램으로 시작해보자:

```
def amount(p0,rate,t):
    """Returns the amount after t
        years starting at p0 and growing
        at the given rate per year"""
    return p0*rate*t
```

2. **amount()** 함수의 주석에 나와 있는 대로, 원금과 이율 등을 입력으로 받아, 주어진 기간에 대한 이자를 반환한다. 1년부터 5년까지의 이자를 계산해보자:

```
for i in range(1,6):
    print(i,amount(3500,0.02,i))
```

출력은 다음과 같다:

```
1 70.0
2 140.0
3 210.0
4 280.0
5 350.0
```

그러나 실제로 이자를 이렇게 적용하지는 않는다. 매년 몇 차례씩, 해당 기간의 이자를 계산해서 원금에 더하므로, 원금이 더 늘어난다. 물론, 다음번 이자 계산은 늘어난 원금을 기준으로 하고, 이런 이자 계산 방식을 '복리 이자'라고 부른다. 연간 **복리 이자** 계산 횟수 n이 주어졌을 때, t년 후의 적금액을 계산하는 공식은 다음과 같다:

$$A=P\left(1+\frac{r}{n}\right)^{nt}$$

그림 12.5 t년 후 적금액 계산식

3. **amount()** 함수를 다음과 같이 수정하자:

```
def amount(p0,rate,t,comps):
    """Returns the amount after t
        years starting at p0 and growing
        at the given rate per year
        compounded comps times per year"""
    for i in range(int(t*comps)):
        p0 += p0*rate/comps
    return p0
```

이 함수에서, 연간 복리 이자 계산으로 늘어난 이자를 그때의 원금에 더한다. 연간 복리 이자를 한 번만 반영하는 경우 다음과 같이 실행한다.

```
for i in range(1,6):
    print(i,amount(3500,0.02,i,1))
```

결과는 다음과 같다:

```
1 3570.0
2 3641.4
3 3714.228
4 3788.51256
5 3864.2828112
```

즉, 5년 후에는 $350가 아니라 $364만큼 늘어난다. 같은 이율이라도 복리 계산을 더 자주 하면 원금이 더 빨리 늘어난다. 만약 연간 12회 (매월 복리) 계산으로 변경하면, 5년 후에는 $3,867가 되고, 연간 1회 복리보다 조금 더 많은 금액이 된다. (!연이율은 0.2%로 고정이다, 따라서 12회 계산하는 경우 매번 2/12% 이자가 붙는다. 세상은 그렇게 만만하지 않다.)

노트

이 절의 소스 코드는 다음에 있다.

https://packt.live/3dUWz7C.

또한, 다음에서 이 예제를 온라인으로 실행할 수 있다.

https://packt.live/3iqUKCO.

실습 12.02 ✦ 복리 이자 계산 - 1부

원금 $2,000를, 복리 이자가 매월 계산되는, 연이율 5.5%인 적금 계좌에 투자했다. 이 적금액이 $8,000가 되기까지 얼마나 걸릴까? 다음 단계에 따라 실습해보자:

1. 앞에서 만든 **amount()** 함수를 사용해서 처음 5년 동안 적금액을 출력해본다:

```
for i in range(1,6):
    print(i,amount(2000,0.055,i,12))
```

출력은 다음과 같다:

```
1 2112.815720771071
2 2231.9951349686903
3 2357.8972049231984
4 2490.9011412619493
5 2631.4075450724245
```

2. 5년 후 적금액이 $2,631에 지나지 않는다. $8,000에 도달하려면 20~30년이 필요해 보인다:

```
for i in [5,10,15,20,25,30]:
    print(i,amount(2000,0.055,i,12))
```

결과는 다음과 같다:

```
5  2631.4075450724245
10 3462.1528341320413
15 4555.167544964467
20 5993.251123444263
25 7885.343112872511
30 10374.775681348801
```

25년에서 30년 사이에 $8,000에 도달할 것이다. 더 정확하게 알기 위해서는 더 영리하게 추측해야 하겠다.

3. 기간의 범위를 **절반으로** 줄이고, 출력 결과에 따라 더 큰 값 또는 더 작은 값으로 추측하는 전략을 사용한다. 예를 들어, 25와 30의 평균은 27.5이므로 다음과 같이 실행한다:

```
print(amount(2000,0.055,27.5,12))
```

출력은 다음과 같다:

```
9044.814313545687
```

즉, 27.5년이 지나면 $9,000에 도달한다. $8,000에 이르려면 기간은 그보다 짧아야 한다.

4. 25와 27.5의 평균을 계산해서 그 값을 입력으로 전달하도록 한다:

```
def average(a,b):
    return (a+b)/2

print(amount(2000,0.055,average(25,27.5),12))
```

출력은 다음과 같다:

```
8445.203624219383
```

5. 답을 찾을 때까지 계속해서 이 작업을 반복하는 프로그램을 작성해보자. 이러한 탐색 전략을 **이진 탐색**이라고 한다. 계산에 사용하는 함수의 이름, 탐색 범위의 하한과 상한, 그리고 목표 금액(이 경우 8,000)을 함수의 인수로 하는 **bin_search()** 함수를 생성하자:

```
def bin_search(f,lower,upper,target):
    for i in range(20):
        avg = average(lower,upper)
```

6. 다음이 이 코드의 핵심 코드 라인이다. 평균과 다른 필요한 인수를 함수에 전달하고, 함수의 실행 결과를 변수 **guess**에 할당한다. 이 변수의 값이 목표 금액과 같은지, 또는 지금보다 더 높거나 낮게 추측해야 하는지 결정한다:

```
        guess = f(2000,0.055,avg,12)
        if guess == target:
            return guess
        if guess > target:
            upper = avg
        else:
            lower = avg
    return avg
```

7. 범위의 하한과 상한, 그리고 목표 금액을 함수에 전달해서 기간의 근삿값을 구한다:

```
bin_search(amount,25,30,8000)
```

결과는 다음과 같다:

```
25.333333015441895
```

8. $8,000를 만드는 데는 25년 4개월이 걸린다. 맞는지 확인해보자:

```
amount(2000,0.055,25.334,12)
```

실제로 이 복리 적금의 누적액은 $8,000를 약간 초과한다:

```
8030.904658737448
```

이진 탐색을 뒤에서 다시 사용하겠지만, 일단은, 다음 실습에서 이 코드를 사용하여 미분방정식을 포함해서 수학의 이곳저곳에 자주 등장하는 상당히 중요한 수학 상수를 구해본다.

> **노트**
>
> 이 절의 소스 코드는 다음에 있다.
> https://packt.live/3iq95PV.
>
> 또한, 다음에서 이 예제를 온라인으로 실행할 수 있다.
> https://packt.live/2BpdbHl.

실습 12.03 ✦ 복리 이자 계산 - 2부

100% 연이율에, 연속해서 복리 이자를 계산하는 적금이 있을 때, 1년 동안 $1을 투자하면 얼마를 벌까?

이자를 더 자주 계산할수록 최종 적금액이 더 많이 늘어난다. 그렇다면 얼마나 될 것 같은가? \$1.50? \$2? 원금, 이율, 기간은 모두 1이지만, **comps** 변수의 값은 얼마일까? 다음 단계에 따라 실습해보자:

1. 시간을 무한하게 쪼갤 수 없으니 우선, 복리 이자를 초 단위로 계산해서 적금액을 근사해보자(연간 365*24*60*60회):

```
print(amount(1,1,1,365*24*60*60))
```

   결과는 다음과 같다:

```
2.7182817853606362
```

   약 \$2.72이다. 이 숫자 2.71828…은 자연로그의 밑 또는 오일러 상수 e다. 동물, 식물, 그리고 미생물은 때를 가리지 않고 연속해서 번식하기 때문에, 복리 이자 계산의 수학은 자연의 개체수 증가를 모델링하는 데 매우 유용하다. 이자의 복리 계산을 연속으로 하거나, 개체수가 자연적으로 증가하는 문제를 다룰 때는, 다음 공식을 사용한다:

$$A = Pe^{rt}$$

그림 12.6 복리 이자 계산식

2. 이 공식에 대응하는 함수를 빠르게 만들어보자. 먼저, 연속 복리 계산을 위해, **math** 모듈에서 e를 가져온다:

```
from math import e
```

3. 원금 또는 초기 개체수, 이율 또는 증식률, 그리고 기간을 입력하고, 최종 결과를 반환하는 함수 **pert()**를 생성한다: (!그림 12.6은 A=Pert로 읽을 수 있다.)

```
def pert(P,r,t):
    return P*e**(r*t)
```

이 함수는 이 장 전체에서 계속 사용하게 된다. 지금은, 몇 가지 투자 관련 문제를 더 해결해보자.

노트

이 절의 소스 코드는 다음에 있다.

https://packt.live/2D2Q1r0.

또한, 다음에서 이 예제를 온라인으로 실행할 수 있다.

https://packt.live/31G5pDQ.

실습 12.04 ✦ 복리 이자 계산 - 3부

연 18%의 복리 이율로 매월 복리 이자를 계산하는 대출 상품이 있다. 어떤 사람이 $5,000를 대출받으면 1년 후에 얼마를 갚아야 할까? 다음 단계에 따라 실습해보자:

1. 바로 함수를 호출할 수 있다:

```
amount(5000,0.18,1,12)
```

출력은 다음과 같다:

```
5978.090857307678
```

새로 만든 함수와 비교하기 위해 이자가 연속으로 계산되는 경우 어떻게 될지 살펴보자.

2. pert() 함수에 **P = 5000, r = 0.18,** 그리고 **t = 1**을 입력한다:

```
print("Continuous:",pert(5000,0.18,1))
```

갚아야 할 금액은 다음과 같다:

```
5986.096815609051
```

노트

이 절의 소스 코드는 다음에 있다.

https://packt.live/31ES5Qi.

또한, 다음에서 이 예제를 온라인으로 실행할 수 있다.

https://packt.live/3f5j0s4.

실습 12.05 ✦ 백만장자 되기

매일 복리 계산하는 연이율 8% 적금에 $1,000를 투자하면 백만장자가 되는 데 얼마나 걸릴까? 초기 투자액이 $10,000인 경우는 어떨까? 다음 단계에 따라 실습해보자:

1. 먼저 다음과 같이 **bin_search()** 함수를 정의하자:

```
def bin_search(f,lower,upper,target):
    for i in range(20):
        avg = average(lower,upper)
        #Be sure to change this line
        #if the principal, rate or
        #compounding changes:
        guess = f(1000,0.08,avg,365)
        if guess == target:
            return guess
        if guess > target:
            upper = avg
        else:
            lower = avg
    return avg
```

2. 먼저 대충 금액을 추정해보고, 다음처럼 몇 년 동안, $1,000를 투자했을 때 결과가 어떤지 확인해보자:

```
for i in [10,20,30,40,50]:
    print(i,amount(1000,0.08,i,365))
```

출력은 다음과 같다:

```
10 2225.34584963113
20 4952.164150470476
30 11020.277938941583
40 24523.929773205105
50 54574.22533744746
```

3. 50년 후에도, 백만장자는커녕 오만장자 정도에 머문다. 하지만, 다음처럼 100년 후에는 거의 3 백만 달러가 된다: (!오래 살아남아야 한다.)

```
amount(1000,0.08,100,365)
```

출력은 다음과 같다:

```
2978346.0711824815
```

4. 이제부터 진짜다! 찾는 답은 50과 100 사이에 있다. 이진 탐색이 나설 차례가 되었다:

```
print(bin_search(amount,50,100,1000000))
```

출력은 다음과 같다:

```
86.3588809967041
```

5. 즉, 86.36년 후에 백만 달러가 된다는 걸 알 수 있다. 초기 투자액이 $10,000인 경우를 확인하기 위해서는 **bin_search()** 함수의 변수 **guess**를 다시 정해야 한다:

```
guess = f(10000,0.08,avg,365)
```

다음과 같이 시도해보자:

```
for i in [10,15,20,30,40,50,60]:
    print(i,amount(10000,0.08,i,365))
```

출력은 다음과 같다:

```
10 22253.458496311334
15 33196.803971077774
20 49521.64150470513
30 110202.77938941623
40 245239.2977320514
50 545742.2533744735
60 1214465.2585152255
```

6. 즉, 백만 달러에 도달하는 데 50년에서 60년 사이가 걸린다. 이제, 이진 탐색 함수 코드 내부의 **1000**을 **10000**으로 변경하고 확인해보자:

```
print(bin_search(amount,50,60,1000000))
```

출력은 다음과 같다:

```
57.57260322570801
```

백만 달러에 도달하는 데 약 57.57년이 걸린다.

이렇게, 복리 이자 계산을 다루면서 미분방정식에 대해 배우기 시작했다. 이 예제들은 공통으로 연, 월, 또는 일의 간격으로, 이자율이 적용되는, 초기 금액이라는 3가지 요소로 구성된다.

> **노트**
>
> 이 절의 소스 코드는 다음에 있다.
>
> https://packt.live/31ycoPg.
>
> 또한, 다음에서 이 예제를 온라인으로 실행할 수 있다.
>
> https://packt.live/2NMT9sX.

이제, 같은 논리를 사람, 동물, 박테리아, 그리고 물리학의 열 같이 지속해서 또는 연속으로 변화하는 양으로 확장한다. (!앞의 예제에서 금액이 지속해서 변했다는 사실을 기억하자.)

인구 성장

미분방정식은 특정 시간에 사람, 동물, 그리고 박테리아의 개체수에 대한 계산식을 만드는 데 유용하게 사용할 수 있다; 예를 들어:

$$\frac{dy}{dt} = ky$$

그림 12.7 시간 t의 개체수 변화를 나타내는 미분방정식

이 미분방정식은 y의 (시간에 대한) 변화율이 y에 비례한다는 것을 나타낸다. 즉, (미래) 개체수는 (현재) 개체수에 비례하여 증가한다. 이것이 개체수 성장률의 정의다: 개체수의 비율 또는 백분율. 이 문제는 복리를 연속으로 계산하는 이자 문제와 유사하다:

$$y = y_0 e^{rt}$$

그림 12.8 시간에 따라 변하는 변수의 미분방정식

실습 12.06 ✦ 인구 성장률 계산 - 1부

1980년대, 케냐의 연간 인구 성장률은 4%였다. 이 비율로 인구가 두 배로 증가하려면 얼마나 걸릴까? 다음 단계에 따라 실습해보자:

1. 시작 인구와 관계 없이 e^{rt}가 2가 되는 t를 찾아야 한다. pert() 함수와 이진 탐색 함수에 적절한 값을 지정해서 계산할 수 있다:

```
def bin_search(f,lower,upper,target):
    for i in range(40):
        avg = average(lower,upper)
        guess = f(1,0.04,avg)
        if guess == target:
            return guess
        if guess > target:
            upper = avg
        else:
            lower = avg
    return avg
```

2. 성장률이 4%일 때, 초기 인구를 1로 하고 이것이 2가 되는 데 필요한 시간 t를 찾고 있다. 우선, 기간이 1년에서 100년 사이에 위치할 것으로 추정해보자:

```
print(bin_search(pert,1,100,2))
```

출력은 다음과 같다:

```
17.32867951408025
```

결과를 대수로 확인할 수 있다. 방정식의 양변에 로그를 취하고 t에 대해 푼다:

$$e^{0.04t} = 2$$

$$\text{In}\,(e^{0.04t}) = \text{In}\,2$$

$$0.04t = \text{In}\,2$$

$$t = \frac{\text{In}\,2}{0.04} = 17.3$$

그림 12.9 방정식을 대수로 푸는 과정

3. 즉, 약 17년이 지나면, 케냐 인구가 두 배로 증가한다는 걸 의미한다. **amount()** 함수를 사용해서 이것을 실제로 확인할 수 있다. 1989년 케냐의 인구는 21,000,000이었다:

```
print(amount(21000000,0.04,17.3,1000000))
```

출력은 다음과 같다:

```
41951845.46179989
```

그렇다, 1년에 백만 번 복리 계산을 하면, 17.3년 동안 인구가 거의 4,200만 명으로 증가한다. 이런 상황에 대응해서, 케냐 정부는 가족계획을 촉진하기 위해 큰 노력을 기울였다. 효과가 있었을까?

노트

이 절의 소스 코드는 다음에 있다.

https://packt.live/2BxsfCT.

또한, 다음에서 이 예제를 온라인으로 실행할 수 있다.

https://packt.live/2Zuoy9c.

실습 12.07 ✦ 인구 성장률 계산 - 2부

2010년에 케냐의 인구는 4,200만 명이었다. 2019년에는 5,250만 명이었다. 그렇다면, 그 기간에 연간 인구 성장률은 얼마일까?

마찬가지로, 이진 탐색 함수에 초기 인구(백만 명), 기간 t, 그리고 9년 후의 목표 인구(백만 명)를 입력해서 성장률 r을 계산할 수 있다.

bin_search() 함수의 시간을 **9**로 수정한다:

```
    guess = f(1,avg,9)
```

그리고, 9년 동안의 연간 성장률을 구한다. 그 값이 0과 2 사이라는 건 이미 알고 있다:

```
print(bin_search(pert,0,2,52.5/42))
```

출력은 다음과 같다:

```
0.024793727925498388
```

가족계획 프로그램의 효과가 나왔다! 케냐의 인구 성장률이 2.5%로 줄었다.

> **노트**
>
> 이 절의 소스 코드는 다음에 있다.
>
> https://packt.live/3eWKzDW.
>
> 또한, 다음에서 이 예제를 온라인으로 실행할 수 있다.
>
> https://packt.live/31EKPUq.

방사성 물질의 반감기

인구 문제와 마찬가지로, 반감기 문제는 개체수와 관계되는데, 이것은 시간이 지남에 따라 절반의 원자가 붕괴하여 다른 물질의 원자로 변하는 어떤 방사성 물질의 원자 집단을 대상으로 한다. 예를 들어, 탄소-14는 질소-14로 붕괴하며, 이때 탄소가 절반으로 줄어드는 데 약 5,730년이 걸린다. 이런 원리를 응용한 방사성 탄소 연대 측정은 고고학부터 위조된 작품 감정에 이르기까지 널리 사용하는 중요한 도구이다.

실습 12.08 ✦ 방사성 붕괴 측정

라듐-226의 반감기는 1,600년이다. 800년 동안, 특정 샘플에서 사라지는 라듐의 양은 얼마일까?

'물질의 붕괴 속도는 물질의 양에 비례한다'는 뜻의 미분방정식은 다음과 같이 표현된다:

$$\frac{dy}{dt} = -ky$$

그림 12.10 시간에 따라 변하는 물질의 양을 나타내는 미분방정식

풀이 방법은 인구 문제와 유사하지만, 물질의 양이 감소하기 때문에, 붕괴율이 음수라는 게 다르다:

$$y = y_0 e^{-rt}$$

그림 12.11 시간 t의 물질의 양을 나타내는 미분방정식

즉, 물질의 양은, 초기 물질의 양 y_0에, e의 시간 t와 붕괴율 r의 곱의 거듭제곱을, 곱한 값이라는 의미다. 이제 이것을 인구 문제처럼 해석해서 이진 탐색 함수를 사용할 수 있다. 비유적으로, 라듐-226의 인구를 1,600년 동안 반으로 줄이는, 성장률 r을 찾는 문제로 생각하면 된다. 다음 단계에 따라 실습해보자:

1. **bin_search()** 함수의 **guess** = 줄에서 **t**를 **1600**으로 수정한다:

```
        guess = f(1,avg,1600)
```

2. 그리고, -2와 0 사이일 것으로 예상되는 성장률을 계산한다. 목표는 남은 라듐(또는 인구 또는 적금액)이 시작의 ½=0.5가 되는 것이다:

```
print(bin_search(pert,-2,0,0.5))
```

출력은 다음과 같다:

```
-0.0004332169864937896
```

3. 이것이 라듐-226의 붕괴율 r이다. 800년 후에 남은 샘플의 백분율을 알아내려면 함수 pert()에 이 값을 입력하면 된다:

```
pert(1,-0.0004332,800)
```

출력은 다음과 같다:

```
0.7071163910309745
```

따라서, 800년 후에 샘플 약 71%가 남는다.

> **노트**
>
> 이 절의 소스 코드는 다음에 있다.
> https://packt.live/2YSzQ84.
>
> 또한, 다음에서 이 예제를 온라인으로 실행할 수 있다.
> https://packt.live/2ByUwJj.

실습 12.09 ✦ 역사적 유물의 연대 측정

천연 섬유 샘플에 대해 방사성 탄소 연대 측정을 했다. 방사성 탄소 연대 측정은 탄소-14(반감기 5,730년)가 더 안정된 동위원소로 붕괴한 양을 측정하는 것이다. 측정 결과, 남아 있는 탄소-14의 양이 탄소-13의 10배라는 걸 알았다. 이 섬유는 얼마나 오래된 것일까?

만약 탄소-14의 양이 절반으로 붕괴하기까지 5,730년이 걸린다면, 다음과 같이 **Pert** 공식을 이용해서 붕괴율 r을 구할 수 있다:

$$0.5 = e^{-5780r}$$

그림 12.12 Pert 공식

다음 단계에 따라 실습해보자:

1. 여기서는 (!대수는 배제하고) 이진 탐색 함수를 사용해서 r을 구한다;

```
def bin_search(f,lower,upper,target):
    for i in range(40):
        avg = average(lower,upper)
```

2. 다음 줄이 수정된 부분이다. **pert()** 함수 입력으로 전달하는 초기 물질의 양은 **1**, r은 **avg**가 될 것이고, 목표 기간은 **5730**이다:

```
        guess = f(1,avg,5730)
        if guess == target:
            return guess
        if guess > target:
            upper = avg
        else:
            lower = avg
    return avg

print(bin_search(pert,-2,0,0.5))
```

출력은 다음과 같다:

```
-0.00012096809405193198
```

$r=-0.000120968$이므로, 이제 Pert 공식은 다음과 같아졌다:

$$y=y_0e^{-0.000120968t}$$

그림 12.13 Pert 방정식에 r 대입

즉, x그램의 탄소-14가 붕괴해서, 10 ×그램, 즉, 10배 많은 양이 남았다는 것을 의미한다. 따라서 붕괴한 양은 전체 샘플의 1/11 또는 0.091이다. 결국 남은 양은 1 - 0.091이다. 이제 Pert 방정식은 다음과 같아졌다:

$$0.91=e^{-0.000120968t}$$

그림 12.14 라듐의 남은 양을 대입

3. 이제 유일한 미지수는 t이므로, **bin_search()** 함수를 영리하게 수정해서 t를 찾아보자. **bin_search()** 함수로 돌아가보면; 시작 부분은 다음과 같다:

```
def bin_search(f,lower,upper,target):
    for i in range(40):
        avg = average(lower,upper)
```

4. 수정할 부분은 다음 줄이다. 시작 양에 **1**을 대입하고, r은 긴 소수점 수가 될 테고, **avg**는 구하려는 시간이다. 목표를 샘플의 0.91로 지정한 후, 목표 숫자에 도달할 때까지, 평균으로 추측하면서 계속 반복한다:

```
        guess = f(1,-0.000120968,avg)
        if guess == target:
            return guess
```

5. 이 경우는 감소함수이므로, 만약 추측이 목표보다 작다면, 범위를 벗어난 것이므로 상한 **upper**를 평균으로 교체한다:

```
        if guess < target:
            upper = avg
        else:
            lower = avg
    return avg
print(bin_search(pert,1,100000,0.91))
print(pert(1,-0.000120968,5730))
```

6. 코드 라인 **if guess < target:**을 변경했다는 것에 주의하자. 이 문제는 정해진 붕괴율로 라듐이 1에서 0.91로 감소하는 데 필요한 시간을 찾고 있다. 또한 코드를 보면 1부터 100,000년 사이일 것으로 추정했다. 두 번째 **print** 줄은 pert() 함수가 5,730년 후에 정확하게 원래의 절반이 남을 것으로 계산하는지 확인하는 용도다. 이 코드의 실행 결과는 다음과 같다:

```
779.633287019019
0.5000002702800457
```

계산에 따르면, 해당 천연 섬유는 나이가 약 780살 정도다.

사실, 이 코드는 정해진 시간 동안, 주어진 이율로 증가하는, 투자금의 누적 금액을 계산하는 용도로 작성했다. 이 절에서, 정해진 속도로, 미지의 시간 동안 붕괴한, 방사성 물질의 남은 양과 관련된 문제를 다루어보았다. 과학자들은 이 방법으로 고고학적 유물의 나이를 측정한다.

> **노트**
>
> 이 절의 소스 코드는 다음에 있다.
>
> https://packt.live/3eOJJJv.
>
> 또한, 다음에서 이 예제를 온라인으로 실행할 수 있다.
>
> https://packt.live/38mESgn.

다음으로, 같은 방법을 잔에 들은 커피나, 체온 같은, 물질의 온도 변화에 적용해본다.

뉴턴의 냉각 법칙

범죄 드라마에서 라텍스 장갑을 낀 범죄 현장 수사관(CSI)이 어떻게 피해자의 사망 시간을 알 수 있는지 궁금했던 적이 있는가? 아이작 뉴턴은 물질의 냉각이 다음과 같은 미분방정식을 따른다는 것을 발견했다:

$$\frac{dT}{dt} = -k\left(T_0 - T_{env}\right)$$

그림 12.15 온도 변화에 대한 미분 방정식

이 방정식은 앞에서 다룬 방정식과 조금 다르다. 어떻게 다른지 설명할 수 있겠는가? 이 방정식은, 물질의 온도 변화율이 물질의 온도에 비례하지 않고, '물질의 온도 변화율은 물질의 온도와 환경의 온도 사이의 차이에 비례한다'고 말한다. 따라서, 더운 방에 있는 따뜻한 커피는 몹시 추운 방에 놔두었을 때보다 온도가 더 느리게 변한다. 유사하게, 범죄 드라마 같은 상황에서는, 사망자의 체온이 몇 도부터 식어가기 시작했는지 그 시작점을 알고 있다: 98.6°F. (!섭씨로는 36.5°C)

실습 12.10 ✦ 사망 시간 계산

수사관이 범죄 현장에 도착해서 시신과 주변 온도를 측정한다. 주변 온도가 65°F이고 시신 온도가 80°F인 경우, 수사관은 시간을 기록하고 1시간을 기다린다. 시신과 주변 온도의 차이는 15°F다. 1시간 후, 주변은 여전히 65°F이고 시신은 75°F로 냉각되었다. 온도의 차이는 이제 10°F다. 피해자는 언제 사망했을까?

이 내용을 바탕으로 다음과 같은 방정식을 세울 수 있다:

$$10 = 15e^{-r(1)}$$

그림 12.16 사망 시간 계산 방정식

다음 단계에 따라 실습해보자:

1. 먼저, 이진 탐색을 사용해서 냉각 속도(또는 냉각율) r을 구할 수 있다. **e**를 가져오고 **pert()** 함수와 **average()** 함수도 있어야 한다:

```
from math import e

def pert(P,r,t):
    return P*e**(r*t)

def average(a,b):
    return (a+b)/2
```

2. 이진 탐색 함수 **bin_search()**의 시작 부분은 앞과 같다:

```
def bin_search(f,lower,upper,target):
    for i in range(40):
        avg = average(lower,upper)
```

3. 여기가 중요하게 수정하는 부분이다: 시작하는 양(온도 차이)은 15도이고, Pert 공식의 냉각 속도 r을 구해야 한다:

```
        guess = f(15,avg,1)
        if guess == target:
```

```
            return guess
        if guess > target:
            upper = avg
        else:
            lower = avg
    return avg
print(bin_search(pert,-2,0,10))
```

출력은 다음과 같다:

```
-0.4054651081078191
```

이것이 범죄 현장에 있는 시신의 냉각 속도고, 따라서 이제 시신과 주변의 온도 차이(98.6 - 65)와 최종 온도 차이(10), 그리고 냉각 속도를 알게 되었다. 이 관계를 그래프로 나타내면 다음과 같다:

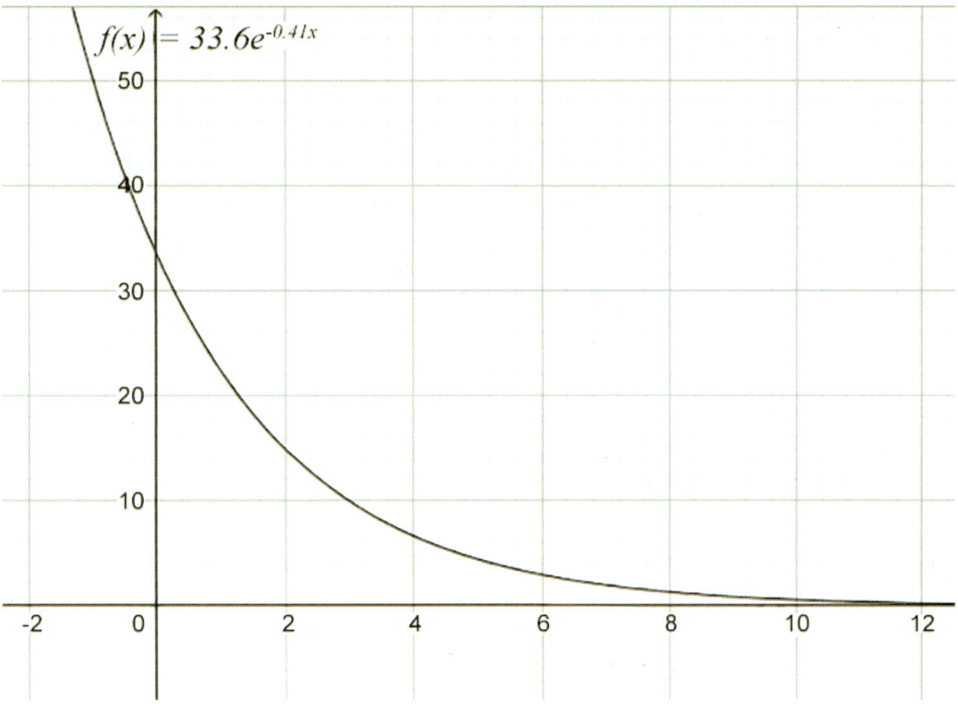

그림 12.17 시신의 냉각 곡선

이제 온도 차이가 10으로 내려가는 데 걸리는 시간만 알면 된다. 방정식은 다음과 같다:

$$10 = 33.6e^{-0.4055t}$$

그림 12.18 온도 차이가 10으로 내려가는 데 걸리는 시간

4. 이진 탐색 함수를 수정해서 시간을 구한다:

```
def bin_search(f,lower,upper,target):
    for i in range(40):
        avg = average(lower,upper)
        guess = f(33.6,-.4055,avg)
        if guess == target:
            return guess
        if guess > target:
            upper = avg
        else:
            lower = avg
    return avg
```

이 경우, 시간 값이 너무 작으면, 차이가 너무 크게 된다. 이 문제는, 더 큰 t를 검색의 하한으로 하고, 작은 t를 검색의 상한으로 해서 함수를 호출하는 방법으로 쉽게 해결할 수 있다.

5. 수사관은 사망 시간이 0부터 5시간 사이일 것으로 추정했다:

```
print(bin_search(pert,5,0,10))
```

출력은 다음과 같다:

```
2.9887570258370033
```

거의 3시간이다. 이것은 앞에 나온 그림에서, y값이 10일 때와 유사하다.

6. **pert()** 함수를 사용해서 확인해보자. 차이 33.6도, $r = -0.4055$, 그리고 $t = 3.0$으로 시작해 보자. 10에서 끝나기를 기대한다:

```
pert(33.6,-0.4055,3)
```

출력은 다음과 같다:

```
9.954513505592326
```

오전 2시 30분 팀장이 현장에 도착하자, 수사관이 말한다. "사망 시간은 오후 11시 30 분쯤입니다."

> **노트**
>
> 이 절의 소스 코드는 다음에 있다.
>
> https://packt.live/38jN68K.
>
> 또한, 다음에서 이 예제를 온라인으로 실행할 수 있다.
>
> https://packt.live/3gefegi.

실습 12.11 ✦ 커피의 온도 변화 계산

실내 온도가 72°F(22.2°C)인 방에, 온도가 175°F(80°C)인, 마시기 완벽한 상태의 커피 잔이 놓여있다. 15분 후 커피의 온도를 측정하니 140°F(60°C)다.

이 속도로 식는다면, 1시간 후 커피의 온도는 어떻게 될까? 다음 단계에 따라 실습해보자:

1. 온도 차이는 103°F(175-72)에서 시작한다. 0.25시간 후에 68°F(140-72)로 변했다. 그렇다면 방정식은 다음과 같다:

$$68 = 103e^{-r(0.25)}$$

그림 12.19 커피 온도 차이 계산 방정식

2. 이 문제 상황에 맞게 이진 탐색 함수를 변경할 수 있다. **bin_search()** 함수의 **guess** = 줄을 다음과 같이 변경하자:

```
        guess = f(103,avg,0.25)
```

3. 다음을 수행해서 차이가 68°F가 되는 -2와 0 사이의 r을 찾는다:

```
print(bin_search(pert,-2,0,68))
```

출력은 다음과 같다:

```
-1.6608851322143892
```

4. 매우 빠르게 온도가 변한다! 변화율 r을 $P = 103$, $t = 1$과 함께 **pert()** 함수에 입력해서 얼마나 식는지 계산한다:

```
pert(103,-1.6608851322143892,1)
```

출력은 다음과 같다:

```
19.566987911888482
```

이것이 1시간 후의 온도 차이다. 방 온도가 72°F로 유지된다는 조건 아래, 커피 온도는 72 + 19.5 = 91.5°F다. (!섭씨로 33도 정도이니 차게 느껴질 수 있다. 아이스 아메리카노가 아니라면 커피는 서둘러 마시는 게 좋겠다.)

> **노트**
>
> 이 절의 소스 코드는 다음에 있다.
>
> https://packt.live/3gl5p0i.
>
> 또한, 다음에서 이 예제를 온라인으로 실행할 수 있다.
>
> https://packt.live/2YTdCmw.

혼합물 문제

대수에는, 어떤 농도나 양을 얻기 위해 얼마나 많은 물질을 혼합물에 추가해야 하는지를 알아내는 문제가 있다. 그런데 미적분에서 다루는 문제는, 당연히, 더 어렵다: 예를 들어, 혼합물 자체가 변한다; 혼합물에 물질이 들어오고 또 물질이 나가기도 한다. 일정한 시간이 지난 후의 혼합물이나 용매의 양을 알아내야 한다. 다음 실습으로 이 개념을 더 잘 이해해보자.

실습 12.12 ✦ 혼합물 문제 풀기 - 1부

18lb(18파운드, 약 8kg)의 소금이 용해된 소금물 82gal(82갤런, 약 310L)이 수조에 들어있다. gal당 3lb 소금이 용해된 소금물이 분당 5gal의 속도로 수조로 흘러들어온다. 수조를 휘저어서 농도를 균일하게 유지한 소금물이 분당 2gal의 속도로 수조에서 흘러 나간다. 39분 후, 수조에 있는 소금의 양은 얼마일까?

상상하지 못할 수도 있지만, 이러한 유형의 문제는 몇 가지 복잡한 미분방정식으로 이어지며, 몇 페이지에 걸쳐 대수를 해야 (대개 e의 지수 형태를 포함하는) 방정식을 얻을 수 있고, 그것을 가지고 많은 시간 씨름을 해야 마침내 그 양을 구할 수 있다. 그러나 프로그래밍을 사용하면 주어진 초기 용액으로 시작해서, 문제에서 요구하는 물질을 추가하고 빼는 것만으로 문제를 해결할 수 있다. 이것은 용액과 용질을 추적하는 문제다. 다음 단계에 따라 실습해보자:

1. 초기 조건을 주면, t분 후의 소금 함량을 찾는 함수를 만들어보자:

```
def salt_content(t):
    salt = 18 #pounds
    brine = 82 #gallons
```

2. 그리고, 매분 5gal의 소금물이 추가된다. 이것은 (gal당 3lb의 소금을 포함하는 소금물 5gal이므로) 15lb의 소금을 포함한다:

```
    for i in range(t):
        brine += 5
        salt += 15
```

3. 또한, 매분 2gal의 소금물이 흘러나온다. 그런데, 그 안에는 소금이 얼마나 많이 포함되어 있을까? gal당 농도를 구해야 한다:

$$\text{농도} = \frac{\text{시간 } t\text{에 수조의 소금(파운드)}}{\text{시간 } t\text{에 수조의 소금물(갤론)}}$$

그림 12.20 소금물 농도 계산식

쉽게 코드로 구현할 수 있다:

```
    concentration = salt/brine
```

4. 따라서, 매분 수조에서 나가는 소금은 소금물 용액의 gal 수(이 경우 2)와 용액에 포함된 소금의 농도를 곱한 값이다:

```
        salt_out = 2*concentration
        salt -= salt_out
        brine -= 2
```

5. 반복이 끝나면, 최종 소금물과 소금의 양을 출력한다:

```
    print(i,brine,salt)
```

6. 문제를 해결하기 위해, $t = 39$로 **salt_content()** 함수를 실행하면 된다:

```
salt_content(39)
```

출력은 다음과 같다:

```
38 199 469.2592152141211
```

39분 후에는 (소금물 199gal에) 소금 469lb가 포함되어 있다는 의미다. 이 값은 해석학적으로 구한 값과 매우 가깝지만 정확하게 같지는 않다. 더 정확한 결과를 얻으려면 어떻게 해야 할까? 지속해서 변하는 상수를 시뮬레이션해서, 자연로그의 밑 또는 오일러 상수, e를 계산했을 때를 생각해보자. 여기서는 변화의 시간 간격을 분 단위로 계산했다.

7. 변수 **frac**을 새로 추가해서 분보다 작은 시간 단위로 변화량을 계산해보자:

```
def salt_content(t,frac=0.001):
    salt = 18 #pounds
    brine = 82 #gallons
```

8. 함수의 인수로 **frac=0.001**을 지정하면, 분당 수천 번의 변화량을 계산한다. 즉, 반복 횟수를 1,000배 또는 1/**frac**배 늘리고, 대신 계산하는 양도 **frac**을 곱한다:

```
    for i in range(int(t/frac)):
        brine += 5*frac
        salt += 15*frac
        concentration = salt/brine
        salt_out = 2*concentration*frac
        salt -= salt_out
        brine -= 2*frac
    print(i,brine,salt)

salt_content(39)
```

출력이 다음과 같이 달라진다:

```
38999 198.99999999966812 470.74539697793307
```

소금 470.7lb는 해석학적인 정답에 더 가까워졌으나, 아쉽게도, 더 작은 시간 단위로 계산해도 출력이 크게 바뀌지는 않는다.

> **노트**
>
> 이 절의 소스 코드는 다음에 있다.
>
> https://packt.live/2BIX2Tn.
>
> 또한, 다음에서 이 예제를 온라인으로 실행할 수 있다.
>
> https://packt.live/3dSrEcm.

이 함수를 다음 문제를 해결하는 데 사용해보자.

실습 12.13 ✦ 혼합물 문제 풀기 - 2부

농도가 100L당 1kg인 소금물 용액 10,000L가 수조에 들어있다. 100L당 2kg의 소금을 포함하는 소금물이 초당 20L의 속도로 수조로 흘러들어온다. 또한, (균일한) 소금물이 초당 10L의 속도로 흘러 나간다. 5분 후에, 수조의 소금물에 포함된 소금의 양을 구하라. 다음 단계에 따라 실습해보자:

1. 초기 소금의 양을 알아내기 위해 약간의 산수를 해야 한다. 100L당 1kg의 소금이면 10,000L

에는 100kg의 소금이 포함되고, 흘러들어오는 20L에는 0.4kg의 소금이 포함되어 있다. 다음은 이것을 반영해서 수정한 함수다:

```
def salt_content(t,frac=.001):
    salt = 100
    brine = 10000
    for i in range(int(t/frac)):
        brine += 20*frac
        salt += 0.4*frac
        concentration = salt/brine
        salt_out = 10*concentration*frac
        salt -= salt_out
        brine -= 10*frac
    return salt
```

이제, **salt_content()** 함수를 호출하자:

```
print(salt_content(5*60))
```

함수의 실행 결과는 다음과 같다:

```
183.0769053279811
```

(모든 숫자는 초 단위이므로, 5분은 초로 환산하면 **5*60**이다.)

출력에 따르면, 5분 후 수조의 소금물 용액에는 183kg의 소금이 포함되어 있다는 걸 알 수 있다. 이값은 해석학적으로 구한 답에 매우 가깝다.

2. 특정한 값으로 하드 코딩된 숫자를 변수로 바꿔서 문제 풀이 작업을 단순화할 수 있다. 예를 들어, 초기 소금물의 양이 다른 문제가 있으면, 그 값을 입력해서 함수를 호출하기만 하면 된다. 초기 소금물(또는 임의의 용액), 초기 소금(또는 임의의 용질), 소금물의 유입 속도, 소금의 유입 속도, 그리고 소금물의 배출 속도에 대한 변수를 추가하기로 하자. 다음처럼 함수를 수정할 수 있다:

```
def salt_content(t,salt_0,brine_0,salt_in,brine_in,v_out,frac=.001):
    salt = salt_0 #pounds
    brine = brine_0 #gallons
    for i in range(int(t/frac)):
```

```
        brine += brine_in * frac
        salt += salt_in* frac
        concentration = salt/brine
        salt_out = v_out*concentration* frac
        salt -= salt_out
        brine -= v_out* frac
    return salt
```

3. 이제 같은 문제를 해결하기 위해, 더 많은 인수를 전달해서 함수를 호출한다:

```
salt_content(300,100,10000,0.4,20,10)
```

출력은 다음과 같다:

```
183.0769053279811
```

단계 1의 출력과 같아야 하며, 실제로 같다. 이 함수를 더 많은 문제에 적용해보자.

> **노트**
>
> 이 절의 소스 코드는 다음에 있다.
>
> https://packt.live/3gkTWOd.
>
> 또한, 다음에서 이 예제를 온라인으로 실행할 수 있다.
>
> https://packt.live/3eSWF17.

실습 12.14 ✦ 혼합물 문제 풀기 - 3부

900g의 설탕이 포함된 100L의 설탕-물 혼합물이 큰 통에 들어있다. 1L당 5g의 설탕을 포함하는 설탕-물 혼합물이 분당 2L의 속도로 이 통으로 들어온다. 동시에, 1L당 10g의 설탕을 포함하는 다른 혼합물이 분당 1L의 속도로 이 통으로 들어온다. 두 혼합물은 큰 통에서 잘 섞이고, 그렇게 혼합된 혼합물은 이 통으로부터 분당 3L의 속도로 배출된다. 1시간 후에 큰 통에 들어있는 설탕의 양을 계산해보자. 다음 단계에 따라 실습해보자:

1. 복잡해 보이지만 잘 살펴보면 들어오는 전체 용액이 분당 3L이고, 전체 용질은 분당 20g이라는 걸 알 수 있다. 따라서, 함수는 다음처럼 호출한다:

```
salt_content(60,900,100,20,3,3)
```

2. 출력은 다음과 같다:

```
705.2374486274181
```

따라서, 혼합물에 포함된 설탕 용질의 양은 705g이다.

> **노트**
>
> 이 절의 소스 코드는 다음에 있다.
> https://packt.live/2YRWNII.
>
> 또한, 다음에서 이 예제를 온라인으로 실행할 수 있다.
> https://packt.live/2YRWKfD.

실습 12.15 ✦ 혼합물 문제 풀기 - 4부

순수한 물을 추가한다면 어떨까? 더 어려워질까 쉬워질까? 이 문제를 해결해보자.

수조에는 18g의 소금이 혼합된 1,200L의 소금물이 들어있다. 깨끗한 물이 분당 15L의 속도로 수조로 들어오고, 수조 속 혼합물은 균일하게 유지된다. 그리고, 배관을 통해 분당 10L의 속도로 혼합물이 배출된다. 15분 후에, 수조에 얼마나 많은 소금이 있는지 계산해보자. 다음 단계에 따라 실습해보자:

1. **salt_content()** 함수를 사용하지만, 소금을 나타내는 변수인 **salt_in**은 **0**으로 설정해야 한다. 다음과 같이 함수를 호출한다:

```
print(salt_content(15,18,1200,0,15,10))
```

2. 15분 후의 소금 함유량에 대한 출력은 다음과 같다:

```
15.944648402124784
```

소금 함유량이 18g에서 15.9g으로 감소했다.

> **노트**
>
> 이 절의 소스 코드는 다음에 있다.
>
> https://packt.live/2ZsLTIs.
>
> 또한, 다음에서 이 예제를 온라인으로 실행할 수 있다.
>
> https://packt.live/2AnLrT8.

이렇게, 주어진 문제 상황에 맞는 방정식을 찾기 위해 많은 대수적 조작이 필요한, 몇 가지 미분방정식 문제를, 변수에 적당한 값을 대입해서, 원하는 온도, 위치, 또는 양을 구하는 방식의 수치 해석적 해결 방법을 다루어보았다. 이렇듯, 지금까지 해온 파이썬을 사용한 모델링과 시뮬레이션으로 대수 계산을 최소로 하면서 매우 정확한 답을 구할 수 있다.

오일러 방법

대학의 수학 수업에서는, 미분과 적분을 계산하고 미분방정식을 풀기 위한 모든 대수적 방법을 가르친다. 그러나 이 책에서는 대수적으로 미분방정식을 푸는 훨씬 복잡한 방법인 라플라스 변환 같은 건 다루지 않았다. 대신, 공학 전공이 아니라면, 학교에서는 알려주지 않는 미분방정식에 대한 무서운 비밀을 말해보겠다: 일상에서 접하는 대부분의 미분방정식은 해석학적으로 풀 수 없다.

그래도 좋은 소식은, 수백 년 동안, 골치 아픈 대수를 피해 가기 위한 수치적인 방법이 존재해왔으며, 컴퓨터의 발명과 더불어, 이러한 방법이 표준이 되었다는 것이다. 사실, 해석학적으로 풀 수 있는 경우조차도, **수치적 방법**의 풀이가 실용적인 목적으로 사용하기 충분할 만큼 정확하고 시간도 훨씬 적게 걸린다.

오일러 방법은 매우 간단하다:

1. 알려진 점에서 시작한다.
2. 미분방정식을 사용해서 이 점에서의 미분계수를 계산한다. 이 값은 이 점을 지나는 곡선의 방향이다.
3. 계산한 방향으로 아주 작은 크기만큼 이동한다.
4. 원하는 범위의 끝까지 반복한다.

실습 12.16 ✦ 오일러 방법으로 미분방정식 풀기

미분방정식 $y' = y$를 풀어보자. 특정 x에 대한 함수 $y = f(x)$의 값을 알고 싶다. 함수의 그래프상에서 한 점 $f(0) = 1$이 주어졌다고 하자: 주어진 미분방정식은 "이 함수의 모든 점에서의 미분계수는 해당 점에서의 함숫값 y와 같다"라는 의미다. 기억하자, 미분계수는 그래프상의 점이 향하는 기울기 또는 방향이다. 오일러 방법은 초기값에서, 이 경우 (0, 1), 시작해서 주어진 미분방정식을 사용하여, 다음 점으로의 이동 방향을 계산하는 것이다. 주어진 **미분방정식(DE)**은 기울기가 y라고 명시하므로, x의 양의 방향으로 작은 크기(Δx) 만큼 이동한다:

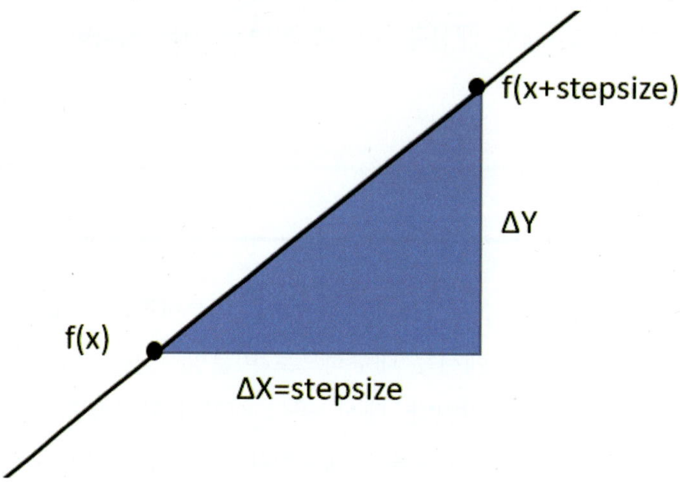

그림 12.21 오른쪽으로 (마음대로 정한) 작은 크기만큼 이동

임의의 점에서의 **미분계수**는 다음과 같다:

$$y' = \frac{\Delta y}{\Delta x}$$

그림 12.22 함수의 도함수

따라서 ΔY는 다음과 같다:

$$\Delta y = y' \Delta x$$

그림 12.23 ⊿Y 계산식

즉, 미분계수와 **작은 크기**의 곱이다. 다음 y값은 이전 y값에 ΔY를 더해서 구한다. 새로운 점에 대해 이 과정을 반복한다: 해당 점에서 함수의 기울기를 계산하고, 작은 크기를 곱한 후, 현재 y값에 더한다. 다음 단계를 따라한다:

1. 앞에서 설명한 절차를 파이썬 함수로 구현한다:

```
def euler(x0,y0,target_x,stepsize):
    x,y = x0,y0
    while x<target_x:
        slope = y #from diff eq
        x += stepsize
        y += stepsize*slope
        print(x,y)
    return y
```

2. 문제에서 주어진, x와 y의 시작값은 알고 있고, $x = 2$일 때의 y를 알고 싶다고 가정하자; 작은 크기는 ½로 설정한다:

```
print(euler(0,1,2,0.5))
```

   출력은 다음과 같다:

```
0.5 1.5
1.0 2.25
1.5 3.375
2.0 5.0625
5.0625
```

3. **euler()** 함수 내부의 **print** 문은 더 이상 필요하지 않으므로 주석 처리한다:

```
        #print(x,y)
```

4. 출력의 첫 번째 줄은 기울기를 계산한 결과인데, 단순히 y값 1에 작은 크기 ½을 곱한 만큼 위로 이동한 것이다. 만약 미분계수가 음수였다면, 아래로 이동했을 것이다. 두 번째 줄은 y값 1.5를 작은 크기 0.5와 곱해서 0.75가 되었다. 이 0.75를 현재의 y값 1.5에 더해서 2.25로 이동하였고, 이런 식으로 작은 크기만큼 x방향으로 이동해서 목표 x값 2에 도달하면 y값은 5.0625가 된다. 이제 각 단계를 출력하지 않고, 대신 작은 크기를 매 단계 절반씩 줄이면서 10회 반복해보자:

```
for n in [0.5**i for i in range(10)]:
    print(n,euler(0,1,2,n))
```

출력은 다음과 같다:

```
1.0 4.0
0.5 5.0625
0.25 5.9604644775390625
0.125 6.583250172027423
0.0625 6.958666757218805
0.03125 7.166276152788222
0.015625 7.275669793128417
0.0078125 7.3318505987410365
0.00390625 7.3603235532692795
0.001953125 7.374657160341845
```

즉, 작은 크기(Δx)가 작을수록 7.37에 가까워지는 것으로 보인다. 다음은 근삿값이 수렴해가는 모습을 그린 그래프다:

(!다음 그래프는 각각의 Δx에 대해, 시작점 (0, 1)부터 이동 과정을 그린 것이다. 즉, 그래프 하나가 하나의 Δx에 해당하고, 결국 Δx가 0에 가까울수록 미분방정식의 대수적 답에 가까운 그래프를 얻을 수 있다. 사실 이 미분방정식의 정답은 $y = e^x$다. 이 함수는 미분하면 자기 자신이 된다. 즉, $y' = y$)

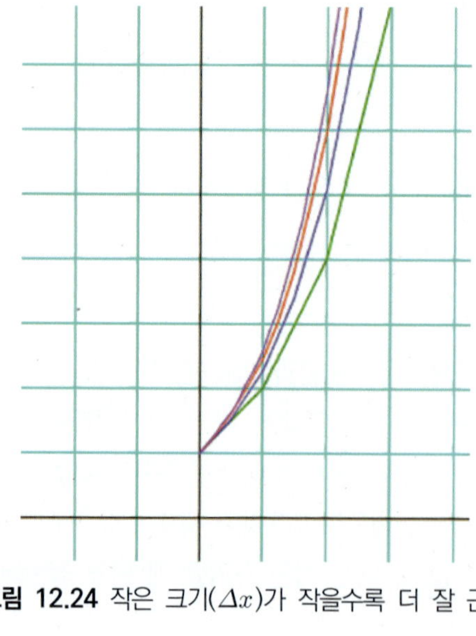

그림 12.24 작은 크기(Δx)가 작을수록 더 잘 근사

네 번째 곡선(오른쪽 곡선)은 작은 크기가 1일 때의 근사 경로다. 세 번째 곡선은 Δx(작은 크기)가 ½, 두 번째 곡선은 ¼, 첫 번째 곡선은 1/8이다. $y' = y$라는 미분방정식을 선택한 이유는 대수적인 답을 알고 있기 때문이다.

x가 2일 때, $e^2 = 7.389$이다. $y = e^x$(아래 그림 왼쪽에서 첫 번째 곡선)을 추가하면, Δx(작은 크기)가 작을수록, 근삿값이 실제 곡선에 가까워진다는 걸 확인할 수 있다:

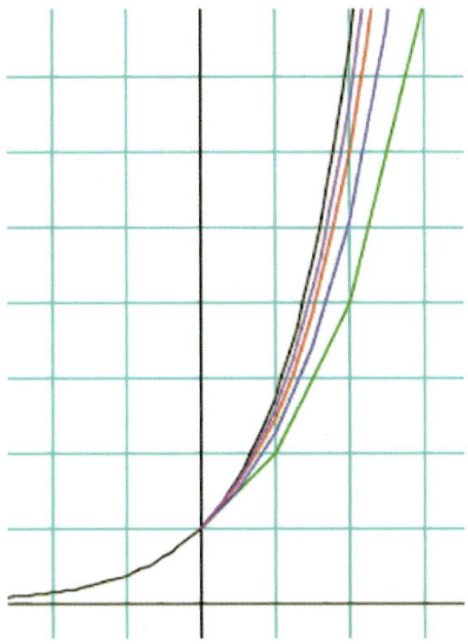

그림 12.25 미분방정식의 정답 곡선 추가(왼쪽에서 첫 번째)

하지만, Δx(작은 크기)가 0.001953125인 마지막 근삿값은, (! Δx(작은 크기)가 작아서 걸음걸이가 아주 느리므로) 0부터 2까지 도달하는 데 1,024단계가 필요하다. 컴퓨터가 발명되기 전까지, 오일러 방법을 대수적인 방법보다 선호하지 않았던 이유를 쉽게 이해할 수 있다.

노트

이 절의 소스 코드는 다음에 있다.

https://packt.live/2VEQiaa.

또한, 다음에서 이 예제를 온라인으로 실행할 수 있다.

https://packt.live/2ByZvtv.

실습 12.17 ✦ 오일러 방법으로 함숫값 계산

다음의 **초기값 문제**(IVP)에 작은 크기가 0.001인 오일러 방법을 적용해보자:

$$y' = x + y^2$$

그림 12.26 오일러 방법을 위한 초기값 문제

초기값 $y(0) = 1$이고, $x = 0.3$일 때 이 미분방정식을 만족하는 함수 $y(x)$의 근삿값 즉 $y(3)$을 계산한다:

1. **euler()** 함수에, 미분방정식을 **slope** = 줄에 입력한다:

```
def euler(x0,y0,target_x,stepsize):
    x,y = x0,y0
    while x<target_x:
        slope = x+y**2 #from diff eq
        x += stepsize
        y += stepsize*slope
    return y
```

2. 적절한 인수와 함께 함수를 호출한다:

```
print(euler(0,1,0.3,0.001))
```

출력은 다음과 같다:

```
1.48695561935322
```

따라서, 주어진 시작점 (0, 1)로부터, 미분방정식에 따라 작은 크기로 이동해가면서, x 값이 0.3일 때 y의 근삿값이 1.49라는 것을 예측할 수 있다.

노트

이 절의 소스 코드는 다음에 있다.

https://packt.live/3inHj6S.

또한, 다음에서 이 예제를 온라인으로 실행할 수 있다.

https://packt.live/2VFLEbF.

▶ 룽게-쿠타 방법

오일러 방법은 각 점에서의 미분계수에만 의존하기 때문에 실제 곡선을 벗어날 수 있다는 문제가 있다. 놀랄 것도 없이, 오일러 방법이 발명된 이후 수 세기 동안, 이러한 단점을 보완하기 위한 개선이 이루어졌다. 그중 하나가 **룽게-쿠타(RK)** 방법으로, 구간 $[x, x+\Delta x]$ (또는 $[x, x+h]$)의 시작점을 사용하는 근삿값 하나(오일러 방법), 끝점을 사용하는 근삿값 하나, 그리고 구간의 중점을 사용하는 두 개의 다른 근삿값, 총 4개를 구해서 평균을 취하는 방법이다. 이때 중점 구간의 근삿값에 더 높은 가중치를 준다.

$f(x, y)$에 대한 미분방정식과 시작 x와 y인 x_0와 y_0, 그리고 작은 크기 h가 주어질 때, 근삿값을 구하는 계산식은 다음과 같다:

$$k_1 = h * f\left(x_n, y_n\right)$$

$$k_2 = h * f\left(x_n + \frac{h}{2}, y_n + \frac{k_1}{2}\right)$$

$$k_3 = h * f\left(x_n + \frac{h}{2}, y_n + \frac{k_2}{2}\right)$$

$$k_4 = h * f\left(x_n + h, y_n + k_3\right)$$

그림 12.27 룽게-쿠타 근삿값 계산식

다음 y값은, 다음 그림처럼, k_2와 k_3에 가중치를 두 배로 주고, 앞의 네 가지 근삿값의 평균을 계산한 것이다.

$$y_{n+1} = y_n + \frac{1}{6}\left(k_1 + 2k_2 + 2k_3 + k_4\right)$$

그림 12.28 다음 y (=y+△y) 계산식

물론, x는 h만큼 증가한다.

$$x_{n+1} = x_n + h$$

그림 12.29 다음 x (=△x) 계산식

코드는 조금 길어지겠지만, 성능은 인상적으로 강력하다.

실습 12.18 ✦ 룽게-쿠타 방법 구현

다음의 초기값 문제에 작은 크기가 0.2인 룽게-쿠타 방법을 적용해보자:

$$y' = x^2 + y^2$$

그림 12.30 룽게-쿠타 방법을 위한 초기값 문제

1. 먼저 미분방정식을 정의한다. 이름은 **deriv(x, y)**라고 하자.

```
def deriv(x,y):
    return x**2 + y**2
```

2. 다음으로, 룽게-쿠타 방법을 정의하고, **rk4()**로 부르자.

```
def rk4(x0,y0,target_x,h):
    while x0 <= target_x:
        print(x0,y0)
        k1 = h*deriv(x0,y0)
        k2 = h*deriv(x0 + h/2, y0 + k1/2)
        k3 = h*deriv(x0 + h/2, y0 + k2/2)
        k4 = h*deriv(x0 + h, y0 + k3)
        #These are the values that are fed back into the function:
        y0 = y0 + (1/6)*(k1 + 2*k2 + 2*k3 + k4)
        x0 = x0 + h
```

3. $y(0) = 0$에서 시작하고 작은 크기가 0.2이며, $y(1)$을 계산하는 경우, 다음과 같이 호출한다:

```
rk4(0,0,1,0.2)
```

수행 과정이 다음과 같이 출력된다:

```
0 0
0.2 0.0026668666933346665
0.4 0.021360090381533078
0.6 0.0724512003541295
0.8 0.17409018097333867
1.0 0.35025754914481283
```

4. 오일러 방법을 사용해서, 같은 문제를 같은 작은 크기로 계산하면 결과의 정확도가 낮아진다. **euler()** 함수에서 **slope** = 줄을 이 문제의 미분방정식과 일치하도록 수정한다:

```
        slope = x**2 + y**2
```

5. 이제 오일러 방법을 사용해서 $y(1)$의 근삿값을 출력한다:

```
print(euler(0,0,1,0.2))
```

출력은 다음과 같다:

```
0.2428567456277198
```

이 값은 룽게-쿠타의 근삿값과 아주 다르다. 그러나 오일러 방법은 작은 크기를 아주 작게 해야 더 나은 근삿값을 얻을 수 있으므로, 즉, 계산량이 많으므로 상대적으로 계산량이 적은 룽게-쿠타의 개선 방법은 컴퓨터 시대 이전에 더 유용했을 수 있다. 다음은 작은 크기가 0.001인 오일러 방법의 실행 결과다:

```
print(euler(0,0,1,0.001))
```

출력은 다음과 같이 작은 크기 0.2인 룽게-쿠타의 근삿값과 거의 같다:

```
0.34960542576393877
```

대수적인 계산이 아니라 시작점을 컴퓨터 프로그램에 입력하고, 미분방정식이 지시하는 방향을 따라, 작은 크기로 이동하는 방법으로 방정식을 푸는 수치 해석적인 방법을 간단히 살펴보았다. 이것이, 빠른 컴퓨터 프로세서와 결합한 무료 소프트웨어와 프로그래밍 언어에 의해서, 이전이라면 고달팠을, 계산 작업을 쉽게 처리하는 광활한 미적분의 영역이다.

> **노트**
>
> 이 절의 소스 코드는 다음에 있다.
>
> https://packt.live/3eWxF95.
>
> 또한, 다음에서 이 예제를 온라인으로 실행할 수 있다.
>
> https://packt.live/3dUlkkg.

▶ 추적 곡선

미분방정식의 큰 주제 중 하나인 추적 곡선은, 이동하는 목표물을 추적하는 객체가 그리는 경로다. 추적자는 목표물을 향해 곧바로 이동하고, 목표물 역시 움직이기 때문에, 이 문제 상황은 다양한 미분방정식으로 이어진다. 이것을 다루는 대수는 매우 복잡해질 수 있으나, 그래서 미적분 교수들은 이 주제를 좋아한다. 미분방정식의 연구는 일반적인 대수적 해, 즉 함수를 찾는 것이 목적이지 숫자를 찾는 게 목적이 아니다. 이론의 세계에서는, 정답 함수를 찾은 후, 값을 대입해서 입자의 위치나 특정 시간의 방 온도를 찾는다. 파이썬 세계에서는, 이러한 대수적 단계를 건너뛰고, 문제 상황을 모델링하여 수치적인 해를 찾는다. 일반성을 잃는 대신 계산의 용이성을 얻는다.

실습 12.19 ✦ 포식자가 피식자를 잡는 위치 계산

토끼가 (0, 0)에서 시작해서 1초에 1단위의 속도로 양의 y 방향으로 달린다. 여우는 (20, 0)에서 시작해서 토끼를 추격하는데, 토끼보다 1.5배 빠른 속도로 달린다. 여우가 토끼를 잡는 지점의 y값은 얼마일까?

다음 단계에 따라 실습해보자:

1. 우선, **math** 모듈에서 일련의 함수를 가져와 거리와 각도를 측정한다:

```
from math import sqrt, atan2,sin,cos
```

2. 피타고라스 정리를 사용해서 포식자와 피식자의 사이의 거리를 측정하는 함수를 작성한다:

```
def dist(x1,y1,x2,y2):
    """Returns distance from (x1,y1) to (x2,y2)"""
    return sqrt((x1-x2)**2 + (y1-y2)**2)
```

3. 핵심은 피식자와 포식자 사이의 x변화량 대 y변화량이 구해야 할 추적 곡선의 접선을 나타낸다는 것이다. 위치를 알기 때문에, 아크탄젠트 함수 **atan2()**를 사용해서, 피식자를 곧바로 향하는 포식자의 이동 각도를 계산할 수 있다. 실제로 구해야 할 것은, 포식자의 x 좌표와 y 좌표를 얼마나 변경해야 하는지다. 포식자를 피식자 방향으로 돌리기 위해서는, 다음 그림처럼, 두 점 사이의 각도를 알아야 한다:

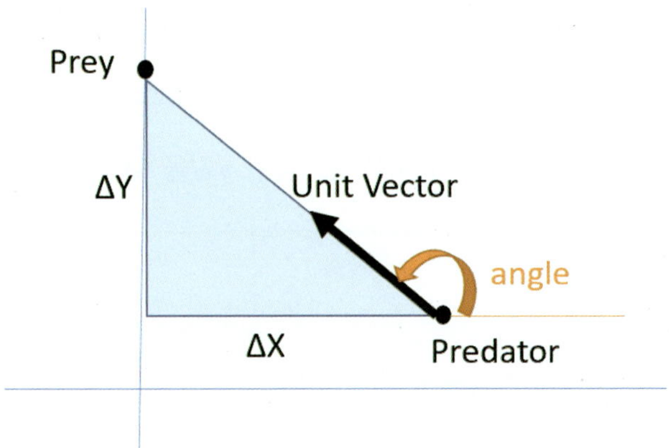

그림 12.31 포식자와 피식자 사이의 각도

4. 방향을 알면, 원하는 이동속도 벡터를 곱해서 다음 위치를 정할 수 있다:

```
def towards(x1,y1,x2,y2):
    """Returns unit vector in [x,y] format from point
       1 to point 2"""
    dx,dy = x2-x1,y2-y1
    angle = atan2(dy,dx)
    return [cos(angle),sin(angle)]
```

x와 **y**의 변화량을 계산하고, **arctangent()** 함수를 사용해서, 각도를 계산한 다음, 코사인과 사인을 사용해서 포식자의 x 좌표와 y 좌표에 대한 변화량을 계산하여, 포식자가 피식자를 향해 한 단위만큼 이동하도록 한다.

5. 이제 추격이 시작된다. 포식자와 피식자는 주어진 시작 지점에 있다. 다음으로, 피식자를 한 단위(또는 더 정확하게 한 증분)만큼 움직여 반복을 시작한다:

```
def chase():
    predator_x,predator_y = 20,0
    predator_v = 1.5 #prey is 1
    prey_x,prey_y = 0,0
    inc = 0.001
    while dist(predator_x,predator_y,prey_x,prey_y) > 0.001:
        prey_y += 1*inc
        p_vec = towards(predator_x,predator_y, prey_x,prey_y)
        predator_x += predator_v*p_vec[0]*inc
        predator_y += predator_v*p_vec[1]*inc
        #print(dist(predator_x,predator_y,prey_x,prey_y))
    return predator_y
```

6. 이제 **chase()**를 실행하고 포식자가 피식자를 잡는 y값을 출력한다:

```
y = chase()
print("Y:",y)
print("dist:",dist(1,1,4,5))
print("towards:",towards(1,1,2,2.732))
```

출력은 다음과 같다:

```
Y: 23.997299988652507
dist: 5.0
towards: [0.5000110003630132, 0.8660190526287391]
```

출력은 이론값 24와 매우 가깝다.

노트

이 절의 소스 코드는 다음에 있다.

https://packt.live/3f6x44Z.

또한, 다음에서 이 예제를 온라인으로 실행할 수 있다.

https://packt.live/2NO1A7v.

실습 12.20 ✦ 터틀을 사용한 추적 곡선 시각화

이 실습에서, **추적 곡선**이라고 부르는, 포식자와 피식자의 이동 경로를 시각화해본다. 파이썬에는 **Logo 프로그래밍** 언어의 가상 터틀을 구현한, 내장 모듈이 있으며 이 모듈을 사용해서, 작성한 코드에 따라 화면을 돌아다니는 가상 에이전트를 쉽게 생성할 수 있다. 다음 단계에 따라 실습해보자:

1. 먼저 **turtle** 모듈의 모든 함수를 가져온다:

```
from turtle import *
```

2. 원하는 화면 크기를 설정해야 하는데, 여기서는 왼쪽-아래 지점을 (-30, -30)으로, 오른쪽-위 지점을 (40, 40)으로 지정한다:

```
setworldcoordinates(-30,-30,40,40)
```

3. **Turtle** 객체를 생성해서 포식자와 피식자의 색상, 위치, 그리고 이동속도를 설정한다. 터틀은 이동할 때마다 흔적을 남기기 때문에 시작 위치에 도달할 때까지 흔적이 남지 않도록 **penup**으로 설정한다. 그런 다음 **pendown**으로 설정해서 그리기 시작한다:

```
#set up predator
predator = Turtle()
predator.color("red")
predator.penup()
predator.setpos(20,0)
predator.pendown()
predator.speed(0)
```

4. 터틀을 녹색으로 지정하고 거북이 모양으로 만들어 피식자를 설정한다:

```
#set up prey
prey = Turtle()
prey.color("green")
prey.shape("turtle")
prey.setheading(90)
prey.speed(0)
```

5. **pursue()** 함수는 앞에서 직접 만들어보았으니 익숙할 것이다. 그러나, 여기서는 내장 함수를 사용해서 다른 터틀까지 거리를 계산하고, 그 방향을 가리키기도 한다:

```
def pursue():
    inc = 0.05
    while predator.distance(prey)>0.05:
        predator.setheading(predator.towards(prey))
        prey.forward(inc)
        predator.forward (1.5*inc)
    print("y:",predator.ycor())
```

6. **pursue()** 함수를 실행해서 출력을 확인하고, 실행이 완료되었다고 알려서, 그래픽 창이 멈추지 않게 한다:

```
pursue()
done()
```

7. 코드를 실행하면 추격을 관찰할 수 있다. 최종 출력은 다음과 같다:

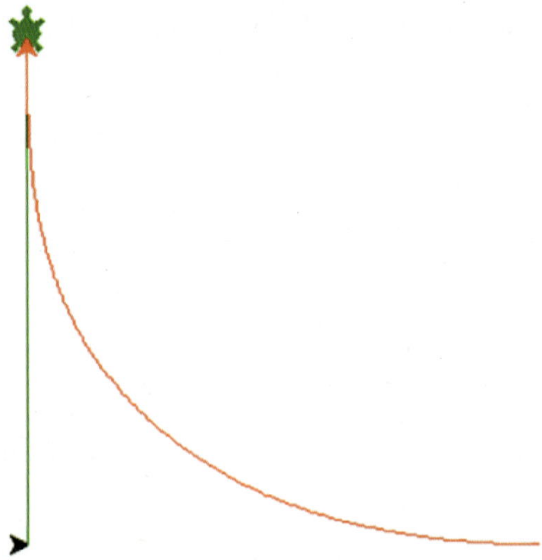

그림 12.32 포식자의 경로는 로그 곡선

8. **확장:** 피식자의 이동 경로를 원으로 변경해보자. 피식자를 앞으로 움직이게 하는 줄 다음에 다음 줄을 추가한다:

```
prey.left(.3)
```

이렇게 하면 터틀은 매 단계 조금씩 왼쪽으로 회전한다. 회전의 크기가 매번 같다면 결국 원을 그리게 된다. 실행 결과는 다음과 같다:

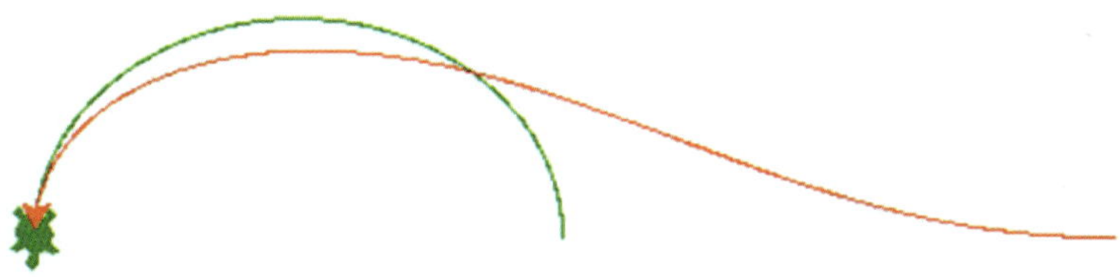

그림 12.33 피식자가 원형으로 이동할 때의 추적 곡선

> **노트**
>
> 이 절의 소스 코드는 다음에 있다.
> https://packt.live/3dWHDG6.
>
> 이 예제는 로컬에서 실행해야 한다.

▶ 위치, 속도 그리고 가속도

미분방정식은 던진 물체의 경로를 연구하는 데 자주 사용되는데, 이러한 발사체 연구는 미적분의 기원이라고 할 수 있다. 뉴턴은 천체의 움직임을 연구하면서 만든 미분방정식을 해결하기 위해 미적분을 발명했으며, 지구 표면으로 떨어지는 물체가 궤도를 도는 행성과 같은 물리 법칙을 따른다는 것을 보여주었다.

실습 12.21 ✦ 발사체의 지면으로부터 높이 계산

초기 속도 29m/s로 공을 위로 던졌다. 지면에 닿기까지 얼마나 걸릴까? 다음 단계에 따라 실습해보자:

1. 대수학 수업에서, 다음과 같은 방정식을 사용해서 발사체의 높이를 계산한다:

$$h = h_0 + v_0 t - \frac{1}{2} g t^2$$

그림 12.34 발사체의 높이 계산식

여기서 h_0는 초기 높이, v_0는 초기 수직 속도, t는 경과한 시간(초)이며, g는 중력 가속도로 약 32ft 또는 9.8m/s이다. 하지만 발사체 즉, 공은 방정식을 풀어서 위치를 계산하지 않는다; 그냥 미분값이 가리키는 방향으로 이동한다.

2. 이 방정식을 모델링해보자:

```
v = 29
g = 9.8
h = 0
t = 0
```

최초 시점에 공은 초당 29m 속도로 위로 던져지지만, 중력으로 인해 초당 9.8m씩 속도가 줄어든다. 즉, 1초 후에는 속도가 $29 - 9.8 = 19.2$m/s가 된다. 따라서 1초 후에 공은 19.2m 떨어진 공중에 있다. 이 과정을 높이가 0까지 반복한다.

3. 높이를 계산하는 **height()** 함수는 다음과 같다:

```
def height(v0,h0,t):
    """Calculates the height a projectile given the
    initial height and velocity and the elapsed time."""
    v,h = v0,h0
    for i in range(1,t+1):
        v -= g
        h += v
    return h
```

4. 속도와 높이는 초기값인 v_0와 h_0를 할당하고, 속도는 (중력 때문에) 가속도 g에 의해 변하며, 높이 h는 속도에 의해 변한다. 매초 계산을 반복해서 공의 높이가 다시 0이 되는 시간을 확인한다:

```
for j in range(1,10):
    print(j,round(height(v,h,j),1))
```

출력은 다음과 같다:

```
-
1 19.2
2 28.6
3 28.2
4 18.0
5 -2.0
6 -31.8
7 -71.4
8 -120.8
```

공은 4초와 5초 사이 어딘가에서 지면에 닿는 것으로 보인다. 그런데, $t = 5$를 앞의 공식에 대입하면 다음과 같다:

$$h = 0 + (29)(5) - \frac{1}{2}(9.8)(5)^2 = 145 - 122.5 = 22.5$$

그림 12.35 t=5일 때 발사체의 높이 계산

5. 5초 후에도 공은 여전히 22.5m 높이에 떠 있다. 코드에 문제가 있었나? 이미 알고 있겠지만, 공은 초당 한 번씩 속도를 변경하는 것이 아니다. 속도는 지속해서 변한다. 복리 이자와 마찬가지로 초당 여러 번 속도를 새로 계산해야 한다. 이 계산은 파이썬에서 쉽게 할 수 있다. 그러기 위해 시간 증분을 나타내는 변수 **inc**를 추가하자. 반복해서 계산하는 횟수가 증가하므로, **for i in range** 줄도 잊지 않고 변경해야 한다. 그리고, g와 v는 증분만큼 곱한다. 0.5초 단위로 다시 계산해보자:

```
def height(v0,h0,t):
    """Calculates the height a projectile given the
       initial height and velocity and the elapsed time."""
    inc = 0.5
    v,h = v0,h0
    for i in range(int(t/inc)):
        v -= g*inc
        h += v*inc
    return h
```

6. 수정한 코드를 사용해서 다음처럼 실행한다:

```
for j in range(1,7):
    print(j,round(height(v,h,j),1))
```

출력은 다음과 같다:

```
1 21.7
2 33.5
3 35.6
4 27.8
5 10.3
6 -17.1
```

7. 공이 더 오래 공중에 머무르며, 5초에는 10.3m에 있다. 증분을 매우 작게 만들면 5초일 때 22.5m에 훨씬 가까워질 것이다. **inc**를 0.001로 변경하고 다시 실행하면 출력은 다음과 같다:

```
1 24.1
2 38.4
3 42.9
4 37.6
5 22.5
6 -2.4
```

8. 공이 지면에 닿는 시간을 알아내기 위해 5초와 6초 사이에서 이진 탐색을 수행한다. 이전과 마찬가지로 **bin_search()** 함수를 사용하는데, 이때 **guess** = 줄을 수정해야 한다:

```
def bin_search(f,lower,upper,target):
    def average(a,b):
        return (a+b)/2
    for i in range(40):
        avg = average(lower,upper)
        guess = f(29,0,avg)
        if guess == target:
            return avg
        if guess < target:
            upper = avg
        else:
            lower = avg
    return avg
```

9. 변경할 내용은, 인수로 **height()** 함수를 넘기는 것과, **guess** = 줄이다. 마지막 매개변수 t가 목표값을 나타내므로, 이 값이 탐색 대상이다. 탐색 구간을 5와 6 사이로 지정하면, 이진 탐색 함수는, **height()** 함수가 0을 반환하는 순간의 시간 t를 반환한다:

```
print(bin_search(height,5,6,0))
```

출력은 다음과 같다:

```
5.918000000000575
```

이제, 대수적으로 문제의 이차 방정식을 풀어보자:

$29t\text{-}4.9t^2 = 0$

t에 대해 풀면 $t = 0$과 5.9184를 얻는다. 물론, 공을 던지기 전, 공의 높이는 0이고, 두 번째 값은 수치적으로 계산한 값과 매우 가깝다. 이 함수의 그래프는 다음과 같다. 공기 저항을 무시하면, 공의 높이는 시간에 따라 포물선 형태를 그린다:

그림 12.36 공기 저항이 없는 발사체의 높이 변화

결과를 확인하기 좋은 방정식을 이용해서, 작성한 코드를 평가해보았다. 이제 답을 확인할 방정식이 없는, 속도와 가속도에 관한 더 어려운 미적분 문제로 넘어간다.

노트

이 절의 소스 코드는 다음에 있다.

https://packt.live/2VEAkN4.

또한, 다음에서 이 예제를 온라인으로 실행할 수 있다.

https://packt.live/2Bzpz7Z.

▶ 공기 저항이 있는 발사체의 높이 계산

수학을 배우는 학생들은 완벽한 포물선 경로로 이동하는 입자들에 대한 문제를 통해서 대수와 미적분을 배운다. 하지만 실제 입자는 그렇게 운동하지 않는다. 실제로 물체는 공기나 물과 같은 매질을 통해 이동하며, 매질의 밀도, 단면적 등 여러 가지 요인에 따라 감속된다. 이러한 이유로 발사체에 작용하는 힘에 대한 복잡한 방정식이 만들어진다. 간단하게 말하면, '발사체에 작용하는 힘은 중력에 의한 가속도과 속도의 제곱에 비례하는 감속으로 두 가지로 이루어진다.' 방정식으로 나타내면 다음과 같다:

$$F = mg - kv^2$$

공기 저항이 있는 경우, 발사체의 질량 m을 알아야 한다. 중력 가속도 g는 $9.8m/s^2$이다. 저항 상수 k는 적어도 세 가지 다른 요인의 조합으로 정해지지만, $k = 0.27$로 정해도 이 상황에 대한 실용적인 결과를 얻을 수 있다.

앞의 실습에서처럼 가속도를 계산하고, 이것으로 속도를 수정한다. 그런 다음, 속도에 따라 발사체의 다음 위치를 정한다.

발사체에 작용하는 힘은 두 가지이다: 중력에 의한 가속도와 운동의 저항 성분이다. 이것을 계산하는 파이썬 함수를 작성해보자:

```
def force(v,mass,g,k,inc):
    """Returns the downward force on a
       projectile"""
    gravity = mass*g*inc
    drag = k*(v**2)*inc
    if v > 0:
        return gravity + drag
    return gravity - drag
```

앞에서처럼, 문제에 포함된 여러 가지 변수와 상수에 증분 변수 **inc**를 여러 번 반복해서 곱하는 과정을 더 많이 거칠수록 더 나은 근삿값을 구할 수 있다. 중력을 나타내는 **gravity**와 저항 변수 **drag**는 힘 방정식에서 직접 가져온 것이다. 속도가 0보다 크면 발사체가 상승 중이므로 아래로 작용하는 힘은 중력과 저항의 합이다. 그렇지 않으면, 발사체가 하강 중이므로 중력은 여전히 아래로 작용하지만, 저항 때문에 감속하므로 작용하는 힘은 중력과 저항의 차이다.

이제 앞에서 구현한 **height()** 함수를 수정해서, 높이가 0이 되는 데 걸리는 시간을 계산하고, **force()** 함수를 호출하는 부분도 추가한다:

```
def height(v0,h0):
    """Calculates the time it takes a projectile given the
        initial height and velocity to hit the ground."""
    inc = 0.001
    v,h = v0,h0
    t = 0
    while h >= 0:
        v -= force(v,1,9.8,0,inc) #test with k=0
        h += v*inc
        t += inc
    return round(t,1),round(v,1)
```

이 함수에서 물체를 힘들게 들어 올리는 부분은 **v −=** 줄이다. 속도는 아래로 작용하는 힘에 영향을 받는다. $k = 0$으로 실행하면, 앞에서 다룬 문제와 같은 시간과 최종 속도를 얻는다. 즉, 공기 저항이 없는 경우다:

```
print(height(29,0))
```

출력은 다음과 같다:

```
(5.9, -29.0)
```

그렇다; 지금과 마찬가지로 앞에서도 발사체가 지면에 도달하는 데 5.9초가 걸렸다. 공기 저항이 없고, 마지막 높이가 초기 높이와 동일한 경우, 마지막 속도는 초기 속도와 같지만, 방향이 반대인 −29m/s다.

이제 더 현실적인 k값 **0.27**을 넣고 발사체가 지면에 도달하는 데 얼마나 걸리고 어느 정도 속도인지 알아보자. 어떻게 예상하는가?

height() 함수의 **v −=** 줄을 다음과 같이 변경한다:

```
        v -= force(v,1,9.8,0.27,inc)
```

이 코드의 실행 결과는 다음과 같다:

```
(2.2, -5.9)
```

따라서, 발사체는 단 2.2초 만에 위로 올라갔다가 바닥으로 떨어지며, 거기서의 최종 속도는 −5.9m/s다. 공기 저항이 있는 경우와 없는 경우의 발사체 높이 그래프를 나란히 비교하면, 공기 저항이 있는 경우 높이가 훨씬 낮다는 걸 확인할 수 있다:

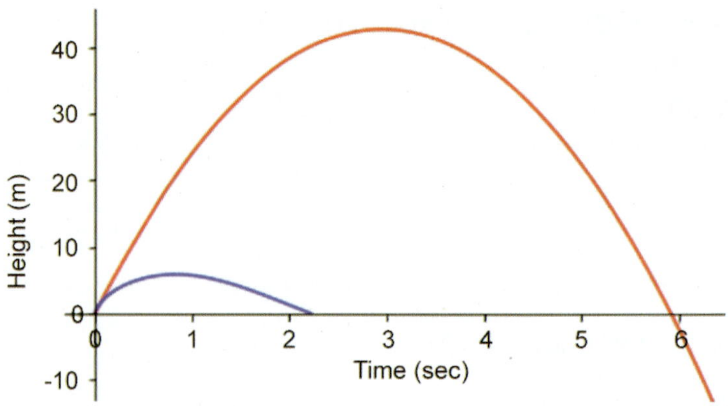

그림 12.37 공기 저항이 있는 발사체의 높이 (파란 곡선)

저항이 꽤 크다. 저항 상수 k를 바꿔가면서 종료 시각과 종료 속도를 비교하며 놀아보기를 바란다. 지금 다룬 내용은 수학과 과학에 매우 흥미로운 개념인 **종단 속도**로 이어진다. 종단 속도는 발사체에 작용하는 하강 및 상승 힘이 균형을 이루어 물체가 가속하지 않는 상태를 나타낸다.

실습 12.22 ✦ 종단 속도 계산

3,000m 상공의 비행기(초기 높이 3,000)에서 물체를 떨어뜨린 경우(초기 하강 속도 0), 어떤 속도에 도달하게 될까? 물체가 지면에 충돌할 때까지 계속 가속될까?

물체의 질량은 인간의 평균 체중인 80kg, k는 0.27이라고 가정하자. 다음 단계에 따라 실습해보자:

1. 앞의 force() 함수를 사용하니, 없다면 가져와야 한다.
2. **height()** 함수를 다음과 같이 수정한다:

```
def height(v0,h0):
    """Calculates the velocity of a projectile given the
       initial height and velocity and the elapsed time."""
    inc = 0.001
    v,h = v0,h0
    t = 0
    for i in range(500):
```

3. 다음은 질량, k 등을 **force()** 함수에 전달하는 중요한 줄이다:

```
        v -= force(v,80,9.8,0.27,inc)
        h += v*inc
        if i % 50 == 0:
            print("v:",round(v,1))
        t += inc
```

4. 500회 반복하는데, 매 50번째만 속도를 출력한다. 다음과 같이 실행해보자:

```
height(0,3000)
```

출력은 다음과 같다:

```
v: -0.8
v: -34.1
v: -48.6
```

```
v: -52.6
v: -53.6
v: -53.8
v: -53.9
v: -53.9
v: -53.9
v: -53.9
```

초기 속도 0에서 시작하여 계속해서 음수로 줄어들다가 더 이상 감소하지 않는다. 이 지점은 약 54m/s(음수이므로 하강 방향)이다. 이 값은 자유 낙하 상태에서 인간의 종단 속도인 약 120mile(시속 193km)에 해당한다. 시간에 따른 속도 변화 그래프는 다음과 같다:

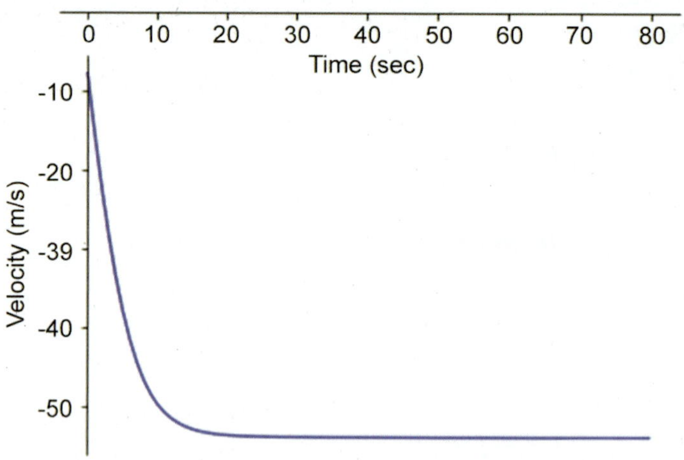

그림 12.38 공기 저항이 있는 자유 낙하 몸체의 속도 변화

노트

이 절의 소스 코드는 다음에 있다.

https://packt.live/2NNmWBM.

또한, 다음에서 이 예제를 온라인으로 실행할 수 있다.

https://packt.live/2BUuXCp.

프로젝트를 수행해서 이번 장에서 배운 내용을 확인해보자.

프로젝트 12.01 ✦ 물체의 속도와 위치 계산

$x - y$ 평면에서 움직이는 어떤 입자의 속도 벡터를 다음과 같은 미분방정식으로 나타낼 수 있다고 하자:

$$\frac{dx}{dt} = 1 + 3\sin\left(t^2\right) \text{ and } \frac{dy}{dt} = 15\cos\left(t^2\right)\sin\left(e^t\right)$$

그림 12.39 입자의 속도 벡터에 대한 미분방정식

접선이 수평인 시간(과 좌표)을 모두 찾고, $t = 1$일 때 입자의 속도를 구하라.

다음 단계에 따라 프로젝트를 완성해보자:

1. dx/dt와 dy/dt에 대한 함수를 작성한다.
2. 미분이 양에서 음으로 또는 음에서 양으로 바뀌는 값을 찾는 방법으로, 미분이 0인 시점 t을 찾는다. 그런 다음 이진 탐색을 사용해서 더 정확한 근삿값을 찾는다.
3. 시간 증분을 반복 처리해서, 계산된 (위치의) 변화율에 따라 입자의 위치를 변경하는 **position()** 함수를 생성한다. 이 함수는 주어진 경과 시간에 도달하면 멈추고 그때의 $x - y$ 좌표를 출력해야 한다.
4. 단계 2에서 찾은 시간을 **position()** 함수에 입력해서 미분이 0일 때 입자의 $x - y$ 좌표를 구한다.
5. $t = 1$일 때 입자의 속도를 찾아야 한다. 주어진 미분방정식을 사용해서, 입자 속도의 수직 및 수평 성분을 찾고, 이 두 성분을 변으로 하는 직각삼각형의 빗변의 길이를 구한다.

> ☑ **노트**
>
> 이 프로젝트의 구현 코드는 부록에 있다.

요약

미적분은 열의 전달부터 행성의 운동에 이르기까지, 다양한 실제 상황을 모델링하는 매우 강력한 수학이다. 미적분을 사용하면 함수의 순간 변화율과 (대수와 기하학의 기법만 사용해서는 불가능해 보이는) 복잡한 곡선 아래의 면적을 계산할 수 있다. 이 장에서, 파이썬 반복과 함수를 사용해서, 변화율(미분계수)을 수식이 아니라 값 자체로 다룰 수 있었고, 그리하여 몇 가지 문제에 대한 답을 매우 정확하게 계산할 수 있었다. 발사체의 경로와 같이 미분방정식을 풀어야만 하는 모델링 상황이, 최초의 전자 컴퓨터 개발을 강하게 이끌어냈다고 할 수 있다. 강력한 계산 기능이 절실하게 된 것이다.

전형적인 수학 수업은 여전히 대수적인 방정식, 심지어 미분방정식에 대한 대수적인 해법을 강조할 수 있지만, 이 장에서 살펴보았듯이, 컴퓨터를 사용하면 피식자를 추격하는 포식자와 같은 실제 상황을 직관적으로 간단하게 모델링할 수 있다. 투자에 대한 이익, 혼합물에 포함된 소금의 양, 포식자가 향하는 방향과 같은 변수를 조금씩 수천 번 바꾸는 방법으로 매 단계 양과 거리를 재계산하여, 매우 정확한 결과를 얻을 수 있었다. 파이썬은 발사체가 땅에 닿거나 종단 속도에 도달할 때를 알아내기 위해, 시작 조건을 설정하고 프로그램을 실행하는 완벽한 도구였다. 또한, 파이썬은 수고스러운 대수적 연산을 피하고 낙하물이나 포식자의 추격에 대한 간단한 모델을 만든 후, 모든 가능한 경우를 막무가내로 탐색해서 답을 찾을 수 있게 해주었다. 사람이 계산을 수천 번 반복할 필요가 없는 간단한 방법이다 — 대신, 컴퓨터가 한다. 게다가, 이러한 수치적인 방법들은 대수적으로 해결할 수 없는 미분방정식에 이미 사용되고 있으며, 때로는 해결할 수 있는 것에도 사용된다. 이 장을 통해서, 컴퓨터를 사용해서 복잡한 실세계 상황을 모델링하고 분석하는 것의 위력을 충분히 알게 되었으면 좋겠다.

이 책을 통틀어 파이썬의 반복문, 변수, 조건문, 함수, 그리고 리스트를 활용해서 통계, 확률, 그리고 미적분의 복잡한 문제를 해결하는 방법을 배웠다. 또한, 코드 실행 시간을 측정하고 결과를 그래프로 표시하는 방법도 알게 되었다. **numpy** 같은 최신 수치 계산 패키지를 사용해서 빠르게 계산하고, 배열을 조작해서 많은 앱을 만들었다. 하늘 아래 모든 수학 주제에 파이썬 프로그래밍이 적용되는 것을 보았으니, 앞으로 만나게 될 모든 실제 상황에 응용할 수 있을 것이다.

부록

프로젝트 해답

1장 파이썬 기초

프로젝트 1.01 ✦ 스도쿠 프로그램

1. 먼저, 다음처럼 **Solver** 클래스를 정의해서 입력 퍼즐을 **cells** 속성에 저장한다:

```
from copy import deepcopy

class Solver:
    def __init__(self, input_path):
        # Read in the input file and initialize the puzzle
        with open(input_path, 'r') as f:
            lines = f.readlines()
        self.cells = [list(map(int, line.split(','))) \
                        for line in lines]
```

2. 퍼즐을 보기 좋게 출력하는 도우미 메서드는, 퍼즐의 각 셀을 반복하면서 적절한 위치에 구분 문자 '-'와 '|'을 삽입한다.

```
    # Print out the initial puzzle or solution in a nice format.
    def display_cell(self):
        print('-' * 23)
        for i in range(9):
            for j in range(9):
                print(self.cells[i][j], end=' ')
                if j % 3 == 2:
                    print('|', end=' ')
            print()
            if i % 3 == 2:
                print('-' * 23)
        print()
```

3. **get_presence()** 메서드는 각 행, 열, 그리고 (3×3) 사분면의 1에서 9까지 숫자의 존재 여부를 유지하는, 세 개의 별도의 논리 변수 목록을 유지한다. 이 논리 변수들은 모두 **False**로 초기화되고, 입력의 모든 셀을 반복 처리해서 적절하게 **True**로 변경한다.

```
"""
True/False for whether a number is present in a row,
column, or quadrant.
"""
def get_presence(cells):
    present_in_row = [{num: False for num in range(1, 10)}
                      for _ in range(9)]
present_in_col = [{num: False for num in range(1, 10)}
                  for _ in range(9)]
present_in_quad = [{num: False for num in range(1, 10)}
                   for _ in range(9)]

for row_id in range(9):
    for col_id in range(9):
        temp_val = cells[row_id][col_id]
        """
        If a cell is not empty, update the corresponding
        row, column, and quadrant.
        """
        if temp_val > 0:
           present_in_row[row_id][temp_val] = True
           present_in_col[col_id][temp_val] = True
           present_in_quad[row_id // 3 * 3 \
                           + col_id // 3] \
                          [temp_val] = True
return present_in_row, present_in_col, present_in_quad
```

사분면의 각 칸에 접근하는 게 까다로울 수 있다. 앞의 코드는 **row_id // 3 * 3 + col_id // 3** 공식을 사용하는데, 이것은 사분면의 왼쪽 위를 **0**으로 인덱싱하고, 위쪽 중앙은 **1**, 위쪽 오른쪽은 **2**, 왼쪽 중앙은 **3**, …, 아래쪽 중앙은 **7**, 오른쪽 아래는 **8**로 인덱싱한다.

4. **get_possible_values()** 메서드는 **get_presence()**를 호출해서, 남은 빈 셀에 대한 가능한 값의 리스트를 생성한다:

```
# A dictionary for empty locations and their possible values.
def get_possible_values(cells):
    present_in_row, present_in_col, \
    present_in_quad = get_presence(cells)
    possible_values = { }
```

```
        for row_id in range(9):
            for col_id in range(9):
                temp_val = cells[row_id][col_id]
                if temp_val == 0:
                    possible_values[(row_id, col_id)] = []
                    """
                    If a number is not present in the same row,
                    column, or quadrant as an empty cell, add it
                    to the list of possible values of that cell.
                    """
                    for num in range(1, 10):
                        if (not present_in_row[row_id][num]) and \
                            (not present_in_col[col_id][num]) and \
                            (not present_in_quad[row_id // 3 * 3 \
                           + col_id // 3][num]):
                            possible_values[(row_id, col_id)] \
                            .append(num)
        return possible_values
```

5. **simple_update()** 메서드는 상당히 직관적으로 구현할 수 있어서, 여기서는 (**update_again**이라는) 플래그 변수를 사용해서, 반환하기 전에 메서드를 다시 호출해야 하는지를 나타낸다:

```
    # Fill in empty cells that have only one possible value.
    def simple_update(cells):
        update_again = False
        possible_values = get_possible_values(cells)
        for row_id, col_id in possible_values:
            if len(possible_values[(row_id, col_id)]) == 1:
                update_again = True
                cells[row_id][col_id] = possible_values[ \
                                        (row_id, col_id)][0]
        """
        Recursively update with potentially new possible values.
        """
        if update_again:
            cells = simple_update(cells)
        return cells
```

6. **recur_solve()** 메서드는 몇 가지 길게 설명해야 할 내용을 담고 있지만, 논리의 흐름은 구현하기 쉽다:

```
# Recursively solve the puzzle
def recur_solve(cells):
    cells = simple_update(cells)
    possible_values = get_possible_values(cells)
    if len(possible_values) == 0:
        return cells # return when all cells are filled

# Find the empty cell with fewest possible values.
fewest_num_values = 10
for row_id, col_id in possible_values:
    if len(possible_values[(row_id, col_id)]) == 0:
        return False # return if an empty is invalid
    if len(possible_values[(row_id, col_id)]) \
        < fewest_num_values:
        fewest_num_values = len(possible_values[ \
                                (row_id, col_id)])
        target_location = (row_id, col_id)

for value in possible_values[target_location]:
    dup_cells = deepcopy(cells)
    dup_cells[target_location[0]] \
             [target_location[1]] = value
    potential_sol = recur_solve(dup_cells)

    # Return immediately when a valid solution is found.
    if potential_sol:
        return potential_sol
return False # return if no valid solution is found
```

7. 마지막으로, 앞에서 만든 모든 메서드를 **solve()** 메서드에 추가하고, 객체 **self.cells**에 대해 **recur_solve()**를 호출한다:

```
    # Functions to find a solution.
    def solve(self):
        def get_presence(cells):
                ...

        def get_possible_values(cells):
                ...

        def simple_update(cells):
                ...

        def recur_solve(cells):
                ...

        print('Initial puzzle:')
        self.display_cell()
        final_solution = recur_solve(self.cells)
        if final_solution is False:
            print('A solution cannot be found.')
        else:
            self.cells = final_solution
            print('Final solution:')
            self.display_cell()
```

8. 다음과 같이 반환된 풀이를 출력한다:

```
solver = Solver('sudoku_input/sudoku_input_2.txt')
solver.solve()
```

출력의 일부는 다음과 같다:

```
Initial puzzle:
-----------------------
0 0 3 ¦ 0 2 0 ¦ 6 0 0 ¦
9 0 0 ¦ 3 0 5 ¦ 0 0 1 ¦
0 0 1 ¦ 8 0 6 ¦ 4 0 0 ¦
-----------------------
0 0 8 ¦ 1 0 2 ¦ 9 0 0 ¦
7 0 0 ¦ 0 0 0 ¦ 0 0 8 ¦
0 0 6 ¦ 7 0 8 ¦ 2 0 0 ¦
-----------------------
0 0 2 ¦ 6 0 9 ¦ 5 0 0 ¦
8 0 0 ¦ 2 0 3 ¦ 0 0 9 ¦
0 0 5 ¦ 0 1 0 ¦ 3 0 0 ¦
-----------------------
```

노트

이 절의 소스 코드는 다음에 있다.

https://packt.live/3dWRsnE.

또한, 다음에서 이 예제를 온라인으로 실행할 수 있다.

https://packt.live/2BBKreC.

2장 파이썬과 기본 통계 툴

프로젝트 2.01 도시 범죄 데이터 분석

1. 데이터 세트를 내려받은 후, 라이브러리를 가져오고, pandas를 사용해서 새 주피터 노트북에 데이터를 읽어온다:

```
import pandas as pd
import numpy as np

import matplotlib.pyplot as plt

df = pd.read_csv('CommViolPredUnnormalizedData.txt')
df.head()
```

그리고 데이터 세트의 처음 다섯 행을 출력한다:

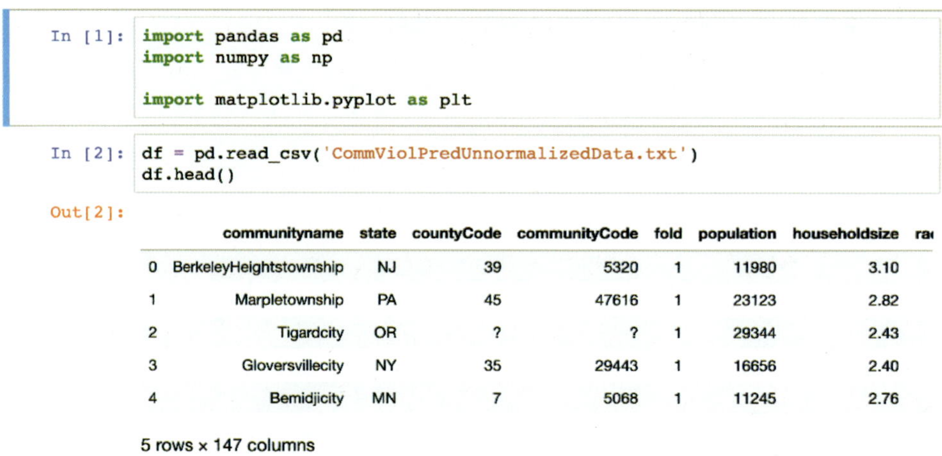

그림 2.23 데이터 세트의 첫 다섯 행

2. **for** 문으로 **df.columns**를 반복해서, 다음처럼 간단하게 열 이름을 출력할 수 있다:

```
for column in df.columns:
    print(column)
```

3. 데이터 세트의 전체 열 수는 파이썬 **len()** 함수를 사용해서 계산할 수 있다:

```
print(len(df.columns))
```

4. **replace()** 메서드 사용해서 특수 문자 **'?'**를 **np.nan** 객체로 대체한다:

```
df = df.replace('?', np.nan)
```

5. **isnull().sum()** 메서드의 조합으로, 데이터 세트의 열 리스트와 각 열의 결측값 개수를 출력한다:

```
df.isnull().sum()
```

이 코드의 실행 결과는 다음과 같다:

```
communityname            0
state                    0
countyCode               1221
communityCode            1224
fold                     0
                         ...
autoTheftPerPop          3
arsons                   91
arsonsPerPop             91
ViolentCrimesPerPop      221
nonViolPerPop            97
Length: 147, dtype: int64
```

6. 다음처럼 특정한 열을 지정해서 결측값 개수를 출력할 수 있다:

```
print(df.isnull().sum()['NumStreet'])
print(df.isnull().sum()['PolicPerPop'])
```

0과 **1872**가 출력되어야 한다.

7. 다음 코드를 사용해서, **'state'**가 취하는 고유한 값의 개수를 계산하고, 막대그래프로 시각화(그림의 크기도 조정)할 수 있다:

```
state_count = df['state'].value_counts()

f, ax = plt.subplots(figsize=(15, 10))
state_count.plot.bar()
plt.show()
```

출력은 다음 그래프와 같다:

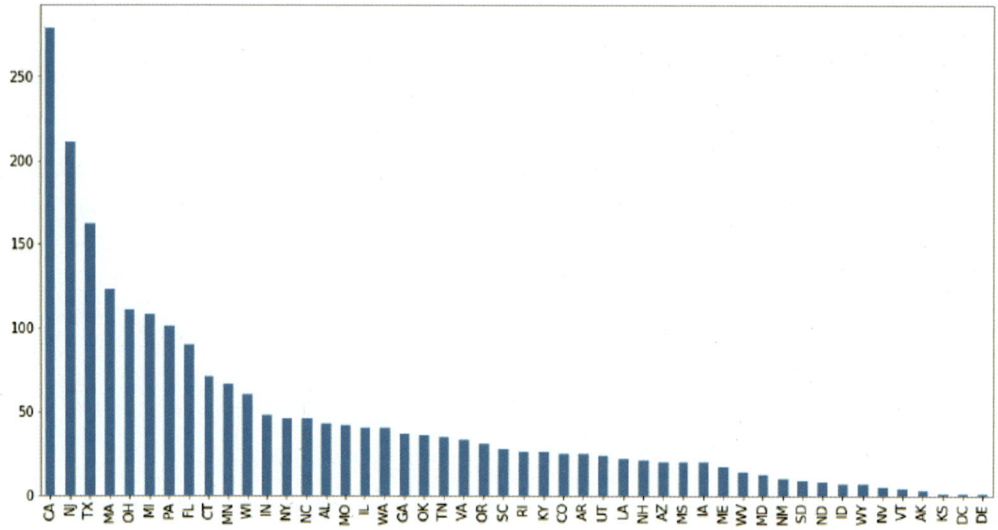

그림 2.24 state별 데이터 개수 막대그래프

8. 다음 코드를 사용해서, 같은 정보를 파이 차트로 시각화할 수 있다:

```
f, ax = plt.subplots(figsize=(15, 10))

state_count.plot.pie()
plt.show()
```

출력은 다음 그래프와 같다:

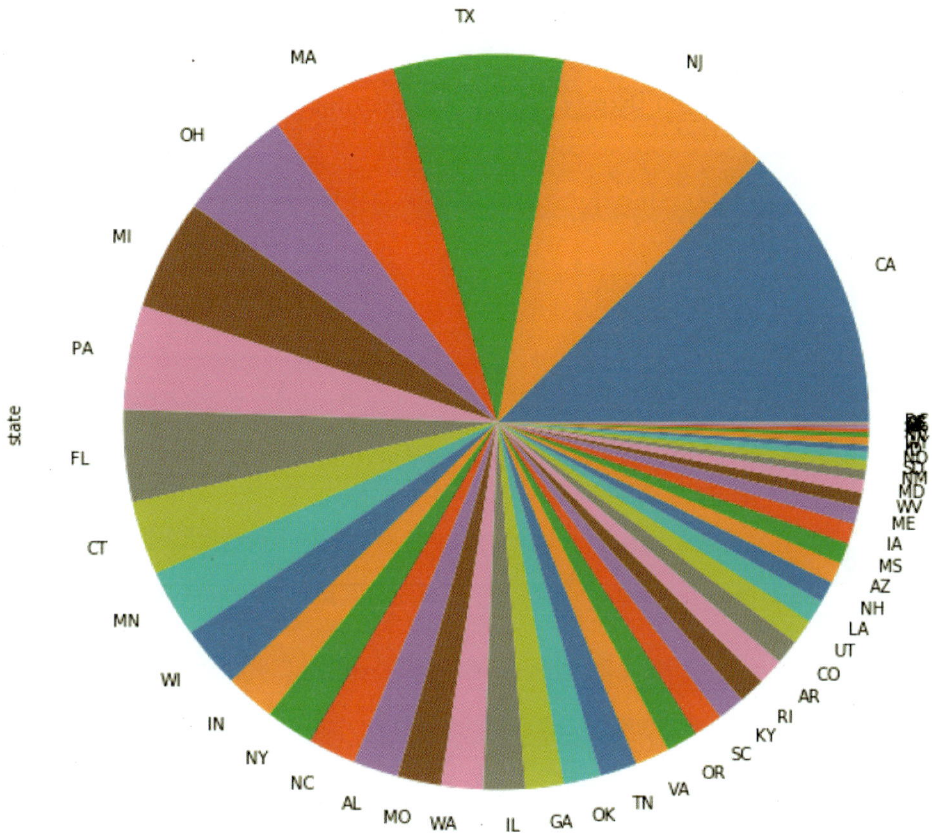

그림 2.25 state별 데이터 개수 파이 챠트

9. 다음 코드를 사용해서, 인구 분포를 히스토그램으로 시각화할 수 있다:

```
f, ax = plt.subplots(figsize=(15, 10))

df['population'].hist(bins=200)
plt.show()
```

출력은 다음 그래프와 같다:

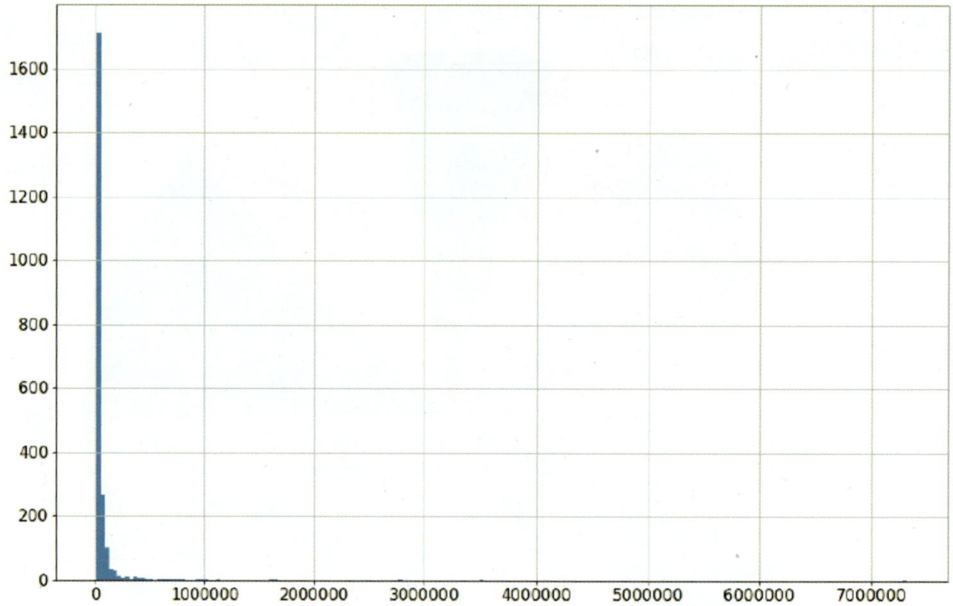

그림 2.26 인구 분포를 나타내는 히스토그램

10. 다음 코드를 사용해서, 가구 크기 분포를 히스토그램으로 시각화할 수 있다:

```
f, ax = plt.subplots(figsize=(15, 10))
df['householdsize'].hist(bins=200)
plt.show()
```

출력은 다음 그래프와 같다:

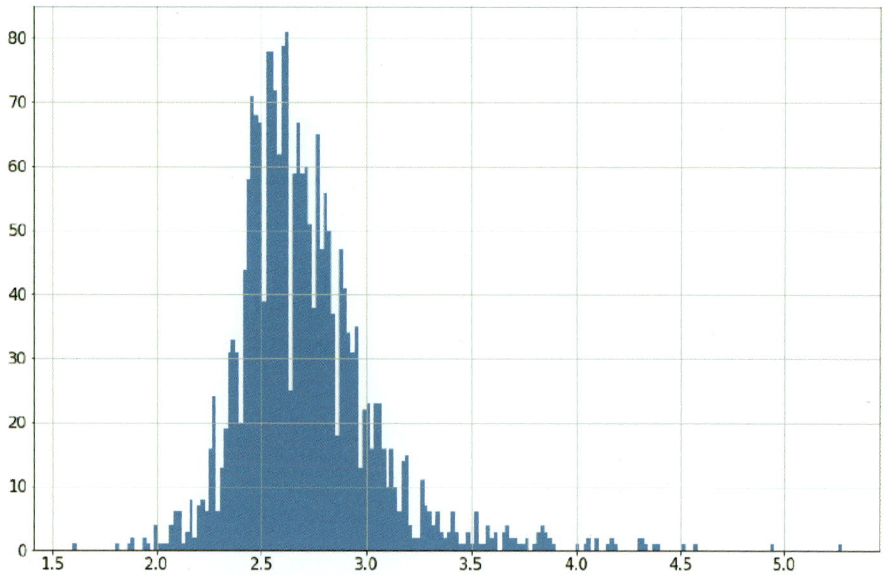

그림 2.27 가구 크기를 나타내는 히스토그램

노트

이 절의 소스 코드는 다음에 있다.

https://packt.live/2BB5BJT.

또한, 다음에서 이 예제를 온라인으로 실행할 수 있다.

https://packt.live/38nbma9.

3장 파이썬과 통계 툴박스

프로젝트 3.01 ✦ 도시 범죄 데이터 재분석

1. 라이브러리를 가져오고, 다음처럼 pandas를 사용해서 데이터 세트를 읽어온다:

```
import pandas as pd
import numpy as np

import matplotlib.pyplot as plt
import seaborn as sns

df = pd.read_csv('CommViolPredUnnormalizedData.txt')
df.head()
```

출력은 다음과 같다:

```
In [2]: df = pd.read_csv('CommViolPredUnnormalizedData.txt')
        df.head()
Out[2]:
```

	communityname	state	countyCode	communityCode	fold	population	householdsize
0	BerkeleyHeightstownship	NJ	39	5320	1	11980	3.10
1	Marpletownship	PA	45	47616	1	23123	2.82
2	Tigardcity	OR	?	?	1	29344	2.43
3	Gloversvillecity	NY	35	29443	1	16656	2.40
4	Bemidjicity	MN	7	5068	1	11245	2.76

5 rows × 147 columns

그림 3.29 데이터 세트의 첫 다섯 행

2. 다음 코드를 사용해서, 특수 문자를 **np.nan** 객체로 대체한다:

```
df = df.replace('?', np.nan)
```

3. **df['population'] * df['agePct...']** 구문으로, 벡터화 방식으로, 연령대별 실제 인원을 계산할 수 있다:

```
age_groups = ['12t21', '12t29', '16t24', '65up']

for group in age_groups:
    df['ageCnt' + group] = (df['population'] * \
                            df['agePct' + group]).astype(int)

df[['population'] \
    + ['agePct' + group for group in age_groups] \
    + ['ageCnt' + group for group in age_groups]].head()
```

astype(int)를 사용해서 최종 결과를 정수로 반올림하는 것에 유의하자. 새로 생성된 열의 첫 다섯 행은 다음과 같다:

```
In [4]: age_groups = ['12t21', '12t29', '16t24', '65up']

        for group in age_groups:
            df['ageCnt' + group] = (df['population'] * df['agePct' + group]).astype(int)

        df[['population'] + ['agePct' + group for group in age_groups] + ['ageCnt' + group for group in
```

Out[4]:

	population	agePct12t21	agePct12t29	agePct16t24	agePct65up	ageCnt12t21	ageCnt12t29	ageCnt16t24	ageCnt65up
0	11980	12.47	21.44	10.93	11.33	149390	256851	130941	135733
1	23123	11.01	21.30	10.48	17.18	254584	492519	242329	397253
2	29344	11.36	25.88	11.01	10.28	333347	759422	323077	301656
3	16656	12.55	25.20	12.19	17.57	209032	419731	203036	292645
4	11245	24.46	40.53	28.69	12.65	275052	455759	322619	142249

그림 3.30 연령대별 실제 인원수

4. **df.groupby('state')**은 데이터 세트를 **'state'** 열의 고유값의 그룹으로 집계한 **GroupBy** 객체를 생성한다. 생성된 객체에서 **sum()**을 호출하여 원하는 열을 확인할 수 있다:

```
group_state_df = df.groupby('state')
group_state_df.sum()[['ageCnt' + group for group in age_groups]]
```

이렇게 하면 각 주의 다른 연령 그룹의 인원수가 출력된다. 이 출력의 첫 다섯 행은 다음과 같다:

In [5]:
```
group_state_df = df.groupby('state')
group_state_df.sum()[['ageCnt' + group for group in age_groups]]
```

Out[5]:

state	ageCnt12t21	ageCnt12t29	ageCnt16t24	ageCnt65up
AK	3971927	8302160	3835631	1059150
AL	26531311	48598259	25509908	20155405
AR	12457357	23201471	11819576	10139231
AZ	37010700	74073284	36542705	24874683
CA	313751289	655608220	320917351	205368238

그림 3.31 **state**별 다른 연령 그룹의 개수

5. **df.describe()** 메서드를 실행하면, 출력은 다음과 같다:

In [7]:
```
df.describe()
```

Out[7]:

	fold	population	householdsize	racepctblack	racePctWhite	racePctAsian	racePctHisp	agePct12t21	agePct1
count	2215.000000	2.215000e+03	2215.000000	2215.000000	2215.000000	2215.000000	2215.000000	2215.000000	2215.00
mean	5.494357	5.311798e+04	2.707327	9.335102	83.979819	2.670203	7.950176	14.445837	27.64
std	2.872924	2.046203e+05	0.334120	14.247156	16.419080	4.473843	14.589832	4.518623	6.18
min	1.000000	1.000500e+04	1.600000	0.000000	2.680000	0.030000	0.120000	4.580000	9.38
25%	3.000000	1.436600e+04	2.500000	0.860000	76.320000	0.620000	0.930000	12.250000	24.41
50%	5.000000	2.279200e+04	2.660000	2.870000	90.350000	1.230000	2.180000	13.620000	26.78
75%	8.000000	4.302400e+04	2.850000	11.145000	96.225000	2.670000	7.810000	15.360000	29.20
max	10.000000	7.322564e+06	5.280000	96.670000	99.630000	57.460000	95.290000	54.400000	70.51

8 rows × 108 columns

그림 3.32 데이터 세트 요약

6. 다음 코드를 사용해서, 범죄별 발생 건수의 상자 그림을 시각화할 수 있다:

```
crime_df = df[['burglPerPop','larcPerPop', \
               'autoTheftPerPop', 'arsonsPerPop', \
               'nonViolPerPop']]

f, ax = plt.subplots(figsize=(13, 10))
sns.boxplot(data=crime_df)
plt.show()
```

그래프는 다음과 같다:

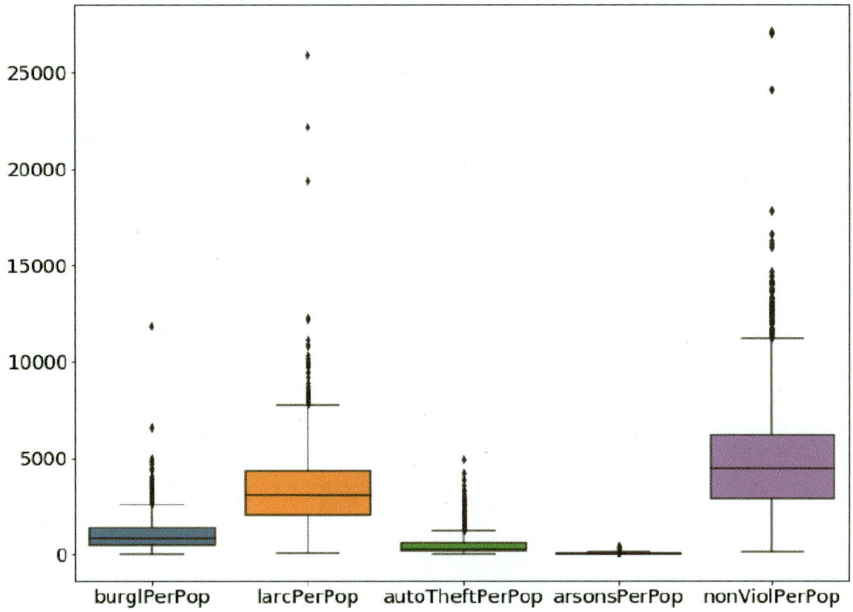

그림 3.33 범죄별 발생 건수의 상자 그림

7. 다섯 가지 범죄 중 비폭력 범죄가 가장 흔하고, 방화가 가장 드문 것을 알 수 있다.

8. 주어진 열의 상관 행렬에 대한 히트맵을 사용해서 요구한 정보를 시각화할 수 있다:

```
feature_columns = ['PctPopUnderPov', 'PctLess9thGrade', \
                   'PctUnemployed', 'ViolentCrimesPerPop', \
                   'nonViolPerPop']

filtered_df = df[feature_columns]

f, ax = plt.subplots(figsize=(13, 10))
sns.heatmap(filtered_df.dropna().astype(float).corr(), \
                                 center=0, annot=True)
bottom, top = ax.get_ylim()
ax.set_ylim(bottom + 0.5, top - 0.5)

plt.show()
```

다음과 같은 히트맵이 생성된다:

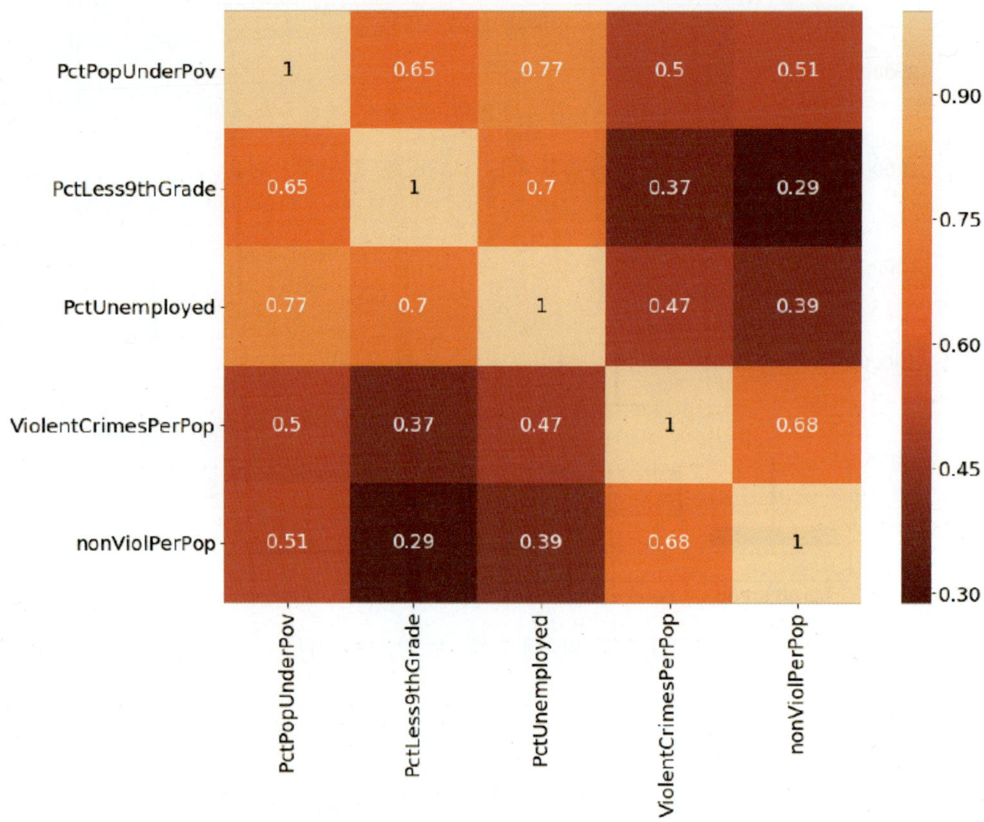

그림 3.34 다양한 인구 특성에 대한 히트맵

그래프를 보면, 빈곤선 아래에 있는 인구의 백분율과 실업률의 백분율이 상관관계가 매우 높다(상관 계수 **0.77**)는 것을 알 수 있다. 히트맵으로 다양한 범죄 관련 요소들이 서로 어떻게 연결되어 있는지에 대한 이해할 만하면서도 의미 있는 통찰을 할 수 있다.

노트

이 절의 소스 코드는 다음에 있다.

https://packt.live/3f8taZn.

또한, 다음에서 이 예제를 온라인으로 실행할 수 있다.

https://packt.live/3ikxjeF.

4장 파이썬과 함수 및 방정식

프로젝트 4.01 ✦ 다중 변수 손익분기 분석

1. 가게에서 매달 생산하는 햄버거 개수를 x, 햄버거 가격을 y라고 하면 월 매출은 xy, 비용은 $6.56x + 1312.13$이고, 최종적으로, 전체 이익은 두 값의 차이인 $xy - 6.56x - 1312.13$이다.

2. 손익분기점에서, 생산하는 햄버거 개수 x는 수요와 같다. 이로부터 방정식을 유도할 수 있다: $x = 4000/y$. 또한, 전체 이익이 0이므로 $xy - 6.56x = 1312.13$이 성립한다.
   이를 종합하면, 다음과 같은 연립 방정식이 된다:

$$\begin{cases} xy - 6.56x = 1312.13 \\ x = \dfrac{4000}{y} \end{cases}$$

그림 4.48 연립 방정식

3. 첫 번째 방정식에서 $x = 409.73628$를 풀어내고, 이것을 두 번째 방정식에 대입해서 $y = 9.76237691$를 구할 수 있다.
   파이썬으로 이 연립 방정식을 풀기 위해, 먼저 변수와 상수를 선언한다:

```
COST_PER_BURGER = 6.56
FIXED_COST = 1312.13
AVG_TOWN_BUDGET = 4000

x = Symbol('x') # number of burgers to be sold
y = Symbol('y') # price of a burger
```

그리고, 해당하는 함수 리스트에 대해 SymPy의 **solve()** 함수를 호출한다.

```
solve([x * (y - COST_PER_BURGER) - FIXED_COST, \
       x * y - AVG_TOWN_BUDGET])
```

이 코드를 실행하면, 연립 방정식의 실제 근에 대응하는, 다음과 같은 출력을 얻는다:

```
[ x: 409.736280487805, y: 9.76237690066856 ]
```

4. 이 함수에서 가장 어려운 부분은, 햄버거 가게가 생산하는 햄버거 개수 x가 수요 $4000/y$를 초과하면 수익이 4000으로 일정하게 유지된다는 점이다. 반면에, 햄버거 개수가 수요보다 작을 경우, 수익은 xy가 된다. 따라서, 함수에 이 논리를 확인하는 조건을 추가해야 한다:

```
def get_profit(x, y):
    demand = AVG_TOWN_BUDGET / y
    if x > demand:
        return AVG_TOWN_BUDGET - x * COST_PER_BURGER  \
                                 - FIXED_COST

    return x * (y - COST_PER_BURGER) - FIXED_COST
```

5. 다음 코드는 햄버거 가격이 $9.76인 경우, 생산 개수별 이익의 리스트를 생성하고, 대응하는 손익분기 그래프를 그린다:

```
xs = [i for i in range(300, 501)]
profits_976 = [get_profit(x, 9.76) for x in xs]

plt.plot(xs, profits_976)
plt.axhline(0, c='k')

plt.xlabel('Number of burgers produced')
plt.ylabel('Profit')

plt.show()
```

출력은 다음과 같다:

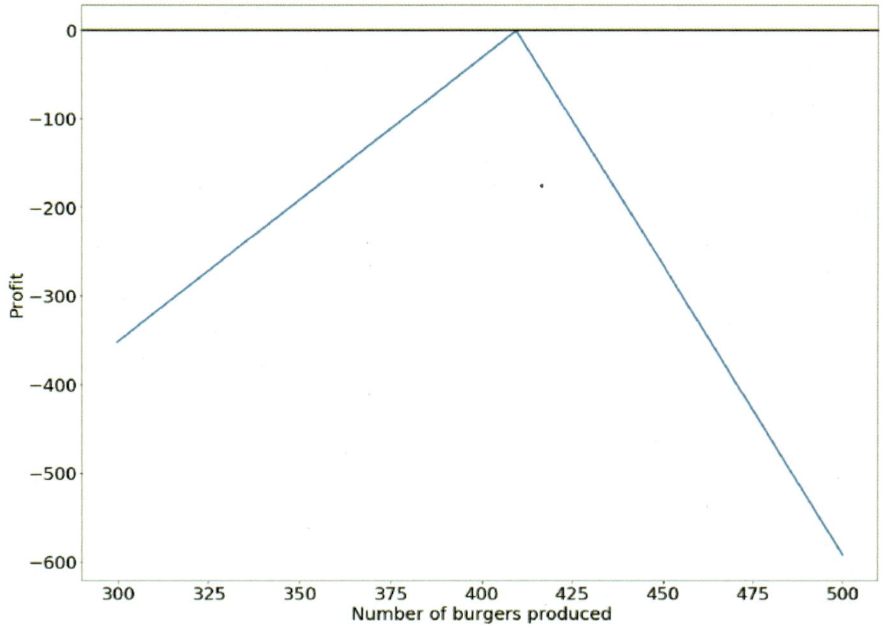

그림 4.49 햄버거 가격이 $9.76일 때의 손익분기 그래프

뒤집힌 V자 모양의 이익 곡선과 **0**을 지나는 수평선이 교차하는 지점이 햄버거 가격이 $9.76일 때의 손익분기점을 나타낸다. 이 교차점의 x좌표는 **400**을 초과하는데, 이 값은 단계 3에서 계산한 손익분기점, x는 약 **410**이고 y는 약 **9.76**이었던 것과 대략 일치한다.

6. 다음 코드는 햄버거 가격이 $9.76인 경우, 생산 개수별 이익의 리스트를 생성하고, 대응하는 손익분기 그래프를 그린다:

```
xs = [i for i in range(300, 501)]
profits_999 = [get_profit(x, 9.99) for x in xs]

plt.plot(xs, profits_999)
plt.axhline(0, c='k')

plt.xlabel('Number of burgers produced')
plt.ylabel('Profit')

plt.show()
```

출력은 다음과 같다:

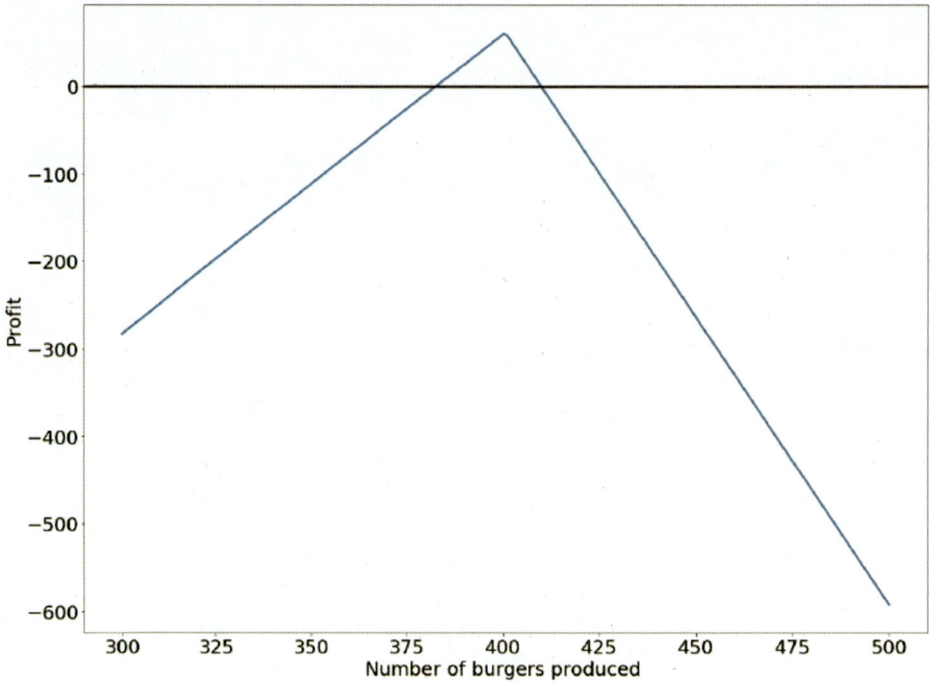

그림 4.50 햄버거 가격이 $9.99일 때의 손익분기 그래프

마찬가지로, 이익 곡선과 **0**을 지나는 수평선이 교차하는 지점이 햄버거 가격이 $9.99일 때의 손익분기점을 나타낸다.

생산하는 햄버거 개수가 많을수록 가게의 이익이 선형적으로 증가하는 걸 알 수 있다. 그러나 생산량이 수요에 도달해서 이익 곡선이 최고점에 도달하면, 곡선은 다시 선형적으로 감소한다. 이것은 햄버거 가게가 개수를 늘려 과도하게 생산하는 것이, 더는 이익이 되지 않는 지점이다.

7. 다음 코드는 이익의 리스트를 생성한다:

```
xs = [i for i in range(300, 501, 2)]
ys = np.linspace(5, 10, 100)

profits = [[get_profit(x, y) for y in ys] for x in xs]
```

profits는 꽤 큰 크기의 2차원 리스트다. 해당 리스트의 처음 원소 몇 개는 다음과 같다:

```
In [11]: xs = [i for i in range(300, 501, 2)]
         ys = np.linspace(5, 10, 100)

         profits = [[get_profit(x, y) for y in ys] for x in xs
         profits

Out[11]: [[-1780.13,
           -1764.9784848484849,
           -1749.8269696969696,
           -1734.6754545454546,
           -1719.5239393939391,
           -1704.3724242424241,
           -1689.2209090909091,
           -1674.0693939393939,
           -1658.9178787878789,
           -1643.7663636363636,
           -1628.6148484848484,
           -1613.4633333333334,
           -1598.3118181818181,
           -1583.160303030303,
           -1568.008787878788,
           -1552.8572727272726,
           -1537.7057575757576,
           -1522.5542424242426,
           -1507.4027272727271,
           -1492.2512121212121,
```

그림 4.51 이익의 2차원 리스트

8. 다음 코드를 사용해서 히트맵을 생성할 수 있다:

```
plt.imshow(profits)
plt.colorbar()

plt.xticks([0, 20, 40, 60, 80], \
          [5, 6, 7, 8, 9, 10])
plt.xlabel('Price for each burger')
plt.yticks([0, 20, 40, 60, 80], \
          [300, 350, 400, 450, 500])
plt.ylabel('Number of burgers produced')

plt.show()
```

출력은 다음과 같다:

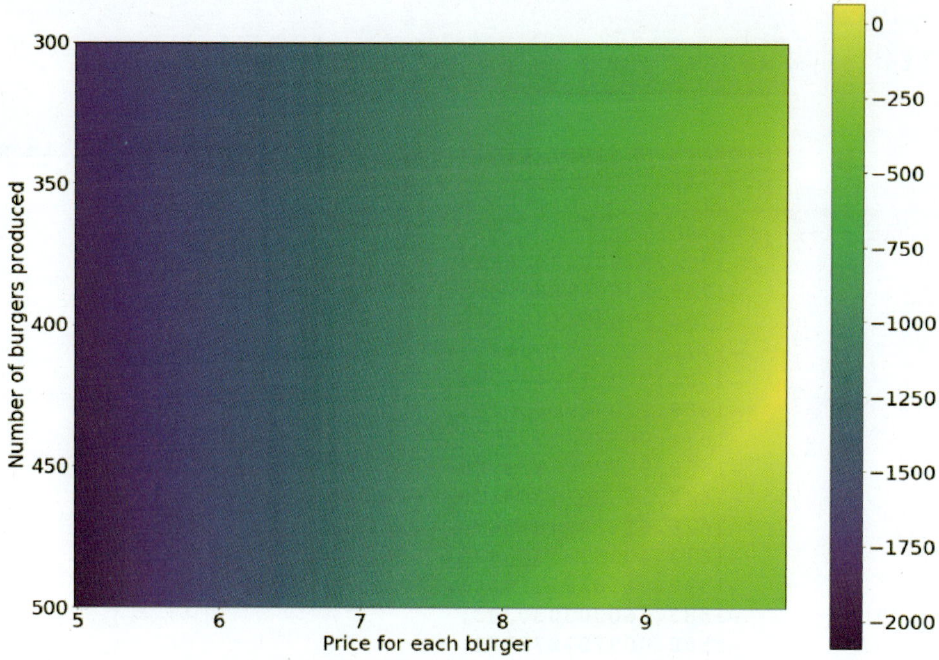

그림 4.52 생산량과 가격에 따른 이익의 히트맵

그래프에서 알 수 있듯이, x와 y의 특정 조합이 햄버거 가게의 이익을 조절한다.

예를 들어, 햄버거 가격이 낮은 경우 (그림의 왼쪽 영역) 전체 이익은 0보다 매우 작다. 그래프의 오른쪽으로 이동해가면서 만나게 되는, 가장 밝은 영역은, 가장 큰 이익을 남기는 두 변수의 조합을 나타낸다.

> **노트**
>
> 이 절의 소스 코드는 다음에 있다.
> https://packt.live/2C6dKWz.
>
> 또한, 다음에서 이 예제를 온라인으로 실행할 수 있다.
> https://packt.live/2NTfEwG.

5장 파이썬과 기초수학

프로젝트 5.01 ✦ 급수로 퇴직 연금 계산

다음 단계에 따라 프로젝트를 완성할 수 있다:

1. 먼저, 필요한 입력 변수가 무엇인지 알아내고, 연간 급여 문제가 공비(1+이자)와 초항을 갖는 등비수열의 n번째 항을 계산하는 것이라는 점을 확실하게 인식할 필요가 있다.
   annual_salary는 연간 급여, **contrib**는 연금 납입액의 백분율을 나타낸다. **current_balance**는 0년 차에 가지고 있는 금액으로 총액에 합산해야 한다. **annual_cap**은 납입할 수 있는 최대 백분율이다; 이보다 큰 입력값은, 연간 급여가 얼마나 증가할지를 나타내는, **contrib_cap. annual_salary_increase**와 같게 놓는다. **employer_match**는 고용주가 납입하는 대응 자금의 백분율을 나타낸다(일반적으로 0.5에서 1). 마지막으로 현재 나이, 연금 납부 기간(년), 기대 수명(년), 그리고 발생할 수 있는 기타 수수료 등이 입력 변수이다. 논리 변수 **per_month**는 연 단위로 출력하는지 월 단위로 출력하는지를 정할 때 사용한다.

2. 첫 번째로, 수열의 n번째 항, 즉 연금 납입액과 고용주 대응 자금의 튜플을 계산해서 반환하는 함수 **retirement_n()**을 정의한다:

```
def retirement_n(current_balance, annual_salary, \
                 annual_cap, n, contrib, \
                 annual_salary_increase, employer_match, \
                 match_cap, rate):
    '''
    return :: retirement amount at year n
    '''

    annual_salary_n = annual_salary* \
                 (1+annual_salary_increase)**n

    your_contrib = contrib*annual_salary_n
    your_contrib = min(your_contrib, annual_cap)
    employer_contrib = contrib*annual_salary_n*employer_match
    employer_contrib = min(employer_contrib,match_cap \
                             *annual_salary_n*employer_match)
```

```
    contrib_total = your_contrib + employer_contrib

    return your_contrib, employer_contrib, \
            current_balance + contrib_total*(1+rate)**n
```

함수 정의에 나타난 입력 중 현재 잔액과 연간 급여가 가장 중요한 값이다. 또한, 납입액, 납입액의 상한(즉, 허용되는 최댓값), 연간 급여 증가, 고용주 납부액, 그리고 (0에서 1 사이의 실수값으로 정규화한) 수익률을 정의한다. 연간 상한선도 꼭 필요한 값이다.

3. 연도별 금액을 합산해서 연금의 총액을 계산하는 함수를 정의한다. 이 함수는, 총액을 연금을 받는 기간(수혜 기간)으로 나누어, 연간 돌려받는 연금액을 계산해서 반환한다. 입력은, 현재 나이, 연금 납부 기간, 그리고 기대 수명(수혜 기간은 **life_expectancy**에서 **current_age + plan_years**를 뺀 값)이다:

```
def retirement_total(current_balance, annual_salary, \
    annual_cap=18000, contrib=0.05, \
    annual_salary_increase=0.02, employer_match=0.5, \
    match_cap=0.06, rate=0.03, current_age=35, \
    plan_years=35, life_expectancy=80, fees=0, \
    per_month=False):

    i = 0
    result = 0
    contrib_list = []; ematch_list = []; total_list = []

    while i <= plan_years:
        cn = retirement_n(current_balance=current_balance, \
             annual_salary=annual_salary, \
             annual_cap=annual_cap, n=i, \
             contrib=contrib, match_cap=match_cap, \
             annual_salary_increase=annual_salary_increase, \
             employer_match=employer_match, rate=rate)

        contrib_list.append(cn[0])
        ematch_list.append(cn[1])
        total_list.append(cn[2])

        result = result + cn[2]
        i+=1
```

앞의 함수가 하는 주요 처리는, 앞에서 작성한 함수를 반복(**while** 반복)하여 호출해서, 각 연도 n에서 (여기에서는 간단하게 **cn**으로 나타낸) 연금을 계산하는 일이다. 모든 연도의 값을 합산해서 변수 **result**에 저장한다. **retirement_n()** 함수는 값 세 개를 튜플로 반환하기 때문에 **cn**을 슬라이싱한다(**cn[0], cn[1], cn[2]**). 그리고 이 세 개의 값, 납입금(피고용인), 대응 자금(고용인), 그리고 총액을 별도의 리스트에 저장한다. 이 함수는 이것을 모두 반환한다.

4. 마지막으로, 수수료를 공제하고 결과를 반환한다:

```
    result = result - fees

    years_payback = life_expectancy - (current_age + plan_years)

    if per_month:
        months = 12
    else:
        months = 1
    result = result / (years_payback*months)
    print('You get back:',result)

    return result, contrib_list, ematch_list, total_list
```

5. 함수를 실행해서 결과를 확인한다:

```
result, contrib, ematch, total = retirement_total(  \
            current_balance=1000, plan_years=35, \
            current_age=36, annual_salary=40000, \
            per_month=True)
```

출력은 다음과 같다:

```
You get back: 3029.952393422356
```

6. 결과를 그래프로 나타내보자. 계산 결과를 그래프로 나타내는 것은, 핵심적인 메시지를 파악하는 데 도움이 되기 때문에, 언제나 좋은 일이다. 또한, 함수를 잠재적인 오류를 확인하는 데도 좋다:

```
from matplotlib import pyplot as plt

years = [i for i in range(len(total))]
plt.plot(years, total,'-o',color='b')

width=0.85
p1 = plt.bar(years, total, width=width)
p2 = plt.bar(years, contrib, width=width)
p3 = plt.bar(years, ematch, width=width)

plt.xlabel('Years')
plt.ylabel('Return')
plt.title('Retirement plan evolution')

plt.legend((p1[0], p2[0], p3[0]), ('Investment
returns','Contributions','Employer match'))
plt.show()
```

그래프는 다음과 같다:

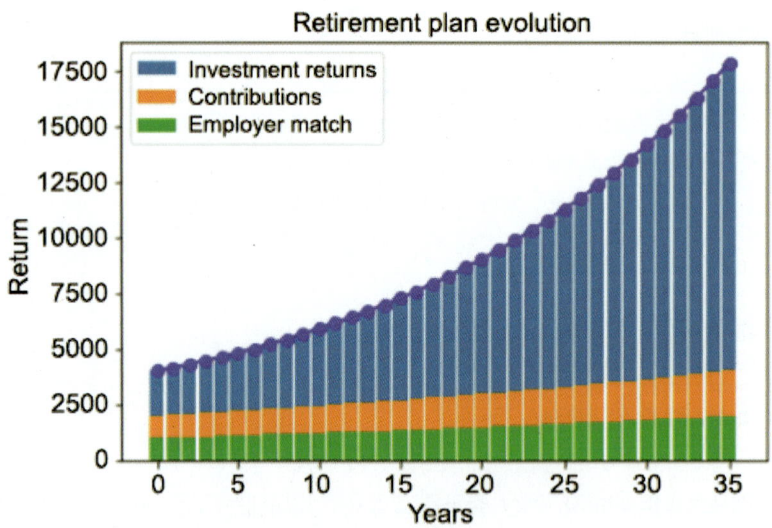

그림 5.26 퇴직 연금 그래프

이렇게 해서, 현재 납입하는 연금액과 일련의 다른 매개변수를 기반으로 퇴직 연금의 월별 또는 연간 수익을 계산하는 파이썬 프로그램을 만들었다. 수열과 급수에 대한 지식이, 금융이나 사회경제와 관련된 실생활에서 일어나는 일에 어떻게 적용될 수 있는지 알아보았다.

노트

이 절의 소스 코드는 다음에 있다.

https://packt.live/2YVgQWE.

또한, 다음에서 이 예제를 온라인으로 실행할 수 있다.

https://packt.live/38rOHts.

6장 파이썬과 행렬 및 마르코프 체인

프로젝트 6.01 ✦ 마르코프 체인을 사용한 텍스트 생성기(또는 미니 챗MC)

이 문제를 해결하는 몇 가지 방법이 있는데, 여기서 사용하는 방법이 텍스트 생성기를 만드는 가장 손쉬운 방법이라는 점을 알았으면 좋겠다. 실제로 텍스트 생성기를 만드는 일은 훨씬 복잡하며 많은 다른 요소들이 영향을 미친다. 이러한 요소에 대해서는 이 프로젝트의 마지막에서 간단히 다루겠다.

1. 제2차 세계대전 중 덩케르크에서 수많은 연합군 병사들을 구출한 후, 윈스턴 처칠이 하원에서 연설한 연설문의 대본을 사용한다. 이 연설문은 그 자체로 읽을 가치가 있는데, 관심이 있다면 인터넷에서 쉽게 찾을 수 있다.

> **노트**
>
> 대본은 다음 주소에서 내려받을 수 있다:
>
> https://packt.live/38rZy6v.

2. 연설문은 **churchill.txt**라는 텍스트 파일에 있다. 해당 텍스트 파일을 읽어오자:

```
# Churchill's speech
churchill = open('churchill.txt').read()
keywords = churchill.split()
print(keywords)
```

연설문을 **churchill**이라는 문자열 객체에 저장하고, 문자열의 **split()** 함수를 사용해서 텍스트를 토큰화해서 **keywords**라는 리스트에 저장한다. 출력은 다음과 같다:

```
['The', 'position', 'of', 'the', 'B.', 'E.F', 'had', 'now', 'become',
'critical', 'As', 'a', 'result', 'of', 'a', 'most', 'skillfully', 'conducted',
'retreat', ….]
```

3. 다음으로, 리스트를 반복 처리해서 키워드와 바로 뒤에 오는 단어를, 새로운 리스트의 원소로 추가한다:

```
keylist = []
for i in range(len(keywords)-1):
    keylist.append( (keywords[i], keywords[i+1]))
print(keylist)
```

이렇게 하면 출력은 다음과 같다:

```
[('The', 'position'), ('position', 'of'), ('of', 'the'), ('the', 'B.'), ('B.',
'E.F'), ('E.F', 'had'), ('had', 'now'), ('now', 'become'), ('become',
'critical'), ('critical', 'As'), ….]
```

> **노트**
>
> 원한다면, 튜플의 리스트를, 튜플을 리스트로 변환해서, 리스트의 리스트로 만들 수 있지만, 꼭 그래야 하는 건 아니다.

4. 다음으로, 딕셔너리 **word_dict**를 초기화한다. 그리고, 이전의 **keylist** 배열을 반복 처리해서 왼쪽의 단어를 딕셔너리의 키로, 오른쪽의 단어를 그 키의 값으로 해서 딕셔너리에 추가한다. 만일 왼쪽의 단어가 이미 추가된 것이라면, 오른쪽의 단어만 추가한다:

```
# Create key-value pairs based on follow-up words
word_dict = { }
for beginning, following in keylist:
    if beginning in word_dict.keys():
        word_dict[beginning].append(following)
    else:
        word_dict[beginning] = [following]
print(word_dict)
```

이렇게 하면 출력은 다음과 같다:

```
'magnetic': ['mines'], 'comparatively': ['slowly'], 'four': ['hundred',
'thousand', 'days', 'or', 'to'], 'saved': ['the', 'not'], 'forget': ['the'], ….
```

5. 이제 생성기를 구축할 준비가 끝났다. 먼저, 앞에서 만든 키워드 집합에서 무작위로 단어를 선택해서 NumPy 문자열로 정의한다. 이 단어가 시작 단어가 된다:

```
first_word = np.random.choice(keywords)
while first_word.islower():
    first_word = np.random.choice(keywords)
```

두 번째 줄에 의해, 언제나 대문자로 시작하는 단어로 문장이 시작된다. 자연어 처리가 어떻게 동작하는지 너무 깊이 이해할 필요 없이, 연설문 원본의 대문자로 시작하는 단어를 문장의 시작 단어로 사용해야, 더 자연스러운 문장을 만들 수 있다는 것만 이해하면 충분하다. 만들어 놓은 키워드 뭉치에 있는 단어이기만 하면, 무작위로 선택하는 대신에, 특정 단어를 지정할 수도 있다.

6. 이 단어를 새로운 리스트에 추가한다:

```
word_chain = [first_word]
```

첫 번째 단어는, **random** 함수를 사용해서, 텍스트 파일에 있는 단어 뭉치에서 무작위로 생성한 것이다.
그런 다음, 앞에서 만들어 놓은 딕셔너리를 기반으로 다음 단어를 추가한다.

7. 전형적으로, **word_chain**에 새로 추가한 단어가 무엇인지 먼저 확인한다. 그리고 그 단어를 키로 사용해서, 해당 키에 대응하는 단어를 무작위로 선택한다:

```
WORDCOUNT = 40
for i in range(WORDCOUNT):
    word_chain.append(np.random.choice(word_dict[ \
                                          word_chain[-1]]))
```

정적 변수 **WORDCOUNT**를 초기화해서, 생성할 문장의 길이를 지정했다. 파이썬 함수를 중첩해서 사용하는 것이 익숙하지 않다면, 그냥 안쪽 함수가 생성한 값을 **바깥** 함수가 사용한다고 생각하면 된다.

8. 마지막으로, 출력할 문장을 담는 문자열 변수 **sentence**를 정의한다:

```
sentence = ' '.join(word_chain)
print(sentence)
```

노트

여기서 사용한 첫 단어와 다음 단어들은 모두 딕셔너리에서 무작위로 선택되므로, 매번 다른 결과가 출력된다.

이렇게 만든 텍스트 생성기가 출력한 문장의 일부 사례를 살펴보자:

```
Output 1:
British tanks and all the New World, with little or fail. We have been reposed
is so plainly marked the fighters which we should the hard and fierce. Suddenly
the sharpest form. But this Island home, some articles of all fall

Output 2
That expansion had been effectively stamped out. Turning once again there may
be very convenient, if necessary to guard their knowledge of the question of
His son has given to surrender. He spurned the coast to be held by the right

Output 3:
Air Force. Many are a great strength and four days of the British and serious
raids, could approach or at least two armored vehicles of the government would
observe that has cleared, the fine Belgian Army compelled the retreating
British Expeditionary

Output 4
30,000 men we can be defended Calais were to cast aside their native land and
torpedoes. It was a statement, I feared it was in adverse weather, under its
main French Army away; and thus kept open our discussions free, without

Output 5
German bombers and to give had the House by views freely expressed in their
native land. I thought-and some articles of British and in the rescue and more
numerous Air Force, and brain of it be that Herr Hitler has often

(!겉보기에 그럴싸하다. 부분적으로 훌륭한 문장도 있지만 전체적으로 의미가 통하는 문장은
아니다. 우리말로 번역하는 건 무리다.)
```

노트

이 절의 소스 코드는 다음에 있다.

https://packt.live/3gr5uQ5.

또한, 다음에서 이 예제를 온라인으로 실행할 수 있다.

https://packt.live/31JeD2b.

7장 파이썬과 기초 통계

프로젝트 7.01 ✦ 높은 평점을 받는 전략 게임 찾기

1. 다음과 같이 **numpy**와 **pandas** 라이브러리를 가져온다:

```
import pandas as pd
import numpy as np
```

2. 전략 게임 데이터 세트를 가져온다(소스코드 해당 챕터의 **dataset** 폴더에 있다):

```
games = pd.read_csv('../data/appstore_games.csv')
```

> **노트**
>
> 데이터 세트는 다음 GitHub 저장소에서 내려받을 수 있다:
> https://packt.live/2O1hv2B.

3. 7장의 첫 번째 절에서 수행한 모든 변환 작업을 수행한다.
   변수의 이름을 변경한다:

```
original_colums_dict = {x: x.lower().replace(' ','_') \
                        for x in games.columns}

games.rename(columns = original_colums_dict, \
             inplace = True)
```

4. **'id'** 열을 **index**로 설정한다:

```
games.set_index(keys = 'id', inplace = True)
```

5. **'url'**과 **'icon_url'** 열을 삭제한다:

```
games.drop(columns = ['url', 'icon_url'], \
           inplace = True)
```

6. **'original_release_date'**와 **'current_version_release_date'**를 **datetime**으로 변경한다:

```
games['original_release_date'] = pd.to_datetime  \
                                  (games['original_release_date'])

games['current_version_release_date'] =  \
pd.to_datetime(games['current_version_release_date'])
```

7. **'average_user_rating'**이 null인 행을 데이터프레임에서 삭제한다:

```
games = games.loc[games['average_user_rating'].notnull()]
```

8. **'user_rating_count'**가 **30** 이상인 행만 데이터프레임에 남겨놓는다:

```
games = games.loc[games['user_rating_count'] >= 30]
```

9. 데이터 세트의 크기를 출력한다. 데이터프레임에는 **4311**개의 행과 **15**개의 열이 있어야 한다. 출력이 다음과 같아야 한다:

```
(4311, 15)
games.shape
```

10. **languages** 열의 결측값을 문자열 **EN**으로 대체해서, 해당 게임이 영어만 제공하는 것으로 설정한다:

```
games['languages'] = games['languages'].fillna('EN')
```

11. 변수 **free_game**을 생성해서, 가격이 0이면 **free**, 0보다 크면 **paid**를 할당한다:

```
games['free_game'] = (games['price'] == 0).astype(int) \
                     .map({0:'paid', 1:'free'})
```

12. 변수 **multilingual**을 생성해서, **languages** 열에 하나의 언어 문자열만 있는 경우 **monolingual**을, **languages** 열에 최소 두 개의 언어 문자열이 있는 경우 **multilingual**을 할당한다:

```
number_of_languages = games['languages'].str.split(',') \
                                        .apply(lambdax: len(x))
games['multilingual'] = number_of_languages == 1
games['multilingual'] = games['multilingual'].astype(int) \
                           .map({0:'multilingual', 1:'monolingual'})
```

13. 앞에서 생성한 두 변수의 네 가지 조합(**free-monolingual**, **free-multilingual**, **paid-monolingual**, **paid-multilingual**)을 값으로 취하는 변수를 생성한다:

```
games['price_language'] = games['free_game'] + '-' \
                           + games['multilingual']
```

14. **price_language** 변수에서 각 조합의 관측값 개수를 계산한다:

```
games['price_language'].value_counts()
```

출력이 다음과 같아야 한다:

```
free-monolingual     2105
free-multilingual    1439
paid-monolingual     467
paid-multilingual    300
Name: price_language, dtype: int64
```

15. 데이터프레임 **games**에서 **groupby()** 메서드를 호출해서, 새로 생성한 변수로 그룹화한 다음, **average_user_rating** 변수를 선택해서 기술통계를 계산한다:

```
games.groupby('price_language')['average_user_rating'] \
                               .describe()
```

출력은 다음과 같다:

price_language	count	mean	std	min	25%	50%	75%	max
free-monolingual	2105.0	4.129216	0.634426	1.5	4.0	4.5	4.5	5.0
free-multilingual	1439.0	4.227589	0.525904	1.5	4.0	4.5	4.5	5.0
paid-monolingual	467.0	4.064240	0.657693	1.5	3.5	4.0	4.5	5.0
paid-multilingual	300.0	4.251667	0.486435	2.5	4.0	4.5	4.5	5.0

그림 7.35 가격_언어 변수의 범주별 요약 통계

노트

이 절의 소스 코드는 다음에 있다.

https://packt.live/2VBGtJZ.

또한, 다음에서 이 예제를 온라인으로 실행할 수 있다.

https://packt.live/2BwtJNK.

8장 파이썬과 확률의 기초 및 응용

프로젝트 8.01 ✦ 금융 분야에 정규분포 응용

다음 단계에 따라 프로젝트를 완성해보자:

1. pandas를 사용해서 **data** 폴더에서 **MSFT.csv**라는 CSV 파일을 읽어온다:

```
import pandas as pd
import numpy as np
import scipy.stats as stats
import matplotlib.pyplot as plt
%matplotlib inline

msft = pd.read_csv('../data/MSFT.csv')
```

2. 필요에 따라, 열의 이름을 다루기 쉽게 변경한다:

```
msft.rename(columns=lambda x: x.lower().replace(' ', '_'), \
            inplace=True)
```

3. **date** 열을 흔히 사용하는 **datetime** 형식으로 변환한다:

```
msft['date'] = pd.to_datetime(msft['date'])
```

4. **date** 열을 데이터프레임의 인덱스로 설정한다:

```
msft.set_index('date', inplace = True)
```

5. 금융에서, 주식의 일일 수익은 일일 종가의 백분율 변화로 정의한다. **adj_close** 열의 백분율 변화를 계산해서 MSFT DataFrame에 **returns** 열을 생성한다. 이 처리는 pandas의 **pct_change()** 메서드를 사용한다:

```
msft['returns'] = msft['adj_close'].pct_change()
```

6. 분석 기간을 **2014-01-01**부터 **2018-12-31**(포함)까지로 제한한다:

```
start_date = '2014-01-01'
end_date = '2018-12-31'
msft = msft.loc[start_date: end_date]
```

7. 막대 구간을 40개로 지정하고, **returns** 열의 분포를 히스토그램으로 시각화한다. 결과가 정규분포처럼 보이는가?

```
msft['returns'].hist(ec='k', bins=40);
```

출력은 다음과 같다:

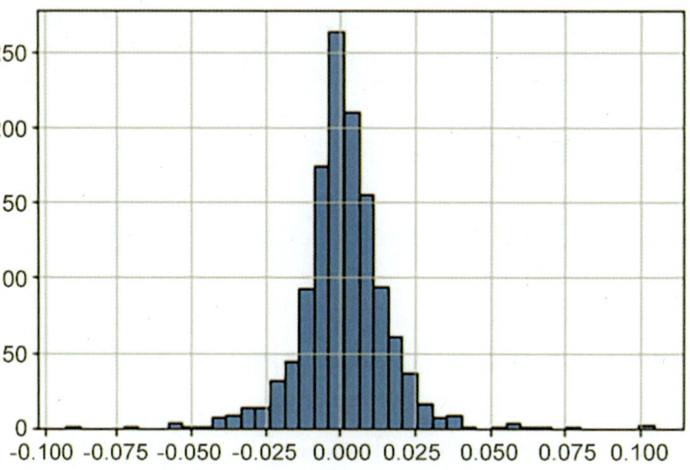

그림 8.24 MSFT 주식의 수익률 히스토그램

8. **returns** 열의 기술통계를 계산한다:

```
msft['returns'].describe()
```

출력은 다음과 같다:

```
count      1258.000000
mean          0.000996
std           0.014591
min          -0.092534
25%          -0.005956
50%           0.000651
75%           0.007830
max           0.104522
Name: returns, dtype: float64
```

9. MSFT 주식의 일일 수익을 나타내는 **R_rv**라는 확률변수를 생성한다. 이 분포의 매개변수는 **returns** 열의 평균과 표준편차를 사용한다:

```
R_mean = msft['returns'].mean()
R_std = msft['returns'].std()

R_rv = stats.norm(loc = R_mean, scale = R_std)
```

10. **R_rv**의 분포와 실제 데이터의 히스토그램을 포개어 그린다. 실제 데이터의 분포와 이론적 분포가 같은 스케일로 나타나도록, 매개변수를 **density=True**로 설정해서 **plt.hist()** 함수를 사용한다:

```
fig, ax = plt.subplots()

ax.hist(x = msft['returns'], ec = 'k', \
          bins = 40, density = True,);

x_values = np.linspace(msft['returns'].min(), \
                       msft['returns'].max(), num=100)

densities = R_rv.pdf(x_values)
ax.plot(x_values, densities, color='r')
ax.grid();
```

출력은 다음과 같다:

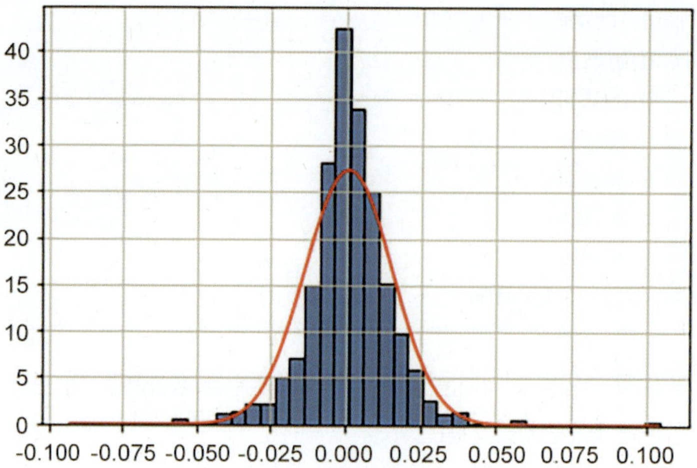

그림 8.25 MSFT 주식의 수익률 히스토그램

> **노트**
>
> 이 절의 소스 코드는 다음에 있다.
>
> https://packt.live/2Zw18Ah.
>
> 또한, 다음에서 이 예제를 온라인으로 실행할 수 있다.
>
> https://packt.live/31EmOg9.

앞의 그래프를 보고, 정규분포가 Microsoft 주식의 일일 수익을 정확하게 모델링한다고 말할 수 있겠는가?

아니다. 이론적 분포(붉은색)가 히스토그램의 일반적인 모양과 완전히 같지는 않기 때문에, 정규분포가 주식의 수익분포를 아주 정확하게 근사하지는 않는다. 히스토그램은 중심을 기준으로 대칭이고 "종모양"이지만, 그래프 중심 부분에 있는 빨간색 곡선 위에 막대가 훨씬 높이 솟은 것에서 알 수 있듯이, 평균 주변의 빈도가 정규분포에서 기대하는 것보다 훨씬 높다는 것을 명확히 관찰할 수 있다. 또한, 정규분포에 존재하기 어려운 많은 극단적인 값(왼쪽과 오른쪽의 작은 막대)도 관찰할 수 있다.

9장 파이썬과 고급 통계

프로젝트 9.01 표준화된 시험 성적

1. 앞서 만든 t-신뢰구간 함수를 사용해서 95% 신뢰구간을 계산한다. 완성된 코드는 다음과 같다:

```
# We will use the T-Confidence Interval Function
# we wrote earlier in the Chapter

print("For Math:")
t_confidence_interval(list(data['Math']),0.95)
print("For Reading:")
t_confidence_interval(list(data['Reading']),0.95)
print("For Science:")
t_confidence_interval(list(data['Science']),0.95)
```

이 코드의 실행 결과는 다음과 같다:

```
For Math:
Your 0.95 t confidence interval is (448.2561338314995,473.686980454214 8)
For Reading:
Your 0.95 t confidence interval is (449.1937943789569,472.800788478185 95)
For Science:
Your 0.95 t confidence interval is (453.8991748650865,476.979010849199 2)
```

수학 점수의 평균은 **448.3**에서 **473.7** 사이, 읽기 점수의 평균은 **449.2**에서 **472.8** 사이, 그리고 과학 점수의 평균은 **453.9**에서 **477.0** 사이라고 95%의 신뢰도로 말할 수 있다.

2. 데이터 세트를 두 개로 나눈다; 인구 **100**명당 인터넷 사용자가 **50**명을 초과하는 경우와 **50**명 이하인 경우로 구분한다:

```
# Using A Hypothesis Test, evaluate whether having
# widespread internet infrastructure could have an
# impact on scores
# We need to divide the data set into majority
```

```
# internet (more than 50 users out of 100) and
# minority internet(50 users or less)
data1 = data[data['internet_users_per_100'] > 50]
data0 = data[data['internet_users_per_100'] <= 50]

print(data1)
print(data0)
```

다음은 두 데이터 세트 **data1**과 **data0**다. **data1**은 **100**명당 인터넷 사용자가 50명을 초과하는 모든 국가를 포함하고, **data0**는 100명당 인터넷 사용자가 50명 이하인 국가를 포함한다:

```
              internet_users    Math       Reading    Science
              _per_100
Country Code
ALB           63.252933         413.1570   405.2588   427.2250
ARE           90.500000         427.4827   433.5423   436.7311
ARG           68.043064         409.0333   425.3031   432.2262
AUS           84.560519         493.8962   502.9006   509.9939
AUT           83.940142         496.7423   484.8656   495.0375
...           ...               ...        ...        ...
SWE           90.610200         493.9181   500.1556   493.4224
TTO           69.198471         417.2434   427.2733   424.5905
TUR           53.744979         420.4540   428.3351   425.4895
URY           64.600000         417.9919   436.5721   435.3630
USA           74.554202         469.6285   496.9351   496.2424

[63 rows x 4 columns]
              internet_users    Math       Reading    Science
              _per_100
Country Code
DZA           38.200000         359.6062   349.8593   375.7451
GEO           47.569760         403.8332   401.2881   411.1315
IDN           21.976068         386.1096   397.2595   403.0997
PER           40.900000         386.5606   397.5414   396.6836
THA           39.316127         415.4638   409.1301   421.3373
TUN           48.519836         366.8180   361.0555   386.4034
VNM           43.500000         494.5183   486.7738   524.6445
```

3. 분산이 다른 두 표본을 비교해야 하므로, **scipy.stats** 패키지의 2-표본 t-test 함수를 사용한다. 유의수준은 5%로 설정한다. 인터넷 사용자가 다수인 데이터의 평균이 더 높은지를 확인하기 위해 상위 꼬리 검정을 수행한다. 따라서, p-value를 2로 나누고 검정 통계량이 양수인 경우에만 결과를 유의한 것으로 받아들인다. 검정을 수행하는 코드는 다음과 같다(참고-이 코드는 일부 생략된 버전이다; 전체 코드는 GitHub 저장소에서 있다):

```
import scipy.stats as sp

math_test_results = sp.ttest_ind(data1['Math'], \
                    data0['Math'],equal_var=False)

print(math_test_results.statistic)
print(math_test_results.pvalue / 2)

reading_test_results = sp.ttest_ind(data1['Reading'], \
                       data0['Reading'],equal_var=False)
print(reading_test_results.statistic)
print(reading_test_results.pvalue / 2)

science_test_results = sp.ttest_ind(data1['Science'], \
                       data0['Science'],equal_var=False)
print(science_test_results.statistic)
print(science_test_results.pvalue / 2)
```

결과는 다음과 같다:

```
For Math: (note - statistic must be positive in
     order for there to be significance.)
3.6040958108257897
0.0036618262642996438
For Reading: (note - statistic must be positive
     in order for there to be significance.)
3.8196670837378237
0.0028727977455195778
For Science: (note - statistic must be positive
     in order for there to be significance.)
2.734488895919944
0.01425936325938158
```

수학, 읽기, 과학 각각에 대해 p-value(두 번째 숫자)가 0.05보다 작고, 검정 통계량(첫 번째 숫자)은 양수다. 따라서, 세 가지 검정 모두에서 다수의 인터넷 사용자 그룹과 소수의 인터넷 사용자 그룹 사이의 시험 성적에 유의미한 차이가 있음을 의미한다.

> **노트**
>
> 이 같은 결과는 항상 통계에서 유명한 이야기를 떠올리게 한다-상관관계는 인과관계를 의미하지 않는다. 다수의 인터넷 사용자 그룹의 평균 점수가 유의하게 증가한다고 해서 인터넷이 점수 상승의 원인은 아니다(!사용하지 않던 인터넷을 사용한다고 해서 갑자기 성적이 올라가지는 않는다). **잠복변수**라고 알려진 어떤 제3의 알려지지 않은 변수가 이러한 차이를 일으킬 수 있다. 예를 들어, 부의 차이가 점수 상승의 원인이 될 수 있다.

4. 마지막 작업으로, 수학 점수를 읽기와 과학 점수로 설명하는 선형회귀 모델을 구축한다. 먼저, DataFrame에서 점수를 추출해서 수학 점수를 읽기와 과학 점수와 분리하여 별도의 DataFrame에 넣는다. **sklearn.linear_model**의 **LinearRegression()** 함수를 사용해서 모델(**model**)을 생성한다. 그런 다음, 분리한 읽기와 과학 DataFrame을 사용해서 모델을 학습한다. 마지막으로, 회귀 방정식의 절편과 계수를 출력한다:

```
#import sklearn linear model package
import sklearn.linear_model as lm

# Construct a Linear Model that can predict math
#     scores from reading and science scores
y = data['Math']
x = data[['Science','Reading']]

model = lm.LinearRegression()
model.fit(x,y)

print(model.coef_)
print(model.intercept_)
```

결과는 다음과 같다:

```
[1.02301989 0.0516567 ]
-38.99549267679242
```

계수는 차례대로 과학 점수 다음에 읽기 점수가 나오므로, 회귀 방정식은 다음과 같다:

$$\widehat{math} = 1.02301989 * science + 0.0516567 * reading - 38.99549267679242$$

그림 9.23 읽기와 과학 점수를 이용한 수학 점수에 대한 회귀식

5. 마지막으로, 점들과 회귀선을 그래프로 표현하고 선형 모델이 데이터에 잘 맞는지(또는 학습했는지) 확인한다:

```
import matplotlib.pyplot as plt
from mpl_toolkits import mplot3d
import numpy as np

threedee = plt.figure().gca(projection='3d')
threedee.scatter(data['Science'], data['Reading'], \
                 data['Math'])
threedee.set_xlabel('Science Score')
threedee.set_ylabel('Reading Score')
threedee.set_zlabel('Math Score')

xline = np.linspace(0, 600, 600)
yline = np.linspace(0, 600, 600)
zline = xline*1.02301989 + \
        yline*0.0516567-38.99549267679242
threedee.plot3D(xline, yline, zline, 'red')

plt.show()
```

결과는 다음과 같다:

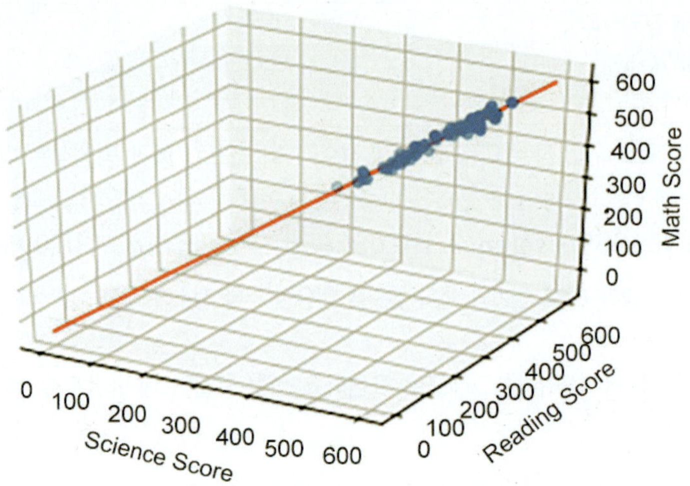

그림 9.24 데이터에 잘 맞는 선형 방정식

노트

이 절의 소스 코드는 다음에 있다.

https://packt.live/3is2GE8.

또한, 다음에서 이 예제를 온라인으로 실행할 수 있다.

https://packt.live/3dWmz2o.

10장 파이썬과 기초 미적분

프로젝트 10.01 ✦ 원뿔의 최대 부피

1. 원통의 부피를 구하기 위해서는, **그림 10.33**의 오른쪽 그림 같이, 원통의 높이와 밑면의 반지름을 알아야 한다. 먼저, 원통 밑면의 둘레의 길이를 알아야 하는데, 이것은 왼쪽 원에서 잘라내고 남은 호 AB의 길이와 같다. 각도를 구하는 게 목적이므로 R을 **1**로 설정해도 무방하다.
   라디안 단위를 사용하면 호의 길이를 쉽게 구할 수 있다. 잘라내고 남은 호의 길이는 $2\pi - \theta$에 R(=**1**로 설정)을 곱한 것이다. 따라서 θ는 원통 밑면의 둘레와 같다. 이 사실을 기반으로 방정식을 만들어서 r을 구할 수 있다:

$$2\pi - \theta = 2\pi r$$
$$r = \frac{2\pi - \theta}{2\pi}$$

그림 10.34 반지름 r 계산식 유도

2. 이제 프로그램으로 작성한다. 파이썬의 **math** 모듈에서 함수를 몇 가지를 가져오고 변수 r을 정의한다:

```
from math import pi,sqrt,degrees

def v(theta):
    r = (2*pi - theta)/(2*pi)
```

3. 원통의 높이는 피타고라스 정리를 사용해서 구할 수 있다. 원통의 기울어진 빗면의 길이는 자르기 전 원의 반지름 **1**과 같다:

$$r^2 + h^2 = 1$$
$$h = \sqrt{1 - r^2}$$

그림 10.35 원통의 높이 h 계산식 유도

원통의 부피는 다음과 같다:

$$V = \frac{1}{3}\pi r^2 h$$

그림 10.36 원통의 부피 계산식

4. 이제, 이 함수를 추가한다:

```
    h = sqrt(1-r**2)
    return (1/3)*pi*r**2*h
```

파이썬으로 이 문제를 해결할 때 할 일이 쉽게 끝났다. 만약 이전 방식으로 미적분을 사용하는 경우, 부피 V를 변수 θ 하나만의 함수로 표현해야 한다. 하지만, 여기서는 변수 θ로 표현된 r, r로 표현된 h, h와 r로 표현된 부피 계산식을 이용한다. 이 프로그램은 거의 즉시 부피를 계산할 수 있다.

5. 이제 이것을 **find_max_mins()** 함수에 적용해본다. 각도 θ는 라디안 단위이므로 **0**부터 **6.28**까지 탐색 범위로 지정한다:

```
find_max_mins(v,0,6.28)
```

출력은 다음과 같다:

```
Max/Min at x= 1.1529999999999838 y= 0.40306652536733706
```

따라서, 원래의 원에서 잘라내는 부분의, 최적의 각도는 약 1.15라디안, 약 66도다.

노트

이 절의 소스 코드는 다음에 있다.

https://packt.live/3iqx6Xj.

또한, 다음에서 이 예제를 온라인으로 실행할 수 있다.

https://packt.live/2VJHIqB.

11장 파이썬과 고급 미적분

프로젝트 11.01 ✦ 곡면의 최솟값 찾기

1. **random** 모듈의 **uniform()** 함수를 사용한다. 이 함수는 주어진 범위에서 무작위로 실수값을 추출한다:

```
import random
from math import sin, cos,sqrt,pi
```

2. **(v,w)**에서 **u**에 대한 **f**의 편미분 값을 계산하는 함수를 생성한다:

```
def partial_d(f,u,v,w,num=10000):
    """returns the partial derivative of f
        with respect to u at (v,w)"""
    delta_u = 1/num
    try:
        if u == 'x':
            return (f(v+delta_u,w) - f(v,w))/delta_u
        else:
            return (f(v,w+delta_u) - f(v,w))/delta_u
    except ValueError:
        pass
```

3. 다음으로, 곡면을 나타내는 함수, x의 범위, y의 범위, 그리고 작은 크기 단계를 입력으로 받는 함수가 필요하다:

```
def min_of_surface(f,a,b,c,d,step = 0.01):
```

4. **x**와 **y**의 시작점을 생성하기 위해 **random** 모듈의 **uniform()** 함수를 호출한다:

```
    x,y = random.uniform(a,b),random.uniform(c,d)
```

5. 확인용으로 시작점을 출력한다. 그냥 **print(x,y,f(x,y))**라고만 하면 불필요한 긴 소수점이 출력된다. 따라서, 출력할 때 모든 값을 소수점 둘째 자리까지 반올림한다:

```
print(round(x,2),round(y,2),round(f(x,y),2))
```

6. 10,000단계면 충분해 보인다. 원한다면 **while True**로 지정해서 무한 루프를 만들 수도 있다:

```
for i in range(100000):
```

7. (x,y)에서 편미분 값을 계산한다:

```
dz_dx = partial_d(f,'x',x,y, 10000)
dz_dy = partial_d(f,'y',x,y, 10000)
```

8. 편미분 값이 둘 다 **0**에 아주 가까우면, z의 최솟값에 도달한 것이다. 이것이 지역 최솟값일 수도 있지만, 이 무작위 시작점에 대해서 더 많은 단계를 거칠 필요는 없어 보인다:

```
if abs(dz_dx) < 0.001 and abs(dz_dy) < 0.001:
    print("Minimum:", round(x,2), round(y,2), round(f(x,y),2))
    break
```

9. 편미분의 반대 방향으로, x의 아주 작은 크기를 더한다. 그러면 항상 z값이 감소한다. y에 대해서도 같은 방식으로 처리한다:

```
x -= dz_dx*step
y -= dz_dy*step
```

10. x 또는 y가 지정한 범위를 벗어나면 **Out of Bounds**를 출력하고 반복에서 빠져나온다:

```
if x < a or x > b or y < c or y > d:
    print("Out of Bounds")
    break
```

11. 마지막으로, 도달한 위치와 해당 위치의 z값을 출력한다:

```
    print(round(x,2),round(y,2),round(f(x,y),2))
```

12. 이제 최솟값을 알고 있는 포물 곡면(3차원 포물선)에서 이것을 평가해보자. 최솟값은 (0, 0) 지점에서 0이다. 구간은 -5부터 5까지로 한다. 다음은 포물면의 방정식이다:

$$f(x,y) = x^2 + y^2$$

그림 11.48 3차원 포물면 방정식

13. 파이썬 함수로 구현하면 다음과 같다:

```
def surface(x,y):
    return x**2 + y**2
```

그림으로 나타내면 다음과 같다:

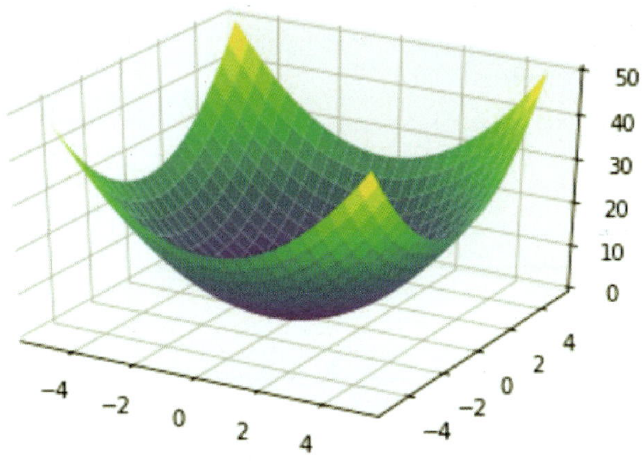

그림 11.49 포물 곡면 그래프

14. 이 곡면은 2차원 포물선과 마찬가지로 최소점은 (0,0)에 있고 그때 z의 최솟값은 0이다. 이제 포물면에 대해 **min_of_surface()** 함수를 실행해보자:

```
min_of_surface(surface,-5,5,-5,5)
```

출력은 다음과 같다:

```
-1.55 2.63 9.29
Minimum: -0.0 0.0 0.0
```

선택된 무작위 시작점은 (-1.55, 2.63)이고, 이때의 z값은 9.29다. 하강 후 최소점 (0, 0)에 도달했고 z값 0을 찾았다. 코드를 다시 실행해보면, 다른 무작위 시작점에서 출발해도 결국 (0, 0)에 도달한다.

15. 이제 **min_of_surface()** 함수가 제대로 동작하는 걸 확인했으니, 다른 곡면에 적용해보자:

$$f(x,y) = 3\cos(x) + 5x\cos(x) * \cos(y)$$

그림 11.50 다른 곡면의 방정식

구간은 $-1 < x < 5$, $-1 < y < 5$로 한다.

16. 곡면 함수를 다시 정의한 다음, 지정된 구간에 대해 **min_of_surface()** 함수를 실행한다:

```
def surface(x,y):
    return 3*cos(x)+5*x*cos(x)*cos(y)
min_of_surface(surface,-1,5,-1,5)
```

출력은 다음과 같다:

```
-0.05 4.07 3.14
Minimum: 1.1 3.14 -1.13
```

무작위 시작점으로 시작해서 찾은 최소점은 (1.1, 3.14)이고 z의 최솟값은 $-$**1.13**이다.

17. 올바르게 동작하는지 확인하기 위해 코드를 다시 실행하다 보면, 때로는 **Out of Bounds** 메시지가 출력되고, 때로는 다른 결과가 나오기도 하지만, 대부분 이 지점에 도달한다:

```
3.24 0.92 -12.8
Minimum: 3.39 0.0 -19.34
```

18. **min_of_surface()** 함수를 반복문 안에 넣어 여러 번 실행해보자:

```
for i in range(10):
    min_of_surface(surface,-1,5,-1,5)
```

출력은 다음과 같다:

```
1.62 4.65 -0.12
Out of Bounds
2.87 0.47 -15.24
Minimum: 3.39 0.0 -19.34
2.22 0.92 -5.91
Minimum: 3.39 0.0 -19.34
-0.78 -0.85 0.32
Out of Bounds
1.23 3.81 -0.61
Minimum: 1.1 3.14 -1.13
1.96 -0.21 -4.82
Minimum: 3.39 -0.0 -19.34
-0.72 3.0 4.93
Out of Bounds
2.9 -0.51 -15.23
Minimum: 3.39 -0.0 -19.34
1.73 -0.63 -1.58
Minimum: 3.39 -0.0 -19.34
2.02 2.7 2.63
Minimum: 1.1 3.14 -1.13
```

프로그램이 **Minimum**에 도달하는 경우 항상 두 지점 중 하나에 도달했다. 무슨 일이 일어난 걸까? 이 곡면의 그래프를 살펴보자:

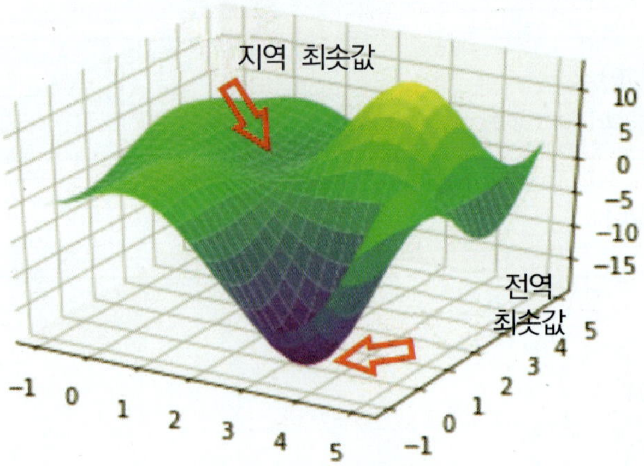

그림 11.51 $f(x,y) = 3\cos(x) + 5x\cos(x)*\cos(y)$의 그래프

그림에서 알 수 있듯이 최솟값이 하나 이상 있다. 함수값이 큰 음수인 전역 최솟값이 있고, 계곡 주변 어떤 지점에서든 그냥 (1.1, 3.14)로 내려가는 지역 최솟값이 있다.

노트

이 절의 소스 코드는 다음에 있다.

https://packt.live/2ApkzCc.

또한, 다음에서 이 예제를 온라인으로 실행할 수 있다.

https://packt.live/2Avxt1K.

12장 파이썬과 미분방정식

프로젝트 12.01 ✦ 물체의 속도와 위치 계산

1. 먼저, $\frac{dy}{dt} = 0$인 시점을 구해야 한다. dx/dt와 dy/dt에 대한 함수를 작성해보자:

```
from math import sqrt,sin,cos,e

def dx(t):
    return 1 + 3*sin(t**2)

def dy(t):
    return 15*cos(t**2)*sin(e**t)
```

2. 이제, 0부터 1.5까지 반복하면서 dy/dt가 양수에서 음수로 또는 음수에서 양수로 바뀌는 지점을 찾는다:

```
t = 0.0
while t<=1.5:
    print(t,dy(t))
    t += 0.05
```

출력 중 의미가 있는 중요 부분은 다음과 같다:

```
1.0000000000000002 3.3291911769931715
1.0500000000000003 1.8966982923409172
1.1000000000000003 0.7254255490661741
1.1500000000000004 -0.06119060343046955
1.2000000000000004 -0.3474047235245454
1.2500000000000004 -0.04252527324380706
1.3000000000000005 0.8982461584089145
1.3500000000000005 2.4516137491656442
1.4000000000000006 4.5062509856573225
1.4500000000000006 6.850332845507693
```

dy/dt가 1.1과 1.15 사이, 그리고 1.25와 3 사이에서, 부호가 바뀌므로, 0이 되는 것으로 추정할 수 있다.

3. 이진 탐색을 사용해서 범위를 좁혀보자. 앞에서 작성한 **bin_search()** 함수와 **guess** = 줄만 다르다. 구간의 평균을 함수 **f**에 입력해서 추측값을 구한다:

```
def bin_search(f,lower,upper,target):
    def average(a,b):
        return (a+b)/2
    for i in range(40):
        avg = average(lower,upper)
    guess = f(avg)
    if guess == target:
        return guess
    if guess < target:
        upper = avg
    else:
        lower = avg
    return avg

print(bin_search(dy,1.1,1.15,0))
```

답은 **t = 1.145**다.

4. 다른 구간은 **if guess < target**을 **if guess > target**으로 변경하고, 다음과 같이 함수를 호출한다:

```
print(bin_search(dy,1.25,1.3,0))
```

답은 **t = 1.253**이다. 너무 쉽다. 하지만 프로젝트 문제는 해당 시점에 입자의 정확한 $x-y$ 위치를 찾는 것이다.

5. 공 문제와 마찬가지로, 작은 크기를 취해서 입자의 위치를 계산하는 **position()** 함수를 작성한다:

```
def position(x0,y0,t):
"""Calculates the height a projectile given the
initial height and velocity and the elapsed time."""
```

6. 먼저, 증분 변수 **inc**를 **0.001**로 설정하고, 시간 경과를 나타내는 변수 **elapsed**를 **0**으로 초기화한다:

```
    inc = 0.001
    elapsed = 0
```

7. **vx**와 **vy**의 초기값은 시간 0에서의 미분계수이며, **x**와 **y**도 0에서 시작한다:

```
    vx,vy = dx(0),dy(0)
    x,y = x0,y0
```

8. 이제, 경과 시간이 원하는 **t**에 도달할 때까지 반복한다:

```
    while elapsed <= t:
```

9. 수평 및 수직 속도를 계산한 후, **x**, **y**, 그리고 반복 계수기 **elapsed**를 증가시킨다:

```
        vx,vy = dx(elapsed),dy(elapsed)
        x += vx*inc
        y += vy*inc
        elapsed += inc
    return x,y
```

10. 이제, 계산한 시간을 **position()** 함수에 입력해서 미분계수가 **0**인 시점에 입자의 위치를 구한다:

```
times = [1.145,1.253]
for t in times:
    print(t,position(-2,3,t))
```

출력은 다음과 같다:

```
1.145 (0.4740617265786189, 15.338128944560578)
1.253 (0.9023867438757808, 15.313033269941062)
```

이것이 속도의 수직 성분이 0인 위치다.

11. 다음은 $t = 1$에서 입자 속도를 계산해야 한다. 입자 속도는 속도의 수직 성분과 수평 성분으로 이루어진 직각삼각형의 빗변이다:

```
def speed(t):
    return sqrt(dx(t)**2+dy(t)**2)

speed(1.0)
```

출력은 다음과 같다:

```
4.848195599011939
```

즉, 입자 속도는 초당 약 4.85단위다.

노트

이 절의 소스 코드는 다음에 있다.

https://packt.live/3dQjSzy.

또한, 다음에서 이 예제를 온라인으로 실행할 수 있다.

https://packt.live/3f0IBCE.

기타

이 번역은 2022년도 강릉원주대학교 학술연구조성비 지원에 의하여 수행되었음.
(This Translation was supported by 2022 Academic Research Support Program in Gangneung-wonju National University.)

파이썬과 함께하는

통계와 미적분 워크숍

지은이 Peter Farrell · Alvaro Fuentes · Ajinkya Sudhir Kolhe
Quan Nguyen · Alexander Joseph Sarver · Marios Tsatsos
옮긴이 강태원
펴낸이 조경희
펴낸곳 경문사
펴낸날 2024년 1월 12일 1판 1쇄
등 록 1979년 11월 9일 제1979-000023호
주 소 04057, 서울특별시 마포구 와우산로 174
전 화 (02)332-2004 팩스 (02)336-5193
이메일 kyungmoon@kyungmoon.com

값 37,000원

ISBN 979-11-6073-654-0